# 2020年水利先进实用技术重点推广指导目录

水利部科技推广中心　主编

·北京·

**图书在版编目（CIP）数据**

2020年水利先进实用技术重点推广指导目录 / 水利部科技推广中心主编. -- 北京 : 中国水利水电出版社, 2021.8
ISBN 978-7-5170-9879-9

Ⅰ. ①2… Ⅱ. ①水… Ⅲ. ①水利工程－技术推广－中国－目录－2020 Ⅳ. ①TV-63

中国版本图书馆CIP数据核字(2021)第171282号

| 书　名 | **2020 年水利先进实用技术重点推广指导目录**<br>2020 NIAN SHUILI XIANJIN SHIYONG JISHU ZHONGDIAN TUIGUANG ZHIDAO MULU |
| --- | --- |
| 作　者 | 水利部科技推广中心　主编 |
| 出版发行 | 中国水利水电出版社<br>（北京市海淀区玉渊潭南路 1 号 D 座　100038）<br>网址：www. waterpub. com. cn<br>E - mail：sales@waterpub. com. cn<br>电话：(010) 68367658（营销中心） |
| 经　售 | 北京科水图书销售中心（零售）<br>电话：(010) 88383994、63202643、68545874<br>全国各地新华书店和相关出版物销售网点 |
| 排　版 | 中国水利水电出版社微机排版中心 |
| 印　刷 | 清淞永业（天津）印刷有限公司 |
| 规　格 | 210mm×285mm　16 开本　33.5 印张　930 千字 |
| 版　次 | 2021 年 8 月第 1 版　2021 年 8 月第 1 次印刷 |
| 定　价 | **200.00** 元 |

凡购买我社图书，如有缺页、倒页、脱页的，本社营销中心负责调换

## 本书编写人员

娄　瑜　常清睿　郑　航　陈绍平　李晨光　施　昭　王　海

# 关于发布2020年度水利先进实用技术重点推广指导目录的通知

水技推〔2020〕45号

各流域机构，各省、自治区、直辖市水利（水务）厅（局），各计划单列市水利（水务）局，新疆生产建设兵团水利局，各有关单位：

为深入贯彻国家创新驱动发展战略，落实“节水优先、空间均衡、系统治理、两手发力”治水思路，践行“水利工程补短板、水利行业强监管”水利改革发展总基调，鼓励、指导水利行业积极采用先进实用技术，扩大水利先进实用技术推广宣传，推动其尽快转化为现实生产力，切实提高水利行业科技水平，促进水利事业发展，我中心根据《水利先进实用技术重点推广指导目录管理办法》，结合水利工作实际技术需求，组织开展了《2020年水利先进实用技术重点推广指导目录》的评审工作，现将评审结果（附件）予以发布。

各地要结合工作实际，加大创新步伐，认真组织好先进实用技术的推广转化，加强先进技术应用宣传，为实现国家水治理体系和治理能力现代化提供坚实的科技支撑和技术保障。

水利部科技推广中心
2020年9月23日

附件：

《2020年度水利先进实用技术重点推广指导目录》

# 附件：

## 2020年度水利先进实用技术重点推广指导目录

| 编号 | 技 术 名 称 | 持 有 单 位 |
| --- | --- | --- |
| TZ2020001 | 西部强震区高混凝土坝抗震安全关键技术 | 中国水利水电科学研究院、中国地震局地球物理研究所、水电水利规划设计总院、河海大学 |
| TZ2020002 | 流域生态需水与生态用地联合调控关键技术 | 中国水利水电科学研究院 |
| TZ2020003 | PCCP管放空断丝检测技术及装备 | 中国水利水电科学研究院、水利部南水北调规划设计管理局 |
| TZ2020004 | 水库大坝深水环境检测修补载人潜水器与加固平台 | 南京水利科学研究院 |
| TZ2020005 | 苏南运河沿线流域区域城市防汛排涝联合调度系统 | 南京水利科学研究院 |
| TZ2020006 | 水工混凝土结构建造运行实时温控仿真分析技术 | 长江水利委员会长江科学院 |
| TZ2020007 | 多模型径流中长期集合预报系统 | 长江水利委员会长江科学院 |
| TZ2020008 | 游荡性河道“三级流路”塑造及控制技术 | 黄河水利委员会黄河水利科学研究院 |
| TZ2020009 | 大型灌区水泵磨蚀防护技术 | 黄河水利委员会黄河水利科学研究院 |
| TZ2020010 | 洪水实时预报与精细化调度技术 | 珠江水利委员会珠江水利科学研究院、广东省水文局惠州水文分局 |
| TZ2020011 | 基于土壤侵蚀变化量的水土保持治理成效评价技术 | 珠江水利委员会珠江流域水土保持监测中心站、珠江水利委员会珠江水利科学研究院 |
| TZ2020012 | 河湖生态补水与地下水回补技术 | 水利部水利水电规划设计总院 |
| TZ2020013 | 水系统及泵站工程运行快速测试技术与安全评价服务平台 | 中水北方勘测设计研究有限责任公司 |
| TZ2020014 | 深水厚覆盖大型岩塞爆破关键技术 | 中水东北勘测设计研究有限责任公司 |
| TZ2020015 | 混凝土坝全坝基无盖重固结灌浆关键技术 | 长江勘测规划设计研究有限责任公司 |
| TZ2020016 | 解决面板坝施工期坝体反渗水问题的结构及其构造方法 | 长江勘测规划设计研究有限责任公司 |
| TZ2020017 | 水工混凝土重碳酸及碳酸腐蚀机理与抗腐蚀技术 | 黄河勘测规划设计研究院有限公司 |
| TZ2020018 | 地下水信息接收处理软件 | 水利部信息中心、西安山脉科技股份有限公司 |
| TZ2020019 | 地下水资源信息发布系统软件 | 水利部信息中心、北京超图软件股份有限公司 |
| TZ2020020 | 堰高可调水量测控一体化设备 | 中国灌溉排水发展中心、陕西兴源自动化控制系统有限公司 |
| TZ2020021 | 灌区渠道混凝土防渗无缝施工技术 | 中国灌溉排水发展中心、湖南省双牌水库管理局 |
| TZ2020022 | 降雨侵蚀力计算软件 | 水利部水土保持监测中心 |
| TZ2020023 | 全国水资源税征收取用水信息管理系统 | 水利部水资源管理中心、北京亿沃特信息技术有限公司 |
| TZ2020024 | 河口海岸风暴潮高精度预报预警关键技术 | 河海大学、南京江河汇成信息科技有限公司 |

续表

| 编号 | 技术名称 | 持有单位 |
|---|---|---|
| TZ2020025 | 基于根系层浅水埋深的水稻节水灌溉技术 | 河海大学 |
| TZ2020026 | 耦合数值天气预报的水库群预报优化调度系统 | 大连理工大学、松辽水利委员会水文局（信息中心） |
| TZ2020027 | 混凝土仓面小气候自适应控制系统 | 中国三峡建设管理有限公司、中国水利水电科学研究院 |
| TZ2020028 | 隧道工程地质编录倾斜摄影技术 | 长江三峡勘测研究院有限公司（武汉） |
| TZ2020029 | 农村水电站安全评定技术 | 水利部农村电气化研究所 |
| TZ2020030 | 多网智能测控数传终端 | 水利部南京水利水文自动化研究所、江苏南水科技有限公司 |
| TZ2020031 | 水轮机表面稀土改性纳米复合抗磨蚀涂层关键技术 | 水利部产品质量标准研究所（水利部杭州机械设计研究所） |
| TZ2020032 | 多年生牧草地下滴灌技术 | 水利部牧区水利科学研究所 |
| TZ2020033 | 无电液控应急操作器 | 水利部机电研究所、北京世纪合兴起重科技有限公司 |
| TZ2020034 | 复杂条件下长距离地下有压箱涵不断水渗水修复技术 | 南水北调中线干线工程建设管理局天津分局 |
| TZ2020035 | 雷达波自动测流机器人 | 中国电建集团中南勘测设计研究院有限公司 |
| TZ2020036 | “金灌”灌区优化调度与信息管理系统 | 北京金水信息技术发展有限公司 |
| TZ2020037 | “金网”互联网+水利监管系统 | 北京金水信息技术发展有限公司 |
| TZ2020038 | “金遥”水利遥感信息平台 | 北京金水信息技术发展有限公司 |
| TZ2020039 | “金地”地下水业务应用平台 | 北京金水信息技术发展有限公司 |
| TZ2020040 | 城市流域精细化洪涝模型技术 | 北京市水科学技术研究院 |
| TZ2020041 | 北京市海绵城市建设效果监测与评价技术 | 北京市水科学技术研究院 |
| TZ2020042 | 慧图水旱灾害防御智能综合系统 V4.0 | 北京慧图科技股份有限公司 |
| TZ2020043 | 智慧河长制信息管理系统 V1.0 | 北京慧图科技股份有限公司 |
| TZ2020044 | 工程勘察信息数字采集及应用技术 | 黄河勘测规划设计研究院有限公司 |
| TZ2020045 | 水利水电工程安全监测智能化数据管理分析及决策支持系统 | 中水东北勘测设计研究有限责任公司 |
| TZ2020046 | 区域水库大坝安全管理监督与监测预警系统 | 南京水利科学研究院 |
| TZ2020047 | 水库大坝安全鉴定智能支持云平台 | 南京水利科学研究院 |
| TZ2020048 | 土石坝激光静力水准垂直变位监测技术 | 山东省水利科学研究院 |
| TZ2020049 | 土石坝测压管激光跟踪水位监测技术 | 山东省水利科学研究院 |
| TZ2020050 | 结构多场仿真与非线性分析软件 SAPTIS | 中国水利水电科学研究院 |
| TZ2020051 | 水利水电工程渗漏无损综合探测技术 | 中水北方勘测设计研究有限责任公司 |
| TZ2020052 | 干旱区地下水库建设关键技术 | 新疆水利水电规划设计管理局 |
| TZ2020053 | 基于数字图像的河床表面结构观测及分析技术 | 长江水利委员会长江科学院 |

续表

| 编号 | 技 术 名 称 | 持 有 单 位 |
|---|---|---|
| TZ2020054 | 网筋人工石群水下护岸工程技术 | 长江水利委员会长江科学院 |
| TZ2020055 | CK－RMS小型水库动态监管系统 | 长江水利委员会长江科学院 |
| TZ2020056 | 工程建设征地移民信息采集系统软件 | 长江勘测规划设计研究有限责任公司 |
| TZ2020057 | 滑坡群重大变形应急抢险工程勘察与防治关键技术 | 长江岩土工程总公司（武汉） |
| TZ2020058 | 水利水电工程大顶角超深斜孔钻探关键技术 | 长江岩土工程总公司（武汉） |
| TZ2020059 | 超长杆重型、超重型圆锥动力触探锤击数修正方法 | 长江三峡勘测研究院有限公司（武汉） |
| TZ2020060 | 长距离调水工程测量控制系统关键技术 | 长江空间信息技术工程有限公司（武汉） |
| TZ2020061 | 输水隧洞衬砌结构脱空检测关键技术 | 长江地球物理探测（武汉）有限公司 |
| *TZ2020062 | 水库大坝渗漏无损探测技术 | 长江地球物理探测（武汉）有限公司 |
| TZ2020063 | 隔离式防雷接地及物联网技术 | 深圳远征技术有限公司 |
| TZ2020064 | 集团化发电企业运管一体化平台 | 湖南江河机电自动化设备股份有限公司 |
| TZ2020065 | 预应力钢筒混凝土管（PCCP）断丝检测和监测技术 | 赛莱默（中国）有限公司 |
| TZ2020066 | 水文缆道远程在线控制系统 | 长江水利委员会水文局长江中游水文水资源勘测局 |
| TZ2020067 | 水利水电工程移民全过程智慧管理关键技术 | 江河水利水电咨询中心、贵州省水利水电勘测设计研究院有限公司 |
| TZ2020068 | 真空虹吸管道射流高速输水智能化系统 | 北京中瀚环球真空流体科技有限责任公司 |
| TZ2020069 | 双轴取向自增强聚氯乙烯（PVC－O）输水管道 | 河北建投宝塑管业有限公司 |
| *TZ2020070 | 大口径微功耗多声路超声测流技术及系统 | 汇中仪表股份有限公司 |
| TZ2020071 | 水电工程水泥基生境基材活性化增强技术 | 三峡大学、湖北润智生态科技有限公司 |
| TZ2020072 | 水电站云端智能管理服务系统 | 湖南四方利水自动化设备有限公司 |
| TZ2020073 | 高分子聚合物板桩技术 | 扬州扬子新型建材科技有限公司 |
| TZ2020074 | 基于ROV的引水隧洞综合检测技术 | 上海遨拓深水装备技术开发有限公司、中国电建集团昆明勘测设计研究院有限公司 |
| TZ2020075 | 输水工程长中短期优化调度系统 | 大连理工大学、松辽水利委员会水文局（信息中心） |
| TZ2020076 | 高海拔水利管网施工技术 | 四川远宏济建设工程有限公司 |
| TZ2020077 | 承插式涂塑复合钢管 | 云南固特邦钢塑管道制造有限公司 |
| TZ2020078 | 混凝土全包封管道施工技术 | 北京翔鲲水务建设有限公司 |
| TZ2020079 | HF高强耐磨粉煤灰混凝土（HF混凝土）成套技术 | 甘肃巨才电力技术有限责任公司 |
| TZ2020080 | 大坝内部变形监测智能机器人系统 | 贵州省水利水电勘测设计研究院有限公司、深圳大学、江河水利水电咨询中心 |
| TZ2020081 | 预制射流板桩水力沉板技术 | 黑龙江省水利科学研究院、大庆中油恩普工程技术有限公司 |

续表

| 编号 | 技 术 名 称 | 持 有 单 位 |
| --- | --- | --- |
| TZ2020082 | 一种新型水利工程施工用清淤装置 | 山东菏泽黄河工程局 |
| TZ2020083 | 土石结合部渗透破坏测试技术 | 黄河水利委员会黄河水利科学研究院 |
| TZ2020084 | 超长联大跨连续梁设计关键技术 | 黄河勘测规划设计研究院有限公司 |
| TZ2020085 | 新型聚氨酯生态碎石护坡应用技术 | 南京瑞迪建设科技有限公司、上海铭欧实业发展有限公司 |
| TZ2020086 | 顶进施工法用预应力钢筒混凝土管 | 山东龙泉管道工程股份有限公司 |
| TZ2020087 | 朗天生态绿化混凝土 | 上海朗天环境科技有限公司 |
| TZ2020088 | 基于钻进过程信息挖掘的岩体力学特性感知系统 | 中国水利水电科学研究院 |
| TZ2020089 | 面板堆石坝精细化模拟与动态控制关键技术 | 中国水利水电科学研究院、南京水利科学研究院、河南省河口村水库工程建设管理局 |
| TZ2020090 | 东北侵蚀沟生态砖砌护坡治理技术 | 中国水利水电科学研究院 |
| TZ2020091 | 低热沥青灌浆堵漏技术 | 中国水利水电科学研究院、四川共拓岩土科技股份有限公司 |
| TZ2020092 | 输水建筑物混凝土表面防淡水壳菜附着及功能性环氧涂层防护技术 | 中国水利水电科学研究院、北京中水科海利工程技术有限公司 |
| TZ2020093 | 一种用于平原区有压输水管道的混凝土压力箱分水结构 | 中水北方勘测设计研究有限责任公司 |
| TZ2020094 | 混凝土表面多功能成型机 | 新疆额尔齐斯河流域开发工程建设管理局 |
| TZ2020095 | 严寒地区混凝土坝保温技术 | 新疆额尔齐斯河流域开发工程建设管理局、中国水利水电科学研究院、北京中水科海利工程技术有限公司 |
| TZ2020096 | 石膏基复合胶结料稳定土及构件 | 长江水利委员会长江科学院 |
| TZ2020097 | 水工隧洞绳索钻杆双回路水压致裂法地应力测试技术 | 长江水利委员会长江科学院 |
| TZ2020098 | 水工隧洞开挖影响带补强加固复合灌浆材料 | 长江水利委员会长江科学院、武汉长江科创科技发展有限公司 |
| TZ2020099 | 水利工程输水隧洞通用新型止水防渗体系 | 长江水利委员会长江科学院、武汉长江科创科技发展有限公司 |
| TZ2020100 | 微弯弧形跨宽槽钢筋 | 长江勘测规划设计研究有限责任公司 |
| TZ2020101 | 泥衣包裹岩芯钻进取芯技术 | 长江岩土工程总公司（武汉） |
| * TZ2020102 | 高强度塑钢组合板桩及生态护岸 | 海盐汇祥新型建材科技有限公司 |
| * TZ2020103 | 五丰生态砌块 | 嘉兴五丰生态环境科技有限公司 |
| TZ2020104 | 纳米（纳硅）混凝土及钢结构防护涂层 | 重庆卡勒斯通科技有限公司、长江水利委员会长江科学院 |
| TZ2020105 | EIC 重力坝结构与安全分析软件 | 中水珠江规划勘测设计有限公司 |
| * TZ2020106 | 生态加筋土结构 | 马克菲尔（长沙）新型支档科技开发有限公司 |
| TZ2020107 | SmartBall® 自由行进式管道泄漏检测技术 | 赛莱默（中国）有限公司 |

续表

| 编号 | 技 术 名 称 | 持 有 单 位 |
|---|---|---|
| TZ2020108 | 钢坝闸门 | 扬州楚门机电设备制造有限公司 |
| * TZ2020109 | eISU－R10 型物联网一体化雨量站 | 北京艾力泰尔信息技术股份有限公司 |
| TZ2020110 | 山洪灾害运行维护管理系统 V1.0 | 北京国信华源科技有限公司 |
| TZ2020111 | 水库安全综合管理系统 V1.0 | 北京国信华源科技有限公司 |
| TZ2020112 | 基于广义水平衡演化的区域干旱评价技术 | 中国水利水电科学研究院 |
| TZ2020113 | H5110 型遥测终端机 | 深圳市宏电技术股份有限公司 |
| TZ2020114 | H7760C 型无线广播预警终端 | 深圳市宏电技术股份有限公司 |
| TZ2020115 | 宏电站网运维管理系统软件 | 深圳市宏电技术股份有限公司 |
| TZ2020116 | KH. WTU－300 型遥测终端机 | 深圳市科皓信息技术有限公司 |
| TZ2020117 | 城市内涝分析系统 | 深圳市协润科技有限公司 |
| TZ2020118 | 基于船载 InSAR 技术的天-地协同库岸滑坡监测技术 | 贵州省水利水电勘测设计研究院有限公司、武汉大学、江河水利水电咨询中心 |
| * TZ2020119 | XD 遥测水位计 | 唐山现代工控技术有限公司 |
| * TZ2020120 | YLN－S106 遥测终端机 | 湖北亿立能科技股份有限公司 |
| * TZ2020121 | YLN－YQS 型气泡式水位计 | 湖北亿立能科技股份有限公司 |
| TZ2020122 | 农村基层多信息联合防汛预警与决策指挥支持技术 | 大连理工大学 |
| TZ2020123 | 防洪保护区动态洪水风险分析系统 | 大连智水慧成科技有限责任公司、大连理工大学 |
| TZ2020124 | 松辽流域洪水编号及预警平台 | 大连智水慧成科技有限责任公司、大连理工大学 |
| TZ2020125 | 农村基层防汛指挥调度决策系统 | 山东锋士信息技术有限公司 |
| TZ2020126 | 入户型山洪灾害防治无线预警广播系统 | 中国水利水电科学研究院、丹东新北方通讯电器有限公司 |
| TZ2020127 | 山洪灾害在线监测识别预警方法及预警系统 | 长江水利委员会长江科学院 |
| * TZ2020128 | 铝合金防汛抢险舟 | 重庆京穗船舶制造有限公司 |
| * TZ2020129 | JS－580X 新型喷水式抢险突击舟 | 重庆京穗船舶制造有限公司 |
| TZ2020130 | 一体化内涝监测设备 | 珠江水利委员会珠江水利科学研究院 |
| TZ2020131 | 洪水实时模拟与洪灾动态评估技术 | 珠江水利委员会珠江水利科学研究院、广州珠科院工程勘察设计有限公司 |
| TZ2020132 | 河流警戒水位量化计算方法 | 水利部珠江水利委员会技术咨询中心 |
| TZ2020133 | 大范围海域实时水位解算方法 | 中水珠江规划勘测设计有限公司 |
| TZ2020134 | 小型水库群实时洪水预报技术 | 河海大学 |
| TZ2020135 | 洪水概率预报技术 | 淮河水利委员会水文局（信息中心）、河海大学 |
| TZ2020136 | 城市河道防汛特征水位划定技术 | 北京市水科学技术研究院 |
| TZ2020137 | F9103 系列无线预警广播 | 厦门四信通信科技有限公司 |
| TZ2020138 | 一种低功耗水雨情监测设备 | 南京三万物联网科技有限公司 |

续表

| 编号 | 技 术 名 称 | 持 有 单 位 |
|---|---|---|
| TZ2020139 | HRMC. WY－1 型压力式水位计 | 陕西恒瑞测控系统有限公司 |
| TZ2020140 | 水情云会商管理系统 V2.0 | 北京艾力泰尔信息技术股份有限公司 |
| TZ2020141 | 河长制信息化管理系统 | 北京国信华源科技有限公司 |
| TZ2020142 | 智图云智慧水务三维可视化系统 V2.0 | 北京浩宇天地测绘科技发展有限公司 |
| TZ2020143 | ZKGD2000－M 型地下水位监测仪 | 北京中科光大自动化技术有限公司 |
| TZ2020144 | 地下水超采综合治理技术 | 水利部水利水电规划设计总院 |
| TZ2020145 | HC. WQX20－1 型气泡式水位计 | 东莞市海川博通信息科技有限公司 |
| TZ2020146 | H1688 声学多普勒流量计 | 深圳市宏电技术股份有限公司 |
| TZ2020147 | 水文水资源数据采集传输仪 | 中科星图（深圳）数字技术产业研发中心有限公司 |
| * TZ2020148 | 超声波时差法明渠（河流）测流仪 | 武汉先达监测技术股份有限公司 |
| TZ2020149 | 水资源动态管控与精细化管理关键技术 | 黄河水利委员会信息中心、河南黄河信息技术公司 |
| TZ2020150 | LDZ－1 无人机测流装备 | 水利部南京水利水文自动化研究所、中航金城无人系统有限公司 |
| TZ2020151 | 复杂江河湖水资源多目标联合调度技术 | 南京水利科学研究院 |
| TZ2020152 | 水文测验设备的联控装置 | 长江水利委员会水文局荆江水文水资源勘测局 |
| TZ2020153 | 用于大批量检测水中氨氮的酶标仪微量比色法 | 长江水利委员会水文局、长江水利委员会水文局汉江水文水资源勘测局 |
| TZ2020154 | 基于多目标层次分析法的流域水资源配置决策会商技术 | 长江水利委员会长江科学院 |
| TZ2020155 | 流域水资源管理与应急监测新一代信息技术 | 长江水利委员会长江科学院、云南省水利水电勘测设计研究院 |
| TZ2020156 | 大型跨流域调水水库多目标调度技术 | 长江勘测规划设计研究有限责任公司 |
| TZ2020157 | 基于目标导向的水库群综合调度决策系统 | 长江勘测规划设计研究有限责任公司、流域枢纽运行管理中心 |
| TZ2020158 | SSXX－JDC－105 翻斗称重式雨雪量计 | 郑州山水信息科技有限公司 |
| TZ2020159 | MGG/KL 型电磁流量计 | 开封开流仪表有限公司 |
| TZ2020160 | 高效节水节能海水淡化成套装备 | 南京非并网新能源科技有限公司 |
| TZ2020161 | 新一代人工智能降雨（气象）监测系统 | 江苏微之润智能技术有限公司 |
| TZ2020162 | 高性能水工情一体化采控终端 | 江苏微之润智能技术有限公司 |
| TZ2020163 | 多要素无人船综合测量系统 | 中国三峡建设管理有限公司、中国水利水电科学研究院 |
| TZ2020164 | 小水电智能化无人控制系统 | 福建省力得自动化设备有限公司、福建省水利水电勘测设计研究院 |
| TZ2020165 | 小水电智能运维集控云平台 | 福建省力得自动化设备有限公司、福建省水利水电勘测设计研究院 |

续表

| 编号 | 技 术 名 称 | 持 有 单 位 |
|---|---|---|
| TZ2020166 | 天地一体化水利大数据管理平台 | 汕头市潮和科技有限公司 |
| TZ2020167 | 东深水库综合监控信息管理系统 | 深圳市东深电子股份有限公司 |
| TZ2020168 | 物联网水利大数据平台 | 中科星图（深圳）数字技术产业研发中心有限公司 |
| TZ2020169 | ADCP 远程监控循环系统 | 黄河水利委员会宁蒙水文水资源局 |
| TZ2020170 | 流域极端来水超长期预报技术 | 松花江水力发电有限公司丰满大坝重建工程建设局、松花江水力发电有限公司吉林丰满发电厂、中国水利水电科学研究院 |
| TZ2020171 | AISL 1501 型智慧水尺 | 南京管科智能科技有限公司 |
| TZ2020172 | 南水多信道数据采集软件 | 水利部南京水利水文自动化研究所、江苏南水科技有限公司 |
| TZ2020173 | FFH100 型自动蒸发器 | 江苏南水水务科技有限公司 |
| TZ2020174 | WCT100 型图像水尺水位识别系统 | 江苏南水水务科技有限公司 |
| TZ2020175 | 智慧河湖管理信息系统 V2.0 | 山东锋士信息技术有限公司 |
| * TZ2020176 | 多用户物联网智能超声水表及管理云平台 | 山东力创科技股份有限公司 |
| TZ2020177 | 河湖水域岸线遥感监测系统 | 济南大学、中国水利水电科学研究院、北京北科博研科技有限公司 |
| TZ2020178 | 流域降水预报服务平台 | 中国水利水电科学研究院 |
| TZ2020179 | 基于耦合平衡的城市雨水立体缓释调控技术 | 中国水利水电科学研究院 |
| TZ2020180 | 实际灌溉面积遥感监测技术 | 中国水利水电科学研究院、中国灌溉排水发展中心、渭南市东雷二期抽黄工程管理中心、山东易图信息技术有限公司、北京易测天地科技有限公司 |
| TZ2020181 | 利用回声测深进行大水深测量校正技术 | 长江水利委员会水文局长江上游水文水资源勘测局 |
| TZ2020182 | 融合多源地形数据的堰塞湖溃决及洪水预测技术 | 长江水利委员会长江科学院、长江勘测规划设计研究有限责任公司 |
| TZ2020183 | 河道演变分析及模型数据处理软件 | 长江水利委员会长江科学院 |
| TZ2020184 | 水工隧洞弹性波超前地质预报系统（TEP) | 长江水利委员会长江科学院 |
| TZ2020185 | 基于物联网的库岸边坡智能监测技术 | 长江勘测规划设计研究有限责任公司、中国三峡建设管理有限公司乌东德工程建设部、基康仪器股份有限公司、武汉宏数信息技术有限责任公司、长江信达软件技术（武汉）有限责任公司 |
| TZ2020186 | 珠江流域片枯季旱情遥感监测系统 | 珠江水利委员会珠江水利科学研究院 |
| TZ2020187 | 咸潮上溯物理模型试验技术 | 珠江水利委员会珠江水利科学研究院 |
| TZ2020188 | 水利工程动态监管系统 V1.0 | 广东华南水电高新技术开发有限公司、珠江水利委员会珠江水利科学研究院 |
| TZ2020189 | 三维快速植生垫防护系统 | 马克菲尔（长沙）新型支档科技开发有限公司 |

续表

| 编号 | 技 术 名 称 | 持 有 单 位 |
| --- | --- | --- |
| TZ2020190 | 智慧水务综合服务平台 | 新疆河润水业有限责任公司 |
| TZ2020191 | 基于跨平台的智慧水务水电综合管理信息系统 | 钛能科技股份有限公司 |
| TZ2020192 | 全国取水许可电子证照信息整编和数据交换平台 | 北京亿沃特信息技术有限公司 |
| TZ2020193 | 基于“云大物移智”技术的智慧水利基础设施系统 | 北京众谊越泰科技有限公司 |
| TZ2020194 | 基于复合指纹识别的流域泥沙来源判别技术 | 中国三峡建设管理有限公司、中国水利水电科学研究院 |
| TZ2020195 | 区域水土流失监测与消长评价技术 | 中国三峡建设管理有限公司、中国水利水电科学研究院 |
| TZ2020196 | 黄河下游放淤固堤工程加快淤背体排水速率技术 | 山东菏泽黄河工程局 |
| TZ2020197 | 风沙观测技术与系统化观测设备 | 水利部牧区水利科学研究所 |
| TZ2020198 | 宁夏水土保持动态监测管理系统 | 宁夏回族自治区水土保持监测总站、北京北科博研科技有限公司 |
| TZ2020199 | 协同超净化水土共治技术 | 上海金铎禹辰水环境工程有限公司 |
| TZ2020200 | 流域水土保持监管服务平台 | 太湖流域管理局太湖流域水土保持监测中心站、北京北科博研科技有限公司 |
| TZ2020201 | 二维水冰沙耦合数值模拟系统（RICES2D） | 中国水利水电科学研究院 |
| TZ2020202 | 生产建设项目土壤流失量测算技术 | 中国水利水电科学研究院 |
| TZ2020203 | 长江中下游分汊河段滩槽控导关键技术 | 长江水利委员会长江科学院 |
| TZ2020204 | 水库一维全沙运动数值模拟技术 | 长江水利委员会长江科学院 |
| TZ2020205 | 大数据背景下水土保持智能化信息技术 | 长江水利委员会长江科学院 |
| TZ2020206 | 基于 XCJ 型采样器技改的悬移质泥沙采样器 | 珠江水文水资源勘测中心 |
| TZ2020207 | SFCW - TDR 土壤水分监测技术 | 天津特利普尔科技有限公司 |
| TZ2020208 | SDD - 1 科瑞菲尔灭除芦苇技术 | 北京百雅冠友科技有限公司 |
| TZ2020209 | SDD - 2 科瑞菲尔高效降氮技术 | 北京百雅冠友科技有限公司 |
| TZ2020210 | 一种基于气相分子吸收光谱法的全自动 $COD_{Mn}$ 分析技术 | 水利部珠江水利委员会水文局、珠江流域水环境监测中心、辽宁省河库管理服务中心（辽宁省水文局）、上海北裕分析仪器股份有限公司 |
| TZ2020211 | 黔中水源保护区常态化监管平台 | 贵州省水利水电勘测设计研究院有限公司、江河水利水电咨询中心 |
| TZ2020212 | 湖北省退化湖泊生态修复技术集成与示范 | 湖北省水利水电科学研究院 |
| TZ2020213 | 南水北调中线干渠浮油拦截收集系统 | 黄河水利委员会黄河机械厂 |
| TZ2020214 | 固结植生生态护坡技术 | 黄河水利委员会黄河水利科学研究院 |
| TZ2020215 | 水污染应急调度关键技术 | 黄河水资源保护科学研究院 |
| TZ2020216 | 城市生态水系规划技术 | 黄河勘测规划设计研究院有限公司 |
| TZ2020217 | 生态景观（仿木）护岸桩 | 江苏麦廊新材料科技有限公司 |

续表

| 编号 | 技 术 名 称 | 持 有 单 位 |
|---|---|---|
| TZ2020218 | 丘陵山区生态清洁小流域治理成套技术 | 江苏省连云港市赣榆区夹谷山水土保持试验站 |
| TZ2020219 | 平原城市河网动力调控水环境提升技术 | 南京水利科学研究院 |
| TZ2020220 | 流域重大工程生态影响监测与评估技术 | 南京水利科学研究院 |
| TZ2020221 | 水资源量质效协同调控技术与软件平台 | 南京水利科学研究院 |
| TZ2020222 | SHEP 水环境长效综合治理技术 | 上海山恒生态科技股份有限公司 |
| TZ2020223 | CDBY－1 科瑞菲尔灭藻技术 | 成都百雅科技有限公司 |
| TZ2020224 | CDBY－2 科瑞菲尔水体灭草技术 | 成都百雅科技有限公司 |
| TZ2020225 | CDBY－3 科瑞菲尔灭菌技术 | 成都百雅科技有限公司 |
| * TZ2020226 | WRI 河床式复合生物氧化技术 | 天津万润华夏环境技术有限公司 |
| TZ2020227 | 大型水库库滨带生态修复技术 | 长江水资源保护科学研究所、华中农业大学 |
| TZ2020228 | 净魔方河湖水环境原位修复技术 | 长江勘测规划设计研究有限责任公司、韩国河川环境综合技术研究所 |
| TZ2020229 | 一种适于河流湖泊的原位样品采集和传感技术 | 珠江水利委员会珠江水利科学研究院、南京大学、南京维申环保科技有限公司 |
| TZ2020230 | 多功能全自动地下水采样设备 | 北京市水科学技术研究院 |
| TZ2020231 | 重度污染湖泊综合治理技术 | 武汉中科水生环境工程股份有限公司、广州市水电建设工程有限公司、广州水电设计咨询有限公司 |
| TZ2020232 | ISER 河道底泥原位生态修复及资源化建设生态护岸成套技术 | 堡森（上海）环境工程有限公司 |
| TZ2020233 | 基于 BIM 技术的机关节水监控平台 | 北京奥特美克科技股份有限公司 |
| TZ2020234 | 适用于蒸发冷系统的 ECT 水处理装置 | 北京洁禹通环保科技有限公司 |
| TZ2020235 | 公共机构系列冲厕节水器具 | 河南上善科技有限公司 |
| TZ2020236 | 移动支付（扫码技术）在机井控制与水价改革方面的应用 | 河南沃德智能化工程有限公司 |
| TZ2020237 | 水利工程施工营地移动式一体化污水处理设备 | 山东黄河河务局工程建设中心 |
| TZ2020238 | 旋转错流式膜分离设备 | 苏州膜海水务科技有限公司 |
| TZ2020239 | RD 系列污水处理及水质提升技术 | 南京瑞迪建设科技有限公司、南京水利科学研究院 |
| TZ2020240 | 复合式活水提质技术 | 南京瑞迪建设科技有限公司、南京水利科学研究院 |
| TZ2020241 | 海水淡化无土水培种植高效节水技术 | 青岛风生海水淡化研究院有限公司 |
| * TZ2020242 | 集成式一体化生活污水处理设备 | 青岛鑫源环保集团有限公司 |
| TZ2020243 | 流量分区智能供水系统 | 山东科源供排水设备工程有限公司、中国水利水电科学研究院、北京中水润德科技有限公司 |
| TZ2020244 | 自来水排空式防冻出水装置 | 陕西渭水源实业有限公司 |

续表

| 编号 | 技 术 名 称 | 持 有 单 位 |
|---|---|---|
| TZ2020245 | 水源水库扬水曝气水质污染控制技术 | 西安建筑科技大学、西安唯源环保科技有限公司 |
| TZ2020246 | “一杯水”高效节水系列技术 | 义源（上海）节能环保科技有限公司、中国水利水电科学研究院 |
| * TZ2020247 | 阿尔益复合硅酸铝水处理技术 | 四川瑞泽科技有限责任公司 |
| TZ2020248 | 基于遥感 ET 的农业节水规划与耗水管理系统 | 新疆水利水电科学研究院、中国水利水电科学研究院 |
| TZ2020249 | 基于电化学氧化的污染水体氨氮去除技术与装置 | 长江水利委员会长江科学院 |
| TZ2020250 | 建筑楼房节水技术 | 苍南涟漪节水工程有限公司 |
| TZ2020251 | 节水型物联网净水机 | 宁波龙巍环境科技有限公司 |
| TZ2020252 | JS 牌 BW 型一体化净水设备 | 绍兴金生水处理设备有限公司 |
| TZ2020253 | FLGJ 型不锈钢一体化净水器 | 福州福龙膜科技开发有限公司 |
| * TZ2020254 | HC 型智联模块式消毒设备 | 浙江华晨环保有限公司 |
| * TZ2020255 | 物联网机井灌溉一体化系统 | 北京新水源景科技股份有限公司 |
| TZ2020256 | 东深农村饮水安全信息管理系统 | 深圳市东深电子股份有限公司 |
| TZ2020257 | 灌区自动化管理系统 V1.0 | 深圳市协润科技有限公司 |
| TZ2020258 | 农村饮用水安全智慧化监管云平台 V1.0 | 中科星图（深圳）数字技术产业研发中心有限公司 |
| TZ2020259 | 一种重力式全自动净水装置 | 广州市波华水处理设备有限公司 |
| TZ2020260 | 农田多源信息采集技术 | 水利部农田灌溉研究所、中国农业科学院农田灌溉研究所 |
| TZ2020261 | 高纯二氧化氯加药消毒技术 | 黑龙江省水利科学研究院、北京资顺晨化科技有限公司 |
| TZ2020262 | 粳稻灌区田间节水灌溉技术集成模式 | 黑龙江省水利科学研究院 |
| TZ2020263 | 自动清洗型紫外线消毒技术 | 黑龙江省水利科学研究院、北京资顺晨化科技有限公司 |
| TZ2020264 | 超声波时差法量水槽 | 武汉先达监测技术股份有限公司 |
| TZ2020265 | 基于现场制取次氯酸钠的智能水处理消毒设备 | 湖南京昌生物科技有限公司 |
| TZ2020266 | 基于 3S 的灌区灌溉需水预测与配水决策技术 | 黄河水利委员会黄河水利科学研究院 |
| TZ2020267 | 基于智能手机的水稻水分亏缺诊断技术 | 河海大学、昆山市城市水系调度与信息管理处 |
| TZ2020268 | 基于物联网的灌区智慧管理云平台 | 南京水利科学研究院 |
| TZ2020269 | 户型饲草料地光伏提水滴灌技术 | 水利部牧区水利科学研究所 |
| TZ2020270 | 农村饮水安全信息化系统 V5.0 | 山东锋士信息技术有限公司 |
| TZ2020271 | 灌区用水信息测报平台 | 中国水利水电科学研究院 |
| TZ2020272 | 水田量-控-灌一体化智能决策系统（PFIS）V1.0 | 中国水利水电科学研究院 |

续表

| 编号 | 技 术 名 称 | 持 有 单 位 |
| --- | --- | --- |
| TZ2020273 | 物联网农业智能节水灌溉系统 | 珠江水利委员会珠江水利科学研究院、广东华南水电高新技术开发有限公司 |
| TZ2020274 | 城镇污泥无害化处理与农林资源化利用技术 | 珠江水利委员会珠江水利科学研究院、广州珠科院工程勘察设计有限公司 |
| TZ2020275 | 农村生活排水土地处理技术（装配式污水处理湿地） | 北京市水科学技术研究院 |
| TZ2020276 | 农村“智慧水厂”技术 | 上海润源水务科技有限公司 |
| TZ2020277 | 奥特美克测水箱 | 北京奥特美克科技股份有限公司 |
| TZ2020278 | 一种应用于全渠系管控的低功耗高效率智慧闸门 | 北京奥特美克科技股份有限公司 |
| TZ2020279 | XD输水管道阀门监控系统 | 唐山现代工控技术有限公司 |
| TZ2020280 | XD闸门测控系统 | 唐山现代工控技术有限公司 |
| TZ2020281 | XD闸门测控仪 | 唐山现代工控技术有限公司 |
| TZ2020282 | 低水头液压闸门 | 三门峡新华水工机械有限责任公司 |
| TZ2020283 | 新型闭式卷扬启闭机 | 湖北咸宁三合机电股份有限公司 |
| TZ2020284 | 高压电动机干式移磁无级调压软起动装置 | 湖南科太电气有限公司 |
| TZ2020285 | 基于冗余无缝切换技术的变频装置 | 长沙奥托自动化技术有限公司 |
| TZ2020286 | 基于磁触发技术的中高压固态软起动装置 | 长沙奥托自动化技术有限公司 |
| TZ2020287 | 大流量便携式永磁变频潜水泵 | 长沙迪沃机械科技有限公司 |
| * TZ2020288 | 迪沃应急移动排水抢险车 | 长沙迪沃机械科技有限公司 |
| TZ2020289 | HHJG-1型渠道铺砂机的研制与应用 | 黄河建工集团有限公司 |
| TZ2020290 | 高标准免管护淤地坝理论技术 | 黄河勘测规划设计研究院有限公司 |
| TZ2020291 | 飞力TOPGATE一体化泵闸 | 赛莱默（中国）有限公司 |
| TZ2020292 | 一体化闸门智能控制系统 | 钛能科技股份有限公司 |
| TZ2020293 | 智能装配式井筒泵站 | 平原恒信水务科技有限公司、中国水利水电科学研究院、北京中水润德科技有限公司 |
| TZ2020294 | XMZH系列智慧集成泵站 | 上海熊猫机械（集团）有限公司 |
| TZ2020295 | RNHV系列高压变频器 | 上海雷诺尔科技股份有限公司 |
| TZ2020296 | RNMV系列高压固态软起动柜 | 上海雷诺尔科技股份有限公司 |
| TZ2020297 | 渠道量控一体化闸门 | 中国水利水电科学研究院 |
| TZ2020298 | 应急移动照明车 | 水利部机电研究所、天津水利电力机电研究所 |
| TZ2020299 | XJY型卷扬启闭机应急装置 | 浙江水利水电学院、浙江省水利水电勘测设计院、绍兴河悦机电设备有限公司 |
| TZ2020300 | 永磁电机与智能控制一体化技术 | 浙江永发机电有限公司 |
| TZ2020301 | 水上收割收集多功能一体机 | 珠江水利委员会珠江水利科学研究院、广州珠科院工程勘察设计有限公司 |

续表

| 编号 | 技 术 名 称 | 持 有 单 位 |
|---|---|---|
| TZ2020302 | 大流量两栖机动应急抢险泵车 | 湖南耐普泵业股份有限公司 |
| TZ2020303 | 斜轴泵用高压永磁电动机 | 日照东方电机有限公司 |
| TZ2020304 | 竖井贯流泵用高压永磁电动机 | 日照东方电机有限公司 |
| TZ2020305 | 液压驱动一体化测控智能闸门 | 成都万江智控科技有限公司、成都万江港利科技股份有限公司、中国水利水电科学研究院 |
| TZ2020306 | 大型水利设备过流部件循环修复再制造及表面防磨减阻节能处理技术 | 天津阿麦特工程技术有限公司、爱德艾瑞（北京）科技发展有限公司 |

**注** 排名不分先后；加 * 的为历年列入指导目录，超过三年有效期，此次通过复审列入 2020 年指导目录的技术。

# 目　录


1　西部强震区高混凝土坝抗震安全关键技术 …… 1
2　流域生态需水与生态用地联合调控关键技术 …… 3
3　PCCP管放空断丝检测技术及装备 …… 5
4　水库大坝深水环境检测修补载人潜水器与加固平台 …… 7
5　苏南运河沿线流域区域城市防汛排涝联合调度系统 …… 9
6　水工混凝土结构建造运行实时温控仿真分析技术 …… 11
7　多模型径流中长期集合预报系统 …… 13
8　游荡性河道“三级流路”塑造及控制技术 …… 15
9　大型灌区水泵磨蚀防护技术 …… 17
10　洪水实时预报与精细化调度技术 …… 19
11　基于土壤侵蚀变化量的水土保持治理成效评价技术 …… 21
12　河湖生态补水与地下水回补技术 …… 23
13　水系统及泵站工程运行快速测试技术与安全评价服务平台 …… 25
14　深水厚覆盖大型岩塞爆破关键技术 …… 27
15　混凝土坝全坝基无盖重固结灌浆关键技术 …… 29
16　解决面板坝施工期坝体反渗水问题的结构及其构造方法 …… 31
17　水工混凝土重碳酸及碳酸腐蚀机理与抗腐蚀技术 …… 33
18　地下水信息接收处理软件 …… 35
19　地下水资源信息发布系统软件 …… 37
20　堰高可调水量测控一体化设备 …… 39
21　灌区渠道混凝土防渗无缝施工技术 …… 41
22　降雨侵蚀力计算软件 …… 43
23　全国水资源税征收取用水信息管理系统 …… 45
24　河口海岸风暴潮高精度预报预警关键技术 …… 47
25　基于根系层浅水埋深的水稻节水灌溉技术 …… 49
26　耦合数值天气预报的水库群预报优化调度系统 …… 50
27　混凝土仓面小气候自适应控制系统 …… 52
28　隧道工程地质编录倾斜摄影技术 …… 54
29　农村水电站安全评定技术 …… 55
30　多网智能测控数传终端 …… 57
31　水轮机表面稀土改性纳米复合抗磨蚀涂层关键技术 …… 59

32 多年生牧草地下滴灌技术 …… 61
33 无电液控应急操作器 …… 62
34 复杂条件下长距离地下有压箱涵不断水渗水修复技术 …… 63
35 雷达波自动测流机器人 …… 64
36 “金灌”灌区优化调度与信息管理系统 …… 66
37 “金网”互联网＋水利监管系统 …… 68
38 “金遥”水利遥感信息平台 …… 70
39 “金地”地下水业务应用平台 …… 72
40 城市流域精细化洪涝模型技术 …… 74
41 北京市海绵城市建设效果监测与评价技术 …… 76
42 慧图水旱灾害防御智能综合系统 V4.0 …… 78
43 智慧河长制信息管理系统 V1.0 …… 80
44 工程勘察信息数字采集及应用技术 …… 82
45 水利水电工程安全监测智能化数据管理分析及决策支持系统 …… 84
46 区域水库大坝安全管理监督与监测预警系统 …… 86
47 水库大坝安全鉴定智能支持云平台 …… 88
48 土石坝激光静力水准垂直变位监测技术 …… 90
49 土石坝测压管激光跟踪水位监测技术 …… 91
50 结构多场仿真与非线性分析软件 SAPTIS …… 92
51 水利水电工程渗漏无损综合探测技术 …… 93
52 干旱区地下水库建设关键技术 …… 95
53 基于数字图像的河床表面结构观测及分析技术 …… 97
54 网筋人工石群水下护岸工程技术 …… 98
55 CK－RMS 小型水库动态监管系统 …… 99
56 工程建设征地移民信息采集系统软件 …… 100
57 滑坡群重大变形应急抢险工程勘察与防治关键技术 …… 101
58 水利水电工程大顶角超深斜孔钻探关键技术 …… 102
59 超长杆重型、超重型圆锥动力触探锤击数修正方法 …… 104
60 长距离调水工程测量控制系统关键技术 …… 106
61 输水隧洞衬砌结构脱空检测关键技术 …… 108
62 水库大坝渗漏无损探测技术 …… 110
63 隔离式防雷接地及物联网技术 …… 111
64 集团化发电企业运管一体化平台 …… 112
65 预应力钢筒混凝土管（PCCP）断丝检测和监测技术 …… 113
66 水文缆道远程在线控制系统 …… 115
67 水利水电工程移民全过程智慧管理关键技术 …… 116

68 真空虹吸管道射流高速输水智能化系统 …… 117
69 双轴取向自增强聚氯乙烯（PVC－O）输水管道 …… 118
70 大口径微功耗多声路超声测流技术及系统 …… 119
71 水电工程水泥基生境基材活性化增强技术 …… 120
72 水电站云端智能管理服务系统 …… 122
73 高分子聚合物板桩技术 …… 123
74 基于ROV的引水隧洞综合检测技术 …… 125
75 输水工程长中短期优化调度系统 …… 127
76 高海拔水利管网施工技术 …… 128
77 承插式涂塑复合钢管 …… 130
78 混凝土全包封管道施工技术 …… 132
79 HF高强耐磨粉煤灰混凝土（HF混凝土）成套技术 …… 134
80 大坝内部变形监测智能机器人系统 …… 136
81 预制射流板桩水力沉板技术 …… 138
82 一种新型水利工程施工用清淤装置 …… 140
83 土石结合部渗透破坏测试技术 …… 142
84 超长联大跨连续梁设计关键技术 …… 144
85 新型聚氨酯生态碎石护坡应用技术 …… 145
86 顶进施工法用预应力钢筒混凝土管 …… 146
87 朗天生态绿化混凝土 …… 148
88 基于钻进过程信息挖掘的岩体力学特性感知系统 …… 150
89 面板堆石坝精细化模拟与动态控制关键技术 …… 152
90 东北侵蚀沟生态砖砌护坡治理技术 …… 154
91 低热沥青灌浆堵漏技术 …… 156
92 输水建筑物混凝土表面防淡水壳菜附着及功能性环氧涂层防护技术 …… 158
93 一种用于平原区有压输水管道的混凝土压力箱分水结构 …… 159
94 混凝土表面多功能成型机 …… 161
95 严寒地区混凝土坝保温技术 …… 162
96 石膏基复合胶结料稳定土及构件 …… 164
97 水工隧洞绳索钻杆双回路水压致裂法地应力测试技术 …… 165
98 水工隧洞开挖影响带补强加固复合灌浆材料 …… 167
99 水利工程输水隧洞通用新型止水防渗体系 …… 168
100 微弯弧形跨宽槽钢筋 …… 170
101 泥衣包裹岩芯钻进取芯技术 …… 172
102 高强度塑钢组合板桩及生态护岸 …… 174
103 五丰生态砌块 …… 175

104　纳米（纳硅）混凝土及钢结构防护涂层 …… 177
105　EIC 重力坝结构与安全分析软件 …… 179
106　生态加筋土结构 …… 180
107　SmartBall® 自由行进式管道泄漏检测技术 …… 182
108　钢坝闸门 …… 183
109　eISU-R10 型物联网一体化雨量站 …… 185
110　山洪灾害运行维护管理系统 V1.0 …… 186
111　水库安全综合管理系统 V1.0 …… 188
112　基于广义水平衡演化的区域干旱评价技术 …… 190
113　H5110 型遥测终端机 …… 192
114　H7760C 型无线广播预警终端 …… 194
115　宏电站网运维管理系统软件 …… 196
116　KH.WTU-300 型遥测终端机 …… 197
117　城市内涝分析系统 …… 199
118　基于船载 InSAR 技术的天-地协同库岸滑坡监测技术 …… 200
119　XD 遥测水位计 …… 202
120　YLN-S106 遥测终端机 …… 204
121　YLN-YQS 型气泡式水位计 …… 206
122　农村基层多信息联合防汛预警与决策指挥支持技术 …… 207
123　防洪保护区动态洪水风险分析系统 …… 209
124　松辽流域洪水编号及预警平台 …… 211
125　农村基层防汛指挥调度决策系统 …… 213
126　入户型山洪灾害防治无线预警广播系统 …… 215
127　山洪灾害在线监测识别预警方法及预警系统 …… 217
128　铝合金防汛抢险舟 …… 219
129　JS-580X 新型喷水式抢险突击舟 …… 220
130　一体化内涝监测设备 …… 222
131　洪水实时模拟与洪灾动态评估技术 …… 223
132　河流警戒水位量化计算方法 …… 225
133　大范围海域实时水位解算方法 …… 227
134　小型水库群实时洪水预报技术 …… 229
135　洪水概率预报技术 …… 231
136　城市河道防汛特征水位划定技术 …… 233
137　F9103 系列无线预警广播 …… 235
138　一种低功耗水雨情监测设备 …… 236
139　HRMC.WY-1 型压力式水位计 …… 237

140 水情云会商管理系统 V2.0 …… 239
141 河长制信息化管理系统 …… 240
142 智图云智慧水务三维可视化系统 V2.0 …… 241
143 ZKGD2000-M 型地下水位监测仪 …… 243
144 地下水超采综合治理技术 …… 245
145 HC. WQX20-1 型气泡式水位计 …… 247
146 H1688 声学多普勒流量计 …… 248
147 水文水资源数据采集传输仪 …… 250
148 超声波时差法明渠（河流）测流仪 …… 251
149 水资源动态管控与精细化管理关键技术 …… 253
150 LDZ-1 无人机测流装备 …… 255
151 复杂江河湖水资源多目标联合调度技术 …… 256
152 水文测验设备的联控装置 …… 258
153 用于大批量检测水中氨氮的酶标仪微量比色法 …… 259
154 基于多目标层次分析法的流域水资源配置决策会商技术 …… 260
155 流域水资源管理与应急监测新一代信息技术 …… 262
156 大型跨流域调水水库多目标调度技术 …… 264
157 基于目标导向的水库群综合调度决策系统 …… 266
158 SSXX-JDC-105 翻斗称重式雨雪量计 …… 268
159 MGG/KL 型电磁流量计 …… 270
160 高效节水节能海水淡化成套装备 …… 271
161 新一代人工智能降雨（气象）监测系统 …… 273
162 高性能水工情一体化采控终端 …… 275
163 多要素无人船综合测量系统 …… 277
164 小水电智能化无人控制系统 …… 279
165 小水电智能运维集控云平台 …… 281
166 天地一体化水利大数据管理平台 …… 282
167 东深水库综合监控信息管理系统 …… 283
168 物联网水利大数据平台 …… 284
169 ADCP 远程监控循环系统 …… 286
170 流域极端来水超长期预报技术 …… 287
171 AISL 1501 型智慧水尺 …… 289
172 南水多信道数据采集软件 …… 291
173 FFH100 型自动蒸发器 …… 292
174 WCT100 型图像水尺水位识别系统 …… 293
175 智慧河湖管理信息系统 V2.0 …… 294

176 多用户物联网智能超声水表及管理云平台 …… 295
177 河湖水域岸线遥感监测系统 …… 296
178 流域降水预报服务平台 …… 298
179 基于耦合平衡的城市雨水立体缓释调控技术 …… 300
180 实际灌溉面积遥感监测技术 …… 302
181 利用回声测深进行大水深测量校正技术 …… 304
182 融合多源地形数据的堰塞湖溃决及洪水预测技术 …… 306
183 河道演变分析及模型数据处理软件 …… 308
184 水工隧洞弹性波超前地质预报系统（TEP） …… 310
185 基于物联网的库岸边坡智能监测技术 …… 312
186 珠江流域片枯季旱情遥感监测系统 …… 314
187 咸潮上溯物理模型试验技术 …… 316
188 水利工程动态监管系统 V1.0 …… 318
189 三维快速植生垫防护系统 …… 320
190 智慧水务综合服务平台 …… 322
191 基于跨平台的智慧水务水电综合管理信息系统 …… 323
192 全国取水许可电子证照信息整编和数据交换平台 …… 325
193 基于“云大物移智”技术的智慧水利基础设施系统 …… 326
194 基于复合指纹识别的流域泥沙来源判别技术 …… 328
195 区域水土流失监测与消长评价技术 …… 330
196 黄河下游放淤固堤工程加快淤背体排水速率技术 …… 332
197 风沙观测技术与系统化观测设备 …… 334
198 宁夏水土保持动态监测管理系统 …… 336
199 协同超净化水土共治技术 …… 338
200 流域水土保持监管服务平台 …… 339
201 二维水冰沙耦合数值模拟系统（RICES2D） …… 341
202 生产建设项目土壤流失量测算技术 …… 343
203 长江中下游分汊河段滩槽控导关键技术 …… 346
204 水库一维全沙运动数值模拟技术 …… 348
205 大数据背景下水土保持智能化信息技术 …… 350
206 基于 XCJ 型采样器技改的悬移质泥沙采样器 …… 352
207 SFCW - TDR 土壤水分监测技术 …… 354
208 SDD - 1 科瑞菲尔灭除芦苇技术 …… 356
209 SDD - 2 科瑞菲尔高效降氮技术 …… 357
210 一种基于气相分子吸收光谱法的全自动 $COD_{Mn}$ 分析技术 …… 358
211 黔中水源保护区常态化监管平台 …… 360

212　湖北省退化湖泊生态修复技术集成与示范 …… 362
213　南水北调中线干渠浮油拦截收集系统 …… 364
214　固结植生生态护坡技术 …… 366
215　水污染应急调度关键技术 …… 367
216　城市生态水系规划技术 …… 369
217　生态景观（仿木）护岸桩 …… 371
218　丘陵山区生态清洁小流域治理成套技术 …… 373
219　平原城市河网动力调控水环境提升技术 …… 375
220　流域重大工程生态影响监测与评估技术 …… 377
221　水资源量质效协同调控技术与软件平台 …… 379
222　SHEP 水环境长效综合治理技术 …… 381
223　CDBY-1 科瑞菲尔灭藻技术 …… 383
224　CDBY-2 科瑞菲尔水体灭草技术 …… 384
225　CDBY-3 科瑞菲尔灭菌技术 …… 385
226　WRI 河床式复合生物氧化技术 …… 386
227　大型水库库滨带生态修复技术 …… 388
228　净魔方河湖水环境原位修复技术 …… 390
229　一种适于河流湖泊的原位样品采集和传感技术 …… 392
230　多功能全自动地下水采样设备 …… 394
231　重度污染湖泊综合治理技术 …… 395
232　ISER 河道底泥原位生态修复及资源化建设生态护岸成套技术 …… 397
233　基于 BIM 技术的机关节水监控平台 …… 399
234　适用于蒸发冷系统的 ECT 水处理装置 …… 400
235　公共机构系列冲厕节水器具 …… 402
236　移动支付（扫码技术）在机井控制与水价改革方面的应用 …… 403
237　水利工程施工营地移动式一体化污水处理设备 …… 404
238　旋转错流式膜分离设备 …… 405
239　RD 系列污水处理及水质提升技术 …… 406
240　复合式活水提质技术 …… 408
241　海水淡化无土水培种植高效节水技术 …… 410
242　集成式一体化生活污水处理设备 …… 411
243　流量分区智能供水系统 …… 413
244　自来水排空式防冻出水装置 …… 415
245　水源水库扬水曝气水质污染控制技术 …… 416
246　“一杯水”高效节水系列技术 …… 418
247　阿尔益复合硅酸铝水处理技术 …… 419

248 基于遥感 ET 的农业节水规划与耗水管理系统 …… 421
249 基于电化学氧化的污染水体氨氮去除技术与装置 …… 423
250 建筑楼房节水技术 …… 425
251 节水型物联网净水机 …… 426
252 JS 牌 BW 型一体化净水设备 …… 428
253 FLGJ 型不锈钢一体化净水器 …… 430
254 HC 型智联模块式消毒设备 …… 432
255 物联网机井灌溉一体化系统 …… 433
256 东深农村饮水安全信息管理系统 …… 434
257 灌区自动化管理系统 V1.0 …… 436
258 农村饮用水安全智慧化监管云平台 V1.0 …… 437
259 一种重力式全自动净水装置 …… 438
260 农田多源信息采集技术 …… 439
261 高纯二氧化氯加药消毒技术 …… 441
262 粳稻灌区田间节水灌溉技术集成模式 …… 442
263 自动清洗型紫外线消毒技术 …… 444
264 超声波时差法量水槽 …… 445
265 基于现场制取次氯酸钠的智能水处理消毒设备 …… 446
266 基于 3S 的灌区灌溉需水预测与配水决策技术 …… 448
267 基于智能手机的水稻水分亏缺诊断技术 …… 450
268 基于物联网的灌区智慧管理云平台 …… 452
269 户型饲草料地光伏提水滴灌技术 …… 453
270 农村饮水安全信息化系统 V5.0 …… 454
271 灌区用水信息测报平台 …… 455
272 水田量-控-灌一体化智能决策系统（PFIS）V1.0 …… 457
273 物联网农业智能节水灌溉系统 …… 459
274 城镇污泥无害化处理与农林资源化利用技术 …… 461
275 农村生活排水土地处理技术（装配式污水处理湿地） …… 463
276 农村“智慧水厂”技术 …… 464
277 奥特美克测水箱 …… 465
278 一种应用于全渠系管控的低功耗高效率智慧闸门 …… 466
279 XD 输水管道阀门监控系统 …… 467
280 XD 闸门测控系统 …… 468
281 XD 闸门测控仪 …… 469
282 低水头液压闸门 …… 470
283 新型闭式卷扬启闭机 …… 471

284　高压电动机干式移磁无级调压软起动装置 ………………………………………………… 473
285　基于冗余无缝切换技术的变频装置 ………………………………………………………… 474
286　基于磁触发技术的中高压固态软起动装置 ………………………………………………… 476
287　大流量便携式永磁变频潜水泵 ……………………………………………………………… 478
288　迪沃应急移动排水抢险车 …………………………………………………………………… 479
289　HHJG－1型渠道铺砂机的研制与应用 …………………………………………………… 481
290　高标准免管护淤地坝理论技术 ……………………………………………………………… 482
291　飞力 TOPGATE 一体化泵闸 ……………………………………………………………… 484
292　一体化闸门智能控制系统 …………………………………………………………………… 486
293　智能装配式井筒泵站 ………………………………………………………………………… 488
294　XMZH 系列智慧集成泵站 ………………………………………………………………… 490
295　RNHV 系列高压变频器 …………………………………………………………………… 492
296　RNMV 系列高压固态软起动柜 …………………………………………………………… 494
297　渠道量控一体化闸门 ………………………………………………………………………… 495
298　应急移动照明车 ……………………………………………………………………………… 497
299　XJY 型卷扬启闭机应急装置 ……………………………………………………………… 498
300　永磁电机与智能控制一体化技术 …………………………………………………………… 500
301　水上收割收集多功能一体机 ………………………………………………………………… 502
302　大流量两栖机动应急抢险泵车 ……………………………………………………………… 504
303　斜轴泵用高压永磁电动机 …………………………………………………………………… 506
304　竖井贯流泵用高压永磁电动机 ……………………………………………………………… 507
305　液压驱动一体化测控智能闸门 ……………………………………………………………… 508
306　大型水利设备过流部件循环修复再制造及表面防磨减阻节能处理技术 ………… 509

# 1 西部强震区高混凝土坝抗震安全关键技术

## 持有单位

中国水利水电科学研究院
中国地震局地球物理研究所
水电水利规划设计总院
河海大学

## 技术简介

**1. 技术来源**

国家计划，自主研发。2019 年，“西部强震区高混凝土坝抗震安全关键技术及应用”项目获中国大坝工程学会科技进步特等奖。发明专利：一种静动态黏结滑移全过程曲线试验装置及其试验方法；一种混凝土裂缝扩展仿真方法。实用新型专利：抗滑稳定的重力坝；一种静动态黏结滑移全过程曲线试验装置；一种四级配混凝土试件往复弯拉试验装置。软件著作权：混凝土坝地震损伤破坏分析并行计算软件；混凝土大坝地基系统非线性地震波动反应分析程序；LDDA 结构波动分析通用软件；混凝土结构静动态三维非线性有限元软件；重力坝坝体裂缝扩展两阶段预测分析并行计算软件。

**2. 技术原理**

以防止遭遇最大可信地震时发生库水失控下泄导致严重次生灾害为核心，创建了一整套集“坝址地震动输入-坝体混凝土动态性能-大坝地震损伤破坏机理-抗震安全定量评价准则”于一体的混凝土坝抗震安全评价体系，具体包括：①采用随机有限断层模型确定坝址最大可信地震参数；②采用 15MN 动态材料试验机测得坝体混凝土动态性能；③采用基于云计算平台的并行计算技术计算最大可信地震下大坝的损伤破坏状态；④通过 10 余座高混凝土坝抗震分析，建立了最大可信地震下高混凝土坝-地基体系抗震安全定量评价准则。成果为国家标准《水工建筑物抗震设计标准》的制定提供了技术支撑。

**3. 技术特点**

（1）采用随机有限断层模型构建了确定坝址最大可信地震参数的方法，研发了相应计算软件，合理反映了近场大震面源破裂的特征，模拟并重现了汶川地震时沙牌和紫坪铺大坝坝址的地震动。

（2）研发了大坝芯样和全级配混凝土试件动态轴拉试验的试件可靠连接方法、动态往复加载控制及量测技术，首次获得了动态循环加载下大坝混凝土单轴拉伸应力-应力全过程曲线，揭示了大坝混凝土动态损伤演化规律。

（3）提出了基于试验资料确定残余应变的大坝混凝土动态损伤模型，自主研发了基于云计算平台的超大规模混凝土坝抗震分析模型、方法和相应并行计算软件，并通过对遭遇强震的印度柯以那重力坝和我国沙牌拱坝的实际震情的模拟分析，验证了该模型的合理性，突破了高混凝土坝动力非线性计算中由于规模过大难以实现的瓶颈。

（4）揭示了最大可信地震作用下高混凝土坝的损伤破坏模式及其相应的抗震安全极限状态，建立了最大可信地震下高混凝土坝-地基体系抗震安全定量评价准则。提出了大坝震损分级、震害评价准则和防止高坝大库强震灾变的对策措施。

（5）成果解决了大坝场址最大可信地震、大坝混凝土动态性能、大坝地震损伤破坏机理、抗震安全评价准则等方面基础理论与关键技术。

## 技术指标

（1）研发了基于随机有限断层法确定坝址最大可信地震参数的计算软件。

（2）研发了全级配混凝土试件动态轴拉试验的可靠连接方法、动态往复加载控制及量测技术，获得试件静态和应变率$10^{-2}$以下的动态应力应变全过程曲线。

（3）研发了基于云计算平台的超大规模混凝土坝抗震分析并行计算软件，实现总自由度数百万的混凝土坝地震损伤破坏过程模拟。

（4）通过对4座高重力坝和6座高拱坝在最大可信地震作用下的坝体损伤和整体稳定非线性动力分析计算，提出了评价最大可信地震下大坝不出现库水下泄灾变的安全裕度定量评价准则。

## 技术持有单位介绍

中国水利水电科学研究院隶属中华人民共和国水利部，是从事水利水电科学研究的公益性研究机构。历经几十年的发展，已建设成为人才优势明显、学科门类齐全的国家级综合性水利水电科学研究和技术开发中心。全院在职职工1370人，是科技部“创新人才培养示范基地”。多年来，该院主持承担了一大批国家级重大科技攻关项目和省部级重点科研项目，承担了国内几乎所有重大水利水电工程关键技术问题的研究任务。

中国地震局地球物理研究所成立于1950年，其前身是中国科学院地球物理研究所，1971年划归国家地震局（后更名为中国地震局），是一个有着近70年发展历史的社会公益性国家级科研机构，是国家创新体系中公益性研究机构的重要组成部分和国家防震减灾工作科技创新的主体。近年来主要聚焦并牵头开展“国家地震科技创新工程”的“透明地壳”计划相关研究工作，参与“解剖地震”计划有关工作。

水电水利规划设计总院是在2002年12月电力体制改革中经国务院批准保留的事业单位，现隶属于中国电力建设集团有限公司管理。水电水利规划设计总院的定位是：为政府行使职能提供支持保障、提供公益服务并可部分实现由市场配置资源的企业化管理事业单位，国家有关部门委托的水电、风电、太阳能光伏发电等行业技术管理单位，电力、水利和清洁可再生能源开发建设的产业政策研究中心。

河海大学是一所拥有百余年办学历史，以水利为特色，工科为主，多学科协调发展的教育部直属全国重点大学，是实施国家“211工程”重点建设、国家优势学科创新平台建设、一流学科建设以及设立研究生院的高校。

## 应用范围及前景

适用于国内外强震区混凝土坝工程的抗震安全评价。

该成果已在白鹤滩、溪洛渡、沙牌、孟底沟、JH、QBT、印尼Cisokan、托巴等国内外混凝土坝工程中得到成功应用。

典型应用案例：

案例1：该技术应用于白鹤滩工程的抗震设计，在合理考虑坝址地震动输入、横缝张开效应、无限地基辐射阻尼、坝体-坝肩整体稳定等的基础上，通过分析计算，论证了抗震设防参数提高后拱坝保持原设计体型的可行性，避免了修改剖面导致的大量设计和勘测试验工作量，加快了设计进度，新增销售额共17168万元。

案例2：该技术应用于溪洛渡工程的抗震设计，深入分析强震作用下的横缝张开、地基辐射阻尼、地震动输入等因素的影响，提出了可靠的分析成果，优化了钢筋布置，节省坝面抗震钢筋量820t、闸墩及孔口抗震钢筋量2210t。论证表明，大坝不设置横缝跨缝钢筋的情况下，横缝张开度及大坝抗震安全满足要求，大坝抗震设计中取消跨缝钢筋节省钢筋用量6399t。共计节约投资5094万元。

技术名称：西部强震区高混凝土坝抗震安全关键技术
持有单位：中国水利水电科学研究院、中国地震局地球物理研究所、水电水利规划设计总院、河海大学

联 系 人：郭胜山
地　　址：北京市海淀区复兴路甲1号
电　　话：010－68786283、13911930343

# 2 流域生态需水与生态用地联合调控关键技术

## 持有单位

中国水利水电科学研究院

## 技术简介

**1. 技术来源**

国家计划，自主研发。在国家科技支撑计划项目专题“生态与环境对径流过程的需求评估”、国家973项目专题“水循环驱动下的生态系统演变模拟模型”等的支持下，中国水利水电科学研究院等单位完成了“流域生态需水与生态用地联合调控关键技术及应用”成果。发明名称：基于多时相遥感影像和DEM的湖泊水量蓄变量评估方法（ZL201610665628.2）；一种农田生态系统$CO_2$通量自动监测系统（ZL201610925703.4）。

**2. 技术原理**

针对生态需水与生态用地“如何互馈”“如何评价”“如何调控”等关键科学问题，以“自然-社会”二元水循环及其伴生过程为主线，系统辨识了生态水文相互作用机制，剖析了不同生态系统对水分的依赖程度和补给水源解析；提出了河道和坡面等子系统生态需水机制及评价方法，构建了区域复合系统的生态需水整合模式与整合方法；提出了基于水的生态服务功能和生态环境功能区划的生态用地评价方法，以及面向绿色发展的水土资源联合调控技术，整体构建了流域生态需水与生态用地关键技术体系，系统解决“人水争地”与“人地争水”的矛盾，为生态红线和最严格的水资源管理提供有力支撑。

**3. 技术特点**

(1) 融合原型观测实验、室内控制实验、数值模拟模型和地理信息系统等技术优势，按照“资料收集-生态水文作用机制辨识-生态需水与生态用地评价-水土资源联合调控”的总体思路开展技术创新。关键技术如下：辨识生态水文相互作用机制，构建基于复合系统生态需水过程评价与整合技术；建立基于水的生态服务功能和生态环境功能区划的生态用地评价技术；创建基于绿色发展的水土资源联合调控技术。

(2) 基于过程的生态需水评价与整合。以“自然-人工”二元水循环及其伴生过程为主线，以生态水文相互作用机制为核心，分析了区域生态需水的内涵、组成及特征，提出了河道、坡面、湿地、河口等生态系统的生态需水机制及评价方法，构建了区域复合系统的生态需水整合模式与整合方法；通过将不同生态系统的各类需水转化为对相应河段流量过程的需求及影响，实现了不同生态系统类型的生态需水整合；以河流生态流量整合为基础，将各项需水要求整合为特点节点的径流过程，通过河道汇流追迹计算与迭代，实现了不同区域生态需水整合。

(3) 基于水的生态服务功能和生态环境功能区划的生态用地评价。以流域生态水文相互作用关系为基础，辨识了水的生态服务功能的内涵与构成，提出了水的两层次功能结构及评价指标体系与评价方法，构建了基于水的生态服务功能的坡面系统生态用地评价理论与技术；统筹考虑河流的自然生态功能与社会经济功能，在对流域关键生态功能区进行系统辨识的基础上，进行了河流生态与环境功能分区，在此基础上，构建了基于生态环境功能区划的河道系统生态用地评价理论与技术，定量化确定了基本生态用地范围内需要“退耕还湿”与“退工还湿”的面积。

(4) 面向绿色发展的水土资源联合调控。针对传统上水资源和土地资源的“一元静态”分离调控模式，创新了面向绿色发展的水土资源联合调控方法。将自然和人工生态用地作为“碳汇”，生产和生活用地作为“碳源”，将碳循环与水资源系统相耦合，以碳的净排放量和缺水率最小为配置目标，充分考虑了社会经济和生态环境之间的关系，提出了基于低碳发展模式的水资源合理配置理论与技术，在面向绿色发展的水资源配置方面实现了创新；在此基础上，以原型观测、数值模拟和室内控制性实验为关键支撑，系统识别流域水土资源的动态耦合关系；以系统动力学位理论基础，构建了面向生态安全的水土调控模型；选取资源、环境、社会经济等方面的指标，基于模糊综合评价模型，对各调控方案的综合效益进行价。

## 技术指标

基于过程的生态需水评价与整合，克服了传统生态调度研究多关注下游近坝段河流的生态需水评价模式；基于水的生态服务功能和生态环境功能区划的生态用地评价，突破了单一生态系统服务功能的评价模式；面向绿色发展的水土资源联合调控，实现跨领域、跨学科的突破。

## 技术持有单位介绍

中国水利水电科学研究院隶属中华人民共和国水利部，是从事水利水电科学研究的公益性研究机构。历经几十年的发展，已建设成为人才优势明显、学科门类齐全的国家级综合性水利水电科学研究和技术开发中心。全院在职职工 1370 人，是科技部“创新人才培养示范基地”。多年来，该院主持承担了一大批国家级重大科技攻关项目和省部级重点科研项目，承担了国内几乎所有重大水利水电工程关键技术问题的研究任务。

## 应用范围及前景

适用于水生态红线管理、水利工程群生态调度、流域生态补偿、水资源优化配置和水生态文明建设等。

该技术在黄河勘测规划设计研究院、黑河水资源与生态保护研究中心、广州市水务科学研究所、水利部水利水电规划设计总院、环保部环境规划院、国家林业局调查规划设计院和山东省水科院等单位开展了实践应用。

典型应用案例：

案例 1：应用于黄河勘测规划设计研究院承担的“引黄济宁工程项目可行性研究”中。流域生态需水评价方法和生态用地配置技术，为引黄济宁工程引水规模及水资源配置方案提供了科学支撑，也对湟水河谷未来生态屏障建设和区域大水网建设具有实践借鉴意义，后期将进一步应用于黄河流域生态保护和高质量发展水利专项规划中。

案例 2：应用于黑河水资源与生态保护研究中心承担的“黑河上游黄藏寺水库调度运行方案分析”中。基于该技术，评价了黑河上游不同生态格局和来水频率下的生态需水。

案例 3：应用于广州市水务科学研究所承担的“白云湖水生态系统构建技术研究示范”中。基于该技术，提出湖泊适宜生态用地方案及其生态需水过程。

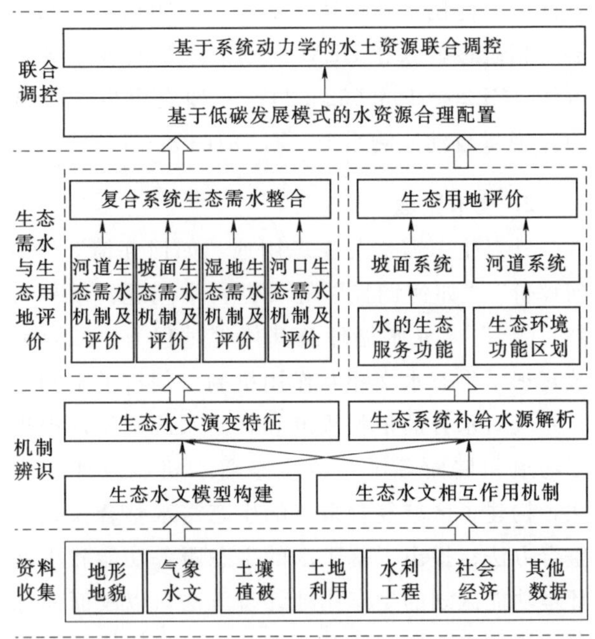


■技术路线图

技术名称：流域生态需水与生态用地联合调控关键技术
持有单位：中国水利水电科学研究院
联 系 人：秦天玲
地　　址：北京市海淀区复兴路甲 1 号
电　　话：010－68781316、15110207834

# 3 PCCP管放空断丝检测技术及装备

## 持有单位

中国水利水电科学研究院

水利部南水北调规划设计管理局

## 技术简介

**1. 技术来源**

国家计划，自主研发。发明名称：基于现场检测与数值仿真相结合的PCCP管道断丝的检测方法（ZL201811121348.0）；内衬型PCCP管道断丝位置检测系统、方法及电子设备（ZL201910274366.0）。

**2. 技术原理**

该技术及装备用于埋地PCCP管放空断丝检测。由于采用现场检测与数值仿真相结合的方法，检测装备采用特殊的线圈布置方式，双层缠丝管道检测精度高于国外同类技术。通过定期开展断丝检测，可以为已建PCCP管输水工程的安全评估和维修加固决策提供基础数据，保障工程安全运行。

**3. 技术特点**

（1）中国水利水电科学研究院通过自主研发，以远场涡流检测理论为基础，结合电磁场有限元仿真技术，形成了具有自主知识产权的断丝检测装备（包括硬件、软件）和诊断方法（分析模型）

（2）与国内外同类技术不同，该技术方法基于电磁场数值仿真计算和现场实测相结合的方法。激励线圈和检测线圈的方位、激励信号的幅值和频率应根据管壁结构参数和电磁场有限元仿真计算结果加以确定。

（3）检测时，检测装置在人力推动下沿管道轴线方向匀速移动，同步采集激励信号、检测线圈信号和测距轮信号，实时计算激励信号和检测信号之间的相位差，电磁场有限元仿真计算结果，根据相位差的分布曲线来诊断管道断丝情况。本技术方法及装备尤其适用于双层缠丝管道的断丝检测。

## 技术指标

运用该技术及装备对埋地PCCP管进行放空检测，管身断丝检测精度±10根，断丝区域定位精度±(10～20)cm。管道完全排空后无其他施工进场干扰，单台设备检测效率2km/d。

## 技术持有单位介绍

中国水利水电科学研究院隶属中华人民共和国水利部，是从事水利水电科学研究的公益性研究机构。历经几十年的发展，已建设成为人才优势明显、学科门类齐全的国家级综合性水利水电科学研究和技术开发中心。全院在职职工1370人，是科技部“创新人才培养示范基地”。多年来，该院主持承担了一大批国家级重大科技攻关项目和省部级重点科研项目，承担了国内几乎所有重大水利水电工程关键技术问题的研究任务。

水利部南水北调规划设计管理局是水利部直属事业单位。下设9个处室，现有正式编制44人（高级职称17人，副高级职称16人，研究生以上学历23人）。主要工作职责包括：南水北调工程前期工作协调管理；南水北调工程投资静态控制和动态管理相关工作；南水北调工程质量检测、质量评价工作，以及建设稽查和运行监管的事务性工作；南水北调年度水量分配、调度计划及应急水量调度预案拟订和实施的具体工作；南水北调及全国跨流域调水工程相关政策法规、技术标准的研究、起草、评估等有关工作；南水北调工程阶段验收、完工验收、竣工验收、档案专项验收及管理等有关工作；南水北调工程科技管理、信息化管理相关工作、南水北调工程专家委员会的日常管理等工作。

## 应用范围及前景

适用于各种类型埋地 PCCP 管放空断丝检测，尤其适用于双层缠丝管道。

典型应用案例：

南水北调中线干线北京段 PCCP 管工程检测示范应用。

（1）工程概况。南水北调中线干线北京段 PCCP 管道工程上接惠南庄泵站，下接大宁调压池，是南水北调中线北京段总干渠线路最长的大型输水工程，占北京段总干渠全长的70%，总长约56.4km。工程所采用的4m直径 PCCP 管道20%为单层缠丝管道，80%为双层缠丝管道。管道工作压力分别为 0.4MPa、0.6MPa 和 0.8MPa。PCCP 管道于 2004 年 3 月开始安装，2005年8月安装完成。工程自2008年开始输水，2008年9月至2014年底，小流量输水16.08亿$m^3$。2014年12月，南水北调中线干线工程开始正式运行，2015年7月，管道全线实现加压供水。PCCP 管道最大输水流量 $43m^3/s$，2019年12月试验运行了设计流量 $50m^3/s$，未发生渗漏和爆管事故。

（2）示范应用情况。经水利部南水北调规划设计管理局与北京市南水北调干线工程管理处协调部署，中国水利水电科学研究院于2019年12月27—31日和2020年1月14—15日两次进入北京段 PCCP 管进行放空断丝检测的示范应用。根据北京市南水北调干线工程管理处的要求，检测示范应用管段包括管道右线19号井附近19-01～19-40、右线95号井附近95-80～95-100、左线39号井附近39-02～39-50、左线95号井附近95-80～95-100。共计检测130节管道，其中双层缠丝管道占36%。对左线39-9、左线39-16、右线19-05、右线95-91进行了开挖验证。断丝诊断的结果与实际开挖验证的结果吻合得较好。

■测装置工作原理图

■检测装置在人力推动下沿管道轴线方向匀速移动

■典型管节开挖验证

技术名称：PCCP 管放空断丝检测技术及装备
持有单位：中国水利水电科学研究院、水利部南水北调规划设计管理局
联 系 人：商峰
地　　址：北京市海淀区复兴路甲1号
电　　话：010-68781695、13810348981

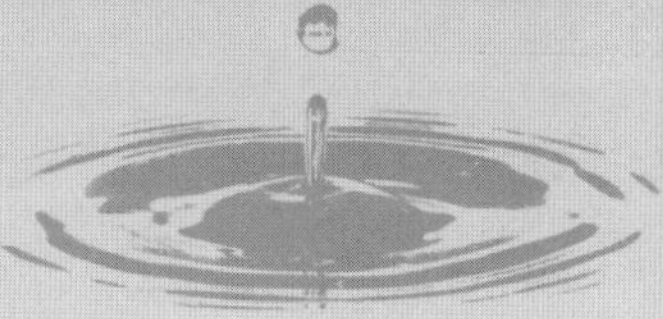

# 4 水库大坝深水环境检测修补载人潜水器与加固平台

## 持有单位

南京水利科学研究院

## 技术简介

### 1. 技术来源

国家计划，自主研发。该项目成果由水利部交通运输国家能源局南京水利科学研究院牵头，并联合中船重工702研究所、杭州华能工程安全科技股份有限公司等组成研究团队。成果主要服务于全国水库大坝应急管理和高坝大库安全运行管理，提高溃坝灾害防控能力。

### 2. 技术原理

针对大坝深水环境探测、修补加固等特殊需求，形成面向大坝检测的潜水器技术解决方案，重点解决载人潜水器作业固定、水下定位、作业工具搭载、低能见度探测、安全防护、宽视野观察窗研制等，集成一台功能完备、性能达标的具有自主知识产权的大坝检测专用载人潜水器，并基于智能化辅助平台搭载适用于不同水环境和检测需求的设备。

### 3. 技术特点

（1）特性。300m级轻型载人潜水器，以观察和探测为主，以精细作业为辅。与无人潜水器相比，能够将领域内专家带至水下作业现场，最大限度发挥坝工专家主观能动性，提高判断准确率及工作效率；同时能够进行更精细作业，且比潜水员作业深度大、时间长，并规避减压病。

（2）关键技术。①作业固定：基于潜水器自身固有设备实现水下固定，解决由于潜水器本体能源储备有限，无法为水下吸盘之类的大功率的电动水下固定设备供电，且潜器有效负载低无法胜任如锚定设备之类重物型固定设备的问题。②水下定位：针对高坝水库特殊环境，采用声学超短基线装置、浮标、惯性定位与物理标定相结合的方式进行。③作业工具搭载：研发了潜水器搭载机械手用于水下作业，以及水下示踪、水下清洗（附着物清理）及水下射钉等修补机具。④宽视野观察窗：能够为水下检修人员提供足够的视野观察角度，窗玻璃设计厚度为90mm，球冠内半径为755mm，开角为90°。

（3）组成部分。①总体系统：总布置包括总体布置、载人舱舱内布置和总体性能；总体性能包括浮性和稳性；流体性能包括阻力性能和操纵性。②结构系统：载人舱球壳、观察窗、主压载水箱及可调压载水舱。③机械系统：主压载排水系统、可调压载注排水系统，并针对实际需求，形成了冲洗、示踪一体的专用作业工具。④电气系统：潜水器供配电分配设计、电缆连接布局，潜水器用水下灯、摄像机、DVL等选型。⑤控制系统：主要由综合信息显控子系统、航行控制子系统和水面监控子系统3部分组成。

## 技术指标

（1）最大工作深度：300m；主尺度：4.5m×2.5m×2.2m（长×宽×高）；载人耐压球壳：不锈钢材料，内径1.6m；90°玻璃球冠作为观察窗；空气中重量：约6.6t；有效负载：50kg。

（2）动力源：38kW·h（锂电池）；航速：巡航速度1节；最大速度2节；载员：2人；生命支持时间：2×8人·h（正常）；2×72人·h（应急）；水下作业时间：8h；探测速度：600$m^3$/h。

（3）推进系统：主推力器2个、垂向推力器4个、侧向推力器2个；作业系统：机械手2只（5功能开关+6功能主从）、工具篮1套；通信系统：水声电话、VHF无线电通信；观察系统：前视多波束成像声呐1台、云台1台、水下高清摄像机2台、水下普通摄像机1台、水下照明灯6只（4只LED灯+2只灯阵）。

（4）导航定位：USBL主动定位、GPS+浮标辅助定位、流速计+避碰声呐应急安全装置：应急电池、应急抛载、应急浮标。

■水下载人潜水器

■水下载人潜水器下潜专业

## 技术持有单位介绍

南京水利科学研究院建于1935年，是我国最早成立的综合性水利、交通、能源科学研究机构。主要从事基础理论、应用基础研究和高新技术开发，承担水利、交通、能源等领域中具有前瞻性、基础性和关键性的科学研究任务。全院现有科研人员1300余人，具有高级以上职称700多人，是国家创新人才培养示范基地，建有院本部科研及科技创新基地、铁心桥水科学与水工程实验基地、滁州水文实验基地和国家防汛抗旱总指挥部办公室防洪演练基地、杭州农村电气化与再生能源研发基地、当涂科学试验及科技开发基地、无锡河湖治理研究基地。

## 应用范围及前景

适用于载人潜水器应用于水利工程中，尤其是高坝水库领域，以观察和探测为主，以精细作业为辅。

载人潜水器样机已在某高坝水电站深水环境水下裂缝修补工程中取得试验应用，实现了专家实时诊断大坝复杂病害的目标，为高坝大库安全维护与处治决策提供了装备技术保障。项目研发的大坝检测修补专用工具成功应用于该水电站大坝坝前裂缝水下处理工程，该施工方法所用的设备具有工作效率高、可靠性强的特点。

技术名称：水库大坝深水环境检测修补载人潜水器与加固平台

持有单位：南京水利科学研究院

联 系 人：向衍

地　　址：江苏省南京市鼓楼区广州路223号

电　　话：025-85828145、13813992366

# 5 苏南运河沿线流域区域城市防汛排涝联合调度系统

## 持有单位

南京水利科学研究院

## 技术简介

**1. 技术来源**

省部计划，自主研发。6项软件著作权：平原水网水动力多尺度分级智能模拟系统；城市河网水文-水动力模型库管理系统 V1.0；城市河网闸泵群调度方案库管理系统客户端 V1.0；江苏省洪涝风险实时预报预警系统 V1.0；江苏省洪水风险图动态模拟计算系统 V1.0；太湖区防洪保护区动态洪涝风险图管理与实时运算系统 V1.0。发明专利名称：一种平原河网地区河道水量建模调控方法；一种用于预测河道水体透明度的原位清水置换方法。实用新型名称：一种装配式快速搭建河道物理模型的装置。

**2. 技术原理**

采用流域模型与区域模型耦合嵌套、离散化建模建库、标准化封装及调度模型集成开发等技术将事件库、网络库、逻辑库联合，建成模型库，形成由降雨径流水文模块、一二维耦合的水文-水动力模块以及水利工程调度模块组成的流域-区域-城市防汛排涝精细化河网模型。采用B/S架构设计，二次开发，实现模型中相关计算内外边界及调度规则的实时更新，通过 ArcGIS server、WebGIS，对各时段数据渲染为时态数据，实现淹没图和河道水情的查询。统筹考虑区域防洪压力与区域内涝淹没面积及灾情损失的关系，提出防汛排涝联合调度推荐方案，提炼调度规则，实现流域、区域、城市洪涝风险综合管理。

**3. 技术特点**

（1）提出了多尺度分级双向嵌套耦合模拟技术，建立了江苏省太湖地区水文-水动力一二维耦合的精细化河网模型，实现江苏省太湖地区河网-管网精细化水文-水动力过程模拟。按照统一的数据交互协议，大尺度模型内部节点与小尺度离散模型外部边界自动匹配，离散化模型为大尺度模型提供产汇流过程，解决了流域-区域-城市-圩区不同尺度模型边界封闭性以及内涝积水退水物理过程的模拟难题。模型最小分析单元至圩区，满足太湖地区流域、区域、城市不同尺度规划情景计算需求，为整个区域的预报调度提供了模拟工具。

（2）突破模型库、结果库与调度系统数据实时交互技术，建立了江苏省太湖地区洪涝联合调度系统。集成了洪水风险要素自动解析-叠加分析-动态渲染-实时发布的洪水风险实时分析成套技术，满足从降雨-产汇流-河道洪水全过程的适时干预，规划情景方案、预报调度方案实时计算，实现任意洪水组合方案洪涝风险图一键生成。

（3）自主研发了雨水工情实时库、预报库标准接口以及与模型交互的配置技术，建立了洪涝风险在线预报预警机制。满足水文-水动力模拟计算引擎滚动驱动、数据同化的河网初始场自动矫正、离散模型耦合嵌套，实现流域-区域-城市-圩区不同空间尺度任意关注点水位、流量的预报预警，为江苏省太湖地区提前指导防洪决策，预报调度。

（4）防洪排涝联合调度规则研究方法。基于联合调度系统，建立流域、区域、城市防汛排涝联合调度模型，通过现状与规划水雨工情组合条件下的方案计算，研究城市、圩区排涝规模与主干河网水位的响应关系，统筹考虑骨干河网防洪压力以及沿线区域内涝淹没面积、灾情损失，提炼防洪排涝联合调度规则。

## 技术指标

在长三角地区已建成近 40000km$^2$ 河网模型，计算速度方面，太湖地区 1d 洪水过程 30s 内完成，模拟精度方面，城市河网水位误差可以控制在 2cm。联合调度系统总体功能、模拟精度、计算效率达到国际领先的 Infoworks ICM 软件同等水平，较 MIKE11 等同类软件建模速度最少提高 20%、模拟时间节省 10%以上。

## 技术持有单位介绍

南京水利科学研究院建于 1935 年，是我国最早成立的综合性水利、交通、能源科学研究机构。主要从事基础理论、应用基础研究和高新技术开发，承担水利、交通、能源等领域中具有前瞻性、基础性和关键性的科学研究任务。全院现有科研人员 1300 余人，具有高级以上职称 700 多人，是国家创新人才培养示范基地，建有院本部科研及科技创新基地、铁心桥水科学与水工程实验基地、滁州水文实验基地和国家防汛抗旱总指挥部办公室防洪演练基地、杭州农村电气化与再生能源研发基地、当涂科学试验及科技开发基地、无锡河湖治理研究基地。

## 应用范围及前景

适用于流域水情预报、防汛排涝调度、调度方案优化、工程建设咨询。

该技术成果已全面应用于江苏省防汛防旱指挥部的苏南运河沿线流域区域城市防汛排涝联合调度系统建设，项目运行至今，能够满足系统设计要求，达到预期管理水平，实时动态管理、预报预警、水利工程联合调度功能也充分发挥预期的作用，为江苏省太湖地区防汛调度决策提供了重要支撑手段。2018 年、2019 年江苏省防办利用该系统计算了不同雨洪组合与排涝规模下的苏南运河沿线及周边区域洪水特征，分析了区域排涝对苏南运河沿线流域防洪的影响，协调流域、区域、城市防洪排涝调度，提炼防洪排涝联合调度规则。

2018 年、2019 年成果推广应用至无锡市，无锡市防汛防旱指挥部办公室根据精细化河网模型及调度方案成果，指导了无锡大包围防汛科学调度，另外，对新沟河应急提升锡澄片河网水动力试验进行了模型预报调度指导，有效减轻了区域洪涝灾害风险，提升了区域河网水环境，保障了无锡市的防洪与水环境安全。

2018 年、2019 年成果推广应用至常州市，常州市防汛防旱指挥部办公室根据精细化河网模型及调度方案成果，指导了常州运北大包围防汛科学调度；完成了运北主城区调水引流、施工期应急调度相关的河网水动力精准模拟，对指导区域调水引流方案优化和后续工程安全运行有着重要技术指导作用。

技术名称：苏南运河沿线流域区域城市防汛排涝联合调度系统
持有单位：南京水利科学研究院
联 系 人：范子武
地　　址：江苏省南京市鼓楼区广州路 223
电　　话：025-85828289、13951800961

# 6 水工混凝土结构建造运行实时温控仿真分析技术

## 持有单位

长江水利委员会长江科学院

## 技术简介

**1. 技术来源**

自主研发。计算机软件著作权，软件名称：混凝土结构温度场及温度应力仿真计算软件（简称：Ckysts1.0）V1.0（登记号：2019SR0268528）。

**2. 技术原理**

该项技术实现了大型水工混凝土结构施工及运行全过程仿真的精细化模拟，实时跟踪建造过程，即时分析结构性态，动态响应施工现状，指导现场合理有效的调整施工进度和温控措施等技术手段。技术中包含的大体积混凝土结构温度场和温度应力三维有限元仿真计算软件包（Ckysts1.0），可考虑环境、材料、结构、施工等各种因素，不仅能实现大坝建造全过程仿真分析，也可进行混凝土及岩土结构常见问题的精细化模拟计算，以及复杂接触问题（灌浆缝面、诱导切缝面、键槽等）的接触非线性计算分析。该技术已完成了基于CPU＋GPU集群的并行化改造，打破了大规模、长耗时的计算效率瓶颈。

**3. 技术特点**

（1）环境方面：考虑气温、水温、大风、日照等。

（2）材料方面：考虑混凝土水化热、硬化、徐变、干缩、自生体积变形特性以及基岩各类非线性材料特性。

（3）结构方面：考虑材料分区、配筋、各种施工缝、灌浆缝面、诱导切缝面、键槽等复杂接触面。

（4）施工方面：考虑开挖、切缝、施工浇筑、保温、冷却通水、灌浆影响因素。

（5）效率方面：采用CPU＋GPU异构并行求解技术，实现了千万自由度规模问题的快速求解。

## 技术指标

（1）拥有丰富的单元库（1～3D协调元、非协调元、钢筋单元、锚杆单元等）。

（2）具有多样的材料类型（弹性、黏弹性、弹塑性、黏弹塑性）。

（3）自主研发“对称逐步超松弛预处理共轭梯度法改进迭代格式（MSSORPCG）”求解器快速算法。

（4）自主研发“超级元”快速算法。

（5）自主研发高精度快收敛接触模拟算法。

（6）拥有自主知识产权基于JacobiPCG的CPU＋GPU异构并行求解器，千万级自由度问题计算单步耗时16s。

## 技术持有单位介绍

长江水利委员会长江科学院始建于1951年，是国家社会公益类科研机构，隶属水利部长江水利委员会。长科院主要为国家水利事业以及长江保护、治理、开发与管理提供科技支撑，同时面向国民经济建设相关行业提供科技服务。目前，长科院在职职工800余人，其中专业技术人员700余人。建院近70年来，长科院承担了三峡、南水北调以及长江堤防等200多项大中型水利水电工程建设中的科研工作，以及长江流域干支流的河道治理、综合及专项规划、水资源综合利用、生态环境保护等领域的科研工作。

## 应用范围及前景

适用于水工混凝土结构全生命周期的温度、湿度、应力、变形时空分布的仿真分析、防裂措施优化分析、结构破坏分析以及混凝土结构常见问题的精细化模拟等计算分析。

典型应用案例：

案例1：三峡工程。该技术完成了对三峡工程所有主体结构（大坝、厂房、升船机等）及细部结构的温控仿真分析，成果应用于工程实践，获各方一致认可和好评。

案例2：丹江口大坝加高工程。该技术完成了“十一五”国家科技支撑计划项目南水北调工程若干关键技术研究与应用——丹江口大坝加高工程关键技术研究：新老混凝土结合问题，以及丹江口大坝加高工程相关课题20余项；并在2017年进行的丹江口水库蓄水试验大坝运行状态研究中，对典型坝段进行了细致的实时跟踪反馈仿真分析，其分析成果与监测资料进行同步对比，复核效果良好。

案例3：乌东德水电站工程。该技术完成了乌东德水电站拱坝温控仿真计算分析研究，在此基础上优化温控设计方案，并再次进行了采用低热水泥混凝土全坝段温控仿真计算项目，为大坝施工安排提供了重要技术支撑，取得了良好效果。

案例4：阿尔塔什水利枢纽工程。该技术完成了新疆阿尔塔什水利枢纽工程面板混凝土防裂研究项目，技术成果对面板混凝土抗裂设计、面板施工期温度控制给出了建设性意见，得到了业主方的认可和好评。

案例5：大渡河猴子岩水电站工程。该技术完成了大渡河猴子岩水电站高面板坝面板混凝土抗裂性能研究技术服务合同项目，技术成果对混凝土面板施工期温控、运行期防裂给出了针对性的措施建议，研究成果被业主方认可采纳。

技术名称：水工混凝土结构建造运行实时温控仿真分析技术
持有单位：长江水利委员会长江科学院

联 系 人：颉志强
地　　址：湖北省武汉市江岸区黄浦大街289号
电　　话：027-82829754、13554084832

# 7 多模型径流中长期集合预报系统

## 持有单位

长江水利委员会长江科学院

## 技术简介

**1. 技术来源**

国家计划，自主研发。相关成果已获得“中长期径流预报系统”软件著作权(2019SR017670)，并发表于《水利学报》上［袁喆，等．集合建模在径流模拟和预测中的应用．水利学报，2014，45(3)：351－359.］。

**2. 技术原理**

多模型径流中长期集合预报系统的技术原理包括单一水文模型预报与集合预报两个部分。多模型径流中长期集合预报模型在单一预报模型的基础上，通过多种集成手段，实现多种方法组合预测，可有效地提高预测精度。单一模型中，既有适用于资料匮乏地区的统计模型，也有适用于资料丰富地区的分布式水文模型，同时，提供了包括熵权法、集对分析法和多元线性回归法等多种集合方法，可提供多种预报结果进行参考和对比分析。

**3. 技术特点**

（1）方法多样。既可利用单一模型进行径流预报，也可采用熵权法、集对分析法和多元线性回归方法进行集合预报，可提供多种预报结果进行参考和对比分析。

（2）精度较高。采用集合预报的方式对单一模型进行集合处理，充分利用各单一模型在建模中的优势，并相互约束各自的缺陷，从而提高模型的精度。

（3）通用性强。该技术研发至今已在国内不同类型流域取得了应用，包括南方地区的长江流域、华北地区的海河流域和东北地区黑龙江流域，具有较强的通用性，为水库调度和水资源管理运行提供了功能齐全、通用性强的径流预报工具。

## 技术指标

“多模型径流中长期集合预报系统”针对水力发电计划的制定和水资源调度管理的实践需求，通过熵权法、集对分析法和多元线性回归法对多种预测方法进行组合预测，以提高径流预报的精度。该系统针对水力发电计划的制定和水资源调度管理的实践需求研发，预测方法多样、精度高、通用性强。

## 技术持有单位介绍

长江水利委员会长江科学院始建于1951年，是国家社会公益类科研机构，隶属水利部长江水利委员会。长科院主要为国家水利事业以及长江保护、治理、开发与管理提供科技支撑，同时面向国民经济建设相关行业提供科技服务。

## 应用范围及前景

可应用于不同预见期下的径流中长期集合预报，可为水库调度运行、地表水资源量评价、水量分配等提供直接技术支撑。

该技术分别在在南方地区的长江流域（长江部分中小流域气象水文耦合预报系统）、华北地区的海河流域（流域地表水资源量评价与预测）和东北地区黑龙江流域（黑龙江省重要河湖健康试点评估工作——呼兰河健康评估、倭肯河健康评估）得到成功应用，涉及业务包括气象水文耦合预报系统集成、流域地表水资源量预测、河道径流及生态流量预报等方面，取得了显著的社会效益、经济效益和生态效益。

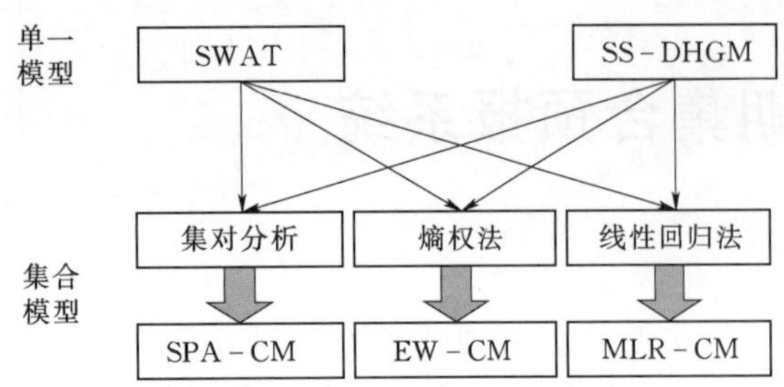


■多模型集合预报原理示意

技术名称：多模型径流中长期集合预报系统
持有单位：长江水利委员会长江科学院
联 系 人：袁喆
地　　址：湖北省武汉市江岸区黄浦大街23号
电　　话：027-82927551、13716565927

# 8 游荡性河道“三级流路”塑造及控制技术

## 持有单位

黄河水利委员会黄河水利科学研究院

## 技术简介

**1. 技术来源**

国家计划，自主研发。游荡性河道“三级流路”塑造及控制技术依托于国家计划（亚洲开发银行贷款项目）“黄河下游游荡性河道河势演变机理及整治方案研究”、水利部现代水利科技创新项目“黄河下游河道均衡输沙理论与游荡性河道整治关系研究”等项目。发明专利名称：黄河下游游荡性河道三级流路塑造方法（ZL200910177290.6）。

**2. 技术原理**

通过对国内外典型河流整治工程效用的评价性分析，提出了小浪底水库运用后游荡性河道进一步整治的具体方案与措施。系统分析了历年黄河下游，特别是高村以上游荡性河道水沙变化过程，研究了河道冲淤规律，对主槽和滩地的抬升速率、“二级悬河”发展过程及河道纵、横断面调整特点等进行了深入分析，并提出了纵剖面形态数学表达式。对游荡性河道整治原则、方案、规划治导线与工程建设状况等进行了全面分析，并对平顺型、凸出型和凹入型工程布置形式及其对黄河特殊来水来沙条件的适应性进行了深入分析，认为连续弯道凹入型的工程形式对黄河的适应性较强。

**3. 技术特点**

（1）在设计主河道最外侧修建控导工程坝，控导工程坝为由不透水的土石坝按照弯道半径组成的丁坝群，坝顶高程为设计整治流量水位加1m超高。

（2）在控导工程坝尾部送溜段修建可淹没的潜坝，坝顶高程等于整治流量水位，潜坝坝顶设置防冲设施。

（3）在两个弯道间直河段的中水河槽内两侧，布设透水桩坝，桩坝坝顶高程与当地800m$^3$/s流量时的水位相同。

（4）在流量800m$^3$/s以下的小水时，将主流约束控制在小水流路的范围内，槽宽500m，以利于形成相对窄深的枯水河槽；在发生整治流量4000m$^3$/s左右的中常洪水时，由丁坝群形成的控导工程及其送溜段潜坝发挥作用，将主流控制在中水流路范围内，槽宽800～1000m，以利于稳定包括枯水河槽的中水河槽；在发生大洪水时，由丁坝群形成的控导工程发挥控导作用，其下首的潜坝及透水丁坝都过流，大部分水流被约束在两岸控导工程间的河槽内，行洪河槽宽2000～2500m，以稳定洪水期河势。

## 技术指标

该技术成果在河床演变特性、规律及机理，河道整治参数、工程优化布局、近期实施方案等方面提出了大量的定性和定量指标，提出了一些适应性较强、在工程优化布局等方面直接运用的方程和公式，提出了水库运用后游荡性河道进一步整治的具体方案与措施。

## 技术持有单位介绍

黄河水利科学研究院成立于1950年，是水利部黄河水利委员会所属以河流泥沙研究为中心的多学科、综合性科学研究机构。

## 应用范围及前景

适用于游荡性河道的治理，可应用于黄河下

游游荡性河段、黄河宁蒙河段以及国内外其他江河。

黄河下游游荡性河道河势演变机理及整治方案研究成果已被黄河水利委员会河南黄河河务局在工程布局及工程设计和建设中采用，并付诸实施。特别是几处关键性“节点工程”的建设，如张王庄、赵口、毛庵、黑岗口、顺河街等正在发挥明显的控导作用。

技术名称：游荡性河道“三级流路”塑造及控制技术
持有单位：黄河水利委员会黄河水利科学研究院
联 系 人：李军华
地　　址：河南省郑州市顺河路45号
电　　话：0371-66026575、13603985332

# 9 大型灌区水泵磨蚀防护技术

## 持有单位

黄河水利委员会黄河水利科学研究院

## 技术简介

**1. 技术来源**

省部计划，自主研发。3件发明专利：复合树脂金刚砂砂浆及其制备方法以及抗磨蚀的方法；复合树脂金刚砂砂浆及其制备方法以及抗磨蚀的方法；一种高抗磨蚀浇注聚氨酯弹性体涂层的制备方法。

**2. 技术原理**

作为大型灌区泵站的“心脏”的水泵，因长期遭受黄河泥沙危害，造成泵壳、叶轮和口环三大过流部件磨蚀严重。针对水泵中易发生磨蚀的泵壳、叶轮和口环三大部件，研发出了水泵新型整体抗磨技术，即刚柔并济的磨蚀防护方案，软硬涂层并用。采用模量小、弹性好的橡胶材料对易发生汽蚀破坏区域进行防护；采用高模量、高硬度的金属或非金属材料对易发生磨损的区域进行防护，而对汽蚀、磨损破坏同时存在的区域采用既具有高硬度又具有一定弹性的复合抗磨技术。

**3. 技术特点**

(1) 含沙水流的磨损破坏一直是水泵运行、维护及管理等过程中面临的难题，为解决这类问题，研究增强水泵过流部件表面抗磨损能力的材料与工艺。

(2) 抗磨蚀材料应尽量多地具备以下性能：韧性强、硬度高、材料组织均匀、晶粒细小组织致密、抗拉伸强度高、材料加工硬化性能好、疲劳极限高、弹性材料、腐蚀疲劳极限高、与母材结合强度高等。

## 技术指标

(1) 水泵泵壳：采用聚氨酯复合树脂砂浆技术进行磨蚀修复或预防护。抗压强度：100～120MPa；黏接强度：30～40MPa；抗冲磨强度：10～15h/(g/cm$^2$)；厚度：2～6mm。

(2) 针对水泵外口环，采用浇筑的方式，制造出高抗磨聚氨酯外口环；针对水泵内口环，采用硬质合金厚膜被覆技术，制备叶轮口缘碳化钨钢圈内口环涂层。抗冲磨强度：＞30h/(g/cm$^2$)。

(3) 针对水泵叶轮，采用超音速喷涂技术或聚氨酯弹性体涂层技术进行磨蚀修复或出厂预防护。抗压强度：10～20MPa；黏接强度：30～40MPa；抗冲磨强度：＞20h/(g/cm$^2$)；厚度：2～4mm。

## 技术持有单位介绍

黄河水利科学研究院成立于1950年，是水利部黄河水利委员会所属以河流泥沙研究为中心的多学科、综合性科学研究机构，为全国水利系统非营利性重点科研单位，主要从事水利行业相关基础理论和应用基础研究及技术研发与应用推广。

## 应用范围及前景

适用于大型灌区泵站水泵的磨蚀预防护和磨蚀修复，该技术可大大提高了水泵的运行效率和供排水的保证率。

典型应用案例：

案例1：建立固海扬黄水泵磨蚀防护示范基地1处，对宁夏回族自治区固海扬水管理处扬水工程6座泵站32台水泵的泵壳、叶轮、口环进行了抗磨蚀修复。结果表明：磨蚀防护效果良好，运行2000～5000h后，水泵运行效率同期提

高10%～15%，检修费用降低15%～20%，运行电费节省10%以上。

案例2：对呼和浩特市供排水有限责任公司预沉厂岸边泵站的4台水泵、长垣引水厂的2台水泵进行了推广应用，大大提高了水泵的运行效率和供排水的保证率，降低了泵站的检修费用，节省了运行电费，社会效益和经济效益显著。

技术名称：大型灌区水泵磨蚀防护技术
持有单位：黄河水利委员会黄河水利科学研究院
联 系 人：张雷
地　　址：河南省郑州市顺河路45号
电　　话：0371－66025540、18339235193

# 10 洪水实时预报与精细化调度技术

## 持有单位

珠江水利委员会珠江水利科学研究院

广东省水文局惠州水文分局

## 技术简介

### 1. 技术来源

省部计划，自主研发。该技术采用自主研发的水文及水动力模型，实现暴雨性洪水的实时预报与洪水演进模拟。2项计算机软件著作权，软件名称："珠科院一维-二维耦合水动力模拟软件（简称：HydroMPM12D _ Flow）V1.0（2019SR0111204）"；"感潮河网闸泵工程调度模拟软件（简称：HydroMPM _ OS1D）V1.0（2016SR210123）。

### 2. 技术原理

该技术主要包括流域洪水预报通用模型及建模方法、水利工程调度通用模型、基于水流数值模拟的洪水演进模型、二三维洪水预报与实时模拟展示平台。该技术通过接入气象数值预报成果，基于洪水预报-工程调度-洪水演进-动态展示流程体系，实现了暴雨性河道洪水实时预报及洪水致灾分析为核心的防汛业务流程化业务支撑及应用。在各级防汛主管业务部门中得到广泛应用，为防洪信息化补短板提供重要技术支撑。

### 3. 技术特点

（1）模型多样：自主研发多种水文预报模型与水流数值模型。

（2）模型适用范围广：基于各流域规模、水文资料、下垫面资料的差异性，可采用本技术内不同水文模型进行串并联耦合作业预报。

（3）洪水预报模型鲁棒性强，精度高，稳定性高，可承载用户数量多。

（4）基于洪水预报模型与工程调度模型，实现了预报调度一体化业务应用。

（5）洪水演进模型计算速度快，集成便捷，满足实时淹没分析业务需求。

（6）二三维成果展示：基于多端多架构进行洪水预报与洪水演进成果的可视化展示。

## 技术指标

（1）洪水预报：串并联耦合及实时校正下的洪水预报成果较传统单一模型预报成果确定性系数平均提升0.05。

（2）洪水演进：3min内完成7d的一维河道洪水过程模拟，30min内完成7d的一二维洪水淹没过程模拟，河道重要断面水位计算与实测差值在0.1m以内。

## 技术持有单位介绍

珠江水利委员会珠江水利科学研究院始建于1979年，是经国务院批准随水利部珠江水利委员会一起成立的中央级科研机构。目前，珠科院现有在职人员700余人，其中高级职称人员146人，博士50人、硕士220人。

广东省水文局惠州水文分局成立于1956年10月，负责广东省东江流域（涵盖河源、惠州、东莞、深圳四个地级市）的水文情报预报、水文水资源监测及水文水资源调查评价等工作。

## 应用范围及前景

适用于暴雨性洪水预报调度及洪水演进模拟。

该项技术已在珠江防总、白盆珠水库工程管理局、惠州市水利局、惠阳区农林水务局等多个防汛业务主管部门进行了推广应用，取得了良好的应用效益。

典型应用案例：

案例1：国家防汛抗旱指挥系统二期工程珠江干流洪水预报系统选取珠江流域干流主要站点及河段开展洪水预报、洪水演进模型及业务系统建设。系统开发了水情、雨情、洪水预报、洪水分析、设置等业务功能模块。珠江干流洪水预报系统主要实现了一体化、自动化、滚动化的洪水预报与洪水淹没分析计算，同时集成了综合信息查询、预报方案建立及管理、淹没分析方案建立及管理、成果自动分析与上报发布等专家交互模块。珠江流域洪水预报系统作为珠江委防汛抗旱指挥系统二期工程的核心和骨干项目，为流域防洪救灾决策提供了有效的技术支撑，有力推动了防汛业务由传统模式向现代化、信息化、科学化的转变。

案例2：白盆珠洪水预报模型于2018年开始应用于惠州市白盆珠水库工程管理局水库的入库洪水流量预报。该模型通过接入欧洲、日本、QPF等气象成果数据、实现了白盆珠水库入库流量的实时、滚动预报。预报成果运用于实际的防汛应急预案编制、防洪规划与风险管理等工作中；模型技术及成果在防汛应急决策中取得了较好的应用效果，为水库工程管理提供了科学技术支撑。

案例3：淡水河洪水实时三维模拟系统主要应用于惠州市淡水河的洪水实时预报，并能对淡水街道主城区河道及两岸防洪保护区的洪水进行实时模拟淹没分析。系统功能模块包含三维漫游、洪水预报及洪水淹没分析模拟等。业务紧密围绕区域洪水的实时预报及模拟分析需求，实现了洪水预报及淹没分析计算的一体化操作，为惠州市惠阳区农业农村和水利局防汛预警预报提供了现代化信息化技术手段。

案例4：西枝江流域实时洪水预报技术综合了洪水预报、水库调度、洪水演进等多个水文模型，可进行实时洪水分析计算，水库调度模拟，洪水演进实时计算与动态展示，圈画洪水危险区等服务，实现了洪水预报-调度-演进的一体化防汛决策技术支持，为防汛预警决策提供了有力的专业化、现代化、信息化技术支撑。

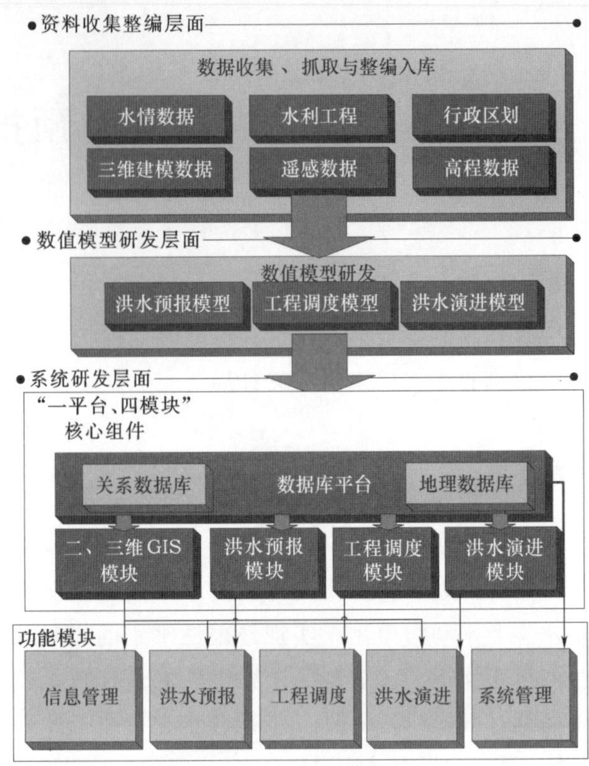


■原型平台研发技术路线图

技术名称：洪水实时预报与精细化调度技术
持有单位：珠江水利委员会珠江水利科学研究院、广东省水文局惠州水文分局
联 系 人：陈高峰
地　　址：广东省广州市天河区天寿路80号
电　　话：020-87117188、15920179188

# 11 基于土壤侵蚀变化量的水土保持治理成效评价技术

## 持有单位

珠江水利委员会珠江流域水土保持监测中心站

珠江水利委员会珠江水利科学研究院

## 技术简介

### 1. 技术来源

省部计划，自主研发。发明名称：一种水土保持综合治理土壤侵蚀变化量实时定量监测方法（ZL201510471329.0）。

### 2. 技术原理

以土壤流失方程为理论基础，以国产高分遥感影像或低空无人机高分辨率影像等为数据源，以水土保持措施图斑为治理成效评价计算单元，借助遥感及地理信息专业软件计算各水土流失关键因子值，准确获取水土保持治理工程开展前后评价区土壤侵蚀量变化值或绝对值，定量反映水土保持治理实施成效，实现水土保持治理措施全图斑、全样本评价。该技术方法不依赖野外水土保持监测设施设备，可开展不同空间尺度、不同时间维度治理成效动态评价，具有响应需求速度快、决策支撑能力强、评价结果客观准确等优点。

### 3. 技术特点

（1）该技术以遥感影像为主要数据源，最大限度降低了对野外水土保持监测所需观测设施设备（小流域卡口站、坡面径流观测场等）的依赖程度，极大降低了治理成效评价成本。

（2）该技术可利用不同尺度、时相遥感影像，灵活完成不同时间空间尺度的治理成效评价目标，实现了治理成效评价从“静态”到“动态”的发展；此外，基于植被指数远期预测结果（植被生长规律），本技术可完成远期水土保持治理成效评价目标。

（3）与传统“典型推算法”“具体量算法”等相比，本技术方法可实现全样本、全图斑参与治理成效评价计算，可灵活计算水土保持治理开展前后土壤侵蚀变化量的绝对值和相对值，获得精度更高、决策支撑作用更强的治理成效评价结果。

（4）该技术方法以措施图斑为评价计算单元，各措施图斑水土保持措施均一、地形地貌基本一致，所获得评价结果也更为准确、客观，更能反映治理工程实施效果。

（5）该技术方法可计算获得一个综合评价值（土壤侵蚀变化量），为水行政部门监督管理、水土保持规划考核等工作提供更为有力、有效的决策支持。

## 技术指标

（1）一定区域治理成效评价频次≥4次/年。

（2）治理成效评价计算单元水土保持措施准确率≥99%。

（3）20km$^2$以内成效评价区域工作响应时间≤15个工作日。

（4）可实现水土保持治理措施全图斑、全样本评价，依据植物措施生长规律实现远期治理成效评价。

（5）成效评价结果可直接反映水土保持治理效果。

## 技术持有单位介绍

珠江水利委员会珠江流域水土保持监测中心站（以下简称“水保站”）成立于2002年，是珠江水利委员会下属二级事业单位，是从事珠江流域水土保持监测工作的专门机构。主要职能包括汇总和管理流域监测数据，流域各省（自治区）监测成果进行鉴定和质量认证，掌握和预报流域水土保持动态和趋势，编制水土保持监测报告；开展流域重点治理区、重点预防保护区、重点监督区的水土保持监测工作，组织和开展跨省区域对生态环境有较大影响的开发建设项目的监测工作；负责流域监测工作的技术指导、技术培训，开展监测技术、监测方法的研究及国内外科技合作与交流。

珠江水利委员会珠江水利科学研究院始建于1979年，是经国务院批准随水利部珠江水利委员会一起成立的中央级科研机构。目前，珠科院现有在职人员700余人，其中高级职称人员146人，博士50人、硕士220人。

## 应用范围及前景

适用于水土保持治理效益评价、水土保持治理工程监管、水土保持规划实施考核评估、生态环境质量评价等。

该技术方法已在2018年度水利部预算项目“水土保持业务——国家水土保持重点治理工程图斑精细化管理”（10个项目）、“2019年广东省国家水土保持重点项目图斑精细化管理与治理成效评价”（11个项目）、“福建省2019年度国家水土保持重点工程‘图斑精细化管理’”（26个项目）等项目中得到充分应用，为水利部珠江水利委员会水土保持处（农村水利水电处）、广东省水利厅水土保持处、福建省水利厅水土保持与科技处等应用单位提供了数据支持和技术支撑。

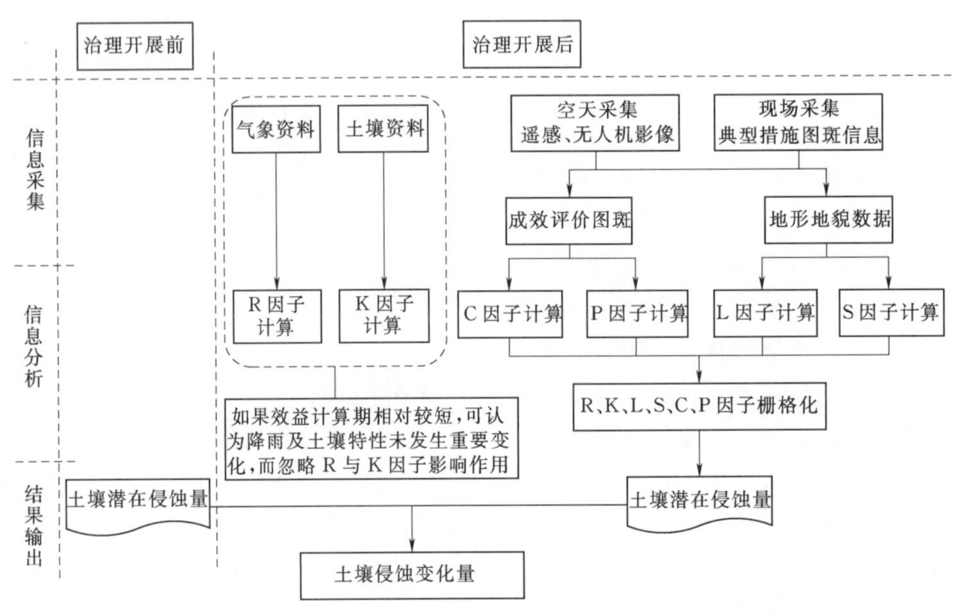


■基于土壤侵蚀变化量的水土保持治理成效评价技术原理图

> 技术名称：基于土壤侵蚀变化量的水土保持治理成效评价技术
> 持有单位：珠江水利委员会珠江流域水土保持监测中心站、珠江水利委员会珠江水利科学研究院
> 联 系 人：尹斌
> 地　　址：广东省广州市天河区天寿路80号
> 电　　话：020-87117455、13925149077

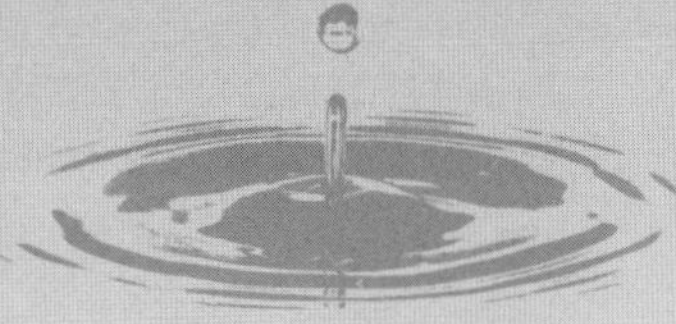

# 12 河湖生态补水与地下水回补技术

## 持有单位

水利部水利水电规划设计总院

## 技术简介

**1. 技术来源**

国家计划，自主研发。

**2. 技术原理**

该技术集合河道湖泊清理整治与生态修复、多水源调配、地下水回补、水文动态监测、数值模拟、遥感解译、无人机航测等技术与方法，对北方地区尤其是地下水超采地区断流干涸的河道、湖泊实施大规模、长时间生态补水，改善河湖生态环境，回补地下水超采亏空水量，自主形成了集补水水源、补水路径、补水过程、动态监测、效果评估为一体的河湖生态补水与地下水回补创新技术方法体系。

**3. 技术特点**

（1）满足生态补水标准的河道湖泊清理整治技术，对河道、湖泊进行清理整治，为生态补水和地下水回补提供稳定、清洁的输水廊道，恢复河道、湖泊生态环境，增加地下水回补入渗量。

（2）基于多水源联合调配的生态补水技术，针对外调水、当地水、再生水、雨洪水等各类水源，结合河道、湖泊过流能力与防洪等相关要求，实施多水源联合调度，保障良好的地下水入渗回补效果。

（3）生态补水动态监测与效果评估技术，对河湖地表水、影响范围地下水的水量、水质与水生态进行动态监测，合理布置地表、地下监测站点，利用数值模拟、无人机航测、遥感解译等现代技术与方法手段，对河湖水面恢复情况、河湖生态恢复情况、地下水入渗回补情况、地表地下水质改善情况等补水效果进行评估。

## 技术指标

（1）建立了河湖生态补水技术方法体系，验证了河道湖泊清理整治技术、生态补水技术、动态监测与效果评估等各组成技术的可实施性和有效性。

（2）实现了南水北调、当地水库、再生水等多水源联合调度。

（3）探索了水行政主管部门与地方政府协同合作、践行生态文明的渠道，为总体推进华北地区地下水超采治理行动提供了经验和示范。

## 技术持有单位介绍

水利部水利水电规划设计总院是受水利部委托，负责全国性综合及专业规划编制、规划设计审查和水利勘测设计咨询行业管理工作的部直属事业单位，是水利部重要的技术支撑单位和技术主管机构。

## 应用范围及前景

适用于河道清理整治、河湖生态补水、多水源调配、地下水回补、地表地下水资源联合监测、生态补水效果技术评估。

典型应用案例：

案例1：河湖生态补水与地下水回补技术已应用于长江水利委员会长江科学院完成的“河北地下水回补生态效果评估”项目中。

案例2：河湖生态补水与地下水回补技术已应用于河北省水利水电第二勘测设计研究院编制的《河北省主要河流生态补水实施方案（2019—2020年）》《河北省主要河流生态补水实施方案（2018—2019年）》中，具体应用范围包括22条河道、25条河渠。补水河段生态环境改善，周边地下水水位回升，生态效益与社会经济效益显著。

案例3：河湖生态补水与地下水回补技术已应用于中国地质科学院水文地质环境地质研究所完成的“滹沱河-滏阳河流域平原区1：5万水文地质调查”项目中，取得了非常好的应用效果。

技术名称：河湖生态补水与地下水回补技术
持有单位：水利部水利水电规划设计总院
联 系 人：陈飞
地　　址：北京市西城区六铺炕北小街2-1号
电　　话：010-63206817、18515021296

# 13 水系统及泵站工程运行快速测试技术与安全评价服务平台

## 持有单位

中水北方勘测设计研究有限责任公司

## 技术简介

**1. 技术来源**

自主研发。实用新型名称：一种内挂式自动砝码加载装置（ZL201721696746.6）。

**2. 技术原理**

通过建立水力机械效率、运行稳定性、过渡过程及闸门启闭力现场试验分析系统，进行了泵站扬程快速精确测量设备研究、非标准断面流量测试设备应用研究、机组过渡过程转速变化测试技术研究、泵段和泵装置模型试验装置及全特性的平台研究，解决了大量关键技术问题。

**3. 技术特点**

（1）创建了水系统及泵站工程运行快速测试技术与安全评价现场测试服务平台。研究开发了效率、运行稳定性、过渡过程、闸门启闭力等四个测试系统，具备了开展大型工程水力机械综合试验能力。

（2）开发了现场扬程与流量快速测试技术、水力机械过渡过程转速变化测量分析软件。提出了以外包络线等效圆直径的轴摆度测量方法、采用混频双振幅幅值（峰-峰值）法确定水压力脉动取值。建立了水力机械稳定性兼顾效率的选型理念和水力机械诊断性检测和分析理念。

（3）实现了以泵站为中心，以管渠为支脉的关键数据（泵性能、流速流量、水位水量）的快速检测系统，建立了水系统及泵站工程运行快速测试技术与安全评价服务平台。

（4）将为建立天津市水系统（城乡灌排系统、饮用水系统及生态供水系统、引水工程、污水处理系统等）检测与（安全）评价体系提供基本数据快速检测手段，为节能节水、建设生态海绵城市及城乡一体化水资源管控服务平台打下基础。

## 技术指标

泵站现场效率、现场运行稳定性测试、现场测流和水位测量技术，闸门启闭力测试，基本做到将测试系统拎着走，实现综合测试10天内完成，单系统测试5天内完成，单参数检测2天内完成的快速检测。模型泵验收试验实现了立轴、卧式、斜轴，泵段、装置，效率、空化、水压脉动、飞逸、力特性、全特性、流态，通用综合测试体系。

## 技术持有单位介绍

中水北方勘测设计研究有限责任公司是水利部直属综合性科技型企业，前身是水利部天津水利水电勘测设计研究院，1954年成立。2003年由事业单位整体改制，发展成为全国百强设计单位，国家高新技术企业，在国内外享有盛誉。

## 应用范围及前景

平台建成后可为各流域水系统（城乡灌排系统、饮用水系统及生态供水系统、引水工程、污水处理系统等）检测与安全评价体系提供快速检测和基本数据。

该平台建设实现了立足国内水利行业科研和技术服务市场，面向国际市场。已应用案例23个，典型案例如：南水北调工程邓楼轴流泵站效率和机组运行稳定性示范研究与评价、利欧集团水泵模型试验台、日立泵制造（无锡）有限公司试验台、西华大学试验台、清华大学水力机械教学实验室建设、印度 SRLIP－PKG 5 STAGE Ⅱ PROJECT 水泵模型验收试验等。该成果已取得了可观的经济效益、社会效益和生态环境效益，其中直接经济效益为 2286 万元。

技术名称：水系统及泵站工程运行快速测试技术与安全评价服务平台
持有单位：中水北方勘测设计研究有限责任公司
联 系 人：汤慧卿
地　　址：天津市河西区洞庭路 60 号
电　　话：022－28702802、18622416283

# 14 深水厚覆盖大型岩塞爆破关键技术

## 持有单位

中水东北勘测设计研究有限责任公司

## 技术简介

### 1. 技术来源

自主研发。关键技术在爆破网络检测、岩塞爆破施工及地质勘察等方面已获得5项发明、7项实用新型专利，获省/行业奖2项（2017年度大禹水利科学技术二等奖、2018年度吉林省优秀工程勘察设计二等奖），制定标准1部（中国水利水电勘测设计协会标准T/CWHIDA 0008—2020《水下岩塞爆破设计导则》，填补了水下岩塞爆破设计相关规范的空白）。

### 2. 技术原理

该技术创建了岩塞爆破与冲水排沙相结合的新理论，攻克了复杂条件下水下岩塞爆破技术。发明了深水厚覆盖下的大型岩塞爆破陀螺分布式药室布置、爆破计算理论和方法，首创了为岩塞爆破创造自由面的爆破成腔理论及爆破成腔测试技术，填补了国际空白。揭示了爆渣、沙、水和气等四相流在岩塞爆破冲击瞬间下泄状态和长隧洞（管道）运动机理和规律，破解了多渣、多泥沙、少水等复杂多相混合流在长隧洞中易淤堵的难题。创建了高精度三维钻孔迹线定位法、岩塞体壳体灌浆、岩塞爆破检测等成套技术，破解了岩塞体爆破渗漏逸气、岩塞精准成型、高精度准爆及岩塞口长期运行安全等难题。

### 3. 技术特点

（1）首次提出了“首先爆破扰动覆盖形成岩塞顶面空腔，后经岩塞周圈超深预裂孔爆破成型，再通过‘陀螺型分布式药室’爆除岩塞，再次爆破扰动覆盖后、结合冲水下泄，攻克了深水、厚覆盖、高密度的大直径岩塞爆通技术，最终实现了爆通岩塞、精准成型、集渣稳定、振动可控、下泄顺畅。本理论可妥善解决因放空水库或降低水位带来对生态和环境的极大影响问题，巨大的经济效益损失和社会影响问题，以及施工难度大等一系列难题。

（2）该技术成功应用于刘家峡洮河口排沙洞进水口水下岩塞爆破。根据对国内外水下岩塞爆破工程的对比分析，同时具备75m高水头、40m厚淤积、2.0t/m$^3$高密度覆盖，黏粒含量63%以上，10m直径大的刘家峡洮河口排沙洞进水口水下岩塞爆破工程为世界首例。

（3）该技术首次提出的岩塞爆破与冲水排沙相结合的新理论，填补了国内外相关理论体系的空白，为解决多泥沙河流水库严重淤积问题提供了一套切实可行的技术方案，确保受泥沙困扰的水库、河流、湖泊的生态环境修复，恢复其防洪、发电、供水、灌溉等综合功能，带来潜在的经济效益和社会效益。

（4）发明了“深水高密度厚淤积覆盖的水下岩塞药室药量计算”及“水下岩塞爆破陀螺分布式药室布置”2项新方法，以及岩塞爆破空腔现场检测新技术，解决了深水、高密度厚淤积覆盖等复杂条件下岩塞爆破药室、药量计算和爆破空腔实地检测等世界级技术难题。

## 技术指标

（1）75m高水头、40m厚覆盖、10m直径岩塞爆破技术。

（2）岩塞综合难度HD（等效水头×直径）值为1150。

（3）世界首项2.0t/m$^3$高密度厚覆盖、黏粒含量大于63%的复杂条件下的岩塞爆破工程技术。

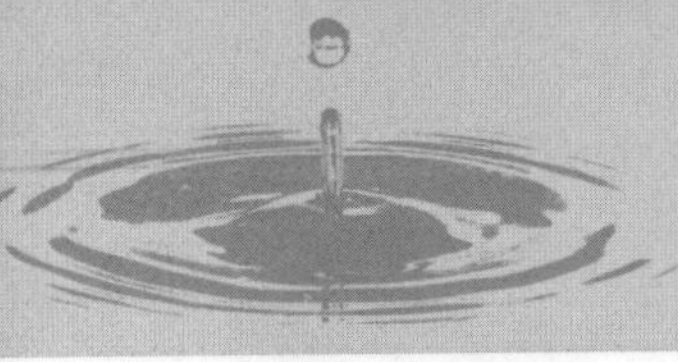



## 技术持有单位介绍

中水东北勘测设计研究有限责任公司前身为水利部东北勘测设计研究院，为水利建设市场主体信用AAA级企业。2009年，水利部以该公司为依托组建水利部寒区工程技术研究中心，开展寒区水利工程技术研究与开发，为寒区水利工程的勘测、设计、施工和管理提供技术支撑。2010年公司被认定为高新技术企业。公司拥有水利水电勘察、设计、咨询、电力、监理、造价、工程总承包以及建筑、市政、环保、交通、通信等行业的甲级设计资质，是持有国家行业主管部门核发的40余种专业和20余种资质证书并拥有对外经营权的科技型企业。作为国内岩塞爆破技术的引领，该公司一直致力于水下岩塞爆破技术的研究、发展和科技进步，使得我国的岩塞爆破技术达到了国际领先水平。

## 应用范围及前景

适用于引水、发电、灌溉、泄水、放空水库、防洪等水利水电技术领域。

典型应用案例：

案例1：2015年9月，该技术成功应用于黄河刘家峡洮河口排沙洞及扩机工程。实施水深75m，淤积覆盖厚40m，10m大直径，成功一次爆通以来满足了工程泄洪排沙、发电的功能，有效地缓解了刘家峡水库历年来的泥沙淤积问题，保证了大坝和电站的运行安全。恢复了水库的各项综合功能，实现了“一洞二用、排浑发清”，体现了“绿水青山就是金山银山”的绿色环保理念。2018年7月15日，受持续降雨影响，刘家峡水库已达到汛限水位，按照黄河防总调度要求，刘家峡水库排沙洞和溢洪道交替进行排沙泄洪作业，排出机组进水口前的泥沙淤积，确保下游河道安全度汛，为黄河平稳度汛提供有力保障。

案例2：2019年1月，该技术成功应用于黄河上第二个大型水下岩塞爆破项目——兰州市水源地供水工程进口岩塞爆破工程，实现一次爆通成型。随着各业对水的需求日益增长，岩塞爆破技术在引（供）水、发电、灌溉、泄洪、排沙、防洪和应急抢险等水利水电技术领域均有较好的应用，应用前景广阔。

案例3：自2019年3月起，该技术陆续应用于吉林中部引水取水口岩塞爆破工程，为本工程的顺利开展起到了积极地、坚实地促进作用。

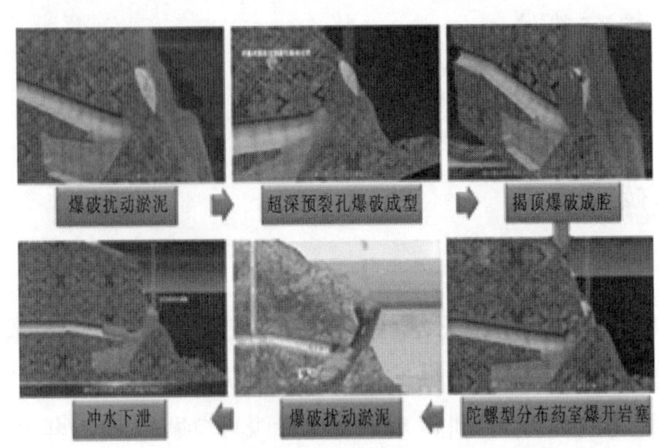


■岩塞爆破程序图

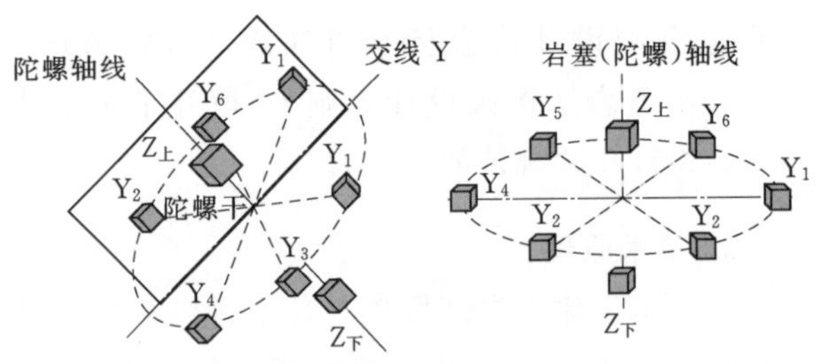


■陀螺分布式药室布置形式

技术名称：深水厚覆盖大型岩塞爆破关键技术
持有单位：中水东北勘测设计研究有限责任公司
联 系 人：陈立秋
地　　址：吉林省长春市工农大路800号
电　　话：0431-85092083、15526898695

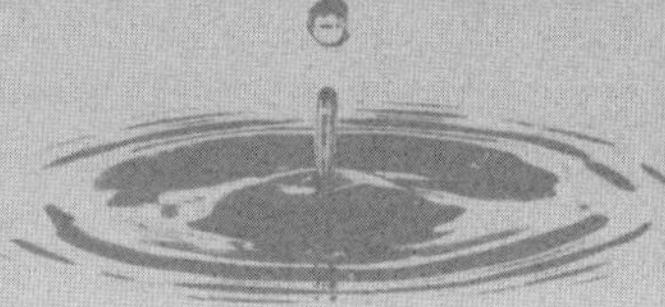

# 15　混凝土坝全坝基无盖重固结灌浆关键技术

## 持有单位

长江勘测规划设计研究有限责任公司

## 技术简介

**1. 技术来源**

自主研发。2件发明专利，发明名称：钻孔内埋式任意球径向灌浆抬动变形观测装置；钻孔内埋式任意球径向灌浆抬动变形观测方法。2件实用新型专利，实用新型名称：一种混凝土高坝全坝无仓面固结灌浆结构；一种岩体宽大裂隙封闭结构。

**2. 技术原理**

混凝土坝全坝基无盖重固结灌浆技术包括：全坝基无盖重固结灌浆方法、裸岩裂隙封闭新方法、无盖重固结灌浆抬动观测新方法。

（1）全坝基无盖重固结灌浆方法。先封闭基岩表面裂隙，然后对浅部加密灌浆确保浅层灌浆效果，并利用浅部岩体作为盖重，对深部升压灌浆，最后少量埋管在坝体混凝土浇筑后对表层局部裂隙引管灌浆。

（2）裸岩裂隙封闭新方法。使用快硬水泥和环氧胶泥两种裂隙封闭材料，采用“建基面清理→裂隙素描→裂隙清理→批刮封闭材料→封闭层养护→预压水检查封堵”的裂隙封闭工艺，在无盖重固结灌浆前，对建基面裂隙进行系统封闭，对其中的宽大裂隙采用“外封堵内填充”的新型封闭结构。

（3）采用无盖重固结灌浆抬动观测新方法和钻孔内埋式任意球径向灌浆抬动变形观测装置，实现高陡坡面无盖。

**3. 技术特点**

（1）全坝基无盖重固结灌浆方法彻底解决了坝基固结灌浆与混凝土浇筑相互干扰的难题，消除了坝体基础混凝土薄层长间歇、灌浆抬动、混凝土裂缝等风险，避免了损伤混凝土冷却水管和监测仪器，灌浆效果好。

（2）裸岩裂隙封闭新方法确保了无盖重固结灌浆裂隙封闭效果，解决了表面串漏问题，保证正常升压灌注，确保了灌浆质量，并减少水泥损耗和废浆排放。

（3）无盖重固结灌浆抬动观测新方法可实现高陡坡面无盖重固结灌浆时任意方向抬动变形有效观测，解决了坡面灌浆施工时岩体抬动变形监测难题，保障了坝基固结灌浆质量和施工安全。

## 技术指标

（1）全坝基无盖重固结灌浆方法可彻底解决坝基固结灌浆与混凝土浇筑、接触灌浆干扰的难题，消除坝基约束区混凝土长间歇、灌浆抬动、混凝土裂缝等风险，避免损伤冷却水管和监测仪器，灌浆效果良好。

（2）裸岩裂隙封闭新方法封闭效果好，可大幅减少表面冒浆和水泥损耗，第1段阻塞深度仅30cm，浅表层灌浆压力可达1MPa，显著提高表层灌浆效果和施工效率。

（3）无盖重固结灌浆抬动观测新方法可全过程可靠观测岩体任意方向变形，观测精度高。

## 技术持有单位介绍

长江勘测规划设计研究有限责任公司是长江勘测规划设计研究院下属核心科技型企业，拥有中国工程院院士3人，全国勘察设计大师7人，省部级及以上人才140余人，各类科研技术人才逾千人。公司主营业务包括工程勘察、规划、设

计、科研、咨询、建设监理及管理和总承包业务等，是国家核准的高新技术企业。

## 应用范围及前景

适用于拱坝、混凝土重力坝等坝型全孔深、全坝基、Ⅰ～Ⅲ级岩体及结构面发育部位基岩固结灌浆。

典型应用案例：

该研究成果已在乌东德 300m 级特高拱坝和 90m 高碾压混凝土二道坝坝基灌浆加固中全面应用，避免了与混凝土浇筑、接触灌浆之间的相互干扰，为高拱坝、碾压混凝土坝快速施工和工程如期蓄水发电创造了非常有利的条件，获得了质量监管部门和行业专家的高度认可，在行业内起到了良好的示范作用。大坝和二道坝基岩固结灌浆合计完成 13.6 万 m，灌后压水检查和声波测试合格率 100%，灌浆效果优良，其中大坝基岩 0～3m 灌后声波值提高率 8%～15%，3～13m 灌后声波值提高率 3%～5%，浅层低波速区占比由 39.3%～11.66%降低到 5%以下；二道坝声波值最大提高率达到 11.07%，低波速区占比最小降到 0.5%。该成套技术彻底解决了无盖重固结灌浆效果差的技术难题。同时，该技术彻底解决了坝基固结灌浆与混凝土浇筑干扰的难题，消除了坝体基础约束区混凝土薄层长间歇、灌浆抬动、混凝土裂缝等风险，为创建乌东德无裂缝大坝提供了重要的支撑，并避免了灌浆反复占用混凝土仓面，提高了无盖重灌浆工效，节省了工程直线工期。乌东德水电站蓄水至高程约 895m 后，各项监测指标均正常，坝肩基础岩体最大变形量不超过 3.5mm，坝基渗漏量远小于大坝设计抽排量。大坝全坝基无盖重固结灌浆效果优良。

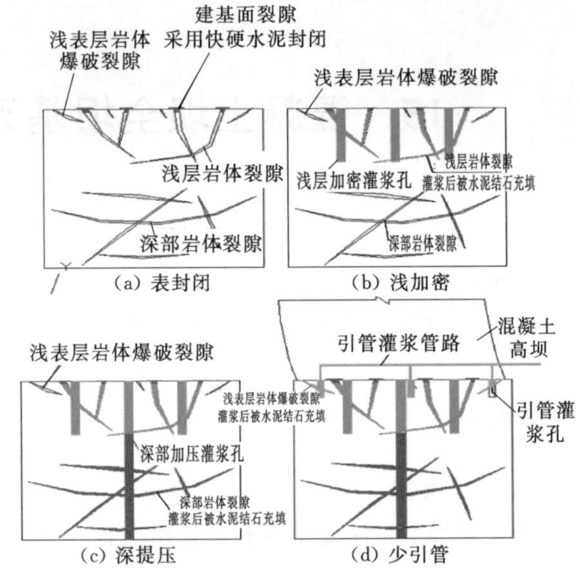


■全坝基无盖重固结灌浆方法示意图

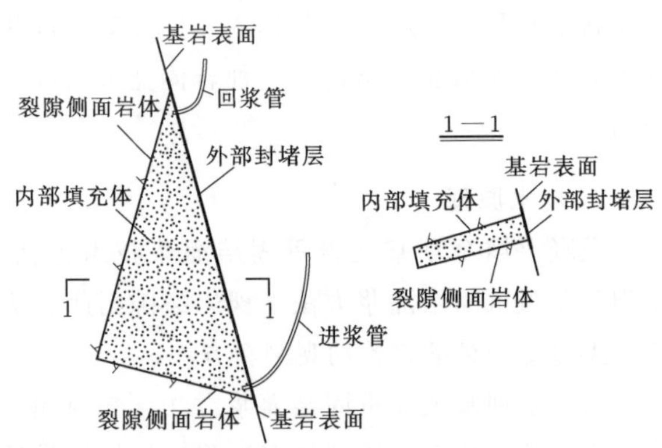


■ “外封堵内填充”的岩体裂隙封闭结构

技术名称：混凝土坝全坝基无盖重固结灌浆关键技术
持有单位：长江勘测规划设计研究有限责任公司
联 系 人：肖碧
地　　址：湖北省武汉市江岸区解放大道 1863 号
电　　话：027－82829207、17786126287

# 16 解决面板坝施工期坝体反渗水问题的结构及其构造方法

## 持有单位

长江勘测规划设计研究有限责任公司

## 技术简介

**1. 技术来源**

自主研发。发明名称：解决面板坝施工期坝体反渗水问题的结构及其构造方法(ZL201610244965.4)。

**2. 技术原理**

针对面板堆石坝施工期存在的反渗水破坏问题，充分利用坝址区的有利地形地质条件，在面板堆石坝坝体底部设置具有强透水性的排水盲沟，排水盲沟自上游向下游呈一定坡比，并在坝体下游设置集水坑，这样可以利用排水盲沟实现坝体内积水自流排出坝体，有效减小坝体上游的反渗水压力。解决了传统预埋反向排水管存在的需要穿过大坝上游防渗体及排水管易堵塞失效的缺点。

**3. 技术特点**

（1）结构简单，施工方便。该实用技术的具体做法是：在原河床较低位置，开挖坡度向下游的梯形排水盲沟，盲沟内采用微风化或新鲜的排水料（块径为30～50cm）填筑，坝内积水通过排水盲沟自流排至下游集水坑，可以利用原基坑的排水系统抽水，不需要配备另外的抽水设施及人员，施工简单。

（2）采用正向排水（自上游向下游）。该实用技术利用有利地形地质条件，采用自上游向下游排出坝内积水的思路，渗流通道无须穿过大坝的防渗体，避免了传统方法中的排水管封堵的施工和由此带来的渗漏风险。

（3）排水效果好。传统方法受上游防渗体的限制，一般只能预埋尺寸较小的排水管，并须做好防淤堵措施，以防排水失效。本实用技术采用断面较大的盲沟排水，结构稳固，具有良好的排水效果，基本无淤堵的风险。

（4）该实用技术无需对盲沟进行封堵，简单实用。

## 技术指标

该技术中的排水结构为倒等腰梯形盲沟，采用块径为30～50cm堆石填筑，渗透系数大于1cm/s，盲沟纵坡一般为0.5%，具有很强的排水能力，可排出常规面板堆石坝施工过程的渗水。在实际工程应用中，盲沟的纵坡和尺寸遵循按需设计的原则，根据实际情况进行调整，以适应施工期的排水要求。

## 技术持有单位介绍

长江勘测规划设计研究有限责任公司是长江勘测规划设计研究院下属核心科技型企业，拥有中国工程院院士3人，全国勘察设计大师7人，省部级及以上人才140余人，各类科研技术人才逾千人。公司主营业务包括工程勘察、规划、设计、科研、咨询、建设监理及管理和总承包业务等，是国家核准的高新技术企业。

## 应用范围及前景

适用于大部分常规面板堆石坝施工过程中出现的反渗水问题的处理。

典型应用案例：

该技术在缅甸道耶坎二级水电站面板堆石坝的施工中成功应用。在面板堆石坝施工过程中，为解决反渗水问题，采用了该实用技术，在坝体底部设置一条排水盲沟，盲沟上游位于坝体过渡料的背部，下游出坝体后至下游基坑集水坑。盲

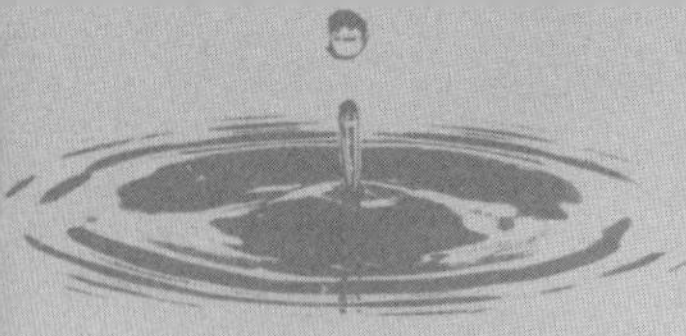



沟断面为倒等腰梯形，盲沟底宽 1m，顶宽为 5m，垂向厚度为 2m。盲沟从上游至下游的坡比为 0.5%，采用新鲜块石填筑，块石粒径为 50～80cm。水电站于 2013 年 3 月竣工并网发电，至今状态良好。

技术名称：解决面板坝施工期坝体反渗水问题的结构及其构造方法
持有单位：长江勘测规划设计研究有限责任公司
联 系 人：花俊杰
地　　址：湖北省武汉市江岸区解放大道 1863 号
电　　话：027－82829207、18502778809

# 17 水工混凝土重碳酸及碳酸腐蚀机理与抗腐蚀技术

## 持有单位

黄河勘测规划设计研究院有限公司

## 技术简介

### 1. 技术来源

几内亚共和国凯乐塔水利枢纽工程坝址区地表水及坝址区地下水中 $HCO_3^-$ 与侵蚀性 $CO_2$ 对水电站混凝土具有腐蚀性，腐蚀类型为重碳酸及碳酸分解类中等腐蚀。腐蚀作用将破坏硬化混凝土内部孔溶液的碱性环境，促使水泥水化产物的分解，削弱水工混凝土的力学性能和耐久性能。为此，进行水工混凝土抗重碳酸及碳酸腐蚀性能研究，为工程抗重碳酸及碳酸腐蚀混凝土提出解决方案。自主研发，发明专利名称：多功能混凝土劣化仪（CN103323386B）。

### 2. 技术原理

该技术针对某些地区水工混凝土中存在的重碳酸及碳酸腐蚀，开展抗腐蚀技术研究。通过宏观和微观手段，明确了碳酸及重碳酸腐蚀发生的条件、过程和机理，在此基础上，开发了多功能混凝土劣化仪。采用复合材料的原理，有针对性地在混凝土中掺入不同种类和掺量的掺合料，通过室内模拟试验，研究了掺合料对混凝土抗腐蚀性能的影响。通过对比分析，结合工程实际，提出了抗腐蚀混凝土的配合比设计技术。

### 3. 技术特点

（1）腐蚀设备方面。实现腐蚀过程自动控制，节省了大量人力。

（2）抗腐蚀技术方面。按照掺加辅助胶凝材料总量为20%，其中粉煤灰掺量14%，硅粉掺量6%，辅助胶凝材料等量替代水泥制备抗腐蚀混凝土，混凝土较100%采用水泥胶材每立方米造价约节省3～10元。

## 技术指标

（1）腐蚀设备方面。溶液配置、循环扰动、溶液排出实现自动化操作。腐蚀设备气体压力达到10kPa，腐蚀液侵蚀性 $CO_2$ 浓度保持200mg/L左右。

（2）抗腐蚀技术方面。采用项目研发技术，混凝土在试验室腐蚀条件下试验组比基准组强度损失降低20%以上。

（3）研发的多功能混凝土劣化仪可用于混凝土及构件在不同腐蚀环境（气压、水流冲刷速度、温度、侵蚀液浓度）的耐久性能系统研究。

## 技术持有单位介绍

黄河勘测规划设计研究院有限公司是2003年由事业单位改制而来的国有大型科技型企业，隶属于水利部黄河水利委员会。现有在职职工近2000人。

## 应用范围及前景

抗腐蚀技术可用于具有重碳酸及碳酸腐蚀的工程使用，也可用于腐蚀机理相似的其他分解类腐蚀的抑制。

典型应用案例：

案例1：2013年6月至2014年6月，在几内亚共和国凯乐塔水利枢纽工程施工过程中，“利用辅助胶凝材料改善混凝土抗碳酸及重碳酸腐蚀技术”应用于枢纽大坝和厂房临水部位混凝土施工过程。

案例2：2016年8月至2017年11月，“利用辅助胶凝材料改善混凝土抗碳酸及重碳酸腐蚀技术”应用于湖南省莽山水库工程大坝混凝土配合比设计和施工中。

案例3：利用辅助胶凝材料改善混凝土抗重碳酸及碳酸腐蚀技术2017年6月被推广应用于陕西省引汉济渭工程三河口水利枢纽工程部分大坝混凝土中，应用规模1.2万$m^3$，混凝土性能满足设计要求。

技术名称：水工混凝土重碳酸及碳酸腐蚀机理与抗腐蚀技术
持有单位：黄河勘测规划设计研究院有限公司
联 系 人：杨林
地　　址：河南省郑州市花园北路60号
电　　话：0371-66021594、13674986365

# 18 地下水信息接收处理软件

## 持有单位

水利部信息中心

西安山脉科技股份有限公司

## 技术简介

**1. 技术来源**

国家计划，自主研发。软件著作权，软著登字第4915735号。

**2. 技术原理**

该软件提供数据通信与传输服务，在SL 651—2014《水文监测数据通信规约》基础上，按照地下水项目的实际业务场景对标准进行补充完善，形成项目标准DXS 01—2016《地下水监测数据通信报文规定》。采用动态配置方式，自适应遥测终端的通信协议，通过GPRS/SMS信道方式对地下水监测站发来的信息实现自动接收和入库，可实现与多家厂商遥测终端设备的兼容。软件具备实时数据监测、监测数据管理、异常数据管理、缺报漏报统计、监测站参数配置、水位流量关系、原始报文管理、操作日志管理、系统设置等功能。

**3. 技术特点**

(1) 规范性：数据的分类编码和传输规约严格遵循有关标准；数据的完备性：数据库中存贮的信息足以满足用户日常工作的需要；功能的完备性：根据需求设计各种模块，并提供友好的用户界面。

(2) 实用性：系统应易于操作，易于更新，易于管理，并能满足各层次用户的使用要求；可扩充性：系统的要素编码、功能和数据库可根据发展的需要进行扩充；先进性：系统采用了多项先进技术，解决了多项技术难题。

(3) 安全性：对不同网络用户采用密码设置和权限控制以确保系统的安全；采用相应的容错技术，以防止因突发事件导致的数据丢失。

(4) 可维护性：从需求分析、软件详细设计、代码编制、测试维护等过程都要建立完善的文档资料，以保证软件开发的正确性和可靠性。

## 技术指标

地下水信息接收处理软件开发基于.Net开发平台，采用C/S架构；实现了身份鉴别及访问权限控制，满足应用安全要求；系统操作简便，安全性、用户界面体验、用户文档等指标已通过检测。

(1) 系统高效性：从实用考虑，在网络带宽保证的情况下，一般响应时间应在3s以内，复杂的大数据量运算，响应时间也应在5s以内。

(2) 系统可靠性：系统一旦发故障，能够迅速恢复，并且保证重要数据不丢失，保证7×24h运行。

(3) 系统并发量：桌面端用户主要是省级监测中心用户，综合考虑各级用户的数量和访问频率，软件可支持4000人同时在线进行系统访问、操作。服务端可支持10000多台设备同时在线上报数据。

(4) 系统灵活性：支持业务扩展及流程变更需求，支持与其他系统接口。

## 技术持有单位介绍

水利部信息中心是水利部直属事业单位，承担了全国主要江河情报预报、监测预测等工作，为国家防总等部门提供全国主要江河控制断面的水情预测预报、预警、发布等工作支持，并为各项水利工作提供信息。

西安山脉科技股份有限公司创建于1997年，具有20多年水利行业信息化背景，是国家及省市政府重点支持的骨干软件企业，陕西省科技厅认证的高新技术企业。

## 应用范围及前景

适用于各级（省级或地市级）地下水监测中心，通过GPRS/SMS信道方式接收多家厂商遥测设备采集发来信息。

该软件已部署在全国30个省（自治区、直辖市）地下水监测中心，并得到应用。可推广应用到各省水利部门或水文部门地方投资建设的地下水监测项目，实现地下水监测信息自动接收处理。

技术名称：地下水信息接收处理软件
持有单位：水利部信息中心、西安山脉科技股份有限公司
联 系 人：沈红霞
地　　址：北京市西城区白广路二条2号
电　　话：010-63207032、15950502318

# 19 地下水资源信息发布系统软件

## 持有单位

水利部信息中心

北京超图软件股份有限公司

## 技术简介

### 1. 技术来源

国家计划，国家地下水监测工程（水利部分）地下水资源信息发布系统建设项目。自主研发，计算机软件著作权，软件名称：地下水资源信息发布系统（简称：信息发布系统）（登记号：2019SR0964506）；软件名称：移动客户端软件V1.0（登记号：2019SR0964497）。

### 2. 技术原理

地下水资源信息发布系统包括：信息展示系统、信息发布子系统、系统管理子系统。功能有：行政公示浏览、站网浏览、分析成果展示、专题地图展示；月报发布、行政公示发布、信息发布、信息审核、行政公示审核；移动端管理。该软件实现向有关部门提供地下水动态信息，提高地下水监测信息与分析成果共享服务能力，同时建立工作交流平台、发布地下水监测工作动态。该软件通过连接水利部网站向各单位发布地下水信息。系统发布监测中心工作动态，科普知识，监测数据及地下水分析成果。另外作为部级与省级的工作交流平台，系统中提供文件下载、通知公告的发布、可视化展示等功能。

### 3. 技术特点

(1) 应用功能与数据资源差异化，进行分级系统的集成部署与配置，数据资源按照“统一模型、一数一源、共建共享、授权使用”的原则，依照统一的地图表达技术规范、地图服务技术规范，兼顾各级监测中心、不同权限的用户，通过发布系统发布展现提供不同的数据、专属地图，通过GIS结合数据，自由按照业务对数据信息进行可控发布，支撑部级、流域级、省级多类应用。

(2) 基于“水利一张图”的地理信息服务共享。地下水资源信息发布系统建设，涉及水利GIS地图与地下水专属地图信息的应用，基于水利一张图的服务体系与共享应用模式，可实现面向各级地下水监测中心的水利基础地理空间地图服务、区域底图服务与专属地图共享。

(3) 采用HTML5+移动APP技术开发的移动客户端，同时适配IOS和安卓应用系统，高速响应各级监测中心对移动客户端提出的意见，快速推送更新，支撑水利部、7个流域、31个省（自治区、直辖市）地下水日常巡查管理工作。

## 技术指标

使用JEE技术构架，页面使用富客户端技术。地下水资源信息系统以B/S的模式运行，系统部署到应用服务器以后，客户端以浏览器的方式访问和使用系统，系统支持IE6.0及以上版本访问。

(1) 高效性：展示系统5用户并发执行平均响应时间为0.39s，核心业务操作事务平均相应时间均满足相关要求。

(2) 易用性：操作简单易学，符合系统操作人员的使用习惯。

(3) 可靠性：运行基本稳定。

(4) 安全性：实现了身份鉴别、访问控制及权限管理等安全性功能。

## 技术持有单位介绍

水利部信息中心是水利部直属事业单位，承

担了全国主要江河情报预报、监测预测等工作，为国家防总等部门提供全国主要江河控制断面的水情预测预报、预警、发布等工作支持，为各项水利工作提供了信息和技术支撑。2006年自主开发的“国家防汛会商系统”荣获国家科技进步二等奖，大禹水利科学技术奖一等奖。2015年参与的“土壤墒情卫星遥感监测技术研究与应用”项目荣获测绘科技进步奖二等奖。2016年主持的“中小河流突发性洪水监测预报预警关键技术及应用”项目荣获大禹水利科学技术奖二等奖。

北京超图软件股份有限公司，自1997年成立以来，聚焦地理信息系统相关软件技术研发与应用服务，目前，SuperMap在GIS基础软件中国区域的市场份额已超越国外品牌，并在30多个国家发展了代理商，将SuperMap GIS推广到100多个国家和地区。

## 应用范围及前景

适用于各级（流域、省级）地下水业务单位，用以支撑地下水监测与管理工作。

该地下水资源信息发布系统软件正式上线，已完成集成部署于海河水利委员会水文局（海河流域片使用）、辽宁省河库管理服务中心（应用规模：全省）、河北省水文水资源勘测局（应用规模：全省）、河南省水文水资源局（应用规模：全省）、天津市水文水资源管理中心（应用规模：全市）等有关单位，适用于各级监测中心用户，用以支撑地下水监测工作的开展。该发布系统于2019年7月荣获中国地理产业学会“2019年中国地理信息产业优秀工程金奖”。

技术名称：地下水资源信息发布系统软件
持有单位：水利部信息中心、北京超图软件股份有限公司
联 系 人：沈红霞
地　　址：北京市西城区白广路二条2号
电　　话：010-63207032、15950502318

# 20　堰高可调水量测控一体化设备

## 持有单位

中国灌溉排水发展中心

陕西兴源自动化控制系统有限公司

## 技术简介

### 1. 技术来源

国家计划，自主研发。2件发明专利：可调节堰高的平板闸型堰（ZL201510809797.4）；底轴旋转式水流控制堰（ZL201510982850.0）。2件实用新型专利：一种堰形水量调控设备（ZL201820205675.3）；水位计（ZL201820340781.2）。

### 2. 技术原理

该设备的闸门顶部高度可以调节，根据不同应用场景可选择“卷帘式活动堰型测控一体闸”“活页式活动堰型测控一体闸”“底升式活动堰型测控一体闸”，均可配套“基于霍尔效应的磁浮子水位计”，实现测控一体化功能，实际应用中能够产生堰流，实现最理想的堰闸配置取水模式，既可稳定干支渠的输水水位，也可稳定支斗渠的取水流量，同时解决了远程控制水闸因石块、树枝等杂物导致无法完全关闭的问题，对于灌区的水量调控具有重要意义。该设备采用新的工艺设计，创新止水理念，降低了设备造价，有效提升了施工安装效率，为灌区用水管理及供水服务提供可靠的技术支撑。

### 3. 技术特点

（1）卷帘式活动堰型测控一体闸，采用柔性堰的构件，减轻设备的重量；由于采用可弯曲的柔性闸板，在无须挡水时可平铺于水渠渠底的水平闸板箱内，无须开挖水渠以造成其破坏，使得该调控设备的施工安装方便快捷。

（2）活页式活动堰型测控一体闸，可在电动机的驱动下，使调节丝杠在万向螺母中旋转，进而带动闸板以门型闸框的底部为底轴在0～90°转动。该设备对传统闸门止水理念进行了创新，基于简单的构造实现堰高可调节，对于稳定来自干支渠的上游来水的水位，以及稳定去往支斗渠的下游配水的流量发挥了重要作用。

（3）底升式活动堰型测控一体闸，通过在水渠的渠底以下安装埋藏式闸板箱，使得防水控制箱驱动调节螺杆带动闸板在闸板滑槽中上下运动。当需要调节水位时，通过调节闸板的高度，使闸板的高度与水位的设定高度相一致，实现了堰高可调节的目的；当不需要调节水位时，可将闸板下降至最低，使其置入渠底以下的埋藏式闸板箱，从而不会对水渠的正常输水造成影响。闸板置于埋藏式闸板箱中，其顶部与水渠的渠底持平，所沉积的泥沙能够随水流流向下游，解决了传统堰或闸泥沙淤积的问题。

（4）基于霍尔效应的磁浮子水位计，通过磁浮球中磁体和霍尔元件的相互作用，感知水位变化，设备能耗低，提高了测量精度，有利于在灌区管道中大量推广，提高灌区管理水平。

## 技术指标

（1）闸门样品送检水利部水利工程结构质量检验测试中心进行检验，经过检验，送检样品均合格，达到了Q/ZM 001—2014《灌溉系统闸门、渠堰规范》的要求。

（2）水位计样品送检国家农业灌排设备质量监督检验中心进行检验，经过检验，送检样品均合格，达到了国家标准GB/T 11828.1—2002《水位测量仪器　第1部分：浮子式水位计》的要求。

## 技术持有单位介绍

中国灌溉排水发展中心是水利部直属事业单

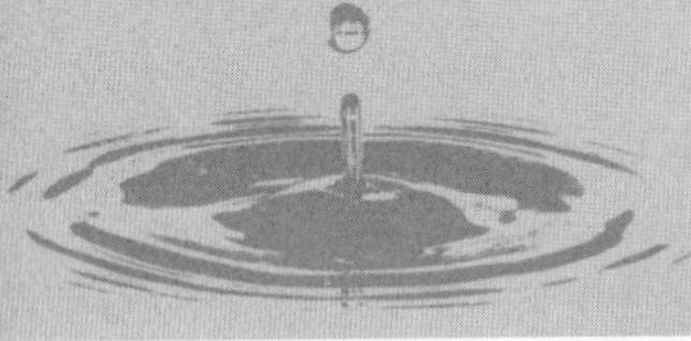



位，成立于 1985 年，在职职工 177 人。主要职责是受水利部委托，承担农村水利有关规划、技术规范编制以及农村水利相关政策、专项技术研究和中央级项目技术管理工作，负责相关技术开发、推广、培训、工程项目咨询评估，为政府决策提供参考和建议，为全国农村水利建设提供技术、管理支撑和咨询服务。

陕西兴源自动化控制系统有限公司成立于 2005 年，主要从事工业楼宇自动化控制系统、电厂锅炉给水及污水的控制与测量系统、测控智能水闸的研发及施工组织。现有员工 58 名，具有高级技术职称人员 19 名，具有中级技术职称人员 27 名。公司拥有多条生产线，可批量生产底孔出流测控平板闸、箕形溢流式智能水闸、可调节堰高的（底出式）测控平板闸，年生产能力可达 3000 套。

## 应用范围及前景

适用于各种类型渠道，在大中型灌区续建配套与现代化改造中可规模化应用。

目前，堰高可调水量测控一体化设备已在宁夏、湖北、山西等地 10 多个灌区进行了推广应用，累计应用 400 余台套，取得了较好的使用效果，得到了用户的认可，提高了灌溉效率，减轻了劳动强度，增强了管理水平。

■卷帘式活动堰型测控一体闸检测

■活页式活动堰型测控一体闸检测

■底升式活动堰型测控一体闸检测

技术名称：堰高可调水量测控一体化设备
持有单位：中国灌溉排水发展中心、陕西兴源自动化控制系统有限公司
联 系 人：鲁少华
地　　址：北京市西城区广安门南街 60 号
电　　话：010－63203654、15201420453

# 21 灌区渠道混凝土防渗无缝施工技术

## 持有单位

中国灌溉排水发展中心

湖南省双牌水库管理局

## 技术简介

**1. 技术来源**

省部计划，自主研发。

**2. 技术原理**

渠道混凝土防渗无缝施工技术合理划分浇筑施工块，采用分块间隔跳仓浇筑，相邻两个施工块的浇筑时间间隔控制在48h以上，相邻施工分块间接缝处取消预留伸缩缝，无须填充处理。避免了常规预留伸缩缝的施工困难，利于施工管理和工程质量控制，节省伸缩缝工程造价；有效解决常规伸缩缝老化或损坏等而沿伸缩缝生长杂草、灌木问题和渠水沿伸缩缝渗漏带来的渠道运行安全隐患问题，解决了伸缩缝渗漏等工程技术难题；大幅减少常规伸缩缝衬砌方法普遍存在的清除杂草、灌木所需渠道运行管理费用，以及因伸缩缝损坏导致渠道损坏所需维修维护费用，节省了灌区管理单位运维经费。

**3. 技术特点**

通过在多年衬砌施工实践中研发创新的渠道混凝土防渗衬砌无伸缩缝施工技术，具有以下技术特点：

(1) 合理划分渠道混凝土浇筑施工块，采用分块间隔跳仓浇筑。

(2) 相邻两个施工块的浇筑时间间隔控制在48h以上。

(3) 相邻施工分块间接缝处取消预留伸缩缝，无须填充处理。

## 技术指标

渠道边坡混凝土浇筑分块施工缝之间的隔板间距为2.5m。渠坡按隔板间距划分，两侧渠坡的分缝线相对齐，弯道处以大弯边为准；渠底板按2个分块长度为一个浇筑块。已浇筑块的混凝土需浇筑完成48h以上，然后可填仓浇筑相邻施工块，浇筑分块之间不留缝隙，实现无缝施工。混凝土搅拌采用机械拌和；用平板振捣器自下而上逐幅纵向振捣至少1遍；采用原浆抹面。

(1) 隔板间距：渠道边坡混凝土浇筑分块的施工缝之间的长度，即分缝长度或隔板跳仓间距，渠道衬砌高度在5m以内（或渠道边坡斜长在10m以内）、混凝土衬砌厚度在0.2m以内、温差在20℃以内，分缝间距以2.5m较为适宜。

(2) 浇筑分块划分：渠坡按隔板间距划分，且两侧渠坡的分缝线相对齐，弯道处以大弯边为准；渠底板按2个分块长度为一个浇筑块。

(3) 相邻施工分块浇筑时间间隔：渠坡已浇筑块的混凝土需浇筑完成48h以上，然后可填仓浇筑相邻施工块，浇筑分块之间不留缝隙，实现无缝施工。

(4) 混凝土浇筑要求：混凝土搅拌要求采用机械拌和；渠坡熟料铺垫厚度应比设计值大10%～20%，用小型平板振捣器自下而上逐幅纵向振捣至少1遍，严禁过振；采用原浆抹面，不得加浆抹面，在混凝土初凝前进行最后一次压光。

## 技术持有单位介绍

中国灌溉排水发展中心是水利部直属事业单位，成立于1985年，在职职工177人。主要职责是受水利部委托，承担农村水利有关规划、技术规范编制以及农村水利相关政策、专项技术研究和中央级项目技术管理工作，负责相关技术开

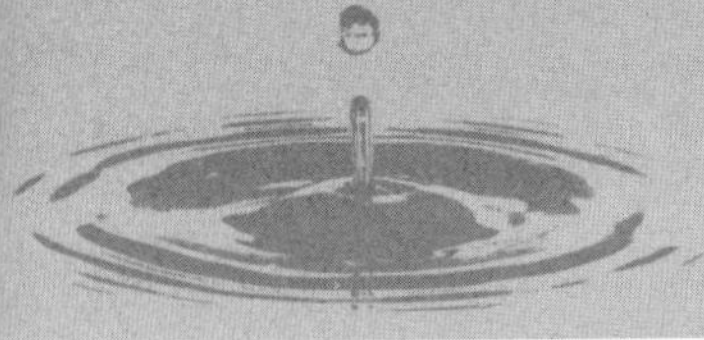



发、推广、培训、工程项目咨询评估，为政府决策提供参考和建议，为全国农村水利建设提供技术、管理支撑和咨询服务。

湖南省双牌水库管理局是双牌灌区工程管理单位，为正处级事业单位。机关设8个科（室），基层辖9个所（站），现有干部职工190人。双牌灌区工程实行分级管理，干渠由湖南省双牌水库管理局直接管理，支渠及以下渠系由受益县（区）管理，县（区）设立了相应的支渠管理所。湖南省双牌水库管理局自1996年以来，对灌区工程进行了大规模的工程改造，连续10年共13次列入了全国大型灌区续建配套与节水改造项目，计划投资共15300万元。

## 应用范围及前景

适合无冻胀灌区渠道防渗衬砌工程，适用于土质或石基梯形渠道，边坡系数大于0.8，不预留伸缩缝。

灌区渠道混凝土防渗无缝施工技术是在常规设置预留伸缩缝的渠道现浇混凝土防渗衬砌施工方法基础上和在长期施工实践过程中通过试验、摸索、创新出来的一种新型施工技术，主要体现在施工工艺流程上的改进和不设置预留伸缩缝，能够提高施工技术水平，确保工程质量，节省工程造价，降低渠道运行管理费用等优点，于1998年在湖南省双牌灌区续建配套与节水改造项目中试验应用、2003年全面推广应用，已采用该技术衬砌干渠共长43km，成功运行了10多年，取得了良好的节水改造效果。

2015—2016年实施水利部科技推广计划项目“灌区渠道混凝土防渗无缝施工技术推广”，在湖南省选取了2个示范推广灌区酒埠江灌区和欧阳海灌区，以2个示范推广灌区建设示范工程、展示应用示范效果为主，以韶山灌区、黄石灌区、白马灌区、张家界灌区、青山垅灌区、澧阳平原灌区、浈水灌区、六都寨灌区、中型关山水库灌区等大中型灌区作为主要辐射推广灌区进行现场技术指导。酒埠江灌区在干渠上全面应用无缝施工技术进行衬砌工程，并选取西干渠新市段建设了4.7km渠长的示范工程；欧阳海灌区在干、支渠上全面应用渠道混凝土防渗无缝施工技术，选择右总干5km建设示范工程。据对示范工程渠段初步测算，酒埠江灌区西干渠新市段综合工程费用节约3.6%、渠道运行管理费用节省22%；欧阳海灌区右总干示范工程段综合工程费用节约4.2%，渠道运行管理费用节省21.7%，总体上节约资金均达5%以上。2处示范工程作为渠道混凝土防渗无缝施工技术应用效果的示范展示，为其他灌区技术人员等提供了参观学习和实地观摩场所，为更好地推广无缝施工技术起到了很好的示范推广作用。同时，通过举办培训班、现场研讨会、编制《灌区渠道混凝土防渗衬砌无缝施工技术操作手册》等培训水利技术人员和推广宣传该项新技术，2次培训班共培训水利技术人员217人次，4次现场研讨会共计334人次，参加人员以湖南省大中型灌区及相关施工、监理单位为主。“灌区渠道混凝土防渗无缝施工技术推广”项目实施期间在湖南省取得了显著的推广应用效果。

技术名称：灌区渠道混凝土防渗无缝施工技术
持有单位：中国灌溉排水发展中心、湖南省双牌水库管理局
联 系 人：陆文红
地　　址：北京市西城区广安门南街60号
电　　话：010－63203382、13801045290

# 22 降雨侵蚀力计算软件

## 持有单位

水利部水土保持监测中心

## 技术简介

**1. 技术来源**

国家计划，自主研发。发明名称：一种降雨侵蚀力的计算方法（ZL201410007111.5）。计算机软件著作权，软件名称：降雨侵蚀力计算软件1.06（2014SR194534）。

**2. 技术原理**

降雨侵蚀力，作为土壤侵蚀预报模型的重要因子之一，该指标综合反映了降雨雨滴具有的动能打击土壤造成的土壤颗粒分离能力及其产生径流的能力。降雨侵蚀力通过降雨强度和降雨动能进行计算，该软件系统可通过人机交互的方法对虹吸式雨量计的自记雨量纸进行自动雨量提取并输出降雨过程数据，也可对不同时间间隔翻斗式雨量计数据进行转换，并基于以上两类数据精确计算降雨侵蚀力指标。该软件解决了虹吸式雨量计的自记雨量纸的降雨过程数据提取问题，翻斗雨量计不同间隔雨量转换问题，以及降雨侵蚀力的自动计算问题。

**3. 技术特点**

（1）人机交互的方法对虹吸式雨量计的自记雨量纸进行自动雨量提取，并输出降雨过程数据。

（2）可对不同时间间隔翻斗式雨量计数据进行转换。

（3）同时基于以上两类数据精确计算降雨侵蚀力指标，包括最大5min、10min、30min、60min雨强，降雨动能$E$和降雨侵蚀力$R$。

（4）软件同时统计输出日雨量、次雨量等常规指标。

## 技术指标

利用计算机软件的优势减少了人工判读的工作量，只要对累积雨量曲线的拐点判读正确，软件就会自动输出标准文本格式的过程雨量资料，方便使用，也减少了过程雨量资料计算过程中人为因素可能带来的错误。基于不同时间间隔，翻斗式雨量计数据通过转换系数提高降雨侵蚀力计算的精度。将复杂的公式算法隐含在了软件内部，使得不具备相关专业知识的水土保持监测人员也能够简便地利用监测站的降雨资料，计算降雨侵蚀力各项指标值。

## 技术持有单位介绍

珠江水利委员会珠江流域水土保持监测中心站成立于2002年，是珠江水利委员会下属二级事业单位，是从事珠江流域水土保持监测工作的专门机构。

## 应用范围及前景

适用于全国水土保持监测站点、生态环境监测站、气象观测站。

2018年水利部印发《全国水土流失动态监测项目规划（2018—2022年）》，监测点数量扩展为115个，分布于我国不同土壤侵蚀类型区。为顺利完成年度工作任务，水利部水土保持监测中心每年组织开展监测点水土保持监测技术培训，并将该降雨侵蚀力计算软件免费下发给各级监测机构用于降雨观测资料的整理计算。通过水土保持监测点、管理单位的应用，该软件能明显缩短降雨资料整理摘录时间，显著提高工作效率，尤其是南方多雨地区，并能够提高数据精度，对于自

记雨量计可以统一记录间隔时间，方便对比相同时段不同地区雨强，为水利部下一步水土保持监测点优化布局和标准化建设后大批量的数据处理提供了有力的工具，可有效提高全国水土保持监测点管理效率，提高监测数据自动分析处理能力。

技术名称：降雨侵蚀力计算软件
持有单位：水利部水土保持监测中心
联 系 人：王爱娟
地　　址：北京市西城区广安门南滨河路27号贵都国际中心A座
电　　话：010-63207108、13522496490

# 23 全国水资源税征收取用水信息管理系统

## 持有单位

水利部水资源管理中心

北京亿沃特信息技术有限公司

## 技术简介

### 1. 技术来源

省部计划，自主研发。5个计算机软件著作权：水资源税安全操作系统（软著登字第5183452号）；水资源税中心操作系统（软著登字第5183505号）；水资源税取用水量审核系统（软著登字第5183537号）；水资源税取用水量申报系统（软著登字第5183542号）；水资源税基础数据管理系统（软著登字第5184004号）。

### 2. 技术原理

全国水资源税征收取用水信息管理系统是为了支撑水资源税改革工作开展，建设开发的一套服务于水行政主管部门、税务主管部门和水资源纳税人的信息系统，通过信息手段实现水资源税征收过程中的企业申报、水利核定、税务征收、联合监管等方面业务的便捷、高效办理。系统整体基于先进的微服务架构开发，系统接入包括PC端和移动端两类，可方便地为各级各类用户提供便捷的应用。系统同时制定造成了一整套的技术和数据标准，可指导全国各地开展水资源税征收取用水信息管理系统的建设。

### 3. 技术特点

全国水资源税征收取用水信息管理系统整体通过建立一套标准、部署两个层级、连通三个网段、服务四级部门、融合五类数据、汇集六方信息、实现七项功能等核心任务成果，可以全面支撑水资源费改税工作。即：设计统一的表结构和标识符，建立一套数据库标准；通过在中央和省两级分别部署，并利用水资源国控系统的数据交换平台，实现两级间的数据交换；系统支持在互联网、水利政务外网、税务政务外网三个网段部署应用，网段间按照业务和安全需求合理进行数据交换，并可按照“金税”的数据交换协议向“金税三期”核心征管库及时推送所需数据；同时能够面向中央级（水利部及流域机构、税务总局）、省级、地市级、区县级4个行政层级的水利及税务管理单位用户提供信息和业务服务，对纳税人提供水量上报、核定书打印、信息查询等服务；目前系统汇集和整合基础数据、业务数据、监测数据、空间数据、多媒体数据5大类数据资源；汇集水利部门、税务部门、住建部门、统计部门、市场监督管理部门、取用水户（纳税人）等6方信息［后期还将增加自然资源管理部门、农业农村部门、能源（电力）管理部门等多方信息］；聚焦水资源税征收管理业务，实现基础核定、水量报送、水利核准、企业申报、税务征收、联合监管、统计分析7项主要功能，为水行政单位、税务机关提供重要的管理工具。

## 技术指标

（1）功能性。“全国水资源税征收取用水信息管理系统V1.0”包括基础数据管理、取用水量申报、取用水量核定、汇总统计分析、监测数据查询、基础配置管理、服务权限管理等7个业务版块，共267项功能，覆盖基础、业务、监测、空间和多媒体5类数据类型，形成合理的微服务功能框架和网络体系，可服务5级水行政管理部门和对应税务部门，支撑水资源税纳税人开展税收申报和取用水相关业务管理工作，具有良好的社会效益和经济效益。

（2）响应性。页面平均响应时间小于3s。

（3）并发性。单个省级系统支持200个用户

数并发（可根据需要，动态扩展到1500个在线用户同时使用）。

## 技术持有单位介绍

水利部水资源管理中心是由中央编办正式批复的水利部直属正局级公益一类事业单位，承担水资源管理、节约和保护等方面管理和技术工作。2011—2019年，中心累计承担财政专项经费33321.19万元，完成了大量水资源管理领域国家级项目共数百项，已获得省部级一等奖、二等奖、三等奖3项，出版撰写专著20余部、学术论文数百篇，为全国水资源管理工作提供强有力的支撑，已成为部履行水资源管理行政职能重要的决策参谋和技术支撑机构。

北京亿沃特信息技术有限公司专注于水利信息化建设，长期聚焦水资源和节水管理领域顶层制度设计，以创新技术支撑全国热点业务，拥有数十项软件著作权，直接负责全国取水许可台账、全国水资源管理年报等多项国家级信息系统开发运维，在“水利工程补短板、水利行业强监管”的总基调指引下，致力于成为我国水利信息化建设的重要组成力量。

## 应用范围及前景

可应用于支撑中央、省级、市级、县级各级水行政主管部门及税务部门开展水资源税征收取用水信息管理工作。

目前，系统已在宁夏回族自治区正式上线试运行，顺利完成四个征期申报。河南省已按系统标准开展已有数据的重新整编，在政务云端新环境完成部署，在郑州、新乡等地开始试运行。山西省系统已经部署完成，在太原市、运城市开始试运行。内蒙古自治区系统已经部署完成，在鄂尔多斯市、赤峰市开始试运行。四川、天津、河北、山东等地已经开始对接部署和应用工作。

■全国水资源税征收取用水信息管理系统首页展示

技术名称：全国水资源税征收取用水信息管理系统
持有单位：水利部水资源管理中心、北京亿沃特信息技术有限公司
联 系 人：吴小姣
地　　址：北京市海淀区车公庄西路乙19号12层1222-1房
电　　话：010-68549095、18010420993

# 24 河口海岸风暴潮高精度预报预警关键技术

## 持有单位

河海大学

南京江河汇成信息科技有限公司

## 技术简介

**1. 技术来源**

自主研发。发明名称：预估偏差法集合化台风预报方法（ZL201610905069.8）

**2. 技术原理**

综合考虑河口海岸天文潮、风暴潮作用，贴合实况场景，紧扣水利行业应用需求，再造业务化预报预警流程，实现河口海岸风暴潮高精度预报。采用多要素耦合、多尺度嵌套和多数据融合与同化技术，构建近岸天文潮-风暴潮精细化预报模型和多层次实时修正模型，实现河口近岸风暴潮动力过程的精细化模拟与业务化预报；采用云平台、云集成技术，构建云架构下的业务化系统，实现多源数据的汇聚、清洗，模型计算数据的无缝交换，模型计算成果的快速表达。

**3. 技术特点**

（1）采用多要素耦合、多尺度嵌套和多数据融合与同化技术，构建近岸天文潮-风暴潮精细化预报模型和多层次实时修正模型，实现河口近岸风暴潮动力过程的精细化模拟与业务化预报；台风期间高潮位预报精度达到《水文情报预报规范》甲级预报水平（±30cm 的保证率不低于85%）。

（2）采用云平台、云集成技术，构建云架构下的业务化系统，实现多源数据的汇聚、清洗，模型计算数据的无缝交换，模型计算成果的快速表达。

（3）研发了具有自主知识产权的近岸风暴潮预报预警系统，填补了水利防汛部门近岸风暴潮业务化预报平台的空白，实现了近岸风暴潮实时预报与智能发布，业务预报由应急性向常态化转变。

## 技术指标

（1）常规天气下和台风暴潮影响下的潮位预报，其预报精度达到《水文情报预报规范》甲级要求。

（2）风暴潮精细化预报模型，计算时效在5min之内。

（3）风暴潮业务化预报预警系统功能和流程满足业务需求。

## 技术持有单位介绍

河海大学是一所拥有百余年办学历史，以水利为特色，工科为主，多学科协调发展的教育部直属全国重点大学。通过国家优势学科创新平台、211工程建设、江苏省优势学科建设工程和“沿海开发与保护”江苏高校协同创新中心的建设，依托水文水资源与水利工程科学国家重点实验室和海岸灾害及防护教育部重点实验室等科研基地，不断增强开展学术前沿探索和服务国家重大需求的科研能力，在海岸带资源调查、海岸动力学、河口海岸灾害预报、港口工程、航道治理、海岸防护等方面完成了一批原创性的科研成果、解决了一批重大工程的关键技术问题，获国家和部省级科技成果奖110余项，其中国家科技进步一等奖3项。河海大学于20世纪80年代成立了风暴潮灾害研究所，团队人员在研究河口海岸各类预报模型，提升模型预报精度和计算时效的同时，也注重科研成果的转化与应用，积极参与各省市的沿海风暴潮业务化预报系统的建设，

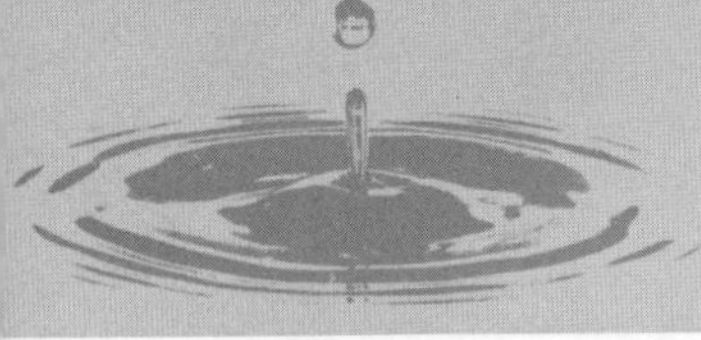


为江苏省水文水资源勘测局开发了“台风暴潮影响下江苏沿江及海域潮位预报系统”；为上海市防汛信息中心开发了“上海沿海风暴潮预报信息系统”；为宁波市水文站开发了“宁波市沿海风暴潮精细化预报预警系统”；为江苏省水文水资源勘测局镇江分局开发了“台风期长江镇扬河段水位预报系统”。河海大学科研团队与水利部水利信息中心（水利部水文局）合作，在台风期提供我国沿海40个重点潮位站的预报服务。在科研设备方面，配有专门的数据库服务器，用于系统开发、运行以及发布；高性能计算服务器，用于运行天文潮、风暴潮、台风浪数值预报模型。相关成果获国家科技进步二等奖1项，教育部科技进步奖一等奖1项，授权发明专利1项，软件著作权4项。

南京江河汇成信息科技有限公司，拥有一批高素质的水利、计算机方面的专业技术人才，致力于水利数学模型、水利专业软件与水利信息系统的研发与集成应用。为水利、环境、交通等相关涉水部门的精细化管理提供强有力的技术支撑。公司开发人员长期与河海大学风暴潮预报团队合作，共同开发各类预报系统。

## 应用范围及前景

应用于我国沿海省市的近岸海域、感潮河段（河网）的风暴潮水情预报，为河口海岸地区防洪、防台决策提供技术支持。

成果已在江苏、上海、浙江和广东沿海水利部门得到了成功应用，并为国家防总防汛会商提供风暴潮预报结果，已经具备了业务化预报的能力，为防汛防台指挥决策提供了重要的技术支撑。

典型应用案例：

案例1：上海沿海风暴潮预报信息系统。2018年上海连续受到“安比”“云雀”“摩羯”“温比亚”“康妮”等台风影响，对城市安全带来了前所未有的挑战。河海大学在“上海沿海风暴潮预报信息系统”支撑下，对影响上海沿海的8场台风进行了28次业务预报，高潮位预报的合格率（±30cm）平均达到91%的精度，为上海市水利信息中心提供了及时、准确预报数据，为2018年上海安全度汛提供了重要的技术保障，取得了显著的社会经济效益。

案例2：宁波市沿海风暴潮精细化预报预警技术研究及应用。宁波市位于东海之滨，是一个水、旱、台风、大潮等多种灾害频繁交错发生的地区。作为其中最为严重的灾害之一，风暴潮每年给宁波市沿海造成巨大的经济损失。河海大学等开发的“宁波沿海风暴潮精细化预报预警系统”在人机交互场景中实现了现场数据网上监测、数值预报成果自动生成和相似历史台风智能分析等功能；基于数值预报成果开展高潮位预警和海塘工程安全预警，并将预警信息上传至防汛预警系统之中。系统在2017年“泰利”台风期间准确预报了宁波沿海风暴潮的增水过程，对危险地段海塘工程发布了预警信息，为宁波市的防台决策提供了强有力的支撑。

案例3：江苏沿海沿江风暴灾害精细化预报技术研究与应用。2017—2019年依托该系统，江苏省水文水资源勘测局及南京、镇江、无锡、南通、盐城等分局进行了部署安装，通过该系统对江苏沿海、沿江报汛站点进行了高精度的潮位预报，准确预报了1718（泰利）、1810（安比）以及1812（云雀）等台风对江苏沿海风暴增水和台风浪过程的影响，为省防办应急预案的制定提供了重要的数据支撑，防灾减灾效益十分显著，具有重要的推广应用价值。

技术名称：河口海岸风暴潮高精度预报预警关键技术
持有单位：河海大学、南京江河汇成信息科技有限公司
联 系 人：陈永平
地　　址：江苏省南京市鼓楼区西康路1号
电　　话：025-83787708、13813906122

# 25 基于根系层浅水埋深的水稻节水灌溉技术

## 持有单位

河海大学

## 技术简介

**1. 技术来源**

国家计划，自主研发。

**2. 技术原理**

针对水稻节水灌溉技术的发展与规模化应用现状，以提高水分利用效率、优化灌溉指标监测方法为目的，以解决现行节水灌溉技术应用中土壤水分空间变异性大、监测成本较高、监测精度较难保障等问题为前提，以测桶试验和Hydrus-1d模型为载体，重点研究控灌模式下不同耗水情景对田间根系层浅水埋深（田表距浅层地下水位的距离）与土壤水分分布的相关关系以及对水稻产量与水分利用效率的影响，确定不同生育阶段控制灌溉根系层浅水埋深控制临界值，配套开发基于根系层浅水埋深调控的稻田灌水下限监测预警装置，通过不同田间尺度试验验证，形成该项技术，以满足规模化水田应用的需求。

**3. 技术特点**

该技术充分利用灌排系统内稻田区域根系层浅水位连续性好、易于监测的特点，并通过配套监测预警装置实现监测探头对地表水层与根系层浅水位的贯通式监测，解决了现行水稻节水灌溉技术应用中土壤水分空间变异性大，监测成本较高、监测精度较难保障等问题，以更好地满足规模化水田应用的需求。

## 技术指标

（1）形成基于根系层浅水埋深的水稻节水灌溉技术；配套开发一种基于根系层浅水位调控的节水灌溉稻田灌水下限预警装置。

（2）该技术节约灌溉用水20%～30%，水分利用效率增加5%～8%，在确保产量无显著差异前提下具有明显节水效果。

## 技术持有单位介绍

河海大学水文水资源与水利工程科学国家重点实验室作为开展课题研究的载体，拥有支撑本项目顺利开展的先进技术设备。高效用水团队课题组在稻田节水灌溉理论与技术方面连续进行了30余年的大量研究工作，基于水稻节水灌溉技术方面的研究成果，研究团队先后获江苏省、宁夏回族自治区、黑龙江省科技进步一等奖、中国农业节水科技奖一等奖，国家科技进步一等奖。

## 应用范围及前景

该技术作为对节水灌溉稻田灌水控制指标的改进，适用范围为节水灌溉稻田。

该技术在我国高品质稻米生产基地庆安县下辖平安镇进行了推广应用，严格按照技术要求确定根系层浅水埋深控制临界值，在插秧前作设备布置，以控制标准指导灌溉。示范区水稻根系层土壤含水率与根系层浅水埋深同步性很好，具有紧密的二次抛物线关系，其相关系数均达到0.9以上，满足同区域土壤含水率与根系层浅水埋深互相转换条件；相对于常规灌溉稻田，示范区产量指标增加为40kg/hm$^2$，节约用水约21.4%，水分利用效率增加5.4%，节水效果明显，且以根系层浅水埋深作为灌溉指标更有益促进植株分蘖，亩均投入成本更低。

技术名称：基于根系层浅水埋深的水稻节水灌溉技术
持有单位：河海大学
联 系 人：徐俊增
地　　址：江苏省南京市鼓楼区西康路1号
电　　话：13584012436

# 26 耦合数值天气预报的水库群预报优化调度系统

## 持有单位

大连理工大学

松辽水利委员会水文局（信息中心）

## 技术简介

**1. 技术来源**

自主研发。2003年国家科技进步奖（二等）：全国水库防洪调度决策支持系统工程；2016年大禹水利科学技术奖（一等）：变化环境下气象水文预报关键技术。5件发明，发明名称：一种基于多目标优化抽样的水文模型不确定性分析方法；一种基于聚合水库蓄放水模拟的洪水预报方法；一种耦合长、中、短期径流预报信息的水库优化调度方法；一种基于灰色系统预测的离散微分动态规划方法；一种基于动态蓄水容量的洪水预报方法。

**2. 技术原理**

该系统基于多气象预报中心数值降雨预报可利用性、基于数值降雨预报的流域径流预报、基于径流预报的水电站（群）发电调度研究的基础上，利用先进的SpringMVC、ExtJS等框架技术，将所涉及的研究内容以模块化的方式进行集成，开发出一套性能稳定、功能丰富、交互性好、可扩展性强的水情测报分析及调度决策系统，为管理人员的智能化管理提供强有力的支撑。

**3. 技术特点**

（1）满足电力系统安全分区要求，在安全Ⅲ区架设服务器，在其上部署云服务。为了云服务更加稳定，采用Citrix Xenserver开源的项目来部署云。满足高可靠性、通用性、高可扩展性、按需弹性分配及完善的运维要求。

（2）考虑到其数据资源量较为庞大，并且多以业务交互为主，因此选用ORACLE数据库管理系统，以满足决策系统高稳定性、高可靠性、高效率、高吞吐量的要求。

（3）利用先进的SpringMVC、ExtJS等框架技术，将所涉及的研究内容以模块化的方式进行集成，保证其性能稳定、功能丰富、交互性好、可扩展性强。

（4）实现了气象预报信息从无到有，首次将四大气象中心的降雨预报数据引入到短期径流预报模块中；实现了从有到精，针对每个流域的不同特点进行统计分析，保证各流域都有一个相对可靠的降雨输入来源。

（5）实现了从科研到实际应用的过渡，引入气象因子，基于前期的水文气象要素，结合成因分析与数理统计方法，对未来长期的水文要素进行中长期的预测。

（6）在发电调度管理上，国电电力首次提出水电能量平衡分析模型，该模型的建立有利于水电企业调整管控模式，整合各方资源，以取得最合理的人才组织结构、最优的水能利用效率和最大的经济效益。

综上所述，该软件在功能可扩展、数据库及参数库、算法库、数据处理效率、系统稳定性、功能适应性和易用性等方面对国内外同类软件产品具备较大优势。

## 技术指标

（1）水情、雨情、工情、发电信息的实时监测，超警戒时指标告警。

（2）对实时/历史信息查询，并可进行数据修正。

（3）自动/手动降雨预报信息下载及处理。

（4）基于实测或预报信息的短/中/长期径流预测。

（5）基于径流预报的短/中/长期发电调度方案编制。

（6）报表模块，实现快速报表。

（7）径流预报模型以及调度模型的管理。

（8）管理用户信息的同时赋予用户访问的权限。

（9）移动端APP。

## 技术持有单位介绍

大连理工大学是教育部直属全国重点大学，是国家“211工程”和“985工程”重点建设高校，也是世界一流大学A类建设高校。学校现有教职工4082人，其中专任教师2580人。学校有中国科学院和中国工程院院士13人、中国科学院外籍院士1人、瑞典皇家工程院院士1人。

松辽水利委员会水文局（信息中心）是水利部松辽水利委员会直属的副局级事业单位。其主要职责是指导松辽流域水文工作，主要负责流域水文水资源监测和水文站网的建设和管理工作。

## 应用范围及前景

适用于基于数值降雨预报的流域径流预报、基于径流预报的水电站（群）发电调度，以及基于以上信息的综合决策。

典型应用案例：

该系统已成功在“国电电力水情测报分析及调度决策系统项目”进行推广应用，系统在一年多的运行期间，国电电力和禹水电开发公司与大连理工大学对系统的各项功能以及计算结果正确性进行了多轮测试和检查。测试和检查结果表明，系统各项设计功能均能够正常使用且计算结果正确。对系统各模块下的各项功能进行了测试，各项功能均能够正常使用，符合既定要求，用户反馈良好。

技术名称：耦合数值天气预报的水库群预报优化调度系统
持有单位：大连理工大学、松辽水利委员会水文局（信息中心）
联 系 人：彭勇
地　　址：辽宁省大连市甘井子区凌工路2号
电　　话：0411-84707911、13942849834

# 27 混凝土仓面小气候自适应控制系统

## 持有单位

中国三峡建设管理有限公司

中国水利水电科学研究院

## 技术简介

### 1. 技术来源

自主研发。发明名称：混凝土仓面小气候自适应控制方法（ZL2017102591974）。

### 2. 技术原理

开发一种混凝土仓面小气候自适应控制系统，其包括喷雾机构、数据采集子系统、仓面气候控制子系统，数据采集子系统采集的混凝土仓面的气候数据（温湿度数据、风速数据、太阳辐射数据等）传输至仓面气候控制子系统，仓面气候控制子系统根据该气候数据及预设的气候阈值或气候阈值范围控制喷雾机构的喷雾方式、喷雾范围及喷雾水压。该喷雾系统能够适应工程的需求，能做到喷雾效果完全雾化，不会对混凝土浇筑质量造成不利影响。实现浇筑过程中根据浇筑要求、外界环境温度，调节喷雾机的喷雾强度、开启和关闭实现仓面气候的自动调节，控制混凝土浇筑温度和仓面湿度在合理范围内。

### 3. 技术特点

（1）该喷雾系统能够适应工程的需求，能做到喷雾效果完全雾化，不会对混凝土浇筑质量造成不利影响；且该喷雾系统能够有良好防堵功能，确保喷雾效果的持续性。

（2）实现浇筑过程中根据浇筑要求、外界环境温度，调节喷雾机的喷雾强度、开启和关闭实现仓面气候的自动调节，控制混凝土浇筑温度和仓面湿度在合理范围内。

（3）喷雾系统具有良好的自动保护机制，能在停水情况下自动断电保护喷雾装置，并能在停电时自动停水，保障混凝土的浇筑质量。

## 技术指标

喷头个数：0～120个可调节；送风量：6.7～11.0$m^3/s$可调节；风速：8.2～27.1m/s可调节；风机频率：20～50Hz可调节；水量：0.21～0.75$m^3/h$可调节；水泵压力：4.0～37.8MPa可调节；水泵频率：20～50Hz可调节；喷头方向（垂直）：$-10°$～$20°$可调节；喷头方向（水平）：左右/定向；总功率：10～15kW。

## 技术持有单位介绍

中国三峡建设管理有限公司是全球最大的水电开发企业和中国最大的清洁能源集团——中国长江三峡集团有限公司的二级子企业，是一家为全球客户提供大中型水电工程、抽水蓄能电站、水利工程和公共基础设施等项目全产业链服务的工程投资、建设、管理和咨询公司。公司为国有独资公司，注册资本金20亿元，注册地为北京市海淀区。公司拥有长江三峡技术经济发展有限公司（简称三峡发展公司）、浙江长龙山抽水蓄能有限公司（简称长龙山公司）和中国华水水电开发有限公司（简称华水公司）三家子公司，持股中国长江电力股份有限公司等四家公司。

中国水利水电科学研究院是水利部直属的国家级社会公益性科研机构，研究领域已覆盖水文水资源、水环境与生态、防洪抗旱与减灾、泥沙与水土保持、农村水利、水力学、岩土工程、水工结构与材料、工程抗震、水力机械与机电、自动化、工程监测与检测、新能源、遥感技术及应用、水利史与水文化、牧区水利等18个学科、93个专业方向。

## 应用范围及前景

适用于混凝土坝，包括碾压混凝土坝和常态混凝土坝浇筑期间和浇筑间歇期间温度和湿度的控制。

典型应用案例：

案例1：乌东德工地应用。乌东德水电站位于四川省会东县和云南省禄劝县交界处金沙江河道上，水电站坝顶高程988m，最大坝高270m，总库容74.08亿$m^3$。该喷雾系统于2018年2月进场后，在喷雾量最大情况下，仓面无任何可观测降水。距离喷雾机20m左右位置且与喷雾机同高程的电器设备无损坏，仓面的作业人员无被喷雾机淋湿现象。雾化效果明显，完全符合规范要求。

案例2：白鹤滩工地应用。白鹤滩水电站位于四川省宁南县和云南省巧家县境内，是金沙江下游干流河段梯级开发的第二个梯级电站，具有以发电为主，兼有防洪、拦沙、改善下游航运条件和发展库区通航等综合效益。白鹤滩水电站正常蓄水位825m高程，水库总库容206亿$m^3$。该系统于2018年9月份进入白鹤滩工程，由于白鹤滩喷雾设备使用的模式为固定式应用，使用期间各个坝段应用固定的喷雾机，根据合同约定，在4仓使用该喷雾机，应用效果良好。

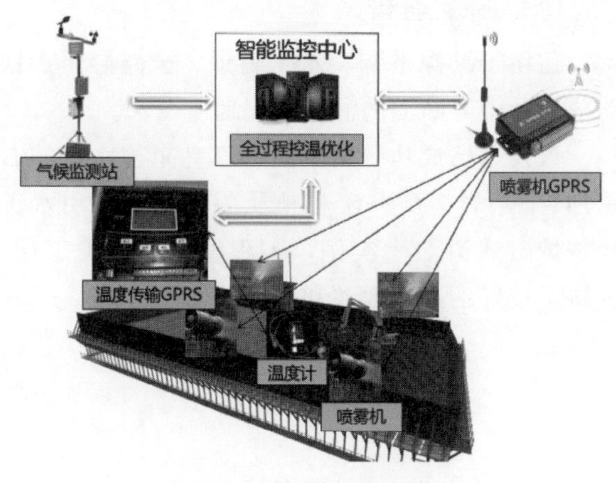


■智能喷雾系统构成

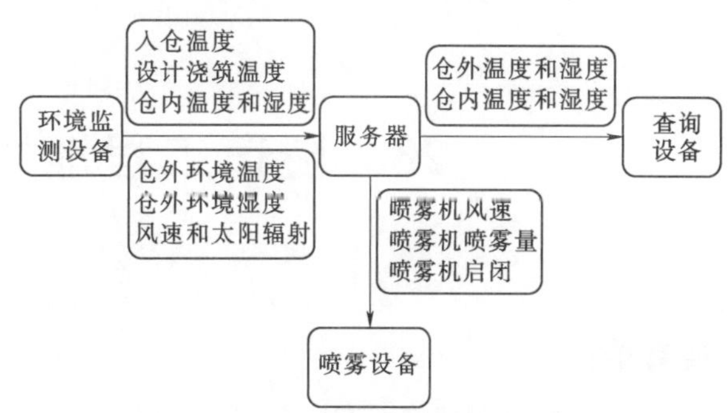


■智能喷雾工作流程图

■喷雾机效果对比图

■本推广的喷雾机效果图

技术名称：混凝土仓面小气候自适应控制系统
持有单位：中国三峡建设管理有限公司、中国水利水电科学研究院

联 系 人：乔雨
地　　址：四川省成都市高新区府城大道东段288号
电　　话：0871-68079269、15572704348

# 28 隧道工程地质编录倾斜摄影技术

## 持有单位

长江三峡勘测研究院有限公司（武汉）

## 技术简介

**1. 技术来源**

自主研发。实用新型名称：隧道倾斜摄影装置（ZL201820903723.6）。

**2. 技术原理**

该技术是以数字影像和摄影测量为基本原理，实现摄影对象的几何与物理信息以数字方式表达。使用该技术的中的隧道倾斜摄影装置，按相应的方法沿隧道中心线以固定步长依次曝光采集隧道三壁高清数字影像，在后期图像解析、空三加密和三维实景建模，最终形成完整的隧道三维实景模型。

**3. 技术特点**

该技术旨在解决对小断面和中等断面隧洞人工单相机采集数字影像现场操作难度高、工作程序繁琐，工作量大，影像质量可控性差、效率低，特殊部位无法采集，后期重建三维影像质量差等问题。将工程地质编录工作中产状量测、素描、标注等耗时的外业工作在内业处理完成，并实现标准化出图，解决中小型隧洞工程地质编录现场效率低的问题。

## 技术指标

（1）适用于极小断面隧道（2～3m$^2$）、小断面隧道（3～10m$^2$）、中等断面隧道（10～50m$^2$）。

（2）采集装置电源采用锂电池供电；云台控制模块可控制单台电子云台伺服机构，也可调整接口实现联动；电子三轴云台俯仰轴最大仰角行程45°，最大俯角行程90°；相机曝光同步控制模块采用热靴控制5台相机同时曝光；装置光源LED灯珠流明值需大于3000lm；装置相机参数FOV大于100°。

（3）基于隧道倾斜摄影装置采集的数字影像分辨率可达3像素/mm，基于图像统计技术可自动识别0.5mm级裂隙，纹理清晰。

## 技术持有单位介绍

长江三峡勘测研究院有限公司（武汉）（简称“三峡院”）隶属长江勘测规划设计研究院，是从事工程勘察、岩土工程设计、地震研究与监测、科研、咨询、岩土施工、地质灾害评估和治理、地下水资源评估及开发等业务的科技型企业，综合实力位于全国勘察行业前列，1999年首批获得国家ISO 9001质量体系认证，2013年成功申报高新技术企业。

## 应用范围及前景

适用于勘探平洞、水工隧道、公路隧道、铁路隧道及中等断面的洞室工程地质编录。

该技术已成功应用于金沙江乌东德水电站右岸坝肩$K_{25}$岩溶斜井工程地质编录和滇中引水工程香炉山隧道2个实例，工程缩短了施工工期，获得了较好的进度效益和经济效益。

技术名称：隧道工程地质编录倾斜摄影技术
持有单位：长江三峡勘测研究院有限公司（武汉）
联 系 人：王吉亮
地　　址：湖北省武汉市东湖高新区创业街99号
电　　话：027-87571962、18971584581

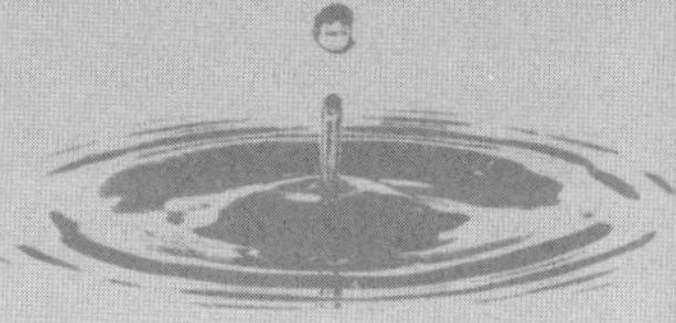

# 29　农村水电站安全评定技术

## 持有单位

水利部农村电气化研究所

## 技术简介

### 1. 技术来源

国家计划，自主研发。发明名称：一种水轮发电机组的测频装置（ZL201310465380.1）；实用新型名称：一种测量渗透压力的防淤堵渗压计（ZL201320651361.3）。

### 2. 技术原理

农村水电站安全评定技术，基于农村水电站特点，以水电站安全评价模型为基础，结合现场参数检测，将安全评价指标分为水工建筑、金属结构、机电设备3个二级指标，每个二级指标又根据具体内容等细分为数个不同的三级指标。评定过程需检查水电站设施设备的运行状态、缺陷和安全隐患；检测水工建筑结构强度、变形、老化程度，金属结构的缺陷、蚀余厚度、防腐涂层、状态参数，及机电设备的调控性能、运行状态参数、电气试验等量化指标。通过电站实际检查与检测，对底层指标进行赋值，根据底层指标的等级或者相应的分值计算上一级指标的等级或分值，即根据非底层指标安全等级分值计算其上级指标安全等级，按照层次分析方法由下而上计算，得出单个水电站的安全等级指标值，最终依据该指标值将各个水电站分为ABC 3种不同的安全等级：A类水电站为安全可靠；B类水电站为基本安全但存在缺陷；C类水电站为不安全电站。

### 3. 技术特点

农村水电站安全评定技术以水电站安全评价模型为基础，结合现场参数检测，构建评价指标体系，将水电站的各个基本评价单元安全情况进行具体量化评价，可直观反映电站存在的安全问题和安全隐患。该技术除提出水工建筑物、金属结构和机电设备等传统指标外，增加了生态流量等指标及相关技术，紧密贴合新时代农村水电发展新要求，提出农村水电站安全等级划分标准与便携式检测技术与设备，可大幅降低农村水电站重大安全事故发生频率，有效促进我国农村水电行业技术和管理水平的提升。

## 技术指标

农村水电站安全检测精度：腐蚀坑深测量精度0.02mm，振动位移测量精度1$\mu$m，噪音测量精度0.1AdB，转速/频率0.1Hz，谐波（THD）计算精度0.1%。生态流量监控指标：输出电压波动值≤±10%，频率波动值±5Hz，图像数据5帧/s，分辨率1280×1024。

## 技术持有单位介绍

水利部农村电气化研究所于1981年在杭州成立，是我国唯一的全国性农村水电和电气化科研机构，主要从事农村水电行业管理的政策法规和技术研究，承担农村水电行业发展规划编制，组织农村水电行业技术标准研究、制修订及宣贯，开展小水电技术进步的研究与信息交流，进行小水电工程质量检测，为发展中国家提供小水电技术培训和援助。

## 应用范围及前景

可应用于农村水电站的安全检测与评定工作。

该技术已在全国农村水电增效扩容改造工程和农村水电站安全生产标准达标评级等工作中开展了大量实践，浙江、甘肃、江西等省多座农村

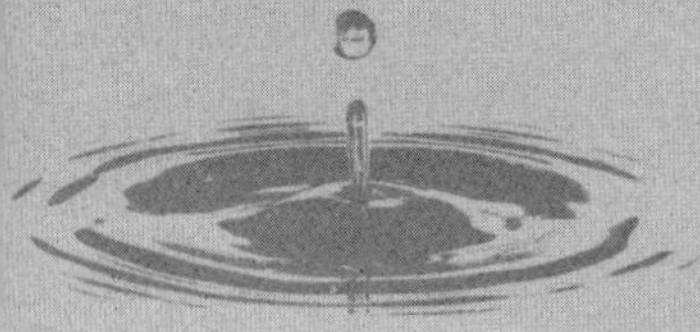



水电站先后完成了安全检测与评定，并在此基础上进行了除险加固和技术改造等工作；基于农村水电站安全评定技术开发的便携式检测设备、生态流量监控设备等相关产品，已经在浙江东阳、金华、淳安、嵊州等地的20多座电站成功应用。

技术名称：农村水电站安全评定技术
持有单位：水利部农村电气化研究所
联 系 人：舒静
地　　址：浙江省杭州市西湖区学院路122号
电　　话：0571－56729267、13606649529

# 30 多网智能测控数传终端

## 持有单位

水利部南京水利水文自动化研究所
江苏南水科技有限公司

## 技术简介

**1. 技术来源**

自主研发。

**2. 技术原理**

多网智能测控数传终端可内置集成GPRS/GSM、3G、4G、SMS、NB-IoT、Rola通信模块，以及兼容其他连接方式如北斗卫星通信、超短波通信等智能测控数传终端，具有休眠+唤醒的工作机制，实现了微功耗运行，能够适应电池供电的应用现场，非常适合于传感、计量、监控等智慧水利物联网应用。此款产品既能像传统遥测终端对各相关传感器进行数据监测，也可以对泵、小型闸进行控制，具有较广的适应面。

**3. 技术特点**

(1) 先进独特的软硬件设计，外置硬件看门狗，高可靠性，野外免维护。先进USB主从智能切换功能，既可以计算机USB配置参数，也可以U盘下载数据，方便快捷。

(2) 支持国家水资源规约、国际河流加密规约、国家地下水规约、多种地方规约及私有规约，全部规约已经内置，选择使用仅需参数设置即可。

(3) 支持手机APP蓝牙配置参数、查看数据、同步时间等。支持多种摄像机，支持球机多角度拍照，支持本地USB视频调试功能。支持内置GPRS/GSM、3G、4G、SMS、NB-IoT、Rola等多种通信模块。

(4) 具有多种运行方式，以适应不同的需要，可运行自报式、自报+确认、应答式、调试状态，可随时接受中心的命令，采集数据、发送数据、支持中心站远程测站参数设置、支持中心站远程数据下载。

(5) 超大数据存储，支持本地、远程下载历史数据。具有箱门异常打开、停电、欠压等安全体制。支持设置参数、查询测量数据、手动测试功能。

## 技术指标

(1) 工作环境：-30～+70℃，湿度<95%（温度为40℃时）。输入电源：12VDC，正常工作电压范围9～16VDC。工作电流：值守功耗小于0.2mA（12VDC），运行功耗小于6mA（12VDC）；运行功耗不包括外围DTU，远传水表等设备的功耗。

(2) 数据存储：32MB专用数据存储器（可存10年数据），1MB专用参数铁电存储器。人机界面：蓝底白字中文图形屏（4×24个字符），22键轻触键盘。外观体积：130mm×100mm×52mm。

## 技术持有单位介绍

水利部南京水利水文自动化研究所已具有60多年的发展历史，现为国内外知名的水利水文和岩土工程监测仪器、水文水资源监测监控关键技术装备、智慧水利集成技术研究的科研基地。

江苏南水科技有限公司是水利部南京水利水文自动化研究所全资公司，从20世纪90年代发展至今，已具有很强的技术研究和开发能力。

## 应用范围及前景

该仪器适用于地下水监测水源井监测系统、

灌区信息化系统、山洪灾害防治系统、城乡供水及管网监控系统。

典型应用案例：

案例1：2018年6月承建新疆玛纳斯河流域夹河子泄洪渠铁路渠水文监测系统50台多网智能测控数传终端。

案例2：2019年3月承建第八师玛纳斯河灌区量测水设施配套建设项目52台多网智能测控数传终端。

技术名称：多网智能测控数传终端
持有单位：水利部南京水利水文自动化研究所、江苏南水科技有限公司
联 系 人：高军
地　　址：江苏省南京市雨花台区龙西路11号
电　　话：025-52898409、13851834695

# 31 水轮机表面稀土改性纳米复合抗磨蚀涂层关键技术

## 持有单位

水利部产品质量标准研究所（水利部杭州机械设计研究所）

## 技术简介

**1. 技术来源**

省部计划，自主研发。获发明专利 3 项：一种超高音速火焰喷枪（ZL201610466204.3）；一种含 Re 的抗高温碳化钨基金属陶瓷复合粉末、涂层及其制备工艺（ZL201610169159.5）；一种稀土掺杂纳米复合陶瓷涂层及其制备工艺（ZL201410186130.9）。出版专著 2 本：《表面工程与再制造技术——水力机械及水工金属结构表面新技术》（黄河水利出版社）；《表面工程与再制造技术——热喷涂替代电镀铬研究与应用》（中国水利水电出版社）。

**2. 技术原理**

针对水轮机在服役过程中遭受的磨蚀问题，研究分析磨蚀的内在机制：泥沙冲蚀、汽蚀、磨损、腐蚀、疲劳等复杂的交互作用，在超高音速热喷涂技术、材料微结构设计以及制备稀土改性纳米配方等的研发基础上，解决关键技术难题，形成一种水轮机表面稀土改性纳米复合抗磨蚀涂层关键技术，最终有效解决水轮机表面的磨蚀问题，大幅提高了水轮机的表面性能及使用寿命。

**3. 技术特点**

（1）喷枪结构创新设计。通过结构创新设计，大幅提高了喷枪的焰流速度，达到 11Ma。显著提升了热喷涂过程中粒子速度、聚集度等，从而提高涂层与基体的结合力、降低涂层孔隙率（0.5%以下，显微镜 400 倍放大测试）。解决了普通超音速喷涂的焰流速度低（一般为 6～7Ma）、孔隙率高（一般在 1%～2%）等关键技术问题。

（2）稀土改性纳米抗磨蚀功能粉末配方及超高音速火焰热喷涂喂料开发。基于材料的微结构设计，运用纳米粉末技术、稀土改性技术及复合材料技术，获得新型的稀土改性纳米粉末配方，并进一步研究使得粉末配方、颗粒度、流动性等适合超高音速火焰喷枪，成为新型的、稳定的喷涂喂料。

（3）基于超高音速火焰喷涂技术及稀土改性纳米抗磨蚀功能粉末配方开发水轮机表面抗磨蚀涂层利用超高音速火焰喷涂技术及稀土改性纳米抗磨蚀功能粉末配方的研究基础，通过涂层的设计及工艺优化，不断完善粉末配方以及与超高音速火焰喷涂技术的匹配度，使得开发出最终的水轮机表面抗磨蚀涂层。可以解决普通热喷涂涂层与基体结合力较低，强韧性差，在高浓度、高速、高压泥沙冲击的下，表面涂层易产生剥落等问题。

## 技术指标

抗磨蚀涂层的性能指标为：结合强度≥125MPa，显微硬度＞1350HV0.2，孔隙率＜0.5%，抗磨损性能是基体（ZG000Cr15Ni5Mo）的 120 倍以上，耐磨蚀性能是基体（ZG00Cr13Ni5Mo）的 20 倍以上。

## 技术持有单位介绍

水利部产品质量标准研究所，又名水利部杭州机械设计研究所，成立于 1956 年，隶属于水利部综合事业局。研究所专业从事表面工程与再制造技术研发、水电设备、水利水电施工机械研发、设计和技术咨询、产品检验测试、有关国家

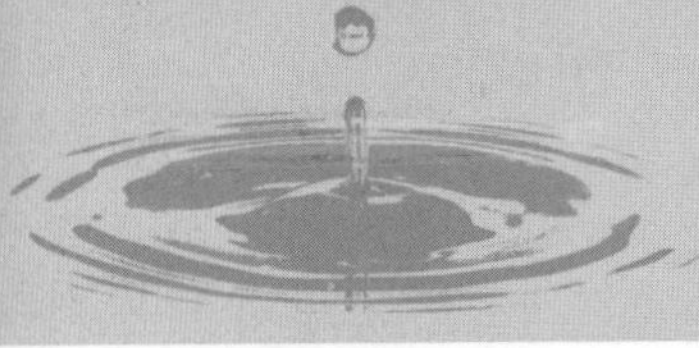



和行业产品标准制修订等业务，下设先进水利机械研究中心、标准化研究中心、表面工程研究中心、工程咨询中心、水利部水利机械产品质量检验测试中心等。相关成果获得“中国工业防腐蚀技术协会科技进步奖一等奖”“中国表面工程行业科学技术奖一等奖”等省部级科技奖项7项。相关技术已在小浪底、卡拉贝利、万家寨、红寺堡等国家大型水利枢纽进行应用，并取得良好的试验效果。

## 应用范围及前景

该技术可应用于水利水电行业的水轮机、水泵等水力机械，同时可用于航空航天、交通运输冶金、石油化工等领域。

典型应用案例：

案例1：水轮机表面稀土改性纳米复合抗磨蚀涂层关键技术已经成功应用到了国内外水轮机、水泵等水力机械中，成功解决了这些机械设备的磨损、磨蚀问题。在水利水电大型工程上，该项目成果已应用到新疆卡拉贝利、小浪底、万家寨-龙口、缅甸瑞丽江一级水电站等水利枢纽和大型水电站，以及红寺堡、东雷引黄泵站等水利工程设施，取得良好的抗磨蚀效果。

案例2：项目成果还成功应用于杭州恒力泵业制造有限公司、常州东申泵业股份有限公司、安徽莱恩电泵有限公司等10余个企业的产品上，成功进行了产业化，大大提高了产品的竞争力。累计新增销售额近20亿元。获得了显著的经济、社会和环境效益。利用本项目技术成果，可延长设备使用寿命，大幅度实现节能减排，生态效益明显。

■小浪底水电站水轮机导叶磨蚀严重经行修复并抗磨蚀涂层防护

■黄河龙口水电站水轮机桨叶修复

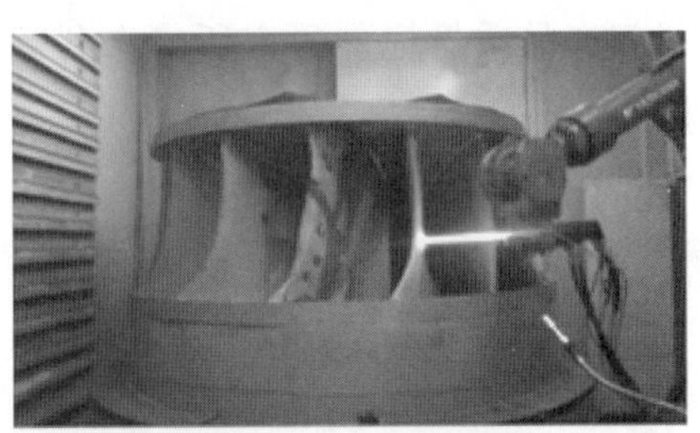

■新疆卡拉贝利水利枢纽工程水轮机转轮抗磨蚀防护处理

技术名称：水轮机表面稀土改性纳米复合抗磨蚀涂层关键技术

持有单位：水利部产品质量标准研究所（水利部杭州机械设计研究所）

联 系 人：陈小明

地　　址：浙江省杭州市西湖区转塘科技经济园区19号

电　　话：0571-88087115、15967150165

# 32 多年生牧草地下滴灌技术

## 持有单位

水利部牧区水利科学研究所

## 技术简介

**1. 技术来源**

自主研发。发明名称：种腾散力自动测试系统及方法（ZL201410058635.7）。实用新型名称：牧草地下滴灌水肥药一体化系统（ZL201820303005.5）；一种智能滴灌控制系统（ZL201820656145.0）；一种牧草地埋滴灌精量播种机（ZL201520648324.6）；地埋滴灌铺管气吸式精量点播机（ZL201621239407.0）。

**2. 技术原理**

该技术是借助压力系统将灌溉水通过地埋毛管上的灌水器缓慢、均匀地渗入多年生牧草根系生长发育区域，使主要生长发育区域土壤始终保持疏松和适宜的含水量，再借助毛细管作用或重力扩散到整个作物根层的灌溉技术。

**3. 技术特点**

（1）基于多年生牧草地下滴灌关键技术参数、灌水、施肥、施药、加气等综合技术，研发了多年生牧草地下滴灌灌溉管理决策系统。

（2）有利于机械作业，节省用工；节水效果好，避免无效蒸发，增加灌溉水利用率；灌溉均匀；减轻病虫害；对土壤和地形的适应性强；减少土壤污染；增产效果明显。

（3）解决了可多年反复使用且随着牧草不同生长年限根系变化适宜的地下滴灌带材质、壁厚、流量、间距、埋深等技术参数难题，提出了多年生牧草地下滴灌关键技术参数，提出了多年生牧草播种、施肥和铺管一体化技术模式。

## 技术指标

经内蒙古自治区质量技术监督局发布的《荒漠化草原紫花苜蓿地埋滴灌技术规程》（DB15/T 907—2015）认可的多年生牧草地下滴灌技术指标主要有：水源工程、首部、输配水管网、滴灌带、管道布置、滴灌带布置、首部安装、过滤器、施肥（药）装置、控制及量测设备与输配水管网安装、需水量计算方法、需水量、需水关键期、灌水定额、灌水次数与灌溉定额、灌水时间、播前准备、播种、施肥、田间管理、收获与贮藏。

## 技术持有单位介绍

水利部牧区水利科学研究所是国内唯一一所专门从事牧区水利科研的事业单位。其主要研究方向为水资源与水环境、草地节水灌溉、清洁能源与供水技术、草地水土保持与生态治理、地下水勘查与开发利用等。同时开展水利工程的咨询、规划、设计、监理，水文水资源调查评价、建设项目水资源论证，水土保持方案编制、监测、验收、评估等工作。

## 应用范围及前景

适用于农业技术领域，同样适用于设施农药、花卉及其他经济作物的栽培。

目前，多年生牧草地下滴灌技术已在内蒙古自治区的鄂尔多斯市、巴彦淖尔市等多个地区进行了试验与推广，取得了一定的效果。

技术名称：多年生牧草地下滴灌技术
持有单位：水利部牧区水利科学研究所
联 系 人：郑和祥
地　　址：内蒙古自治区呼和浩特市赛罕区大学东街 128 号
电　　话：0471－4690857、13514718842

# 33 无电液控应急操作器

## 持有单位

水利部机电研究所

北京世纪合兴起重科技有限公司

## 技术简介

### 1. 技术来源

自主研发，该技术填补了闸门应急抢险救灾领域的一个空白。发明名称：液压启闭机应急操作装置（ZL201510377351.9）；发明名称：卷扬启闭机的应急操作装置及闸门系统（ZL201110091274.2）。

### 2. 技术原理

“无电液控应急操作器”通过调速阀控制转速，达到按规定速度控制闸门下落，并通过动力单元产生压力油驱动应急操作器输出轴旋转，以一定速度控制闸门提升至指定位置。通过控制动力单元的输出压力，控制应急操作器的输出扭矩，实现可靠的、可控制的增容，通过控制动力单元的输出流量，实现应急操作器输出转速的可控性，从而保护增容过程中，启闭机金属结构的稳定性，避免冲击力对齿轮等金属构件造成损坏。

### 3. 技术特点

（1）在突发紧急情况下，“无电液控应急操作器”将取代原来的启闭机，利用自身内部的液压阻尼系统控制闸门快速、平稳下降。

（2）无须电源。使用自有动力单元，通过油路循环实现闸门紧急状态下的启闭。

（3）应急操作器动力单元可一对多个闸门，根据应急抢险的要求，需要提升哪个闸门就提升哪个，需要关闭哪个就关闭哪个闸门，连续工作。

## 技术指标

系统压力21.5MPa，有杆腔接口最大供油压力18.5MPa，无杆腔接口最大供油压力7.5MPa，下降输出10min液温15℃，起升输出10min液温17℃。

## 技术持有单位介绍

水利部机电研究所始建于1979年，主要从事水利水电机电技术研究、流体机械及工程研究等；水利安全生产标准化建设咨询服务及达标评审；水利工程网络安全研究、检测、评估、治理及培训；电力设施承装、承修、承试等。

北京世纪合兴起重科技有限公司是高新技术企业，科技成果转化基地，主要从事各种起重机防风设备、水利电力应急救灾抢险设备的加工、制造、生产、销售和服务。

## 应用范围及前景

适用于洪水、地震、泥石流等各种突发紧急情况下，各类闸门的应急快速可靠启闭。该无电液控应急操作器已推广应用于100多个水利电力工程，已销售500多台套。

典型应用案例：

应用于陕西延安黄河引水工程，安徽引江济淮工程，四川长宁县东山水库，杭州市第二水源千岛湖配水工程，云南省阿岗水库工程，新疆阿尔塔什水利枢纽工程，海南省南渡江引水工程，贵州省兴义市马岭水利枢纽工程，黑龙江省诺敏河阁山水库，大藤峡水利枢纽，湖南省涔天河水库扩建工程等，遍布全国28个省（自治区、直辖市）的大中小型水利工程，并出口巴基斯坦和刚果。

技术名称：无电液控应急操作器
持有单位：水利部机电研究所
　　　　　北京世纪合兴起重科技有限公司
联 系 人：马智杰
地　　址：天津市蓟州区兴华大街19号
电　　话：022－82852183、13910050949

# 34 复杂条件下长距离地下有压箱涵不断水渗水修复技术

## 持有单位

南水北调中线干线工程建设管理局天津分局

## 技术简介

**1. 技术来源**

自主研发。

**2. 技术原理**

该技术以复杂条件下长距离有压箱涵渗漏处置关键技术的研究为依托，基于理论分析、数值计算和试验研究，通过对渗漏发生的原因及由此产生的力学性能的变化趋势和规律等展开分析，研究提出了较为成熟的外部封堵技术和相关的理论依据，形成了成熟的现场处置技术方案，相关成果已在实践中应用。

**3. 技术特点**

(1) 研发出了高性能的V20堵漏材料，该材料具有高弹性、与结构粘接性强、耐老化、抗低温、无毒性等特性，在材料的耐久性方面有较大突破。

(2) 研制出了自动控制水平钻孔设备和灌浆设备，能充分适应工况与精度要求。

(3) 提出了箱涵渗水外部堵漏工法，特别是底孔堵漏工法，具有独创性。

(4) 对长距离箱涵变形缝扩大成因和发展趋势、基坑开挖安全性、渗水后箱涵力学特性、灌浆压力控制、箱涵结构安全性影响、箱涵矫正技术方案等6个方面分别进行了研究，通过箱涵变形缝扩大理论分析，揭示了变形缝扩大的成因，提出了长距离箱涵运行安全预警方法。

## 技术指标

(1) 编制了针对性强的不断水渗水处理技术方案。

(2) 研发出了高性能的V20堵漏材料，该材料具有高弹性、与结构粘接性强、耐老化、抗低温、无毒性等特性，在材料的耐久性方面有较大突破。

(3) 研制出了自动控制水平钻孔设备和灌浆设备，能充分适应工况与精度要求。

(4) 提出了箱涵渗水外部堵漏工法，特别是底孔堵漏工法，具有独创性。

(5) 通过箱涵变形缝扩大理论分析，初步揭示了变形缝扩大的成因，提出了长距离箱涵运行安全预警方法。

## 技术持有单位介绍

南水北调中线干线工程建设管理局（简称中线建管局）是经国务院原南水北调工程建设委员会办公室批准成立的国有大型企业，负责南水北调中线干线工程运行和建设管理。天津分局是中线建管局的二级管理机构，负责所辖范围内项目工程的管理。

## 应用范围及前景

该技术可为南水北调中线沿线渠道倒虹吸、暗渠、落地式渡槽工程变形缝渗漏处理提供借鉴，可适用于采用混凝土箱涵输水的工程。

复杂条件下长距离地下有压箱涵不断水渗水修复技术已成功应用于天津干线箱涵渗水应急抢险项目中，包括南水北调中线天津干线44号通气孔上游80m处箱涵渗水应急抢险项目、南水北调中线天津干线30号通气孔上游处箱涵渗水应急抢险项目等。

技术名称：复杂条件下长距离地下有压箱涵不断水渗水修复技术
持有单位：南水北调中线干线工程建设管理局天津分局
联 系 人：刘运才
地　　址：天津市西青区中北镇中北工业园北园金霞路南水北调办公楼
电　　话：022-23904014、15522286507

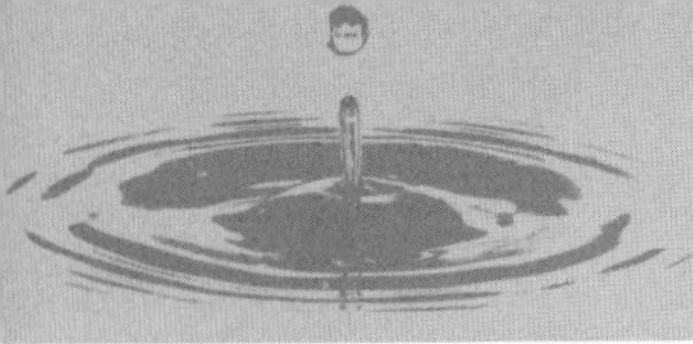



# 35 雷达波自动测流机器人

## 持有单位

中国电建集团中南勘测设计研究院有限公司

## 技术简介

### 1. 技术来源

自主研发。“雷达波自动测流机器人”是中南勘测设计研究院有限公司自主研发的“河道流量测验集控系统”系列产品。发明名称：一种基于常规水文缆道的自驱式雷达波测流设备（ZL201610075940.6）。“雷达波在线测流监控系统软件”通过了软件测试中心的测试，并取得计算机软件著作权登记证书。

### 2. 技术原理

该系统采用非接触式雷达波流速仪作为水面流速测验传感器，利用已建成的常规水文缆道主索（或新建 $\phi$8mm 单索道），由测流机器人将雷达波流速仪移动到设定垂线水面上方施测水面流速，同时实时采集水位数据，从而构建河道流量测验断面水位和流量的实时在线监测，满足水文站对流量在线测验的迫切需要。

### 3. 技术特点

（1）系统由雷达波测流机器人（自驱式雷达波测速子系统）、现地监控管理子系统、水雨情信息采集子系统、供电子系统等组成。系统采用“太阳能供电＋锂电池＋智能无线补电”技术，为无人值守模式，测流不受停电、漂浮物、浑水、大风、暴雨、雷电等恶劣环境的影响。

（2）系统为雷达波测流机器人辅助补电设计了“无线充电装置”，为防止打滑设计了“双轮驱动装置”，为便于高洪连续测流快速更换备用电池设计了抽屉式电池仓，同时在测流机器人靠站房侧设计了“故障顶托装置”便于设备维护检修。

## 技术指标

（1）测流机器人：电机功率：100W/24VDC；额定电流：6A；行车速度：0～0.8m/s；起点距计数：1mm；行走误差：＜0.05m/100m；值守功耗：＜5mA（休眠）；整机重量：＜15kg。

（2）雷达波流速传感器：测速范围：0.15～15m/s；测速精度：±0.02m/s；分辨率：1mm/s；测速距离：0.5～30m；波速宽度：12°；工作功耗：130mA（休眠1mA）；数据接口：RS232。

## 技术持有单位介绍

中国电建集团中南勘测设计研究院有限公司（简称“中南院”）始建于1949年，总部位于湖南省长沙市，是世界500强企业中国电力建设集团有限公司的重要成员企业。中南院现有在职职工2400余人，其中，享受国务院政府特殊津贴的专家11人，正高级工程师531人，省部级勘察设计大师6人，并曾经培养了2位中国工程院院士。

## 应用范围及前景

适用于各类水文站进行流量自动测验，特别适用于大江大河高洪流量自动监测及陡涨陡落的中小河流洪水自动监测。

该产品已经在湖南、新疆（严寒区）、西藏（高海拔）等地区得到成功应用。特别是“西藏自治区大江大河水文监测系统建设工程二期项目（第一批）施工二标段”项目，8个站均在海拔3000m以上。主要应用项目：湖南省四水治理项目雷达波高洪流量监测系统建设采购（第一包）、湖南省中小河流水文监测系统雷达波在线测流系统工程（第二批第一包）、永州市水文局雷达波在线测流系统、宝盖洞水文站雷达波在线测流系统；新疆群库勒水文站雷达波自动测流系统；西藏自治区大江大河水文监测系统建设工程二期项目（第一批）施工二标段、西藏拉萨水文站雷达波在线测流系统。

技术名称：雷达波自动测流机器人
持有单位：中国电建集团中南勘测设计研究院有限公司
联 系 人：李怀玉
地　　址：湖南省长沙市雨花区香樟东路16号
电　　话：0731-85073747、13607480223

# 36 “金灌”灌区优化调度与信息管理系统

## 持有单位

北京金水信息技术发展有限公司

## 技术简介

**1. 技术来源**

自主研发。计算机软件著作权，软件名称：灌区优化调度与信息管理系统（登记号：2019SR1094944）。

**2. 技术原理**

通过对灌区干、支渠等水利设施的水位、流量、闸位、雨量等基层数据的精准测量以及主要工程建筑的视频监视，为现代化高效节水灌溉的实施和管理提供基础条件，应用先进的节水灌溉理论与智能化调度技术，实现罐区的来水预报、灌区可供水预报、灌区需水预报、水源优化调配、水量模拟配置，从而提高农业水资源利用效率，改善农村生态环境，保障经济社会的可持续发展。

**3. 技术特点**

（1）规范性：数据的分类编码严格遵循现有的国家标准、行业标准，并根据自身特色，制订适合于本平台的地方标准。

（2）数据的完备性：数据库中存贮的信息足以满足用户日常工作的需要。

（3）功能的完备性：在GIS底图的基础上，根据需求设计各种模块，并提供友好的用户界面。

（4）实用性：系统应易于操作，易于更新，易于管理，并能满足各层次用户的使用要求。

（5）可扩充性：系统的要素编码、功能和数据库可根据发展的需要进行扩充。

（6）可维护性：从需求分析、软件详细设计、代码编制、测试维护等过程都要建立完善的文档资料，以保证软件开发的正确性和可靠性。

## 技术指标

系统服务器采用Windows server 2008，客户端Windows 7及以上：云服务存储技术，采用B/S架构，基于角色的访问控制体系，实现单点登录以及权限控制。移动终端应用采用MUI+HTML5技术框架，版本操作简便，用户同时访问无限制，在安装与卸载、动能、安全稳定性、用户界面体验、中文复合型、用户文档、病毒检测等指标方面均已通过测评中心检测。

## 技术持有单位介绍

北京金水信息技术发展有限公司是水利部信息中心（水利部水文水资源监测预报中心）的全资高新技术企业。

## 应用范围及前景

适用于灌区分中心及下属各水管所相关单位的灌区管理工作。

典型应用案例：

案例1：应用单位新疆生产建设兵团第六师102团水电分公司。2018年11月，第六师灌区信息化系统正式上线，该系统同时拥有PC端和移动端双平台，分别针对102团水管站工作人员与各级配水员工作进行建设。通过调度指令管理，实现配水员、干渠组长、水管所调度、水库调度员多层级的水量申请、汇总、审批、下达功能。系统为全团的水情管理、灌溉管理、水量调度提供了支持。

案例2：应用单位新疆生产建设兵团第六师五家渠市水利工程建设管理处。第六师灌区信息

化系统于2018年5月正式上线，面向的用户是第六师水利局各业务部门。涉及的业务包括一张图、综合信息服务，水资源管理（地下水地表水用量情况，水费征收情况），防汛抗旱管理，闸门控制管理，系统为师级各领导及各业务部门提供了全师用水情况统计与全师水费收缴情况统计。

技术名称：“金灌”灌区优化调度与信息管理系统
持有单位：北京金水信息技术发展有限公司
联 系 人：张艳丽
地　　址：北京市西城区白广路二条2号
电　　话：010－63203519、13389903597

# 37 “金网”互联网＋水利监管系统

## 持有单位

北京金水信息技术发展有限公司

## 技术简介

**1. 技术来源**

自主研发。

**2. 技术原理**

“金网”互联网＋监管系统依托水利部在线政务服务平台，在充分利用近年来水利信息化建设成果和信息化资源基础上，统一监管事项的代码、名称、流程等，统一数据归集标准，提高水利监管规范化、精准化、智能化水平，逐步实现监管事项数据可共享、可分析，风险可预警，为加强和创新水利部“双随机、一公开”监管、信用监管、重点监管和联合监管，提供强有力的技术支撑，逐步实现对水利监管对象的全覆盖、监管过程的全记录，并实现与国家“互联网＋监管”系统的对接。

**3. 技术特点**

通过与国家“互联网＋监管”系统之间建立访问接口或推送、反馈业务数据，实现监管业务的协同联动。在数据支撑方面，国务院部门“互联网＋监管”系统为国家“互联网＋监管”系统提供监管事项清单、监管对象、监管行为等数据，并通过国家“互联网＋监管”系统与其他地方和部门的“互联网＋监管”系统实现监管数据共享。

## 技术指标

（1）响应时间高效性。以满足用户的要求，从实用考虑，在网络带宽保证的情况下，一般响应时间在2s以内，复杂的大数据量运算，响应时间在5s以内。

（2）系统可靠性。系统运行过程中具备抗干扰和正常运行能力，该系统运行的网络环境稳定、可靠，有较好的检错能力，一旦发生故障，能够迅速恢复，并且保证重要数据不丢失，在7×24h连续运行。

（3）系统并发量。该系统面向各个业务司局、流域机构的工作人员、数据管理人员等相关人员，并发量考虑不同时间系统的访问量。综合考虑各级用户的数量和访问频率，平台可支持5000人同时在线进行系统访问、操作。

（4）系统易用性。该系统面向各个业务司局、流域机构的工作人员、数据管理人员等相关人员，其易用性非常重要，工具栏，图层树形控制栏以及功能菜单的位置要设置合理，整体安排协调。

## 技术持有单位介绍

北京金水信息技术发展有限公司是水利部信息中心（水利部水文水资源监测预报中心）的全资高新技术企业。

## 应用范围及前景

适用于结合水利工作实际向社会公众提供监管信息查询、监管工作公示等服务。

典型应用案例：

应用单位水利部信息中心。“互联网＋监管”系统充分利用水利部在线政务服务平台的技术基础环境和各项支撑能力。实现水利部在线政务服务平台安全管理体系、运维管理体系、基础支撑环境的集成。通过与国家“互联网＋监管”系统之间建立访问接口或推送、反馈业务数据，实现监管业务的协同联动。在数据支撑方面，国务院部门“互联网+监管”系统为国家“互联网+监管”系统提供监管事项清单、监管对象、监管行为等数据，并通过国家“互联网+监管”系统与其他地方和部门的“互联网+监管”系统实现监管数据共享。

技术名称：“金网”互联网+水利监管系统
持有单位：北京金水信息技术发展有限公司
联 系 人：胡亚利
地　　址：北京西城区白广路二条2号
电　　话：010-63204907、18611835832

# 38 “金遥”水利遥感信息平台

## 持有单位

北京金水信息技术发展有限公司

## 技术简介

**1. 技术来源**

自主研发。

**2. 技术原理**

为有效发现全国河湖管理保护中存在的突出问题，在借鉴其他行业督查经验的基础上，以务实管用为导向，以构建河湖管理与水利督查工作的长效机制为目标，支撑河湖督查、河长制管理等项工作，继而推动河长制从全面建立到全面见效。“金遥”水利遥感信息平台中的河湖水域空间地物遥感影像识别系统，依托高分水利遥感应用示范系统建成的网络及设置硬件层、标准与规范体系、运行管理体系、维护与保障体系，在数据层、基础组件层、应用层和用户层四部分做增项建设。

**3. 技术特点**

(1) 平台整合了最广泛的影像资源。目前平台集合了高分一号，高分一号 B、C、D 星、资源三号、高分二号、高分六号、高景一号等空间分辨率 0.8～2m 分辨率的国产卫星影像资源。该影像资源动态更新，具有全在线、时效新、数据全、精度高、自主可控等特点。该平台提供的影像经过高精度自动融合，几何精度 10m 以内。

(2) 平台研发贴近水利工作实际。平台根据水利工作的实际，在全程参与水利相关地物遥感影像识别平台搭建，对水利工作的各项业务有丰富的开发经验，遥感解译平台相关产品经过遥感本底数据调查项目的实际检验，同时也根据项目的进行做了大量贴近工作实际的研发修改。

(3) 与现行水利业务系统数据的无缝交换。遥感解译平台可以将经过解译审核的图斑及相关影像信息推送至河湖管理督查系统、水利督查系统、河长制系统等，同时也可以接受来自现行水利业务系统的数据，实现数据的无缝交换。

(4) 功能使用方便。操作界面专业、人性化、一目了然、视图优美，并且采用菜单界面驱动方式，给操作用户带来极大的便利，对用户友好。

## 技术指标

利用现有高分水利应用示范平台系统提供的数据接口获取卫星遥感数据。分辨率优于 1m 国产遥感卫星数据源主要包括公益卫星高分二号、商业遥感卫星北京二号卫星星座。分辨率 2～2.5m 国产遥感卫星数据源主要包括公益卫星高分一号和资源三号，其中高分一号卫星包括四颗在轨卫星（即 GF-1、GF1B/C/D）。

## 技术持有单位介绍

北京金水信息技术发展有限公司是水利部信息中心（水利部水文水资源监测预报中心）的全资高新技术企业。

## 应用范围及前景

适用于面向全国河湖划界人员、解译人员、数据管理人员等相关人员提供河湖管理范围划定功能。

“金遥”水利遥感信息平台在西藏、河北等省（自治区）水土保持监测和监督中得到了实际应用，于水土保持 7 因子水土流失计算和生产建设项目监管遥感解译中发挥了重要作用，极大提

高了生产效率。同时，随着无人机的广泛应用和遥感影像质量的不断提升，“智能遥感解译平台”在河湖“清四乱”和库区智慧化管理项目建设中，得到了充分应用，取得了显著成效。

技术名称：“金遥”水利遥感信息平台
持有单位：北京金水信息技术发展有限公司
联 系 人：胡亚利
地　　址：北京西城区白广路二条2号
电　　话：010－63204907、18611835832

# 39 “金地”地下水业务应用平台

## 持有单位

北京金水信息技术发展有限公司

## 技术简介

**1. 技术来源**

自主研发。

**2. 技术原理**

“金地”地下水业务应用平台包括：地下水信息传输系统，数据中心，业务应用，支持保障等四个方面，也可以概括成：1＋1＋N＋1架构（1个监测中心，1个数据平台，N个应用模块，1个门户）是按照地下水管理业务需求，加强地下水资源监测分析能力，提高服务水平，为管理与保护地下水水资源提供全面、及时、准确的决策信息，为地下水水资源支撑经济社会发展能力评估提供数据及技术支撑。同时对未来可扩展的其他地下水业务系统以及其他业务应用系统的集成提供接口，从而建成地下水管理数字化和综合信息服务一体化的管理平台。

**3. 技术特点**

（1）该系统的多个应用模块实现对地下水业务的全覆盖，并且健全地下水应用服务功能，着重提供地下水资源管理决策支持水平，实现基于智能化平台的地下水业务管理系统。

（2）该平台部署在专网上，系统依托利用国家级、省级水文局现有安全措施，结合新建安全防护措施共同提供安全防护。建立信任及凭证验证机制，保证用户身份唯一性，保证认证的权威性，并且需要提供用户和服务方的双向身份鉴别。

（3）“金地”地下水业务应用平台整合国家地下水监测工程在国家级以及省级中心建设的自动监测站的数据信息，通过平台的自动接收处理模块实现数据接收，数据处理，数据基础过滤，数据到报统计等功能。以“一数一源”为目标，以“整合、修正、插补”为手段，以“共享、服务”为宗旨，搭建无缝连接、高度融合的数据库。平台利用数据仓的形式能够实现地下水综合成果的可视化展示，实现数据及综合地图的展示，可以在系统中展示生成的地下水监测站的空间分布图。获取地下水动态变化情况等，查询地下水超采区预警、地下水动态预测等信息。

## 技术指标

（1）响应时间高效性。从实用考虑，在网络带宽保证的情况下，浏览响应时间不超过3s，查询处理响应时间不超过3s。

（2）系统可靠性。系统运行过程中的具备抗干扰和正常运行能力。具有稳定可靠的性能，确保各系统能够经受长期的运行考验，保证信息采集、传输、存储和查询的正确性与完整性。

（3）系统并发量。该平台内部办公系统支持300用户并发访问，满足3000人同时在线操作，并且系统能够稳定可靠地运行。业务系统支持300用户并发访问，满足10000人同时在线操作。

（4）系统易用性。系统面向全国地下水相关人员，其易用性非常重要，系统建设结构化、模块化、标准化，界面清晰，连接畅通。

## 技术持有单位介绍

北京金水信息技术发展有限公司是水利部信息中心（水利部水文水资源监测预报中心）的全资高新技术企业。自1998年成立以来，秉承“品质如金、活力似水”的企业文化，坚持“高新技术、卓越质量、优质服务”的经营宗旨，提

供从智慧感知产品、涉水业务应用到云计算、大数据分析的整体解决方案及服务。基于水利十大业务需求，全面覆盖防汛减灾、水资源管理、水利工程管理、水务水行政、农村水利等业务领域。提供水利现代化咨询设计、水利工程系统集成、水利信息化软件研发、信息系统运行维护等业务。

## 应用范围及前景

适用于为各地水利厅、水文总局、地市级水文勘测局等单位提供一键可获取“地下水动态变化情况、地下水资源评价、地下水水位预警预报”等信息服务。

典型应用案例：

案例 1：2018 年 2 月，全国地下水业务应用平台开始投入运行。集信息查询与管理，数据产品制作，数据产品动态展示，地下水预警及预测，实时预报，地下水动态月报等功能为一体，实现了对全国地下水水位、水温等信息的全面监控，从而实现了辅助地下水环境治理的目的。

案例 2：2019 年 5 月，天津市地下水业务应用平台开始投入运行。系统集基础信息管理，监测信息接收与查询，数据产品动态分析，地下水预警及预测，实时预报，地下水动态评价等功能为一体，实现了地下水的全面监控。

案例 3：2019 年 5 月，天津市地下水业务应用平台开始投入运行。系统集基础信息管理，监测信息接收与查询，数据产品动态分析，地下水预警及预测，实时预报，地下水动态评价等功能为一体，实现了地下水的全面监控，并通过监控实现了辅助地下水环境治理的目的。

案例 4：2019 年 7 月，河南省地下水业务应用平台开始投入运行。系统集信息查询与管理，数据产品制作，数据产品动态展示，地下水预警及预测，实时预报，地下水动态月报等功能为一体，实现了对地下水水位，水温等信息的全面监控，从而实现了辅助地下水环境治理的目的。

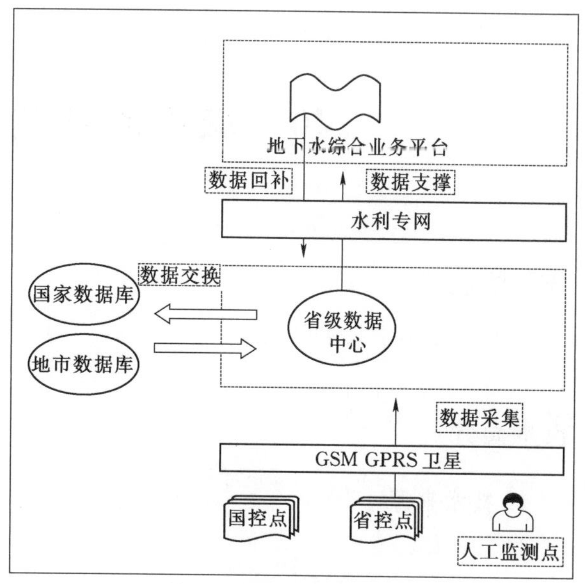


■数据流程图

技术名称：“金地”地下水业务应用平台
持有单位：北京金水信息技术发展有限公司
联 系 人：胡亚利
地　　址：北京西城区白广路二条 2 号
电　　话：010-63204907、18611835832

# 40 城市流域精细化洪涝模型技术

## 持有单位

北京市水科学技术研究院

## 技术简介

**1. 技术来源**

自主研发。

**2. 技术原理**

以保障首都防洪排涝安全为导向，针对城市洪涝灾害防控面临的应用需求，通过构建城市流域精细化洪涝模型，建立了一套涵盖产流机理分析、模拟参数设置、模型构建、模型验证、模型应用为一体的技术理论体系。产流机理方面，提出了适用于混合产流模式的流域水热耦合平衡理论。模拟参数设置方面，提出了精细化产汇流参数设置方法。模型构建方面，提出了城市流域精细化洪涝模型技术集成框架。模型验证方面，提出多尺度洪涝合理性分析，自主研发参数自动率定优化系统。模型应用方面，建立了集积水风险台账-管网排水能力评估-河道行洪能力评估-内涝风险评价-海绵城市效果评价-防汛历史经验曲线的技术应用体系。

**3. 技术特点**

（1）基于混合产流模式的流域水热耦合平衡理论，应用土壤水分动态随机模型。

（2）精细化的产汇流模型确定方法。通过产流试验监测确定不同空间尺度的径流系数及初损值，依托物理模型实验量化河道糙率与水深的响应关系，为模拟参数设置提供科学依据。

（3）集成城市流域精细化洪涝模型技术框架，基于高精度建模数据构建覆盖暴雨洪水演进过程的精细化洪涝模型。多尺度多过程率定精细化洪涝模型参数，研发了集总式模型参数自动率定方法。

## 技术指标

（1）城市流域精细化洪涝模型河道洪峰模拟平均误差小于15%，积水点水深模拟平均误差小于17%。

（2）具有建立积水风险台账、量化管网排涝和河道行洪能力、诊断下凹桥区内涝积滞水成因、量化蓄滞洪区启用风险、量化海绵措施的径流削减效果、暴雨洪涝分析预测和城市内涝风险预警功能。

（3）具备支撑水旱灾害防御综合演练及业务培训，提升指挥决策能力的特点。

## 技术持有单位介绍

北京市水科学技术研究院（简称“水科学院”），隶属于北京市水务局，是从事应用型公益科研和综合咨询的公益二类事业单位。水科学院原名北京市水利科学研究所，成立于1963年8月，2012年9月，经北京市机构编制委员办公室批准更名为北京市水科学技术研究院。历经50多年的发展，水科学院已成为综合性水利科研和咨询机构。

## 应用范围及前景

适用于城市流域精细化洪涝模型及暴雨全过程、多复杂场景的洪涝风险动态评估。

该技术以北京城市流域精细化洪涝模型研究为例，提出了多源数据驱动的城市流域精细化洪涝模型技术集成框架，基于微地形、管网排水口衔接等建模数据，构建覆盖城市河湖防洪排涝工程调度下的坡面产流、管网汇流、河道汇流、闸坝工程调度、地面漫流等完整城市洪涝过程动态模拟，从河道洪水过程、区域内涝积水过程两个维度进行参数率定及合理验证。该模型开展多尺

度情景洪涝风险模拟，可量化评估流域雨水管网排水能力，建立内涝积水风险台账，诊断内涝积水成因，评估海绵措施流域洪涝风险减控效果，明确河道行洪能力和重点防洪风险点，细化流域防洪安全调度措施，量化蓄滞洪区洪涝风险及其启用条件，提升流域防汛决策指挥能力。研究成果支撑了防汛综合指挥平台功能拓展完善，建立内涝预警发布机制。城市流域精细化洪涝模型融合多源高精度下垫面、排水管网、河网等要素，详细刻画城市下垫面降雨径流、排水设施汇流关系，共覆盖城市清河、凉水河流域 804.7km$^2$，干支流河道 224.12km，排水管网 1950.73km。所建立的清河和凉水河流域暴雨内涝情景库，共覆盖500多种可能出现的降雨情景。在2019年开展了内涝风险预警试点，多次根据场次降雨预报启动模拟内涝分析，在“7·28”“8·9”等场次强降雨中进行预警。

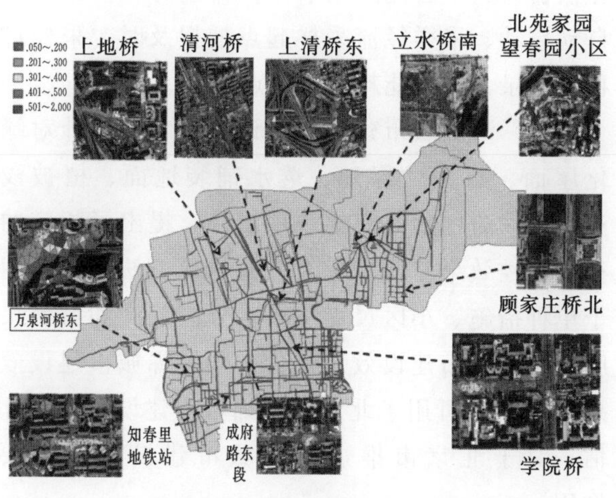


■清河积水调查点模拟示意图

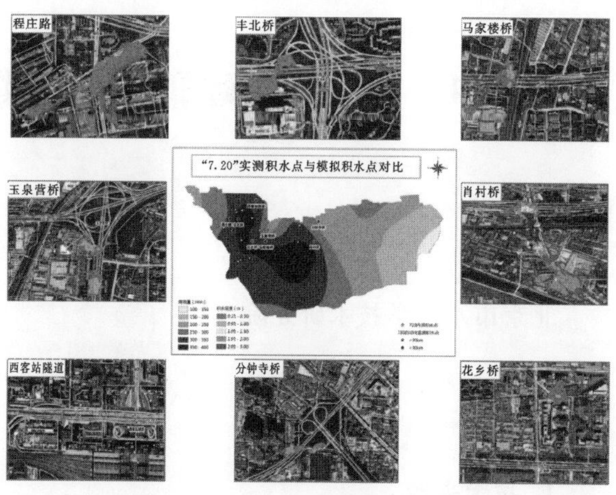


■凉水河积水监测点模拟示意图

技术名称：城市流域精细化洪涝模型技术
持有单位：北京市水科学技术研究院
联 系 人：邸苏闯
地　　址：北京市海淀区车公庄西路21号
电　　话：010-68731183、13699246835

# 41 北京市海绵城市建设效果监测与评价技术

## 持有单位

北京市水科学技术研究院

## 技术简介

### 1. 技术来源

省部计划，自主研发。发明名称：天然降水分时段自动采样装置（ZL201610154472.1），以及4个实用新型专利。

### 2. 技术原理

海绵城市建设中不同尺度区域径流减控效果监测技术，包含无电力驱动天然降雨自动采样器、“零捕获”下垫面径流过程水质监测自动采样终端、智能型自动水质采样器等技术和设备。这套技术不仅解决了天然降雨、雨水井、雨污水口、道路雨水径流等雨水难采集的问题，还避免了人工采样的危险性，经济效益和社会效益显著。

海绵城市建设效果监测评价技术，按照单种措施、小区尺度、排水分区尺度和城市尺度分别建立了海绵城市建设效果的评价指标体系，提出了监测方法和效果评估方法，集成了多层级海绵城市建设效果评价技术，并形成了地方标准。

### 3. 技术特点

（1）提出了小区、区域、城市层面的海绵城市建设的径流减控综合效果以及各种单项指标的监测方法。

（2）研发了天然降雨取样装置、智能降雨取样仪器，可结合不同的市场需求，完成汛期降雨的监测取样。天然降雨取样装置，通过水力驱动对降雨进行自动采样，采集降雨过程中不同时段的天然降雨水样。智能降雨取样装置，可满足城市初期雨水流量大、聚集时间短、水质变化快等特点，仪器的采样间隔设置以秒为单位，每个样品之间可任意设置时间间隔，方便用户研究初期雨水水质状况及规律。

（3）提出了小区、片区、城市尺度的海绵城市建设效果评价技术，对应评估指标、对应分值等，合理划分评估对象的等级。并在北京市双紫园小区、北京未来科学城、丰台区马草河流域等区域开展实际应用。

## 技术指标

（1）研发的天然降雨取样装置、智能降雨取样仪器，其中智能降雨取样仪器具有可依据径流自动启动、采样径流采样起点捕捉及时、采样过程全记录、运行能耗低等优点。

（2）海绵城市建设效果评价技术：①针对绿化屋面、下凹式绿地、透水铺装地面、植被浅沟、生物滞留槽等海绵单项措施，提出了相应的径流减控效果监测指标及效果计算方法；②适用于单种措施、小区尺度、排水分区尺度和城市尺度的海绵城市建设效果评价；③海绵城市建设效果评价技术可用于北京市海绵城市建设效果的评估，对于北京市推进海绵城市建设具有重要作用。

## 技术持有单位介绍

北京市水科学技术研究院（简称“水科学院”），隶属于北京市水务局，是从事应用型公益科研和综合咨询的公益二类事业单位。水科学院原名北京市水利科学研究所，成立于1963年8月，2012年9月，经北京市机构编制委员办公室批准更名为北京市水科学技术研究院。历经50多年的发展，水科学院已成为综合性水利科研和咨询机构。

## 应用范围及前景

适用于海绵城市建设效果监测与评估技术，可用于小区尺度、排水分区尺度和城市尺度的海绵城市建设效果监测与评估。

典型应用案例：

案例1：自2016年7月起，智能型水质采样器陆续在北京未来科技城、西郊砂石坑、萧太后河、北护城河、双紫小区和紫荆花园小区等地的雨水径流采样中使用，目前已经完成34台采样器的销售、安装、维护等。该设备采用了雨量、水位双传感器触发启动技术，整个降雨径流过程中完全按照自定义的采样时间间隔自动采集24瓶样品。避免了降雨时间、降雨量等不确定因素的干扰，同时减少了人力物力的投入，保证了采样的精确性。该采样设备体积小、操作简便快捷、自动化程度高、维护成本低。解决了雨水井、雨水口、道路雨水径流等初期雨水难采集的问题。

案例2：该成果已经转化为北京市地方标准DB11/T 1673—2019《海绵城市建设效果监测与评估规范》，对开展典型源头减控设施、场地、排水分区、片区、市辖区等不同尺度区域海绵城市建设效果的监测与评估工作具有重要指导作用。

■天然降雨水样自动采集器

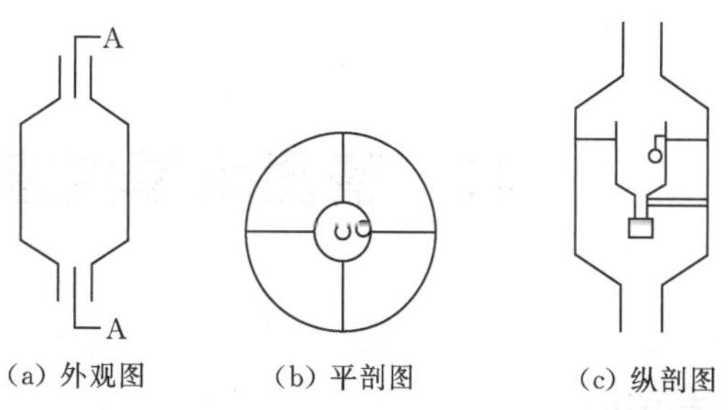


■A型自动水质采样终端原理图

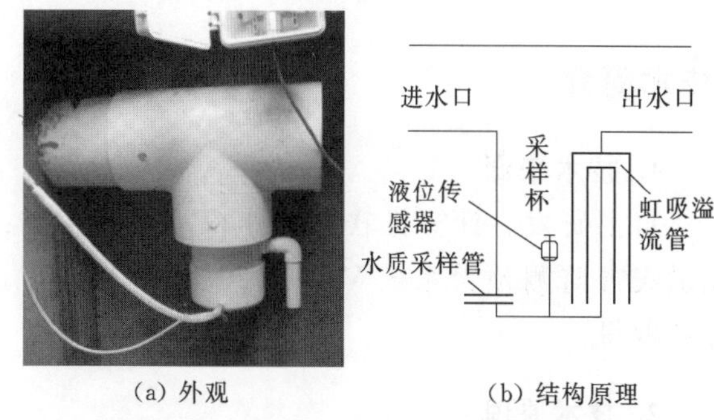


■B型自动水质采样终端外观及结构原理

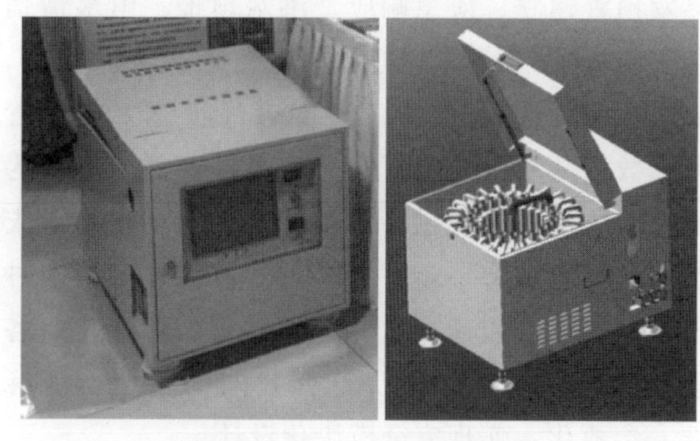

■智能型自动水质采样器

| 技术名称： | 北京市海绵城市建设效果监测与评价技术 |
|---|---|
| 持有单位： | 北京市水科学技术研究院 |
| 联系人： | 张书函 |
| 地址： | 北京市海淀区车公庄西路21号 |
| 电话： | 010-68731921、13910603735 |

# 42 慧图水旱灾害防御智能综合系统 V4.0

## 持有单位

北京慧图科技股份有限公司

## 技术简介

### 1. 技术来源

自主研发。计算机软件著作权，软件名称：山洪灾害监测预警系统 V4.0（2018SR736290）。原始取得。

### 2. 技术原理

该系统主要包括监测预警、预警信息查询、突发预警建立、应急响应、洪水预报、雨水情信息、站点基础信息、气象国土信息、工情信息、值班信息、数据维护、设备运行状态、系统管理、数据共享等功能模块。省级预警平台建设为省市级决策指挥提供科学依据，从而提高山洪灾害监测预警效率。该平台具有开放性；支持多种硬件平台，采用通用软件开发平台。标准化：各项软件开发工具和平台符合我国国家及行业标准。参数化：实现完全模块化设计。

### 3. 技术特点

基于精准山洪灾害监测预警设备和气象数据，为山洪灾害监测预警提供更为及时准确的预报预警及信息服务，提升预警准确度与时效，辅助科学决策。通过前段系统安装在河流、水库或水电站等地的设备将采集的视频图像、水位、降雨量、水温、气压等数据通过数据传输等方式到监测中心，针对雨水情信息进行分析，根据预警模型进行判断发布预警，为防灾、减灾一级救灾提供科学依据，一旦有预警情况，及时做好抢险救灾的工作准备。

## 技术指标

（1）在不少于 10 人进行同时操作时，二维 WebGIS 响应速度<5s，三维 WebGIS 响应速度<6s，复杂报表响应速度<5s，一般查询响应速度<3s。

（2）容错性：提供有效的故障诊断工具，具备数据错误记录功能。

（3）安全性：用户认证、授权和访问控制。

（4）兼容性：软件版本易于升级，能适应防汛抗旱指挥系统相关的标准。

（5）可靠性：连续 24h 不间断工作，软件系统具备自动或手动恢复措施，自动恢复时间<15min。

## 技术持有单位介绍

北京慧图科技股份有限公司成立于 2000 年 3 月，位于海淀区高新技术园区，是国家高新技术企业、中关村高新技术企业、双软企业。慧图科技拥有 20 年专业的水利信息化经验，慧图科技拥有企业员工约 500 人，以水利专业、计算机应用专业的青年技术人才为研发骨干，公司具有各种水利信息化解决方案研发创新的基础实力，以及强大的市场营销能力，为用户提供一条龙的服务，从设计、研发、实施、运维进行全流程的技术服务和保障能力。

## 应用范围及前景

适用于各级防汛抗旱部门开展山洪预警管理工作。

山洪灾害监测预警系统 V4.0 包括山洪灾害移动查询平台、县级山洪灾害监测预警平台、省市级山洪灾害监测预警平台。主要包括汛情监视、山洪预警响应、综合信息查询和县级系统在线运行检测等功能。该系统已用于保定市满城区 2015 年度山洪灾害防治非工程措施补充完善项

目、邯郸市2017年度山洪灾害防治项目（市本级与7个区）、宁夏盐池县2018年山洪灾害防治项目、广东省防汛抢险技术保障中心的三级山洪灾害监测预警平台及共享系统（建设规模81个县级）等项目，经过多年的运行，该系统运行稳定，符合设计要求。

技术名称：慧图水旱灾害防御智能综合系统V4.0
持有单位：北京慧图科技股份有限公司
联 系 人：祁彬
地　　址：北京市海淀区西三环北路91号国图文化大厦二层B01室
电　　话：010-68985858、13910033062

# 43 智慧河长制信息管理系统 V1.0

## 持有单位

北京慧图科技股份有限公司

## 技术简介

### 1. 技术来源

自主研发。自主研发。计算机软件著作权，软件名称：河长制综合信息管理平台 V.10（2017SR171640）。原始取得。

### 2. 技术原理

河湖长制信息系统平台建设充分利用互联网+、大数据、云计算、AI、VR、AR、遥感、无人机等技术手段，加强源头监测、智能巡河、智慧感知、智能调控、河长可视等手段，通过水陆空三位一体等技术化手段助力河长制高效实施。针对各类用户特点与应用场景，推出河长管理平台（PC端）、河长通、巡河通和微信公众号、小程序四大类产品，实现各级河长、河长办、业务部门的常规管理、随时管理以及社会公众的参与互动。

### 3. 技术特点

（1）源头监控（一张图）：利用互联网、移动互联网、污水智能一体化设备、全景视频等信息技术手段，对河流的污染源进行量化、可控、全过程、全方位的智慧化管理，提升管理效率。

（2）智能巡河（河湖巡查）：通过无人机、无人船进行巡河，可以达到高效、无死角、高质量地巡河，并实时发现巡河过程中的问题并上报处理。通过新技术手段，提高了巡河效率和问题处置率，高效地完成了河长制工作。

（3）智慧感知（综合信息）：可以监控水环境问题，监管突出问题，为水政、环保提供先进执法监督手段。动态监管水环境治理项目进展及治理效果，为水环境治理提供先进手段。

（4）河长可视：河长管理平台（PC端）为各级河长、河长办和各厅局提供一张图、一河一策、一河一档、综合展示、监督考核等功能。

## 技术指标

（1）高效性：在网络带宽保证的情况下，一般响应时间应在1s以内，复杂的大数据量运算，响应时间也应在3s以内。

（2）可靠性：系统运行过程中要求要有用户使用日志，有较好的检错能力，一旦发故障，能够迅速恢复，保证7×24h运行。

（3）并发量：根据用户量、服务器、网络环境等综合分析，PC端至少支持5000人同时在线进行系统访问、操作，移动端支持至少3000人同时在线进行巡查。

（4）数据库性能：数据库要保证数据完整性、高可靠性和高可用性、时效性，提供数据访问与共享服务报表、数据备份等。

## 技术持有单位介绍

北京慧图科技股份有限公司成立于2000年3月，位于海淀区高新技术园区，是国家高新技术企业、中关村高新技术企业、双软企业，企业员工约500人。

## 应用范围及前景

适用于河湖管理、河道整治、水利信息化、智慧水务等。

2017年至今慧图科技与新疆、青海、宁夏、内蒙古等省级用户签订了销售合同，产品覆盖全省范围，每个省级用户多达2000多个，实现省级、市级、县级、乡级、村级五级管理，为各级河（湖）长、河长相关业务人员提供日常工作管理平台。

技术名称：智慧河长制信息管理系统 V1.0
持有单位：北京慧图科技股份有限公司
联 系 人：祁彬
地　　址：北京市海淀区西三环北路91号国图文化大厦二层B01室
电　　话：010-68985858、13910033062

# 44 工程勘察信息数字采集及应用技术

## 持有单位

黄河勘测规划设计研究院有限公司

## 技术简介

**1. 技术来源**

自主研发。发明名称：基于手持式激光测距仪的地下洞室地质编录方法（ZL201611184140.4）；精确生成弧段地质剖面的方法（ZL201611184139.1）。软件名称：工程勘察数字采集信息系统（版本号1.0）。已经过河南省电子产品质量监督检验所、河南省软件评测中心鉴定测试。

**2. 技术原理**

工程勘察数字采集信息系统（GEAS）是在研究传统工程勘察业务流程基础上，综合运用地理信息系统、移动地理信息系统、数据库等技术研发完成的。系统针对工程勘察过程中所涉及的地质测绘、勘探、原位测试和试验等基础勘察数据进行数字化采集、一体化管理和多元化应用；技术的应用实现了工程地质数据库建设及应用与工程勘察业务流程同步进行，革新了传统工程勘察作业模式，开创了信息时代工程勘察作业信息采集与管理、应用的新模式。系统的推广使用显著缩短了勘察周期、提高了勘察工作效率。

**3. 技术特点**

（1）集成了 GPS 定位、地质描述、素描图、照相、数字地质罗盘等多功能于一体的智能便携采集设备，替代了传统繁杂的野外作业装备，野外作业工具升级换代，革新了多年以来传统地质工作模式。

（2）采用 3S、多源数据融合技术，集成研发了集外业数据采集及信息处理于一体的多属性工程勘察管理平台，实现了数据采集、查询、统计、分析、计算以及图件批量化自动生成等功能，在剖面线中包含弧段的情况下，能够精确绘制地质剖面。

（3）提出了具备智能记忆功能的 GIS 与 CAD 空间数据转换的解决方案。采用分层比对接口处理方法，建立了动态的、可维护扩充的二元要素类映射池，具有较强的人机交互功能，实现了空间数据的双向导通、便捷与无损转换。

（4）通过移动端和激光定位设备的集成技术，在探洞及地下洞室内没有 GPS 和移动网络的极端条件下，实现了数据采集的三维空间精准定位，做到了地表洞内全方位一体化的数据采集。

（5）提出了适用于工程勘察的基础信息分类与编码等技术标准和数字采集作业标准，建立了数字采集系统作业标准化流程和可动态更新的工程勘察信息字典库。

（6）系统使用覆盖工程全周期，为数据深度挖掘、下游专业 BIM 协同设计提供勘察数据支持，为项目极速、保质提交设计成果提供了有效的技术支撑。

## 技术指标

开发了桌面管理子系统和移动设备采集子系统。该技术依据水利水电工程地质勘察规范及实际勘察需求开发完成，具有项目管理、地图管理、定位导航、数据采集、统计分析、图件批量自动绘制、报表输出等功能；内外业基于一套标准进行勘察数据的采集、管理、应用；二元要素类映射池技术实现了 GIS 与 CAD 空间数据的无损便捷转换；制定了工程勘察数字采集系统作业标准化流程；打通不同平台间数据接口，为勘察数据的共享应用、深度挖掘、BIM 协同设计提供数据支持。

## 技术持有单位介绍

黄河勘测规划设计研究院有限公司是2003年9月由事业单位改制而来的国有大型科技型企业，隶属于水利部黄河水利委员会，公司以水利水电工程勘察设计为主业，为工程建设全行业提供全过程技术服务，是集流域和区域规划，工程勘察、设计、科研、咨询、监理、项目管理、工程总承包及投资运营业务为一体的综合性勘察设计企业。

## 应用范围及前景

适用于各类水利水电工程勘察项目，交通、能源等各行业工程勘察项目，地质灾害调查评估、规划查勘、移民调查等工作领域。

该成果已在黑河黄藏寺水利枢纽工程、青海省格尔木市三岔河水库工程、兰州市第二水源工程、黄河下游“十三五”防洪工程、杨家水库、东庄水利枢纽、西昌调水工程、内蒙古防洪二期工程、卢氏县池芦水库、吉县柏房水库、苏阿皮蒂水电站等项目的工程勘察中得到应用等上百大中型项目中得到应用。工程类型涵盖水利水电枢纽工程、引调水工程、河道治理工程、灌区工程、地下工程、地质灾害调查等，实现了数据采集、管理、专业统计分析、计算以及图件自动绘制等勘察作业全程数字化。该成果经济社会效益显著，应用前景广阔。

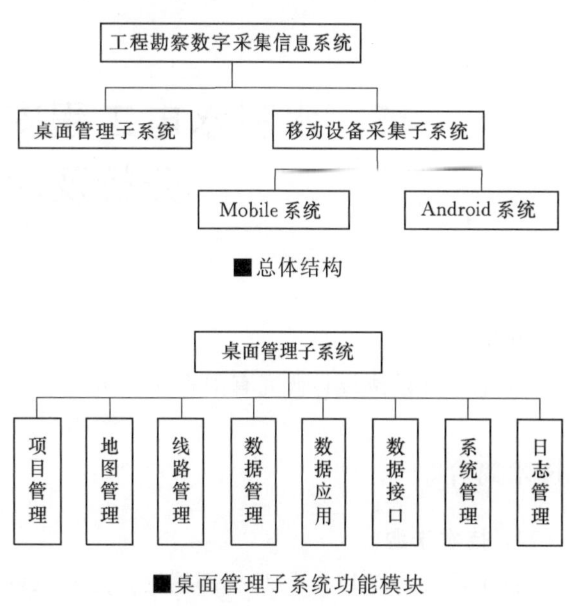


■总体结构



■桌面管理子系统功能模块

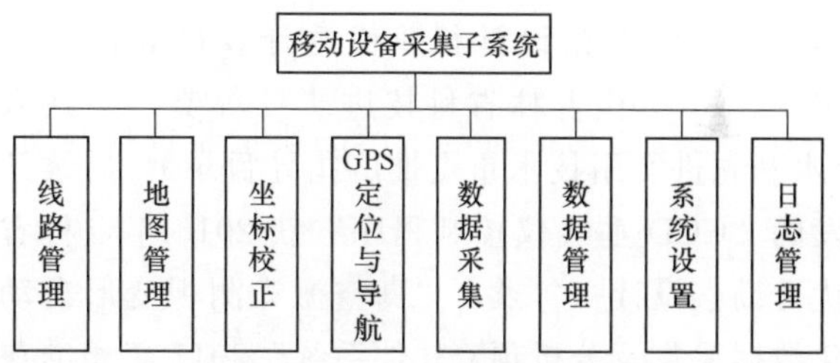


■移动设备采集子系统功能模块

技术名称：工程勘察信息数字采集及应用技术
持有单位：黄河勘测规划设计研究院有限公司
联 系 人：齐菊梅
地　　址：河南省郑州市金水路109号
电　　话：0371-66025694、13838338221

# 45 水利水电工程安全监测智能化数据管理分析及决策支持系统

## 持有单位

中水东北勘测设计研究有限责任公司

## 技术简介

**1. 技术来源**

自主研发。2013年经水利部鉴定，达到国内领先水平，2013年相继获吉林省优秀勘察设计一等奖、全国勘察设计行业优秀计算机软件一等奖，2014年获吉林省科技进步二等奖，并列入《水利先进实用技术重点推广指导目录》。后续开发的“CCD垂线仪控制程序”获2015年吉林省优秀勘察设计一等奖，“真空激光测坝变形自动化数据采集及分析预警软件系统”2017年相继获吉林省优秀勘察设计二等奖、全国勘察设计行业优秀计算机软件二等奖。截至目前，该系统共获各类知识产权19项（发明专利2/实用新型专利4/软件权13）。

**2. 技术原理**

该系统由“自动化数据采集系统”“设备状态智慧在线监控预警系统”“综合管理分析系统”“模型管理分析系统”“综合分析推理系统”和“Web信息发布系统”子系统组成。可实时、精确地监测和馈控工程安全运行状况，为使用单位及上级管理部门在水利应急事件的处理方面占得先机，为工程安全状况做出准确而高效的评判及决策提供了可靠依据，解决现代企业管理的需要，达到“无人值班、少人值守”的要求。充分发挥了工程的发电效益、防洪效益、灌溉效益及民生水利效益，推进了水利工程补短板高质量发展。

**3. 技术特点**

（1）是集数理统计、计算机工程、信号处理、模式识别、人工智能等多学科于一体的智能化安全监测决策支持系统。

（2）采用“知识推理机”和“决策树”进行多方法综合评判。

（3）采用客户机/服务器（C/S）和浏览器/服务器（B/S）结构相结合的方式，通过C#、ASP.Net、Java等高级语言进行开发，数据库采用分布式数据库。

（4）主控系统基于Android采用Java高级语言开发，数据库采用SQLite数据库。

（5）采集装置基于ARM嵌入式系统（ARM Embedded system）研发，核心控制器采用Exynos4412SCP芯片，显示采用高分辨率全彩液晶触摸屏，通讯具有EIA-RS-485/422-A、以太网、移动通信网、Wi-Fi等符合国际标准的接口，数据存储具有USB及Micro SD卡扩展。采集装置既可以采集模拟量传感器，还可管理数字量监测设备。

## 技术指标

（1）DB4000i型多功能数据采集装置：核心控制器Exynos4412SCP芯片，控制系统Android4.0以上。

（2）DB2220A型CCD双金属标仪：量程50mm，精度：±0.05mm，分辨率0.01mm。

（3）DB1220A型CCD垂线坐标仪：量程两向均为48mm，分辨率两向均为0.01mm。

（4）软件系统：关系型数据库SQL Server 2010、SQL Server 2012；采集时间：≤8min（多台MCU）；系统平均无故障时间：≥6300h；粗差处理方式：删除/平滑/调整；模型方法：统计模型、分布模型、混合模型、灰色模型；模型指标：2/3/4倍标准差；综合推理时间：≤10s。

## 技术持有单位介绍

中水东北勘测设计研究有限责任公司前身为水利部东北勘测设计研究院，为水利建设市场主体信用AAA级企业。2009年，水利部以该公司为依托组建水利部寒区工程技术研究中心，开展寒区水利工程技术研究与开发，为寒区水利工程的勘测、设计、施工和管理提供技术支撑。2010年公司被认定为高新技术企业。公司拥有水利水电勘察、设计、咨询、电力、监理、造价、工程总承包以及建筑、市政、环保、交通、通信等行业的甲级设计资质，是持有国家行业主管部门核发的40余种专业和20余种资质证书并拥有对外经营权的科技型企业。作为国内岩塞爆破技术的引领，公司一直致力于水下岩塞爆破技术的研究、发展和科技进步，使得我国的岩塞爆破技术达到了国际领先水平。

## 应用范围及前景

适用于水利水电行业安全监测领域，以及水利水电工程的施工阶段及运行阶段。

“水利水电工程安全监测智能化数据管理分析及决策支持系统”自研发至今，依照研发—应用—升级—推广的技术路线，已在尼尔基水利枢纽、哈达山水利枢纽、吉林松江河梯级、国电大渡河流域梯级（铜街子、龚嘴、深溪沟、吉牛）、大连市英那河水库等10多个工程中得到成功应用，已经在使用工程的运行管理和风险决策活动中发挥巨大作用，顺利完成了科研成果转化。

典型应用案例：

案例1：以尼尔基水利枢纽为例。

实施地点：尼尔基水利枢纽位于嫩江干流的中游，工程规模属大（1）型。由主坝、左副坝、右副坝、溢洪道、左右岸灌溉管（洞）以及发电系统等组成，枢纽极端温度为－35～＋40℃。

实施内容、规模：尼尔基水利枢纽其安全监测自动化系统由28台DB4000i型分离式智能数据采集装置、2条真空激光组成。

实施成效：尼尔基水利枢纽工程安全监测自动化系统通过7年多的运行，已成功掌握了枢纽的运行规律，发现并解决了一系列工程问题及安全隐患，为枢纽安全运行提供了可靠保障及决策依据。并在2013年迎战嫩江洪水过程中，该系统快速及时地对高水位条件下工程安全监测资料进行实时分析，对工程安全状况做出准确而高效的评判，为应急决策提供了可靠依据，为水情预测报及水库科学调度赢得了宝贵时间，实现了水库防洪效益最大化，减少了灾害的损失。

案例2：哈达山水利枢纽为例。

实施地点；哈达山水利枢纽工程位于第二松花江（简称二松）干流下游河段，工程规模为大（1）型工程，工程等别为Ⅰ等，从右岸到左岸主要建筑物（挡水土坝、溢流坝、河床式电站、重力坝及渠首闸）为1级建筑物，其他次要建筑物为3级。

实施内容、规模：哈达山水利枢纽工程其安全监测自动化系统由15台DB4000i型分离式智能数据采集装置、1条真空激光组成。

实施成效：哈达山水利枢纽工程安全监测自动化系统通过6年多的运行，为枢纽工程运行管理提供技术支撑和安全保障。

技术名称：水利水电工程安全监测智能化数据管理分析及决策支持系统
持有单位：中水东北勘测设计研究有限责任公司
联 系 人：陈立秋
地　　址：吉林省长春市工农大路888号
电　　话：0431－85092083、15526898695

# 46 区域水库大坝安全管理监督与监测预警系统

## 持有单位

南京水利科学研究院

## 技术简介

**1. 技术来源**

国家计划，自主研发。该系统获4项计算机软件著作权（登记号：2020SR0277833、2020SR0277835、2020SR0277840、2020SR0277842）。

**2. 技术原理**

区域水库大坝安全信息系统围绕大坝安全区域化管理，在各级、各单位异构大坝安全管理数据的交换共享的基础上，提供落实责任制、注册登记、安全鉴定、工程划界、除险加固、降等报废、应急管理、年度报告、巡视检查、监测预警、调度运用、维修养护等全过程大坝安全管理制度的管理监督功能，巡检信息报送与查看、巡检任务制定与计划、巡检结果查询与统计等区域化、信息化大坝安全巡检功能，针对不同常见坝型的大坝安全信息整编、安全分析诊断、安全预警提醒等功能，为突发事件提供事件报送、会商决策支持、应急处置跟踪、后期处置评估全过程支持。

**3. 技术特点**

（1）水库大坝安全管理监督子系统：覆盖现行水库大坝安全管理制度，提供管理、监督、提醒等功能，实现全过程管理。

（2）水库大坝智能巡检子系统：利用GPS自动定位，方便对巡检人员的到位情况进行管理；提供巡检信息快速记录、多媒体信息（图片、视频、音频等）的采集功能；提供巡检记录、缺陷管理、巡检任务管理、巡检计划管理、巡检线路管理、巡检统计等功能。

（3）水库大坝安全分析预警子系统：可适用于多种坝型的多种监测项目；可根据大坝特性建立竖向位移、水平位移、裂缝、渗流压力、土压力等与时间的统计模型；提供渗流、变形、结构、综合等大坝安全性态分析；利用安全分析结果和实时监测数据实现大坝安全实时预警。

（4）应急决策支持子系统：能够辅助专家追溯水库运行管理情况、分析大坝薄弱环节、有针对性的发现安全风险，科学应对水库大坝突发事件。

（5）数据汇集与交换子系统：实现异构的大坝安全数据汇集与交换。

## 技术指标

（1）规范性指标：符合水利行业相关规章制度、水利行业规范。

（2）专业性指标：各类功能符合水利工程专业理论。

（3）通用性指标：各类监测预警分析功能应适用于不同的常见坝型。

（4）系统整合：整合水库大坝安全信息资源，与相关系统实现信息共享，建立大坝安全信息采集与共享体系。

## 技术持有单位介绍

南京水利科学研究院建于1935年，是我国最早成立的综合性水利、交通、能源科学研究机构。主要从事基础理论、应用基础研究和高新技术开发，承担水利、交通、能源等领域中具有前瞻性、基础性和关键性的科学研究任务。全院现有科研人员1300余人，具有高级以上职称700多人，是国家创新人才培养示范基地，建有院本部科研及科技创新基地、铁心桥水科学与水工程

实验基地、滁州水文实验基地和国家防汛抗旱总指挥部办公室防洪演练基地、杭州农村电气化与再生能源研发基地、当涂科学试验及科技开发基地、无锡河湖治理研究基地。

## 应用范围及前景

适用于为全国各级水行政主管部门、水库管理单位等多级用户提供区域大坝安全管理专业化信息服务。已建立的国家级或区域水库大坝安全管理信息系统，将有力提升水库大坝安全管理和监管水平。

典型应用案例：

案例 1：全国大型水库大坝安全监测监督平台。应用单位：水利部、水利部大坝安全管理中心；应用规模：全国各级水行政主管部门、470余座已建大型水库；投入运行时间：2019 年至今。

案例 2：水库大坝运行管理 APP；应用单位：水利部、水利部大坝安全管理中心；应用规模：全国各级水行政主管部门；投入运行时间：2019 年至今。

案例 3：江西省水利工程运行管理信息系统（一期）。应用单位：江西省水利厅、江西省大坝中心；应用规模：江西省各级水行政主管部门、大中型水库；投入运行时间：2018 年至今。

技术名称：区域水库大坝安全管理监督与监测预警系统

持有单位：南京水利科学研究院
联 系 人：严吉皞
地　　址：江苏省南京市广州路 223 号
电　　话：025-85828178、18205182990

# 47 水库大坝安全鉴定智能支持云平台

## 持有单位

南京水利科学研究院

## 技术简介

**1. 技术来源**

自主研发。专利3件：一种用土石坝防洪安全监测预警系统（实用新型）；一种大坝病险诊断大数据分析预警平台（实用新型）；一种基于数据驱动的小流域洪水实时预报方法（发明专利）。软件著作权8项，软件名称：大坝安全监测测报自动化管理系统；防洪调度仿真分析系统；水库大坝三维实景信息化管理系统；水库溃坝洪水仿真预警；水库大坝灾后应急辅助管理系统；水库大坝病险大数据管理分析系统；移动版水库大坝在线巡查系统；移动版水利工程信息管理与查询系统。

**2. 技术原理**

研发的“水库大坝安全鉴定智能支持云平台”以《水库大坝安全鉴定办法》《水库大坝安全评价导则》《水工设计手册》等相关法规、规范和设计手册为依据，结合地理信息系统、智能学习算法、大数据统计、水工水力学、岩土力学等技术手段和专业知识，实现设计洪水计算、洪水调度、坝顶高程复核、泄流能力计算、消能防冲计算、输泄水建筑物应力和稳定计算、大坝渗流滑坡分析、监测数据建模分析等分析计算功能。同时，严格按照规范和设计要求，对安全鉴定分析内容进行全面梳理和量化，有机集成和融合，建立了多层次的鉴定评价分级评价体系，综合实现：基础情况、现场检查、现场检测、资料分析、工程质量、运行管理、防洪能力、渗流安全、结构安全、抗震安全、金属结构安全、综合评价、鉴定报告书、调度规程、应急预案等功能。为水库大坝的安全鉴定提供了全面有效的技术支持。

**3. 技术特点**

（1）水库大坝安全鉴定智能支持云平台在国内外属首创，平台集成基础情况、现场检查、现场检测、资料分析、工程质量、运行管理、防洪能力、渗流安全、结构安全、抗震安全、金属结构安全、综合评价、鉴定报告书、调度规程、应急预案等15大类功能。

（2）基础情况、现场检查、现场检测模块，实现数据填报、图片上传、数据挖掘分析，自动编辑成册，报告成果输出。

（3）工程质量、运行管理、调度规程、应急预案模块，基于相关法规、规范和设计手册，形成分析评价体系，通过大数据分析，实现安全等级的评价。

（4）防洪能力、渗流安全、结构安全、抗震安全、金属结构安全，应用规范要求计算方法和流程，结合智能分析算法和有限元算法，形成渗流、结构、应力、水力学计算工具箱，提供多种水工鉴定计算分析工具，实现高效、准确的水库大坝工程安全评价计算目标。

（5）综合评价、鉴定报告书模块，融合鉴定分析评价体系和各项评价结果，统计输出基础鉴定报告书，辅助鉴定报告的编写。

（6）支持水库大坝管理数量和并发操作，提高结构渗流等模型计算耗时和精度，能输出水库大坝安全鉴定成果。提高安全鉴定工作效率，保障水库大坝安全长效运行、工程安全，避免了大坝溃坝事故。

## 技术指标

（1）水库大坝管理数量和并发操作：支持10

万座以上水库大坝数据的存储、调用、显示等管理；同时支持100座以上水库的并发数据传输、分析计算。

（2）结构渗流等模型计算耗时和精度：坝顶超高、结构稳定等基础计算单次耗时不超过10s；水库调度、数据统计分析单次计算耗时不超过20s；中小型水库结构渗流等有限元单次计算耗时不超过60s；计算精度不低于同领域现有同等商业软件精度。

（3）安全鉴定成果输出：以相关法规、规范为依据，全面包含现有安全鉴定评价条目；单个水库安全鉴定评价分析条目不少于1000条。

## 技术持有单位介绍

南京水利科学研究院建于1935年，是我国最早成立的综合性水利、交通、能源科学研究机构。主要从事基础理论、应用基础研究和高新技术开发，承担水利、交通、能源等领域中具有前瞻性、基础性和关键性的科学研究任务。全院现有科研人员1300余人，具有高级以上职称700多人，是国家创新人才培养示范基地，建有院本部科研及科技创新基地、铁心桥水科学与水工程实验基地、滁州水文实验基地和国家防汛抗旱总指挥部办公室防洪演练基地、杭州农村电气化与再生能源研发基地、当涂科学试验及科技开发基地、无锡河湖治理研究基地。

## 应用范围及前景

适用于大坝安全鉴定工作，对于提高安全鉴定工作效率、保障工程安全有重要意义。

2018年，南京水利科学研究院开展了《宁夏西吉县什字水库大坝安全鉴定》《宁夏西吉县张家嘴头水库大坝安全鉴定》《宁夏西吉县铁家窑水库大坝安全鉴定》等10座水库安全鉴定工作，安全鉴定工作采用了自主研发的水库大坝安全鉴定智能支持云平台，成功解决了水库安全鉴定和安全检查过程相关难题，安全鉴定效率明显提升，便于水库运行管理人员现场安全检查隐患发现，保障了水库大坝安全长效运行，取得显著的社会经济效益。

该平台提高了大坝安全鉴定工作效率，便于水库运行管理单位人员现场安全检查工作，确保水库大坝安全具有重要意义。

技术名称：水库大坝安全鉴定智能支持云平台
持有单位：南京水利科学研究院
联 系 人：向衍
地　　址：江苏省南京市广州路223号
电　　话：025-85828145、13813992366

# 48 土石坝激光静力水准垂直变位监测技术

## 持有单位

山东省水利科学研究院

## 技术简介

**1. 技术来源**

自主研发。实用新型名称：一种基于激光测量的自动静力水准垂直位移测量装置（ZL2019 20714540.4）。

**2. 技术原理**

采用静力水准原理，利用高精度激光测量技术，研发生产的土石坝激光静力水准垂直变位监测设备，实现对坝体、水闸等水利基础设施垂直位移的远程高精度测量，测量精度±1mm。

**3. 技术特点**

（1）该终端测量原理可靠，使用寿命长，运行稳定，是激光测量技术在水利基础设施安全监测领域的创新应用。

（2）通过对水库闸坝变位实时监测数据的“智能分析”，得出坝体和溢洪闸的变位趋势，对其稳定性、应力和变形进行实时验算，得出变位趋势，并对所处的安全状态做出评估和预警。

（3）利用无线通信技术，将分布式多点位的监测点组成“无线局域网”，通过“物联网”将信息传输到数据库存储、数据分析、发布。

## 技术指标

远程激光静力水准垂直变位监测终端主要技术指标：

（1）垂直变位测量精度：±1mm。

（2）垂直变位测量分辨率：±0.1mm。

（3）连续无故障运行时间：25000h。

（4）工作电源：DC12V，1A，支持太阳能供电，电压自动监测报警。

（5）工作环境：－40～＋50℃。

## 技术持有单位介绍

山东省水利科学研究院是以水利基础和应用研究为主的事业单位。主要承担水利发展相关理论研究及应用研究，水利行业相关科技推广和技术咨询、评估，水利科技信息搜集、整理与开发利用工作。获省级以上奖励132项，其中国家级奖励13项、水电部科技进步一等奖1项、山东省科技进步一等奖12项；获国家专利260项，其中发明专利63项；出版专著57部、技术规范2部；发表科技论文1100余篇。

## 应用范围及前景

适用于各级水库及流域管理部门在日常运行及应急条件下的工程安全、防洪调度安全监测与评价，数据档案管理。

该系统已在济南市章丘区垛庄水库、青岛市泉心河水库、青岛市大河东水库、青州市黑虎山水库、宁津县大柳水库围坝、枣庄市市中区周村水库等项目进行了推广，实现水利信息感知、采集、传输、汇总、分析、预警及应用的网络化、自动化、智能化和可视化，实时实现水利信息共享，大大提升了水库工程运用和管理的效率和效能，效果显著。

技术名称：土石坝激光静力水准垂直变位监测技术
持有单位：山东省水利科学研究院
联 系 人：孙雪琦
地 址：山东省济南市历山路125号
电 话：0531－55765698、13506401417

# 49　土石坝测压管激光跟踪水位监测技术

## 持有单位

山东省水利科学研究院

## 技术简介

### 1. 技术来源

自主研发。实用新型名称：一种基于激光测量的自动静力水准垂直位移测量装置（ZL2019 20714540.4）。

### 2. 技术原理

为适应水库坝体、溢洪闸和河道节制闸的渗压监测需要，尤其是对已建渗压监测系统的设备升级实际要求，研制生产了土石坝测压管激光跟踪水位监测技术，可充分利用现有的测压井，实现对坝体、闸底板等设施的渗压水位非接触式测量，自动跟踪渗压水位变化，克服了因渗压管倾斜弯曲使激光束无法测量的技术弊端，避免了传统接触式水位传感器因水质腐蚀、淤积、结垢和微生物等导致失灵的现象，测量精度高，使用寿命长，运行稳定可靠。

### 3. 技术特点

（1）水库坝体、坝基的渗透压力以及水闸的扬压力，是影响设施安全的关键因素，对坝体、水闸的渗压实施有效的高精度实时监测与分析，是安全监测的不可缺少的关键内容，亦是衡量水利设施安全的重要指标。

（2）该终端利用无线通信技术，将分布式多点位的监测点组成“无线局域网”，并通过“物联网”将监测信息传输到数据库进行存储、数据分析、发布。

（3）该系统可推广应用于单一或全流域水利工程的安全监测与灾害防控工作中。设备稳定性和环境适应性强、使用寿命较长，平台稳定，运维成本较低。

## 技术指标

土石坝测压管激光跟踪水位监测技术指标：

（1）测量变幅：0～100m（量程可定制）。

（2）水位测量精度：±1mm。

（3）水位测量重复性误差：±2mm。

（4）适应渗压管径：≥50mm。

（5）连续无故障运行时间：25000h。

（6）工作电源：DC12V，1A，支持太阳能供电，电压自动监测报警。

（7）工作环境：－40～＋50℃。

## 技术持有单位介绍

山东省水利科学研究院是以水利基础和应用研究为主的事业单位。主要承担水利发展相关理论研究及应用研究，水利行业相关科技推广和技术咨询、评估，水利科技信息搜集、整理与开发利用工作。

## 应用范围及前景

适用于各级水库及流域管理部门在日常运行及应急条件下的工程安全、防洪调度安全监测与评价，数据档案管理。该系统已在济南市章丘区垛庄水库、青岛市泉心河水库、青岛市大河东水库、青州市黑虎山水库、宁津县大柳水库围坝、枣庄市市中区周村水库等项目进行了推广，实现水利信息感知、采集、传输、汇总、分析、预警及应用的网络化、自动化、智能化和可视化，提高了水库工程运用和管理水平。

技术名称：土石坝测压管激光跟踪水位监测技术
持有单位：山东省水利科学研究院
联 系 人：孙雪琦
地　　址：山东省济南市历山路125号
电　　话：0531-55765698、13506401417

# 50　结构多场仿真与非线性分析软件 SAPTIS

## 持有单位

中国水利水电科学研究院

## 技术简介

**1. 技术来源**

自主研发。2 项计算机软件著作权，软件名称：结构多场仿真与非线性分析软件 V1.0（2016SRO11730）；大体积混凝土结构施工期温度场、温度应力分析系统 V1.0。

**2. 技术原理**

SAPTIS 是中国水利水电科学研究院独立开发的大型结构多场仿真与非线性分析软件，包括前处理、仿真分析、后处理 3 部分。

（1）在软件前处理部分，基于块体切割理论、块体搜索和块体识别算法以及 Delaunay 三角剖分算法，建立了复杂地质构造-混凝土结构系统的几何精细建模方法，自动生成混凝土结构有限元计算模型。

（2）在软件仿真分析部分，采用 Fortran 语言编制了有限元仿真分析程序，涵盖施工过程仿真分析、温度场分析、渗流场分析、线弹性徐变应力分析、弹塑性分析、损伤分析及多场耦合分析等功能。

（3）在软件后处理部分，根据仿真计算程序输出的计算结果，可自动画出温度、渗流、变形、应力等输出变量的等值线云图、包络图、矢量图、过程线。

**3. 技术特点**

（1）仿真计算功能强大：具有仿真分析、温度分析、渗流分析、弹塑性分析、损伤分析、接触分析、多场耦合分析等功能。

（2）用以解决的具体问题：混凝土坝全生命期真实性态仿真和安全评估；混凝土坝运行期工作性态预测及动态预警；水闸、渡槽、升船机、隧洞等复杂水工建筑物真实工作性态评估；库岸岩质边坡变形与稳定分析。

## 技术指标

（1）可以模拟“九个过程”“四场耦合”“三个非线性”和“一个迭代”。其中，“九个过程”包括气候变化、基岩开挖、回填支护、混凝土浇筑、混凝土硬化、温度控制、接缝灌浆、分期蓄水以及长期运行；“四场耦合”是应力场、温度场、渗流场和徐变场相互作用；“三个非线性”包括弹塑性、损伤以及时效非线性；“一个迭代”是指接触非线性。

（2）计算规模达数十亿自由度，计算能力达10 万核，仿真模拟结果与原型观测规律一致。

## 技术持有单位介绍

中国水利水电科学研究院是水利部直属的国家级社会公益性科研机构，研究领域已覆盖 18 个学科、93 个专业方向。

## 应用范围及前景

适用于混凝土坝、水闸、渡槽、升船机、隧洞等复杂水工结构的数值模拟，如渗流、温度、变形、应力等工作性态的仿真分析。已成功应用于国际、国内上百座工程，包括混凝土坝、水闸、渡槽、升船机、隧洞等。

技术名称：结构多场仿真与非线性分析软件 SAPTIS
持有单位：中国水利水电科学研究院
联 系 人：程恒
地　　址：北京市海淀区复兴路甲 1 号
电　　话：010－68781350、15910510932

# 51 水利水电工程渗漏无损综合探测技术

## 持有单位

中水北方勘测设计研究有限责任公司

## 技术简介

### 1. 技术来源

自主研发。该探测技术研究过程中，基于理论分析及实践，形成“用于标定工程地震仪测试时精度的标定装置（ZL201110128670.8）”和“用于测试岩体地震横波的剪切板（ZL201120158467.0）”发明、实用新型专利技术。

### 2. 技术原理

水利水电工程渗漏无损综合探测技术属于多方法综合性技术，其建立以综合物探为主、钻探及土工试验为辅助验证、评价手段的综合技术思路，基于渗漏结构与正常介质间电性、电磁性、波动性物理场物性差异，分析渗漏结构的典型物性特征，将渗漏问题分类并匹配使用适宜的电法、电磁法及弹性波法等无损综合探测方法，按次序进行有针对性“联合”无损伤探测与分析，并可结合钻探、土工试验综合初步验证、评价探测结果，从而对渗漏结构结合地质情况进行深入分析，为设计、施工处理相关渗漏或隐患部位提供科学依据。

### 3. 技术特点

（1）该技术将渗漏探测重点定为“渗漏入口、渗漏通道”探测两部分，不同部分基于其典型环境及物性特征选择适宜探测方法组。

（2）明确了渗漏结构探测的基本原则，当即可确定渗漏结构渗漏出口时，首先进行渗漏入口探测，再进行渗漏通道探测。当不确定渗漏出口时，首先进行渗漏通道探测，再追踪渗漏出口位置，进而进行渗漏入口探测。

（3）通过多方法联动探测，进而充分将点、面资料结合分析，以期查明渗漏结构的空间位置及可能性影响范围，从而系统分析渗漏原因并地质及施工资料提出可行性处理意见。

## 技术指标

（1）该技术基于渗漏结构与正常介质间物理场物性差异，将复杂渗漏问题分类匹配适用性探测方法组对渗漏进行探测。

（2）将渗漏探测分为“渗漏入口、渗漏通道”探测两部分，并选择适宜探测方法组进行分类探测。

（3）采用综合物探为主、钻探及土工试验为辅助验证、评价的综合技术思路，其成果更具科学性和准确性。

## 技术持有单位介绍

中水北方勘测设计研究有限责任公司是水利部直属综合性科技型企业，前身是水利部天津水利水电勘测设计研究院。2003年由事业单位整体改制，发展成为全国百强设计单位。

## 应用范围及前景

适用于探测水利水电工程相关的渗漏渗流、水毁及隐患问题，分析判断渗漏入口及渗漏通道空间位置。

研究成果已推广应用于南水北调中线工程渗漏探测、黄河海勃湾水利枢纽工程右岸安全评价专题检测、黄河万家寨水利枢纽工程护坦检测、黄河龙口水利枢纽底孔一级消力池底板物探检测、山西省万家寨引黄工程连接段调蓄池坝副坝渗漏探测、宁夏抗旱应急水源工程金

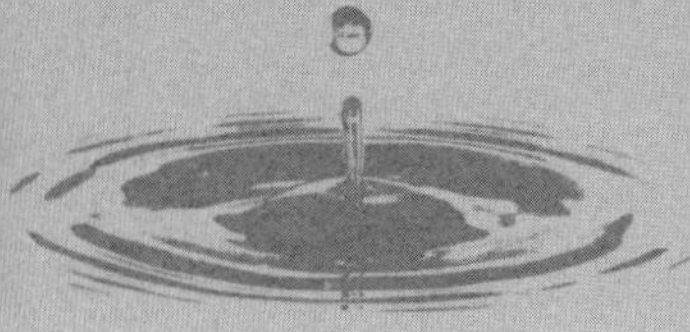



庄子水库裂缝探测、宁夏中部干旱带水库建设工程马家塘水库渗漏分析及处理等10多个工程项目，查明了各类堤坝体及基础渗漏渗流、水毁及隐患问题。

技术名称：水利水电工程渗漏无损综合探测技术
持有单位：中水北方勘测设计研究有限责任公司
联 系 人：王志豪
地　　址：天津市河西区洞庭路60号
电　　话：022-28702281、13389991928

# 52 干旱区地下水库建设关键技术

## 持有单位

新疆水利水电规划设计管理局

## 技术简介

**1. 技术来源**

自主研发。2008年起推广应用。

**2. 技术原理**

根据干旱区内陆河流地貌单元特征及其储水构造，特别是针对一些具有深厚覆盖层的河流，将冲洪积扇和冲洪积平原作为库容巨大的地下水库，按照“集中开采为主，分散开采为辅”的原则，通过“引渗回补”和定量的开采，合理科学控制地下水库的地下水位，减少土壤无效和低效潜水蒸发、降低土壤盐碱化危害，提高水资源利用效率。

**3. 技术特点**

新疆山区水库承担着流域水资源调控的重要任务，但也面临高严寒、高地震、高海拔、深厚覆盖层、多泥沙和少水文资料等特点，好的建设环境越来越少，工程投入往往十分巨大。而地下水库工程结构简单投资较小，没有溃坝灾害，使用寿命长，调度管理简单，库容泥沙淤积问题不突出，不占土地，不需移民，可有效减少表面蒸发量。地下水库库容量大可起到丰蓄枯采的多年调节作用，不会触发库岸边坡的滑坡崩塌，也不破坏洄游鱼类的生态环境，投资低，以台兰河地下水库为例，每立方米工程投资9.1元，是疆内近期26座小型水库平均单位造价25.8元的35%。5项关键技术如下：

(1) 基于各种补给方式的实验研究所确定的地下水人工补给技术。

(2) 建立了基于辐射井子结构法的地下水非稳定渗流计算模型，提出了确定辐射井出水量的新的计算公式，改进了辐射井施工工艺。

(3) 提出了干旱内陆河山前凹陷带地下水人工补给、辐射井联通集水、管道自流和正虹吸输水的地下水库工程关键技术。

(4) 摸清了山前凹陷地下水库的结构及水循环规律，研究了地下水库调蓄能力与取水及回灌工程的关系，建立了地下水库优化调度模型。

(5) 以流域为单元将地表水和地下水视为统一的水资源整体，将冲洪积扇天然地下水库、冲积平原机电井组成地下水调控系统，通过人工“引渗回补”和“引流提水”等工程措施，与现有的地表水调控系统组成一个地表与地下紧密连接的水资源调控系统，建立干旱区中小河流域地下水与地表水联合调度、分级调控、高效利用的水资源开发模式。

## 技术指标

(1) 所涉及的输水技术，在开发利用地下水的过程中具有适度性，不超采地下水，不消耗电力，具有古老坎儿井技术的基本特征，与此同时，它具有出水量可根据需水量的要求在0～1.68$m^3/s$进行调节，这是古老坎儿井和现代机电井技术所不具备的。

(2) 所涉及的输水技术，采用了虹吸输水技术，使井的设计降深大，出水流量大，通过输水管路使井井相连，示范工程最大设计出流量1.68$m^3/s$，是新疆境内历史上最大坎儿井出流量的6.85倍，是吐鲁番境内仍有水坎儿井平均出流量的89.9倍，这是古老坎儿井技术所不具备的。

(3) 所涉及虹吸输水技术，输水长度1690m，通过本研究的模型试验，虹吸管的真空度为−5.5m，管线共布置真空泵5处，根据检索这是目前输水距离最长的虹吸输水工程。

## 技术持有单位介绍

新疆水利水电规划设计管理局同时挂“新疆维吾尔自治区流域规划委员会办公室”牌子，正县级单位。单位主要职责是归口管理全区水利水电前期工作，负责全区水利行业勘测设计资质管理，负责编制自治区水利、水电发展规划、流域规划和跨流域水量分配方案，负责编制前期年度计划，负责全区水电工程项目前期各阶段的技术审查（批）和组织大中型水电项目的立项阶段的勘测设计和申报工作，负责全区水利水电行业技术规程规范的监督执行、组织设计、咨询成果评审推荐工作。组织协调流域开发工作，负责水利水电建设项目咨询工作。

## 应用范围及前景

适用于干旱区河床深厚覆盖层、地表水极易转化为地下水的河流，都有建设地下水库的条件。

典型应用案例：

案例1：新疆温宿县台兰河地下水库示范工程。台兰河坎儿井式地下水库示范工程，是国内外首座建筑在山前冲洪积扇上的地下水库，工程位于台兰河小阿吉里克沟上314国道附近，工程由取水、回补和输水三大部分组成，设计年供水量2150万$m^3$，水库库容580万$m^3$，出库流量1.08$m^3/s$，总投资4428万元，工程于2014年基本完工，2015年投入试运行，灌溉面积3.2万亩。供水能力达到了设计指标，该工程具有投资小、占地少、运行中不耗电能、管理方便的优点，不仅解决了部分灌区的春旱问题，而且由于出库水量基本不含泥沙，是灌区高效节水的优质水源。

案例2：新疆克州阿合奇县阿合奇镇佳朗奇村阿勒克木渠首改造工程。工程区位于阿克窝铁克苏河出山口上游3.5km，阿克窝铁克苏河的年径流量为$0.144\times10^8m^3$，由于原有渠首引水工程破损、泥沙淤积严重，引水量逐年下降，已不能满足项目区生产、生活需要。本次改建引水渠首工程由上游集水廊道段、截渗墙段、下游护坦段及输水管道组成。工程总投资1779.77万元。2018年10月开工，2019年10月完工。设计引水流量0.54$m^3/s$，灌溉面积0.8万亩。该工程出水量稳定，满足了牙狼奇村灌溉需求并解决了人饮洪水期泥沙问题，得到了当地运行部门的好评。

技术名称：干旱区地下水库建设关键技术
持有单位：新疆水利水电规划设计管理局
联 系 人：裴建生
地　　址：新疆乌鲁木齐市黑龙江路19号
电　　话：0991－5811442、13999883982

# 53 基于数字图像的河床表面结构观测及分析技术

## 持有单位

长江水利委员会长江科学院

## 技术简介

**1. 技术来源**

省部计划，自主研发。获发明专利2项，分别是“基于数字图像的床沙表层级配观测分析方法及系统”（ZL201610425105.0），“不规则边界河道河床表面分形维数计算方法”（ZL201610699770.9）；软件著作权2项，分别是“基于数字图像的不同颜色床沙表层级配分析计算软件V1.0”（2019SR0560841），“河床表面分形维数计算软件V1.0”(2017SR076148)。出版专著1本《清水冲刷非均匀推移质运动》（长江出版社）。

**2. 技术原理**

一种基于数字图像的河床表面结构观测及分析技术，采用节点计数法，在床沙不同粒径组分为不同颜色的条件下，通过对固定区域的床沙表面进行影像采集分析，输出床沙表面级配分布数据，同时，将分形维数的概念应用于描述河床表面形态，在基于数字图像建立河床表面DEM的基础上，根据表面积-尺度法原理，对其不规则边界处理、空间四边形面积计算及无标度区判断等方面进行改进，计算河床表面分形维数。

**3. 技术特点**

（1）集成卫星遥感、无人机倾斜摄影测量、地面高精度GPS测量、无人船测量、高分辨摄像设备等多层次多平台的测量方式，构建天然河道与模型试验的多尺度测量体系，高效精准获取河床全景三维地形及表层床沙等数字图像信息。

（2）可基于采集的河床表面图像，在水沙试验过程中不对试验过程产生扰动的条件下，实现表层床沙级配的实时观测与分析。

## 技术指标

突破了国内外传统模型试验数据观测方式，大大提高了不规则边界河床形态调整分形维数计算精度。

基于河床表面DEM，来计算得出不规则边界下的河床表面分形维数，定量描述河床不规则性及多尺度性，解释河流曲折程度和表面形态的复杂性，进而分析河床演变中的河势、河相变化甚至河型演变。

## 技术持有单位介绍

长江水利委员会长江科学院是国家社会公益类科研机构，隶属水利部长江水利委员会。长科院主要为国家水利事业以及长江保护、治理、开发与管理提供科技支撑，同时面向国民经济建设相关行业提供科技服务。

## 应用范围及前景

适用于河工模型试验及天然河道中河床表观结构观测及分析。该技术已被成功应用于武汉大学水利水电学院、江西省水利科学研究院、长江航道规划设计研究院、重庆西南水运科学中心、长江重庆航运工程勘察设计院等单位有关河道治理、航道整治、江湖关系及水沙运动规律研究等20多项各类项目，取得了显著的社会效益、经济效益和生态效益。

技术名称：基于数字图像的河床表面结构观测及分析技术
持有单位：长江水利委员会长江科学院
联 系 人：李志晶
地　　址：湖北省武汉市江岸区黄浦大街23号
电　　话：027-82820843、13407104495

# 54 网筋人工石群水下护岸工程技术

## 持有单位

长江水利委员会长江科学院

## 技术简介

**1. 技术来源**

自主研发。实用新型名称：联筋人工石群河道护岸护滩水工结构（ZL201320890070.X）。

**2. 技术原理**

网筋人工石群是6个网筋人工石组成的结构体，每个网筋人工石是由3块格栅网筋预制混凝土薄板构成的空心四面体。网筋人工石群覆盖水下地面，形成一种可自动调整的水下地面保护层，阻隔动态水流对水下岸坡的冲刷，从而达到水下护岸作用。

**3. 技术特点**

网筋人工石群水下护岸工程技术是代替传统“抛石护岸”技术的一种较好的选择。这项技术汇集了钢筋混凝土铰链排、钢筋混凝土透水四面体框架和异型混凝土块等护岸护滩工程的技术优势因素，其技术优势具有：耐久性好、构件标准化及可规模产业化；施工质量易控、取材便利；生态环保等。

## 技术指标

网筋人工石群的性能指标包括：普通硅酸盐水泥（P.O42.5）、砂（细度模数为2.2～3.0）、粗骨料(粒径范围5～20mm)、土工格栅（规格TGSG2525）、聚丙烯纤维绳（直径8mm聚丙烯纤维绳的单绳抗拉强度不小于5600N，重量规格38.0g/m）。

预制件浇筑混凝土试块强度满足C20的技术要求；5cm厚的夹土工格栅薄壁预制混凝土构件整体强度满足抗压强度指标不小于7MPa。

## 技术持有单位介绍

长江水利委员会长江科学院是国家社会公益类科研机构，隶属水利部长江水利委员会。长科院主要为国家水利事业以及长江保护、治理、开发与管理提供科技支撑，同时面向国民经济建设相关行业提供科技服务。

## 应用范围及前景

适用于各类河道的河岸防护工程、海岸和人工岛屿的岸坡防护工程、过河管线和海洋管线的防护工程。

典型应用案例：

案例1：三峡后续工作长江中下游影响处理河道整治工程2011年度实施项目（湖北段），调关标段，实施桩号范围：526＋200～528＋050（长1850m），吊沉10175个网筋人工石群，完工时间2017年4月。

案例2：三峡后续工作长江中下游影响处理湖北荆州段一期河道整治工程项目，北碾子湾标段，实施桩号范围：3＋500～6＋000（长2500m），吊沉31198个网筋人工石群，完工时间2018年5月。

案例3：三峡后续工作长江中下游影响处理湖南段一期河道整治工程项目，洪水港标段，实施桩号范围：4＋700～5＋000（长300m），吊沉6255个网筋人工石群，完工时间2018年5月。

技术名称：网筋人工石群水下护岸工程技术
持有单位：长江水利委员会长江科学院
联 系 人：何广水
地　　址：湖北省武汉市江岸区黄浦大街289号长江科学院科创大厦
电　　话：18971566396

# 55 CK－RMS小型水库动态监管系统

## 持有单位

长江水利委员会长江科学院

## 技术简介

**1. 技术来源**

自主研发。软件产品CK－RMS小型水库动态监管系统V3.1已经过测试机构“信息处理产品标准符合性检测中心”测试[No：CTC(S)-2020－2088]。

**2. 技术原理**

该系统是利用一体化监测设备和智能巡视检查标识牌完成小型水库水位、降雨量、视频图像及巡视检查信息的动态采集，通过多种云端服务软件向水库管理单位提供水库监管所需的信息服务，实现小型水库集约化管理，提升小型水库管理效率。

**3. 技术特点**

（1）远程监视：可实现水库水位、降雨量、视频图像、巡视检查等信息的远程监视和管理。

（2）自动报警：水位、降雨量或图像识别到恶意破坏行为时，系统自动推送报警消息。

（3）使用便捷：系统提供电脑、手机APP和微信小程序3种接入方式，方便用户选择。

（4）能扩展：系统可接入已建设自动化监测站点的水库数据，实现统一化管理。

（5）易维护：系统对现场设备工作状态进行监测，保证数据一致，方便系统代码维护。

（6）云服务持续改进：系统以在线云服务的形式向用户提供数据服务，持续提升系统服务能力。

## 技术指标

（1）功能全面：具备实时数据监测、历史数据查询统计、自动报警、移动巡检、大屏展示等功能，满足小型水库管理需求。

（2）多种访问方式：提供PC端、手机APP端、微信小程序多种访问方式。

（3）响应快：前端采用SPA技术优化，响应快，对用户终端设备和网络条件要求低。

（4）易扩展：系统除了能实现小型水库信息化管理外，还能接入河道、堤防等其他水利工程监测数据，能实现业务横向扩展。

## 技术持有单位介绍

长江水利委员会长江科学院是国家社会公益类科研机构，隶属水利部长江水利委员会。长科院主要为国家水利事业以及长江保护、治理、开发与管理提供科技支撑，同时面向国民经济建设相关行业提供科技服务。

## 应用范围及前景

适用于全国各地区县及乡镇辖区内小型水库信息化监管。CK－RMS系统在江西省浮梁县、乐平市、景德镇市昌江区小型水库动态监管工程中得到应用，共接入小型水库300座，实现了水库水位、降雨量、视频图像及巡视检查信息的自动化采集，配备的软件系统基本达到了小型水库动态监管目标。

技术名称：CK－RMS小型水库动态监管系统
持有单位：长江水利委员会长江科学院
联 系 人：何亮
地　　址：湖北省武汉市江岸区黄浦大街23号
电　　话：027－82828902、17092772855

# 56 工程建设征地移民信息采集系统软件

## 持有单位

长江勘测规划设计研究有限责任公司

## 技术简介

**1. 技术来源**

自主研发。计算机软件著作权，工程建设征地移民信息采集系统软件（简称：移民信息采集系统）V1.0（登记号 2015SR071672），原始取得。软件在设计理念和方法、数据采集标准、成果可视化表达等方面均取得了重大突破和技术创新，形成规范 5 部，行业标准 1 部。

**2. 技术原理**

该系统在底层数据中心层通过统一的集成机制将各种空间和非空间数据进行组织与管理，建立完善图属关联机制，并实现数据更新自动同步，获得了各类空间与非空间多源数据一体化无缝集成的成功实践。提出可配置性设计理念，解决了不同类型工程不同设计阶段对信息采集的不同要求，开创了服务信息采集全过程并成功实践的先河。针对水利水电工程建设征地多位于边远山区、交通通信不便，实物指标相对分散等特点，提出在线与离线并举的开发模式。

**3. 技术特点**

（1）提出元数据级的可配置性设计，解决了不同工程项目信息采集差异化问题，实现了“采集表单可定制、调查指标可定制、签字表格可定制、明细及汇总表格可定制、专题图可定制”等一整套定制体系。

（2）提出服务移民工作信息采集全过程，可用于不同阶段水利水电工程的移民信息采集。

（3）创新工作模式，首次提出与移民信息系统相结合的《水利水电工程建设征地农村实物指标调查操作规程》等一系列标准化规程。

（4）基于此项研究成果，形成了《水利水电工程建设征地移民安置空间信息分类及表达标准》行业标准。

（5）提出在线与离线并行的移民信息采集，便于协同、部署灵活。

## 技术指标

“工程建设征地移民信息采集系统软件”通过了湖北省软件测评中心的计算机软件测试。测试结论为：该软件运行能够正常运行，界面统一，所提供的产品文档描述与该软件功能一致。

## 技术持有单位介绍

长江勘测规划设计研究有限责任公司是长江勘测规划设计研究院下属核心科技型企业，公司主营业务包括工程勘察、规划、设计、科研、咨询、建设监理及管理和总承包业务等，是国家核准的高新技术企业。

## 应用范围及前景

适用于移民管理和移民监理等领域的移民信息采集。系统灵活性强、适应性广、可适应于铁路、公路、机场、城建等各类工程建设征地的信息采集。该软件架构合理、技术先进、功能实用，符合工程建设征地移民调查工作要求，已在金沙江银江水电站、黄盖湖防洪治理工程、尼加拉瓜运河等 20 多个国内外生产项目中广泛应用，取得了良好的社会经济效益。

技术名称：工程建设征地移民信息采集系统软件
持有单位：长江勘测规划设计研究有限责任公司
联 系 人：王汉花
地　　址：湖北省武汉市江岸区解放大道 1863 号
电　　话：18502779949

# 57 滑坡群重大变形应急抢险工程勘察与防治关键技术

## 持有单位

长江岩土工程总公司（武汉）

## 技术简介

**1. 技术来源**

自主研发。发明名称：野外地质信息采集系统、采集方法及采集系统的应用方法（ZL201310340991.3；实用新型名称：多层地下水位观测结构（ZL201520041232.1），施工开挖中滑坡或岩体变形的测量装置（201910196319.9）。

**2. 技术原理**

滑坡群重大变形应急抢险工程勘察与防治关键技术包括“滑坡群重大变形应急抢险工程勘察关键技术”“滑坡群重大变形应急抢险多专业协同作业工程治理关键技术”2项核心关键技术。“滑坡群重大变形应急抢险工程勘察关键技术”可快速查明滑坡群区变形险情范围、特点、出险原因、变形趋势以及水文地质与工程地质等特征，为滑坡应急处置提供技术依据。“滑坡群重大变形应急抢险多专业协同作业工程治理关键技术”是在滑坡群重大变形复杂条件下应急抢险工程勘察的同时，建立动态三维协同设计平台，及时、快捷地向参建单位提供滑坡群重大变形应急抢险工程处理方案。

**3. 技术特点**

研发的“滑坡群重大变形应急抢险工程勘察与防治关键技术”，可在滑坡群发生滑坡之前，既能查明滑坡的基本地质条件，又能优质高效地完成滑坡险情的应急处置和后续滑坡的工程治理，彻底解除滑坡安全风险。

## 技术指标

“滑坡群重大变形应急抢险工程勘察与防治关键技术”主要包含有如下的技术指标：无人机信息化近景测绘技术、复杂变形条件下滑带土原状取芯技术、多层地下水位观测技术、野外地质信息采集系统、工程地质信息数据库管理系统、动态三维地质建模与稳定性分析方法、运用“QC质量管理控制”技术缩短滑坡勘察与治理周期、施工期滑坡变形快速测量方法、动态三维协同设计平台、滑坡群应急抢险多专业协同作业技术。

## 技术持有单位介绍

长江岩土工程总公司（武汉）成立于1992年，原名长江水利委员会综合勘测局，现为长江水利委员会长江勘测规划设计研究院的全资子公司。公司是主要从事水利水电工程地质勘测、地质灾害防治勘查与设计咨询、工程施工、工程项目总承包等业务的高新技术企业。

## 应用范围及前景

适用于高山峡谷区的水利水电工程等各类工程建设遭遇滑坡群重大变形以及滑坡自然灾害的应急工程处理。该技术在汉江孤山水电站坝址区滑坡群重大变形应急抢险工程勘察与治理、堵河潘口水电站坝址区滑坡群变形应急抢险工程勘察与治理等项目中得到了成功应用，快速解除了滑坡险情，取得了显著经济效益和社会效益。

技术名称：滑坡群重大变形应急抢险工程勘察与防治关键技术
持有单位：长江岩土工程总公司（武汉）
联 系 人：王启国
地　　址：湖北省武汉市江岸区解放大道1863号
电　　话：027-82829512、18502772157

# 58 水利水电工程大顶角超深斜孔钻探关键技术

## 持有单位

长江岩土工程总公司（武汉）

## 技术简介

### 1. 技术来源

自主研发。发明名称：水电站河谷的双向成对跨江大顶角斜孔钻探方法（ZL201810910129.4）。孙云志，卢春华，肖冬顺等著，《水利水电工程大顶角超深斜孔钻探技术与实践》，中国水利水电出版社，2018年。

### 2. 技术原理

该技术包括水电站河谷的双向成对跨江大顶角斜孔钻探方法以及轻便式气囊隔离随钻压水试验两项创新性技术。水电站河谷的双向成对跨江大顶角斜孔钻探方法是在现有斜孔钻探成熟技术上发展形成，能够安全高效、经济环保地查明水利水电工程中的地质状况空间分布、规模、物质组成、工程性状等特征，形成立体的地质描述，避免采用河底过河平硐施工等常规工艺带来的安全风险。轻便式气囊隔离随钻压水试验解决不提钻条件下开展压水试验的难题，保证孔壁不完整破碎地层的压水试验成功率，促进绳索取芯技术在水利水电工程钻探中的推广，减少上、下钻具辅助作业时间，极大提高了钻探效益。

### 3. 技术特点

（1）水电站河谷的双向成对跨江大顶角斜孔钻探方法：双向成对大顶角超深斜孔钻探，斜孔顶角55°、孔深252m。

（2）复杂地层大顶角超深斜孔随钻压水试验技术：解决不提钻条件下开展压水试验的难题，保证孔壁不完整破碎地层的压水试验成功率，促进绳索取芯技术在水利水电工程钻探中的推广，减少上、下钻具辅助作业时间，极大提高了钻探效益。

（3）技术成果为该水电站坝址选择、坝线选择及坝基处理、枢纽布置等可提供可靠支撑，在水利水电工程跨江勘探技术应用上具有重要指导意义，受到国内外好评与关注。

## 技术指标

各项技术指标满足SL 31—2003《水利水电工程钻孔压水试验规程》的技术要求。

（1）水利水电工程大顶角超深斜孔钻探关键技术适应于孔深大于200m，顶角30°～75°的斜孔钻探。2019年12月27日，国家大坝中心对本技术进行评定，评定结论为：本技术结合水利水电钻探工程特点，对斜孔孔斜控制、高效钻具、小口径定向、泥浆等进行技术集成，形成成套的大角度双向成对钻探工艺技术体系。在水利水电工程勘探技术应用上具有重要意义，同时对水利水电工程大角度斜孔施工具有很强的指导意义。

（2）压水试验钻孔的孔径一般为59～150mm，常用孔径为75mm、91mm。流量观测工作应每隔1～2min进行1次。当流量无持续增大趋势，且5次流量读数中最大值与最小值之差小于最终值的10%，或最大值与最小值之差小于1L/min时，本阶段试验即可结束，取最终值作为计算值。

## 技术持有单位介绍

长江岩土工程总公司（武汉）成立于1992年，原名长江水利委员会综合勘测局，现为长江水利委员会长江勘测规划设计研究院的全资子公司。公司是主要从事水利水电工程地质勘测、地质灾害防治勘查与设计咨询、工程施工、工程项目总

承包等业务的高新技术企业。几十年来，公司以先进的技术和雄厚的实力，承担完成了三峡水利枢纽、南水北调中线工程、滇中引水、构皮滩水电站、白马电航、彭水电站、孤山水电站、寺坪水电站、皂市水利枢纽、长江中下游重要堤防工程、洞庭湖及洪湖分蓄洪工程等60余项国家大型重点水利水电工程的工程地质勘察、工程施工及科研工作，近几年陆续承担了安庆、九江、岳阳、襄阳、武汉、鄂州、咸宁、南京、江阴、荆州、公安、嘉鱼、绩溪等城市水环境治理工程的勘察设计或施工总承包，取得了丰硕的成果。先后荣获国家级、省部级等各种奖项100余项，同时还有近60项科研成果及国家专利。公司是我国最早从事涉外水电工程项目勘察和工程施工的单位之一，足迹遍布非洲、南美洲、大洋洲、东南亚、中亚、西亚等地区，业务领域涵盖水利水电勘察、地下水资源勘察、水运港口码头勘察以及EPC总承包等。

## 应用范围及前景

水电站河谷的双向成对跨江大顶角斜孔钻探技术适用性强，适用于水体底部或其非他固态地形（如沼泽）、不宜破坏的建筑物（如大坝）地层地质状况的勘察钻探；轻便式气囊隔离随钻压水试验技术适应于各种低层，解决不提钻条件下开展压水试验的难题，保证孔壁不完整破碎地层的压水试验成功率。

水利水电工程大顶角超深斜孔钻探关键技术的两项创新性技术已在浙江华东建设工程有限公司等四家水利单位的11个项目中成功应用。其中，水电河谷双向成对钻探勘查技术为长江岩土工程总公司（武汉）创新专利技术，在现有斜孔钻探成熟技术上发展形成，具有安全、环保、高效、低成本、操作性强等优点，累计实施进尺189000m，水电河谷双向成对跨江钻探勘查技术创造经济效益3540万元，大大提高了钻探成果的利用率，节省了勘探工作量，加快了勘探设计工作进度，创造了可观的社会效益和经济效益，在水利水电勘察行业具有广泛的应用前景和推广价值。复杂地层大顶角超深斜孔随钻压水试验技术解决不提钻条件下开展压水试验的难题，保证孔壁不完整破碎地层的压水试验成功率，促进绳索取芯技术在水利水电工程钻探中的推广，减少上、下钻具辅助作业时间，极大提高了钻探效益，创造经济效益1890万元。

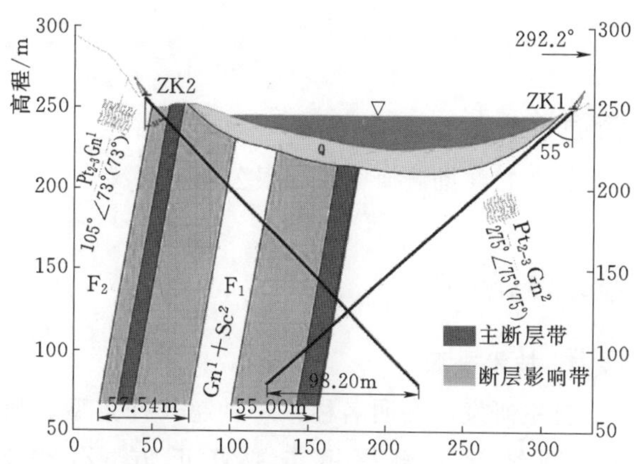


■陡倾大跨度顺河断层双向成对大顶角超深斜孔钻探示意图

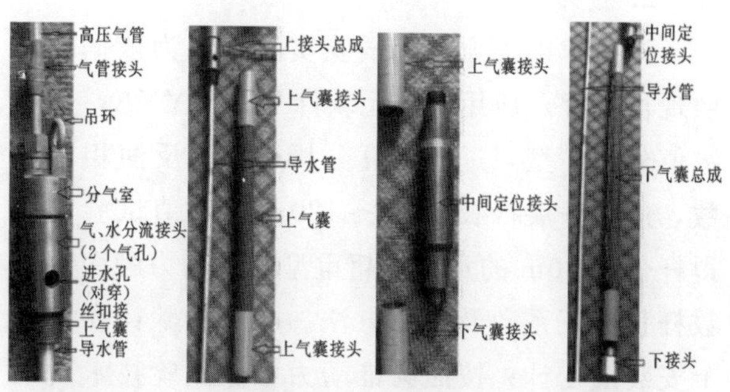


■轻便式气囊隔离随钻压水试验器结构组成

■云南某引水工程随钻压水试验现场场景

| | |
|---|---|
| 技术名称： | 水利水电工程大顶角超深斜孔钻探关键技术 |
| 持有单位： | 长江岩土工程总公司（武汉） |
| 联 系 人： | 雷世兵 |
| 地　　址： | 湖北省武汉市江岸区解放大道1863号 |
| 电　　话： | 027-82927002、18502772043 |

# 59 超长杆重型、超重型圆锥动力触探锤击数修正方法

## 持有单位

长江三峡勘测研究院有限公司（武汉）

## 技术简介

**1. 技术来源**

自主研发。发明名称：一种超长杆重型、超重型圆锥动力触探锤击数修正方（ZL2016 10511174.3）。

**2. 技术原理**

该技术以动力触探试验实测资料为依据，参照现行规程，应用有限元软件LS-DYNA，建立数值分析模型，进行仿真分析计算，反演相关参数，进而开展杆长为20～120m的数值试验，取得杆长超20m的重型及超重型圆锥动力触探锤击数杆长修正系数及计算方法。具体步骤：在探杆上安装应变计；按照圆锥动力触探试验技术要求开展现场试验，并绘制应力—时间曲线及应力—杆长曲线；利用LS-DYNA软件，建立圆锥动力触探数值计算模型；确定阻尼系数，杆长0～20m的阻尼系数根据现场试验成果及现行国标GB 50021—2001《岩土工程勘察规范》锤击数修正系数反演得到；超过20m杆长且无原位试验数据的阻尼系数，根据20m内的阻尼系数绘制阻尼系数与杆长变化图，通过拟合得到；利用得到的阻尼系数，开展杆长为20～120m的数值试验，计算杆底冲击力和有效能，并得到锤击数杆长修正系数。

**3. 技术特点**

该技术将圆锥动力触探现场试验与数值试验相结合，在现场圆锥动力触探试验与GB 50021—2001圆锥动力触探锤击数修正系数表基础上，通过数值模拟，引入阻尼系数，将实际问题简化，进而计算得到杆长20m外的重型、超重型圆锥动力触探锤击数杆长修正系数。

## 技术指标

圆锥动力触探试验对于超规范杆长的修正系数，目前尚无成熟经验借鉴与公认标准可依，该技术为杆长超20m的圆锥动力触探试验锤击数修正提供了依据。

该技术确定的圆锥动力触探试验锤击数杆长修正系数与水工公式、有效能公式计算所得修正系数基本一致；且在工程深厚覆盖层开挖后圆锥动力触探验证试验显示，同一地层不同杆长进行的试验，利用该技术修正后的锤击数基本一致；说明该修正方法可靠度高。

## 技术持有单位介绍

长江三峡勘测研究院有限公司隶属长江勘测规划设计研究院，是从事工程勘察、岩土工程设计、地震研究与监测、科研、咨询、岩土施工、地质灾害评估和治理、地下水资源评估及开发等业务的科技型企业，综合实力位于全国勘察行业前列。独立承担完成了长江三峡、葛洲坝、清江隔河岩、高坝洲、水布垭、大龙潭、金沙江乌东德、滇中引水等水利枢纽工程的地质勘测和科研任务。其中葛洲坝工程、隔河岩工程及三峡工程的多个单项工程荣获全国和省部级优秀工程勘察金奖和科技进步奖。

## 应用范围及前景

适用于对杆长（>20m）超现行规范修正范围的重型、超重型圆锥动力触探锤击数进行修正。

该技术已在金沙江乌东德水电站、金沙水电

站、滇中引水及樟木树水库加高工程中推广应用。在上述4个工程的深厚覆盖层勘察中，该技术为超规范杆长（>20m）的重型及超重型动力触探锤击数修正提供了依据，填补了国内岩土工程勘察中动力触探试验锤击数杆长修正系数（杆长超20m）外延的空白。

| | |
|---|---|
| 技术名称： | 超长杆重型、超重型圆锥动力触探锤击数修正方法 |
| 持有单位： | 长江三峡勘测研究院有限公司（武汉） |
| 联 系 人： | 郝文忠 |
| 地　　址： | 湖北省武汉市东湖高新区光谷创业街99号 |
| 电　　话： | 027－87571937、13987179293 |

# 60　长距离调水工程测量控制系统关键技术

## 持有单位

长江空间信息技术工程有限公司（武汉）

## 技术简介

**1. 技术来源**

自主研发。三个发明专利名称：高原长距离大型工程测量控制系统的建立方法；机载LiDAR点云和高分辨率影像进行空间点联合定位方法；一种V形河道库容量算方法。两部专著：南水北调中线干线工程施工控制网设计与实践，杨爱明等著，长江出版社，2013年；滇中引水工程测量控制系统关键技术研究与实践，张辛等著，长江出版社，2020年。

**2. 技术原理**

该技术建立了“窄分带投影方式”和“适应高程变化的投影补偿方法”，构建了高精度的工程控制网，攻克了长距离调水工程长距离、大高差带来的测控难题，提出了基于高程归化模型的多投影面变形控制方法和适应路径变化的长线工程里程桩一体化测设方法，能解决工程投影补偿和里程桩测设难题。

**3. 技术特点**

（1）该技术在国内外最长的调水工程南水北调及最大规模的高原调水项目滇中引水工程中形成了独创的长距离调水工程测量控制系统的建立方法。

（2）集成了多传感器数据的高精度、快速的直接地理定位方法，可大量减少调水工程航空遥感外业控制和联测的工作量，缩短航测成图周期和费用。

（3）利用V形河道水上数字高程模型及相关河道数据来预测河道水下深度，大量减少外业工作，能加快调水项目前期设计工作的开展。

## 技术指标

（1）该技术形成的窄分带投影方法，使南水北调投影变形量小于2cm/km，滇中引水小于3.5cm/km；再结合适应高程变化的投影补偿方法，使滇中引水变形量小于2.5cm/km；整体提高精度水平达一个数量级。

（2）该技术形成的补偿投影面设置方法，使长距离工程统一框架，并使用过渡投影面衔接，当投影面数量为$n$时，提高工作效率达$n$倍。

（3）该技术形成的LiDAR点云和高分辨率影像联合定位方法，在多源平差约束方面，能使用激光高程约束多光束前方交会平差；在硬件检校方面，能快速地实现传感器主光轴检校。

## 技术持有单位介绍

长江空间信息技术工程有限公司（武汉）成立于2005年，是专业从事空间信息采集、集成和应用的高新技术企业，是国家首批颁发甲级测绘资质证的单位。长江空间公司的现代综合测绘体系，为长江流域规划、举世瞩目的三峡水利枢纽工程、南水北调中线工程、滇中引水工程等国家大型工程建设提供了强有力的测绘信息保障，业务遍及国内外。

## 应用范围及前景

适用于水利水电工程勘测设计、施工建设、运维管理等，并能推广应用于公路、铁路、市政等领域的长距离工程。

典型应用案例：

案例1：技术成果在南水北调中线干线工程［包括《南水北调中线一期工程干线（除京石段）

首级施工控制网测量工程》等70余项合同］的施工控制网布设及复测等方面中得到应用。

案例2：技术成果在滇中引水工程［包括《滇中引水工程勘察设计》《云南省滇中引水工程可行性研究阶段勘测设计》等12项合同］提供了高精度的工程测量控制系统方案。

技术名称：长距离调水工程测量控制系统关键技术
持有单位：长江空间信息技术工程有限公司（武汉）
联 系 人：张辛
地　　址：湖北省武汉市江岸区解放大道1863号
电　　话：027－82926467、18502772776

# 61 输水隧洞衬砌结构脱空检测关键技术

## 持有单位

长江地球物理探测（武汉）有限公司

## 技术简介

**1. 技术来源**

自主研发。发明名称：一种机械式震源（ZL201710172703.6）。

**2. 技术原理**

针对输水隧洞衬砌结构脱空精细化检测难题，利用走航式冲击回波与阵列超声横波反射联合成像检测技术，解决了双层钢筋结构混凝土衬砌脱空检测难题；结合精细化数据处理与合成孔径成像技术，形成隧洞衬砌结构三维可视化成果，直观反映出隧洞衬砌混凝土内部结构及衬砌脱空情况；同时利用自主开发的走航式微型震源车，将检测效率提升至传统方法6倍以上，实现了输水隧洞衬砌结构脱空快速、无损、精细化检测。

**3. 技术特点**

该技术可以实现隧洞衬砌质量的精细化检测，具有快速、无损、高效的特点；成果表达直观、可实现三维展示。

## 技术指标

（1）检测精度达到毫米级。

（2）检测混凝土最大厚度2m。

（3）检测速度大于1000检波点炮/h。

（4）可应用于双层钢筋结构下的衬砌脱空质量检测。

## 技术持有单位介绍

长江地球物理探测（武汉）有限公司是长江勘测规划设计研究院下属全资国有企业，是专业从事工程物探检测工作的国家高新技术企业。公司于2005年12月注册成立，其前身为成立于1959年的长江水利委员会长江工程地球物理勘测研究院，拥有4项专业甲级证书及CMA计量认证证书，通过了质量/环境/职业健康安全管理体系认证，2016年被水利部设立为首家物探检测技术推广示范基地。60年来，公司的足迹遍布祖国大江南北及世界各地，承担完成了一大批大、中型国家重点工程的勘探或工程质量检测工作，为规划、设计、施工等阶段提供了可靠的资料。如：长江三峡、葛洲坝，清江水布垭、隔河岩、高坝洲以及金沙江、澜沧江、雅砻江、大渡河、汉江、乌江、嘉陵江、赣江、珠江等河流的水电工程的地球物理勘探或检测工作；南水北调、滇中调水、昆明外流域引水入滇池、青海引大济湟等引水工程；长江中下游堤防工程，黄石、荆岳、铜陵、安庆、宜昌等长江大桥、福建平潭跨海大桥等桥址，沪蓉高速公路、武汉地铁等线路，三峡库区数十项地质灾害治理工程，天然气管道工程、城市地下管网等地球物理勘探工作；还承担完成了汶川地震唐家山堰塞湖抢险、阿联酋找水工程、新加坡国防工程、北美洲柏利兹、缅甸等工程的地球物理勘探工作。

## 应用范围及前景

适用于水利水电工程引水导流隧洞、长距离引调水工程输水隧洞以及公路、铁路隧洞施工期衬砌质量检测以及工程运行期检修与安全评估。

典型应用案例：

案例1：“输水隧洞衬砌结构脱空检测关键技术”推广应用在南水北调中线工程，开展包括隧洞衬砌质量检测、工程实体质量检测、隧洞停水检修等项目中，查明了隧洞衬砌施工质量、查清了隧洞运行后衬砌结构安全状态，为工程建设质量及运行安全管理提供了技术支持，带来了显著的经济和社会效益。

案例2：在贵州夹岩水利枢纽输水隧洞衬砌质量检测中（包括隧洞衬砌混凝土质量检测、回填灌浆质量检测、混凝土面板脱空检测等项目），应用了“输水隧洞衬砌结构脱空检测关键技术”，为工程建设与运行安全管理提供了技术服务。

案例3：在乌东德水电站、白鹤滩水电站等水电工程引水洞衬砌质量检测中（包括钢筋保护层厚度检测、衬砌混凝土缺陷检测、衬砌结构脱空检测），应用了“输水隧洞衬砌结构脱空检测关键技术”，为工程施工质量控制提供了技术服务，经济效益显著。

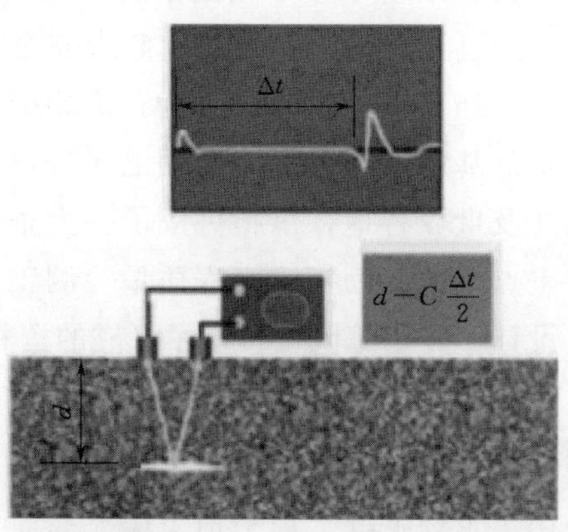

■超声反射法测量原理图

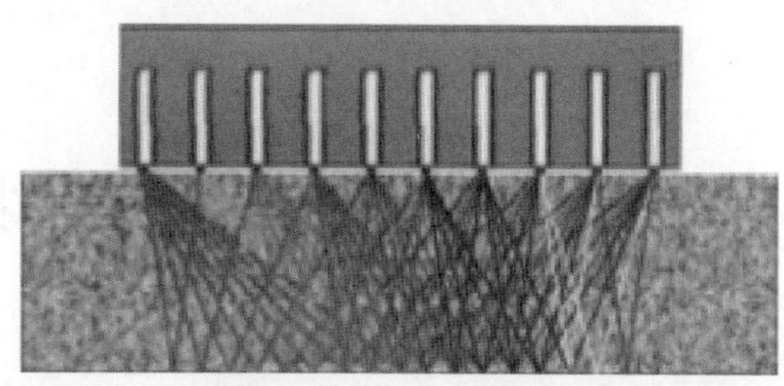
■混凝土裂缝测试成果图

■合成孔径聚焦技术工作方法示意图


技术名称：输水隧洞衬砌结构脱空检测关键技术
持有单位：长江地球物理探测（武汉）有限公司
联 系 人：徐涛
地　　址：湖北省武汉市江岸区解放大道1863号
电　　话：027-82926243、18502773343

# 62 水库大坝渗漏无损探测技术

## 持有单位

长江地球物理探测（武汉）有限公司

## 技术简介

**1. 技术来源**

自主研发。

**2. 技术原理**

基于毕奥-萨伐尔定律，通过测量电流产生的磁场分布，来映射地下的渗流分布。将大坝水体渗漏通道比作“血管”，那么利用该技术则可突出显现“血管”（类似于医学血管造影技术），从而更精确地获取“血管”影像资料。该技术通过采用磁电阻率法建立大坝渗漏优势路径空间分布信息，从而可探测水库大坝渗漏入口及地下渗流通道，是一种无损、快速、精确、直观描绘地下水渗漏优势路径空间分布的技术。可实现对水库大坝渗漏通道的空间定位，三维展示通道空间展布情况，为除险加固处理提供技术支撑。

**3. 技术特点**

（1）土坝、土堆石坝、混凝土面板堆石坝等介质相对单一的坝型，坝体金属干扰源较少。一般情况下，渗漏通道电阻率远低于坝体电阻率，使用该技术可以较好地探测出该类坝体的渗漏通道。

（2）混凝土拱坝、重力坝等含金属（钢筋）较多坝型，坝体介质复杂，且金属干扰源电阻率低于渗漏通道电阻率，对技术实施有一定影响。

## 技术指标

（1）三分量磁场测量。

（2）磁场信号分辨率 $n \times 10$pT。

（3）单点测量仅需 1～2min，GPS 同步定位。

（4）浅部渗漏通道有效探测率达 90%以上。

## 技术持有单位介绍

长江地球物理探测（武汉）有限公司是长江勘测规划设计研究院下属全资国有企业，是专业从事工程物探检测工作的国家高新技术企业。公司前身为长江水利委员会长江工程地球物理勘测研究院，拥有4项专业甲级证书及 CMA 计量认证证书，通过了质量/环境/职业健康安全管理体系认证，2016年被水利部设立为首家物探检测技术推广示范基地。60年来，公司的足迹遍布祖国大江南北及世界各地，承担完成了一大批大、中型国家重点工程的勘探或工程质量检测工作，为规划、设计、施工等阶段提供了可靠的资料。

## 应用范围及前景

适用于水利水电工程大坝水体渗漏通道探测定位，水库岩溶管道渗漏探测定位，堤防及输水渠道水体渗漏探测定位。该技术已推广应用于国内8座水库大坝的渗漏探测工作，包括江西高泉水库、宜昌西北口水库、山东雷泽水库、新疆下坂地水库，以及贵州的归化水库、平寨水库、荒田沟水库、新民水库。主要查明了水库大坝坝体渗漏通道、水库岩溶管道空间展布情况等。

技术名称：水库大坝渗漏无损探测技术
持有单位：长江地球物理探测（武汉）有限公司
联 系 人：徐涛
地　　址：湖北省武汉市江岸区解放大道1863号
电　　话：027-82926243、18502773343

# 63 隔离式防雷接地及物联网技术

## 持有单位

深圳远征技术有限公司

## 技术简介

**1. 技术来源**

省部计划，自主研发。两个发明，发明名称：一种接地电阻分析装置及接地电阻的分析方法（CN201210346158.5）；一种分布系统集中接地保护与雷电防护装置及系统（CN201310296497.1）。实用新型名称：隔离式用电设备保护装置（CN 201820547311.3）。

**2. 技术原理**

将隔离式接地装置、隔离式防雷装置、配电和检测装置融合成为隔离式防雷综合配电成套装置专利产品，并通过通信系统形成物联网系统，将相关的防雷、接地、配电等运行数据送到云平台合作内部数据库，对现场实行24h不间断管理。

**3. 技术特点**

（1）隔离防雷将95%以上的雷电流导入大地，大幅度降低雷电侵入，提高防雷效果10倍以上，并简化接地网要求，接地电阻可放宽。

（2）放宽接地电阻要求，满足高山、沙漠等特殊场景的要求。

（3）环保节能、大量减少钢材和土地、电力的应用、防止土壤污染。

（4）实现远程监管和大数据应用，将提高管理效率10倍以上。

（5）提高建设速度，不再进行防雷接地工程安装，提高速度10倍以上。

## 技术指标

（1）满足1～5000kW的配电应用，正在研发更大容量的应用设备。

（2）可以接入监管1000万个站点的平台使用。

## 技术持有单位介绍

深圳远征技术有限公司是国家级高新技术企业和深圳市防雷协会副会长单位。在防雷技术领域远征公司同北京邮电大学、解放军军事科学院、中国铁塔集团公司等产学研管用单位联合研究的“隔离式防雷接地技术”实现了重大突破，实现了“防雷网络化、接地产品化”，并以此建设“防雷安全服务网”，为客户提供防雷安全服务。

## 应用范围及前景

适用于建筑、交通、通信、电力、网络、水利、建筑、铁路、公路等领域的供电和雷电防护。应用超过500个工程案例，运行产品超过60000套。

典型应用案例：

新疆北疆调水工程的应用。新疆引额济克（乌）水利工程从在阿勒泰境内的额尔齐斯河干流上分别调水到克拉玛依和乌鲁木齐，穿越准噶尔盆地的、沙漠、戈壁。由于地质结构复杂又处远离城市的无人区，土壤干燥、雷电、静电、地噪声对电力、信息带来的危害很严重，保障该工程的电力、控制、调度、监控网络受到严峻的考验。通过考察、技术论证，选择了深圳远征技术有限公司的“环保节能型隔离式分组接地技术”，利用通信机房和闸房的建筑物的基础钢结构作为接地，不再需要做专用接地网。

技术名称：隔离式防雷接地及物联网技术
持有单位：深圳远征技术有限公司
联 系 人：向圣银
地　　址：广东省深圳市宝安区西乡街道桃花源科技创新园三分园
电　　话：0755-29748040、13026125927

# 64 集团化发电企业运管一体化平台

## 持有单位

湖南江河机电自动化设备股份有限公司

## 技术简介

**1. 技术来源**

自主研发。

**2. 技术原理**

该平台采用互联网、云计算、物联网、大数据等信息化技术实现了发电集团的多电站集中运行监视与管理。平台主要是在企业内部搭建管理标准化、流程规范化、数据集中化、信息智能化的信息化技术管理平台，通过与各发电企业的自动化设备和监控系统实现无缝对接，为生产过程精细化管理和现代化项目管理提供有力的支撑工具。

**3. 技术特点**

通过平台实现生产现场的远程监视，可对下辖管理的电站运行值班记事、设备台账、设备缺陷、工作票、操作票等信息进行集中管理，以及进行汇总、统计分析；实现计划集中管控，为各电站下达考核指标，逐步完善各电站的目标绩效考核体系；实现项目自立项至后评价的全生命周期管理，并能实时全面掌握项目计划、进度和成本等信息；实现设备全生命周期管理以及项目全过程管理；通过融合大数据分析，挖掘电力生产潜力，实现电站的智能运营。

## 技术指标

（1）交互类业务效率测试：响应时间少于1s，峰值响应时间少于3s。

（2）查询类业务效率测试：简单查询响应时间少于2s（其中项目现场账户查询响应时间少于1s）。复杂查询平均响应时间少于10s。

（3）批量处理业务效率测试：批量导入，每1亿笔数据导入时间少于30min；批量导出，每1亿笔数据导出时间少于10min；批量审核、批量验收、批量汇总，每1亿笔数据时间少于3min。

## 技术持有单位介绍

湖南江河机电自动化设备股份有限公司，专注于水利电力行业的自动化与信息化建设，自主研发的软、硬件产品广泛应用于水力发电站、风电发电场、光伏发电站等清洁环保型企业。其中“水利电力智能化管理服务云平台”是国内首家将“互联网＋”理念和物联网、云计算、大数据、移动办公等信息技术引入水利电力传统行业的信息化产品，实现了水利电力数据从采集、传输、存储到应用的全面贯通。

## 应用范围及前景

适用于中小型水力发电集团搭建一体化、集中化的发电生产业务处理和管理平台，覆盖日常办公管理、发电运行管理、生产信息管理等全过程的管理业务。现已应用于新华发电、深圳兆恒等中小型集团发电企业。实现了对200多座电站，总装机规模约500万kW（涉及水电、风电、光伏发电、生物质能、电网等多个产业链的集中管理，在维护电站投资方权益、社会公共利益方面起到了非常好的示范效应。

技术名称：集团化发电企业运管一体化平台
持有单位：湖南江河机电自动化设备股份有限公司
联 系 人：张龙
地　　址：湖南省长沙市芯城科技园5栋
电　　话：0731－82742301、18692296858

# 65 预应力钢筒混凝土管（PCCP）断丝检测和监测技术

## 持有单位

赛莱默（中国）有限公司

## 技术简介

**1. 技术来源**

自主研发。

**2. 技术原理**

PCCP断丝检测基于远场涡流技术，由发射线圈发射磁场，接收线圈接收预应力钢丝中涡流产生的磁场信号，若预应力钢丝出现断裂，磁场信号会发生畸变，以此识别断丝。电磁法检测技术采集每节管道的磁场信号，通过分析因钢丝断裂引起的异常信号的各种参数（波幅和相位偏移等）判断断丝位置并估计断丝数量；PCCP断丝监测技术，即SoundPrint® AFO管道断丝光纤声监测技术，是基于声监测的PCCP断丝安全预警技术。PCCP发生断丝时，能量释放发出声音，被安装在管道内部的光纤传感器接收，数据传输到采集系统。经过分析处理后，确定断丝数量及位置。

**3. 技术特点**

PCCP的强度取决于缠绕在管芯上的高强钢丝，钢丝在管芯上产生均匀的预应力，能够抵偿由内压和外荷载产生的拉应力。PCCP断丝检测技术能够直接检测PCCP预应力钢丝的完整性状况，在出现断丝急剧增加或断丝数量很多时，及时采取干预措施（如降压运行、停水检修或换管等），从而避免PCCP爆管发生。

## 技术指标

（1）PureEMTM断丝检测技术主要性能指标：适用于DN400～DN4000全系列PCCP管道，可在管道排空或者管道不停运的情况下检测；有短接钢带的PCCP管道，最小可检测断丝数量为1根；无短接钢带的PCCP管道，最小可检测断丝数量为5根；断丝分析误差为5根；断丝定位误差：±10cm；带压检测设备一次投放检测长度可达60km。

（2）SoundPrint® AFO管道断丝光纤声监测技术主要性能指标：适用于DN400～DN4000全系列PCCP管道，可在管道排空或者管道不停运的情况下敷设光缆；布设在现场的1台数据采集系统最长可监测40km管道；断丝分辨率为1根；断丝定位误差±1m。

## 技术持有单位介绍

赛莱默（XYL）有限公司是全球领先的水技术公司，致力于开发创新的技术解决方案，以应对全球水资源挑战。公司的产品和服务专注于市政、工业、民用和商用建筑等领域的水输送、水处理、水测试、水监测和水回用。此外，赛莱默还为水、电力和天然气等公用事业提供业界领先的产品组合，包括智能计量、管网技术和先进基础设施分析解决方案。

## 应用范围及前景

适用于长距离输调水工程，如大型调水工程、城镇供水工程及工业园区供水工程。

典型应用案例：

案例1：PCCP断丝检测：赛莱默（中国）有限公司在国内已完成17个工程346km的PCCP断丝检测，工程涉及国家重大调水工程、城镇重要供水工程，从而保障了重要输水管线的安全运营。

案例2：PCCP断丝监测：赛莱默（中国）

有限公司在国内已完成2个工程总计117.6km的PCCP断丝监测，其中南水北调中线京石段应急供水工程（北京段）惠南庄泵站至大宁调压池右线尾端安装SoundPrint® AFO断丝安全预警监测系统，监测35.7km PCCP管道内断丝发生的声事件，为业主制定积极主动的干预措施提供了数据支持。

技术名称：预应力钢筒混凝土管（PCCP）断丝检测和监测技术
持有单位：赛莱默（中国）有限公司
联 系 人：杜晓蕾
地　　址：上海市长宁区遵义路100号虹桥南丰城A座
电　　话：021-22082910

# 66 水文缆道远程在线控制系统

## 持有单位

长江水利委员会水文局长江中游水文水资源勘测局

## 技术简介

**1. 技术来源**

自主研发。实用新型名称：水文缆道远程在线控制系统（ZL201821877656.1）。

**2. 技术原理**

水文缆道远程在线控制系统包括流速检测单元、视频采集单元、通信单元及控制中心，能够同时对多处水文站缆道的实时远程监测，实现了一个控制中心同时控制多个缆道测站，同时远程控制测流、采集数据，并为平时非工作时间的缆道站房安全守护起到了一定的作用。

**3. 技术特点**

（1）视频采集单元包括多个设于测站的摄像头，流速检测单元包括悬吊在缆道上的铅鱼及设于铅鱼上的ADCP流速仪，控制中心包括视频服务器和云端服务器模块。视频采集单元通过通信单元连接视频服务器，流速检测单元通过通信单元连接云端服务器模块，视频服务器同时连接云端服务器模块。

（2）该水文缆道检测系统实现对流速仪、铅鱼和摄像机的一体化监控和控制，运用范围广且监测效率高。

（3）可极大减少水文行业中人力资源的投入，避免测流人员长途跋涉去现场的需要，减小劳动强度，提高工作效率，可实现远程采集测流数据，并在网络发布。

## 技术指标

系统各项数据处理满足SL 443—2009《水文缆道测验规范》和GB 50179—2015《河流流量测验规范》。

通过采用B/S架构开发的集成视频监控云平台，在VPN和无线或有线通信网络架设网络环境下，结合PLC控制和触摸屏与电子电气机械器件，使用Java语言开发集成缆道运动控制和视频监控系统控制，ADCP数据解析发布的整套集成型网页访问云平台系统。

## 技术持有单位介绍

长江中游水文水资源勘测局（长江中游水环境监测中心）是水利部长江水利委员会水文局下属的科研事业单位，总部位于湖北省武汉市，管辖6个水文水资源勘测分局，分局分布在常德、益阳、岳阳、赤壁、潜江和武汉等地。共在长江、洞庭湖、汉江等控制断面设有41个水文站、38个水位站。

## 应用范围及前景

适用于全国水文测验过河方式为水文缆道的水文站。

目前已经应用于山区性中小河流的水文站，实现无人看管下的ADCP/流速仪的流量测验；单站ADCP实时对两个远程中心传输原始数据，经系统解析后在网页发布；少量中心站人员就可管理多个水文站的测验工作；内外网均可使用，便于推广应用。

技术名称：水文缆道远程在线控制系统
持有单位：长江水利委员会水文局长江中游水文水资源勘测局
联 系 人：盛钟铭
地　　址：湖北省武汉市江岸区胜利街316号
电　　话：027-82927640、13207101698

# 67 水利水电工程移民全过程智慧管理关键技术

## 持有单位

江河水利水电咨询中心

贵州省水利水电勘测设计研究院有限公司

## 技术简介

### 1. 技术来源

自主研发。发明名称：一种地面三维激光扫描技术测站选取方法（ZL201510384008.7）；软件名称：水利水电工程智慧移民全生命周期管理云平台（2019SR0242863）。

### 2. 技术原理

该平台通过信息化手段实现将传统人工管理的业务活动转变为系统智慧管理，做到了由主观判断到客观评估、由宏观控制到微观跟踪、由人工记录手算到自动化生成、由侧重统计到强化监管、由感性认识到理性分析，使征地移民工作的实施能够看得更清、更准，提高各参建单位的协作管理水平和移民群众的参与度，真正让征地移民工作的实施更加客观公平公正，使政府信赖、业主满意、移民认可和公众信服。

### 3. 技术特点

（1）提出了利用倾斜摄影测量技术实现大范围三维可视化快速自动实景建模的方法，完成对移民安置点建设进度变化的检测，实现对安置点建设进度的三维智能化监管。

（2）运用深度学习和计算机视觉算法，定期自动跟踪处理移民道路工程无人机影像，动态检测施工状况及建设进度，实现对道路类移民工程的智慧监管。

（3）提出了基于遗传算法和TOPSIS数学模型进行移民安置点的最优化选址及GIS空间分析，解决了移民安置点确定的难题。

## 技术指标

该技术集成度高、创新性强、应用效果显著，统一了水利水电工程移民工作的各类数据表结构存储标准，搭建分布式统一管理的大数据云存储中心，并建立了涵盖网页端、桌面端和移动端的一体化云平台，成果鉴定在技术上整体达到国际先进水平。

## 技术持有单位介绍

江河水利水电咨询中心是水利部水利水电规划设计总院直属独资的全民所有制企业，具有水利工程甲级设计、监理、咨询甲级证书。

贵州省水利水电勘测设计研究院有限公司系持有国家相关部门颁发的多项甲级资质的综合性咨询、勘察设计单位。

## 应用范围及前景

适用于水利水电工程建设征地移民安置全过程工作（包括规划、实施、后期扶持等）以及相关信息化建设。项目成果现已成功应用于广西大藤峡水利枢纽工程、落久水利枢纽工程、内蒙古引绰济辽工程、广东高陂水利枢纽工程、贵州夹岩水利枢纽工程、黄家湾水利枢纽工程、马岭水库等国内数10座大中小型水利枢纽工程，推进了水利水电工程移民管理全过程的精准管理。

技术名称：水利水电工程移民全过程智慧管理关键技术

持有单位：江河水利水电咨询中心、贵州省水利水电勘测设计研究院有限公司

联 系 人：郭亮亮

地　　址：北京市西城区六铺炕北小街2-1号

电　　话：010-63206563、18096091014

# 68 真空虹吸管道射流高速输水智能化系统

## 持有单位

北京中瀚环球真空流体科技有限责任公司

## 技术简介

**1. 技术来源**

自主研发。发明名称：管道流体多层梳理防掺气装备（ZL201410294857.9）。

**2. 技术原理**

该系统把文丘里、伯努利理论和虹吸原理创新性结合，采用群射流方式增大流体效能，扩大虹吸技术的应用潜力，实现消除吸入涡、减少进水口压头损失、消除气蚀水锤、提高流体输送效率、增大流体机械效能、保护管网安全。通过“真空流态控制器”，将流体流态控制、整流射流技术运用在虹吸输水中，形成了持续可控、安全可靠、节能高效的无动力输水运行模式，以大型化、装备化、智能化真空虹吸系统实现水库溢洪、生态放水全过程科学化管理和优化调度。

**3. 技术特点**

（1）真空管道射流虹吸高速输水智能化系统由潜水整流单元、真空动力单元、虹吸管道单元、智能监控单元四个部分组成。

（2）不开挖不穿坝，保持坝体完整性，基于坝体安全前提下充分发挥水库的功能与效益。

## 技术指标

（1）适用于坝体高度10m以内的水库，虹吸高度控制在8m以内。

（2）真空管道射流虹吸高速输水智能化系统由潜水整流单元、真空动力单元、智能监控单元三个部分组成。

（3）基于移动通信+互联网技术，可实现虹吸管真空补偿和闸阀启闭的远程自动控制，具有操作简单、手电两用、流量可控等优点。

（4）零电耗情况下减少进水口压头损失，输水流量提高20%～35%，较其他输配水方式，具有流量充沛、压力稳定、安全节能、快捷高效优势。

## 技术持有单位介绍

北京中瀚环球真空流体科技有限责任公司是真空流体管道输送解决方案领先科技企业。

## 应用范围及前景

适用于水库垮坝生态放水，江河跨堤生态取水，水库分层取水，海洋潟湖水环境生态治理等工程。

典型应用案例：

案例1：该技术已在小型水库跨坝生态放水领域推广。重庆市永川区大沟水库放水设施改造工程是全市水库群智能管控一体化首批放水设施改革技术试点项目设施改造后汛期放水效率提高，且具备向国家大坝安全工程技术研究中心实时输送项目运行数据功能。

案例2：海洋潟湖水环境生态治理推广。在海南省海洋与渔业科学院曲口科研基地内，与中铁建港航局合作第一个示范项目，利用潟湖与外海在涨落潮时存在的潮位（水位）差势能，通过真空流管道系统装置将自然力与虹吸相结合，克服陆域地形高度（如海岸、堤坝等），实现将水体从潟湖吸取输送至外海。

技术名称：真空虹吸管道射流高速输水智能化系统
持有单位：北京中瀚环球真空流体科技有限责任公司
联 系 人：王俊义
地　　址：北京市海淀区建材中路27号金隅智造工场N3贰柒空间
电　　话：010-83458880、13901231747

# 69 双轴取向自增强聚氯乙烯（PVC－O）输水管道

## 持有单位

河北建投宝塑管业有限公司

## 技术简介

**1. 技术来源**

自主研发。已获 4 件实用新型专利：PVC－O 管道承口接头装置；PVC－O 管道机械锁紧连接装置；一种 PVC－O 管材扩张装置；一种 PVC－O 管材内冷却装置。

**2. 技术原理**

太极蓝®PVC－O 管一般为蓝色，采用 PVC 混配料，通过径向扩张和轴向拉伸工艺将 PVC－U 管坯扩张拉伸，成品获得更高的抗冲击性和强度、更好的韧性、使用材料更少从而耗能更少、输水能力更大、弹性模量更大、抗水锤性能更强，独特的专利连接技术使得接头处密封更好，杜绝了传统管道系统接头容易渗漏的问题。

**3. 技术特点**

（1）独特的专利连接技术使得接头处密封更好，杜绝了传统管道系统接头渗漏的问题，降低了水损失。

（2）通过双向拉伸工艺形成多层网状结构，提高了管道在安装和运行当中的抗破坏能力。

（3）内壁光滑和内径大，输水能力提升 20%～30%，运行能耗降低 10%～20%。

（4）耐低温性好，可以在－20℃施工。

（5）柔韧性增强，弯曲半径减小，抗地基沉降能力增强，设计寿命长。

## 技术指标

（1）规格：DN110～630，公称压力：1.0～2.5MPa。

（2）轴向拉伸强度：≥48MPa。

（3）落锤冲出试验：TIR≤10%。

（4）静液压强度（60℃，1000h）：25MPa。

（5）弹性模量：4000MPa。

## 技术持有单位介绍

河北建投宝塑管业有限公司是由河北建设投资集团有限责任公司以及从事塑料管道生产与研发多年的专家团队共同投资创建的高新技术企业。目前拥有一个生产基地和一个研发中心。

## 应用范围及前景

适用于长距离压力输水工程、城镇供配水、农村饮水安全工程、农业灌溉工程、工矿企业输水、压力排水等领域。

经过 6 年的推广，应用工程实例 385 例，例如海宁市 2017 年度中央财政小型农田水利项目县（第九批）工程、沧州市泊头市交通大街改造项目、北京市朝阳区清河流域（北苑东路-温榆河）河道截污管线工程、望都县 2017 年地下水超采综合治理地表水节水灌溉项目、高阳县 2018 年度地下水超采综合治理水利项目、大名县 2018 年度地下水超采综合治理地下水高效节水灌溉项目、平遥县西外环南延给水改造工程等项目。PVC－O 管道投入运行后效果良好。

技术名称：双轴取向自增强聚氯乙烯（PVC－O）输水管道
持有单位：河北建投宝塑管业有限公司
联 系 人：周少鹏
地　　址：河北省保定市高新区北二环路 5699 号
电　　话：0312－5918305、15933582605

# 70 大口径微功耗多声路超声测流技术及系统

## 持有单位

汇中仪表股份有限公司

## 技术简介

**1. 技术来源**

国家计划，自主研发。2008 年，汇中参与国家科技部 863 计划课题“过程控制流量传感器及系统”项目并成功通过验收。

**2. 技术原理**

大口径微功耗多声路超声流量计采用速度差法，采用多声路超声测流技术，适用于大口径、复杂流态测量，安装所需空间小，无须破路停水，大大降低综合管理成本。

**3. 技术特点**

（1）电池供电（一节电池连续工作 10 年以上），适合各种无电源场合计量需求。低始动流速、高准确度等级（0.5 级），可实现双向测量。

（2）具有多种输出功能，配接 GPRS/GSM 无线传输，可组成监测系统，具备流量报警功能。

## 技术指标

符合城镇建设行业标准 CJ/T 3063—1997《给排水用超声流量计》，依据国家计量检定规程 JJG 1030—2007《超声流量计》出厂检定。

（1）适用口径：DN100～DN3000。

（2）精度：0.5 级。

（3）整机防护等级：IP68。

（4）电池寿命：一节电池 10 年以上。

（5）声道数量：4 声道。

（6）测量频率：1 次/s。

（7）功耗：＜0.5W。

## 技术持有单位介绍

汇中仪表股份有限公司位是国内超声测流领域的首家上市公司。公司始建于 1998 年，厂区总面积 93000m$^2$，建有省级工程实验室，是省级高新技术企业及软件企业。目前汇中已成为全球范围内颇具规模的超声测流产品（口径涵盖 DN15～DN15000）及配套系统的研发生产制造商，主营产品包括超声水表、超声流量计及系统。参与制定 CJ/T 3063—1997、JJG 1030—2007 等行业标准及国家计量检定规程。

## 应用范围及前景

适用于多种无电源工业现场。有利于供水管网精细化管理的推进，满足降低管网漏损率的管理需求。已推广应用工程 50 例销售流量计 560 台/套。

典型应用案例：

案例 1：先后在河南省南水北调沿线安装 20 多套计量、压力等设备，完成了 6 个地级市，8 个分水口门的设备安装，并通过无线数据传输的方式将现场流量数据上传到管理房，通过手机 APP 也可以实时地看到流量数据。

案例 2：先后在广州自来水公司供水项目安装 50 多套流量计，主要用于分区计量。汇中分区计量系统能够有效关联计量点、管网区域、区域内用水表等各种信息，利用预警方式及时监控新增爆管及漏损，利用横纵向对比方式评估各个区域的存量漏损。并通过监控漏损执行的效果，最终达到降损、降差的目的。

技术名称：大口径微功耗多声路超声测流技术及系统
持有单位：汇中仪表股份有限公司
联 系 人：刘炎青
地　　址：河北省唐山市高新技术开发区高新西道 126 号
电　　话：0315-3208501、15127557001

# 71 水电工程水泥基生境基材活性化增强技术

## 持有单位

三峡大学

湖北润智生态科技有限公司

## 技术简介

**1. 技术来源**

省部计划，自主研发。发明名称：一种植被防护土壤基材活性化方法（ZL200910063087.6）。

**2. 技术原理**

针对生境基材中水泥的添加导致基材中微生物生理代谢受到影响，基材养分缺乏、后续肥力持续性低等问题，开展生境基材养分周转过程中微生物群落演替及功能变化研究，形成生境基材微生物活性化改良技术；针对生态修复工程中植物对生境基材耐受能力不足的问题，开展菌根真菌对生态修复植物抗逆性影响研究，形成生境基材菌根真菌-植物联合修复技术；针对生态修复系统速效养分含量水平低、养分循环不畅、生态功能退化的问题，开展生态系统养分循环研究，利用生态修复工程养分循环调控评价方法综合评估生态修复工程健康状况，使得依据调控结果提高生态修复工程持续性成为可能。通过上述技术的集成，形成水电工程水泥基生境基材活性化增强技术。

**3. 技术特点**

（1）采用生境基材微生物活性化改良技术，可增加生境基材中微生物数量和土壤养分活化速度，从而改善生境基材理化性质、增强生境基材生物特性、活化生境基材土壤、固持生境基材养分和调整生境基材结构，增加土壤肥力，有效促进边坡恢复进程。

（2）生态修复工程中植物对生境基材耐受能力不足的问题。通过生境基材菌根真菌-植物联合修复技术，可有效改善植物根际环境，提高宿主植物营养状况及生长能力，增强宿主植物对养分的有效利用和对胁迫的耐受能力。

（3）生态修复系统速效养分含量水平低、养分循环不畅、生态功能退化的问题。采用模型定量分析模拟和功能微生物菌剂调控，可显著促进养分转化，有效提升生态修复工程的持续稳定性。

## 技术指标

（1）一种植被防护土壤基材活性化方法使基材中矿物态N、P、K元素含量显著提高，微生物量碳比没有使用的提高25～45倍。

（2）水泥基生境基材活化添加剂有效活菌数不小于$0.5\times10^{8}$cfu/g；pH值为5.5～8.5；总养分为15%～25%；杂菌率不大于30%；含水率不大于10%。

（3）施用水泥基生境基材活化添加剂后，土壤中利于养分转化细菌总数提高了5～8倍；养分含量提高了1.4～3.2倍；土壤酶活性提高了0.7～2.1倍；微生物量C、N含量增加了2.1～7.6倍；种子发芽及成活率提高了20%～30%。

（4）提出的生态修复工程养分循环调控评价方法，有利于有效实施生态调控，提升了边坡生态修复工程的持续性。

## 技术持有单位介绍

三峡大学是水利部和湖北省人民政府共建大学，是教育部“卓越工程师教育培养计划”高校。2018年，学校被湖北省人民政府列为“国内一流大学建设高校”，水利工程、土木工程、电气工程等3个学科被列为“国内一流学科建设学

科”。目前，三峡大学已成为水利电力特色与优势比较明显、综合办学实力较强、享有一定社会声誉的综合性大学。学校现有专任教师1625人，其中教授292人，副教授683人，具有博士学位的教师839人。

湖北润智生态科技有限公司是一家集生态环境技术研发、成果转化、产品销售、技术咨询、项目设计与施工、人才培养、产学研融合为一体的高科技企业。公司创始人许文年教授带领团队自1997年开始研发植被混凝土（CBS）技术，并在此基础上陆续研发了植生水泥土（VCS）生境构筑技术、防冲刷基材（PEB）生态防护技术、新型生态护坡基材构筑、防冲刷生态型护坡构件等一系列边坡生态防护技术。

## 应用范围及前景

适用于水电、交通、采矿、市政等工程建设产生的土质边坡、土石混合边坡、岩质边坡和硬化边坡的生态修复，契合国家“绿水青山就是金山银山”“长江大保护”“山水林田湖草是一个命运共同体”的理念。

（1）规范引领：获国家能源局立项主编国家能源行业标准《水电工程植生水泥土生境构筑技术规范》和编译NB/T 35082—2016《水电工程陡边坡植被混凝土生态修复技术规范》（阿拉伯语版），技术设计与施工有望得到规范；核心技术被写入2018年发布的国家建设行业标准CJJ/T 292—2018《边坡喷播绿化工程技术标准》，体现了工程建设领域对本项目核心技术的认可；核心技术被明确写入中国水土保持学会编制的2018年版《水土保持设计手册·生产建设项目卷》。

（2）产业化：该技术核心部分已形成新产品-润智生态改良剂，已于2019年投入生产，年生产量达到5000t。同时学校已联合国内相关单位成立了三峡大学润智生态科技产学研联盟来加速该技术的推广应用。

（3）典型应用案例：

相关技术成果已经在水利、交通、采矿、市政等领域累推广，应用范围已覆盖全国20余省市自治区，具体有：湖北、湖南、安徽、重庆、四川、贵州、云南、广西、广东、福建、浙江、江苏、河南、山东、天津、北京、黑龙江、西藏等地区，推广应用面积累计逾1500万$m^2$。正在施工的大型水利工程如西藏大古水电站、陕西引汉济渭工程、广西驮英水库枢纽及罐区总干渠工程、广西落久水利枢纽工程、重庆市观景口水利枢纽工程、福建永泰抽水蓄能电站工程、福建厦门抽水蓄能电站工程、广东梅州抽水蓄能电站工程、广东阳江抽水蓄能电站工程、河南天池抽水蓄能电站工程等均有应用该技术。

■润智生态改良剂

技术名称：水电工程水泥基生境基材活性化增强技术
持有单位：三峡大学、湖北润智生态科技有限公司
联 系 人：许文年
地　　址：湖北省宜昌市大学路8号/中国（湖北）自贸区宜昌片区桔乡路519-10号楼405室
电　　话：0717-6393080、13972603699

# 72 水电站云端智能管理服务系统

## 持有单位

湖南四方利水自动化设备有限公司

## 技术简介

**1. 技术来源**

自主研发。三件授权专利：一种集成打印按键的继电保护装置；一种通过短时开出实现不停电检验线路保护的方法；一种线路不停电条件下检验保护装置及其回路的方法。

**2. 技术原理**

该项目智能运维服务体系建立包括以下4方面内容：基于智能化管理与服务模式，研发建设智能运维服务平台，实现各类过程、结果以及条件的监控、预测与评价功能；通过水电站无人化与智能化改造，建立电站发电系统及环境的自动化管控、检测、监测体系，到达、接近或实现少人值守、无人值守，以及自动化、智能化运行；全面采集电站人员、环境与设备运行数据，采集发电生产过程数据，在深度数据分析处理的基础上，服务于电站的生产、安全与经济运行，并将数据传输到智能运维服务平台；建立云端智能运维服务平台，实现水电站远程监控管理，通过统一平台和有限人员管理众多水电站，实现生产、设备管控功能，满足管理与服务需求。

**3. 技术特点**

（1）平台能够实现设备全寿命周期管理，提高设备的使用效率，延长设备使用寿命，减少设备维护与修理成本。

（2）实现流域/跨流域梯级水电站联合优化调度控制，提高效率，增加发电量。

（3）实现流域/跨流域梯级水电站电力调度和水库调度的高效统一管理，提高劳动生产率。

## 技术指标

该平台可有效提高水电站和现场设备的可靠性与设备检修效益，能远程对设备实时监控和生产运行监控，实现水电站无人或少人值守，降低人员成本，平台建设完成后能使发电成本降低20%。

## 技术持有单位介绍

湖南四方利水自动化设备有限公司属于四方利水集团公司。湖南四方利水自动化设备有限公司是以电力、水利系统以及大中型厂矿为主要服务对象的成套设备制造与服务企业。公司主营产品包括水电站综合自动化、变电站综合自动化、泵站计算机监控系统、厂矿站监控系统及配套保护、测量、控制、通信管理等装置；高、低压成套开关柜；水电站辅机设备（水电站调速器、励磁系统）等。

## 应用范围及前景

适用于小水电运行，可以有效提高水电站和现场设备的可靠性、准确性和运作效率。

水电站云端智能管理服务系统已应用于新疆塔西河三级水电站、新疆喀群三级水电站等发电站，智能运维服务平台系统各项功能运行正常，平台搭建后方便了电站远程运维监控管理。

技术名称：水电站云端智能管理服务系统
持有单位：湖南四方利水自动化设备有限公司
联 系 人：沈中天
地　　址：湖南长沙高新开发区文轩路27号麓谷钰园A3栋3层301号房
手　　机：13677397513

# 73 高分子聚合物板桩技术

## 持有单位

扬州扬子新型建材科技有限公司

## 技术简介

**1. 技术来源**

自主研发。发明名称：一种基抗支护用PVC板桩及其制备方法（ZL201711136130.8）。

**2. 技术原理**

该技术将高分子聚合物材料应用于水工结构板桩中，从材料研制、板桩结构设计、工程数值模拟分析、生产工艺研发到施工工艺优化全过程服务，主要解决高强度、刚度和耐老化高分子聚合材料配方研制，系列化、生态化高分子聚合材料板桩桩型设计，工程中板桩墙有限元分析模拟及工程产品选型，板桩拉挤生产工艺参数确定等问题，还提供高分子聚合材料板桩施工工法指导，保证板桩垂直度及施工效率，并实现施工方法多样性。

**3. 技术特点**

（1）与传统的板桩相比，高分子聚合物板桩制造成本低。

（2）具有较好的耐腐蚀性，使用寿命长达50年以上。

（3）使用、维护、检修较为方便，只需更换破坏部分板桩。

（4）可以快速拼装投入使用，施工周期大大减少。

（5）通过对板桩结构设计、组合能够提升生态环境。

## 技术指标

材料性能指标：

（1）刚度指标：弯曲弹性模量2640MPa。

（2）强度指标：拉伸强度≥34.1MPa，弯曲强度≥49.5MPa。

（3）韧性指标：悬臂梁冲击功（无缺口）≥79kJ/$m^2$。

（4）塑性指标：断后伸长率≥30%。

（5）邵氏D硬度79。

（6）耐老化指标：断后伸长率降低至10%，预测寿命≥100年；冲击性能降低至50kJ/$m^2$，预测寿命≥100年。

## 技术持有单位介绍

扬州扬子新型建材科技有限公司，由多年专注高分子聚合物材料产品研发生产的扬州邗江汽车内饰件有限公司板桩事业部为基础转制设立的公司，是一家国内领先专业从事新型高分子聚合物板桩研发生产的企业。2019年3月该技术通过了水利部科技推广中心组织的专家咨询评价，具有材料环保、结构合理、施工快捷、工程适应性强、稳定可靠等特点。2019年8月获水利部科技推广中心应用推荐产品。

## 应用范围及前景

适用于港航码头、水利堤防加固、抢险救灾、河道护岸、施工围堰、挡土墙、民用建筑物的基坑维护及市政管廊等工程。

该新型高分子聚合物板桩，已成功应用于江苏省防汛抗险救灾训练基地、扬州高新区川阴沟整治工程、扬州高新区健康园、扬州邗江区南排涝河、北排涝河、扬州经济开发区西沙河、扬州生态科技新城丁家口河等多项水利河道的护岸工程。

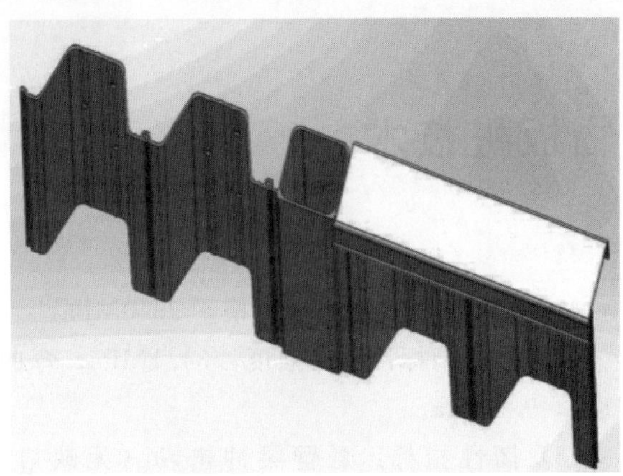

■高分子聚合物板桩结构

技术名称：高分子聚合物板桩技术
持有单位：扬州扬子新型建材科技有限公司
联 系 人：韦源源
地　　址：江苏省扬州市邗江区公道镇工业园区
电　　话：0514-87395918、15252574166

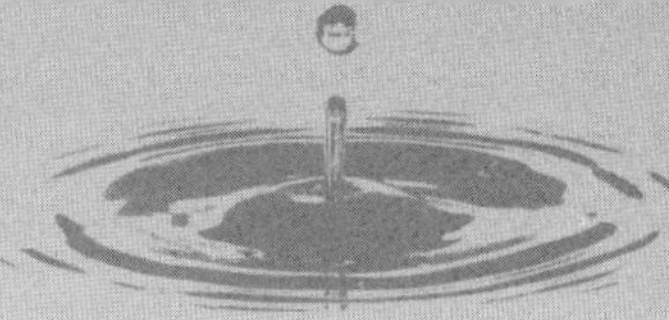

# 74 基于ROV的引水隧洞综合检测技术

## 持有单位

上海遨拓深水装备技术开发有限公司

中国电建集团昆明勘测设计研究院有限公司

## 技术简介

**1. 技术来源**

自主研发。一种应用三维图像声呐的有缆水下机器人配置方法（ZL201611135914.4）。

**2. 技术原理**

无人有缆潜水器（Remotely Operated Vehicle，简称ROV）又称水下机器人，可在水下环境中长时间作业。使用ROV进行电站水下结构检测相对于潜水员下水检测作业下具有明显的优势。该技术的水下机器人主要包括ROV主机、地面控制系统和脐带缆三部分：ROV主机标准配置包括深度计、姿态传感器、高清水下摄像头、水下照明、推进器等部件；地面控制系统包括控制系统、电源控制箱等。

**3. 技术特点**

（1）原创性：基于近年海洋探测技术，以采用水下机器人（ROV）为主设备，引入VR技术辅助ROV操控及模拟作业。

（2）先进性：该技术实现检测单元模块化。实现水下机器人长距离供电，同时达成模块小型化，实现隧洞内衬砌表观缺陷的全覆盖检测与定量分析。

（3）前瞻性：该技术引入VR技术，将水工隧洞三维模型导入水下检测装备的操控及模拟系统。

## 技术指标

适用水深：0～500m；隧洞长度：＞2000m。

适用检测范围：引水隧洞（长隧洞）；隧洞三维声呐成像：实现快速长距离隧洞内部结构点云数据采集成像；精细的水下点云数据；光学成像系统：光源可调、多自由度可控的云台。

## 技术持有单位介绍

上海遨拓深水装备技术开发有限公司是上海市高新技术企业，863计划重点项目“作业型ROV产品化技术研发”和国家重点研发计划项目“基于虚拟现实（VR）技术的ROV辅助作业系统研发与应用”的牵头承担单位。

中国电建集团昆明勘测设计研究院有限公司于1957年正式成立，现隶属于国务院国资委管理的世界500强企业——中国电力建设股份有限公司，为中央驻滇企业。

## 应用范围及前景

适用于长距离输水隧洞水下工程检测，包括水利水电工程引水隧洞，调水工程引水隧洞、箱涵等，及其他长距离水下隧洞。

典型应用案例：

案例1：四川雅砻江二滩水电站引水隧洞检查，检测3条Z形高水头、多弯段引水隧洞，总长591.1m，最大水深100m。

案例2：四川雅砻江二滩引水洞、尾水洞水下检测作业，检测1号、4号两条引水隧洞，检查隧洞总长度为534.1m，检查最大水深约200m。

案例3：四川雅砻江锦屏二级水电站引水隧洞末端水下机器人检测作业，检测1号、2号、3号、4号四条引水隧洞自上游调压室井筒靠上游侧阻抗孔，向引水隧洞进水口方向2km长范围。

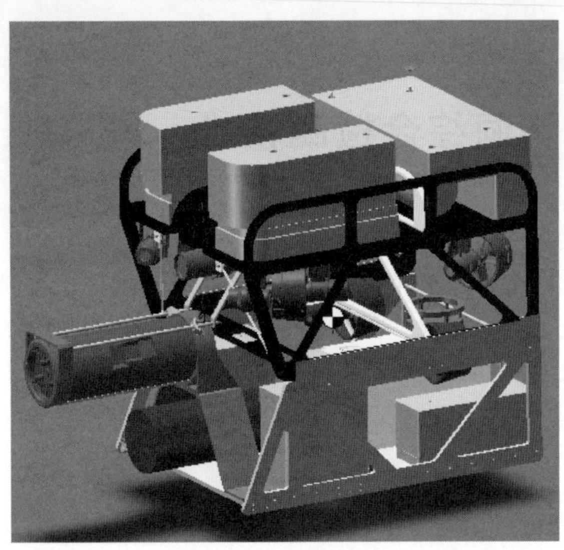

■水下机器人系统

技术名称：基于ROV的引水隧洞综合检测技术
持有单位：上海遨拓深水装备技术开发有限公司、中国电建集团昆明勘测设计研究院有限公司
联 系 人：胡臻臻
地　　址：上海市浦东新区南汇新城镇海基六路218弄8号楼3层
电　　话：021－20903012、13052397617

# 75　输水工程长中短期优化调度系统

## 持有单位

大连理工大学

松辽水利委员会水文局（信息中心）

## 技术简介

**1. 技术来源**

自主研发。2个发明，发明名称：一种基于成本-效益分析的跨流域引水工程规模确定方法（ZL201810495605.0）；一种复杂水库群共同供水任务分配方法（ZL201610173048.1）。

**2. 技术原理**

该系统以保障供水安全和提高供水效率为主要目标，研究气候变化和人类活动影响对径流的影响机制，采用受水区用水与多水源来水预测、跨区域多水源优化配置与调控、输水系统的阀门调度控制、不同工况下电站和泵站的切换控制等项技术，建立基于长、中、短期径流预报的水量优化调度模型，全面掌握工程基本信息和实时运行状况，进行调度会商决策，统一调度输水系统全线水量，实现全线输水自动控制，进行科学有效的运行管理，并能快速响应突发事件，解决长距离输水调度工况复杂决策困难的难题。

**3. 技术特点**

该系统整体基于JavaEE的开发框架，采用B/S模式进行开发，系统各项功能通过浏览器访问，支持电脑PC端、平板电脑以及智能手机等多平台，系统部署支持Windows、Linux等操作系统，能基于多种操作系统运行。数据访问层，系统采用Spring Data JPA框架对数据库进行封装，支持各类主流数据库的数据读取操作，包括Oracle、SQL server、MySQL等主流数据库；业务逻辑层，系统采用基于Spring框架进行开发，各系统模块相互独立，数据通过标准化传输；系统控制层，系统采用基于REST风格的Web Service接口，便于后期进行系统进行集成；客户层，系统基于GIS“一张图”的思想和“图表结合”模式实现应用系统的界面交互。

## 技术指标

该软件系统功能设计符合调水工程的实际业务需求，水库输水工程调度系统具有以下功能：实时监控；信息查询；需水管理；常规水量调度；应急调度；实时调度；水费计量与供水效益；模型管理以及系统管理。

## 技术持有单位介绍

大连理工大学是教育部直属全国重点大学，是国家“211工程”和“985工程”重点建设高校，也是世界一流大学A类建设高校。

松辽水利委员会水文局（信息中心）是水利部松辽水利委员会直属的事业单位，主要职责是指导松辽流域水文工作，主要负责流域水文水资源监测和水文站网的建设和管理工作。

## 应用范围及前景

适用于各水库管理局以及中长距离输水调度工程使用，适用于水量分配、输水管道水力计算、阀门优化调度、输水管道水质评估及评价等。该系统建立了一套完备的智能化调度与运行管理系统，已成功应用于辽宁省观音阁水库的长距离输水调度工程，自投入运行以来，一直工作良好。

技术名称：输水工程长中短期优化调度系统

持有单位：大连理工大学、松辽水利委员会水文局（信息中心）

联 系 人：彭勇

地　　址：辽宁省大连市甘井子区凌工路2号

电　　话：0411-84707911、13942849834

# 76 高海拔水利管网施工技术

## 持有单位

四川远宏济建设工程有限公司

## 技术简介

**1. 技术来源**

自主研发。

**2. 技术原理**

该技术主要应用于高海拔严寒地区水利管网施工。高海拔水利管网工程区属高海拔地区，平均海拔达 3000m 以上，气候立体变化明显，长冬无夏，干雨季分明，辐射强烈，气温低，多年极端最低温－33.9℃，存在冻融现象。该施工技术在管道敷设、橡胶圈密封止水、热熔连接技术、低温混凝土热工计算等关键技术上取得了新突破，克服了高海拔地区恶劣的高原气候和施工条件等方面的困难，解决了高海拔地区水利管网施工诸多难题。

**3. 技术特点**

（1）高海拔水利管网施工技术主要体现在高海拔地区夹砂玻璃钢管安装、PE 管连接、混凝土施工。

（2）以高海拔地区混凝土施工为例，主要针对高海拔地区气温低、温差大特点，做好混凝土浇筑温度控制。①日平均气温连续 5d 稳定在 5℃以下或者最低气温连续 5d 稳定在－3℃时，按低温季节施工。②混凝土原材料的加热、输送、储存和混凝土的拌和、运输、浇筑设备设施及浇筑仓面，均根据气候条件通过热工计算采取适宜的保温措施。③在岩石基础或混凝土上浇筑混凝土前，检测表面温度，如为负温，整个仓面应加热至 3℃，经检验合格后方可浇筑混凝土。④当日平均气温稳定在 5℃以下时，混凝土拌和水采用热水，混凝土的拌和时间比常温季节适当延长。⑤在气温变幅较大的季节，基础混凝土及其他重要部分混凝土，采取专门保温措施。

## 技术指标

小金县抚美达日水利工程渠系配套项目、阿坝县若果朗水利工程渠系配套项目原材料及中间产品抽检合格，工程实体质量抽检检测合格，被评定为合格工程。

## 技术持有单位介绍

四川远宏济建设工程有限公司于 2017 年成立，公司主要经营水利水电工程、市政公用工程、地基与基础工程、土石方工程、建筑工程、公路工程、建筑装修装饰工程、园林绿化工程、钢结构工程、建筑幕墙工程等。

## 应用范围及前景

适用于海拔 3000m 以上地区水利管网施工。应用高海拔水利管网施工技术，先后承建了小金县抚美达日水利工程渠系配套项目、阿坝县若果朗水利工程渠系配套项目、阿坝小金美沃沟防洪工程、阿坝县农村安全饮水巩固提升工程、2018 年国家重点生态功能区红原县川西高原生态脆弱区综合治理项目等。

典型应用案例：

案例 1：小金县抚美达日水利工程渠系配套项目，涉及 14 个乡、镇分灌区的田间渠灌建设，新增配套渠系灌溉面积 3.75 万亩，新建田间各类型 PE 管管道 313.933km，蓄水池 355 口，给水栓 6373 个。

案例 2：阿坝县若果朗水利工程渠系配套项目，涉及阿坝县安斗、德格、河支三乡灌溉面积

5.01万亩（其中耕地1.89万亩，牧草地3.04万亩，林果地0.08万亩），新建4条支渠共计5.09km、斗渠共计46.79km、农渠共计长度14.41km及其他相应渠系附属结构。

技术名称：高海拔水利管网施工技术
持有单位：四川远宏济建设工程有限公司
联 系 人：罗忠林
地　　址：四川省阿坝藏族羌族自治州阿坝县德吉路16号
电　　话：028－61353026、18582465223

# 77 承插式涂塑复合钢管

## 持有单位

云南固特邦钢塑管道制造有限公司

## 技术简介

**1. 技术来源**

自主研发。专利：承插式涂塑复合钢管（R型）（ZL201830210857.5）。

**2. 技术原理**

R口承插式柔性连接涂塑复合钢管采用PVC-U的R口活套承插管连接形式，承口直线段长，这样能更好承受来自径向轴向各方面的力量。该钢管是采用食品级改性环氧树脂粉末，对钢管内外壁进行涂敷的一种新型管材。内壁光滑、不生锈、不结垢、流水阻力小、耐冲磨、防侵蚀、使用寿命长。

**3. 技术特点**

（1）能用冷挤压的方法加工，适合大批量加工；这种承口加工后，R口地方相当于起了一道加强筋，有利于承口的环圆度的保持；R口设计继续保持良好的密封性；插入口钢管可以用旋压的方法加工成10°～20°，坡度长度20～50mm，直径缩小4～20mm的锥形头，管子插入更方便。

（2）钢管可加工的直径范围：公司的设备已经可以加工DN100～DN1200之间所有国标和非标的管材。

（3）压力范围：根据管材的厚薄来确定管材的耐压范围，DN300mm×5mm以上口径的钢管，经打压测试可以达到6MPa不变形。

（4）接头胶圈采用和PVC-U管材一样的燕尾型和塑管B型圈均可。

（5）该产品保持原来的钢管强度，提高了钢管的防锈能力，有利于保证供水水质，内壁平滑，减少对水的流动阻力，不结垢，解决了管道淤塞的问题，延长管道寿命，减少维修费用。

## 技术指标

（1）物理性能符合：GB/T 28897—2012《钢塑复合管》；CJ/T 120—2016《给水涂塑复合钢管》。检验项目（内、外面涂层厚度、涂塑层附着力、表面质量、压扁性能、涂塑层冲击试验）。

（2）卫生性能符合：GB/T 17219—1998《生活饮用水输配水设备及防护材料的安全性评价标准》。

## 技术持有单位介绍

云南固特邦钢塑管道制造有限公司成立于2014年，公司是集设计、研发、制造、施工安装于一体的高新技术企业，拥有国内先进的自动化生产线，专业生产钢塑复合钢管。云南固特邦钢塑管道制造有限公司是云南省唯一一家生产钢塑复合管的大型生产企业。公司生产的GUTEBANG牌钢塑复合管全面用于给排水、燃气、消防、石油、电力、化工防腐、埋地内外防腐、抗静电阻燃防腐等。具有安全、卫生、环保、防腐、抗压、耐腐蚀等品质优势。

## 应用范围及前景

适用于给排水、雨水、燃油、天然气、消防、线缆保护套管及埋地管道。

在云南省昆明市晋宁区2012—2016年农村饮水安全项目中，一直使用涂塑复合钢管，累计铺设涂塑复合钢管约76万m。

从2016年以后，云南省各地州农村饮水安全项目绝大部分采用涂塑复合钢管，年均销售量超过100万m，金额为6000万元。

2017年寻甸老山箐水库项目，2018年宣威羊场农村饮水安全巩固提升工程，2018年大理宾川县仙鹅水库至县城人畜用水供水管网工程，2018年昆明柴石滩水库灌区工程石林灌区工程，均采用涂塑复合钢管。

技术名称：承插式涂塑复合钢管
持有单位：云南固特邦钢塑管道制造有限公司
联 系 人：陈慧
地　　址：云南省昆明市晋宁区工业园区青山基地叁斗钢铁物流
电　　话：0871-67158658、15288272250

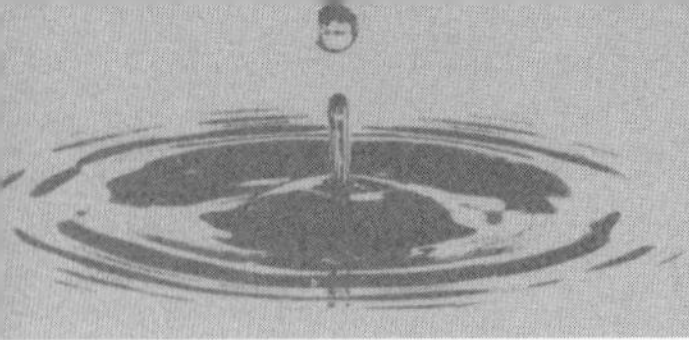



# 78 混凝土全包封管道施工技术

## 持有单位

北京翔鲲水务建设有限公司

## 技术简介

**1. 技术来源**

自主研发。实用新型名称：钢管全包封混凝土浇筑稳管支撑结构（ZL201820132029.9）。

**2. 技术原理**

该技术利用混凝土支墩承重，采用稳管钢支架形式进行稳管。将混凝土支墩制作成长方体块，用于钢管承重，现场便于施工。稳管钢支架用于固定和调节管道的横向位置，在稳管钢架与钢管处制作一与钢管同弧度的接触面。为保障钢管的安装精度，将精度的两个参数高程和轴线位置分开控制。长方体支墩调整高程，稳管支架对其轴线位置进行限位，混凝土浇筑过程中增加配重，配重放在小车内均匀布置，浇筑至钢管下部时减缓浇筑速度，分层进行配料浇筑。该技术解决了现有钢管安装技术中精度难控制且偏低的问题。

**3. 技术特点**

（1）安装精度高，本技术将精度的两个参数高程和轴线位置分开控制，从而保证了安装精度。

（2）缩短工期，本技术采用混凝土支墩结合稳管支架进行管道安装，提高了管道安装速度，缩短了施工工期。

（3）保证安全，本技术采用稳管支架进行管道固定，确保管道在混凝土支墩顶不滚动，确保施工及管理人员安全。

（4）降低成本，本技术中的稳管支架可重复利用，全部安装完成后可回收，降低了施工成本。

## 技术指标

（1）混凝土浇筑过程中为防止漂管现象，浇筑时混凝土上升速度控制在1m/h之内，施工时采用增加配重的措施。

（2）浇筑过程中发现钢管最大上浮为0.004m。

（3）监测的钢管最大变形为钢管直径的0.5%，满足设计要求。

（4）该技术采用混凝土支墩结合稳管支架进行管道安装，每个混凝土支墩可节约2个人工。

（5）钢管可以重复利用，用该技术制作60组稳管支架，可重复利用30根钢管。

## 技术持有单位介绍

北京翔鲲水务建设有限公司是一家国企改制企业，是以水利水电和市政公用工程施工为主业，兼营工程质量检测、建筑设备及材料租赁、物业管理等产业的多元化国企参股企业，是具有国家水利水电工程施工总承包和市政公用工程施工总承包双壹级资质的综合施工企业，年施工能力近20亿元。公司曾先后承建了北京市密云水库、官厅水库、白河堡水库等大中型水库的修建加固、京城水系综合治理、地铁城铁及市政公路道桥、天然气进京、南水北调主干线及各类配套系列工程等重点工程，出色地完成了所有施工任务，塑造出多项优质工程。

## 应用范围及前景

适用于各类明挖混凝土全包封输水管道工程。

该项技术先后应用在北京市南水北调配套工程河西支线工程和北京市南水北调配套工程东干

渠亦庄调节池工程。工程实践证明：该技术可以有效保证工程质量，大大提高了施工效率，现场可灵活调整钢管的位置，避免钢管安装过程中滚动，便于钢管安装，施工中采用配重及控制浇筑速度的方式可避免钢管漂管。

技术名称：混凝土全包封管道施工技术
持有单位：北京翔鲲水务建设有限公司
联 系 人：葛风凯
地　　址：北京市海淀区清河路191号
电　　话：010－52713252、18201410783
E－mail：xkkjzlxxb@126.com

# 79 HF高强耐磨粉煤灰混凝土（HF混凝土）成套技术

## 持有单位

甘肃巨才电力技术有限责任公司

## 技术简介

**1. 技术来源**

自主研发。

**2. 技术原理**

HF混凝土由HF外加剂和符合要求的砂石骨料、水泥、掺合料（粉煤灰、磨细矿渣、硅粉、火山灰微粉或多元粉体）等组成。HF混凝土技术中包含的50多个技术文件就是成套解决抗冲、耐磨和防空蚀问题的具体技术细节和方法。

**3. 技术特点**

HF混凝土成套技术：包含护面无缺陷混凝土的抗冲技术；使护面混凝土更耐久的抗磨技术防磨结构：保证使护面达到设计要求的流线型和平整度要求的工艺方法和防空蚀技术；防止混凝土再生不平整度引起空蚀破坏技术；混凝土的裂缝控制和防裂技术；护面结构的设计方法；原材料选择及配合比试验方法；HF外加剂技术；HF混凝土施工质量“六度”控制技术；各种体型和浇筑方式对应的施工工法；推移质磨损条件下的混凝土抗磨技术；各种混凝土缺陷和破坏的修复技术等。

## 技术指标

（1）HF混凝土的设计强度为C30～C50HF，但须符合HF混凝土强度设计标准的要求。抗冻指标按HF混凝土技术的抗冻标号确定。

（2）混凝土强度标准差较优良评级值小20%。

（3）按照HF混凝土的无裂缝、无缺陷控的制技术，要求浇筑的HF混凝土不出现宽度超过0.3mm裂缝。

（4）要求混凝土表面的平整度达到设计要求的平整度：3m长高差小于3mm。流线型：不出现鼓肚子和凹陷±3mm。

（5）水下钢球法耐磨强度或工程实际使用耐磨耐久性较同标号普通混凝土提高1倍以上。

## 技术持有单位介绍

甘肃巨才电力技术有限责任公司成立于1997年，专业从事混凝土的技术开发及技术咨询、技术转让、水利工程加固的一个企业。现有自主研发产品“HF混凝土”及“HF外加剂”，2008年通过了HF混凝土商标注册认证和2010年通过了HF外加剂商标注册认证。

## 应用范围及前景

适用于水工泄水、排沙和消能建筑物的护面，作为抵抗高速水流动水压力和脉动压力，保持局部混凝土或整体结构稳定不被冲刷破坏、抵抗水流含沙磨损。

HF混凝土已推广运用，国内已有300多个工程的使用案例，使用效果良好。

典型应用案例：

1993年应用于刘家峡水电站泄水排沙道，流速38.6m/s；1999年C50HF混凝土在坝高130m，流速41.6m/s的金盆水库泄洪洞，溢洪洞使用，该工程获得了鲁班奖；2014年应用在有压段、上平段和龙落尾段采用HF混凝土的锦屏一级水电站泄洪洞，流速达到50m/s；2016年应用在大藤峡水利枢纽，应用部位分别有泄洪坝段溢流面、消力池和船闸充水廊道，使用效果和易性好、施工方便、抗裂性好，无裂缝发生；2019年应用在双港航电枢纽、八字嘴杭电枢纽、旁海电站等。

技术名称：HF高强耐磨粉煤灰混凝土（HF混凝土）成套技术
持有单位：甘肃巨才电力技术有限责任公司

联 系 人：支拴喜
地　　址：四川省成都市青羊区锦翠南路4号
电　　话：18609310308
E－mail：672860231@qq.com

# 80 大坝内部变形监测智能机器人系统

## 持有单位

贵州省水利水电勘测设计研究院有限公司
深圳大学
江河水利水电咨询中心

## 技术简介

### 1. 技术来源

自主研发。发明名称：一种管道测量机器人的标定方法、装置及系统（ZL201910053741.9）。

### 2. 技术原理

该技术是一种基于管道机器人的堆石体内部变形监测的新方法，其预先在坝体内部进行管道埋设，通过机器人对管道的三维曲线进行测量，估计出管道变形，通过管道中心线的变形推测出坝体内部的位移。该监测方法具有分布式特点，可沿管道连续测量，实现堆石体内部变形的更加精细的监测，并通过一套系统可同时解决水平位移和竖直沉降监测问题。

### 3. 技术特点

（1）过去监测水坝是采用水管式沉降仪测垂直位移、引张线式水平位移计测水平位移，但是当供水线路较长时，水管式沉降仪容易造成管路堵塞，而引张线式水平位移计的铟钢丝容易断裂造成回弹，并且这两种传感器采用的是点式测量，而不是连续观测，无法得到内部的整体变形结果。大坝内部变形监测智能机器人系统，从根本上解决引张线式水平位移计、水管式沉降仪测量的缺陷与不足。

（2）大坝内部变形监测的实质就是精确测量并比对不同时期的变形监测管道的三维曲线。大坝内部管道布设完成后，可利用测量机器人定期对管道的三维曲线进行测量。测量机器人的行走轨迹即变形监测管道的三维几何曲线。该项目设计了一种新型的高精度管道测量机器人系统，集成高精度惯导和多个里程计，通过对多源观测数据进行最优融合，估计管道机器人的三维运动轨迹，进而得到变形监测管道的三维曲线。最后通过不同时期的三维曲线比对，计算大坝内部的水平、垂直和挠度变形指标。

（3）变形监测机器人硬件系统设计。针对毫米级的管道三维曲线的测量需求，设计了一种全新的管道测量机器人。管道测量机器人的包括车架、测量单元和动力装置。其中车架采用强制对中设计，保证测量机器人的中轴线与管道中轴线一致。机器人的核心模块为高精度时间同步的测量单元，其是包括高精度惯导和里程计的集成系统。此外，还设计了一种实用的测量机器人标定装置，利用该装置可以对车体和惯导之间的安装角误差进行精确标定。

（4）综合 GIS、BIM、数据挖掘、组合导航等技术优势，形成水利水电工程三维安全监测可视化平台，测量机器人作为一种集自动目标识别、自动照准、自动测角与测距、自动目标跟踪、自动记录于一体的测量平台。从数据采集、存储、管理、分析等角度出发，创造性地提出堆石坝内部变形监测新的方法与技术体系，形成硬软件自主研发的堆石坝内部变形监测机器人。

## 技术指标

现有系统具应用于150m长度变形监测管道的性能。通过提高惯导的精度，可以进一步将管道监测长度提高至400～600m。

## 技术持有单位介绍

贵州省水利水电勘测设计研究院有限公司始建于1958年，系持有国家相关部委颁发的多项甲级资质的综合性咨询、勘察设计单位。现有职工600余人，其中专业技术人员414人。建院60多年来，先后承担了国内外大、中、小型水利、水电、工业与民用建筑、交通、市政、农业等行业规划、咨询、勘察、设计项目1400余项。

深圳大学1983年经教育部批准设立。中央、教育部和地方高度重视特区大学建设。北大援建中文、外语类学科，清华援建电子、建筑类学科，人大援建经济、法律类学科，一大批知名学者云集深圳大学。学校不断深化科研体制改革，科研项目与经费增长显著。2019年，科研总经费超过11亿元。

江河水利水电咨询中心是水利部水利水电规划设计总院直属独资的全民所有制企业，具有水利工程甲级设计、监理、咨询甲级证书。长期以来承担了多项全国性水利规划编制和大型项目技术咨询、监理、移民监督评估等工作，在水利水电行业具有综合技术优势和声望。

## 应用范围及前景

适用于心墙堆石坝内部形变监测工作。

典型应用案例：

大坝内部变形监测智能机器人系统目前已经在贵州夹岩水利枢纽工程的大坝内部形变监测项目中投入运行。监测系统在运行过程中得到了较好的监测效果和一致好评。该设备相比于传统监测方法，监测精度更高，操作难度更小，运行成本更低，为大坝的正常运行提供了精确的数据支撑。在未来的发展过程中，监测系统将朝着减小设备体积，提高监测精度的方向发展。

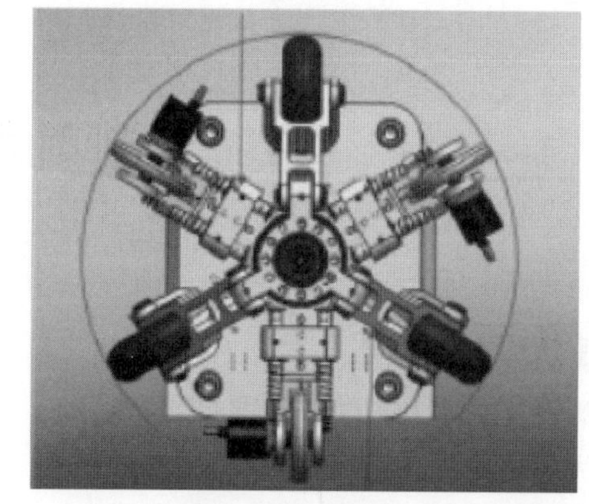

■行走轮与里程轮

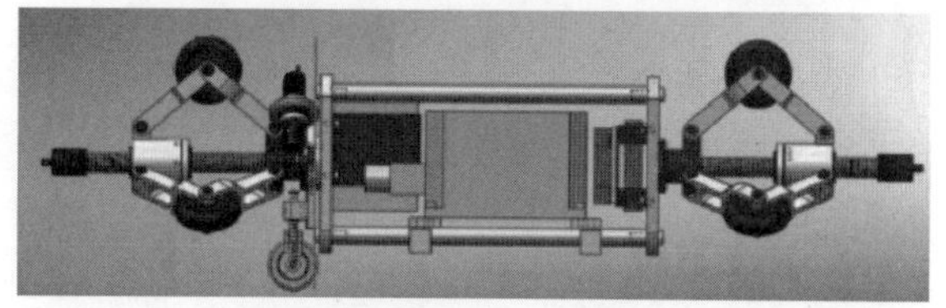

■管道测量机器人设计

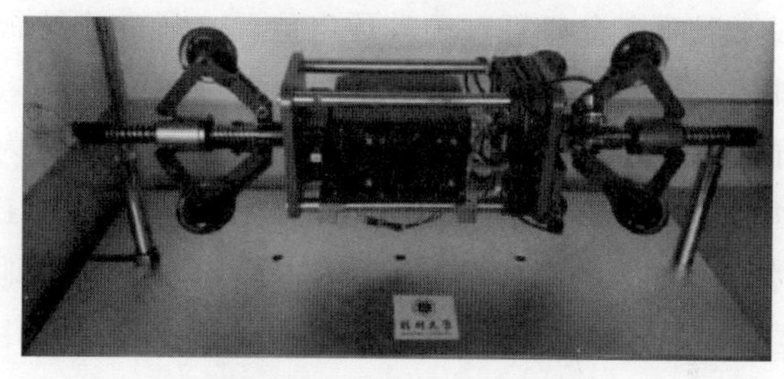

■测量机器人机械结构实物

技术名称：大坝内部变形监测智能机器人系统
持有单位：贵州省水利水电勘测设计研究院有限公司、深圳大学、江河水利水电咨询中心
联 系 人：章彭
地　　址：贵州省贵阳市南明区宝山南路27号
电　　话：0851-85922152、17610929327

# 81 预制射流板桩水力沉板技术

## 持有单位

黑龙江省水利科学研究院

大庆中油恩普工程技术有限公司

## 技术简介

**1. 技术来源**

自主研发。

**2. 技术原理**

利用高压水力切土造槽和重力导向定位，将预制的具有凸凹榫槽企口结构的钢筋混凝土预制板（混凝土企口板）送入预定位置，形成连续板桩墙的产品和技术方案。水力切割（内冲外排）、导向定位和整体连接。即在钢筋混凝土企口板内预埋导向定位滑槽、滑板和（横）喷射管，施工时带压力的水流从混凝土企口板底部射出切开地层，混凝土企口板沿被水切成的空槽在自重作用下自然下沉达到预定的深度。

**3. 技术特点**

（1）该技术应用的板桩内预埋了不同直径的水管，按照一主多支的布置方式将水泵输送来的水流均匀的引导分散至板桩的楔形头，水流直接作用于槽底，克服了水泵射流枪边壁射流时冲槽宽度大，沉降不匀的问题，提高了沉桩入位的准确率和沉桩质量。

（2）该技术应用的板桩两侧面均预设有半圆形隔水道，两板间通过工字形滑板与带缝的方型管滑槽承插连接（凹凸对称的企口），增加了板间引导入槽的能力，板间的钢结构导槽通过填塞特制的橡胶止水材料实现止水效果，与传统沉桩平面对接和浅企口（不预埋企口构件）对接配合平止水相比，引导入槽能力得到强化，止水效果更好。

（3）经过多项工程的实际检验，该技术工程适用性更强，施工速度更快，连桩成墙的质量更稳定。混凝土构件标准化、预制化、功能化、生态化已经成为发展趋势，该产品和技术针源于工程实际需求，与国际主流混凝土构件产品和技术的发展趋势是一致的。

## 技术指标

经黑龙江省水利工程质量检测中心站检测，混凝土产品抗压强度等级为C30，抗冻等级为F300，抗折强度4.0MPa。

## 技术持有单位介绍

黑龙江省水利科学研究院成立于1958年，主要承担寒区水利工程、农业水利、水土保持、水资源与水环境、结构材料、岩土工程、水力学与生态工程、水利工程质量安全、信息化与智慧水利、水利规划与设计、水土保持监测、防灾减灾等专业领域的基础理论及应用技术研究；承担国家级、省部级水利重大科研项目课题研究工作；为水行政主管部门组织指导水利建设、编制行业有关技术标准、规程等工作提供技术服务。

大庆中油恩普工程技术有限公司具有在混凝土企口板预制、存储、安装的能力，已获得6项国家专利，技术可用于堤坝、桥涵、渠道等工程建设。

## 应用范围及前景

适用于江河湖库护岸护坡工程、堤防和基坑防渗截渗工程。

该技术产品在河道防护工程、渠首水毁修复

工程、堤防防渗截渗工程中累计推广应用2万m有余，在某界湖护岸工程、延寿县朝阳灌区水毁修复工程、松花江哈尔滨新民段护岸工程、某界河堤防堤后截水墙等15项工程中得到应用。

技术名称：预制射流板桩水力沉板技术
持有单位：黑龙江省水利科学研究院、大庆中油恩普工程技术有限公司
联 系 人：王宇
地　　址：黑龙江省哈尔滨市南岗区延兴路78号
电　　话：0451-86689251、13804583986

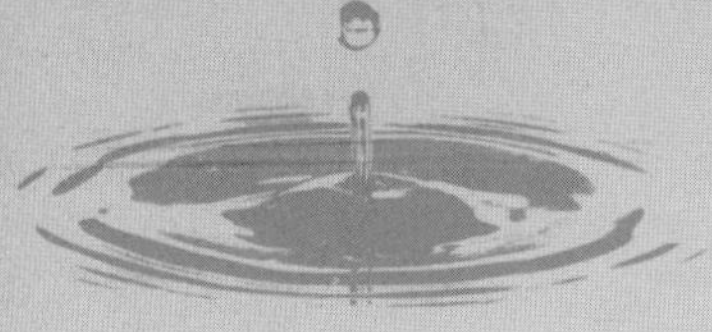



# 82 一种新型水利工程施工用清淤装置

## 持有单位

山东菏泽黄河工程局

## 技术简介

**1. 技术来源**

自主研发。实用新型名称：一种新型水利工程施工用清淤装置（ZL201520334255.1）。

**2. 技术原理**

该清淤装置进行清淤作业时，工作人员通过控制面板调控杆，将其连带内部的吸泥管插入河流中的淤泥内，通过控制调控杆晃动从而将河流内的淤泥打散，打散后启动抽泥泵即可对淤泥进行抽取；在抽取过程中，通过调控杆前端的过滤网可有效避免将石块等其他异物吸入吸泥管内，淤泥抽取上后，通过出泥管将淤泥排入滤水槽内部上的滤水网上，利用重力将抽取上来淤泥的水分过滤出来，而淤泥通过滤水网滑动至滤水槽一侧的出泥口处，再通储泥箱一侧的与滤水槽上的出泥口相对应的进泥口，使得过滤后的淤泥滑动至储泥箱内，过滤下来的水利用滤水槽底部的倾斜板和出水孔前端的排水管排入河流当中。

**3. 技术特点**

（1）通过设置滤水槽和储泥箱，在进行淤泥或泥沙暂时存储的同时，也对其进行了水分的过滤，并将过滤的水返还到河流当中。

（2）设置调控杆，使工作人员在清淤过程中更准确方便地对吸泥管进行调控，可以对水下淤泥活泥沙进行打散方便抽取。

（3）在调控杆前端设置过滤网，可有效避免吸泥管在抽取泥沙或淤泥过程中将其他异物吸入进来。

（4）在储泥箱上设有推板和活动板，方便了工作人员对储泥箱的清理。

（5）通过在滑轮上设置弹性连接杆，使得该装置可适用于较为复杂的地面。以上特点，为工作人员清淤工作提供便利，提高作业人员的清淤效率。

## 技术指标

（1）调控杆为可伸缩结构；底板底面上的连接杆为具有减振功能的弹性杆。

（2）滤水槽内部的滤水网和倾斜板具有一定的倾斜角度，大约30°。

（3）储泥箱一侧的动板外表面设有拉环，操作方便的技术特点。

## 技术持有单位介绍

山东菏泽黄河工程局是水利水电工程施工总承包壹级、市政公用工程施工总承包贰级、土石方工程专业承包贰级资质、地基与基础工程专业承包叁级、环保工程专业承包叁级、城市及道路照明工程专业承包叁级、化工石油设备管道安装工程专业承包叁级等七项企业资质的大中型企业，现有员工325人。

## 应用范围及前景

适用于各种水利工程日常清淤，如水闸、中小河流日常或经常性清淤等。

该设备已在海阳市白沙河综合治理三标段河道清淤工程、深圳企石镇五八围排渠下游段整治清淤等项目中使用。通过该清淤装置，为水利工作人员日常的水利工程清淤提供了便利，造价低，操作简单，大大提高了清淤效率。

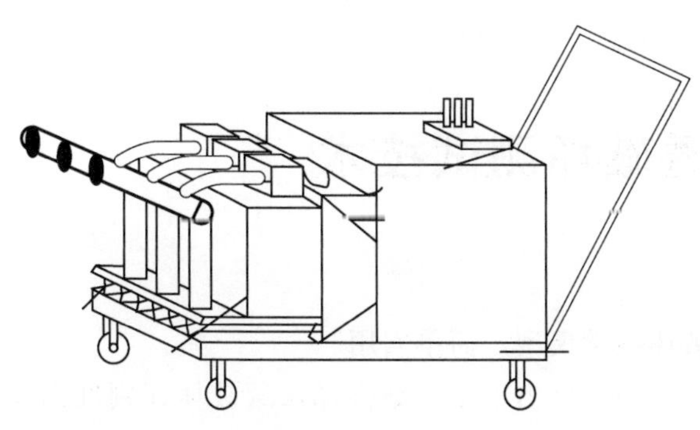

■清淤装置示意图

技术名称：一种新型水利工程施工用清淤装置
持有单位：山东菏泽黄河工程局
联 系 人：刘月华
地　　址：山东省菏泽市长江路887号
电　　话：0530-5592182、15965883071

# 83 土石结合部渗透破坏测试技术

## 持有单位

黄河水利委员会黄河水利科学研究院

## 技术简介

**1. 技术来源**

省部计划，自主研发。2件发明，发明名称：一种土石结合部接触冲刷试验装置（ZL201510108608.0）；发明名称：一种土石结合部接触冲刷试验方法（ZL201510108636.2）。

**2. 技术原理**

该技术是科学指导土石结合部设计完善、险情处置及工程安全管理的实用技术，解决了常规渗透试验仪器无法进行土石结合部接触冲刷渗透破坏试验模拟问题。自行研制了土石结合部接触冲刷渗透破坏试验装置，编制了测试作业指导书，并给出试样制备、缺陷设置、试样制作、试验方式、操作步骤、初始水头施加等一系列要素；得到了土石结合部渗透破坏的破坏特征、发展变化过程及规律；分析了土体性质、水力比降、接触带不密实区压实度等对土石结合部接触冲刷渗透破坏的影响，建立了考虑时间变量的接触冲刷各因素的数学模型；提出了土石结合部渗透破坏评判准则以及提高土石结合部抗渗能力的具体措施。

**3. 技术特点**

（1）通过研制了堤防涵闸土石结合部接触冲刷试验装置，得到了土石结合部接触冲刷渗透破坏的破坏特征、破坏类型及发生发展变化过程，切合实际，可科学指导隐蔽工程安全检测及安全评价。

（2）明确了土石结合部接触冲刷渗透破坏的影响因素，建立了考虑时间变量的接触冲刷渗透破坏数学模型，简单实用。

（3）提出了土石结合部渗透破坏评判准则及提高土石结合部抗渗能力的具体措施，科学合理，可指导隐蔽工程险情处置及工程安全管理。

## 技术指标

（1）试验装置符合实际，箱体钢化玻璃壁厚8mm，内部尺寸为150mm×200mm×200mm。接触冲刷试验装置上、下游侧边缘均为厚20mm钢板，钢板与有机玻璃箱体之间设厚12mm的硅胶防水圈，顶杆用于紧固有机玻璃箱体和上、下游侧，在紧固螺栓和顶杆作用下钢板与有机玻璃箱体之间密闭防水。

（2）可得到土石结合部病险指标参数与穿堤建筑物安全稳定之间的量化关系，可建立考虑时间变量的接触冲刷各因素的数学模型，其计算参数明确。

## 技术持有单位介绍

黄河水利科学研究院成立于1950年，是水利部黄河水利委员会所属以河流泥沙研究为中心的多学科、综合性科学研究机构，为全国水利系统非营利性重点科研单位，主要从事水利行业相关基础理论和应用基础研究及技术研发与应用推广。

## 应用范围及前景

适用于水闸及堤坝等工程安全检测及安全评价。该技术已在工程检测单位和水闸管理单位得到成功应用，效果良好，测试结果得到的土石结合部接触冲刷渗透破坏特征、发展变化过程及规律、渗透破坏评判准则有效指导了工程安全检测和安全评价工作。

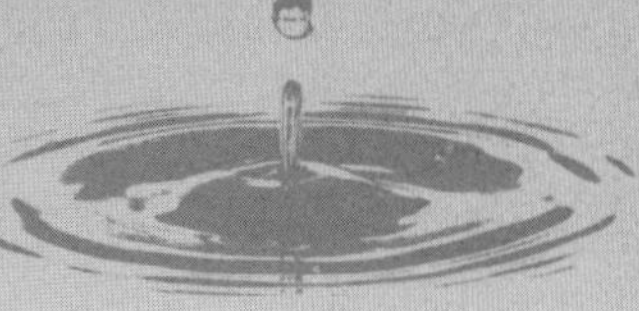

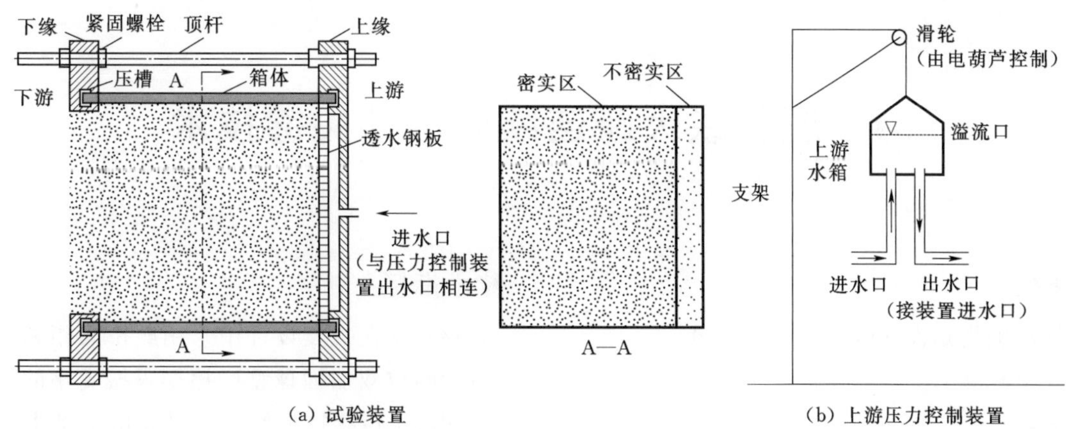


■土石结合部接触冲刷渗透破坏试验装置

技术名称：土石结合部渗透破坏测试技术
持有单位：黄河水利委员会黄河水利科学研究院
联 系 人：李娜
地　　址：河南省郑州市金水区顺河路45号
电　　话：0371－66024596、18738119027

# 84 超长联大跨连续梁设计关键技术

## 持有单位

黄河勘测规划设计研究院有限公司

## 技术简介

**1. 技术来源**

自主研发。

**2. 技术原理**

该技术针对严寒地区和高烈度场地条件，黄河游荡性河段的超长联大跨连续梁桥，集成创新提出了超长联大跨连续梁桥结构设计、减隔振设计、抗振措施设计、合龙工艺等成套技术成果，成功解决了超长联大跨连续梁桥长联抗振、长联施工等关键技术问题，有效地缩短了施工周期、减少了工程投资，取得了显著的经济效益和社会效益。

**3. 技术特点**

（1）集成创新提出了超长联大跨连续梁桥结构设计、减隔振设计、抗振措施设计、合龙工艺等成套技术成果。成功解决了超长联大跨连续梁桥长联抗振、长联施工等关键技术问题，有效地缩短了施工周期、减少了工程投资，取得了显著地经济效益和社会效益。

（2）在超长联大跨连续梁挢抗振设计中，采用顺桥向相邻3个墩设置大吨位双曲面球型摩擦摆隔振支座，其余墩横桥向设置大吨位柱面摩擦摆隔振支座的抗振技术，调整结构自振周期结合摩擦耗能，使结构的第一振动周期处于反应谱的长周期下降段，达到了较好减隔振效果。

（3）在超长联大跨连续梁桥过渡墩桩基上创新性采用永久性抗振钢护筒，成功解决了大振下桩基受力问题，有效减少了群桩数量，取得了较好效益。

## 技术指标

该技术在抗震设计中采用顺桥向相邻3个墩设置大吨位双曲面球型摩擦摆隔振支座的抗振技术，解决了传统抗振弊端；过渡墩桩基上采用永久性抗振钢护筒，解决了大振下桩基受力问题，有效减少群桩数量；利用零弯矩理论指导合拢工序设计，采用了部分偶数跨合龙、相邻T构小合龙、半桥大合龙、全桥跨中合龙的合拢顺序后，解决长联合拢次数多、体系转换频繁、寒冷地区有效施工工期短等技术难题，确保了结构质量与安全。

## 技术持有单位介绍

黄河勘测规划设计研究院有限公司是集流域和区域规划，工程勘察、设计、科研、咨询、监理、项目管理、工程总承包及投资运营业务为一体的综合性勘察设计企业。

## 应用范围及前景

适用于超长联大跨连续梁结构，尤其是严寒地区和高烈度场地条件的连续梁结构。项目研究成果已应用于内蒙古呼和木独至临河黄河公路特大桥、内蒙古准兴重载高速公路柳林滩黄河特大桥等的设计和施工过程中，成功解决了桥梁长联抗振、长联施工合龙工艺，有效地缩短了施工周期、减少了工程投资，在同类型工程中处于先进水平，为今后在类似场地条件下的同类型桥梁工程的设计与建造提供了可靠的技术指南与设计参考。

技术名称：超长联大跨连续梁设计关键技术
持有单位：黄河勘测规划设计研究院有限公司
联 系 人：杨纪
地　　址：河南省郑州市金水路109号
电　　话：0371-66025472、13298317866

# 85 新型聚氨酯生态碎石护坡应用技术

## 持有单位

南京瑞迪建设科技有限公司

上海铭欧实业发展有限公司

## 技术简介

### 1. 技术来源

自主研发。发明名称：由石头和塑料材料生产复合材料的方法（ZL200680021118.6）。

### 2. 技术原理

新型聚氨酯生态碎石护坡是利用聚氨酯优良的物理力学及黏结性能，将普通的碎石块强化整合为一个坚固、稳定、开放的整体结构。聚氨酯生态碎石护坡是一种开放多孔的结构，孔隙率为40％～50％，远高于常规的多孔结构。

### 3. 技术特点

（1）消能、抗冲击性强。受到波浪冲击时，部分能量会在多孔结构中通过摩擦被护岸吸收、消散，15cm厚的聚氨酯生态碎石护坡可以抵御5.2m波高的波浪冲击，相较栅栏板护坡，最多可以减少15％的波浪爬高，用于消力池的消能效率达到60％。

（2）耐候性强，具有良好的抗冻性，在经历多个冻融循环后，聚氨酯结构也不会出现冻融剥蚀现象。

（3）有助于生态环境的改善。聚氨酯生态碎石护坡的高孔隙率特性使得植被根系能够在护坡上迅速扎根生长，并能给底栖生物提供栖息地，水流流过聚氨酯生态碎石护坡的孔隙时，增加了水中的空气流动（文丘里效应），从而提高水中溶解氧的含量。

（4）经济性较高；施工便捷，缩短工期，成型快、养护时间短，易修复。

## 技术指标

抗压强度＞3.4MPa，抗拉强度＞0.5MPa，抗折强度＞3.3MPa，孔隙率达到40％～50％，寿命长达40年。

## 技术持有单位介绍

南京瑞迪建设科技有限公司是经水利部批准成立，由南京水利科学研究院出资成立的国有独资集团公司，是国家级高新技术企业、全国优秀水利企业。

上海铭欧实业发展有限公司于2016年与巴斯夫聚氨酯特种产品（中国）有限公司合作，将德国巴斯夫生产的堤岸聚氨酯引入中国市场。

## 应用范围及前景

适用于海堤、河堤、水库等护岸工程，特别是对抗冲刷、抗侵蚀、抗低温及生态环保等有较高要求的结构工程，以及已建护岸结构的修复。自2017年开始推广应用以来，在全国各地已推广多个工程实例。目前本护坡技术已在江苏、湖北、天津、海南等地多项工程中推广应用，工程包含护坡建设工程和护坡修复工程，涉及航道、海岸、河流等多种工况。

技术名称：新型聚氨酯生态碎石护坡应用技术
持有单位：南京瑞迪建设科技有限公司、上海铭欧实业发展有限公司
联 系 人：吴月龙
地　　址：江苏省南京市鼓楼区广州路223号
电　　话：025－85828789、13952037626

# 86 顶进施工法用预应力钢筒混凝土管

## 持有单位

山东龙泉管道工程股份有限公司

## 技术简介

### 1. 技术来源

自主研发。3件实用新型专利，实用新型名称：高强度耐腐蚀高抗渗顶进施工的预应力钢筒混凝土管（201620971757.X）；顶进施工法预应力钢筋混凝土管成型模具组（ZL201220005601.8）；用于顶进施工法用预应力钢筒混凝土管中继间管（ZL201420191497.5）。

### 2. 技术原理

顶进施工法用预应力钢筒混凝土管是为了克服现有的钢筋混凝土顶管产品抗内水压能力的不足，创新研发的一种能够顶进施工的预应力钢筒混凝土管。JPCCP采用与PCCP相同的预应力混凝土结构，由带钢筒的混凝土管芯、预应力钢丝及带钢筋骨架的混凝土保护层。该产品可以看作预应力钢筒混凝土管（PCCP）与钢筋混凝土顶管（DRCP）两种管材的结合，既可满足顶进施工，又可带压输送。将PCCP的砂浆保护层替换为钢筋混凝土保护层，通过立式浇筑工艺制作，使管材外表面光滑，从而能够满足管材顶进施工。

### 3. 技术特点

（1）具有良好的抵抗内压、外压荷载能力。

（2）顶进施工法用预应力钢筒混凝土管在穿越工程中可一次顶进，施工快捷，现场施工周期短，减少施工成本。

（3）管道密封性能、抗渗性能大大提升，抗腐蚀能力提升，确保管线运行安全。

（4）方便与顶管前后PCCP管承插口对接，简单快捷。

（5）工程综合成本低，可大大降低工程建设投资费用。

## 技术指标

（1）顶进施工法用预应力钢筒混凝土管管径范围DN400～DN4000mm，管材运行内水压力可达2.0MPa，顶管埋深可达30m以上，单根管材长度为2～3m。

（2）管材混凝土设计强度为C40～C60，管材设计使用年限为50～100年。

（3）顶管顶进中每超过100m需设置中继间管，通过中继间管的分段顶进可实现整条管线的长距离顶进施工。

## 技术持有单位介绍

山东龙泉管道工程股份有限公司是深圳证券交易所A股上市企业（证券简称：龙泉股份），其控股股东是江苏建华企业管理咨询有限公司。公司的主营业务包括预应力钢筒混凝土管（简称PCCP）、钢筋混凝土排水管、顶管、综合管廊、混凝土预制构件、预制混凝土衬砌管片、钢管及管件、核电石化高端管件制造销售和市政公用工程施工等。公司是国内建材行业生产用于国家大型水利工程建设、跨流域调水工程建设的预应力钢筒混凝土管系列产品的龙头企业。

## 应用范围及前景

适用于城市给水排水管线、工业供水管线、农田灌溉、工厂管网、电厂补给水管及冷却水循环系统、压力隧道管线等压力输送管线的顶进法施工工程等。

技术产品已销售数量16000多m，已在南通

观音山污水处理厂尾水排江管道工程、河南省南水北调受水区安阳供水配套工程35号线滑县支线变更段、北京市南水北调配套工程通州支线工程、郑州市牛口峪引黄工程等项目中应用。

技术名称：顶进施工法用预应力钢筒混凝土管
持有单位：山东龙泉管道工程股份有限公司
联 系 人：邹翔
地　　址：山东省淄博市博山区
电　　话：0533-4291123、13656449657

# 87 朗天生态绿化混凝土

## 持有单位

上海朗天环境科技有限公司

## 技术简介

**1. 技术来源**

自主研发。朗天在生态绿化混凝土已获4项实用新型专利，2项相关发明专利审中。

**2. 技术原理**

朗天生态绿化混凝土主要采用石子、水泥、水和功能外加剂和特定元素等材料搅拌，形成连续多孔的内部结构，并通过自主研发生态绿化混凝土成型设备在混凝土表面形成均匀分布的孔洞，在底部土壤中形成均匀分布的柱状体起锚固作用，确保不削弱水泥混凝土抗压强度的前提下使得混凝土中能长出花、草、灌木类植物，从而对江、河、湖、海、大坝、水利枢纽、公路铁路、道路立交系统、废弃矿山、采石场等目标工程体的边坡、立面进行生态植被修复的综合技术系统。

**3. 技术特点**

(1) 绿化混凝土及面层植被和底层植被根系对坡体形成了三重防护，抗冲刷力强，抗洪能力强，防坍塌。

(2) 绿化混凝土高孔隙率透水透气，维持了水-土-植物-生物之间形成的物质和能量循环系统，为各类生物提供了栖息地，提升水的自净能力。

(3) 绿化混凝土种植的多样化植被，美化景观，实现可持续性长期生态护坡。

(4) 完全现场浇制，减少传统预制的一切费用，降低工程造价，为节能减排起到最理想的效果。

(5) 高强度；高绿化覆盖率（90%以上绿化覆盖率）；高透气性（孔隙率18%～35%）；耐久性；抗冲刷性（5m/s以上）；抗冻融性（高于国家标准）；免土工布，免伸缩缝，免隔梗。

## 技术指标

抗压强度：5～20MPa；孔隙率：18%～35%；抗冲刷能力：≤18m/s；绿化覆盖率：≥90%；净化作用：在劣Ⅴ类水体中，$COD_{Mn}$、TP、TN的去除率分别为61.81%、12.74%、20.60%。

## 技术持有单位介绍

上海朗天环境科技有限公司是专注于生态绿化混凝土、生态透水混凝土及增加剂和添加剂产品的技术研发、销售推广及工程运用的高新科技企业。公司解决了现浇生态绿化混凝土的抗压强度、孔隙率、抗水土流失、除碱、沉浆等一系列技术难题。朗天“绿化混凝土”新材料2019年被上海市认定为“上海高新技术成果转化项目”。

## 应用范围及前景

适用于江河湖海水系、黑臭河道治理、硬质护坡改造、道路交通、生态停车场、屋顶绿化、矿山修复、绿色建筑及海绵城市等工程，起到固土护坡、改善生态和美化环境的作用。

朗天生态绿化混凝土已应用于江西省萍乡市海绵城市生态配套工程6万$m^2$、广东省广州市生态绿化混凝土护坡工程5万$m^2$、上海市横沙东滩生态绿化混凝土河道护坡26万$m^2$、上海市世界级生态岛崇明岛环岛运河生态绿化混凝土护坡2万$m^2$，以及其他工程，累计已推广应用36万$m^2$。

■上海重点工程——世界级生态岛崇明岛环岛运河项目案例

技术名称：朗天生态绿化混凝土
持有单位：上海朗天环境科技有限公司
联 系 人：徐春英
地　　址：上海市浦东区康桥路1157号3栋303
电　　话：021-60936292、13761611237

# 88 基于钻进过程信息挖掘的岩体力学特性感知系统

## 持有单位

中国水利水电科学研究院

## 技术简介

**1. 技术来源**

国家计划，自主研发。发明名称：一种自动耦合声波测试系统及声波测试方法（ZL201611237939.5）；实用新型名称：一种合理评价岩体 TBM 施工适宜性的试验设备（ZL201621362565.5）。

**2. 技术原理**

钻孔过程中钻具与工程岩体直接接触，钻具响应信息能综合反映岩体力学性质，钻孔钻进过程本身就是一种定量评价岩体力学性质的原位测试方法。基于钻进过程信息挖掘技术建立岩体力学特性感知系统，设置高精度数字监测仪器自动采集和分析随着深度的钻孔过程数据，能够全面、连续和准确地实时获取岩体钻进过程中的推进压力、旋转速度、钻进扭矩以及电压电流等随钻响应信息。在获取钻进过程海量信息的基础上，根据力学平衡和能量守恒原理得到钻进比能、钻进速度以及钻进消耗功率等指标，通过充分挖掘和解译钻具响应数据中隐藏的大量地质信息，建立了钻具响应信息和工程岩体参数的映射关系，用于分析、测定岩体强度参数和岩体结构空间分布特征，提供地层界面识别和围岩级别划分的重要参考依据。

**3. 技术特点**

（1）基于钻进过程信息挖掘的岩体力学特性感知系统，集硬件系统、数据分析软件系统、基本数据库以及三维展示程序为一体，并融合了大数据分析和云技术。

（2）采集和解译钻具响应数据中隐藏的大量地质资料信息，用于分析、测定岩土体力学参数和空间分布，形成地层界面识别和围岩级别划分等。

（3）应用于灌浆工程，利用该技术对岩层可灌性进行评价、灌后质量检测，为未来智能化施工提供基础。

（4）应用于隧道超前勘探，实现地质病害体探测，形成一种快速预测深长隧洞工程 TBM 掘进围岩工程特性评价新方法。

（5）在钻爆法隧道工程中建立岩体物理力学指标和凿岩台车随钻参数映射关系，快速、准确、评判岩体工程特性，能为隧道施工和安全稳定提供技术支撑，实现隧道超欠挖预测和爆破布孔优化设计。

## 技术指标

（1）实时且同步获取、传输以及储存钻进响应数据（位移、液压、转速、扭矩等），采样频率达 1s/个，单钻孔每日满额数据量 86400 组。

（2）功能模块包括钻进响应海量数据处理、钻进过程信息数据分析、钻机-岩体参数映射关系深度学习以及典型岩石钻具响应特征数据库。

（3）岩体质量参数（岩体质量指标、岩石硬度、抗压强度和岩石脆性等）三维云图展示，任意截面和局部地质体信息显示。

（4）提供岩层可灌性评价、工程灌浆质量检测以及 TBM 隧道围岩可掘进性分析等功能。

## 技术持有单位介绍

中国水利水电科学研究院是水利部直属的国家级社会公益性科研机构，研究领域已覆盖水文水资源、水环境与生态、防洪抗旱与减灾、泥沙

与水土保持、农村水利、水力学、岩土工程、水工结构与材料、工程抗震、水力机械与机电、自动化、工程监测与检测、新能源、遥感技术及应用、水利史与水文化、牧区水利等18个学科、93个专业方向。

## 应用范围及前景

适用于普遍的岩土工程勘察，尤其是边坡工程地质勘查、灌浆工程可灌性判断和灌浆质量评价、TBM隧道掌子面超前勘察、钻爆法地下工程岩体参数分析等领域。

目前该系统已经在云南省文山壮族苗族自治州德厚水库、广西大藤峡水利枢纽和吉林省中部城市引松供水工程等国家172重大水利项目的工程中推广应用，取得了较好的应用成果。

典型应用案例：

案例1：在云南省文山壮族苗族自治州德厚水库，实现了快速对岩体工程力学特性进行定性的评价，通过标准化率定与不同岩体力学参数之间的相关分析，快速、有效、定量地获得到岩层层面、断层及软弱带厚度等空间发育信息，为灌浆方案设计完善和灌浆质量提升提供重要的测量手段。

案例2：开展了大藤峡水利枢纽岩溶坍塌区连续防渗墙工程岩体可灌性综合评价和灌后质量检测，在灌浆孔钻进过程中，以基于钻进过程信息挖掘的岩体力学特性感知系统为基础，联合跨孔电阻率CT组合探测并验证钻孔之间的地层性质、钻孔溶腔管道位置及溶洞区分布范围，并对灌后岩层质量检测和评价。

案例3：用于吉林省中部城市引松供水工程的隧道超前勘探，建立TBM隧道掘进参数和钻机响应参数关系，实现地质病害体探测，形成一种快速预测深长隧洞工程TBM掘进围岩工程特性评价新方法，为隧洞施工方法选择、施工进度安排和成本估算提供重要依据。

■钻进过程信息挖掘与岩体力学特性感知硬件系统

(a) 岩体随钻测试技术

(b) 掌子面超前深钻孔

■TBM隧洞围岩超前深钻孔随钻测试和勘探

技术名称：基于钻进过程信息挖掘的岩体力学特性感知系统
持有单位：中国水利水电科学研究院
联 系 人：赵宇飞
地　　址：北京市海淀区车公庄西路20号
电　　话：010-68786550、13701212966

# 89 面板堆石坝精细化模拟与动态控制关键技术

## 持有单位

中国水利水电科学研究院

南京水利科学研究院

河南省河口村水库工程建设管理局

## 技术简介

### 1. 技术来源

自主研发。3项发明专利，发明名称：大型土工三轴蠕变试验系统；利用光纤光栅位移传感器测量基岩轴向变形的装置及方法；一种地质沉降监测装置及监测方法。

### 2. 技术原理

该技术针对面板堆石坝精细模拟与动态控制的问题，以地质勘测、现场原位试验、室内试验成果为基础，研究提出了适用于面板堆石坝工程的多场耦合数学分析模型，研发了数值离散方法和超大自由度问题的数值求解方法等，实现了对工程建设和管理的动态馈控。

### 3. 技术特点

（1）通过本项目的研究，揭示了不同粒径尺度、不同试样尺度、不同荷载等级、不同侧限条件、不同干密度及破碎效应等多组合条件下对变形模量的影响机制，填补了该领域的研究空白；建立的多尺度、多影响因素及破碎效应的统一修正模型，首次建立了缩尺试验变形参数回溯至原级配材料的精确转换关系；提升了面板堆石坝变形计算精度50%以上。

（2）自主研制了具备自主知识产权的可精确模拟实际应力条件和控制试验过程的大型三轴仪等试验设备，该设备可实现模拟大坝实际填筑过程的等应力比路径加载，尚属首创；探讨和揭示了堆石材料流变特性、剪胀特性与湿化特性的演变规律及内在机制，提出了描述堆石料流变特性的幂函数流变模型、堆石料湿化模型、考虑初始级配、颗粒破碎、相对密度等因素的多内在状态变量的堆石料剪胀方程、考虑球应力和偏应力影响的八参数湿化模型，解决了材料力学特性在多因素影响下的精细化模型问题。

（3）建立了融合地质-地形-结构一体化的三维数字大坝构建体系，该体系整合了三维虚拟地理环境可视化展现和数值模拟的几何网格模型数据，达到了将模型用于数值分析和三维虚拟仿真两种核心用途，极大提高了数值计算前期模型构建和网格划分的效率；研发的大坝模型、BIM模型与FEM模型智能化转换技术，首次将三种数据格式实现了有机统一和转换，打破了科研、设计、施工等各类水工工作人员的数据壁垒。

（4）提出了基于GPU加速的模型网格离散优化方法，显著提高了面板堆石坝精细化模拟的求解速度。提出了一种基于kNN算法改进的反距离插值算法，最高加速比能达到1000倍，解决了大规模有限元网格插值问题；开发出了加速比能达到7倍的并行凸包计算算法CudaChain和CudaPre3D，解决了网格模型求交问题；开发出了加速比最高能达到42倍的并行算法Laplacian网格光顺算法，解决了网格优化问题；开发出了基于GPU并行有限元加速计算方法，迭代求解速度提高了9.5倍，解决了大规模有限元迭代求解问题。解决了数万节点提升至百万节点的有效运算问题，突破了精细化计算精度和速度的瓶颈。

（5）建立的基于多孔介质三维多相-多场耦合模型的水-热-力多目标动态反分析约束函数，首次实现了将温度场和渗流场与传统的应力场全耦合分析；提出的基于全时序的施工填筑信息、库水位信息和监测数据的面板堆石坝材料参数的动态反分析方法，率先建立了施工信息、监测信息、数值计算信息的互通和融合，首次实现了面板堆石坝从建设之初到水库蓄水运行的全过程跟踪、动态预测和反馈控制。

## 技术指标

建立了考虑多尺度、多影响因素的统一修正模型，量化了原型材料参数与试验材料参数的相关关系；建立了反映复杂应力状态的幂函数流变模型、考虑颗粒破碎效应的多内在状态变量剪胀模型以及考虑球应力和偏应力影响的八参数湿化模型；建立了融合地质-地形-结构一体化的三维数字大坝构建方法；改进了 IDW 和拉普拉苏网格光顺算法和网格几何运算与数值迭代求解的优化算法；建立了水-热-力多目标动态反分析优化模型。

## 技术持有单位介绍

中国水利水电科学研究院是水利部直属的国家级社会公益性科研机构，研究领域已覆盖水文水资源、水环境与生态、防洪抗旱与减灾、泥沙与水土保持、农村水利、水力学、岩土工程、水工结构与材料、工程抗震、水力机械与机电、自动化、工程监测与检测、新能源、遥感技术及应用、水利史与水文化、牧区水利等 18 个学科、93 个专业方向。

南京水利科学研究院是中国综合性水利科学研究机构、国家级社会公益类非营利性科研机构。主要从事基础理论、应用基础研究和高新技术开发，承担水利、交通、能源等领域中具有前瞻性、基础性和关键性的科学研究任务。

河南省河口村水库工程建设管理局为河口村水库工程建设管理单位，河口村水库是国家 172 项节水供水重大水利工程，水库总库容 3.17 亿 $m^3$，以防洪、供水为主，兼顾灌溉、发电、改善河道基流等综合利用的大（2）型水利枢纽工程。2018 年 12 月获得中国水利工程优质（大禹）奖，2019 年 12 月获得中国建设工程鲁班奖（国家优质工程）。

## 应用范围及前景

适用于高面板堆石坝三维数字大坝构建、精细化数值模拟与施工运行过程的动态馈控分析中。

该术成功应用于河口村水库面板堆石坝坝体填筑施工全过程精细化数值模拟与动态控制、吉林台一级水电站面板堆石坝运行期库水位-渗漏动态模拟与反馈分析、阿尔塔什水利枢纽面板坝堆石料尺度、时间和湿化效应下的力学特性研究、出山店水库和前坪水库坝体填筑施工过程变形模拟与动态控制等典型面板坝工程的施工过程控制中，为工程建设提供了良好的技术支撑和经验指导，提高了工程的科技含量，确保了工程的正常建设，带来了良好的防洪效益和社会经济效益，实现了为我国在复杂地形、地质条件下修建面板坝工程积累了工程经验，也可为今后类似的工程项目提供指导和借鉴。

技术名称：面板堆石坝精细化模拟与动态控制关键技术
持有单位：中国水利水电科学研究院、南京水利科学研究院、河南省河口村水库工程建设管理局
联 系 人：严俊
地　　址：北京市海淀区车公庄西路 20 号
电　　话：010－68786272、13263198348

# 90 东北侵蚀沟生态砖砌护坡治理技术

## 持有单位

中国水利水电科学研究院

## 技术简介

**1. 技术来源**

自主研发。发明名称：一种切沟生态护坡结构及其施工方法（ZL201510648722.2）；实用新型名称：一种切沟生态护坡结构（ZL201520780776.X）。

**2. 技术原理**

针对东北黑土区大中型切沟的深陡沟坡侵蚀、崩塌防治与植被恢复，提出了包括蜂格式与箱格式2种新型生态砖砌护坡结构及其修筑方法的“东北侵蚀沟生态砖砌护坡治理技术”。该技术通过布设不同形式、材料环保的组装式预制构件，可有效防止沟坡遭受冲刷侵蚀，提高稳定性，形成良好植被恢复生境，促进侵蚀沟道快速实现植被覆盖，发挥固坡、防蚀、增绿和稳定综合防治效果，且可避免传统全面削坡方式的强烈扰动，减少措施占地，实施简易，大幅提高治理效率，减少人力投入。

**3. 技术特点**

（1）开挖扰动小，实施简便快捷。通过布设不同形式、材料环保的组装式预制构件，可避免传统全面削坡、整地方式的强烈表土扰动，且布设、安装均较为简易，可大幅提高野外施工效率、减少人力投入。

（2）防护效果好，整体结构稳定。实施该方法后，可有效防止沟坡遭受冲刷侵蚀，提高稳定性，并形成良好的植被恢复条件，促进沟坡快速实现植被覆盖，发挥固坡、防蚀、增绿和稳定综合防治效果，且景观和谐、环境友好。

## 技术指标

（1）防治效果：技术应用后沟坡侵蚀、崩塌完全控制，水土流失减少95%以上；蜂格式、箱格式生态护坡治理分别减少沟底冲刷90%和50%以上；较传统生物护坡措施显著提升坡植被恢复速度与效果，应用当年即可复绿70%以上。

（2）生态节地：技术实施过程的表土开挖扰动，较传统治理减少50%以上；实施后几乎无须占用沟坡以上坡地，较传统措施节地80%以上。

（3）持续保存：技术实施2年后，措施保存完好率达95%以上，可长期稳定发挥防治效果。

## 技术持有单位介绍

中国水利水电科学研究院是水利部直属的国家级社会公益性科研机构，研究领域已覆盖水文水资源、水环境与生态、防洪抗旱与减灾、泥沙与水土保持、农村水利、水力学、岩土工程、水工结构与材料、工程抗震、水力机械与机电、自动化、工程监测与检测、新能源、遥感技术及应用、水利史与水文化、牧区水利等18个学科、93个专业方向。

## 应用范围及前景

适用于东北黑土区侵蚀沟的沟坡崩塌、扩张防治与植被恢复，进而保护黑土地耕地资源。技术已在吉林、辽宁、内蒙古、黑龙江的多地项目区侵蚀沟治理实践中成功应用，获得良好效果，在东北黑土区侵蚀沟治理中具有广泛应用前景。

典型应用案例：

案例1：吉林东辽杏木小流域为典型低山丘陵地貌，坡耕地侵蚀沟广布，沟壑密度达6.54km/km$^2$。2018年7月，在杏木试验站侵蚀沟治理中，应用生态砖砌护坡技术（蜂格式、箱格式）3000m²，有效控制了侵蚀沟坡崩塌和沟体扩张，水土流失强度大幅降低。工程后期运行稳定，管护成本低，工程与植物措施有效结合，实现了生态治理，在东北黑土区侵蚀沟治理中具有广阔示范推广潜力。

案例2：阜新县地处辽宁西北部，以低山丘陵为主，沟壑密度2km/km²。由于缺少有效的侵蚀沟治理技术，大量农田被吞噬破坏。2017年5月，在该县大板镇大板河海棠山沟道治理工程中，应用蜂格式生态砖砌护坡技术5000余m²。实施后，发育侵蚀沟有效控制，降雨造成的沟坡崩塌、农田损毁等问题有效解决，生态环境和景观效果明显改善，有效保护了实施区周边耕地资源。后期监测分析认为，该技术实施成本低，占地面积少，可有效防治侵蚀沟水土流失、增加沟道植被覆盖、维护农田及粮食生产安全，在同类型区具有广泛应用前景。

案例3：2019年，在木兰县侵蚀沟综合治理工程中，成功应用（箱格式）生态砖砌护坡技术5000m²。所治理的侵蚀沟沟坡急陡，传统治理技术实施困难且效果不佳，生态砖砌护坡技术的护坡构件结构稳定，植被恢复效果良好，管理维护成本低，有效减少了侵蚀沟道及周边耕地的水土流失，治理效果被当地群众认可，在同类地区的侵蚀沟治理中发挥出示范作用。

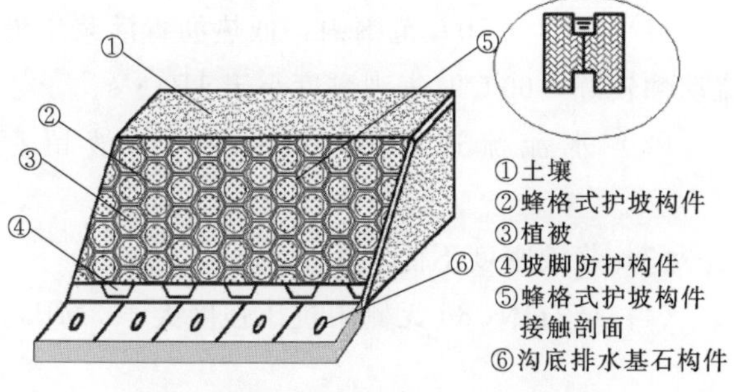


■蜂格式生态砖砌护坡整体结构图

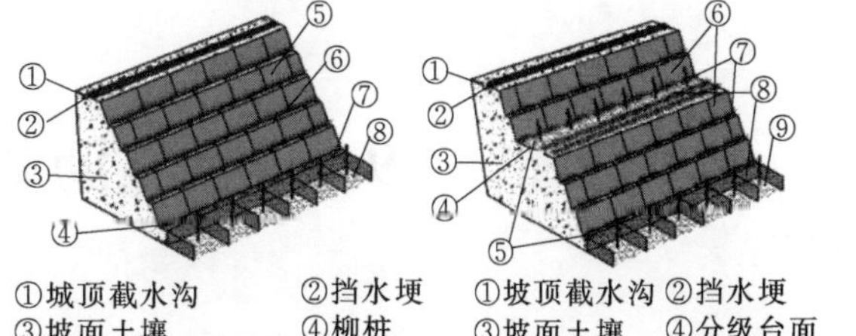

①城顶截水沟 ②挡水埂 ③坡面土壤 ④柳桩 ⑤箱式防护构件 ⑥植草绿化 ⑦坡脚稳固防护构件 ⑧沟底

（a）未分级

①坡顶截水沟 ②挡水埂 ③坡面土壤 ④分级台面 ⑤柳桩 ⑥箱式防护构件 ⑦植草绿化 ⑧坡脚稳固防护构件 ⑨沟底

（b）分级式

■箱格式生态砖砌护坡整体结构示意图

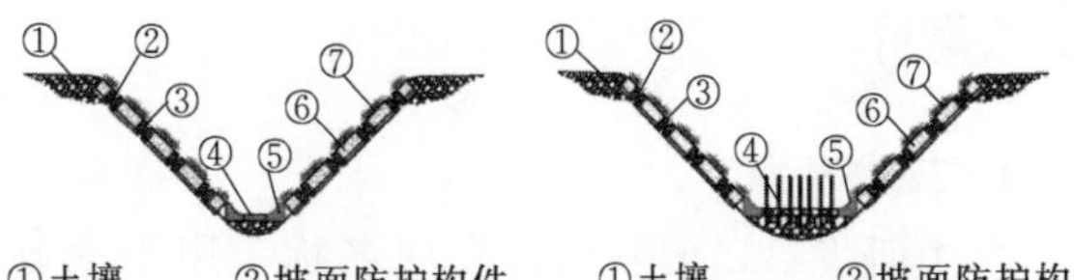

①土壤 ②坡面防护构件 ③排水沟槽 ④沟底排水基石构件 ⑤坡脚防护构件 ⑥植生袋 ⑦植被

（a）沟底铺设排水基石构件式

①土壤 ②坡面防护构件 ③排水沟槽 ④柳桩 ⑤坡脚防护构件 ⑥植生袋 ⑦植被

（b）沟底栽植柳桩式

■蜂格式生态砖砌护坡整体布局剖面图

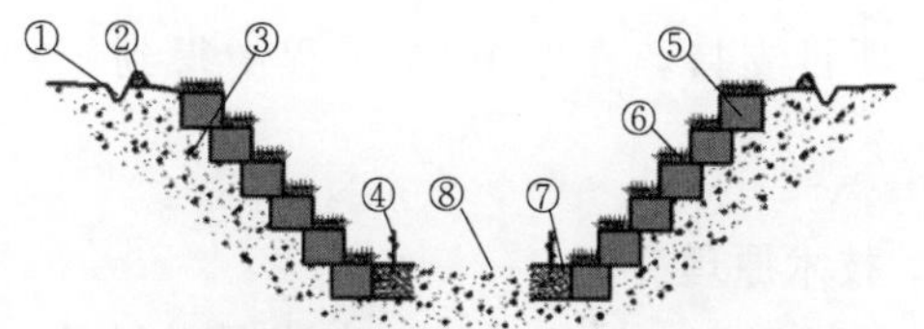

①坡顶截水沟 ②挡水埂 ③坡面土壤 ④柳桩 ⑤箱式防护构件 ⑥植草绿化 ⑦坡脚稳固防护构件 ⑧沟底

（a）未削坡

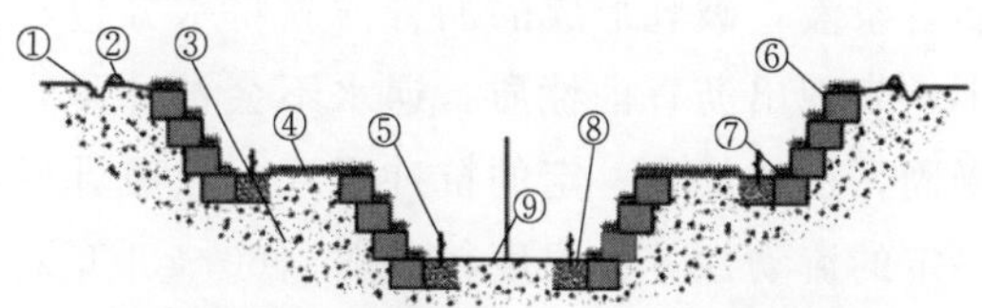

①坡顶截水沟 ②挡水埂 ③坡面土壤 ④分级台面 ⑤柳桩 ⑥箱式防护构件 ⑦植草绿化 ⑧坡脚稳固防护构件 ⑨沟底

（b）削坡式

■箱格式生态砖砌护坡整体剖面布局图

技术名称：东北侵蚀沟生态砖砌护坡治理技术


持有单位：中国水利水电科学研究院

联 系 人：秦伟

地　　址：北京市海淀区车公庄西路20号

电　　话：010-68786380、18600756998

# 91 低热沥青灌浆堵漏技术

## 持有单位

中国水利水电科学研究院

四川共拓岩土科技股份有限公司

## 技术简介

### 1. 技术来源

自主研发。2项发明，发明名称：用于大漏量、高流速岩溶灌浆堵漏的低热沥青及其制备方法（ZL201210338041.2）；低热沥青灌浆堵漏的设备及方法（ZL201210437748.9）。工法1项：低热沥青-速凝膏浆复合灌浆施工工法（SDGF1003-2016），并在2016年获得水利部技术示范项目支持，在近10个工程中得到了现场应用。

### 2. 技术原理

该技术开发应用的低热沥青堵漏材料是在热沥青中加入乳化剂、改性剂和水泥等掺合料，通过机械搅拌而形成的不溶于水的“油包水”状低热沥青浆液，破乳形成的沥青薄膜将水分包裹在其中，表现出沥青的性质：遇水不会被冲释，遇水凝固，迅速具有一定的抗冲强度，且破乳后具有一定的流动性，在温度较高时（60～80℃）具有一定的流动性和可灌性，适用于较大开度、流速的大空隙地层灌浆堵漏。

### 3. 技术特点

（1）低热沥青原料的配比范围推荐为：沥青1，水泥0.6～0.8，水0.75～1，降黏剂0.03，改性剂0.01。也可适当添加破乳剂，添加破乳后黏度增加，可根据不同的灌浆需求调整破乳剂比例范围。

（2）开发的低热沥青在50～70℃具有良好的流动性，50℃以上可泵、可灌，遇水降温后逐渐凝固，水流作用下不冲释。

（3）研制的低热沥青灌浆系统由沥青加热罐、搅拌机、灌浆泵、保温灌浆管及控制系统等组成。

（4）低热沥青材料含有水泥等颗粒，比重大于水，有利于浆液在孔内的扩散，同时低热沥青施工温度在60～80℃范围时，采用灌浆施工常用的螺杆泵进行灌注作业，施工设备简单、方便，无须进行更换，能保证浆液变换时灌注的连续和平稳。

（5）低热沥青浆液的凝固温度能通过调整添加水泥的含量进行小范围的调整。

（6）低热沥青浆液固结体抗压强度为3～6MPa，通过添加化学试剂或快硬水泥能提高其抗压强度至10MPa以上。

（7）经检验测定，低热沥青浆液结石体浸泡水水质符合《生活饮用水卫生标准》。

## 技术指标

（1）在50～70℃范围内，低热沥青灌浆浆液流动性较好，60℃时表观黏度小于1Pa·s。

（2）水流流速达到2m/s时，浆液留存率70%。

（3）浆液密度不低于1.1g/m$^3$。

（4）结石体28d无侧限抗压强度大于3MPa。

## 技术持有单位介绍

中国水利水电科学研究院隶属中华人民共和国水利部，是从事水利水电科学研究的国家级社会公益性科研机构，目前已建设成为人才优势明显、学科门类齐全的国家级综合性水利水电科学研究和技术开发中心。在基础处理、灌浆堵漏等方面拥有雄厚的科研实力和60余年

的专业技术积累，在水泥基灌浆材料、环保型化学灌浆材料、微生物灌浆材料、封堵灌浆材料等材料开发方面，在帷幕灌浆、固结灌浆以及超高压灌浆、超前预处理、深厚覆盖层处理、高流速大流量渗漏封堵等工程实践方面，取得了丰硕成果，多项关键技术达到国际先进水平和国际领先水平。

四川共拓岩土科技股份有限公司位于成都，成立于2015年，是国家高新技术企业，具有特种工程、地基基础工程、隧道工程等多项资质，自有材料品牌“蜀睿”，公司专注于地下工程水害治理、软基软岩加固、构（建）筑物病害整治，是集专业咨询、专项方案设计、施工处理、工艺工法创新、专用材料机具设备研发与供应的系统方案服务商。

## 应用范围及前景

适用于水利水电、交通、港口、矿山等领域中宽大裂隙、堆石体架空、溶洞等具有集中渗漏的防渗工程。

该技术已成功应用于锦屏二级水电站引水隧洞涌水处理（2011年10月）、云南大坪电站引水隧洞涌水处理（2013年11月）、四川华蓥山隧道涌水堵漏灌浆（2014年2月）、重庆土坎乌江大桥钢围堰堵漏加固（2015年2月）、湖南怀邵衡铁路沅江特大桥桥墩围堰防渗处理（2015年5月）、四川国如水平铺盖结构缝处理（2015年6月）、四川成都浦江县寿安镇浦江河堤防渗处理（2015年11月）等工程中，在施工过程中采用低热沥青灌浆材料作为大孔隙、动水条件的封堵，配合以速凝膏浆等材料，取得了良好的效果。

技术名称：低热沥青灌浆堵漏技术
持有单位：中国水利水电科学研究院、四川共拓岩土科技股份有限公司
联 系 人：邢占清
地　　址：北京市海淀区复兴路甲1号
电　　话：010-68785997、13641009178

# 92 输水建筑物混凝土表面防淡水壳菜附着及功能性环氧涂层防护技术

## 持有单位

中国水利水电科学研究院

北京中水科海利工程技术有限公司

## 技术简介

**1. 技术来源**

省部计划，自主研发。发明名称：一种输水隧洞混凝土表面防护及防贝涂层（ZL201710245711.9）；实用新型名称：一种抽水蓄能电站输水隧洞混凝土的修补防护结构（ZL201720398086.7）。

**2. 技术原理**

该技术在研究环氧材料低温开裂机理的基础上，采用新型的环氧配合体系，通过添加纳米混合填料和氟硅等低表面能助剂，降低涂层表面能及糙率系数，研制出一种输水隧洞混凝土表面防护及防贝类涂层。该产品可有效减少或防止淡水壳菜等贝类生物附着，具有优异的抗冲磨、防渗、防碳化、抗冻融、抗背水压等性能，提高混凝土输水效率和耐久性，延长检修周期，提高运行效益。

**3. 技术特点**

SK－YEC输水建筑物防壳菜附着及功能性环氧涂层防护技术具有以下特点。①壳菜混凝土附着密度比：＜0.09，防壳菜附着效果好。②表面糙率系数：0.010，降糙效果明显。③良好的基础物理性能：拉伸强度≥15MPa；断裂伸长率≥5%；混凝土黏结强度≥4.0MPa（或基材破坏）。④裂缝扩展温度：＜－30℃，裂纹阻断能力优异。⑤出色的施工性能：适用于潮湿基面、高湿环境，1次施涂厚度1.5mm以上。

## 技术指标

表面糙率系数0.010，拉伸强度≥15MPa；断裂伸长率≥5%；混凝土黏结强度，干燥基面≥3.0MPa（或基材破坏），潮湿基面≥2.5MPa。

环境友好：符合国家标准GB/T 17219—1998《生活饮用水输配水设备及防护材料的安全性评价标准》要求。

## 技术持有单位介绍

中国水利水电科学研究院隶属中华人民共和国水利部，是从事水利水电科学研究的公益性研究机构。

北京科海利工程技术有限公司致力于新材料、新技术、新产品、新工艺的研究开发和推广应用，是集产、学、研与科、工、贸为一体的现代科技企业。

## 应用范围及前景

适用于输水建筑物混凝土表面防生物附着、降糙、抗冲磨、防渗、防碳化等修补加固技术。已成功应用于广州广蓄A、B厂引水系统隧洞防侵蚀防贝处理工程、山西禹门口暗涵改造工程、南水北调东干渠、南干渠修补防护工程、松山河口电站调压井及引水隧洞防渗处理等，总使用面积达20余万$m^2$，应用效果优异，取得了很好的经济、社会效益。

技术名称：输水建筑物混凝土表面防淡水壳菜附着及功能性环氧涂层防护技术

持有单位：中国水利水电科学研究院、北京中水科海利工程技术有限公司

联 系 人：赵波

地　　址：北京市海淀区复兴路甲1号

电　　话：010－68781465、13911174613

# 93 一种用于平原区有压输水管道的混凝土压力箱分水结构

## 持有单位

中水北方勘测设计研究有限责任公司

## 技术简介

**1. 技术来源**

自主研发。实用新型名称：一种用于平原区有压输水管道的混凝土压力箱分水结构（ZL201920569696.8）。

**2. 技术原理**

该结构为整体式现浇混凝土结构，埋置于地下，为四边形结构，有压控制，可实现多支管道汇水和分水，方便灵活，永久占地面积少，投资费用低，施工简单。可通过关闭进、出管检修阀门实现对该结构检修，其上部的排（进）气阀可实现运行及检修时的排（进）气功能，同时检修进人孔井可实现检修时进入该结构内部的功能。

**3. 技术特点**

该结构有四大特点。一是埋置于地下，永久占地面积少，结构受力好，投资费用低，施工简单方便。二是该结构为四边形结构，四边均可连接管道，可同时实现多支管道汇水和多支管道分水，方便灵活。三是可通过关闭进、出水管检修阀实现对该结构的检修，其上部的排（进）气阀可实现运行及检修时的排（进）气作用。四是检修进人孔可实现结构检修时检修人员进出的功能。

## 技术指标

该结构为整体式混凝土结构，平面尺寸为7.6m×7.6m（长×宽），顶部覆土厚度1.0m，底板、顶部及侧墙厚度均为0.8m。

该结构顶部设排气阀和进人孔，满足工程运行和检修要求。该结构周边土体均承受侧向土压力，受力条件好，结构可靠性高。

## 技术持有单位介绍

中水北方勘测设计研究有限责任公司是水利部直属综合性科技型企业，前身是水利部天津水利水电勘测设计研究院，1954 年成立。2003 年由事业单位整体改制，发展成为全国百强设计单位、全国水利优秀企业、全国水利水电勘测设计行业信用评价最高等级 AAA 单位、国家高新技术企业，在国内外享有盛誉。

## 应用范围及前景

适用于平原地区有压输水工程，为地下有压结构，可实现有压管线多支汇水和多支分水功能，适用范围较广。

典型应用案例：

石家庄南水北调配套第三设计单元输水管道工程。石家庄南水北调配套第三设计单元输水管道工程干线始于南水北调中线工程总干渠上的永安分水口门，沿途向正定县、正定新区、无极县和深泽县城地表水厂供水。线路总长度67.6km，设计最大引水流量3.76$m^3/s$，年供水量9490万$m^3$，工程核定总投资33889.23万元。正定新区分水口采用两条干管向多条支管分水，由于分水口上、下游干管、支管接口较多，选用了本技术进行施工，工程采用压力箱连接方式，压力箱上游侧管道设置检修阀门、顶部设置进入检查孔。压力箱采用封闭钢筋混凝土结构，平面尺寸为7.6m×7.6m（长×宽），箱底位于输水管道管底

以下0.6m，箱顶位于地面以下1.0m，底板、顶部及侧墙厚度均为0.8m。压力箱顶部设排气阀和进人孔，满足工程运行和检修要求。该工程2014年3月开工建设，2014年6月完工，2016年4月正式投入运行，该结构至目前共经历了5年的运行，目前运行良好。

技术名称：一种用于平原区有压输水管道的混凝土压力箱分水结构
持有单位：中水北方勘测设计研究有限责任公司

联 系 人：王建勇
地　　址：天津市河西区洞庭路60号
电　　话：022-28702455、13902191132

# 94　混凝土表面多功能成型机

## 持有单位

新疆额尔齐斯河流域开发工程建设管理局

## 技术简介

**1. 技术来源**

自主研发。发明名称：一种混凝土表面多功能成型机（ZL201610240025.8）。

**2. 技术原理**

混凝土表面多功能成型机，主要包括由一个表面锚固有 36 把长度 1.6m 抹刀的圆柱形滚筒，替代了传统的直径 1m 的抹盘，使装置与混凝土的接触由一个面变成一条线，不是大面积的挤压、振捣、提浆，确保了制缝材料不会产生位移，从而实现了振动频率可调，行走速度可变，滚筒转动频率可动可静可调。对制缝材料进行了有效保护和整形，其曲面收光功能是其他抹盘式、链式收光抹面机无法实现的，真正实现了衬砌混凝土表面整形与收光一体化施工作业。

**3. 技术特点**

传统的圆盘式、链式混凝土表面收光机只适用平面混凝土，不能满足弧形渠底渠道，同时圆盘式混凝土表面收光机通过与混凝土表面大面积接触，挤压旋转式的收光抹面，对已成型的制缝易产生位移影响。多功能混凝土表面成型机总成为圆柱形辊式结构，在圆形滚筒上布设多把抹刀，抹刀振动提浆抹面垂直作用混凝土表面，工作时与混凝土表面呈线性接触，只产生表面成型，它对伸缩缝和诱导缝中已布置的闭孔塑料板不会产生位移影响。同时能够对平面到曲面过渡和曲面甚至是连续曲面的混凝土结构表面实现连续成型作业，而且对已经置入混凝土中的结构缝材料实施了保护和顺直整形。

## 技术指标

混凝土表面多功能成型机研发应用，在国内外首创实现了混凝土表面自动提浆密实，自动整形和自动收光多功能，施工速度快，自动化程度高，提浆密实，整形、收光效果好等优点，可完成含有平面和弧面的，包括梯形渠道、圆弧底梯形等各类渠道或者平面衬砌混凝土衬砌工程表面提浆、密实、整形、收光机械一体化施工，大大提高衬砌混凝土表面质量，缩短工期，节省大量人工。

## 技术持有单位介绍

新疆额尔齐斯河流域开发工程建设管理局共有内设处室 13 个，直属单位 16 个，职工 810 余人。2012 年经自治区批复成立了额河投资公司，搭建投融资平台 6 个，实行公司化运营模式。

## 应用范围及前景

适用于长距离大型输水渠道的建设和升级改造工程，大中型农业水利工程农业灌溉渠道的建设与维护，渠道、大坝、机场、公路、护坡等工程的混凝土结构基础建设。

该项目技术提供的大型多功能混凝土成型机作为长距离大型输水渠道工程长期安全保障的关键性设备，已经在 3 个项目中得到实施，分别是新疆总干、南干渠渠底改造工程，新疆南干渠试验段和新疆总干渠改扩建Ⅲ标施工。

技术名称：混凝土表面多功能成型机
持有单位：新疆额尔齐斯河流域开发工程建设管理局
联 系 人：陈勃文
地　　址：新疆乌鲁木齐市扬子江路 241 号
电　　话：19809008491

# 95 严寒地区混凝土坝保温技术

## 持有单位

新疆额尔齐斯河流域开发工程建设管理局
中国水利水电科学研究院
北京中水科海利工程技术有限公司

## 技术简介

**1. 技术来源**

省部计划，自主研发。3件实用新型专利：大坝防渗保温一体化系统（ZL201320188966.3）；严寒区大坝保温施工专用吊篮（ZL201920619788.2）；严寒区大坝保温整体式抗冰拔结构层（ZL201920616623.X）。计算机软件著作权，软件名称：大体积混凝土不稳定温度场及徐变应力场的三维有限元计算程序V1.0（2020SRO041580）。

**2. 技术原理**

通过数值模拟仿真计算、材料遴选、设备研发、施工工艺完善等形成一套系统的混凝土坝保温技术。该技术包含大坝施工期的临时保温、越冬保温以及运行期的永久保温，通过三种保温型式保温厚度设计、保温时机优化并配以安全高效的施工技术，可有效控制大坝混凝土内外温差、上下层温差，减小坝体温度应力，有效防止坝体裂缝的产生。研发的远红外加热吊篮设备，现场永久保温可施工时间提高1倍以上。采用吸水率低的永久保温材料及防冰技术解决了传统保温材料易燃以及在长期浸水、冰拔作用下的破坏问题，真正实现了大坝“永久保温”的功能。

**3. 技术特点**

（1）该技术通过自编三维有限元仿真计算程序得出温度及应力变化规律，以此来设计不同气候条件下不同混凝土坝体的临时保温、越冬面保温及永久保温，并给出每种保温型式的最优实施时机。

（2）考虑经济性，每种保温型式采用不同的保温材料。临时保温采用聚乙烯泡沫被，越冬面保温采用棉被，永久保温采用发泡聚氨酯。该保温体系同时具备保湿功能，可防止严寒干燥地区干缩裂缝的产生。

（3）为了防止大坝上游面水位变化区永久保温材料的冰推、冰拔破坏，在水位变化区内采用密度大于70kg/m$^3$的高密度聚氨酯（其他部位采用密度45kg/m$^3$的聚氨酯），并在表面涂刷防冰拔涂料，以解决冰拔、冰推对永久保温材料的破坏。

（4）临时保温和越冬面保温施工工艺比较简单。永久保温施工质量受高空作业、低温、大风、坝面潮湿等影响较大，为此配套研制出严寒区大坝永久保温施工专用吊篮，包括防火吊篮、伸缩式防火蓬体、远红外加热器、照明装置和通风换气装置。在防火吊篮的前侧面设置施工口，伸缩式防火蓬体安装在施工口上，在靠近施工口一侧的防火吊篮内安装远红外加热器，远红外加热器通过施工口对坝体施工作业面加热。本发明结构合理紧凑，通过设置全封闭式的防火吊篮与伸缩式防火蓬体在防火吊篮内形成一个相对密闭的工作空间，即使外界气温较低，也可以通过远红外加热器对坝体的施工作业面进行加热、烘干，施工过程不受低温、潮湿坝面影响，从而实现全天候施工。

（5）该技术工艺可靠、适用性强、隔热保温效果明显、经济合理，节能环保。永久保温施工后可形成无接缝的连续壳体，耐老化性能好，在低温－50℃不脆裂，在高温150℃不流淌。永久保温材料本身无毒环保，遇火阻燃，耐弱酸、弱碱等化学物质的侵蚀。

## 技术指标

（1）大坝越冬期间，可将越冬水平面混凝土表面温度控制在5℃以上，上下游坝面混凝土温度控制在0℃以上。坝体混凝土上下层温差和内外温差分别控制在12～15℃。

（2）研发的加热式吊篮设备，可将现场喷涂聚氨酯喷涂施工时的外界气温要求由原来5℃以上降低到－10℃以上，现场永久保温可施工时间提高1倍以上。

（3）采用的坝体永久保温材料导热系数小于0.024W/(m·K)，－50℃不脆裂，防火等级可达B2级，吸水率小于3%。

## 技术持有单位介绍

新疆额尔齐斯河流域开发工程建设管理局主要承担额河流域开发工程的建设、管理和经营工作。现有工程院院士1人，教授级高级工程师20人，高级职称以上人员比例达到60%。额管局驻地乌鲁木齐市，下设管理处10余个，工程遍布阿勒泰、昌吉、哈密等地。

中国水利水电科学研究院隶属中华人民共和国水利部，是从事水利水电科学研究的公益性研究机构。历经几十年的发展，中国水科院已建设成为人才优势明显、学科门类齐全的国家级综合性水利水电科学研究和技术开发中心。

北京中水科海利工程技术有限公司致力于新材料、新技术、新产品、新工艺的研究开发和推广应用，是集产、学、研与科、工、贸为一体的现代科技企业。

## 应用范围及前景

适用于低端最低气温－50℃以上严寒、寒冷地区混凝土重力坝、拱坝保温系统设计及实际工程混凝土防裂。

该项技术已应用于新疆KLSK碾压混凝土重力坝、新疆BEJ山口电站常态拱坝、东北丰满碾压混凝土重力坝（新坝）、东北奋斗水库大坝、新疆SETH碾压混凝土重力坝等工程的保温。

典型案例：KLSK碾压混凝土重力坝。2007年至2010年应用于新疆KLSK碾压混凝土重力坝保温。KLSK大坝是我国在严寒地区修建的最高碾压混凝土重力坝，最大坝高121.5m，全坝长1583m，共分83个坝段。坝址多年平均气温2.7℃，极端最低气温－49.8℃，年温差近90℃，全年寒潮频繁，即使在气温较高的6月、7月、8月平均每月出现2～3次寒潮。采用三维有限元仿真计算程序对大坝的临时保温、越冬保温及永久保温进行了厚度设计，并根据实际浇筑计划优化了三种保温的实施时机，为施工现场提供了技术指导。临时保温采用聚乙烯被，厚度3cm，其等效放热系数78.4kJ/($m^2$·d·℃)；越冬保温采用12层棉被，厚度26cm，等效放热系数15.3kJ/($m^2$·d·℃)；大坝上下游面永久保温采用10cm厚挤塑苯板，等效放热系数为23.9kJ/($m^2$·d·℃)，在每年9—10月中旬施工。KLSK大坝共计浇筑混凝土280余万$m^3$，施工期为2007年4月—2010年10月，大坝混凝土整体防裂效果优异，未出现危害性裂缝，只在基础灌浆盖板出现裂缝114条。3个越冬水平面布设了裂缝计及渗压计，监测结果表明越冬水平面未出现开裂现象，国内第一次防止了严寒地区混凝土坝越冬面裂缝的开裂。2008年8月蓄水，至今运行近13年，坝体最大渗漏量4.7L/s，优于国内同类地区混凝土坝。

技术名称：严寒地区混凝土坝保温技术
持有单位：新疆额尔齐斯河流域开发工程建设管理局、中国水利水电科学研究院、北京中水科海利工程技术有限公司
联系人：高鹏
地　　址：新疆乌鲁木齐市扬子江路241号
电　　话：0991-5989986、13579893377

# 96 石膏基复合胶结料稳定土及构件

## 持有单位

长江水利委员会长江科学院

## 技术简介

**1. 技术来源**

自主研发。实用新型名称石膏凝固时间测定仪（ZL200620001285.1）。

**2. 技术原理**

研发的“石膏基复合胶结料”，是一种高性能新型无机胶结料，在常温下能够直接胶结土体、淤泥中颗粒表面或能够与土壤矿物反应生成胶凝物质的胶结材料，其配料组成不同而具有不同的适应性能，可任意胶结各类中低液限土壤、页岩、泥砂石混合料、淤泥、垃圾灰等，与传统材料相比，具有胶结强度高、性能好、污染少、施工工期短综合成本低等优点。

**3. 技术特点**

用和石膏基复合胶结料做结合料所得混合料的一个广义的名称，它既包括用石膏基复合胶结料稳定各种配料，也包括用石膏基复合胶结料稳定各种中粒土和粗粒土。在经过淤泥或粉碎的或原来松散的土中，掺入足量的石膏基复合胶结料和水，经拌和得到的混合料在压实和养生后，当其抗压强度符合规定的要求时，称为石膏基复合胶结料稳定土。主要应用替代水泥在河道护坡、公路工程路面基层、面层材料中的应用，可以大大减少石灰、水泥等传统胶结材料的用量，具有良好的胶结效果。

## 技术指标

（1）石膏基复合胶结料稳定土28d浸水抗压强度不小于15MPa。

（2）石膏基复合胶结料稳定土7d浸水抗压强度不小于2.5MPa。

（3）结构件制成品强度指标>C20混凝土。

## 技术持有单位介绍

长江科学院（简称长科院）始建于1951年，是国家社会公益类科研机构，隶属水利部长江水利委员会。长科院主要为国家水利事业以及长江保护、治理、开发与管理提供科技支撑，同时面向国民经济建设相关行业提供科技服务。

## 应用范围及前景

适用于河道护坡、路面基层、渠道的修筑与防渗、土堤加固、小面积浅层滑坡治理、池底层和囤水田田坎的硬化防渗等。

已推广应用于贵州开磷新型建筑材料产业园道路路面及基层路段、洪湖东分块蓄洪区工程以及湖北松滋国家循环经济试验园区高填方植生块生态护坡等项目。通过应用石膏基材料改良弃土，达到工程用土合格标准，缩短取土运距，节约工期，降低造价。通过应用石膏基材料黏结土体，制作植生块，砂垫层注浆，建造泥结石道路，充分节省水泥、砂石材料，绿色环保。

技术名称：石膏基复合胶结料稳定土及构件
持有单位：长江水利委员会长江科学院
联 系 人：曾祥
地　　址：湖北省武汉市江岸区黄埔大街23号
电　　话：027－82829311、13307190111

# 97 水工隧洞绳索钻杆双回路水压致裂法地应力测试技术

## 持有单位

长江水利委员会长江科学院

## 技术简介

**1. 技术来源**

省部计划，自主研发。开发的绳索取芯钻杆双回路水压致裂法地应力测试技术，系国内外首创。发明名称：绳索取芯钻杆双回路水压致裂法地应力测试装置及测试方法（ZL2013 10613396.2）。

**2. 技术原理**

该系统主要包含大流量水泵、高压气泵、压裂段加压管路、封隔器加压管路、管卡等硬件的研制及地应力测试过程多通道测试数据处理软件系统。可实现水利水电深埋洞室复杂岩层、欠稳定钻孔的地应力测试工作。测试深度可达1000m，可实现多通道压力/流量变化过程可视化实时监测，保证了测试结果的准确性，为工程设计与安全评价提供关键参数。

**3. 技术特点**

（1）利用绳索取芯钻杆作为地应力测试设备提升的辅助工具，并且保证了孔壁稳定，确保了地应力测试顺利进行，测试技术对环境的适应性大大提高。

（2）串联双塞的气/液压加卸压系统，适合绳索取芯钻探工艺，低水位孔情况下双塞可采用高压惰性气体对封隔器进行加压。

（3）测试系统的承压能力进行了加强，可进行千米级深钻孔的地应力测试和岩体高压渗透性试验。

（4）结合压力、流量自动采集分析系统，测试过程可实现全程可视化——所测即所见。

## 技术指标

（1）加压系统：高压水泵最大压力50MPa，最大流量15L/min；高压气泵最大压力15MPa，压裂段加压管路内径13～15mm，外径小于35mm，承压大于30MPa；封隔器加压管路内径大于2mm，外径小于15mm，承压大于30MPa；特制耐高压封隔器/印模器外径86mm，承压大于60MPa。

（2）数据采集分析系统：监测系统参数设置、实时压力/流量曲线显示、注水（气）流量（压力）最大值实时显示、测试曲线的特征压力（破裂压力、重张压力、关闭压力）实时显示。

## 技术持有单位介绍

长江水利委员会长江科学院始建于1951年，是国家社会公益类科研机构，隶属水利部长江水利委员会。

## 应用范围及前景

适用于水利水电工程深长隧洞、采用绳索钻具的深钻孔地应力测试，为隧洞设计与安全评价提供关键参数。

绳索取芯钻杆双回路水压致裂法地应力测试技术与设备系统，已成功应用于云南省滇中引水工程与新疆维吾尔自治区引额供水工程二期输水工程，圆满达到工程勘察的需求。

典型应用案例：

案例1：滇中引水工程大理Ⅰ段香炉山隧洞，最大埋深达1400m，沿线穿越多条活动断裂带，勘探钻孔一般为绳索钻具造孔，钻孔稳定性很差，这是2013年开展研发“绳索取芯钻杆双回路水压致裂法地应力测试装置及测试方法”的出发点。经过实践，不断完善了测试系统，成功完

成所有深孔测试，最大深度920m。

案例2：引额供水工程二期输水工程是目前在建最长距离的输水隧洞，线路总长877.2km。在输水工程可研阶段至初设阶段，采用该专利技术，成功完成全部500～720m绳索取芯钻孔的地应力测试。

技术名称：水工隧洞绳索钻杆双回路水压致裂法地应力测试技术
持有单位：长江水利委员会长江科学院
联 系 人：尹健民
地　　址：湖北省武汉市江岸区黄浦大街23号
电　　话：027-82820426、13707100528

# 98　水工隧洞开挖影响带补强加固复合灌浆材料

## 持有单位

长江水利委员会长江科学院

武汉长江科创科技发展有限公司

## 技术简介

**1. 技术来源**

省部计划，自主研发。改性沥青乳液与改性水泥的复合灌浆材料及其制备方法（ZL2014 10573093.7）。

**2. 技术原理**

根据水工隧洞开挖影响带岩体的渗漏水特点，以快速堵漏补强材料设计为基础，针对性研发出快速堵漏补强的沥青-水泥复合灌浆材料、丙烯酸盐灌浆材料和防渗堵漏补强的环氧树脂灌浆材料。结合三种材料性能，综合运用了沥青-水泥封堵较大渗漏水，丙烯酸盐用于细微裂隙渗漏封堵，高强度环氧树脂进行结构补强加固的特点。材料的联用，形成多维空间无裂隙弹性堵漏防水体系，建立了“沥青水泥＋丙烯酸盐＋环氧树脂”联用快速堵漏耦合工艺，实现了多功能复合灌浆材料耦合效应，对开挖影响带岩体渗漏水进行有效处理，形成一套完整的全工况快速堵漏补强灌浆整体技术方案。

**3. 技术特点**

①浆液具有较好的渗透性；②浆液具有水下不分散、不冲散性能；③固结体与岩体裂隙之间应具有足够的黏结强度，不会在水压或灌浆压力下发生脱粘、挤出破坏等失效现象；④固结体具有较高的物理力学性能，能承载压力的变化带来的破坏；⑤固结体具有较好的化学稳定性，长期水下环境服役过程中不发生化学破坏。

## 技术指标

（1）针对水工隧洞开挖影响带岩体存在有压水和动水，漏水速度快且流量大等技术难题，研发出快速堵漏沥青-水泥复合灌浆材料。该材料变形可达1.5％、高强度（60MPa以上）、高流动性、初凝时间可调（2～15min）等性能。

（2）针对岩体难以有效浸润、固结的难题，研发出防渗补强环氧灌浆材料。该材料具有高强度（80MPa以上）、高浸润渗透性（初始黏度6mPa·s，与岩体接触角为0°）、胶凝时间可调（2～106h）、水下固结性能好（湿黏接≥4MPa）和环保无毒（LD50＞5000mg/kg）等性能。

## 技术持有单位介绍

长江水利委员会长江科学院始建于1951年，是国家社会公益类科研机构，隶属水利部长江水利委员会。

武汉长江科创科技发展有限公司成立于2004年，是由长江科学院独家投资的科技企业。

## 应用范围及前景

适用于隧洞开挖影响带扰动岩体加固补强和堵漏、大埋深超长隧洞和重大地质灾害应急处置等水利水电工程地质病害处理。该项技术初始运用于西部高坝大库水电站局部地质缺陷处理，取得了一定的效果，后经不断摸索与试验，包括材料性能的耦合与匹配、现场施工工序的调整及施工设备的更新与改进，最终该项技术成功运用于溪洛渡（溪洛渡拱坝河床14号坝段复合灌浆和AGR1、AGR2灌浆平洞滴水洞段浅层化学灌浆处理）、清蓄（清远抽水蓄能电站尾支和中平洞围岩灌浆处理）及广蓄电厂B厂引水隧洞防侵蚀防贝处理上，且取得了较好的使用效果。

技术名称：水工隧洞开挖影响带补强加固复合灌浆材料
持有单位：长江水利委员会长江科学院、武汉长江科创科技发展有限公司
联 系 人：喻志强
地　　址：湖北省武汉市江岸区黄浦大街23号
电　　话：027-82829732、18674006088

# 99 水利工程输水隧洞通用新型止水防渗体系

## 持有单位

长江水利委员会长江科学院

武汉长江科创科技发展有限公司

## 技术简介

**1. 技术来源**

省部计划，自主研发。发明名称：水免疫纳米聚脲水工混凝土修补料及其制备方法(ZL201410566099.1)。

**2. 技术原理**

混凝土输水隧洞通用新型止水体系以改性硅烷胶黏剂-新型三元乙丙橡胶-喷涂聚脲形成的多层防渗结合体系。首先，在结构上设计为嵌缝-盖板一体式，U形凸出结构增加了与结构缝的贴合度，利用橡胶水胀特性和自身膨胀性封闭变形缝，阻止地下水侵入；同时，引入改性硅烷胶黏剂将止水带和混凝土有效粘接，形成橡胶止水系统与混凝土最优止水密封性能体系；最后，为增加体系的拒水能力，在外层喷涂聚脲，与橡胶止水结构共同抵制过水侵蚀，增加防渗体系安全度和改善混凝土饰面效果。该技术的运用，为混凝土输水建筑物的防渗止水提供了新的解决方案，最大限度匹配混凝土建筑物服役寿命。

**3. 技术特点**

(1) 在宏观上以优化嵌缝材料形式入手，把增加橡胶材料与混凝土缝体结构贴合度作为开发主材结构形式的基础，基于增加材料的填充性，将三元乙丙橡胶的形式进行了优化。

(2) 在微观上以开展橡胶与混凝土的黏接机理研究为突破，引入硅烷改性胶黏剂，改善了三元乙丙橡胶与混凝土的黏接与填充效果，同时大幅提高体系的防渗效果。

(3) 在结构上形成了以三元乙丙橡胶为主要填充材料，以硅烷改性胶黏剂为黏接补充填充剂，以聚脲包裹层饰面的混凝土输水隧洞通用新型止水体系。

## 技术指标

利用对有机-无机体系黏接机理的研究，引入改性硅烷胶黏剂将缝上止水带和混凝土有效粘接，干粘接强度为3.1MPa，湿黏接强度为2.6MPa，这种密封效果大大减少了变形缝渗漏水概率；充分考虑为增加体系拒水能力，在体系外层借助橡胶与聚脲专用黏接剂的黏接能力，喷涂聚脲包裹层，与橡胶止水结构共同抵制过水侵蚀，增加防渗体系的安全度。黏接强度为基材破坏，其他物理力学性能指标复合JC/T 2435—2018《单组分聚脲防水涂料》标准规定Ⅱ型要求，且环保性能优异。

## 技术持有单位介绍

长江水利委员会长江科学院始建于1951年，是国家社会公益类科研机构，隶属水利部长江水利委员会。

武汉长江科创科技发展有限公司成立于2004年，是由长江科学院独家投资的科技企业。公司下设7家子公司。

## 应用范围及前景

适用于各种类型的水利水电工程输水建筑物、引水调水工程混凝土输水隧洞、箱涵、渠道的结构缝防渗处理。

混凝土输水隧洞通用新型止水体系在南水北

调穿黄隧洞工程、清远抽水蓄能电站高压隧洞防渗处理工程、丹江口坝面防护工程等项目中得到成功应用，有效提高了混凝土防渗、抗裂、耐老化、耐外界侵蚀的能力。

技术名称：水利工程输水隧洞通用新型止水防渗体系
持有单位：长江水利委员会长江科学院、武汉长江科创科技发展有限公司
联 系 人：喻志强
地　　址：湖北省武汉市江岸区黄浦大街23号
电　　话：027-82829732、18674006088

# 100 微弯弧形跨宽槽钢筋

## 持有单位

长江勘测规划设计研究有限责任公司

## 技术简介

### 1. 技术来源

自主研发。实用新型名称：一种具有弧形钢筋的跨宽槽结构（ZL201420562707.7）。

### 2. 技术原理

针对水利水电工程大体积混凝土设置宽槽、分块浇筑遇到的跨槽钢筋承载力损失大或施工复杂、工序多等问题，采用微弯弧形跨宽槽钢筋，钢筋在不截断、基本不损失承载力的情况下可以适应3～5mm的收缩变形，从而大幅减少混凝土的温度应力，避免或减少施工期温度裂缝的产生。

### 3. 技术特点

该技术集合了直钢筋跨宽槽和先截断、后期连接的钢筋跨宽槽两类不同传统方案的优点，并有效避免了传统方案的缺点。

（1）钢筋承载力损失小。与直钢筋跨宽槽方案相比，钢筋应力承载力损失只有后者的1/10左右，且基本不影响截面强度和裂缝控制。

（2）减少工序、缩短工期。与跨宽槽钢筋先期断开、后期连接方案（挤压套筒连接方案或焊接连接方案）相比，减小了钢筋初期截断、后期连接的施工工序并降低了施工难度、提高了施工质量，缩短了施工工期。

（3）施工质量易于保证。微弯弧形钢筋在钢筋加工区加工，质量易于保证，避免了先截断、后期连接方案中施工场地狭小、质量无法保证的难题。

## 技术指标

（1）跨宽槽钢筋在宽槽部分依次为10cm长直段、长L弧段、10cm长直段。根据宽槽宽度（一般在1.2～1.5m），弧段的弧高可以设为5～10cm。

（2）当宽槽两侧混凝土收缩时，利用几何效应，钢筋弧段被全部或部分拉直，微弯弧形跨宽槽钢筋在不截断、基本不损失承载力的情况下可以适应3～5mm的收缩变形，从而大幅减少混凝土的温度应力，避免或减少施工期温度裂缝的产生。

（3）经数值模拟计算和物理模型试验验证，因温度应力产生的承载力损失，微弯弧形跨宽槽钢筋约为直钢筋跨宽槽的1/10。宽槽回填后，混凝土对微弯弧形钢筋有侧向约束作用，基本不影响截面强度和裂缝控制。

## 技术持有单位介绍

长江勘测规划设计研究有限责任公司是长江勘测规划设计研究院下属核心科技型企业，拥有中国工程院院士3人，全国勘察设计大师7人，省部级及以上人才140余人，各类科研技术人才逾千人。

## 应用范围及前景

适用于水利水电工程大体积混凝土设置宽槽、分块浇筑时，跨宽槽钢筋形式的选择。

该技术已推广应用到乌江构皮滩水电站、嘉陵江亭子口水利枢纽、江西赣江井冈山航电枢纽工程、洪湖东分块蓄滞洪区工程、南水北调中线引江济汉工程、汉江白河（夹河）水电站、汉江孤山航电枢纽、引江济淮枞阳枢纽等已建及在建工程中。

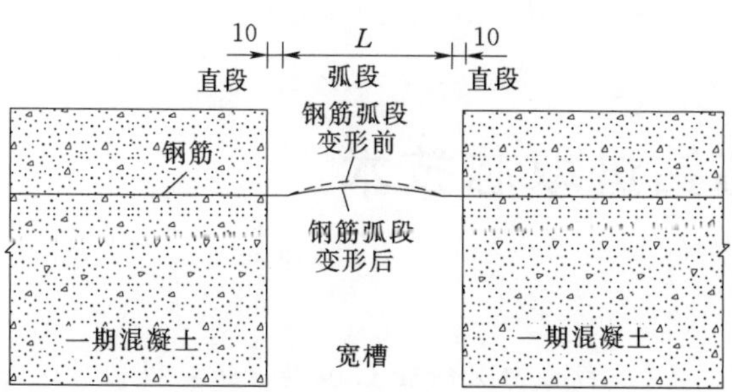


■微弯弧形跨宽槽钢筋示意图

技术名称：微弯弧形跨宽槽钢筋
持有单位：长江勘测规划设计研究有限责任公司
联 系 人：汪亚超
地　　址：湖北省武汉市江岸区解放大道1863号
电　　话：18502778568

# 101 泥衣包裹岩芯钻进取芯技术

## 持有单位

长江岩土工程总公司（武汉）

## 技术简介

**1. 技术来源**

自主研发，发明了在砂土中采用泥衣包裹岩芯的钻进取芯方法，获国家发明专利（ZL201810099006.7）。作为“南水北调中线穿黄工程勘察关键技术”的重要组成部分，获2019年度长江水利委员会科学技术一等奖；获2019年度中国大坝工程学会科技进步一等奖。

**2. 技术原理**

泥衣包裹岩芯钻进取芯技术是在对现有钻探取芯设备进行改进和复合泥浆配比研发的基础上，采用合适的钻进参数，实现在岩芯表层形成均匀泥膜，对砂土岩芯起到保护作用，达到将砂土岩芯采取率提高到100%，且保持天然的颗粒组成和结构的目的。该技术在几乎不增加成本费用的情况下，大幅提高砂土岩芯质量，易熟练掌握和推广实施。

**3. 技术特点**

（1）对现有钻探取芯设备进行改进，采用专用合金钻头，对岩芯起到刻取的效果，降低转速，维持稳定钻压，从减少钻进对岩芯的扰动；上部密封装置避免岩芯脱落。

（2）增大泥稠度浆、降低泵量、钻头开水口等措施，减少泥浆对岩芯的冲蚀。

（3）采用专门配置的泥浆，在岩芯表面形成泥衣，对岩芯包裹，免受循环液的冲刷和浸泡，加强对岩芯的保护。

## 技术指标

（1）将砂土岩芯采取率提高到100%。

（2）岩芯表层被泥衣包裹保护，使砂土岩芯保持天然的颗粒组成和结构，砂土芯样质量高。

## 技术持有单位介绍

长江岩土工程总公司（武汉）成立于1992年，原名长江水利委员会综合勘测局，现为长江水利委员会长江勘测规划设计研究院的全资子公司。公司是主要从事水利水电工程地质勘测、地质灾害防治勘查与设计咨询、工程施工、工程项目总承包等业务的高新技术企业。几十年来，公司以先进的技术和雄厚的实力，承担完成了三峡水利枢纽、南水北调中线工程、滇中引水、构皮滩水电站、白马电航、彭水电站、孤山水电站、寺坪水电站、皂市水利枢纽、长江中下游重要堤防工程、洞庭湖及洪湖分蓄洪工程等60余项国家大型重点水利水电工程的工程地质勘察、工程施工及科研工作，近几年陆续承担了安庆、九江、岳阳、襄阳、武汉、鄂州、咸宁、南京、江阴、荆州、公安、嘉鱼、绩溪等城市水环境治理工程的勘察设计或施工总承包，取得了丰硕的成果。先后荣获国家级、省部级等各种奖项100余项，同时还有近60项科研成果及国家专利。公司是我国最早从事涉外水电工程项目勘察和工程施工的单位之一，足迹涉及非洲、南美洲、大洋洲、东南亚、中亚、西亚等地区，业务领域涵盖水利水电勘察、地下水资源勘察、水运港口码头勘察以及EPC总承包等。

## 应用范围及前景

适用于水利水电、市政建设、铁路、公路等多领域工程勘察的砂土地层钻探施工。

该技术在南水北调中线穿黄工程、长江中下游重要堤防工程、洪湖分蓄洪区工程勘察中成功

应用，大幅提高了勘察成果质量，取得了显著的经济效益。

案例1：技术成果成功应用南水北调中线穿黄工程地质勘察。南水北调中线一期工程穿黄工程是国内穿越大江大河直径最大的输水隧洞，为双线隧洞，长4250m，内径7m，采用内、外两层衬砌分别承受内、外水的压力的衬砌结构。黄河砂层最厚90多m，为提高勘察成果质量，采用了泥衣包裹岩芯钻进取芯技术，完成可行性研究—初步设计阶段勘察，共完成砂层钻探进尺26513m，其中松散砂层8736m，中密—密实砂层17777m。

案例2：技术成果成功应用长江中下游重要堤防工程地质勘察。1998年长江洪水后，原国家计委农经司、水利部规划计划司和长江委就长江中下游重要堤防工程建设的具体实施安排进行了专门研究，决定对长江中下游重要堤防工程（包括长江中下游湖北、湖南、江西、安徽4省长江干堤，湖北汉江遥堤、江西赣抚大堤，长江中下游干流河道崩岸整治工程及南闸加固工程）进行加固。1999年3月—2001年5月，在长江中下游重要堤防隐蔽工程勘察工作中，采用泥衣包裹岩芯钻进取芯技术，完成钻探进尺超过10万m，其中砂层约6万m，主要为松散砂层。

案例3：技术成果成功应用洪湖分蓄洪区工程地质勘察。洪湖东分块蓄洪区位于洪湖分蓄洪区的东部，是处理城陵矶地区超额洪水，保障荆江大堤、武汉市防洪安全的一项重要工程设施。它由新建腰口隔堤、洪湖主隔堤、东荆河堤及洪湖长江干堤一起形成封闭圈，蓄洪总面积883.62km$^2$，设计蓄洪水位30.5m，蓄洪净容积61.86亿m$^3$。洪湖东分块蓄洪工程勘察可行性研究阶段—初步设计阶段，采用泥衣包裹岩芯钻进取芯技术完成砂层钻探进尺12000多m，主要为松散砂层。

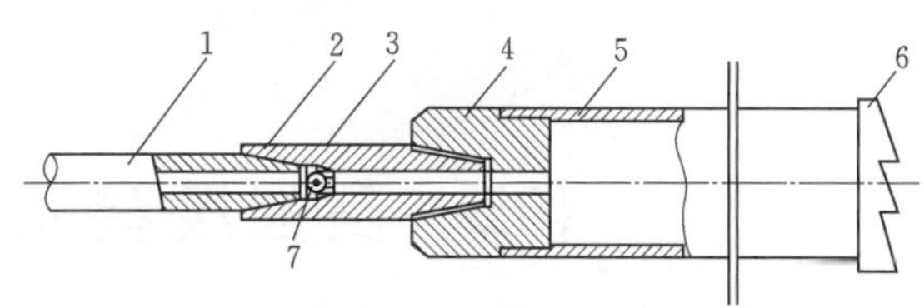


■泥衣包裹岩芯钻进取芯设备钻头结构

1—钻杆；2—钻杆接头；3—弹珠座；4—岩芯管接头；5—岩芯管；6—合金钻头；7—弹珠

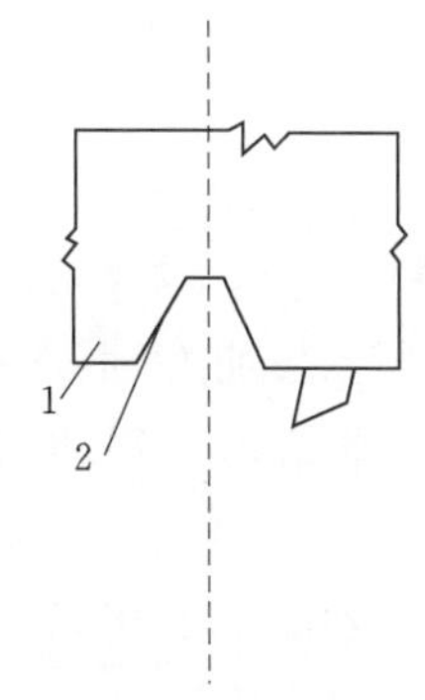


■泥衣包裹岩芯钻进取芯设备钻头结构

1—合金钻头；2—钻头水口

■泥衣包裹芯样

| 技术名称：泥衣包裹岩芯钻进取芯技术 |
|---|
| 持有单位：长江岩土工程总公司（武汉） |
| 联 系 人：张延仓 |
| 地　　址：湖北省武汉市江岸区解放大道1863号 |
| 电　　话：027-82926911、18502772198 |

# 102 高强度塑钢组合板桩及生态护岸

## 持有单位

海盐汇祥新型建材科技有限公司

## 技术简介

### 1. 技术来源

自主研发，国家发明专利：一种塑钢板桩与混凝土组合的护岸结构（ZL201510048371.1）；一种组合防渗板桩（ZL201610253388.5）；一种组合式挤出模具（ZL201510077796.5）。

### 2. 技术原理

产品是由PVC原材料经特殊配方一次挤压制作成型的强化复合材料，每片两侧设置T形等凹凸套接接头，通过塑钢板桩两端的凹槽和T形接头匹配连接，形成整体连续的护岸板墙。产品通过改良连接接头和转角连接件的组合方式，解决了渗水及高水位差时组合件抗倾覆的问题。

### 3. 技术特点

（1）产品具有较强的柔韧性，抗拉伸、抗弯强度及抗冲击性能好，并且材料绿色环保无污染、材质稳定，坚固耐久、不腐蚀、不蚁蛀、不开裂，使用寿命长。

（2）产品重量轻、施工容易，工效高，受天气影响小，后期维护费用小，大大节省了工程费用，提高了施工效率。

## 技术指标

（1）拉伸强度：43～44MPa。

（2）弯曲强度：63～71MPa。

（3）硬度（绍尔D）：77～82。

（4）密度：1.44～1.45g/cm$^3$。

（5）压缩强度：54MPa。

（6）简支梁缺口冲击强度：5.3kJ/m$^2$。

（7）悬臂梁冲击强度：4.2kJ/m$^2$。

## 技术持有单位介绍

海盐汇祥新型建材科技有限公司成立于2010年，公司内设市级高新技术研究研发中心，加大对高分子技术研发的投入，已获得多项高强度塑钢组合板桩发明专利。

## 应用范围及前景

适用于江河护岸、航道堤坝、海堤防护、圩区防洪、农田水利蓄水、水土保持，以及基坑、挡土围护工程。该技术产品已推广应用于上海浦东新区五尺沟、上海祝桥美丽乡村、浙江省海盐县于城镇邱家浜护岸工程、海盐县小麻径桥护岸工程等125个工程项目，累计销售70万m。

典型案例：五尺沟城乡中小河道综合整治工程（五期），位于上海浦东新区五尺沟，全长10km，施工前岸线驳杂，树木凌乱，采用塑钢板桩施工后河道美观，环境提升。同时，由于塑钢板桩强度高，耐冲刷，抗倾覆能力强，能有效抵挡后方土压力，CT接口式的设置进一步增强了护岸的整体稳定性；对比传统木桩护岸，板桩连接无缝隙，有效防止沙土流失。

技术名称：高强度塑钢组合板桩及生态护岸
持有单位：海盐汇祥新型建材科技有限公司
联 系 人：富方卫
地　　址：浙江省海盐县武原街道盐湖公路金星段813号
电　　话：0573－86112323、13626765106

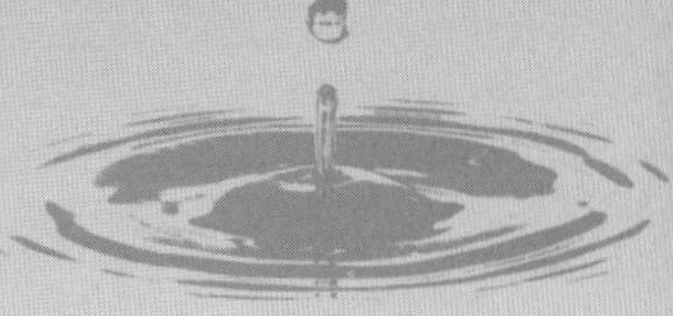

# 103 五丰生态砌块

## 持有单位

嘉兴五丰生态环境科技有限公司

## 技术简介

**1. 技术来源**

自主研发，发明名称：一种生态砌块（ZL200910099902.4）；一种生态砌块（ZL201010123591.3）；一种河道挡墙（ZL201410219476.4）。该产品于2017年5月通过了水利部综合事业局组织的新产品鉴定，鉴定结论为：产品安全稳定、生态环保、施工便捷、美观多样，总体技术水平达到了国际领先。

**2. 技术原理**

锚固孔和阻滑埂设计技术：在锚固孔内插筋灌浆，使上下砌块连成整体；产品阻滑埂防止砌块水平位移；配合土工格栅的使用，使挡墙形成整体结构。该技术解决了预制块护坡容易滑移、变形的工程难题。生态结构设计技术：产品生物腔为生物栖息繁衍提供生存空间，改善水域生态环境，美化景观。该技术解决了硬质不透水挡墙护岸破坏岸边动植物栖息生态环境的难题，有效消纳吸收部分短历时暴雨带来的面源污染。

**3. 技术特点**

（1）五丰生态砌块在起到传统的护岸护坡挡土基本功能的同时，还能为水生动植物提供良好的生存繁衍环境，挡墙水下部分能为水生动物提供觅食、栖息、繁衍和逃生避难的场所和水生植物生长的空间。

（2）挡墙水上部分则为护岸护坡植物的生长提供了生长环境。

（3）能够使护岸护坡工程整体形成良好的水生态环境。

## 技术指标

该技术采用的标准：T/ZZB 0775—2018《挡墙护坡用混凝土生态砌块》。

（1）长、宽、高尺寸允许偏差：±4mm。

（2）强度：≥C25。

（3）抗冻融：≥F50（北方地区F100/F150）。

（4）吸水率：≤5%。

（5）生态空间率：25%～60%。

（6）可持土体积率：5%～25%。

## 技术持有单位介绍

嘉兴五丰生态环境科技有限公司成立于1984年，坐落在海盐县百步省级经济开发区。公司长期从事水利、交通和市政产品自主研发生产，引进吸收国际先进生产流水线，研究应用环保再生资源，优化配方，严格品控，产品生态功能与质量独树一帜。目前公司是高新技术企业、生态砌块“浙江制造”制标及认证企业、同济大学科技产业化基地、县股改上市后备企业、县绩效评价A类企业，经两位中国工程院院士推荐，获得国家发明专利优秀奖。2019年获得海盐县政府质量奖。

## 应用范围及前景

适用于水利（河湖、渠道、围垦）、交通（内河航道、道路）和城建等各类工程护岸挡墙建设。

五丰生态砌块自2011年推广应用以来，已广泛应用于长三角骨干河道、高等级航道、河湖生态修复、水土流失防治等水利、交通、城建各个领域的护岸护坡工程建设。推广应用工程实例525个，累计推广应用约2000km，其中，扩大杭嘉湖南排工程（浙江省太湖流域水环境综合治理重点水利项目五大工程之一）推广应用约150km。

典型案例：杭州湾新区华强河整治工程、杭州湾经济开发区第十二围区围垦工程、中小河流整治安吉县城东片区一标段、湖州长兴县合溪新港治理工程、安吉县西苕溪浒溪段治程工程二标段、舟山市普陀区虾峙镇大涂面河道综合整治工程、浙江省农业综合开发2014玉环县龙溪高标准农田示范工程、湖州市南浔区练市塘林家都港段治理工程、嘉善塘南湖片区流域综合治理罗汉塘片区工程、东太湖综合整治后续工程（横泾街道）入湖河道综合整治工程、常熟市耿泾塘（耿泾塘—罗卜泾段）整治工程等。

对不同建设时间的三处生态多样性护岸工程进行较为全面的环境、生态系统调查表明：五丰生态护岸区生物多样性明显高于传统直立护岸区，浮游植物香农-维纳指数（香农-维纳多样性指数是评价生物群落局域生境内多样性最常用的指标）平均提升了40%以上；设有五丰生态护岸的河段水质相比传统直立护岸所在河段水质有明显改善，其中氨氮、正磷酸盐、总氮总磷等指标值也分别降低了15%、15%、18%和21%，Chl-a、COD等指标也都有所降低；五丰生态护岸的砌块内护坡植物生长较好，能有效消纳吸收部分因短时间暴雨的面源污染；同时五丰生态护岸为其他本地植被的恢复提供了稳定的生境，对土壤保护作用强于传统直立护岸。

■上海崇明岛湿地生态挡墙工程

■海盐百步镇超同村河道整治工程

■扩大杭嘉湖南排工程

■湖州泗安塘河道工程

■苏州高新区河道整治工程

技术名称：五丰生态砌块
持有单位：嘉兴五丰生态环境科技有限公司
联 系 人：梁玲琳
地　　址：浙江省嘉兴市海盐县百步镇五丰工业园区
电　　话：0573-86788888、18957320018

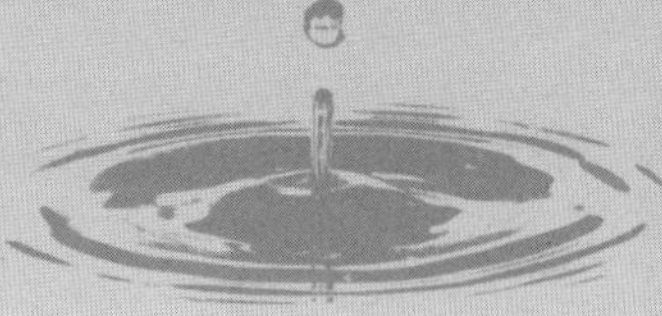



# 104　纳米（纳硅）混凝土及钢结构防护涂层

## 持有单位

重庆卡勒斯通科技有限公司

长江水利委员会长江科学院

## 技术简介

**1. 技术来源**

自主研发，获“一种混凝土表面防碳化纳米涂料及其制作工艺”等5项国家授权发明专利。

**2. 技术原理**

“纳硅”涂料基于“荷叶效应”仿生原理设计，采用溶胶-凝胶技术制备纳米二氧化硅粒子，通过硅氧烷偶联剂进行纳米粒子改性，运用纳米自组装技术实现纳米粒子的可控生长，制备成具有空间三维网状结构的纳米材料，该材料粒径小、比表面积大、表面能高，可在常温下固化成高固含的钝性结晶膜。

**3. 技术特点**

该结晶膜呈独特的微纳二元粗糙表面结构，拥有界面效应、量子尺寸效应、宏观量子隧道效应，兼具二氧化硅的物理、化学稳定性及纳米结构的量子光学特性。“纳硅”涂层具有高附着力、高疏水、高硬度、高耐磨、高耐化学品、高耐候等优异的物理、化学性能。

## 技术指标

（1）细度：$\leqslant 0.1\mu m$；硬度：$\geqslant$6H。

（2）耐人工加速老化性：$\geqslant$10000h，漆膜无起泡、剥落、粉化。

（3）耐碱性［饱和 $Ca(OH)_2$］：$\geqslant$5000h，漆膜无异常。

（4）耐酸性（$H_2SO_4$ 浓度5%）：3个月，漆膜无异常。

（5）耐盐水性（饱和盐水）：$\geqslant$5000h，漆膜无异常。

（6）耐盐雾性：$\geqslant$2000h，漆膜不起泡、不脱落。

（7）附着力（拉拔法）：$\geqslant$8MPa。

（8）耐化学品性（10% NaOH，10% $H_2SO_4$）：3个月，漆膜无异常。

（9）抗氯离子渗透：$2.1\times10^{-6}mg/(cm^2\cdot d)$。

## 技术持有单位介绍

重庆卡勒斯通科技有限公司成立于2014年，是一家集纳米涂料的研发、生产、推广及应用为一体的国家高新技术企业。拥有企业级独立研发平台，攻关混凝土及钢结构基础设施表面病灾害治理的科技难题，提供诊断、咨询、设计和管理的关键技术。承担多项国家级科技项目，拥有多项国家发明专利及科技成果。公司主要研发的“纳硅”涂料，具有独立的知识产权（国家发明专利5项；实用新型专利6项）。近年来，“纳硅”涂料成功应用于国内各类大中型混凝土和钢结构表面防腐及病灾害治理中。

长江水利委员会长江科学院始建于1951年，是国家非营利科研机构，隶属水利部长江水利委员会。长科院为国家水利事业，长江流域治理、开发与保护提供科技支撑，同时面向国民经济建设相关行业，以水利水电科学研究为主，提供技术服务，开展科技产品研发。

## 应用范围及前景

适用于大坝、水闸、泵站、堤防、港口、码头、桥梁、隧道、核电、房建、市政等各类混凝土和钢结构构筑物。

纳米（纳硅）混凝土及钢结构防护涂层在国

内多地区的水利、市政等150个基础设施养护中得到推广应用，累计销售95t。

典型工程：已在丹江口水利枢纽水位标尺涂装项目（南水北调中线控制工程）、都江堰人民渠钢闸门防腐项目（全国最大灌区）、福建向金门供水工程跨海管桥防腐项目（国家重大水利工程）、观景口水利枢纽工程水位标尺涂装项目（国家172重大水利工程）、龙滩水电站警示标语纳硅涂装项目（大唐电力重点水电项目）、王甫洲水利枢纽纳硅水位标尺-警示标语涂装项目、沙坨水电站厂房-防浪墙-水位井等纳硅防腐涂装项目、马马崖水电站大坝钢护栏-防浪墙-水位标尺纳硅涂装项目、水洛河固滴水电站水位标尺涂装项目、湖南岳阳污水处理厂纳硅涂装项目、山东某闸门厂闸门及混凝土导轨纳硅防腐涂装项目、合肥市政桥梁病害维修工程、重庆市政彭家花园隧道群纳硅涂装项目、广西桂林市政蜈蚣山-犁头山隧道纳硅防腐涂装项目、重庆市黔江区光明隧道-正阳隧道-迎宾大道隧道群、舟白复线隧道纳硅防腐涂装等项目中应用。

■西昌水洛河固滴水电站水位标尺纳硅涂装项目

■广西桂林蜈蚣山犁头山隧道纳硅防腐项目

■闸门的混凝土导轨纳硅防腐涂装

■湖北丹江口项目

技术名称：纳米（纳硅）混凝土及钢结构防护涂层
持有单位：重庆卡勒斯通科技有限公司、长江水利委员会长江科学院
联 系 人：张学明
地　　址：重庆市九龙坡区凤笙路27号附5号
电　　话：023－88597728、13901193557

# 105 EIC重力坝结构与安全分析软件

## 持有单位

中水珠江规划勘测设计有限公司

## 技术简介

**1. 技术来源**

自主研发。软件名称：EIC重力坝结构与安全分析软件V1.0。原始取得，计算机软件著作权，登记号：2018SR355382。

**2. 技术原理**

该软件紧密结合了我国重力坝的有关规范，在大量基础研究和工程案例调研的基础上，运行用计算语言编写可视化软件，集成了重力坝主要结构设计和安全分析的计算功能。

**3. 技术特点**

（1）该技术是专门针对重力坝结构设计和安全分析而研发的一款辅助设计分析软件。软件紧扣规范，使用便捷，并经过调试、校审、测评，在若干工程中得到了应用，具有很好的实用性和可靠性。

（2）软件适应性于多种复杂工程地质条件下的重力坝结构设计和安全分析，对坝体应力、单坝段抗滑、多坝段联合抗滑、表层抗滑、浅层抗滑、深层抗滑和侧向抗滑稳定问题提供了很好的分析工具，对坝基失稳还提供了较多的治理措施和相应的分析功能。

（3）软件可视化界面简洁友好，设计流程自动化、参数化、程序化以及设计成果自动生成等特点，有利推进大坝工程设计和安全分析标准化，提高设计和分析的效率。

## 技术指标

该软件针对重力坝结构设计和安全分析而研发的一款非嵌入式的工程辅助设计与计算软件，应用环境：CPU≥2GHz；RAM≥1GB；硬盘≥1GB；系统Windows XP、Vista、Win7/8/10；Microsoft Office。软件容易操作，易于安装和卸载，在规定的主要系统环境下可正确运行。

## 技术持有单位介绍

中水珠江规划勘测设计有限公司是国务院确定的178家大型勘测设计单位之一，是珠江委控股的国有高新技术企业，是广州市首批认定总部企业。

## 应用范围及前景

适用于重力坝结构设计和安全分析，特别可以应于多种复杂地质条件下的大坝安全抗滑稳定分析。

案例：该软件已被广东珠荣工程设计有限公司应用于贵州三都县拉古纳水库工程（中型）和贵州岑巩县都素水库工程（中型）的结构设计和安全分析，被中水珠江规划勘测设计有限公司应用于贵州朱昌河水库工程（中型）的结构设计和安全分析。

技术名称：EIC重力坝结构与安全分析软件
持有单位：中水珠江规划勘测设计有限公司
联 系 人：王政平
地　　址：广东省广州市天河区天寿路沾益直街19号
电　　话：020-87117585、13560345539

# 106 生态加筋土结构

## 持有单位

马克菲尔（长沙）新型支档科技开发有限公司

## 技术简介

**1. 技术来源**

自主研发。

**2. 技术原理**

该生态加筋土结构由加筋格宾、绿色加筋格宾、高韧性聚酯纱线集束格栅组成。填方工程或半挖半填工程，当遇到占地受限，不能采用自然放坡时，采用生态加筋土结构是非常合适的解决方案。加筋格宾和绿色加筋格宾由经特殊防腐处理的低碳钢丝经机编而成的六边形双绞合钢丝网组合而成的构件，面墙与筋材为同一网面制成，加筋格宾面墙网箱填充石料，可做成直立式或阶梯式的加筋结构。

**3. 技术特点**

(1) 基础承载力要求低。生态加筋土结构通过土体加筋提高挡墙稳定性的同时，降低挡墙自身重度，从而使挡墙基础的承载力要求降低。

(2) 结构是柔性结构，能适应地基较大的不均匀变形。

(3) 施工简便。加筋土的组成构件（面板、筋材等）均可以预制，除需压实机械外，施工时一般不需配备其他机械，施工效率高，可缩短工期。

(4) 生态性好。面板属于多孔隙结构，真正做到结构与周围自然环境和谐统一，结合一定的绿化措施（插枝），还能实现达到快速高效的绿化效果。

## 技术指标

(1) 加筋格宾和绿色加筋格宾：网孔型号M8，$M$=80mm，公差0mm/+10mm。网面钢丝直径2.7mm，网面钢丝金属镀层克重≥233g/m$^2$。网面拉伸强度不小于42kN/m，翻边强度不小于35kN/m。金属镀层铝含量≥4.2%。

(2) 钢丝有机涂层技术参数（高耐磨有机涂层）：参照JB/T 10696.6—2007《电线电缆机械和理化性能试验方法　第6部分：挤出外套刮磨试验》的实验方法，对钢丝施加20N的垂直作用力，在刮磨100000次后，有机涂层不应破损；有机涂层冲击脆化温度≤－35℃；对有机涂层网面加载50%的名义拉伸强度荷载时，双绞合区域有机涂层不应出现破裂情况。

## 技术持有单位介绍

马克菲尔（长沙）新型支档科技开发有限公司成立于2006年3月，是意大利百年企业马克菲尔集团在华投资的第一家外商独资企业。公司拥有双绞合六边形金属网系列、土工合成材料、钢纤维等完善的产品体系，产品通过严格的BV认证。公司将通过整合这些新材料的优势，为客户提供完整成套的技术方案、现场技术服务和产品技术咨询服务。2008—2009年期间，马克菲尔加大在华投资，在天津陆续建成马克菲尔（天津）柔性支档有限公司，马克菲尔（天津）钢纤维有限公司，马克菲尔（天津）土工合成材料有限公司。

## 应用范围及前景

适用于水利、公路，房地产，铁路，矿业，机场，环境工程，声障系统，景观工程，海岸防护等领域。生态加筋土结构已得到广泛应用。在

国内，已在贵州、湖南、黑龙江、四川、湖北、台湾等地水利、高速公路、机场等领域应用；在国外，马来西亚、新加坡、欧洲十多个国家和地区均有大量应用实例。

典型案例：贵州省剑河清水江防洪堤项目、张家界仙人溪河道综合整治工程二期项目，通过生态加筋土结构能够节省用地，利用开挖弃方及生态绿化技术，社会效益、经济效益与生态效益显著。

技术名称：生态加筋土结构
持有单位：马克菲尔（长沙）新型支档科技开发有限公司
联 系 人：张勇强
地　　址：湖南省长沙市宁乡经济开发区谐园北路205号
电　　话：0731-87744577、13467698646

# 107 SmartBall® 自由行进式管道泄漏检测技术

## 持有单位

赛莱默（中国）有限公司

## 技术简介

### 1. 技术来源

自主研发。

### 2. 技术原理

SmartBall®（智能球）是一种基于声学原理，通过在带压输水的管道中自由滚动的球体检测管内异常声波，以定位泄漏和滞留气囊的检测技术。智能球由泡沫球套和水密性合金小球一起构成。水密性合金小球内有电池组、电子元件和仪器仪表（内含声传感器、三轴加速度计、三轴磁强计，可与GPS进行时间同步的超声波发射器以及温度感应器）。检测时将球体投放进管道，球体受水流推动向下游滚动，用回收网回收智能球。在检测期间，智能球在管道内的位置通过安装在管道沿线的传感器跟踪，所采集的跟踪数据用于提高漏点的定位精度。将智能球中数据导出后分析，即可判断有无漏点及气囊，给出漏点及气囊的位置，并可估计漏量大小。

### 3. 技术特点

（1）泡沫球套不仅为设备提供了更大的受力面积，为智能球在管道内的随水流滚动提供必要条件，同时还能避免因合金球体在滚动时直接与管壁接触而产生低频噪声。

（2）特别适合由于供水需求无法实现停水检修的重要供水管线，在无须停运管线的条件下，一次投入智能球检测可以完成20km管线检测。

（3）漏点产生的噪声强度和漏点处的压力差相关，如果漏点处压力差太小或没有压力差，产生的噪声强度太小，容易导致智能球无法收集到泄漏噪声，但辨别气囊的位置对压力没有要求。

## 技术指标

（1）适用于不小于DN300的各种材质管道，要求管道流速不小于0.15m/s，压力不小于0.1MPa。

（2）可检测出小至0.1L/min的微小漏点。

（3）漏点及气囊定位误差为相邻传感器间距的0.5%。

（4）具备漏量标定条件时，可估计漏点的漏量。

## 技术持有单位介绍

赛莱默是全球领先的水技术公司，公司的产品和服务专注于市政、工业、民用和商用建筑等领域的水输送、水处理、水测试、水监测和水回用。

## 应用范围及前景

适用于调水工程、城市水源及引水工程及配套供水管网中大口径的主干管线，检测期间管线无须停运。自智能球在中国推广以来，先后在14家自来水公司对多条管线进行泄漏检测，完成检测160多公里，发现60多处漏点、20多处气囊，其中有多处漏点经开挖得以验证。

技术名称：SmartBall® 自由行进式管道泄漏检测技术
持有单位：赛莱默（中国）有限公司
联 系 人：杜晓蕾
地　　址：上海市长宁区遵义路100号虹桥南丰城A座
电　　话：021-22082910、22082999

# 108 钢坝闸门

## 持有单位

扬州楚门机电设备制造有限公司

## 技术简介

**1. 技术来源**

自主研发，专利名称：水景闸门（ZL201621188065.4）。

**2. 技术原理**

水景钢坝是一种新型可翻转挡水装置，包括翻转闸门、导水管、水泵、动力装置。它将导水管布置在闸门的门叶上，当遇到不同水流情况，通过控制导水管内的水量来改变门叶的质量，从而调整门叶的固有频率，避开外部水流的频率区域，将振动造成的不利影响控制在最小范围内，确保闸门结构安全。出水口的顶端设置喷水装置，通过控制水泵和阀门形成喷泉的景观效果，进一步产生美好的艺术效果。喷水装置中还可以集成照明音乐装置，或将激光与喷嘴相结合形成激光式的水景喷泉。

**3. 技术特点**

水景钢坝结构简单、易于控制、实施成本低、性能可靠，可以避免振动对坝体产生的巨大的破坏，并适应各种水流环境。它将拦河坝与水景系统的实用功能巧妙地结合在一起，使其既具有拦河坝的蓄水防洪、泄洪调节水位的功能，又是一道美丽的水利风景线。

## 技术指标

（1）水景钢坝闸门单跨最大跨度≥70m，高度≥3m；闸门轻量化设计后减重≥0.3t/m；双拐臂同步驱动（误差≤1mm）、开度0°～90°范围可调。

（2）水景钢坝防汛预警数据延时≤1s，水位监测精度误差≤1mm。

（3）可有水处理功能，清污净化后水体满足Ⅳ类以上水质标准。

（4）漂浮物的高效清除（达到1.6$m^3$/s以上）。

（5）无阻水断面轴底密封止水结构止漏水量≤0.06L/(s·m)。

## 技术持有单位介绍

扬州楚门机电设备制造有限公司成立于2001年，是专业从事景观水闸、集成式启闭机、液压启闭机、船闸、电气自动化系统、微机与视频监控系统、铸铁闸门等水工产品研发和制造的专业公司。公司开发的专利产品有钢坝闸门、水景钢坝闸门、双向旋转闸门、闸门启闭机；生产产品有：钢坝闸、水景钢坝闸、集成式启闭机、大型液压启闭机、闸门系列、电气自动化系统、微机与视频监控系统等。

## 应用范围及前景

适用于防洪、景观水闸、湿地蓄水、城市蓄水、城市水景观、电站、船闸、水库、河道整治等场所。

已有10个项目的15套水景钢坝已经投入运营，分别是南阳温凉河、郑州航空港梅河整治工程、郑州航空港瑞宸双鹤湖工程、望谟县望谟河综合治理工程水闸（一期）项目王母水闸工程、陕西太白县红岩河石沟河县城段拦水坝工程一期、福建省长汀县金沙河汀江水系连通工程、临沂市经济开发区李公河水景钢坝工程、罗山县县城内河小黄河治理工程、郑州市贾鲁河综合治理工程水景钢坝采购项目、通江县城区锦江花园闸坝工程。因其具有的实用性、环保性和美观性、观赏性，水景钢坝一经推出，就得到了业主和当地市民的一致好评。

■南阳温凉河水景钢坝安装图（左）及白天景观（右）

技术名称：钢坝闸门
持有单位：扬州楚门机电设备制造有限公司
联 系 人：李艳
地　　址：江苏省扬州市广陵产业园元辰路9号
电　　话：0514－87467526、18118218363

# 109 eISU-R10型物联网一体化雨量站

## 持有单位

北京艾力泰尔信息技术股份有限公司

## 技术简介

**1. 技术来源**

自主研发。专利名称：基于物联网的一体化免维护雨量站（ZL201820760948.0）。

**2. 技术原理**

雨量站是一款基于物联网技术（NB-IOT）与水文业务相结合而研发的新产品。物联网一体化雨量站可对降雨量24h无间断自动监测，能够及时上报雨量和工程数据，并可通过中心平台进行监控，处理突发情况。雨量站采集单元通过内置蓝牙模块与“物联管家”手机APP连接进行相关操作，主要功能为读参设参、历史数据读取、发送测试报、发送校时报、数据清空、重启设备、恢复出厂、远程升级等。

**3. 技术特点**

该产品具有覆盖广、低功耗、低成本、大容量等特点，有效解决了传统产品功耗高，需配备大容量蓄电池以及太阳能电池板、施工负责，成本较高等问题。设备能够兼容0.2mm、0.5mm、1mm翻斗式雨量筒。

## 技术指标

（1）承雨口内壁深度应不小于100mm，内径尺寸为$200^{+0.60}_{0}$mm，外刃口角度：40°～45°。

（2）工作温度：－10～＋55℃；工作湿度：相对湿度≤95％RH（40℃时）；静态值守电流：≤100μA。

（3）分辨力：0.1mm/0.2mm/0.5mm/1mm；准确度：≤4％；重复性：≤1％；存储容量：32MB。

（4）通信协议：标准水文规约或用户指定。

（5）防护级别：IP65；平均无故障时间：＞20000h。

## 技术持有单位介绍

北京艾力泰尔信息技术股份有限公司，成立于2004年，新三板挂牌企业，是一家以“物联网＋AI”技术为核心，面向涉水行业提供大数据解决方案、人工智能产品、物联网云服务的国家高新技术企业。除北京总部外，公司在黑龙江、吉林、山东、江西、广西、贵州等省（自治区）建立了分（子）公司及办事处。拥有水文水资源调查评价甲级资质（含水文分析与计算）、水资源论证资质、信息技术服务运行维护资质等相关资质证书，取得了发明专利、实用新型专利、外观设计专利、软件著作权证书等近百项。艾力泰尔获评“2020中国IT服务最具创新价值行业应用案例奖”。

## 应用范围及前景

适用于物联网一体化雨量站。eISU-R10型物联网一体化雨量站可作为水情自动测报系统、防汛指挥系统、洪水预报系统等的终端传感设备。

目前该系统已经在宁夏、广西等地方安装使用，已推广应用27台/套。

技术名称：eISU-R10型物联网一体化雨量站
持有单位：北京艾力泰尔信息技术股份有限公司
联 系 人：吴亚琦
地　　址：北京市海淀区西四环北路新奥特科技大厦北四楼
电　　话：010-88877260、13717661156

# 110 山洪灾害运行维护管理系统 V1.0

## 持有单位

北京国信华源科技有限公司

## 技术简介

### 1. 技术来源

自主研发。“基于物联网的中小流域暴雨洪水预报关键技术及应用”获大禹水利科学技术奖（三等奖），“江西省山洪灾害风险防控关键技术及应用”获赣鄱水利科学技术特等奖，“山洪灾害风险防控关键技术及应用”获江西省科技进步一等奖。

### 2. 技术原理

山洪灾害运行管理平台实现山洪灾害监测预警设施设备运行状态的实时监测，利用监测数据对设备进行健康状态评估，及时发现故障并提醒县级管理人员派发维修工单。利用信息化系统省级管理人员可实时自动化监管，及时掌握各市的运行管理情况，市级管理人员可利用管理系统及时检查各县运维工作的开展情况。乡镇和村的管护人员可及时上报设施设备的损坏情况。利用信息化管理手段，补齐山洪灾害监测预警设施设备的运行维护短板。

### 3. 技术特点

（1）健康状态评估算法是山洪灾害运行管理自动化的核心技术，通过连续的收集充电电压、电池电压、信号强度、工作日志、监测数据等信息，结合趋势分析研发设备健康状态评估模型，通过连续跟踪设备的工况信息实现健康状态评估。当设备离线、监测数据异常或工况异常时，自动生成任务单，并通知设备维护人员，自动启动设备维护工作流程，实现对设备运行维护的全自动管理。

（2）GPS定位技术可为用户提供随时随地的准确位置信息服务。将GPS接收机接收到的信号经过误差处理后解算得到位置信息，再将位置信息传给所连接的设备，连接设备对该信息进行一定的计算和变换（如地图投影变换、坐标系统的变换等）后传递给移动终端。

（3）工作流技术（Workflow）就是工作流程的计算模型，即将工作流程中的工作如何前后组织在一起的逻辑和规则在计算机以恰当的模型进行表示，并对其实施计算。工作流管理系统（Workflow Management System，WfMS）的主要功能是通过计算机技术的支持去定义、执行和管理工作流，协调工作流执行过程之间以及群体成员之间的信息交互。

## 技术指标

山洪灾害监测预警设备管理系统主要实现对监测预警设备的生命周期管理，对预警设备等信息进行登记管理，实现设备信息随时查、随地看的目标。通过运用物联网技术，为每个设备生成一个身份标识二维码，将建设或发放的山洪灾害防御装备进行登记标识，具有通信功能的收集其工况，无通信功能的记录其发放信息。对进行健康评估，及时提醒运维人员处理设备异常，监控设备运行状态，提高山洪灾害设备的在线率，保障设备稳定运行。

## 技术持有单位介绍

北京国信华源科技有限公司是致力技致力于水利物联网和智慧水务产品研发的高新技术企业，专注于水利行业智能化发展的智能感知技术、物联网通信技术、大数据分析技术、物联网平台及人工智能预警模型的设计研发，为水利行

业提供完善的“物联网＋智慧水利”解决方案、系统建设及运维服务。

## 应用范围及前景

适用于已建山洪灾害、基层防汛项目和工作。该技术产品已成功应用于江西省 2019 年度山洪灾害防治预警设施设备监控维护管理系统采购项目。

技术名称：山洪灾害运行维护管理系统 V1.0
持有单位：北京国信华源科技有限公司
联 系 人：黄赛
地　　址：北京市西城区广安门内大街甲 306 号楼 825 室
电　　话：010－63205221、13311565535

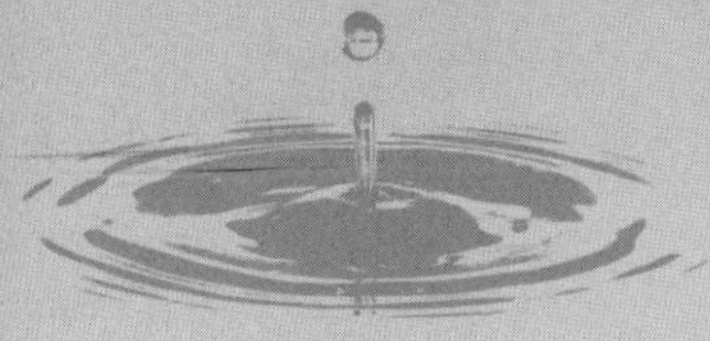



# 111 水库安全综合管理系统 V1.0

## 持有单位

北京国信华源科技有限公司

## 技术简介

### 1. 技术来源

自主研发。水利部2018年、2019年水库安全度汛视频会议的指示，结合各省（自治区、直辖市）水利（水务）厅（局）公布的水库安全度汛“三个责任人”履职要求，公司围绕三个责任人履职尽责要求，建设水库三个责任人辅助系统。

### 2. 技术原理

该系统包括：水库雨水情监测设施设备；水库预报终端；三个责任人管理APP；远程云服务系统；水库下游预警系统。通过该系统，使三个责任人了解掌握水库基本情况和实时雨情、水情、工情，增强预警信息发布和险情灾情上报能力，提前采取有针对性的安全防范措施，实现水库三个责任人从有名到有实。

### 3. 技术特点

（1）智能感知技术：自动雨量站、水位站、流量监测站集智能传感、数据采集、存储、计算、传输、预警等功能于一体，支持2G/3G/4G/NB-IoT/LoRa通信。可对水雨情数据进行实时监测，监测到超阈值数据可自动向管理平台、管理人员手机和下游受威胁区域预警设备进行预警。

（2）物联网通信技术：水库泄洪（放水）预警系统的监测站、预警站均支持2G/3G/4G/NB-IoT通信和MESH组网，即可对水雨情数据进行实时采集并上报管理平台，又可通过MESH组网技术实现水库下游15km泄洪影响区域监测预警设备无线组网，覆盖范围最大可达到30km$^2$。

（3）物联网云平台：国信物联网云平台即可为各水库已建监测、预警设备提供云管边端等产品接入，又可监测预警设备提供安全可靠的连接通信能力。向下连接海量设备，支撑设备数据采集上云，向上提供云端API，服务端通过调用云端API将指令下发至设备端，实现远程控制。也提供方便快捷的设备管理能力，支持物模型定义，数据结构化存储，和远程调试、监控、运维。

（4）小流域洪水预报模型：结合实时雨水情和气象预报数据，实时动态的分析区域内洪水风险情况，从而为防汛抢险、风险预警、应急调度等服务。

## 技术指标

该系统为水库提供全面的监测预报预警技术，具有云预报和自监测、自预报、自预警（“一云十三自”）的功能。系统平台集GIS系统、物联网、云平台等先进技术于一体，实现水库水雨情感知、工作流程追溯、预警在线发布、设备状态管理等功能；监测预警设备集雨水视频采集、数据实时上报、本地预警分析、超警自动发布、人工一键预警、预警层层传递于一身。

## 技术持有单位介绍

北京国信华源科技有限公司是致力技致力于水利物联网和智慧水务产品研发的高新技术企业，专注于水利行业智能化发展的智能感知技术、物联网通信技术、大数据分析技术、物联网平台及人工智能预警模型的设计研发，为水利行业提供完善的“物联网+智慧水利”解决方案、系统建设及运维服务。“基于物联网的中小流域

暴雨洪水预报关键技术及应用”获大禹水利科学技术奖（三等奖），“江西省山洪灾害风险防控关键技术及应用”获赣鄱水利科学技术奖（特等奖），“山洪灾害风险防控关键技术及应用”获江西省科技进步奖（一等奖）。

## 应用范围及前景

适用于小型水库的雨水情监测，洪水预测预报、大坝安全监测、水库下游预警能力建设等。

应用实例：广西桂平市山洪灾害防治项目水库下游预警能力建设项目（桂平市 29 个水库 2019 年共建设 290 套设备）、贵州省安顺市杨家桥水库、娄家坡水库安全监测项目。

■全国第一个省级水库安全预警项目能覆盖广西 400 余座中小型水库

■广西水库下游预警案例

■水库水电站最小下泄生态流量监管案例

技术名称：水库安全综合管理系统 V1.0
持有单位：北京国信华源科技有限公司

联 系 人：黄赛
地　　址：北京市西城区广安门内大街甲 306 号楼 825 室
电　　话：010－63205221、13311565535

# 112 基于广义水平衡演化的区域干旱评价技术

## 持有单位

中国水利水电科学研究院

## 技术简介

### 1. 技术来源

国家计划。该技术作为项目“气候变化对区域水资源与旱涝的影响及风险应对关键技术”的创新性成果之一，获得了2018年国家科学技术进步二等奖1项；获发明专利1项，发明名称：一种内陆河三元结构的干旱评价系统（ZL201610787968.2）。

### 2. 技术原理

干旱事件的本质是极端水循环过程，其演变机理与规律的识别需遵循水循环的基本原理；核心是干旱事件对社会经济系统和生态环境系统的影响，需综合考虑水循环系统、生态环境系统、社会经济系统与水利工程系统，将干旱情景下水资源赋存态势与区域需耗水规律相结合。基于上述原理，构建了基于广义水平衡演化的区域干旱评价技术。该技术既解决了气象干旱、水文干旱、农业干旱、生态干旱等干旱评价结论难以直接应用于多尺度干旱应对的“最后一公里”难题，也解决了不同区域间干旱事件评价“指标不一、等级标准不同、结论不可比”的难题。

### 3. 技术特点

(1) 以“自然-人工”二元水循环理论为指导，以水资源系统为对象，突破了以单一要素、单一过程为对象的传统评价模式，明晰了干旱时段区域水资源供需关系失衡特征及其演变；紧密围绕抗旱水源保障及调配需求，研制了极端情景下多水源-多用户水资源配置技术，创建了基于广义水平衡演化的区域干旱评价技术；融合“点”（站点、断面等）、“线”（河流）、“面”（湿地、农田、城市、区域等）、“体”（地表-土壤-地下立体水循环体系）等多要素对常态和极端水文过程的响应机理，提出了区域干旱评价的通用方程并制定了等级评价标准，在东辽河、白洋淀、渭河、滦河等实证研究中，表明该技术的评价结果要比SPI指数、Palmer指数和缺水率指标的评价更为客观、准确。

(2) 该技术揭示了近60年来黄淮海地区干旱演变规律。结果表明，20世纪60年代以来海河、黄河流域偏旱年出现的频次较高，整体处于偏干的阶段，已经出现了由干向湿转变的信号；而淮河流域的阶段性特征不明显，在空间上，旱灾高发区分布呈大分散、小集中的特点，且由海河流域、淮河流域向黄河流域转移，且旱灾范围逐渐增大。其中，旱灾高频区在春季位于海河南系，在夏季位于海河南系、淮河下游、陕甘地区，在秋季位于冀南、豫北、淮河流域下游，在冬季位于渭河流域、豫西地区。

## 技术指标

基于技术原理构建的基于广义水平衡演化的区域干旱评价技术，具体计算步骤如下：水资源系统概化；计算水资源异常指标；构建干旱评价通用方程；确定干旱等级标准，将干旱划分为5个等级（极端干旱、严重干旱、中度干旱、轻度干旱、无旱），针对不同土地利用类型、不同流域根据实际情况使用不同的阈值。评价技术提出的区域干旱评价的通用方程并制定了等级标准，实证研究表明该技术的评价结果要比同类技术的评价更为客观、准确。

该技术作为成果“气候变化对旱涝灾害的影响及风险评估技术”的创新性成果之一，在水利部国际合作与科技司组织的鉴定中，专家一致认为“建立了气候变化背景下区域旱涝事件评价理论与方法”“在我国以黄淮海为重点的区域得到了广泛应用”“在理论与方法上取得了重大进展”“成果整体达到国际领先水平”。

## 技术持有单位介绍

中国水利水电科学研究院是水利部直属的国家级社会公益性科研机构，研究领域已覆盖水文水资源、水环境与生态、防洪抗旱与减灾、泥沙与水土保持、农村水利、水力学、岩土工程、水工结构与材料、工程抗震、水力机械与机电、自动化、工程监测与检测、新能源、遥感技术及应用、水利史与水文化、牧区水利等18个学科、93个专业方向。该院水资源研究所主要从事水文水资源领域的理论、应用基础与应用研究，包括水循环基础理论、模拟技术与水资源评价、规划、配置、节约、调度、管理、保护及宏观战略研究，以及重大水利工程咨询、国际涉水事务合作；是流域水循环模拟与调控国家重点实验室、水利部水资源与水生态工程技术研究中心的技术支撑单位，拥有延庆试验基地水资源与水土保持工程技术综合试验大厅等科研试验条件平台；具有水文、水资源调查评价甲级资质和建设项目水资源论证甲级资质。先后主持完成了国家重大科技专项以及国家自然科学基金项目等100余项。获国家科技进步奖6项；全球人居环境绿色技术奖1项；省部级科技进步奖29项。

## 应用范围及前景

适用于雨养区、灌区、河湖湿地等典型类型区，内陆河干旱区、喀斯特地区等气候地貌区，流域和区域整体的干旱评价。

案例1：黄河勘测规划设计有限公司认为该技术从水资源系统的角度构建了干旱评价通用方程及等级标准，对指导实践具有重要的价值，已应用于黄河流域旱情监测与水资源调配技术研究与应用中，流域干旱风险显著降低，为区域抗旱、防灾减灾、保障经济社会及人民群众财产安全提供了科技支撑。

案例2：河北省水利厅认为该技术从系统观点出发，结合了引江、引黄等不同类型水资源配置单元在干旱情景下水平衡及供需特性，对指导实践具有重要的价值。构建的基于广义水平衡演化的区域干旱事件评价的通用指标和方法，已应用于改进和完善河北省的抗旱规划，优化了河北省中南部地区的水资源配置，取得了显著的社会经济效益。

案例3：宁夏回族自治区水利厅认为该技术原创特色显著，具有重要的应用价值和显著的推广应用前景。在宁夏回族自治区水资源配置规划、水资源保护规划、水中长期发展规划、高效节水灌溉规划等重大规划中，借鉴了本技术的评价结果。

案例4：呼和浩特市水利勘测设计院认为该技术对指导业务工作具有重要的价值，已应用于呼和浩特市水务发展“十三五”规划等重要规划中，为区域抗旱、防灾减灾、保障经济社会及人民群众财产安全提供了重要的科技支撑。

案例5：应用于内陆河干旱区的干旱评价。构建了适用于内陆河干旱区“高山-荒漠-绿洲”三元结构的干旱评价系统，并应用于阿克苏河流域。对比分析五个绿洲区20世纪80年代、90年代和2000—2009年三个时段内轻旱及以上旱情和中旱及以上旱情发生频率的变化，表明该技术评价结果与实际一致。

案例6：应用于喀斯特地区的干旱评价。喀斯特地区供水侧兼顾了根区可被植物利用的有效降水及水利工程供水；需水侧考虑农业、生态、工业和生活需水。以贵州省为例，该技术的评价结果比气象干旱（SPI指标）和水文干旱（SRI指标）评价结果更接近实际情况。

技术名称：基于广义水平衡演化的区域干旱评价技术
持有单位：中国水利水电科学研究院
联 系 人：翁白莎
地　　址：北京市海淀区复兴路甲1号
电　　话：010-68781373、15210363283

# 113 H5110型遥测终端机

## 持有单位

深圳市宏电技术股份有限公司

## 技术简介

### 1. 技术来源

自主研发。

### 2. 技术原理

宏电H5110 RTU（Remote Terminal Unit）是一款为了解决水利水情行业应用中数据采集及远程传输等难题而研发推出的、基于GPRS/GSM网络的无线智能遥测数字终端产品。实现了对水文协议规约的兼容，同时兼容ASCII码和BCD两种编码。该产品以高性能低功耗微控制器为核心，睡眠状态的整体电流最低可降至0.05mA（12V供电时）。产品设计使用了SILICON LABS公司的EFM32GG380主芯片。EFM32GG380以Cortex-M3核心为基础，加上节能的外围设备和能耗模式，非常适合超低能耗应用，是集数据采集、显示、存储、通信和远程管理等功能于一体的智能遥测数字终端的理想设备。

### 3. 技术特点

具有多个传感器接口和多个通信接口，支持12位格雷码、电流量、电压量、RS485水位计等传感器信号接口。不仅可以测量水位、雨量、温度等信息，还可以通过串口或者GPRS远程配置数据参数、本地存储、远程召测和历史数据查询、远程管理、电池电压上报、超短波电台/北斗卫星通信等。

## 技术指标

（1）电源：12VDC/1.5A，允许电压波动范围为－15%～＋20%；功耗：≤500mW（传输数据1kbit/s），值守功耗：≤0.5mW；防雷抗电磁干扰：符合GB/T 17626标准；工作温度：－30～＋70℃。

（2）处理器：工业级32位MCU；操作系统：内置多嵌入式实时操作系统，支持PPP/TCP/IP协议栈。

（3）接口：支持1路格雷码接口、1路开关量接口、4～20mA电流环接口、4路0～5V电压环接口、2路RS23（2）2路RS485接口。

（4）实时时钟：时间偏差＜1s/d；无线模块：工业级模块，支持GSM phase2/2＋，支持GPRS class10，支持GSM 900/1800MHz双频，支持1.8V/3V SIM卡。

## 技术持有单位介绍

深圳市宏电技术股份有限公司成立于1997年，是全球领先的物联网通信产品与解决方案提供商。公司业务涵盖海绵城市感知系统、水库综合管理、水文水资源监测、防洪减灾预警、地灾及结构体安全监测等领域，是一家集核心技术研究、产品开发、设备制造、销售服务为一体的国家高新技术企业。

## 应用范围及前景

适用于中小河流水文自动测报系统、无线水库自动监测系统、水资源监测系统、气象六要素数据采集系统等。

H5110水文水资源遥测终端在中小河流监测、国家水资源监控能力建设以及山洪防治监测项目中得到广泛应用，建设点覆盖甘肃、西藏、江西、广西、内蒙古、河北、东北三省等地，累计销售达7977台/套。

■H5110 标准型遥测终端机

技术名称：H5110 型遥测终端机
持有单位：深圳市宏电技术股份有限公司
联 系 人：赵军华
地　　址：广东省深圳市龙岗区布澜路中海信科技园总部中心 16 层
电　　话：0755－88864288、15323480930

# 114 H7760C型无线广播预警终端

## 持有单位

深圳市宏电技术股份有限公司

## 技术简介

**1. 技术来源**

自主研发。

**2. 技术原理**

H7760C型无线预警广播终端机，为客户提供完整可靠的减灾预警解决方案，能够大幅度提高预警信息的传递速度。产品经过严格测试，符合工业级设计标准，具有超强的可靠性。该设备主要为水利、气象、地质等各行业用户提供预警电话广播、信息语音播报、本地广播通报的服务，是客户自由组建信息发布、语音广告、减灾预警等系统的优先选择。解决的问题：防治结合，建立防洪减灾预警系统，在自然灾害来临前，给村民做出正确的预警指导，从而尽可能地减少洪涝给村民带来的灾害。

**3. 技术特点**

设备支持远程管理和本地管理两种模式，可以通过宏电研发的H7760管理工具对设备进行参数设置等操作，平台用户还可通过宏电山洪预警平台对设备进行参数设置、预警信息发布、设备状态查询等管理操作。设备功耗低、运行稳定、性价比高。

## 技术指标

（1）供电电压：220VAC/2A（主电），12VDC 7Ah蓄电池（备电）；工作温度：－30～＋70℃；待机功耗：＜4W；湿度：相对湿度≤95%（无凝结）。

（2）音频部分。额定输出功率：25W（单路），峰值输出功率：35W（单路），喇叭额定频率范围：200～6000Hz，喇叭特性灵敏度：108dB/mW（1kHz），最多支持输出：4路。信噪比：＞90dB，麦克风：6.35mm广播麦克风接口，防雷：符合GB/T 17626.5标准。

（3）射频部分。频带频率范围：87～108/136～174/350～370/430～470MHz VHF，输出功率：25W，信道数：8路，灵敏度：0.25μV，邻道选择性：75dB。

## 技术持有单位介绍

深圳市宏电技术股份有限公司成立于1997年，是全球领先的物联网通信产品与解决方案提供商。公司业务涵盖海绵城市感知系统、水库综合管理、水文水资源监测、防洪减灾预警、地灾及结构体安全监测等领域，是一家集核心技术研究、产品开发、设备制造、销售服务为一体的国家高新技术企业。

## 应用范围及前景

适用于水库泄洪预警、山洪灾害预警、农村基层预警预报、气象灾害预警以及其他应急预警等相关领域。

典型案例：广西壮族自治区水利厅结合自治区情况和山洪灾害防治项目。进行山洪灾害非工程措施补充完善，开展山洪灾害防治项目中无线预警广播（含雨量报警器）的建设，在受山洪威胁的乡村建设无线预警广播和雨量报警器，实现气象、山洪等灾害预警信息进村入户。宏电公司对宾阳、德保、田林等25个县、区进行了无线预警广播站点的安装建设，提供了1800多套的预警广播、3800多套的雨量报警器以及管理软件。

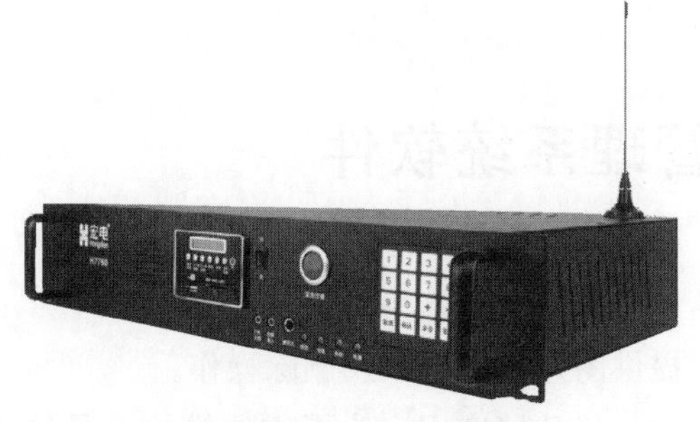

■H7760 测报预警终端

技术名称：H7760C 型无线广播预警终端
持有单位：深圳市宏电技术股份有限公司
联 系 人：赵军华
地　　址：广东省深圳市龙岗区布澜路中海信科技园总部中心16层
电　　话：0755-88864288、15323480930

# 115 宏电站网运维管理系统软件

## 持有单位

深圳市宏电技术股份有限公司

## 技术简介

**1. 技术来源**

自主研发。软件名称：站网运维管理系统（简称：站网管理系统）V1.0。原始取得，登记号：2020SRO357215。

**2. 技术原理**

站网运维管理系统是宏电基于智慧水利水务信息化行业10多年的经验，配合站网一张图的构思，为水文局的站网管理、水文水情信息展示、遥测站点运维等提供的整体解决方案。站网运维管理系统主要提供各种新技术应用接口，将移动便利查询、维护、协助测报集成一体的管理系统；且随着中小河流比测、新技术和方法的引入，对全市站网进行正规化梳理建库，并适时更新。

**3. 技术特点**

站网运维管理系统具有以下功能：

（1）站点管理：提供测站的增删改查操作，提供设备的增删改查操作，提供手工和文档导入两种数据录入方式。

（2）站点运维：提供降水量滴水试验登记表及巡检记录的增删改查，实现巡查任务监控以及维护功能，实现测站设备运行状况的监控以及维护功能，显示维修任务人在完成维修后提交的维修记录列表。

（3）基础信息管理：提供水文要素的增删改查以及导出操作，平台对产品进行远程升级功，提供河流的增删改查操作，提供水系的增删改查操作，提供规章制度的添加、删除、预览以及下载操作，提供曲线的数据录入以及相关数学函数，提供图片的查看以及删除操作。

（4）移动端应用：为了方便维护人员的实时记录，站网管理系统与APP客户端进行了数据同步，维护人员只需要通过手机将维护记录上传即可，数据可在APP端和电脑端同步。

## 技术指标

符合以下规约：SL 61—2015《水文自动测报系统技术规范》；GB/T 50095—2014《水文基本术语和符号标准》；《中华人民共和国水文条例》；GB/T 2260《中华人民共和国行政区划代码》；GB 2312—1980《信息交换用汉字编码字符集基本集》；SL 323—2011《实时雨水情数据库表结构与标识符》；GB/T 22482—2008《水文情报预报规范》；SL 247—2012《水文资料整编规范》；SL 330—2011《水情信息编码》。

## 技术持有单位介绍

深圳市宏电技术股份有限公司是全球领先的物联网通信产品与解决方案提供商。

## 应用范围及前景

适用于各省市水文（水务）厅（局）等单位测站管理平台。在茂名市进行软件部署，为茂名市水文测站运维提供系统管理服务，提升站点管理效率。

技术名称：宏电站网运维管理系统软件
持有单位：深圳市宏电技术股份有限公司
联 系 人：赵军华
地　　址：广东省深圳市龙岗区布澜路中海信科技园总部中心16层
电　　话：0755-88864288、15323480930

# 116 KH. WTU－300型遥测终端机

## 持有单位

深圳市科皓信息技术有限公司

## 技术简介

### 1. 技术来源

自主研发。专利名称：一种无线终端（ZL201220235096.6）。

### 2. 技术原理

科皓WTU－300型遥测终端机是一款具有数据采集、存储和传输功能的RTU产品，符合SL/T 180—2015《水文自动测报系统设备　遥测终端机》和SL 61—2015《水文自动测报系统技术规范》的行业标准要求。可实时采集雨量、水位、图片、渗流、水质、流量等数据，并能通过2G、3G、ADSL、卫星终端机和超短波数传电台将数据同时发往多个监测管理中心。

### 3. 技术特点

（1）主机内置GPRS通信模块，可在遥测终端机上显示信号强弱、在线状态，可直接通过遥测终端机键盘配置4G全网通模块网络参数，降低现场安装调试工作量。

（2）铝合金外壳，配置LCD显示屏和键盘，具有数据、图片、视频的采集、存储和传输功能。

（3）可组成双向对等通信的无线局域网络。在同一网络中，最大终端数量可达到16台，每台终端可以外接16只不同类型的传感器。

（4）采用内部组网，所有雨量、水位、渗流等数据统一发送到该无线终端，一个水库只需一套GPRS无线传输单元，省去了需要多个GPRS传输单元的通信费用。

（5）该无线终端在使用内部3.6V电池供电时，平均功耗只有6.6mW。使用一节3.6V/14Ah容量的锂电池，可连续工作长达一年半以上时间，免去使用太阳能板的安装和设备费用。

## 技术指标

工作电流：≤6.5mA（基本型，12V供电时）；模拟量输入：2路（4～20mA）；模拟量采集精度：0.1%F·S；开关量输入：2路（低电平有效）；开关量输出：2路（12V/500mA驱动能力）；RS485接口：3路（用于连接各种数字接口传感器）；RS232接口：2路（用于连接各种通信设备或服务器）；复用接口：1路（可设置RS485/RS232接口）；格雷码输入：14位；RF工作频率：433MHz（可视传输距离为3km）；工作温度：－45～＋70℃；环境湿度：小于98%RH；储存温度：－45～＋80℃；MTBF：≥100000h；时钟精度：优于±1s/d。

## 技术持有单位介绍

深圳市科皓信息技术有限公司成立于2001年，致力于智慧水利、智慧应急、智慧安全园区领域的产品研发与销售，是国家级高新技术企业。水利产品获得发明专利2项，实用新型专利7项，拥有82项软件著作权登记。

## 应用范围及前景

适用于中小型水库水雨工情监测、山洪灾害监测预警、中小河流水文监测、水资源管理、城市排水泵站监控、尾矿库安全监测、墒情监测等。

该遥测终端机已应用于重庆梁平县水库大坝安全监测设施工程等项目。

■WTU-300型遥测终端机

技术名称：KH.WTU-300型遥测终端机
持有单位：深圳市科皓信息技术有限公司
联 系 人：王亚兰
地　　址：广东省深圳市南山区粤海街道滨海社区海天二路14、16号深圳市软件产业基地5栋E802A
电　　话：0755-26995086、13923832126

# 117 城市内涝分析系统

## 持有单位

深圳市协润科技有限公司

## 技术简介

### 1. 技术来源

自主研发。计算机软件著作权，软件名称：城市内涝分析软件V1.0。原始取得，登记号：2019SRO323639。

### 2. 技术原理

该系统提供的内涝分析系统，效率高，能够有效整合气象、水务、交通等部门的信息。基于地理空间信息，生成包含各个洼地的城市空间模型，通过降雨模型和汇流模型，并改进了排水模型，共同组成了积水模型，解决了传统暴雨内涝数学模型中对城市排水系统设施的概化问题，提升了对积水深度的预测准确性。

### 3. 技术特点

（1）底层技术采用OSG＋OSGEarth＋QT开发，软件的架构是MVC架构，构建了底层库＋插件层Plugin＋展示层UI的三层MVC架构，实现了高可扩展性、高安全性、伸缩性、兼容性、高性能、高通用性等关键要素。

（2）基于排水模型，提高内涝预测准确性；基于GIS信息平台，实现三维场景可视化演示和管理；水淹模拟，为城市防涝管理做决策辅助；HEC-RAS分析，对水涝形势作出推演，为城市防涝管理做决策辅助。

## 技术指标

系统主要功能：雨水情，Hec-ras，mike21分析，swmm分析，水淹模拟，经济综合。

系统经过中国赛宝实验测试，各个检测项目均通过测试。

## 技术持有单位介绍

深圳市协润科技有限公司是深圳市前海开发区的自主创新示范企业。公司主要为用户提供智慧管理解决方案，涉及软硬件产品的开发和技术服务，业务范围涵盖信息化规划咨询、应用系统设计开发及系统集成，充分利用大数据、移动互联网、物联传感和空间信息技术为各个行业的信息化建设提供强有力的科技支撑。

## 应用范围及前景

适用于城市内涝分析管理。

典型应用案例：

系统在广东、山西省等地已经落地，其中包括在山西汾河流域生态评估系统中使用，运行时间均已超过一年。经业主反映，基于地理空间信息，生成包含各个洼地的城市空间模型，实现三维可视化数据管理；通过降雨模型和汇流模型，并改进了排水模型，共同组成了积水模型，解决了传统暴雨内涝数学模型中对城市排水系统设施的概化问题，提升了对积水深度的预测准确性系统运行稳定，界面友好。

技术名称：城市内涝分析系统
持有单位：深圳市协润科技有限公司
联 系 人：赵妙苗
地　　址：广东省深圳市前海深港合作区前湾一路1号A栋201室（入驻深圳市前海商务秘书有限公司）
电　　话：13417044377

# 118 基于船载InSAR技术的天-地协同库岸滑坡监测技术

## 持有单位

贵州省水利水电勘测设计研究院有限公司
武汉大学
江河水利水电咨询中心

## 技术简介

**1. 技术来源**

自主研发。

**2. 技术原理**

合成孔径雷达（SAR）是一种通过合成孔径以及距离压缩技术可同时达到距离向和方位向高分辨率的成像雷达。其中合成孔径技术利用多普勒频移和雷达相干特性使天线的方位向分辨率只与天线尺寸有关，相对于真实孔径雷达而言，可使方位向分辨率大幅度提高；同时与合成孔径技术类似，在距离向上，通过雷达发射LFM波形使得距离向回波波形频率也呈线性变化，然后使用脉冲压缩技术，可是距离向分辨率提高。SAR实现了远距离目标的二维高分辨率成像，从而能够获得大面积的高分辨率雷达图像。GEO－MiniSAR系统正是利用SAR的高分辨率成像的理论，设计研发的一种微型化、低功耗的小型SAR成像系统，它能够适应多种飞行平台，对目标区域进行遥感观测成像，并应用于不同行业。针对船载SAR成像的特点，本技术设计了一套集成化程度较高的船载miniSAR成像系统。

该技术能够方便、高效解决水库的沿岸微小形变检测问题，将常规的自上向侧下的InSAR数据采集模式改变为由下向侧上方数据采集模式，相应解决成像模式修改导致的各种问题，并且解决低速非稳平台成像问题，通过灵活的船舶航行路线设计，结合研制的形变检测数学模型，科学地解决了河流、湖泊和水库的沿岸形变高精度检测问题。

**3. 技术特点**

该技术是一种新的形变检测的方法，能够方便、高效解决水库的沿岸微小形变检测问题。不同于以往利用InSAR进行形变检测的方法，该技术将常规的自上向侧下的InSAR数据采集模式改变为由下向侧上方数据采集模式，相应解决成像模式修改导致的各种问题，并且解决低速非稳平台成像问题，通过灵活的船舶航行路线设计，结合研制的形变检测数学模型，科学地解决了河流、湖泊和水库的沿岸形变高精度检测问题。避免了常规InSAR自上向下的成像模式导致的由于树木遮挡降低目标的相干性问题，采用不同的成像模式，可以直接对地表进行成像，从而可以得到真实的沿岸地表形变；该技术利用船舶作为InSAR平台，可以根据需要随时采集数据，解决了常规InSAR的数据源问题和时间分辨率问题，由于双天线同时成像也消除了时间去相干的影响；另外，能够通过设计不同的航线，有效减少InSAR数据处理过程中，空间基线的影响，降低InSAR数据处理的难度，提高数据处理精度和效率；而且本项目由于成像距离短，且成像环境一致，能够极大降低InSAR数据处理中大气的影响，减少形变中的大气误差影响。

## 技术指标

该技术基于多轨双天线InSAR形变检测数据处理关键算法，能够处理连续成像5km/次，最小重复观测时间＜5d，多轨间垂直基线变化范围≤5m的形变检测能力；D－InSAR形变监测精度达到毫米级。

## 技术持有单位介绍

贵州省水利水电勘测设计研究院有限公司始建于1958年，隶属于贵州省水利厅，系持有国家相关部委颁发的多项甲级资质的综合性咨询、勘察设计单位。主要资质包括综合类勘察、工程测绘、水利水电工程咨询及设计、科研试验、地质灾害评估、水资源论证、水文水资源调查评价、水土保持方案编制、生态建设及环境工程咨询、市政公用工程咨询、岩土工程咨询等甲级资质；环境影响评价、建筑工程设计等乙级资质；以及总承包甲级资质和贵州省第一批工程项目管理企业；1996年经国家外经部批准开展国际技术经济合作业务，具有对外承包经营资格。

武汉大学是国家教育部直属重点综合性大学，是国家"985工程"和"211工程"重点建设高校，是首批"双一流"建设高校。2000年以来，学校获得国家自然科学奖、国家发明奖和国家科技进步奖三大奖72项。学校参与了三峡工程、南水北调、西电东输等国家重点工程项目的科学研究和工程建设，在南北极科学考察、重大传染性疾病防治等科技攻关中不断取得新的突破，马协型、红莲型杂交稻、高频地波监测雷达、GPS全球卫星定位与导航、高性能混合动力电池等应用型科技成果不仅具有重大的科学理论价值，还产生了巨大的社会经济效益。

江河水利水电咨询中心是水利部水利水电规划设计总院直属独资的全民所有制企业，具有水利工程甲级设计、监理、咨询甲级证书。长期以来承担了多项全国性水利规划编制和大型项目技术咨询、监理、移民监督评估等工作，在水利水电行业具有较强的综合技术优势和声望。江河水利水电咨询中心和贵州省水利水电勘测设计院有限公司充分发挥各自优势，先后在大藤峡水利枢纽工程、夹岩水利枢纽工程、黄家湾水利枢纽工程、马岭水利枢纽工程等全国数十个大中小型水利工程中研发应用了征地移民信息系统云平台，取得了丰富的成果，得到各省移民局及各项目业主领导等的认可，并获得全国优秀水利水电工程勘测设计计算机软件金质奖和软件著作权等多项自主知识产权。

## 应用范围及前景

适用于水利枢纽及天然边坡库岸形变监测工作。

案例：技术成果目前已经在夹岩水利枢纽工程得到成功应用。通过对基于船载InSAR技术的天-地协同库岸滑坡监测技术中的船载InSAR自稳平台、船载InSAR成像及干涉技术等成果，显著提高了边坡形变监测的效率及准确性，解决了在极端环境下边坡监测的关键技术难题，降低了监测成本，取得了显著的社会和经济效益。

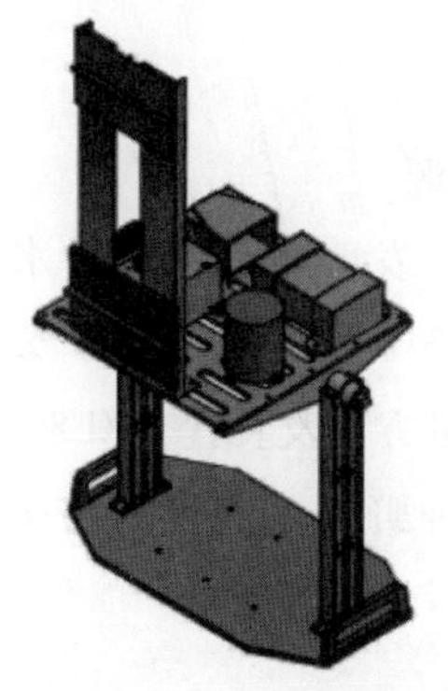

■船载 miniSAR 成像系统概略图

技术名称：基于船载InSAR技术的天-地协同库岸滑坡监测技术
持有单位：贵州省水利水电勘测设计研究院有限公司、武汉大学、江河水利水电咨询中心
联 系 人：章彭
地　　址：贵州省贵阳市南明区宝山南路27号
电　　话：0851-85922152、17610929327

# 119　XD遥测水位计

## 持有单位

唐山现代工控技术有限公司

## 技术简介

### 1. 技术来源

自主研发。发明名称：一种水位自动测量方法及装置（ZL201110087635.6）；发明名称：一种压力式水位测量方法及装置（ZL201310166890.9）；发明名称：一种野外监测设备防护的方法及装置（ZL201510013474.4）。

### 2. 技术原理

综合运用传感器、单片机、微电子、GPRS通信、射频通信、节电及防盗防破坏等技术研制开发的"遥测水位计"。产品采用了压力霍尔直接接入技术、动态低功耗技术，实现了导压式、压力式、超声波式、雷达式水位传感器的接入，完成水位的测量并低功耗运行；嵌入了先进的软件算法，集成了GPRS/GSM通信模块，实现了水情信息的定时和应答式上报；采用了2.4G射频通信技术，实现了无线参数设置、水位校正，并可短距离数据传输。所有功能模块均采用低功耗设计，并配以软件电源管理算法和自诊断算法，攻克了设备不需外接电源，仅使用7.2V锂电池正常运行5年以上的技术难题。

### 3. 技术特点

该产品充分适应测量点昼夜温差大、测点潮湿、泥沙淤堵、防雷、防盗、防破坏等野外环境，具有"一体化、智能型、低价格、少维护"等特点，实现了水库、渠道或河道的实时水位测量、远程数据采集及防盗防破坏等一揽子解决方案。

## 技术指标

（1）水位测量范围：0～5m。

（2）分辨力：0.5cm。

（3）水位变率：40cm/min。

（4）准确度等级：0.5级。

（5）参数设定：上位机或手持参数仪设定。

（6）输出接口：射频接口、GPRS、RS485。

（7）通信接口：GPRS无线网络、无线射频。

（8）工作环境：－25～＋70℃，湿度95%。

（9）水位校准：无线手操器。

（10）通信协议：采用标准MODE - BUS协议。

（11）供电时间：3～5年。

（12）电源：锂电池7.2V供电。

## 技术持有单位介绍

唐山现代工控技术有限公司创建于1994年，位于唐山市高新技术开发区，专业从事量测水设备、闸门自控设备的开发制造，以及灌区信息化系统及应用管理软件研发业务。目前是河北省高新技术企业、ISO 9001认定企业、省双软认定企业、河北省十佳软件企业、河北省软件行业协会常务理事单位、唐山市重合同守信用企业和唐山市两化融合示范企业。公司已取得水文仪器发明专利19项及实用新型专利71项，软件著作权15项，河北省工信厅及河北省软件与信息服务业协会认证的软件产品16项。

## 应用范围及前景

适用于灌区、水库、河道、地下水、洪水、城市道路积水等需要水位实时测量场合。

自2008年以来"遥测水位计"已在灌区量测水、城市道路积水、地下水监测领域广泛应用。截至目前已在56个工程累计推广应用该产品3568台套，经用户使用，一致认为该产品具有一体化、智能型、自供电、免维护等特点，实现了灌区渠道水位流量、汛期城市道路积水、地下水水位的自动监测，减轻了管理人员的劳动轻度、提高了劳动效率。


技术名称：XD遥测水位计
持有单位：唐山现代工控技术有限公司
联 系 人：姬宪龙
地　　址：河北省唐山市高新区火炬路122号
电　　话：0315-3855165、13513392879

# 120 YLN - S106 遥测终端机

## 持有单位

湖北亿立能科技股份有限公司

## 技术简介

**1. 技术来源**

自主研发。实用新型名称：一种内置GPRS模块、GPS模块的智能RTU（ZL201420698863.6）；计算机软件著作权，软件名称：亿立能智能遥测终端机控制软件（简称：亿立能RTU控制软件），原始取得，登记号2020SR0232836。

**2. 技术原理**

YLN - S106遥测终端机是自主研发和生产的多功能RTU设备，其集数据采集与传输于一体，并自带彩色大屏幕显示，通过使用高性能低功耗微控制器，实现数据采集、存储、通信和远程管理，并有GPS定位对时、防雷等功能。

**3. 技术特点**

YLN - S106遥测终端机是采用工业级标准设计，在温湿度、震动、防雷、防电磁干扰和接口多样性等方面均采用特殊设计，保证了在恶劣环境下的稳定工作。

## 技术指标

供电范围：8～23VDC，电源防反接功能；功耗工作电流（平均）：<30mA（GPRS数据传输）；内置大容量存储器，容量256MB；内置GPS，实时定位，校准时钟；内置工业级GPRS模块；模拟量接口每一组均可被设置为：4～20mA/0～5V；通信接口RS232/RS485/SDI - 12方式；雨量计接口：单独接口专门配置为雨量计接口；扩展通信接口：可外接北斗、短波、GPRS/CMDA等通信模块；显示：2.8英寸、分辨率320×240的彩色TFT液晶显示器；防雷、抗电磁干扰，符合GB/T 17626标准。

## 技术持有单位介绍

湖北亿立能科技股份有限公司成立于2002年，是一家专注于水利水文、水质仪器的研发、软件开发、系统集成、运维服务、农业智能灌溉系统及环保信息化解决方案的高新技术企业。公司业务现已覆盖水利水文、环保、农业、水电站及水厂的水雨情遥测系统、大坝安全监测、闸门自动化控制系统、泵站智能控制系统、智慧城市、智慧水务、海绵城市等信息化建设领域，拥有专利70多项。

## 应用范围及前景

适用于水利水文、电力、环保、物流、气象、化工等行业遥测通信、大容量的数据存储。

YLN - S106遥测终端机现已销往湖北、四川、重庆、湖南、黑龙江、云南、贵州、广西、福建、河南、安徽、江西、江苏、北京、吉林等全国20多个省（自治区、直辖市），累计销售量达8800余台。

典型应用案例：

近年来相继应用在成都中小河流监测项目120台；武汉水环境监测管理项目66台；武汉市海绵城市监测项目55台；湖南省长沙水文局中小河流监测专用设备采购项目80台；湖北省山洪灾害防治项目120台；武汉市湖泊水雨情自动测报系统项目46台；荆州水文设备采购项目46台；湖北大中型水库视频监控项目；广西中小河流监控站项目；重庆山洪灾害防治项目；四川省广元市中小河流水文监测系统建设项目；黑龙江省集贤县山洪灾害防治县级非工程措施项目；吉

林省山洪灾害防治县级监测预警系统建设项目；长江干线葛洲坝-三峡大坝水域内水位遥测站点安装各站点水位监测数据的采集和传输项目等项目中。投入使用以来，各项性能指标良好。

技术名称：YLN－S106 遥测终端机
持有单位：湖北亿立能科技股份有限公司
联 系 人：韩园
地　　址：湖北省宜昌市高新区兰台路 13 号 8 栋
电　　话：0717－6339483、15872557730

# 121 YLN－YQS型气泡式水位计

## 持有单位

湖北亿立能科技股份有限公司

## 技术简介

**1. 技术来源**

自主研发。实用新型名称：气泡式水位计(ZL200820192530.0)。计算机软件著作权，软件名称：亿立能气泡式水位计控制软件V3.0。原始取得，登记号2017SR500963。

**2. 技术原理**

气泡式水位计是使用常态空气，并经过空气过滤器过滤之，经气泵、电磁阀、气室后分两路分别传向压力传感器和固定水下的测量气管中，基于在一个密封的气体容器内，各点压强相等，如果气水分界处正好在管口，而气体又不流动，或基本不流动（只冒气泡），则水下通气管口处的气压和该点的静水压相等，又与通气管内的气压相等时，压力传感器上就可直接感应到出水下通气口的静水压值，用此压力值减去大气压力值，即可得到水位高度的净压值，从而测得出变化的水位值。

**3. 技术特点**

YLN－YQS型气泡式水位计具有量程可调、超高精度、高分辨率、全温度补偿、线性补偿，抗干扰、防雷设计、零点和基础高程可自由设置、监测到错误可自动重启、100%水质密度可调、兼容性高、多种通信接口、安装简单、成本低、运行、维护方便等特点。实现非接触式测量，适用于不便建测井的地区，适应野外各种无人值守的安装环境。

## 技术指标

精度：一级；供电方式：12～24VDC；待机电流：<0.6mA（平均）；瞬时电流：<2A（小量程），<5A（大量程）；工作功耗：<33mAh（小量程）<50mAh（大量程）按5min采样间隔；最大量程：40m；分辨率：1mm或1cm，输出可选厘米或毫米位；通信方式：RS485/SDI12，不能同时使用；数据存储：>2年数据（5min间隔）；气管规格：内径>5mm；显示屏：黑白128×64显示屏；按键面板：6键PVC面板；工作方式：定时采样＋触发采样；最小工作间隔：1min；气泵：活塞空气泵；总重量：<2kg；设计使用寿命：5年。

## 技术持有单位介绍

湖北亿立能科技股份有限公司成立于2002年，是一家专注于水利水文、水质仪器的研发、软件开发、系统集成、运维服务、农业智能灌溉系统及环保信息化解决方案的高新技术企业。

## 应用范围及前景

适用于中小河流、水库、水厂、电厂、大坝、海洋、地下水、化工、煤矿、污水处理等的水位及液位监测。YLN－YQS型气泡式水位计近年来相继应用在武汉水环境监测管理项目66台；武汉市海绵城市监测项目55台；湖南省长沙水文局中小河流监测专用设备采购项目80台；湖北省山洪灾害防治项目120台；荆州水文设备采购项目46台；武汉市湖泊水雨情自动测报系统项目46台等850余例项目中。

技术名称：YLN－YQS型气泡式水位计
持有单位：湖北亿立能科技股份有限公司
联 系 人：韩园
地　　址：湖北省宜昌市高新区兰台路13号8栋
电　　话：0717－6339483、15872557730

# 122 农村基层多信息联合防汛预警与决策指挥支持技术

## 持有单位

大连理工大学

## 技术简介

**1. 技术来源**

自主研发。发明名称：一种基于不确定性的山丘区水文模型与数据精度匹配方法(ZL201710109519.7)；“变化环境下气象水文预报关键技术”获2016年大禹水利科学技术一等奖。

**2. 技术原理**

该系统在水雨情处理、防洪形势分析模型、多信息联合预警模型的基础上，利用数据库共享数据的方式进行数据交换，最终将所涉及的研究内容以模块化的方式进行集成，开发出一套性能稳定、功能丰富、交互性好、可扩展性强的农村基层防汛预报预警与决策指挥支持体系，为管理人员的智能化管理提供强有力的支撑。

**3. 技术特点**

(1) 防洪形势分析模型。系统在考虑雨量站拓扑关系的前提下，逐时段滚动计算实时前期影响雨量，基于此得到修正后降雨量，并判断是否预警。

(2) 多信息联合预警模型与指挥决策支持。建立多信息联合预警模块，根据实时水雨情信息、预估的流量水位，参考雨量、水位预警指标和阈值，进行联合预警。针对历史资料具有地域差异性的问题，项目针对无资料地区和有资料地区进行分别建模。

(3) 综合考虑了前期影响雨量和上下游拓扑关系的影响，提高了农村基层洪涝预警精确度，极大地减轻了预警不准确问题，为基层防汛提供了兼具科学性和实用性的预警信息，以辅佐基层防汛机构决策。

(4) 该系统在功能可扩展、数据库及参数库、算法库、数据处理效率、系统稳定性、功能适应性和易用性等方面具备较大优势。

## 技术指标

(1) 实时监测水情、雨情信息，基于预警条件、预警时间以是否接近、达到、超过成灾的临界雨量和水位，自动进行防洪形势的初步分析；根据后台设置自动推送雨量信息、水位信息、预警信息到Web门户系统。

(2) 基于防洪形势“一张图”服务对各类信息进行聚合展示和详细查看；基于水利部门所提供的两级预警指标，分析流域内上游降雨强度大小与下游防护对象间的灾害传递关系及累积效应。

(3) 实现根据实时水雨情信息、预估流量水位、水位预警指标和阈值等，自动进行多信息联合预警，具有数据管理、模型管理、系统管理等功能。

## 技术持有单位介绍

大连理工大学1949年4月建校。大连理工大学是教育部直属全国重点大学，是国家“211工程”和“985工程”重点建设高校。2001年以来，学校共获国家科技成果奖励58项，以第一完成单位获得30项，其中国家技术发明一等奖2项，国家科技进步奖（创新团队）1项；省部级科技成果奖励671项。

## 应用范围及前景

适用于县、区级农村基层防汛预警预报与应

急管理。

该系统已成功应用于辽宁省“2018、2019年度农村基层防汛预报预警体系二期工程项目”，已在12个区县推广应用，销售的12套系统各项功能均满足各区县既定要求，运行正常，用户反馈良好。

技术名称：农村基层多信息联合防汛预警与决策指挥支持技术
持有单位：大连理工大学
联 系 人：叶磊
地　　址：辽宁省大连市甘井子区凌工路2号
电　　话：0411-84707054、18041114520

# 123 防洪保护区动态洪水风险分析系统

## 持有单位

大连智水慧成科技有限责任公司

大连理工大学

## 技术简介

### 1. 技术来源

自主研发。发明名称：一种基于多目标优化抽样的水文模型不确定性分析方法(ZL201610173231.1)。“缺水条件下多水源多目标水资源精细配置与调控”获2017年教育部科技进步一等奖。

### 2. 技术原理

根据防洪保护区实时洪水管理需求，采用二维浅水方程和细胞自动机方法构建动态洪水计算模型，完成防洪保护区洪水实时分析系统框架建设，其中包括已有静态洪水风险图的查询展示功能。

### 3. 技术特点

(1) 通过采用国内外先进技术，集成CAD-DIES、浅水方程等多种二维洪水模型，建设防洪保护区动态洪水风险分析系统。

(2) 基于已有的静态洪水风险图项目，结合快速准确的洪水模型研发，建设松辽防洪保护区实时洪水分析系统框架建设，完成浑太胡同防洪保护区动态洪水分析，提高实时洪水风险分析效率。

(3) 依托国家防汛抗旱指挥系统数据交换平台、国家水资源监控数据交换平台和其他数据交换平台建立多源数据汇集平台，完善已有的数据资源池，实现松辽流域数据资源的有效整合与资源共享。

## 技术指标

(1) 实时洪水模拟计算，包括汛情监视查询(实时/预报雨情)、监测数据的预处理、二维实时洪水模拟、洪水影响计算分析等。

(2) 历史与设计洪水模拟计算，包括历史洪水与设计洪水查询、历史洪水模拟计算、设计洪水模拟计算、洪水影响计算分析以及与静态洪水风险图的结果对比分析等功能。

(3) 静态洪水风险图查询展示，包括静态洪水风险图数据库查询、静态洪水风险图展示等。

(4) 系统管理，系统管理包括权限管理、系统管理、单元管理、模型管理、方案管理、地图服务配置、水雨情数据库连接配置、社会经济数据管理等功能。

## 技术持有单位介绍

大连智水慧成科技有限责任公司成立于2019年，致力于涉水行业大数据库、大模型库、大知识库和通用软件开发服务，是智慧水务全链条解决方案及产品定制与在线服务供应商。已形成水库综合预报调度决策、流域防洪形式分析与智慧减灾、城市智慧水务管理、智慧流域水环境综合管理四大产品序列和数十套解决方案，为客户提供专业服务。

大连理工大学1949年4月建校。大连理工大学是教育部直属全国重点大学，是国家“211工程”和“985工程”重点建设高校，也是世界一流大学A类建设高校，学校现有教职工4082人。学校有中国科学院和中国工程院院士13人、中国科学院外籍院士1人、瑞典皇家工程院院士1人。

## 应用范围及前景

适用于流域水工程联合调度、防洪保护区实时洪水分析，提高洪水风险分析效率，可进一步

推广至各大流域管理机构、各具有防洪任务的水库管理机构等水利部门。

典型应用案例：

浑太胡同防洪保护区位于辽宁省，该系统已在浑太胡同防洪保护区进行应用，系统各项设计功能均能够正常使用且计算结果正确。

技术名称：防洪保护区动态洪水风险分析系统
持有单位：大连智水慧成科技有限责任公司、大连理工大学
联 系 人：杨甜甜
地　　址：辽宁省大连市高新园区黄浦路533号海创大厦19层
电　　话：0411-84707903、18678880825

# 124 松辽流域洪水编号及预警平台

## 持有单位

大连智水慧成科技有限责任公司

大连理工大学

## 技术简介

### 1. 技术来源

自主研发。发明名称：一种耦合长、中、短期径流预报信息的水库优化调度方法(ZL201610173710.3)。

### 2. 技术原理

该平台充分整合已有信息资源，将海量信息及时分析与处理，实时监测数据，并对告警测站以短信发送、智能语音播报等形式通知水情值班等相关人员，有效避免汛情漏报、报讯不及时报的现象；系统监控水雨情超警情况，自动生成洪水预警和洪水编号公告，及时提醒水文相关工作人员开展应急响应措施，迅速、准确、直观地知晓洪水风险发生地点、现状和未来发展趋势，减轻水文工作人员工作量，从而有效提高松辽流域雨水情监控能力、应急效率，为政府部门防洪决策提供技术支持。

### 3. 技术特点

松辽流域洪水编号及预警平台架构设计既需要符合当前业务需要，同时也要满足未来业务扩展需要。充分整合已有信息资源，将海量信息及时分析与处理，充分发现数据中蕴含的信息，通过实时监测数据进行告警提醒，并自动生成洪水预警和洪水编号公告，及时提醒水文相关工作人员，以及时开展应急响应措施，迅速、准确、直观地知晓洪水风险发生地点、现状和未来发展趋势，为防洪决策提供有力技术支持。

## 技术指标

(1) 该平台采用先进、成熟技术，保证技术先进性，保证投资有效性和延续性，支持常用操作系统、数据库、应用服务器和开发工具等软件平台，能够保证系统的安全、可靠稳定的运行，可伸缩、可扩展、方便移植，具有高可用性和高响应速度，易于维护，开发部署灵活等特点。

(2) 并发响应速度：在平均并发访问数量50个的情况下，达到查询响应迅速高效，一般查询操作应该5s以内显示结果；数据检索：简单查询平均响应速度＜3s；非数据挖掘类复杂和组合查询平均响应速度＜8s；数据保存：向数据库中保存和更新数据的处理速度＜5s；数据汇总：简单汇总处理时间不大于30s，复杂汇总处理时间不大于10min，特别复杂汇总处理时间不大于30min。

## 技术持有单位介绍

大连智水慧成科技有限责任公司成立于2019年，致力于涉水行业大数据库、大模型库、大知识库和通用软件开发服务，是智慧水务全链条解决方案及产品定制与在线服务供应商。

大连理工大学1949年4月建校。大连理工大学是教育部直属全国重点大学，是国家“211工程”和“985工程”重点建设高校，也是世界一流大学A类建设高校。

## 应用范围及前景

适用于各级水文、防汛抗旱以及流域管理部门。

此系统自应用于松辽水利委员会水文局（信息中心）。松辽流域洪水编号及预警平台采用先进、成熟的技术，支持常用的操作系统、数据库、应用服务器和开发工具等软件平台，系统运行稳定可靠，保证了投资的有效性和延续性，获得用户好评。

技术名称：松辽流域洪水编号及预警平台
持有单位：大连智水慧成科技有限责任公司、大连理工大学
联 系 人：杨甜甜
地　　址：辽宁省大连市高新园区黄浦路533号海创大厦19层
电　　话：0411-84707903、18678880825

# 125 农村基层防汛指挥调度决策系统

## 持有单位

山东锋士信息技术有限公司

## 技术简介

**1. 技术来源**

自主研发。软件著作权登记号：2011SR062976，2019SR0271878、2019SR0273342。

**2. 技术原理**

该系统是一项规模庞大、结构复杂、功能强大、涉及面广的工程。利用大数据、物联网、卫星遥感、移动应用等先进水利信息技术，完善符合基层实际的雨情、水情、汛情、灾情预报预警体系，实现对水利业务进行系统、科学、有效管理，进一步提升农村基层防汛抢险救灾预警能力，推进基层防洪治理体系和治理能力现代化，更好发挥水利工程效益、减少灾害损失、提高调度决策水平、提升工作效率，最终形成“全面感知、可靠保障、精细管理、科学调度”的现代化管理体系，为促进社会、经济、环境协调发展提供防洪安全保障。

**3. 技术特点**

(1) 科学高效的水利信息化集成；多平台数据联通交互；流域河道洪水演进分析；大型水库AR鹰眼监控。

(2) 综合指挥调度决策中心实现了信息的高度集成汇总，在现有设备基础上，建设视频会商系统，并根据需要改造县、乡会商环境，满足基层防汛指挥调度视频会商的需要。

## 技术指标

(1) WebGIS响应速度＜5s；复杂报表响应速度＜5s；一般查询速度＜3s。

(2) 基于移动应用技术，构建智慧防汛移动工作平台，依托PC端，与数据中心平台互联互通、实时交互。

(3) 移动端和PC端部分公共页面采用HTML5设计，实现了移动终端和PC端跨平台操作、互联互通。

(4) 平台开发采用基于JAVA技术的B/S三层架构模式。

(5) 开发友好的人机会话界面，同时可以兼容当前主流的Web浏览器。

(6) 基于丰富的图表组件库实现模块自由组合。

## 技术持有单位介绍

山东锋士信息技术有限公司成立于2002年，是水发集团控股的国家级高新技术企业。公司致力于农业、水利行业自动化、信息化和智慧化建设，拥有发明专利3项，实用新型专利7项，软件著作权60项，以及多项奖励：“农业物联网技术体系研发与应用”获得2019年全国农牧渔业丰收奖二等奖、“基于云计算的水利物联网集成应用研究”获得2015年大禹科学技术二等奖、“大数据驱动的智慧河湖管理信息系统建设与应用研究”获得2019年山东省物联网协会科技进步一等奖。

## 应用范围及前景

适用于防汛抗旱指挥、水利及应急部门的信息化管理。

典型应用案例：

山东2018年度农村基层防汛预报预警体系建设项目。系统于2018年9月正式上线运行，面向基层防汛工作开放服务。目前已完成包括寿光、昌邑、高密、聊城等4个地区的部署工作。通过系统建设，完善了各类水雨情、工情、视频监控等物联基础感知体系，实现了数据自动化采集、汇集整合和利用共享，以及动态监测和实时报警，建成了视频会商和综合指挥调度决策中心，为防汛调度、决策指挥提供科学依据。

技术名称：农村基层防汛指挥调度决策系统
持有单位：山东锋士信息技术有限公司
联 系 人：谢丽娟
地　　址：山东省济南市经十东路33399号水发大厦副楼6层
电　　话：0531-86018968-8825、15215315819

# 126 入户型山洪灾害防治无线预警广播系统

## 持有单位

中国水利水电科学研究院

丹东新北方通讯电器有限公司

## 技术简介

**1. 技术来源**

自主研发。

**2. 技术原理**

在传统山洪灾害防治无线预警广播（Ⅱ型）的基础上增加入户终端产品，实现预警信息到户到人。发射机接收县级监测预警平台、手机短信和电话预警信息，并将预警信息发送到配置在居民户的预警广播终端，应急播报预警信息。终端具有调频、预警双信道接收，预警信道优先。关机状态下，可自动接收发来的预警信号并进行实时播报。具有数字编码寻址功能，可实现群呼、组呼、单独呼叫。

**3. 技术特点**

入户型无线预警广播发射机频率 70～108MHz 可调，具有可靠的数字编码方案，可抗电磁干扰，防止未授权外来信号的插播。具备远程、本地配置设备参数、管理白名单和设置 SIM 卡的功能。具有固定电话、手机接入，短信转语音功能。具有网络信号、功率指示等基本功能。当收到手机、固定电话等信号后，发射机可自动广播发射。可以设定移动网络通信和本级扩音的使用优先级别。入户型山洪灾害防治无线预警广播终端具有调频、预警双信道接收，预警信道优先，调频广播频率范围 70～108MHz。接收预警信号同时，可以将预警声音自动录音（20s）。关机状态下，可以自动接收发来的预警信号并进行实时播报。入户型无线预警广播系统具有数字编码寻址功能，可实现群呼、组呼、单独呼叫。终端机附带 LED 照明与激光求援功能。

## 技术指标

（1）无线预警广播网前端设备 TTF - 9620NS：工作频率范围 70～108MHz 可调，频道间隔 100kHz，发射功率 20～50W，音频失真＜1.5％，噪声＞50dB，温度范围－15～＋55℃。发射机的音频功率放大机输出功率 50～100W，失真度（额定功率时）≤1.5％，信噪比≥60dB；输出阻抗 4～16Ω。

（2）无线预警终端机 RJ - 3000：调频频带 70～108MHz，频带范围 70～108MHz，灵敏度优于 2dBμ；音频范围额定输出功率 500MW，额定阻抗 8Ω。

## 技术持有单位介绍

中国水利水电科学研究院是水利部直属的国家级社会公益性科研机构，研究领域已覆盖水文水资源、水环境与生态、防洪抗旱与减灾、泥沙与水土保持、农村水利、水力学、岩土工程、水工结构与材料、工程抗震、水力机械与机电、自动化、工程监测与检测、新能源、遥感技术及应用、水利史与水文化、牧区水利等 18 个学科、93 个专业方向。

中国水利水电科学研究院防洪抗旱减灾中心（水利部防洪抗旱减灾工程技术研究中心的挂靠单位）一直协助国家防办、水利部组织开展防洪减灾领域的科研和项目管理工作，曾协助国家防办组织开展的典型工作包括：世界银行和水利部重大科技项目“防洪减灾重大技术问题研究”“七大江河洪水风险图制作”“全国三维电子沙盘系统建设”“洪水风险图编制导则”和洪水风险

图立项前期工作、“水库汛限水位设计与运用”项目的管理、“南水北调中线一期工程防洪风险评估”等，参加了国家防汛抗旱指挥系统建设。按照水利部的统一部署，全国山洪灾害防治中央层级的项目建设任务和全国项目的管理任务主要由中国水利水电科学研究院承担，具体工作由挂靠中国水利水电科学研究院的水利部防洪抗旱减灾工程技术研究中心承担。

丹东新北方通讯电器有限公司成立于1994年，与港商合资。前身是原电子工业部直属厂——辽宁无线电四厂，是有着50多年历史的生产军用战术电台的专业工厂。公司占地12600m²，现有职工150多人，各专业高中级工程师占1/3以上。主要产品为军工通信、无线广播、电教类等3大系列50多个品种，用户遍及全国20多个省市、各大军区、武警总支队、知名大专院校和电力石油港口等大中型企业以及旅游景区。发射机系列从2004年起向澳大利亚和美国批量出口。丹东新北方通讯电器有限公司负责无线预警广播的研发和生产。

## 应用范围及前景

适用于山丘区山洪灾害防治预警信息发送和接受，预警广播发射端工作半径一般可达2~10km，可结合山洪灾害防治实际需求在居民户中设置终端机，实现山洪灾害防治村预警广播组网。

由中国水利水电科学研究院和丹东新北方通讯电器有限公司联合研发的入户型山洪灾害防治无线预警广播系统最先于2015年在河南省栾川县（15个行政村建设15套）、卢氏县（11个行政村建设11套）、新密县（8个行政村建设8套）山洪灾害防治项目建设中示范应用，群众反映良好，群众反映产品不仅可以作为预警信息接收设备，还可以作为照明、收听广播信息等，增强了产品的适用性。根据示范建设实践，在河南省的其他县等又增加了建设量，完善了群测群防体系中的薄弱环节，提高了基层民众灾害防御意识，发挥了显著防灾减灾效益。

根据在河南省推广应用的实践，中国水利水电科学研究院和丹东新北方通讯电器有限公司联合研发的入户型山洪灾害防治无线预警广播系统先后在内蒙古自治区乌兰察布、呼和浩特等地共计建设6套，北京市怀柔区2个行政村建设3套，宁夏回族自治区共计3个行政村建设3套，贵州省开阳县1个自然村建设1套，陕西省岚皋县、周至县共计4个行政村建设4套，重庆市丰都、秀水、彭水、酉阳共计4个行政村建设4套，福建省永春县建设4套、泰宁县建设5套、龙岩县建设2套、罗元县建设1套。

累计推广应用工程实例数11个，共销售67套入户型山洪灾害防治无线预警广播系统，运行良好，受到居民的欢迎，受到了当地有关领导和有关部门的高度评价。

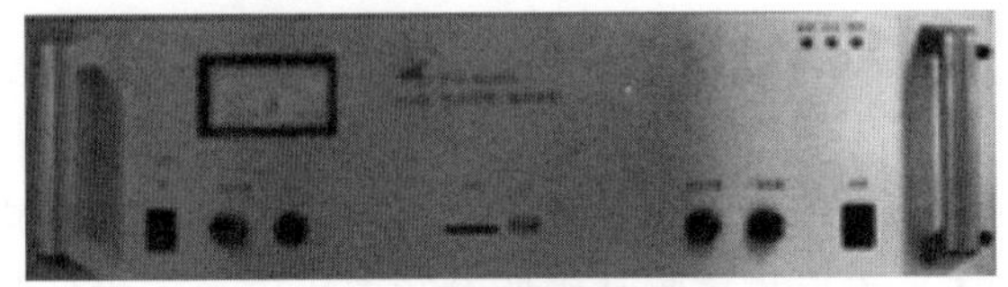

■TTF-9620NS 预警广播发射机

■RJ-3000 预警终端

| | |
|---|---|
| 技术名称： | 入户型山洪灾害防治无线预警广播系统 |
| 持有单位： | 中国水利水电科学研究院、丹东新北方通讯电器有限公司 |
| 联 系 人： | 解家毕 |
| 地　　址： | 北京市海淀区复兴路甲1号 |
| 电　　话： | 010-68781910、13552969026 |

# 127 山洪灾害在线监测识别预警方法及预警系统

## 持有单位

长江水利委员会长江科学院

## 技术简介

**1. 技术来源**

国家计划，在实施《长江上游滑坡泥石流预警系统建设项目》（2008—2013）过程中创新研发本技术，目前已在四川、云南、陕西等地进行推广应用。发明名称：山洪灾害在线监测识别预警方法及其预警系统（ZL201710532308.4）。

**2. 技术原理**

该系统将独立的雨量预警、水位和/或泥位预警、视频预警用系统平台连为一体，并基于小流域山洪防灾预警要求和预警指标分析模型，集成交互式在线山洪监测识别预警方法及系统。实现实时在线、无线传输、雨量阈值和水位和/或泥位阈值报警、视频监测辨识山洪类型和无人值守等功能。

**3. 技术特点**

（1）监测预警快速、准确、方便。将独立的雨量预警、水位和/或泥位预警、视频预警用系统平台连为一体，集成交互式、在线的山洪监测识别预警系统及方法，将小流域山洪临灾一级警戒预警提高到10～30min。

（2）雨量监测站是根据小流域降雨特性调查情况布设，实现实时在线、无线传输、雨量阈值报警和无人值守；水位和/或泥位监测站实现非接触式准确测量、实时在线、无线传输、水位和/或泥位阈值报警等高新技术特点，避免监测人员受山洪直接威胁。

（3）根据小流域发生山洪区域具体情况将各类监测站分别在山洪不同区域布置，使其成为多级多层次在线监测山洪灾害预报预警系统。同时，根据雨量监测、水位和/或泥位监测数据和实时视频综合判定山洪类型，明确预警预报等级，提高山洪监测预警可靠度和安全度。

（4）视频监测站布设灵活。在小流域降雨后，各沟河（道）产汇流后形成洪水，在各监测站还未达到报警预警指标，因视频监测实时在线、影像直接判读，可提前辨识溪河洪水和山洪泥石流。

（5）非接触式水位和/或泥位预警是针对山洪运动速度快、含沙（石）量大、冲击力巨大等特点采用的监测方法，安全可靠性强；其预警指标根据专业计算提出，分级清晰。

（6）太阳能蓄电池保证多日连续阴雨天气情况下，能维持监测站正常工作；监测系统信息传递方式依靠稳定安全的有线/无线网络传输，对观测测量结果进行实时测量、存储、传输；设备运行状态自动上报，可远程配置和管理。

## 技术指标

（1）雨量监测指标：量筒内径200mm；范围0.05～10mm；储水器容量2000～2500mL；雨量量筒最小分度0.2mm。

（2）超声波式水位/泥位监测指标：非接触式，水位/泥位量程0～40m；测量精度达到0.25%～0.05%。

## 技术持有单位介绍

长江水利委员会长江科学院始建于1951年，是国家社会公益类科研机构，隶属水利部长江水利委员会。长科院主要为国家水利事业以及长江保护、治理、开发与管理提供科技支撑，同时面向国民经济建设相关行业提供科技服务。

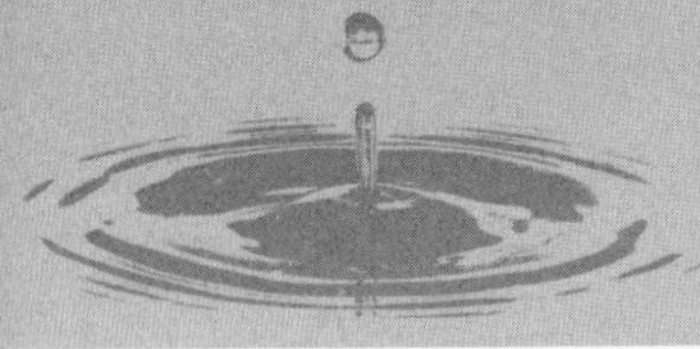



## 应用范围及前景

适用于山丘区小流域山洪灾害的监测、识别及预报预警。

典型应用案例：

案例1：四川宁南县城后山泥石流沟监测重点示范点：后山史家沟流域面积为1.639km²，沟长3670m，高差1420m，沟床纵比降314‰。在泥石流沟上中游设置4台雨量计；在排导槽上游设置超声波泥位计和视频；雨量监测点、泥位观测点建设、视频监测设备安装、常规监测设备安装。系统运行以来，未发生漏报情况且预警时间为10～30min，在预警时间内，相关人员均被转移到安全区域，保证了人民生命财产安全。

案例2：云南省巧家县水碾河泥石流预警重点示范点：流域雨季常有地形雨与雷雨等局地式暴雨，引发暴雨泥石流。流域水系沟总长31km，海拔900m以上平均纵坡为35%。水碾河是巧家县危害巨大的泥石流沟。1916年、1946年、1955年、1970年、1980年、1981年、1989年相继发生过特大型泥石流，每次泥石流的流量都超过百万立方米。设3台遥测自动雨量计；设浆砌石泥石流观测断面2处，用于泥石流冲淤观测、比较；设超声波泥位计2套，用于观测泥位，和过流断面数据相互对比、印证；设振动报警仪以作临灾报警用。目前运行正常。

案例3：甘肃省陇南市武都区北峪河泥石流监测预警系统重点示范点：北峪河是白龙江北岸一级支流，流域面积432km²，主沟道总长44km，流域大于1km²沟谷有40条。流域内共有人口3.89万人，耕地8.5万亩，沟口危害区为陇南市城区所在地。新建泥石流监测预警系统1套，包括无线监测报警雨量站8个、超声波无线自动泥位警报站2个、泥石流次声报警站1个、红外视频监控装置2套、传输系统、监控中心及监控终端若干。目前运行良好，正在实施二期，增加站点布设。

案例4：武汉大学承担国家重点研发计划课题“山洪模拟模型及设计洪水计算方法研究”：在湖北省丹江口市官山河示范区应用1套设备，应用结果表明，该系统运行安全稳定。

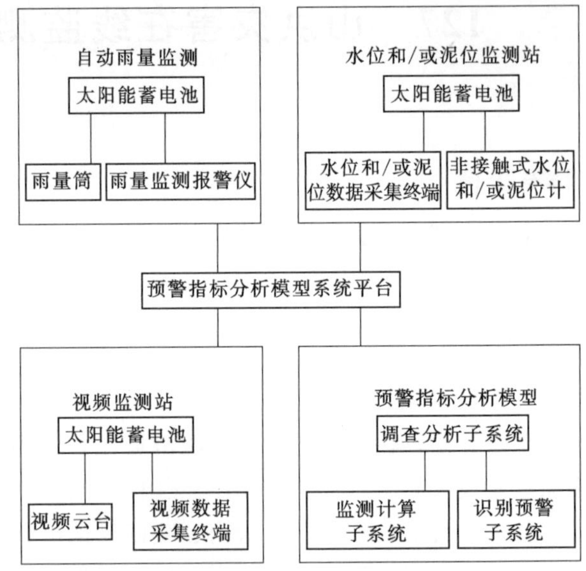


■山洪灾害在线监测识别预警方法及其预警系统

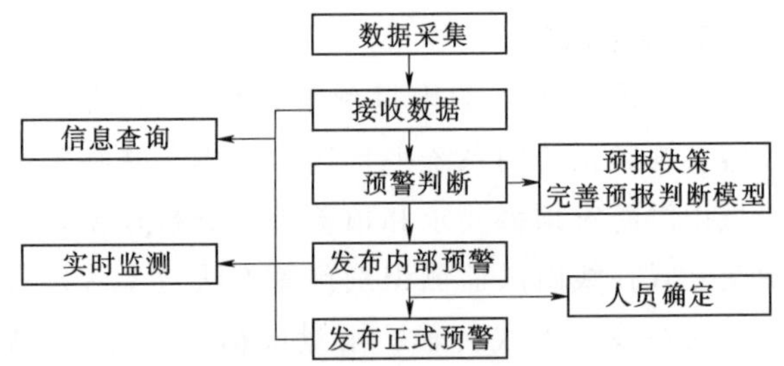


■山洪灾害在线监测识别预警数据处理流程图

技术名称：山洪灾害在线监测识别预警方法及预警系统
持有单位：长江水利委员会长江科学院
联 系 人：师哲
地　　址：湖北省武汉市江岸区黄浦大街23号
电　　话：027-82926207、19945030178

# 128 铝合金防汛抢险舟

## 持有单位

重庆京穗船舶制造有限公司

## 技术简介

**1. 技术来源**

自主研发。实用新型名称：具有聚脲护舷防撞结构的铝合金防汛抢险救援冲锋舟（ZL2016 21301776.8）。

**2. 技术原理**

铝合金防汛抢险舟是根据特殊救援环境实施抢险救援研发的新一代产品，主体结构采用船用铝材制造，并固定安装有新型EVA材质聚脲护舷，具有重量轻、强度高、稳定性高、抗风浪性好、抗沉性高、可冲滩、防腐耐用的特点，使用年限可达10年以上且可回收，绿色环保。主要适用于各种恶劣水环境下的应急抢险救援、现场指挥等。尤其适合在水质污染控制程度较高的水源地使用。

**3. 技术特点**

（1）护舷设计：该船艇护舷为EVA聚脲材质，固定安装于船舷，与船体一体合成。与其他PVC气舷和嵌入式护舷相比，浮力更大，具备耐磨防撞防刺性能，无须现场充气或安装，下水即可使用。

（2）创新材质：铝合金材质与玻璃钢材质相比，在硬度不减弱的情况下，更耐磨防撞，质量更轻，能采用相对较小的动力便能达到相同的航速，节约了发动机成本。使用年限更长，同时，铝合金材质比不可降解的玻璃钢材料更加环保，并且可以回收。

（3）创新设计：浮筒坐凳为聚脲材质坐凳，重量轻、可移动，在紧急情况下，可以抛投到水中当作救生圈使用。

## 技术指标

总长：5.610m；船长：4.750m；船宽：1.960m；型深：1.290m；吃水：0.290m；乘员：8人；航速：40km/h；主机安装形式：船外机；推荐主机功率：60HP。

## 技术持有单位介绍

重庆京穗船舶制造有限公司成立于2002年，是集船艇设计、研发、生产、销售及售后服务一体的国家级高新技术企业。

## 应用范围及前景

适用于应急救援、抢险救灾、防汛抗旱等。

该船艇是根据特殊救援环境实施抢险救援研发的新一代产品，船体材质为全铝合金，船舷固定安装EVA聚脲护舷。船艇适用于应急救援、抢险救灾等公务活动，经过前期推广，浙江省防汛机动抢险队各支队已投入使用，使用数量为20艘。目前使用铝合金冲锋舟的趋势日益增长，市场需求逐渐增多。

技术名称：铝合金防汛抢险舟
持有单位：重庆京穗船舶制造有限公司
联 系 人：林毅良
地　　址：重庆市万州区高梁镇高梁路2号
电　　话：023-58304118、13389688608

# 129 JS－580X 新型喷水式抢险突击舟

## 持有单位

重庆京穗船舶制造有限公司

## 技术简介

**1. 技术来源**

自主研发。发明名称：一种捆绑式气舷卧机喷泵防汛抢险冲锋舟（ZL201210266595.6）；实用新型名称：一种防汛抢险冲锋舟（ZL201220372090.3）。

**2. 技术原理**

船体全玻璃钢结构，通过特殊工艺将玻璃钢船体与 EVA 聚脲护舷紧密结合而成。该艇船配置 80HP 喷水式发动机（两冲程两缸），具备吃水浅、航速快、稳性好、载重量大，破浪效果好、转弯半径小、倾斜复原快、耐磨防撞防刺等诸多非常优秀的综合性能，满足在机动运输不能到达的地方实施最少的救援人员进行人工运输。舷内侧增设拉手和系绳环，保障舱内人员安全，也便于营救水中人员。并增设救生软梯两根，便于落水人员上船。

**3. 技术特点**

（1）护舷设计：该船艇护舷为 EVA 聚脲材质，固定安装于船舷，与船体一体合成，浮力大，具备耐磨防撞防刺性能，无须现场充气或安装，下水即可使用。

（2）外形设计：该船艇驾驶台可折叠，折叠过后多艘船艇可以重叠堆放，便于运输和储存，大大降低了运输成本费用和储存管理费用

（3）喷水式发动机：船艇采用两冲程喷水式发动机，与四冲程发动机相比重量更轻；与其他螺旋桨式发动机相比，不易受到缠绕、碰撞等破坏，运行时不会对落水人员造成伤害。

（4）发动机安装形式：船艇采用卧式船内机，与其他船外机形式的同类产品相比，爆发力更强、吃水更浅、破浪效果好、载重量大、航速快、转弯半径小、稳性好、倾斜复原快，保养和维护费用更低。

## 技术指标

该船艇结构设计参照《内河高速船入级与建造规范》（2012）进行校核；稳性、干舷、抗沉性符合《内河船舶法定检验技术规则》（2011）对单体滑行艇的航行要求。

总长：5.24m；船长：4.72m；船宽：2.07m；型深：0.69m；吃水：0.35m；排水量：1.62t；乘员：12 人；航速：50km/h；航区：内河 B 级；主机安装形式：船内机；主机功率：80HP。

## 技术持有单位介绍

重庆京穗船舶制造有限公司成立于 2002 年，是集船艇设计、研发、生产、销售及售后服务一体的国家级高新技术企业。

## 应用范围及前景

适用于应急救援、抢险救灾、现场指挥、公务船等。

该船艇主要用于应急救援、抢险救灾等公务活动，产品大量推广，主要用于中国人武装警察部队雪豹突击队、猎豹突击队等作战系统；重庆、四川、陕西、广东、黑龙江、江西、浙江等全国多省（直辖市）的水利、防办、水上公安、海事、抢险队、民政、应急管理、消防支队等相关部门都已投入使用，在 58 个采购项目中，累计销售 420 艘，船艇先进实用，用户给予好评。

■JS-580X新型喷水式抢险突击舟下水与作业

技术名称：JS-580X新型喷水式抢险突击舟
持有单位：重庆京穗船舶制造有限公司
联 系 人：林毅良
地　　址：重庆市万州区高梁镇高梁路2号
电　　话：023-58304118、13389688608

# 130 一体化内涝监测设备

## 持有单位

珠江水利委员会珠江水利科学研究院

## 技术简介

**1. 技术来源**

自主研发。发明名称：城市内涝积水监测方法、装置、设备及存储介质（ZL201910521360.9）。

**2. 技术原理**

一体化内涝监测设备采用了感应式水位测量和压力式水位测量两种技术相结合，设备开始浸入水中时，感应式传感器开始触发进行测量，设备完全没入水中后，依靠压力式传感器进行测量，并依据前期感应式测量结果对压力式传感器进行校准。

**3. 技术特点**

（1）该设备是融合感应测量技术和压力式测量技术研发的一体化水深测量物联网设备，采用NB、LoRa等多种无线物联网技术，可快速、有效上报水深数据，用户可通过微信小程序、微信公众号等方便查看水深数据，设备采用一体化结构设计，内部集成测量、传输及电源管理单元，具有体积小、功耗低、免维护、使用寿命长等优势。

（2）该设备采用了无触点的隔离式测量方式，有效防止积水用污染物、淤泥等对测量的影响。压力式测量可扩展设备测量范围，数据采集采用了数字滤波方法，有效过滤了车辆经过时溅水等影响。

## 技术指标

（1）测量量程：0～5m。

（2）精度：≤1cm。

（3）功耗：待机≤160nA，上报≤30mA。

（4）续航：待机3年或上报1万次。

（5）网络：NB-IoT全频段，支持两种以上通信网络。

（6）采集上报周期可调，最快30s。

（7）防护等级：IP68，外壳防盐雾。

（8）体积：不大于50mm×20mm×250mm。

## 技术持有单位介绍

珠江水利委员会珠江水利科学研究院是经国务院批准随水利部珠江水利委员会一起成立的中央级科研机构。

## 应用范围及前景

适用于城市道路、涵隧、窨井等安装空间受限的典型场景，可实现秒级的内涝积水快速响应。产品已在广州市进行了试点和规模应用，可应用城市道路、涵隧、窨井等安装空间受限的典型场景，可实现秒级的内涝积水快速响应。

典型应用案例：

案例1：2018年产品被应用于云浮市新兴县内涝积水点监测试点项目，应用规模50套，能有效及时上报道路积水数据，设备工作稳定，监测的水深数据实时上报，具有良好的经济效益。

案例2：2019年产品被应用于广州市南沙区内涝监测试点项目，应用规模30套，主要用于内涝积水监测，设备安装方便，维护工作量少，能有效及时上报积水数据。

技术名称：一体化内涝监测设备
持有单位：珠江水利委员会珠江水利科学研究院
联 系 人：陈高峰
地　　址：广东省广州市天河区天寿路80号
电　　话：020-87117188、15920179188

# 131 洪水实时模拟与洪灾动态评估技术

## 持有单位

珠江水利委员会珠江水利科学研究院

广州珠科院工程勘察设计有限公司

## 技术简介

### 1. 技术来源

省部计划。获计算机软件著作权，软件名称：洪水风险模拟分析软件（简称：HydroMPM_FloodRisk）V1.0。原始取得，登记号2014SR110651。自主研发计算引擎，研发的洪水风险模拟分析软件已被国家防总批准进入《重点地区洪水风险图编制项目软件名录》，被水利部科技推广中心列入《雄安新区水资源保障能力技术支撑推荐短名单》。该技术作为核心创新成果获2019年中国大坝工程学会科技进步一等奖。

### 2. 技术原理

该技术包括复杂类型流域洪水通用性水动力模型、高精度建模下洪水高速模拟方法、洪灾动态评估技术、洪水实时模拟与洪灾动态评估平台等4个先进实用技术要点。研发的洪水风险模拟分析软件，根据当前的水情、雨情、工情进行洪灾风险实时动态识别与预报预警，可用于感潮河网洪水、沿海风暴潮、堤坝溃决（漫溢）洪水、游荡性河道洪水、山区性河流洪水模拟，模型稳定性强、计算速度快，实现了边计算、边渲染的洪涝实时分析及动态展示，为防洪信息化补短板提供重要技术支撑。

### 3. 技术特点

（1）模型适用范围广：可用于感潮河网洪水、沿海风暴潮、堤坝溃决（漫溢）洪水、游荡性河道洪水、山区性河流洪水模拟。

（2）模型鲁棒性强，计算稳定性强，精度高。

（3）计算速度快：采用显卡GPU负责计算密集型任务处理，通过数以千计的线程并发，显著提升模型计算效率。

（4）实时渲染：采用高速渲染方法，实现了边计算、边渲染的洪涝实时分析及动态展示。

## 技术指标

（1）在面积1500$km^2$、30万个网格数量的区域，15天溃漫堤洪水演进过程模拟及洪灾损失评估的计算耗时为14.4min，比主流商业软件MIKE计算速度快5～30倍。

（2）30万网格的洪水演进计算结果，单帧渲染的系统平均响应时间为0.81s。

## 技术持有单位介绍

珠江水利委员会珠江水利科学研究院始建于1979年，是经国务院批准随水利部珠江水利委员会一起成立的中央级科研机构。珠科院主要从事河口治理、水力学与河流动力学、水环境保护与水生态修复、水文与水资源、水利信息化与自动化、水土保持、遥感与地理信息、防灾减灾、水利规划设计与咨询、岩土工程、工程质量检测等基础研究、应用基础研究，为珠江委行使水行政职能提供技术支撑，为流域经济社会发展提供有效管用的科技供给。

广州珠科院工程勘察设计有限公司，是珠江水利委员会珠江水利科学研究院全资公司，经过十多年的发展，公司已建立了一支专业配套齐全、人员素质高、技术力量强的优秀技术团队，成为泛珠江流域范围内有科研特色、有影响的水利咨询、设计单位。

## 应用范围及前景

适用于感潮河网洪水、沿海风暴潮、堤坝溃决（漫溢）洪水、游荡性河道洪水、山区性河流

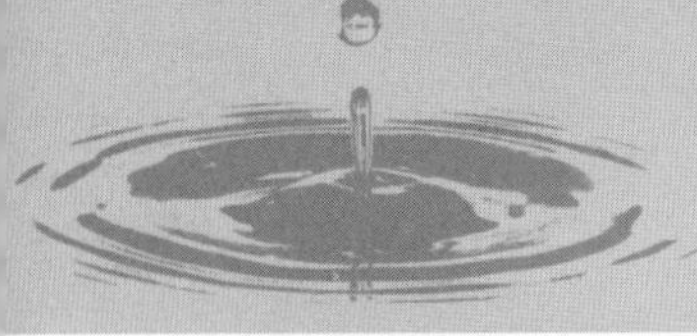



洪水风险实时动态识别与预报预警。

该项技术已在珠江防总、松辽委防汛抗旱办公室、广东省三防办、湖北省水利厅水旱灾害防御处、广西区水利厅水旱灾害防御处、海南省水务厅、广西右江水利开发有限责任公司百色分公司、东莞市三防办、河源市三防办、惠州市三防办等10余个防汛业务主管部门进行了推广应用，取得了良好的应用效益。

典型应用案例：

案例1："洪水实时模拟与洪灾动态评估技术"已应用于珠江防总的中顺大围等重点地区洪水风险图编制、典型防洪保护区洪涝灾害实时分析及动态展示、国家防汛抗旱指挥系统二期工程珠江洪灾评估系统等项目。作为典型应用，该技术在15min内可完成西江浔江段防洪保护区（面积约1500km$^2$、计算网格30万）15d的溃漫堤洪水演进过程，计算速度满足洪灾实时预报预警需求。

案例2：松干典型防洪保护区洪水风险实时分析系统于2015年10月开始应用于松辽委防汛抗旱办公室的防洪减灾等相关工作中，实现了松干左岸二肇大堤和松干右岸拉林河口至哈尔滨大堤防洪保护区洪水在线快速计算、洪水演进高速渲染等功能，实现了任意水文及溃口条件下洪水演进实时计算与动态展示等功能，在防汛应急决策中取得了较好的实际效果，可提高相关决策的科学性。

案例3：东江流域防洪保护区洪水风险图及实时系统于2015年开始应用于广东省三防办的防洪减灾等相关工作中。综合考虑了东江干流洪水、河口潮水以及城市暴雨内涝洪水，对东江三角洲河网多种典型洪水情景进行了准确的模拟。项目编制的洪水风险图件成果被广东省三防办采纳；部署在广东省三防办的东江流域洪水实时分析及动态展示系统在防汛应急决策中取得了较好的实际效果。

案例4：黄广大堤防洪保护区洪水风险图于2016年开始应用于湖北省水利厅水旱灾害防御处的防洪减灾等相关工作中。该项目运用洪水风险模拟分析软件HydroMPM_FloodRisk，构建了黄广大堤防洪保护区一维-二维耦合洪水演进模型，计算分析了长江干流洪水和西隔堤洪水等不同洪水条件下黄广大堤防洪保护区洪水风险时空分布特征，并编制了洪水风险图，项目成果被湖北省水利厅水旱灾害防御处采纳。

案例5："全要素复杂洪水实时模拟与动态评估技术"已应用于广西区水利厅水旱灾害防御处"广西重点地区洪水风险图编制项目"中多个编制区域，主要包括：南宁及柳州市城市洪水风险图编制，洛清江鹿寨县鹿寨镇、防城江防城区木头滩、清湾江城区段玉州区、富江富川县城区段等中小河流洪水风险图编制。项目采用珠江水利科学研究院研发的洪水风险模拟分析软件HydroMPM_FloodRisk，运用了一维河道高稳模拟方法、多尺度耦合技术和GPU并行计算技术，构建了一维-二维耦合洪水演进模型，计算分析了各保护区不同水文组合条件下洪水风险时空分布特征，并编制了洪水风险图。项目成果被广西区水利厅水旱灾害防御处采纳，并运用于实际的防汛应急预案编制、防洪规划与风险管理、防汛物资调配等工作中。

案例6："全要素复杂洪水实时模拟与动态评估技术"已应用于海南省水务厅"海南省洪水风险图编制项目（2013年度）"等项目中，项目计算分析了各保护区不同水文组合条件下洪水风险时空分布特征，并编制了洪水风险图件。利用GPU并行计算技术和精细化实景建模技术，实现了洪水风险的在线实时计算和二维、三维动态展示。项目成果被海南省水务厅采纳，并运用于实际的防汛应急预案编制、防洪规划与风险管理、防汛物资调配等工作中，在具体运用中取得较好的实际效果，提高了相关决策的科学性。

技术名称：洪水实时模拟与洪灾动态评估技术

持有单位：珠江水利委员会珠江水利科学研究院、广州珠科院工程勘察设计有限公司
联 系 人：陈高峰
地　　址：广东省广州市天河区天寿路80号
电　　话：020-87117188、15920179188

# 132 河流警戒水位量化计算方法

## 持有单位

水利部珠江水利委员会技术咨询中心

## 技术简介

**1. 技术来源**

自主研发。发明名称：一种河流警戒水位的计算方法（ZL201710509858.4）。

**2. 技术原理**

该技术主要提出了一种河流警戒水位的量化计算方法，该方法以历史洪水过程数据为基础按照相应原则筛选典型洪水过程线，同时结合防护对象控淹水位及撤离所需时间等参数，在筛选的典型洪水过程线上反向推导警戒水位具体指标，解决了警戒水位确定工作领域内缺乏合理量化计算方法的问题。

**3. 技术特点**

一是对水情信息的利用更加全面，该技术主要采用历史洪水过程线作为计算分析对象，洪水过程线所包含的信息量更加全面；二是实现了警戒水位的精准量化计算；三是对防护对象的考虑更加精细，引入调研及外业调查工作，切合防汛工作实际；四是应用条件要求不高，适用性好。

## 技术指标

（1）通用性强，该技术提出了方法原理符合一般水文规律，具有很好的适用性。

（2）安全性好，该技术确定的警戒水位指标基本可以覆盖成灾洪水，不会出现漏报的情况。

（3）有效性，该技术确定的警戒水位可剥离大量的无效小洪水预警，提高了预警的有效性。

## 技术持有单位介绍

水利部珠江水利委员会技术咨询中心于1994年成立，是从事水利行业咨询、水利工程设计等业务的国有高新技术企业，隶属于水利部珠江水利委员会，是水利部珠江水利委员会重要的技术支撑单位。咨询中心主要承揽水利行业各类咨询、设计、研究及信息化等方面业务，主要业务范围有：水旱灾害防御相关研究、工程建设前期、水资源规划、水资源管理等方面。近年来取得的科研成果主要有：获得省级咨询奖项2个，发明专利1项，获得软件著作权28项，参编专著2本，发表专业论文95篇。

## 应用范围及前景

适用于防汛抢险领域，具体包括各类河道水情站、报汛站警戒水位的确定、复核及调整等工作。

典型应用案例：

该技术已应用在梧州市金鸡（二）、大化、京南（坝下二）等3个水文站警戒水位的复核调整工作中，三站均位于梧州境内，其中金鸡（二）水文站位于浔江一级支流北流河下游，集水面积9111km$^2$，原警戒水位为31.20m；大化水文站位于浔江支流湄江河上游，集雨面积1053km$^2$，原警戒水位109.7m；京南（坝下二）水文站位于浔江一级支流桂江下游，集雨面积17388km$^2$，原警戒水位22.00m。3站原警戒水位采用经验性方法确定，已使用数十年，近年来已逐渐不适应防汛实际，预警频率过于频繁，且绝大多数为无效预警。2017年，梧州市水利局委托水利部珠江水利委员会技术咨询中心开展了以上三站警戒水位的复核调整工作，复核后金鸡（二）站警戒水位由原31.20m提高到33.00m，大化站警戒水位由109.7m提高到111.00m，京南（坝下二）警戒水位由22.00m提高到24.00m，目前各站点警戒水位批复后正式运用已有近3年的时间，警戒水位的应用表现基本符合预期目标，体现了该技术计算警戒水位的合理性，应用效果较好。

技术名称：河流警戒水位量化计算方法
持有单位：水利部珠江水利委员会技术咨询中心
联 系 人：李善综
地　　址：广东省广州市天河区天寿路80号
电　　话：020-87117914、18613096817

# 133　大范围海域实时水位解算方法

## 持有单位

中水珠江规划勘测设计有限公司

## 技术简介

### 1. 技术来源

自主研发。计算机软件著作权：软件名称：多站水位改正软件蓄 V1.0。原始取得，登记号：2020SRO135642。软件名称：卫里测高海沙提取教件 V1.0。原始取得，登记号：2018SR740459。

### 2. 技术原理

该技术基于 POM（princeton ocean model）模式与 blending 同化法、最小二乘拟合法等多种水位改正法，构建了基于精密潮汐模型和多站水位改正模型的大范围海域实时水位解算方法，研发了多站水位改正软件，实现大范围海域的实时水位控制，满足水位改正的精度要求，本方法可获得研究区任意位置、任意时刻的高精度水位数据，降低了人工水位观测的成本和风险，可为水下地形测量、航海的水位信息动态保障和枯水期水量调度及咸潮上溯研究等提供实时水位数据，并可推广应用于长江口、杭州湾等海域。

### 3. 技术特点

（1）稀少验潮站控制下的大范围海域水位推算。该技术依托沿岸及部分海岛稀少验潮站，收集水深与验潮站等资料，构建精度更高的区域潮汐模型，并对该海域的余水位时空特征进行分析，结合固定验潮站点的分布情况，评估以稀少验潮站点实现大范围水位推算的精度，给出分区水位推算的方案，可实现稀少验潮站控制下的大范围海域水位推算。

（2）大范围的低成本、高效率和高精度的多站水位改正。该技术针对当前四站及以上水位改正法需分区改正会引起邻区跳变的弊端，通过优化最小二乘法水位改正模型，构建多站水位改正模型实现了四站及以上四站及以上的多站水位无须分区即可水位改正，提高了水深测量成果的精度。

（3）可复制性、可推广性、适用性强。

该技术可推广至其他河口及邻近海域，且技术方法、模型构建、论证分析等具可复制性，适应性强。首先，都可采用基于潮汐模型与余水位监控的方法；其次，潮汐模型构建与方法适用性论证过程是一致的；最后，替换为相应海域的潮汐模型，即可运用水位推算软件。研究成果长期适用，能够持续节约成本，提高效率与安全性。

## 技术指标

通过大量实测数据统计计算和工程运用可知，该技术构建的精密潮汐模型精度为 4.5cm，优于国际模型；水位解算成果误差在±5cm 以内，水深测量数据水位改正成果中误差在±15cm 以内，精度能够满足相应规范要求。

## 技术持有单位介绍

中水珠江规划勘测设计有限公司是国务院确定的178家大型勘测设计单位之一，是珠江委控股的国有高新技术企业，是广州市首批认定总部企业。公司在水利枢纽、水电梯级开发、航电枢纽、灯泡贯流式电站、城市供水、城市防洪排涝、无基坑筑坝、生态调度、水生态修复、水环境治理、水土保持、出海口门治理、近海水域测绘、风资源评估等领域积累了众多领先优势。先后完成了广东北江白石窑水电枢纽、广东北江飞来峡水利枢纽、广东北江清远水利枢纽、广东北江蒙里水电枢纽、广东梅江丹竹水电枢纽、广西

柳江红花水电站、江西赣江石虎塘航电枢纽、江西赣江新干航电枢纽等大中型枢纽电站的规划设计。

## 应用范围及前景

适用于水下地形测量和枯水期水量调度、咸潮上溯研究等领域。

该方法已在部分水利部前期规划项目和水利水电工程项目得到成功运用，如《珠江河口四期水下地形测量》（GS1－ZW－SLQQ－2018－319）、《深圳至中山跨江通道水下地形测量项目》（SBY－G1－SLZT－2017－406）、《珠海市白龙河治理工程可行性研究》（20180510W2019－110）等，经济效果显著。

典型案例：《珠江河口四期水下地形测量》（GS1－ZW－SLQQ－2018－319）。珠江河口四期水下地形测量项目是水利部前期规划项目，2017年11月，水利部下达《水利部关于珠江河口四期水下地形测量项目任务书的批复》，2018年6月中水珠江规划勘测设计有限公司投标并中标该项目，该项目时间紧、任务重，需要在1年半的时间内完成珠江口及延伸区2280km$^2$的水下地形测量。水下地形测量需要高精度的水位观测数据，而珠江口10月至次年3月以东北向风浪为主，5—8月多南、西南向风浪，平均波高0.9～1.9m，较高和较频繁的风浪使得人工观测水位精度降低和安全风险加大。以珠江河口四期水下地形测量项目为例，如果采用传统的三站以上水位改正法需分区改正，需分8个区，布设18个水位站（见传统水位改正法水位观测布设图）产生8个跳变区，影响成果精度。而且分区改正只能一区测完测量另个一区，否则需要搬站，成本高效率低，因为有时可能这片海域风浪大不能测量，另外海域可以。基于精密潮汐模型推算水位结合多站不分区水位改正即可实现整个区域任意位置随便测。只布设了4个临时验潮站（其中SC15临时观测几天）进行精度校核（见本方法水位观测布设图），3个长期验潮站用于水位推算。节约11把水尺，平均1把尺平均50天观测，租船费换船4次×50×0.3万元＝60万元；人工费11人约55万元；搬站8次，每次2.5万元成本，20万元。误工费每次5万元合计40万元，其他数据处理等25万元，合计节省成本200万元。项目比预期提前两个月完成，成本大幅降低，效率提升，经济效益显著。

技术名称：大范围海域实时水位解算方法
持有单位：中水珠江规划勘测设计有限公司
联 系 人：赵薛强
地　　址：广东省广州市天河区天寿路沾益直街19号中水珠江设计大厦
电　　话：020－87117444、13318786543

# 134　小型水库群实时洪水预报技术

## 持有单位

河海大学

## 技术简介

**1. 技术来源**

国家计划，自主研发。计算机软件著作权：梯级水库群极端洪水模拟系统（2017SR155127）；基于数据挖掘技术的实时洪水预报系统（2017SR706338）；基于相似性理论的实时洪水预报软件（2017SR670515）。

**2. 技术原理**

构建了融合遥感影像解译与支持向量机智能学习的地形地貌参数-水库库容定量关系模型，推算了水库资料缺失地区的小型水库库容信息，耦合集成了新安江-水库模型，解决了无小型水库资料或资料短缺的流域洪水预报难题；集成了一种全过程联合校正的洪水预报修正方法，建立雨量站网密度与洪水预报误差分配比例之间的定量关系，基于系统响应理论，实现了输入误差与模型误差的全过程联合校正，显著提升误差修正效果，提高洪水预报精度。

**3. 技术特点**

（1）根据具有较充分小型水库信息流域的资料建立地形地貌参数与小型水库库容关系模型，推算无资料或资料缺失流域的小型水库库容信息，通过概化小型水库对洪水的拦蓄作用，构建了考虑小型水库调蓄影响的新安江-水库模型；模型洪水预报精度与原新安江模型相比较，精度更高，对考虑小型水库影响的洪水预报问题具有很强的适用性。

（2）通过对洪水预报各环节误差（如输入误差、模型参数误差等）的联合校正，避免将终端误差（总误差）指定为其中一种误差的硬性做法，具有较好的适用性。流域的雨量站密度越低，确定性系数提高幅度越大。

## 技术指标

该实时洪水预报技术已应用于全国不同地貌区 68 个流域 8176 场次的洪水模拟及实时洪水预报，流域面积共计 128552km$^2$，共推算了 3977 个小型水库的库容数据；共有 89.3%的流域洪水模拟/预报效果符合 GB/T 22482—2008《水文情报预报规范》要求，其中 47 个流域应用结果很好（即洪量相对误差和洪峰相对误差均值不超过 20%，确定性系数大于 0.70 的场次比例达到 70%以上），约占总流域数的 69.12%。

## 技术持有单位介绍

河海大学是一所拥有百余年办学历史，以水利为特色，工科为主，多学科协调发展的教育部直属全国重点大学，是实施国家“211 工程”重点建设、国家优势学科创新平台建设、一流学科建设以及教育部批准设立研究生院的高校。截至 2020 年 9 月，各类学历教育在校学生 54478 名；教职工 3535 名，具有高级职称的教师 1540 名，博士生导师 596 名；现有院士 4 人（其中外籍院士 2 人）。2010 年以来，获国家级科技成果奖 30 项，部省级科技成果奖 700 余项。

## 应用范围及前景

适用于流域洪水预报、中长期径流预报、山洪灾害预警、水资源评价、水土保持措施效果评价。

2015 年以来，考虑小型水库群的实时洪水预报技术已推广应用于黄委水文局、长江委水文局、淮委水文局、江西省水文局、浙江省水文局、广西壮族自治区水文局等13家单位，在小型水库广泛分布的淮河流域、汉江流域以及大范围水土保持措施布置的黄河中游流域等实时洪水预报中发挥了重要作用。

技术名称：小型水库群实时洪水预报技术
持有单位：河海大学
联 系 人：李彬权
地　　址：江苏省南京市西康路1号
电　　话：025-83786475、13776619440

# 135 洪水概率预报技术

## 持有单位

淮河水利委员会水文局（信息中心）

河海大学

## 技术简介

**1. 技术来源**

国家计划，自主研发。发明名称：一种多气候模式输出数据综合校正及不确定性评估方法（ZL201610591912.X）。

**2. 技术原理**

构建了基于信息熵-误差异分布的洪水概率预报新技术，创建了洪水预报不确定性全过程降低控制技术，实现了洪水预报分阶段误差校正和整体协调的智能校正；建立了洪水概率预报精度-可靠性综合评价指标体系，创新了洪水概率预报-防洪风险率耦合计算方法，研制了洪水概率预报、预报不确定性降低控制及概率预报成果评估三位一体的洪水作业概率预报应用系统。

**3. 技术特点**

（1）基于信息熵-误差异分布的洪水概率预报技术。针对不同量级洪水或洪水过程的不同阶段，预报误差的非平稳性及异分布特征，采用信息熵理论描述预报误差特征，创建耦合信息熵-误差异分布的洪水概率预报新技术，实现分量级洪水预报误差的智能校正及概率预报。

（2）洪水预报不确定性全过程逐阶段降低控制技术。以降低总误差为总控目标，采用“整体-部分”交替修正思路，构建“模型输入-参数优化-终端误差修正”一体化的误差降低控制技术，实现预报误差的全过程逐阶段降低控制，提高实时洪水预报精度。

（3）概率预报-防洪能力耦合的洪水风险评估技术。采用概率预报成果描述洪水的不确定性、截尾正态分布描述防洪能力不确定性，基于多维联合分布理论，构建了耦合洪水预报不确定性和防洪能力不确定性的洪水风险实时计算模型，实现任意防洪点任一时刻洪水风险的实时滚动计算。

（4）既提供倾向值及上下限预报，丰富了洪水预报信息，又提出了不确定性降低控制技术，进一步提高了预报精度；既考虑了洪水不确定性，又考虑了防洪能力不确定性，提出了实时洪水风险评估新技术，满足了防洪调度决策新需求；构建了我国实时洪水作业概率预报技术平台，既促进了洪水预报理念的转变，又实现了洪水概率预报从理论向实践的跨越，全面提升了成果的支撑服务能力。

## 技术指标

该技术已用于全国不同地貌区49个流域2198场次洪水模拟及概率预报，流域面积共计357751$km^2$，与传统确定性预报结果相比，洪水预报径流深相对误差平均降低约6.2%，确定性系数增加0.08，洪峰概率预报的上/下限值（90%置信区间）的离散度值减小0.12，覆盖率值增加2%，倾向值预报精度达90%以上，属甲等水平。

## 技术持有单位介绍

淮河水利委员会水文局（信息中心）长期致力于服务流域防汛抗旱和水利信息化工作，取得了突出成绩。目前拥有的洪水预报调度、防汛综合信息查询、雨量分析、台风信息查询、遥测信息查询等10余项防汛信息化先进技术成果，正在淮河防汛抗旱工作中扮演着重要角色。《淮河

防洪体系联合调度关键技术研究及应用》《淮河洪水多元协同调控技术》《淮河水资源精细化调控关键技术》《实时洪水概率预报方法研究与应用》等多项科研成果获得了省部级以上奖励。

河海大学是一所拥有百余年办学历史，以水利为特色，工科为主，多学科协调发展的教育部直属全国重点大学，是实施国家“211工程”重点建设、国家优势学科创新平台建设、一流学科建设以及教育部批准设立研究生院的高校。截至2020年9月，各类学历教育在校学生54478名；教职工3535名，具有高级职称的教师1540名，博士生导师596名；现有院士4人（其中外籍院士2人）。2010年以来，获国家级科技成果奖30项，部省级科技成果奖700余项。

## 应用范围及前景

适用于洪水预报、中长期径流预报及防洪风险分析。

洪水概率预报技术已在全国多个区域洪水预报（49个流域2198场次）中得到了应用，指导和规范了全国多个流域的实时洪水概率预报和防洪风险分析等相关工作。

2016年以来，实时洪水概率预报技术已推广应用于国家防办、黄委水文局、长江委水文局、安徽省防办和江西省水文局等22家单位，在多闸坝的淮河流域、多水库调控的长江流域、大范围水保措施的黄河流域等实时洪水预报中发挥了重要作用，为有关实时洪水作业预报工作提供了有力的技术支撑和决策支持，取得了良好的社会经济效益，减灾效益明显。

案例1：通过对王家坝2007年7月1日—8月1日和2017年7月9—15日两场洪水的应用结果表明，构建的洪水风险评估模型可靠地对超警戒水位风险作出评估与识别，取得了较好的应用效果，在当年的防洪调度决策中发挥了关键作用。

案例2：在2017年淮河1号洪水中，传统的确定性业务预报结果显示王家坝断面洪峰峰值不超警，而本技术的概率预报分析结果表明有4个时段预报值超警的可能性均在90%以上，概率预报峰值27.6m，实测27.54m，更接近实际情况。

技术名称：洪水概率预报技术
持有单位：淮河水利委员会水文局（信息中心）、河海大学
联 系 人：王凯
地　　址：安徽省蚌埠市东海大道3055号
电　　话：0552-3093242、13625527983

# 136　城市河道防汛特征水位划定技术

## 持有单位

北京市水科学技术研究院

## 技术简介

**1. 技术来源**

自主研发。提出了城市河道防汛特征水位（警戒水位和保证水位）划定方法，为防汛管理者和社会公众直观获悉水情态势提供重要支撑。

**2. 技术原理**

根据具体河道防洪特点，综合应用数理统计和数值模拟方法确定河道防汛特征水位，并同时考虑了与调度预案的衔接等因素。首次提出了北京市市河道警戒水位设定原则：山区有堤防河段，采用开始漫滩偎堤的水位；山区无堤防段，采用洪水普遍出槽漫滩水位；平原郊区有堤防段，采用漫滩临堤水位；平原郊区无堤防段，采用滩唇高程或滩地平均高程；平原城区河段：大部分为地下河段，以20年一遇设计水位为基础，综合考虑排水口、观景平台、下拉槽等设施高程分段进行调整；在确定河道防汛特征水位设定的基本原则的基础上，考虑闸坝分布和水系联通关系，进行主要行洪排涝河道分段处理。

**3. 技术特点**

（1）应用数理统计方法分析河道防汛特征水位。分别针对流域主干排水河道和城区排水河道的特点，在划定范围内的河段划分的基础上，开展各段范围内相关防洪特征数据的统计分析，系统评价不同河道水位条件对防洪排涝隐患的影响。

（2）应用数值模拟方法分析河道防汛特征水位。针对防汛管理重点关注的河道构建数值模型，计算典型河段的不同重现期洪水流量和水位。采用NASH曲线、河道一维水力学模型等方法进行数值建模，推求不同设计洪水过程中河道沿程水面线变化。

（3）该技术采用实地调研与数值建模耦合方法，多方防洪因素综合考虑，适用范围较广，与地区现行的防洪调度预案衔接，合理考虑了重点地区河道与代表断面对防洪安全的特殊要求，将城市防洪安全的多维约束纳入模型的技术指标体系，具有更好的科学性、适用性与合理性。

## 技术指标

（1）明确提出了对防汛特征水位、水位划定方法、河道分段方案的考量。

（2）明确提出了对各个点位警戒水位的统筹考虑和预警。

（3）明确提出了警戒水位风险控制的计算，并统筹考虑了堤防、排水口、滨河道路、观景平台。

## 技术持有单位介绍

北京市水科学技术研究院，隶属于北京市水务局，是从事应用型公益科研和综合咨询的公益二类事业单位。主要业务领域涵盖了农业节水、水资源、水环境、生态、防灾减灾、工程质量与环境监测、水务发展战略研究、智慧水务建设等多个研究方向。

## 应用范围及前景

适用于北方地区城市及市郊，包括山区、平原区等大小河流、重点河道、关键断面警戒水位和保证水位的确定。

该技术已在北京市防办、凉水河管理处、东水西调管理处、北京市水文总站等单位项目中应用，涵盖23条河道、134个断面、17个报汛站，有效支撑了北京各级单位防汛预案的修订、行洪排涝工程规划建设等工作。该项技术融入北京市流域洪水调度系统，形成了实时态势图，为直观获悉汛情险情信息提供了重要依据。

技术名称：城市河道防汛特征水位划定技术
持有单位：北京市水科学技术研究院
联 系 人：邸苏闯
地　　址：北京市海淀区车公庄西路21号
电　　话：010-68731183、13699246835

# 137 F9103系列无线预警广播

## 持有单位

厦门四信通信科技有限公司

## 技术简介

**1. 技术来源**

自主研发。实用新型名称：无线预警广播系统（ZL201220543888.X）。

**2. 技术原理**

F9103系列无线预警广播设备基于2.5G/3G/4G公用网络及调频网络，为用户提供多功能无线预警广播服务。F9103系列产品采用高性能的工业级16/32位通信处理器，以嵌入式实时操作系统为软件支撑平台，实现GSM/CDMA远程电话告警（同时支持手机、固定电话）、PSTN告警、卫星、无线电台、短信息合成语音告警、GPRS/CDMA数据转语音告警、车载台/FM调频网络告警、本地对讲机无线告警等。

**3. 技术特点**

该产品系列包含F9103S（主站）、F9103C（从站）和F9103D（单站）。主站和从站配套使用，组成一个完善的预警广播网络。3个系列产品均可单独使用，独立完成预警广播功能。

## 技术指标

发射功率：< 24dBm；接收灵敏度：<－109dBm；工作电流：220VAC（AC176～264V）；待机电流：12VDC（11～14VDC，支持12VDC蓄电池供电）；工作温度：－25～＋65℃（－13～＋149℉）；储存温度：－40～＋85℃（－40～＋185℉）；相对湿度：95％（无凝结）；接口：SIM/UIM卡接口、USB接口、麦克风接口、音频输入接口、麦克风音量旋钮、主电源接口、天线接口、PSTN接口、蓄电池和太阳能板接口、串口等。

## 技术持有单位介绍

厦门四信通信科技有限公司，成立于2008年，国家高新技术企业，多年来专注于提供物联网通信、智慧电力、智慧消防、智慧水利、智慧地灾、智慧灌区等解决方案和服务，业务覆盖全国各省区市及部分“一带一路”沿线国家，目前拥有5家控股子公司，公司拥有50多项发明及实用新型专利，近百项软件著作权。

## 应用范围及前景

适用于水利灾害、气象预警、应急预警、地质灾害等防治工程；抢险救灾指挥通信、科普宣传、学校、广场等公共场所广播应用。F9103系列无线预警广播设备已在湖南、宁夏、云南、山东、浙江、山西、新疆、广东等地得到应用，使用效果良好。

典型应用案例：

案例1：甘肃省康乐县2018—2019年度山洪灾害防治非工程措施建设项目，应用规模：广播站F9130D共190台，遥测终端F9164共52台。

案例2：兰州市山洪灾害监测预警项目，应用规模：广播站F9130D共200台，遥测终端F9164共200台。


技术名称：F9103系列无线预警广播
持有单位：厦门四信通信科技有限公司
联 系 人：陈敏
地　　址：福建省厦门市软件园三期诚毅大街370号A06栋11楼
电　　话：0592－5907279、18344985433

# 138 一种低功耗水雨情监测设备

## 持有单位

南京三万物联网科技有限公司

## 技术简介

**1. 技术来源**

自主研发。实用新型名称：一种低功耗水雨情监测设备（ZL201821937892.8）。计算机软件著作权，软件名称：三万物联水雨情监测仪系统软件 V.1.0。原始取得，登记号：2019SR0423877。

**2. 技术原理**

低功耗水雨情监测设备由监测主机、水位传感器、雨量传感器、供电系统（太阳能＋电池板）及固定安装套件构成，满足不同应用场景及项目要求的差异化配置需求，是严格遵循水文监测数据通信规约设计的一款用于室外降雨量、水位数据采集设备。该设备主要为采集雨量水位数据，为城市内涝的治理提供参考依据。

**3. 技术特点**

（1）可接入雨量、超声波液位、雷达液位计、浮子液位计、投入式液位等多种相关应用传感器。

（2）设备智能管理，电量监测及故障自诊断，数据加密处理，预警及热重启。

（3）主控单元采用 OneBOX 套件，融合 OneBOX 所有技术性能，支选配持 LoRa、NB-IoT 及 GPRS 等通信方式。

（4）深度低功耗处理，单面大功率光伏板，大容量锂电池，阴雨天气连续工作 1 个月。

（5）岸边混凝土桩固定立杆，无缝接入 30000IoT 物联网平台，支持第三方平台接入。

## 技术指标

超声波液位监测：量程 0～15m，精度≤±1%；投入式液位监测：量程 0～50m，精度≤±1%；雷达液位监测：量程 0～30m，精度≤±1%；雨量监测：量程 0～8mm/min，精度≤±3%；设备经过高低温测试，－20～＋60℃均能正常工作；IP67 防水等级。

## 技术持有单位介绍

南京三万物联网科技有限公司是一家致力于物联网、人工智能及机器人领域的国家高新技术企业，拥有专利、软著及权威机构检测报告 50 余项。

## 应用范围及前景

适用于降雨量水位监控，重点在于城市/水库汛情的监测，包含智慧水务、海绵城市等领域。该设备已应用于江苏、上海、浙江、贵州、云南、吉林等地，例如南京海绵城市项目、贵州河长制项目、杭州排水管网项目等，推广应用工程实例 35 个，累计销售 167 套。

案例：海绵城市项目。在南京月牙湖和寅春路海绵湿地项目中水雨情监测均采用的是超声波液位和双翻斗式传感器，均部署在项目范围的中心位置，通过联动监测和分析水位和降雨量状况，可以掌握月牙湖和寅春路海绵湿地的水量变化和历史数据，为管理人员监控和预警处理提供了参考依据。

技术名称：一种低功耗水雨情监测设备
持有单位：南京三万物联网科技有限公司
联 系 人：杨培兴
地　　址：江苏省南京市玄武大道 108 号徐庄软件园聚慧园 1 栋五楼
电　　话：025-83249049、18251835730

# 139 HRMC.WY-1型压力式水位计

## 持有单位

陕西恒瑞测控系统有限公司

## 技术简介

**1. 技术来源**

自主研发。实用新型名称：全自动水位温度记录仪（ZL201620311099.1）。

**2. 技术原理**

压力式水位计利用压力传感器来直接或间接感应水体静水压力从而实现水位测量的仪器。其一般包括压力传感器及有关的引压、信号传输、数据处理（含显示、存贮、编码和记录）。该压力式水位水温计中几乎所有的数据都是在它的芯片上处理执行的，压力和温度的输出数据也是在内部校准和补偿。

**3. 技术特点**

可以解决如地下水、水库、大坝、地下管网、河道或工业现场的液位、温度监测。

（1）高稳型：高品质高稳定性压力感测元件。

（2）精度高：水位精度0.05%F·S，分辨力1mm；温度精度±0.5℃，分辨率0.01℃。

（3）功耗低：智能电源管理设计，采集功耗3～4mA。

（4）功能全：水位、水温、水压等要素同时实时监测。

## 技术指标

量程：0～40m $H_2O$/其他量程可选；水位精度：0.05%F·S/1级精度；水位分辨力：1mm；防水密封：IP68；工作温度范围：0～85℃；信号标准：RS485接口MODBUS-RTU标准通信协议；防护等级：全不锈钢密封结构，IP68防护；温度补偿：全量程数字化校准，全温区温度误差补偿。

## 技术持有单位介绍

陕西恒瑞测控系统有限公司位于中国压阻式压力传感器基地陕西省宝鸡市，公司长期致力于流体压力、液位、流量、温度测量和扭矩测量等相关产品的研发和生产。公司是国家科技部火炬中心评定的科技型中小企业，也是国家认证中心认定的高新技术企业，拥有专利50余项。

## 应用范围及前景

适用于地下水位水温数据监测；城市防汛液位监测；水库、大坝水位实时监测；湖泊、地表径流水位监测；无人值守水文监测站点；罐内液位监测；工业控制系统现场液位监测。目前，各项工程应用该设备累计583套。

典型应用案例：

案例1：在山东省地热资源开发利用地下水监测项目中安装使用56台/套压力式水位计，运用现代项目管理技术和手段对地下水资源进行管控制。

案例2：在南京市地铁四号线江心洲水文地质测绘项目中，安装使用11台/套压力式水位计，解决了在野外工作环境下不方便地下水监测的问题。

案例3：在上海市古树周边地下水监测项目中使用45台/套一体化压力式水位计，数据系统误差小于1cm，符合规范要求，同时提高了工作效率。

案例4：在自然资源部和水利部共同建设的国家地下水监测工程（水利部分）黑龙江省监测

站水位监测仪器设备采购与安装项目（250套）、黑龙江省地下水监测站网建设工程（一期）监测设备（221套）项目中使用情况较好，质量得到技术部门肯定。

技术名称：HRMC. WY-1型压力式水位计
持有单位：陕西恒瑞测控系统有限公司
联 系 人：辛城
地　　址：陕西宝鸡市渭滨区巨福路30号
电　　话：0917-3208958、18513203886

# 140 水情云会商管理系统V2.0

## 持有单位

北京艾力泰尔信息技术股份有限公司

## 技术简介

### 1. 技术来源

自主研发。计算机软件著作权，登记号：2018SR6219075。

### 2. 技术原理

该系统的建设采用当前先进的计算机技术、水情预警预报与分析技术，充分利用各类气象、水情信息，将水情信息合理的划分利用，提高实时水情信息处理能力，有效开展洪水预警预报服务，为水情会商工作提供完善的信息化存储、处理、分析、决策支持，进而为各级防汛指挥部门防洪调度、指挥决策提供全面的科学依据及技术支撑。

### 3. 技术特点

（1）系统开发采用B/S架构，采用J2EE技术，使用JAVA语言进行开发，数据库采用SQL Server数据库管理系统，开发技术架构使用Spring MVC的框架模式，采用XML-RPC Webservice国际标准技术，实现统一用户、统一登录、统一入口、统一信息交换、统一工作流程等服务功能。

（2）通过水情云会商系统的建设，可极大地充实水情信息处理、统计、分析、信息交换共享，将水情信息合理地划分利用，避免信息孤岛，最大限度发挥各类水情信息的作用，实现信息及时有效的交换共享，为防汛决策、水情会商、水情日常办公提供坚实的数据支撑及应用平台。

## 技术指标

（1）客户端响应时间小于3s。

（2）支持并发用户数不少于2000人。

（3）支持日均页面浏览量不少于5万。

（4）WebGIS响应速度小于5s，复杂报表响应速度小于5s，一般查询响应速度小于3s。

## 技术持有单位介绍

北京艾力泰尔信息技术股份有限公司，是一家以“物联网＋AI”技术为核心，面向涉水行业提供大数据解决方案、人工智能产品、物联网云服务的国家高新技术企业。

## 应用范围及前景

适用于水情的分析评价，为防汛抗旱、水利工程调度等提供决策支持服务。

典型应用案例：

案例1：黑龙江水文局水情业务应用系统开发项目。一次性投资140.6万元，2014年9月投入运行，有效提供数据采集的精确度，进一步更好的监控水情及水资源信息，为黑龙江水情业务、水资源管理及决策提供有力的数据支撑。

案例2：山西省中小河流水文监测系统水情信息查询服务系统软件建设项目。一次性投资45.6万，是涵盖省水情中心和9个水情分中心的水情信息查询服务系统，2012年8月投入运行以来，系统运行正常。

技术名称：水情云会商管理系统V2.0
持有单位：北京艾力泰尔信息技术股份有限公司
联 系 人：吴亚琦
地　　址：北京市海淀区西四环北路新奥特科技大厦北四楼
电　　话：010-88877260、13717661156

# 141 河长制信息化管理系统

## 持有单位

北京国信华源科技有限公司

## 技术简介

### 1. 技术来源

自主研发。中国水利企业协会委托国家信息中心测试，软件名称：河长制信息管理系统V1.0。获全国河（湖）长制管理信息系统软件测评等级优秀证书（2020-CWEC-011）。

### 2. 技术原理

该系统通过对河长的基础信息收集、监测监控共享数据整合、数据集中展现、案件管理、日常巡查、指导协调、公文阅办、公众受理、日常管理、监督考核、统计报表等方面进行了不同维度的了解，对河长工作职责和日常管理需求进行了汇总。

### 3. 技术特点

（1）河长制信息管理平台采用B/S技术架构开发，后台应用采用S(Spring)、S(SpngMVC)、M(Mybatis)底层架构以实现各模块之间的功能，外部系统对接接口采用webservice进行对接。总体设计分为信息采集层、数据管理层、应用支撑层、业务交换层、用户使用层5个层次。

（2）采用空天地一体化物联网感知技术，对水库、湖泊、河流的水雨情、水质污染、采砂、排污口等进行实时数据采集，为河长制日常监管提供数据支撑。

（3）采用AI图像识别技术，在水生态环境安全管理、非法采砂、河湖管理、水土保持、水文监测和重大江面漂浮物应急处置、防汛安全管理等方面建立联合示范点，提升视频智能化水平。

（4）利用遥感影像和影像识别技术，对湖泊及湖泊周边环境进行监测和识别，实现对湖泊“一月一普查，两月一详查”。

（5）采用物联网云平台技术，提供统一的对接协议和数据安全服务，使各类智能硬件在平台上实现互联互通。

## 技术指标

具备河湖信息综合展现、上下级汇报业务受理、日常工作管理、基础数据处理、专题事件记录、应急事件指挥、文案管理、平台管理等功能。河长制信息管理系统通过信息产业信息安全测评中心的软件产品测试，可实现50万量级的物联网终端并发接入，每秒接入100万以上的数据包；全景数据，全生命周期管理；监控、管理、运维智能化。

## 技术持有单位介绍

北京国信华源科技有限公司是一家致力技致力于水利物联网和智慧水务产品研发的高新技术企业。

## 应用范围及前景

适用于山洪灾害预警、矿山预警、气象灾害预警等行业领域。

该系统已应用于石城县河长制管理信息系统采购、威远县河长制管理信息系统采购、瑞金市河长制信息化平台建设等项目。

技术名称：河长制信息化管理系统
持有单位：北京国信华源科技有限公司
联 系 人：黄赛
地　　址：北京市西城区广安门内大街甲306号楼825室
电　　话：010-63205221、13311565535

# 142　智图云智慧水务三维可视化系统V2.0

## 持有单位

北京浩宇天地测绘科技发展有限公司

## 技术简介

### 1. 技术来源

自主研发。发明名称：一种安装定位装置的三维激光扫描仪球形标靶及其使用方法（ZL201410608501.8）；实用新型名称：一种具有多种扫描模式的三维扫描仪（ZL201820338191.6）。

### 2. 技术原理

该系统是一套以空间三维数据可视化技术为核心的水利工程智能化运营管理平台，以人工智能、云计算为基础，使用虚拟化、视觉SLAM、激光点云融合、物联网技术、GIS技术实现水务管理过程中的空间地理信息、工程建筑物信息、监测信息、运行管理与调度信息的空间三维信息化处理，建立交互式展示水务管理辖区内的实景三维环境，通过与实时监测数据库、调度系统等相结合，实现三维可视环境下管理监测与运行调度信息管理、安全预警、调度三维动态仿真等功能。

### 3. 技术特点

（1）智图云智慧水务三维可视化系统由硬件与软件两部分组成。核心硬件：智图云移动测量机器人、地面大空间三维激光扫描仪、二维平面图获取系统、智图云背负式扫描仪；核心软件：HYviewer，HYviewer由数据层、平台层、应用层组成。

（2）如在现场安装摄像机、音响、在线流量计、水位计、雨量计、水质分析仪等设备，可为河长制管理信息平台运行、考核评估、防汛应急、流域管理提供数据支持。

## 技术指标

（1）智图云移动测量机器人。测量单元：扫描距离0.6～30m，激光扫描仪个数3；摄像单元：镜头数量6，相机分辨率6×1600万像素。

（2）地面大空间三维激光扫描仪。测距单元：扫描距离0.6～350m，测距误差±1mm；测距噪声：25m处90%发射率为0.3mm。

（3）二维平面图获取系统。扫描范围：反射率90%（白色）0～20m，反射率10%（黑灰色）0～8m；传感器：二维激光扫描仪，惯性测量单元。

（4）智图云背负式扫描仪。测量单元：扫描距离0.6～220m，镜头数量6；数据成果：真彩色点云。

## 技术持有单位介绍

北京浩宇天地测绘科技发展有限公司于2005年成立，是国家高新技术企业。公司专注三维扫描技术，为用户提供全领域三维数字化解决方案、三维可视化管理方案、三维智慧信息服务平台。公司与中国国家博物馆、故宫博物院合作，从事文化遗产数字化保护关键技术的研发，获得多项专利和软件著作权。《智图云三维可视化智能系统建设及应用》荣获2019年度测绘科技进步特等奖。

## 应用范围及前景

适用于水务智能化管理、三维可视化巡检、三维实景环境下工程信息和监测信息查询与管理、河长制管理信息平台。

典型应用案例：

汾河水库水环境治理二三维联动系统平台项目。智图云智慧水务三维可视化系统已在汾河水库水利工程中得到应用，2018年12月投入运行以来，提高了运维管理智慧化水平，使用实景三维＋GIS技术作为一种高效数据的展示与交互、管理手段，能直观逼真地展现地形地貌、水体、建筑、设备等多种信息，实现了水利水电工程的三维可视化智慧应用。

技术名称：智图云智慧水务三维可视化系统V2.0
持有单位：北京浩宇天地测绘科技发展有限公司
联 系 人：张璠
地　　址：北京市海淀区太平路甲40号D座
电　　话：010－88202065、13436755899

# 143 ZKGD2000－M型地下水位监测仪

## 持有单位

北京中科光大自动化技术有限公司

## 技术简介

### 1. 技术来源

自主研发。具有“ZKGD地下水自动监测系统V1.2”（软件著作权号2015SR174615）、“ZKGD数据监测系统V1.8”（软件著作权号2009SR032630）、“ZKGD地震观测井数据自动采集系统V1.0”（软件著作权号2015SR174609）。

### 2. 技术原理

设备由一体化压力式水位水温计和数据传输装置组成。一体化压力式水位水温计中自带高精度压力传感器和温度传感器，传感器监测地下水位、水温数据，通过自带的高精度气压计进行气压补偿，数据传输装置将监测数据读取并自动上报至监控中心，实现地下水自动监测、自动上报等。

### 3. 技术特点

（1）一体化压力式水位水温计和数据传输装置各自都带有大容量存储器保存数据，做到监测数据双保险。如果数据传输装置出现故障，也能保证采集到的水位水温数据可以从一体化压力式水位水温计中读取出来，做到监测数据完整、连续。

（2）设备整体防水性能好，防水等级IP68，地下水监测设备的数据传输装置完全浸泡在水里，监测井点的设备仍然能保持正常稳定工作。

（3）设备工作温度范围宽：－45～＋85℃，能保证在极寒恶劣环境中长期正常工作运行。在黑龙江、内蒙古、甘肃和宁夏北部、新疆以及西藏等地区，冬季严寒夏季酷暑昼夜温差大，最低气温达到－40℃以下。在这些地区的ZKGD2000－M型地下水位监测仪运行稳定，用户使用放心。

## 技术指标

（1）经水利部水文仪器及岩土工程仪器质量监督检验测试中心检测，埋深变幅测量范围0～30m及以上。

（2）设备长期稳定性达到0.05%F·S；水位测量精度达到0.05%F·S；工作温度范围－45～＋85℃；设备整体防水等级为IP68；设备平均无故障时间MTBF≥11万h。

（3）设备线缆采用高强度抗干扰、抗拉伸、防雷电材料。

## 技术持有单位介绍

北京中科光大自动化技术有限公司成立于2000年，是一家集产品设计、研发、生产、销售、实施、服务于一体的高新技术企业，专业从事地下水自动监测设备研发、制造，已成功为国家级项目、省级项目、市县级项目提供了先进的地下水自动监测设备和完善的售后维护服务。

## 应用范围及前景

适用于地下水位、水温监测、地表水位水温监测、河流、水库、水渠等水位自动监测工作。

2016至今，ZKGD2000－M型地下水位监测仪在国家地下水监测工程（水利和国土两部分）项目中，有近5000套设备已经安装稳定运行，尤其在高寒地区（内蒙古、黑龙江、吉林、甘肃、新疆北部等）有大量的设备在野外长期稳定运行。

■一体化压力式水位水温计和数据传输装置

技术名称：ZKGD2000－M型地下水位监测仪
持有单位：北京中科光大自动化技术有限公司
联 系 人：于一心
地　　址：北京市朝阳区大屯路甲21号C座1703
电　　话：010－64837725、13552476534

# 144 地下水超采综合治理技术

## 持有单位

水利部水利水电规划设计总院

## 技术简介

### 1. 技术来源

国家计划。该技术成果已在南水北调东中线工程受水区、河北省地下水超采地区得到了应用，取得了良好的地下水超采治理效果，并已推广至北京、天津、山东、山西、河南等地区，为全国地下水超采治理提供了可复制、可借鉴、可推广的思路与方法。

### 2. 技术原理

该技术以解决地下水超采问题为目标，形成了集地下水超采问题诊断、水资源承载能力分析、治理目标与布局研究确定、“节”“控”“调”“补”“管”综合治理措施为一体的地下水超采治理技术方法体系，可有效压减地下水超采量，有力缓解地下水水位持续下降态势，促进地下水水位回升和稳定，涵养地下水水源，保障用水安全，修复生态环境，生态效益与社会经济效益显著。

### 3. 技术特点

（1）科学诊断地下水超采状况的超采区评价技术。综合采用水位动态法、开采系数法和引发问题法等方法，综合评价区域地下水超采状况，建立了来水—供水—用水—超采之间的响应关系，为超采治理方案制定和治理成效评估奠定基础。

（2）地下水超采治理布局与目标任务制定技术。统筹考虑粮食生产、经济社会发展、生态文明建设要求，合理确定未来发展用水需求，以水资源环境承载能力为约束，提出区域多目标协调平衡的水土资源开发、生产力格局、生态环境承载要素整体配置方案，制定地下水超采治理布局与目标任务。

（3）“一减一增”地下水超采治理模式与技术。

（4）基于区域实际、实施可能、经济成本、农民意愿等多要素分析，提出强化重点领域节水、严控开发规模和强度、严格地下水管控等“减水”措施，多渠道增加水源供给、实施河湖地下水回补等“增水”措施，形成“一减一增”地下水超采治理模式与技术。

## 技术指标

（1）建立了地下水超采综合治理技术方法体系，验证了地下水超采评价、治理目标与布局确定、高效节水、种植结构调整、水源置换、地下水回补等技术措施的可实施性和有效性。

（2）应用地区地下水超采量大幅压减，地下水回补效果显著，地下水水位降幅减缓，部分地区地下水水位回升。

（3）为华北地区地下水超采综合治理工作提供了技术支撑，为全国推进地下水超采治理、加强地下水管理与保护提供了经验和示范。

（4）该技术已在“南水北调东中线一期受水区地下水压采总体方案”“河北省地下水超采综合治理试点及其推广”“华北地区地下水超采综合治理行动方案”等项目中得到应用，并取得了明显成效。自南水北调东中线一期工程通水以来，至2018年年底，受水区城区累计压减地下水自19.1亿$m^3$；河北省2014—2016年试点期间，累计压减地下水超采量26.6亿$m^3$，地下水水位下降幅度明显减缓；2019年，在降水偏枯的情况下，华北地区地下水超采综合治理行动实施成效显著，新增地下水压采能力8.3亿$m^3$，实施河湖生态补水 34.9 亿 $m^3$，关停城镇自备井和农灌井超过 1 万眼，京津冀平原区地下水位下降幅度与相似枯水年份相比明显减缓，部分地区水位止跌回升。

## 技术持有单位介绍

水利部水利水电规划设计总院是受部委托，负责全国性综合及专业规划编制、规划设计审查和水利勘测设计咨询行业管理工作的部直属事业单位，是水利部重要的技术支撑单位和技术主管机构。在地下水治理与保护方面，近 20 年来，水规总院组织实施了地下水资源评价与超采治理方面几乎全部的国家级项目，主持完成了全国水资源调查评价、水利普查、全国地下水超采区评价等工作；编制了全国水资源综合规划、全国地下水利用与保护规划、南水北调东中线一期工程地下水压采总体方案、华北地下水超采综合治理行动方案及河湖地下水回补试点方案、内蒙古西辽河流域量水而行以水定需方案等，均被国家采纳实施；完成了河湖地下水回补试点方案效果评估；正在主持的第三次全国水资源调查评价、华北地区地下水超采综合治理行动方案效果评估、地下水管控指标确定等工作，体现了当前地下水管理与保护实践工作的最新进展。完成的中国地下水资源演变与调控关键技术及实践成果获 2018 年度大禹水利科学技术奖一等奖；编制的《南水北调东中线一期工程受水区压采总体方案》获 2015 年全国水利水电工程勘测设计奖金质奖；编制的《全国水资源保护规划》获得 2019 年全国水利水电工程勘测设计奖金质奖；编制的《河北省地下水超采综合治理规划》获得 2017 年全国水利水电工程勘测设计奖银质奖。

## 应用范围及前景

适用于地下水超采治理、地下水超采区评价、河湖生态补水与地下水回补。

地下水超采综合治理技术已在地下水超采治理领域进行了推广应用，取得了非常好的应用效果，涉及政府部门、设计单位、科研院所等。

典型应用案例：

案例 1：地下水超采综合治理技术已应用于水利部水资源管理司组织开展的地下水超采综合治理试点工作推广中，治理范围已推广至河北、山东、山西、河南等省份。

案例 2：地下水超采综合治理技术已应用于水利部水资源管理司组织编制的《南水北调东中线一期受水区地下水压采总体方案》。

案例 3：地下水超采综合治理技术已应用于水利部水资源管理司组织编制的《内蒙古西辽河流域量水而行以水定需方案》。

案例 4：地下水超采综合治理技术已应用于水利部规划计划司组织编制的《华北地区地下水超采综合治理行动方案》中。

案例 5：地下水超采综合治理技术已应用于河北省水利水电第二勘测设计研究院编制的“河北省地下水超采综合治理年度实施方案”中。

技术名称：地下水超采综合治理技术
持有单位：水利部水利水电规划设计总院
联 系 人：陈飞
地　　址：北京市西城区六铺炕北小街 2－1 号
电　　话：010－63206817、18515021296

# 145 HC. WQX20－1型气泡式水位计

## 持有单位

东莞市海川博通信息科技有限公司

## 技术简介

### 1. 技术来源

自主研发。发明名称：一种气泡式水位计以及一种水体内含沙量检测方法（ZL201410340254.8）；发明名称：一种防结露的气泡式水位计（ZL201410853188.4）。

### 2. 技术原理

气泡压力式水位计是基于流体力学的压力水位计，通过气体压缩及平衡装置在测量管中产生与被测水体相互均衡的压力，再将位于装置本体的传感器数据处理成水位信息。

### 3. 技术特点

（1）非接触式测量，高稳定性、高精度、高分辨率；低功耗（待机电流小于1mA）、体积小、稳定性好、维护方便；安装便捷，免气瓶，无须建测井，不受雷击影响，且不受水面漂浮物的影响；配置手动气泵开关；信号输入输出接口有防雷电和抗干扰措施；传感器防冷凝，防结露设计。

（2）水位计主体固定在室内或控制箱内，水下部分无任何电子元件，安装不挑地形，具有高压反吹功能、无堵塞问题。与传统常用的投入式、超声波相比，具备精度高，稳定性高，分辨率高，免维护等特点。环境适应性好，无须垂直安装。

## 技术指标

产品符合GB/T 11828.2—2005检测依据。

（1）量程：0～10m、0～20m、0～40m；分辨力：0.1cm；精度：0.05%F·S。

（2）输出接口：4～20mA、RS485。

（3）供电电源：额定12VDC（电压范围8～16VDC）。

（4）压缩机类型：微型活塞圆筒压缩机。

（5）测管规格：8mm；外壳材料：铝合金。

（6）工作温度：－20～＋70℃；相对湿度：≤95%（＋40℃时）；可靠性：MTBF≥10000h。

（7）仪器体积：160mm×130mm×53mm。

（8）电磁兼容指令，电磁兼容性认证证书；微功耗（待机电流小于1mA）。

## 技术持有单位介绍

东莞市海川博通信息科技有限公司是一家集研发、生产、销售为一体的计量仪器生产厂家。

## 应用范围及前景

适用于大中小河流、湖泊、水库等水位监测；汛期城市洪水或内涝监测，如低洼地、排水口；辅助水处理，如城市供水、排污口。

气泡式水位计现已广泛应用到四川、湖南、广西、江西、云南、贵州、山东、辽宁、台湾、香港、澳门等地，国外应用有印度尼西亚、新加坡、泰国、越南、马来西亚、印度等，累计在400例应用工程中销售安装约6000台套气泡式水位计。

技术名称：HC. WQX20－1型气泡式水位计
持有单位：东莞市海川博通信息科技有限公司
联 系 人：张海芬
地　　址：广东省东莞市南城街道众利路86号2栋105室
电　　话：0769－21668191、15820050088

# 146 H1688 声学多普勒流量计

## 持有单位

深圳市宏电技术股份有限公司

## 技术简介

**1. 技术来源**

自主研发。实用新型名称：一种超声波多普勒流量计（ZL20182O253934.X）。计算机软件著作权，软件名称：宏电声学多普勒流速仪软件目（简称：流速仪）V1.0。原始取得，登记号：2018SR472776。

**2. 技术原理**

H1688声学多普勒明渠流量计是一款集合声学多普勒技术、信号处理算法、不规则断面水动力模型进行流速率定补偿校正算法、各种断面流量自动计算的高性价比接触式测流设备。流量计利用超声波在水中传播时遇到悬浮物散射产生多普勒效应，通过测量发射波与接收波之间的频率差计算水流流速，通过压力传感器测量水位，属于“速度-截面积法”流量间接测量装置。

**3. 技术特点**

（1）断面流速测量：超声波探头的测量截面为椭圆形，覆盖不同纵深的流速，更接近于断面流速。

（2）测量精度高：选带傅里叶变换（Zoom-FFT）算法保证测量结果稳定并具有毫米级速度分辨率。

（3）低功耗设计：嵌入式软硬件的整体低功耗设计、先进的电源管理策略及科学的工作模式切换。

（4）结构设计独特：通过专利保护的结构设计有效防止淤泥堵塞关键测量部位，减少流量计的维护。

（5）应用场景广：浊度大于20mg/L的满管和非满管流量测量均可，相关配件可扩展支持淤积监测。

## 技术指标

（1）测流范围：0.02～10m/s，测量准确度：±1%，测量值：±0.01m/s。

（2）温度测量范围：0～60℃，测温准确度：±1℃。

（3）水位范围：0～10m，水位精度：0.5%±0.5cm。

（4）工作温度：－30～＋70℃。

（5）测量方式：单次或连续测量。

（6）防水等级：IPX8。

（7）电源：12VDC。

（8）功耗：电流＜200mA，功耗＜2.4W。

## 技术持有单位介绍

深圳市宏电技术股份有限公司成立于1997年，是全球领先的物联网通信产品与解决方案提供商。公司业务涵盖海绵城市感知系统、水库综合管理、水文水资源监测、防洪减灾预警、地灾及结构体安全监测等领域，是一家集核心技术研究、产品开发、设备制造、销售服务为一体的国家高新技术企业。

## 应用范围及前景

适用于城市排水管网（雨水管、污水管、雨污合流管）、河流以及渠道的流速、流量在线自动测量。

宏电H1688声学多普勒流量计在黄河南岸灌区信息化工程、国家水资源监控能力建设项目、甘肃中小河流水文监测系统建设项目、郑州市城市内涝监测预报预警系统以及深圳治水提质工程、河长制信息管理系统、深圳市排污管网监测项目中均有批量应用，累计已销售1200台套，在各个工程项目现场运行稳定，数据准确可靠。

■H1688声学多普勒流量计外形示意图

技术名称：H1688声学多普勒流量计
持有单位：深圳市宏电技术股份有限公司
联 系 人：周志明
地 址：广东省深圳市龙岗区布澜路中海信科技园总部经济中心16楼
电 话：0755-88864288、13925288430

# 147 水文水资源数据采集传输仪

## 持有单位

中科星图（深圳）数字技术产业研发中心有限公司

## 技术简介

**1. 技术来源**

自主研发。实用新型名称：防松动智能RTU（ZL201922016198.3）等5项相关专利。

**2. 技术原理**

数据采集传输仪是集数据采集、数据处理、数据存储、数据传输等多种功能为一体的通信仪器，应用于水资源实时监控系统的数据采集环节，采用大容量锂电池设计，兼容多种电源，提供多个通道的符合工业标准的模拟接口和数字接口，可以外接包括雨量计、水位计、水压计、流量计、水质仪器等多种类型的仪表和传感器，是集数据采集、显示、存储、传输和远程管理等功能于一体的数据采集传输仪，它通过与现场监测仪表相连、采集监测结果并进行数据的处理和存储。

**3. 技术特点**

（1）内置大容量锂电池，可兼容多种电源。

（2）4G全网通/Nbiot等多种通信方式。

（3）集成度高，IP67防护等级。

（4）集成RS232/RS485/模拟量/开关量等通用接口。

## 技术指标

（1）通信方式：4G全网通/NBiot。

（2）防护等级：IP67。

（3）供电方式：DC/太阳能/220V。

（4）待机电流：0.3mA。

（5）传感器接口：RS485/RS232/模拟量/开关量。

（6）内置锂电池：13.6AH/7.4V。

（7）太阳能充电电流：1.5A。

（8）直流电充电电流：1.5A。

（9）充电可接入电压：10～26V。

（10）工作温度：－20～＋70℃。

## 技术持有单位介绍

中科星图（深圳）数字技术产业研发中心有限公司定位于数字城市建设的科研型企业，致力于研究物联网、云计算、大数据可视化等前瞻性技术及各类智能应用芯片和方案设计。

## 应用范围及前景

适用于水利信息化建设领域，如水文、水资源、水环境、水污染的远程测控等，已推广应用工程5例，销售15台套。

■数据采集传输仪的应用场景

技术名称：水文水资源数据采集传输仪
持有单位：中科星图（深圳）数字技术产业研发中心有限公司
联 系 人：陆赛华
地　　址：广东省深圳市福田区香蜜湖街道竹林社区紫竹七道17号求是大厦西座1503－1506
电　　话：0755－83044377、13934608171

# 148 超声波时差法明渠（河流）测流仪

## 持有单位

武汉先达监测技术股份有限公司

## 技术简介

**1. 技术来源**

自主研发。经湖北省科学技术厅鉴定超声波时差法明渠（河流）测流仪在国内尚无研发先例，填补了国内空白，达到国内领先水平。

**2. 技术原理**

超声波时差法明渠（河流）测流仪是利用声脉冲在水介质中沿声道传播的时间差来达到处理的目的。声脉冲在流动水体中的速度是声波在静态水中速度与声道方向水流速度分量的代数和。$A$、$B$ 二点为水下二个声脉冲收发换能器，$V$ 为水流速度，$L$ 为二个换能器之间的距离，$\alpha$ 为声传播方向与水流方向的夹角。

**3. 技术特点**

（1）采用同步卫星授时通信技术和二岸无线数据交互技术，全面取消了河渠二岸需要铺设电缆的复杂工程措施；可全面应用于江、河、渠等宽水域、大断面、大流量实时在线测量。

（2）产品可有效替补传统缆道转子流速仪需要人工操控同时无法实现实时在线的缺陷。

（3）产品作用距离可达500m，远超欧美国家同类超声波时差法产品；同时，有效突破了高频声波多普勒原理的ADCP测流仪测量距离瓶颈。

## 技术指标

工作频率：200kHz；作用距离：10～500m；声波指向性角：7°；声道数量：2层；测流值信度：98%；分辨率：1cm/s；声波与水流方向夹角：30°～60°；工作水深：30m；工作温度：－5～＋50℃；含沙量：10kg（距离≤30m）；信号输出接口：RS485；二岸数据传输模：卫星、ZigBee或者电缆线；工作电压：DC24V AC220V；功率耗电：10W。

## 技术持有单位介绍

武汉先达监测技术股份有限公司是武汉东湖高新技术开发区的高新技术企业。公司致力于水利、水文、水资源的远程无线遥测、遥控、遥视等基础产品的系统性研发，尤其是针对国内宽河道流速流量一直无法实现实时在线计量的技术瓶颈，在长江水利委员会支持下研发的超声波时差法河渠测流仪，可满足10～500m河宽的应用。

## 应用范围及前景

适用于宽河道实时在线流量监测、中小河流生态流量监测、防汛预警；跨区域调水计量，灌区输水干支渠输水计量。

该产品是国内自1974年开始研发以来唯一成果产品，已销售22台套。

典型应用案例：

案例1：山东簸箕李引黄灌区超声波时差法测流仪示范点项目。应用规模：1台套，渠道宽度15m，黄河高泥沙水体，二岸主辅机不需要电缆架设，卫星授时，无线数据交互，2018年3月投入运行以来，运行良好。

案例2：贵州乌江沿河水文站时差法测流项目。应用规模：1台套，乌江宽度距离170m，2019年5月投入运行，300元/年（电费）。

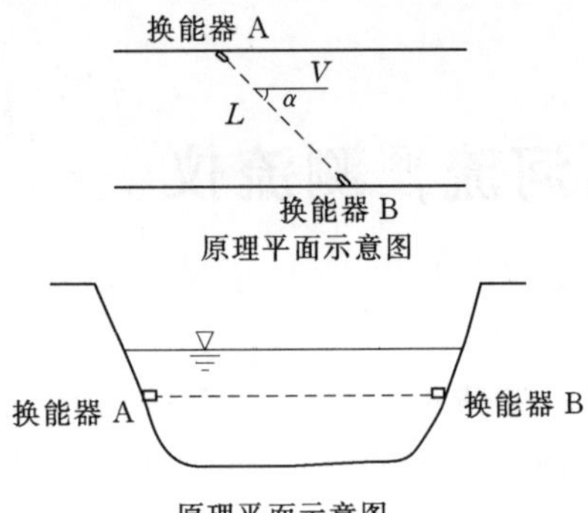


原理平面示意图

水流速公式：$V_L = \frac{L}{2\cos\alpha}\left(\frac{1}{t_{BA}} - \frac{1}{t_{AB}}\right)$

■超声波时差法明渠测流原理示意图

技术名称：超声波时差法明渠（河流）测流仪
持有单位：武汉先达监测技术股份有限公司
联 系 人：李静
地　　址：湖北省武汉市洪山区马湖新村西门湖北有机生物大院
电　　话：027－87526669、18062035916

# 149　水资源动态管控与精细化管理关键技术

## 持有单位

黄河水利委员会信息中心

河南黄河信息技术公司

## 技术简介

### 1. 技术来源

自主研发。该技术获软件著作权5项，获得黄委新技术、新方法、新材料及其推广应用成果认定3项。

### 2. 技术原理

该技术为缓解资源性缺水流域水资源供需矛盾，保障供水安全和生态用水，以总量控制管住用水为目标，研究建立河流渠系拓扑关系模型、取水用水管水对象关系模型、业务逻辑模型、信息化标准规约体系和标准化业务流程管理体系，建成一个库、一张图、一个门户的综合应用平台，有效解决多级管理与业务协同难题，实现跨区域水资源管理的过程动态管控和水量精细化调度管理，规范了取用水行为，提升了水资源监管能力和水平。

### 3. 技术特点

(1) 该技术采用模块化组件化思想，充分考虑了通用性和扩展性，对各类复杂的关系进行建模，建成了可灵活配置管理的各类关系模型，发生对象关系调整时可在模型中配置，而不需要做其他修改。

(2) 注重细节的处理，对任何一个会影响管理成效的问题，都用信息化手段进行了妥善解决。

(3) 技术覆盖的业务范围全面、服务的管理层级多且深，在政府水管单位和用水单位之间建立了良好协同机制和沟通桥梁。

(4) 坚持“一数一源”原则，实现了各级管理单位之间使用数据的同根同源、同步更新，做到了数据协同，提高了多级水管单位之间及与灌区用水单位之间的业务协同及工作效率。

## 技术指标

(1) 运用物联网、云平台、大数据、遥感与地理信息系统和移动互联网等信息技术，建成了服务于水资源动态管控与水量精细化调度的应用平台，响应时间＜1s，最大2000并发用户数。

(2) 管住用水，实现“三条红线”用水总量控制目标。实现流域跨地区、兵团师水量调度精度达万方，灌区结算水量精度达立方米。

## 技术持有单位介绍

黄河水利委员会信息中心，是适应治黄信息化发展和“数字黄河”工程建设需要，在原黄委信息中心与通信管理局基础上组建的委直属副司局级事业单位。多项成果获得科技大奖，如成果《黄河水资源统一管理与调度》，获2009年国家科技进步二等奖。

河南黄河信息技术公司隶属于黄河水利委员会信息中心，公司成立于1996年，在水利系统的防汛抗旱、水量调度管理、工程管理、水文自动化测报、水质自动化监测等领域的软硬件产品的研发、系统集成等方面，取得了丰硕成果。

## 应用范围及前景

适用于流域、区域、灌区的水资源管理与水量调度工作，尤其是西北干旱、半干旱地区或水资源短缺区域的水资源管理。

典型案例：该技术已在新疆塔里木河流域水资源管理信息化整合项目（一期）中成功应用，

建成了塔管局综合业务应用平台，实现了“四源一干”用水总量管理和90％取用水量监测的目标，在塔里木河流域水资源管理中发挥了重要作用。

技术名称：水资源动态管控与精细化管理关键技术
持有单位：黄河水利委员会信息中心、河南黄河信息技术公司

联 系 人：宋倍
地　　址：河南省郑州市城东112号
电　　话：0371－66028034、15838117088

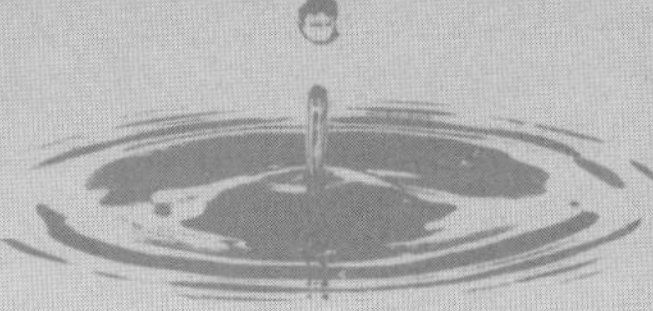

# 150 LDZ-1无人机测流装备

## 持有单位

水利部南京水利水文自动化研究所

中航金城无人系统有限公司

## 技术简介

### 1. 技术来源

自主研发。发明名称：基于运动估计和视觉跟踪的云台自动锁定系统和方法（ZL201911351594.X）。

### 2. 技术原理

无人机测流系统是指通过无人机平台搭载雷达测速仪在河道断面指定位置开展非接触式测流，将测得的表面流速数据回传至测流软件中计算断面流量数据的新型测流系统。无人机测流系统主要由无人机平台、雷达测速仪与测距仪、高清摄像机、便携式计算机、便携式打印机五部分组成。通过无人机平台便于工作人员实时观察水情及周边环境。

### 3. 技术特点

（1）针对水文测站点多面广，部分测站自然条件所限，灾后人员设备受阻，无法开展常规水文测验等水文测验的现状，利用无人机监测，形成一种快速应急的监测路径，构建起空中测验报汛平台或支点。

（2）无人机测流系统通过远程遥控方式开展测流工作，既可节省人力成本，又可适用于不同地理条件，有利于推动中小河流站点和无人值守站点的建设，有效扩大水文资料的收集范围，并广泛运用于灾后水文调查。

## 技术指标

测流范围：0.3～20m/s；流速分辨率：1mm/s；机型：六旋翼无人机；最大巡航半径：20km；定位精度：厘米级；最大续航时间：2h（载荷2kg）；最大抗风速度：6级；最大水平飞行速度：12m/s；最大载荷：5kg；防护等级：IP43；无人机轴距：1520mm；云台：三轴测流专用云台。

## 技术持有单位介绍

水利部南京水利水文自动化研究所为国内外知名的水利水文和岩土工程监测仪器、水文水资源监测监控关键技术装备、智慧水利集成技术研究的科研基地。

中航金城无人系统有限公司是中国航空工业集团有限公司中小型无人机研发与制造的唯一平台，致力于成为领先的无人系统解决方案供应商。

## 应用范围及前景

适用于在风速小于7级，且小雨的环境下，顺直无回流河道中。

无人机测流系统已在江苏省水文水资源勘测局、福建省水文水资源勘测局尤溪水文站和长江委上游局横江水文站、向家坝水文站进行测流运行，有效提高了水文应急监测及无常规测流条件下的测验水平。

技术名称：LDZ-1无人机测流装备

持有单位：水利部南京水利水文自动化研究所、中航金城无人系统有限公司

联 系 人：郭丽丽

地　　址：江苏省南京市雨花台区铁心桥95号

电　　话：025-52898408、15295512335

# 151 复杂江河湖水资源多目标联合调度技术

## 持有单位

南京水利科学研究院

## 技术简介

### 1. 技术来源

国家计划，自主研发。国家重点研发计划课题“长三角复杂江河湖水资源联合调度技术与应用（编号：2016YFC0401506）”专题一“复杂水系水资源多目标协同准则和优化调度方法研究”成果。2件计算机软件著作权：复杂水系水资源联合调度决策模拟程序V1.0（2018SR799712），太湖流域多目标优化调度模拟程序V1.0（2018SR1043642）。

### 2. 技术原理

针对复杂江河湖水资源调度特征，该技术采用流域水量-水质模型与联合调度决策模型联合求解的模式，通过拟定满足流域、区域多目标的调度策略集，由流域水量-水质数学模型进行不同调度策略集的水量-水质数值模拟，模拟结果形成不同的多目标联合调度方案，作为联合调度决策模型的输入条件，经模型比选评价后推荐较优的调度策略。该调度承担了降低防洪压力、提高水资源供给保障率、降低水污染改善水环境等多项任务。

### 3. 技术特点

（1）复杂江河湖水网区多目标协同综合调度评价体系。面向复杂江河湖水网区防洪、供水以及水生态环境改善三大水安全保障目标，创建了以目标层、对象层、属性层及指标层为框架的多目标协同综合调度指标体系，筛选了以外排工程泄流状态、代表站超标风险指数、引水工程供水效率等10项综合调度评价指标，建立了水情期综合调度评价指标权重自适应方法，统筹了复杂江河湖水网区不同水情期防洪、供水以及水生态环境调度在水位、水质以及水生态等要素的调度目标，为复杂江河湖水网区多目标协同综合调度提供了定量评估方法。

（2）复杂江河湖水网区多目标协同综合调度与决策技术。开发了多目标协同综合调度优选决策模型，构建了综合考虑防洪、供水、水生态环境改善的复杂江河湖水网区多目标协同综合调度模型，耦合集成自动决策优选技术与河网水动力数学模型，研发了保障复杂江河湖水网区水安全的多目标协同综合调度决策系统，解决了复杂江河湖多层面、多对象、多时空、多目标协同的综合调度技术方案优选难题。

## 技术指标

经应急管理部通信信息中心信息技术实验室检测，基于该技术开发的太湖流域水资源联合调度决策系统，42项功能性测试用例的测试结果均为功能实现，7项易用性指标通过，49项测试用例的测试结果均满足测试需求。

## 技术持有单位介绍

南京水利科学研究院建于1935年，是我国最早成立的综合性水利科学研究机构；2001年被确定为国家级社会公益类非营利性科研机构。主要从事基础理论、应用基础研究和高新技术开发，承担水利、交通、能源等领域中具有前瞻性、基础性和关键性的科学研究任务。

## 应用范围及前景

适用于指导和规范复杂江河湖水资源多目标联合调度工作。该技术已在太湖流域推广应用，

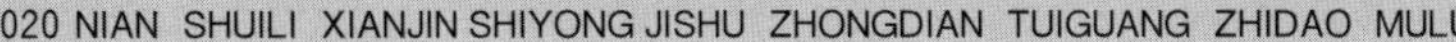

对太湖、太浦河、望虞河“一湖两河”等流域骨干工程，以及各水利分区主要控制线现有调度进行了优化研究并提出了方案建议，取得了显著的经济、社会及水生态环境效益，为保障太湖流域及其类似流域“三个安全”提供了重要的理论与技术支撑。

技术名称：复杂江河湖水资源多目标联合调度技术
持有单位：南京水利科学研究院
联 系 人：戴江玉
地　　址：江苏省南京市广州路223号
电　　话：025-85828286、15051842630

# 152 水文测验设备的联控装置

## 持有单位

长江水利委员会水文局荆江水文水资源勘测局

## 技术简介

**1. 技术来源**

自主研发。发明名称：一种水文测验设备的联控装置（ZL201710160116.5）。

**2. 技术原理**

该装置属水文测验的辅助技术装备，它一端可与不同类型船只甲板实现固定连接，另一端可与不同水文测验设备的探头实现定向连接；两端固定连接后，其主轴可任意旋转、起落且旋转角度、起落高度精准可控。整个装置采用模块化、机械化设计，增强了装置的适用性及通用性。

**3. 技术特点**

（1）稳定性好。该装置与测船、水文测验设备连接稳固，在航行中（即使是变轨变速条件下）水下测验设备均不产生明显的摇摆、晃动和跳动，抗水流性强，可有效消除测验/测量系统误差，极大地提高水文测验/河道勘测成果质量。

（2）通用性强。不受船体限制，在新旧测船上均可装配，占有甲板面积小；而且万向接有组规格孔径，能直接连接多种水下测验/测量设备，很好解决了水下探测设备安装、定向连接技术难题。

（3）机械化程度高。采用360°旋转轴结构、垂直起落结构及1∶1配重块、万向节连接设计，一名测验人员即可轻松完成各种操作，可大大缩短水文测验设备的安装和拆卸时间，减轻了劳动强度，提高了生产效率。

## 技术指标

（1）该装置的建造、安装均符合SL 415—2019《水文基础设施建设及技术装备标准》、SL 338—2006《水文测船测验规范》等相关规范。

（2）设计自重：100～180kg；提升重量：0～100kg；起落往返时间：8～14s；提升离船甲板的最大高度1.2m，下发水面的最大深度1.0m；允许最大船速6m/s；主轴承受水平最大冲击力691kg。

## 技术持有单位介绍

长江水利委员会水文局荆江水文水资源勘测局是水利部长江水利委员会水文局下属的科研事业单位，是为长江流域综合治理、水旱灾害防御、水资源开发和管理、水利水电工程建设及其他国民经济建设收集提供水文、河道勘测、水质监测资料和成果的专业机构。

## 应用范围及前景

适用于近海及内陆河流、水库、湖泊等水体中，有关水文测验、河道勘测等水下测验/测量设备与测船的固定、定向安装。

该装置已成功用于长江干流（含近海、水库、湖泊等），以及湖南省、江西省中小河流的水文测验、河道勘测等项目工作，并在长江三峡工程水文泥沙观测、三峡工程运用后重点河段河势变化及治理对策研究等30多个项目中得到使用，装置安全性能好、工效高，具有较强的推广应用价值。

技术名称：水文测验设备的联控装置
持有单位：长江水利委员会水文局荆江水文水资源勘测局
联 系 人：周儒夫
地　　址：湖北省荆州市沙市区塔桥北路90号
电　　话：0716-8521064、13593897586

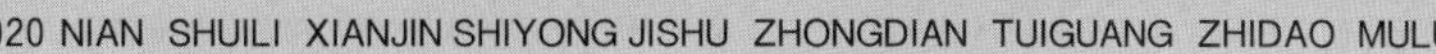

# 153 用于大批量检测水中氨氮的酶标仪微量比色法

## 持有单位

长江水利委员会水文局

长江水利委员会水文局汉江水文水资源勘测局

## 技术简介

**1. 技术来源**

自主研发。申请发明专利名称：利用酶标仪微量比色法大批量快速检测水中氨氮的方法（CN0018128A 20190716，审中-实质审查）。

**2. 技术原理**

酶标仪是测定酶联免疫反应的常规仪器，一般应用于生物分子化学等领域，其进行微量比色的技术原理与分光光度法相似，均是基于朗伯比尔定律。经过滤光片或者单色器光源灯发出的光波变成一束单色光，进入微孔板中的待测标本，一部分单色光被标本吸收，另一部分穿透标本打到光电检测器上，将强弱不同的穿透光信号转换成电信号，再经信号处理进入电脑进行数据处理和计算，由显示器和打印机输出结果。

**3. 技术特点**

（1）检测快速。在分析大批量氨氮样品时具有明显优势，一次性可以测定96个样品，30s即可完成检测，与传统方法相比，检测效率提高了近100倍。

（2）试剂减量。采用酶标仪微量比色法所需的样品量及检测过程中产生的实验室废水量约为传统方法的1/500，可以显著减少有毒实验废液的排放，有效减轻二次污染。

（3）可拓展性。该方法可以拓展到其他指标的比色法测定及微量样品检测的科学试验，有力支撑河湖长制、黑臭河道治理等工作的监督检查，为水质监测技术提供新的思路及解决方法。

## 技术指标

酶标仪微量比色法可以成功实现水中氨氮的检测，其线性范围为0.1～2.0mg/L，检出限为0.012mg/L，优于目前传统的纳氏试剂比色法，检测成果满足分析检测工作的需要。

## 技术持有单位介绍

水利部长江水利委员会水文局是长江流域综合治理、防汛抗旱、工程建设、水资源开发和可持续利用等开展流域水文站网建设、水文水资源监测、水环境监测评价、河道水库测绘、水资源调查评价、水文气象预报、水文分析计算、水文自动测报、河道泥沙演变研究等工作的专业水文机构。

长江水利委员会水文局汉江水文水资源勘测局是为汉江上中游干、支流综合治理、防汛抗旱、工程建设、水资源开发及可持续利用等开展水文站网建设、水文水资源监测、水环境监测评价以及辖区内重大突发水污染、水生态事件的应急监测等工作的专业水文机构。

## 应用范围及前景

适用于地表水、地下水、饮用水、废污水中氨氮的测定。该技术主要推广对象为监测部门和科研单位。目前已在长江流域的3家水环境监测中心精心推广应用，实际分析样品超过10万余个，主要应用到地表水、地下水、沉积物间隙水中氨氮的检测与评价。

技术名称：用于大批量检测水中氨氮的酶标仪微量比色法
持有单位：长江水利委员会水文局、长江水利委员会水文局汉江水文水资源勘测局
联 系 人：钱宝
地　　址：湖北省武汉市解放大道1863号
电　　话：027-82820063、13720271783

# 154 基于多目标层次分析法的流域水资源配置决策会商技术

## 持有单位

长江水利委员会长江科学院

## 技术简介

### 1. 技术来源

省部计划，自主研发。计算机软件著作权，软件名称：流域水资源调度配置决策会商系统 V1.0。原始取得，登记号 2019SR0178510。

### 2. 技术原理

“基于多目标层次分析法的流域水资源调度配置决策会商技术”针对区域/流域水资源调度配置方案进行评价优选方案，并结合专家意见形成科学决策。决策依据来自配置方案评价指标、基于多目标层次分析法的指标权重、决策会商等项内容。

### 3. 技术特点

(1) 决策评价指标科学。水资源配置评价指标体系建立的思路是在根据评价目标与评价准则全面的选取初始评价指标集合，然后在初始指标集的基础上，通过对初始指标的内涵及其反映的配置特征分析，依据评价指标的代表性、系统性、独立性、可操作性与可比性等选取准则，对初始指标进行筛选，最后从水资源配置的安全性、合理性、公平性、持续性等方面建立评价指标体系。

(2) 合理设置指标权重，充分利用专家意见。针对多目标调度配置方案，选取的指标体系体现以用水总量和用水效率控制为基础，实行国家最严格的水资源开发保护制度，遵循可持续发展战略，同时兼顾配置公平原则，形成科学决策。同时，基于多目标层次分析法，合理给定相应指标的权重，能够快速评价多个配置方案。方案优选采用专家打分法得到各个备选方案的偏好关系，利用加法评价方式得出群体编好关系，从而得到初步最优方案，可再对此方案会上讨论，投票表决是否通过，充分利用专家意见。

(3) 通用性强。该技术研发至今已在不同地区软件系统中获得成功应用，应用效果较好，具有较强的通用性。

## 技术指标

该技术针对水资源调度配置方案的评价指标科学、合理，能够将方案评价时间缩短到 1min 以内，专家投票模式有利于在方案评价的基础上，充分采取专家意见，形成快速科学的决策方案，提高决策会商时效性和科学性。

## 技术持有单位介绍

长江科学院始建于 1951 年，是国家社会公益类科研机构，隶属水利部长江水利委员会。长科院主要为国家水利事业以及长江保护、治理、开发与管理提供科技支撑，同时面向国民经济建设相关行业提供科技服务。长科院下设 16 个研究所（中心）、1 个分院、1 个科技企业、3 个综合保障单位，设有博士后科研工作站和研究生部。目前，长科院在职职工 800 余人，其中专业技术人员 700 余人，教授级高工及高级职称人员 480 余人，博士 230 余人，硕士 290 余人。

## 应用范围及前景

适用于国内外在不同流域和区域水资源调度配置决策过程等，通用性强，有利于高效快速获得决策方案。

该技术分别在宜昌水资源管理系统、武汉中地华图的流域四水资源管理系统、江西昌大清科信息技术有限公司的赣江、抚河、袁河软件研发中得到有效应用，应用单位包括业务主管部门和科技企业，取得了显著的社会效益、经济效益。

技术名称：基于多目标层次分析法的流域水资源配置决策会商技术
持有单位：长江水利委员会长江科学院
联 系 人：喻志强
地　　址：湖北省武汉市黄浦大街23号
电　　话：027-82829732、18674006088

# 155 流域水资源管理与应急监测新一代信息技术

## 持有单位

长江水利委员会长江科学院

云南省水利水电勘测设计研究院

## 技术简介

**1. 技术来源**

国家计划，先后得到科技部科技支撑计划及其他项目的支持，产学研政结合开展研究。发明名称：一种基于三维GIS的水库巡检实时监测方法（ZL201710730797.4)。

**2. 技术原理**

该技术结合流域水资源管理与应急监测工作特点，充分利用新一代信息技术的优势，从流域水资源应急监测立体感知技术、流域水资源应急监测智能化建模技术和流域水资源管理与应急监测应用示范平台分别展开研究，构建了新一代信息技术支持下的流域水资源应急监测“空天地网”立体感知体系，提出了流域水资源应急智能化建模技术与方法，研发了水资源应急监测与管理示范平台。

**3. 技术特点**

(1) 在流域水资源应急管理制度框架内，结合新一代信息技术，深度挖掘适用于流域水资源应急监测与管理的关键技术，包括面向流域水资源应急监测的高分辨率遥感影像分类技术、无人测量船水下地形探测技术、车载/机载 LiDAR 点云地物快速提取技术和无人机倾斜摄影测量技术，并提出相应数据采集与处理方法。

(2) 研究水资源应急监测的智能化建模技术，包括流域洪水灾害模拟与三维可视化技术和突发性水污染事件河湖水体污染模拟方法及其系统集成技术，以解决洪水和水污染模型模拟中存在的难点。

(3) 结合流域水资源应急监测立体感知技术和智能化建模技术，开展具体应用实践，包括水环境监测及信息化、湖泊水下地形测量和水灾害遥感监测与应急处置等实践工作。

## 技术指标

(1) 水下地形探测水深数据中误差：≤0.05m。

(2) 基于相融粒度空间遥感影像土地利用数据分类精度：≥85%。

(3) 提纲式激光点云处理算法（1000万点)：≤5min。

(4) 面向海量DEM数据的河道洪水淹没模拟方法数据处理量：≥1TB。

## 技术持有单位介绍

长江科学院始建于1951年，是国家社会公益类科研机构，隶属水利部长江水利委员会。长科院主要为国家水利事业以及长江保护、治理、开发与管理提供科技支撑，同时面向国民经济建设相关行业提供科技服务。

云南省水利水电勘测设计研究院成立于1964年，历经50多年的努力奋斗，发展成为集大中型水利、水电工程规划、设计、科研、咨询、勘察、测量、环评、水保、造价、招标代理、质检、监理、总承包等于一体的综合型勘测设计单位。

## 应用范围及前景

适用于流域水资源管理、应急监测和决策支持。

项目成果已应用到流域防洪预警、突发水污

染事件应急响应，堰塞湖应急处置和水环境监测预警等领域，并在高原河湖、三峡库区、丹江口水库、汉江、嘉陵江、鄱阳湖等长江流域重点区域以及湖北、云南、四川、青海、贵州、江西等省应用实施，提高了水资源科学化智能化管理水平，取得了巨大的社会、经济、环境效益。

技术名称：流域水资源管理与应急监测新一代信息技术
持有单位：长江水利委员会长江科学院、云南省水利水电勘测设计研究院
联 系 人：沈定涛
地　　址：湖北省武汉市黄浦大街23号
电　　话：027-82928757、15927356772

# 156 大型跨流域调水水库多目标调度技术

## 持有单位

长江勘测规划设计研究有限责任公司

## 技术简介

### 1. 技术来源

省部计划，自主研发。发明名称：基于径流预报的供水型水库调度图动态控制方（ZL201610435139.8）。成果名称：大型跨流域调水水库多目标调度关键，获水利部长江水利委员会科学技术一等奖（证书编号：C20181006）。

### 2. 技术原理

该技术在综合利用水库工程兼具跨流域调水、本流域供水、多区域发电等多重利用任务时，提出的解决水库综合效益协同优化的系统性成套技术。大型跨流域调水水库多目标调度技术主要包括水库供水调度动态控制、多维时间尺度嵌套发电调度和水库多目标协同优化等技术的组合，可根据工程实际情况单独或组合采用，适用于不同规模的水库工程综合利用运行管理和方案制定。

### 3. 技术特点

（1）跨流域调水水库影响范围涉及水源区和受水区，水文情势的多地性和异步性，及供水区域、对象的复杂性，显著区别于单一流域一般性水库供水调度问题。为此，水库供水调度动态控制技术面对供水调度跨区域、多对象、多用户问题，通过预报径流的丰、枯差异动态调整水库供水水量在不同区域、对象、周期下的分配方式，实现了“大水多供、小水少供、动态控制”的水资源优化利用目标，为兼具综合利用任务的大型跨流域调水水库供水调度的方案决策提供科学指导。

（2）跨流域调水水库发电调度面临本流域与跨流域水量分配、多方用水优先次序、电网负荷需求随机等问题，亟须研究平衡供水与电网需求的多时间尺度发电调度方式。为此，多维时间尺度嵌套发电调度技术分析了跨流域调水水库多维时间尺度发电调度模式与防洪、供水、航运调度方式的适应性和互补性，提出了响应跨流域调水要求的长-中-短期嵌套发电调度方案，为跨区域水能资源高效利用和区域电网安全稳定运行提供支撑。

（3）跨流域调水水库兼具跨流域调水、本流域防洪、多区域发电等多重利用任务，亟须突破适应跨流域调水背景下实现其综合效益协同优化的水库综合利用方式，以指导实际运行。为此，水库多目标协同优化技术考虑本流域防洪、跨流域供水、多区域发电的不同需求，提出统筹防洪与兴利、供水与发电的通用型调度方案决策指标体系与评价模型，创建兼顾规划调度任务与实际运行环境的大型跨流域调水水库综合利用调度图编制方法，形成了水资源安全高效利用的系统解决方案。

## 技术指标

大型跨流域调水水库多目标调度技术是水库供水调度动态控制、多维时间尺度嵌套发电调度和水库多目标协同优化等技术的组合，可根据工程实际情况单独或组合采用，适用于不同规模的水库工程综合利用运行管理和方案制定，技术指标如下。

（1）水库供水调度动态控制：①提出基于径流预报的水库供水调度方案或动态供水调度图1套；②综合分析影响水库水量分配、供水保证程度、调度方案执行的影响因子，构建水库供水调度方案的评价指标体系1套；③基于离散调度

方案集的多属性决策方法，构建面向多目标均衡的供水调度方案决策模型1套。

（2）多维时间尺度嵌套发电调度：①构建面向多任务协调的中长期发电调度模型1套；②提出平衡供水与调峰需求的短期发电优化调度模型1套；③提出了响应跨流域调水要求的长-中-短期嵌套发电调度方案1套。

（3）水库多目标协同优化：①提出了基于多目标进化算法的综合利用水库多目标协同优化调度方法1套；②提出了统筹防洪与兴利、供水与发电的通用型调度方案决策指标体系与评价模型1套；③构建了兼顾规划调度任务与实际运行环境的水库综合利用的系统解决方案1套。

## 技术持有单位介绍

长江勘测规划设计研究有限责任公司是长江勘测规划设计研究院下属核心科技型企业，拥有中国工程院院士3人，全国勘察设计大师7人，省部级及以上人才140余人，各类科研技术人才逾千人。公司主营业务包括工程勘察、规划、设计、科研、咨询、建设监理及管理和总承包业务等，是国家核准的高新技术企业。完成了以长江流域综合规划为代表的数百项河流湖泊综合规划和专业规划，承担了以三峡水利枢纽、南水北调中线、滇中引水工程为代表的一批具有国际影响力的大型工程勘察设计，项目遍布国内和世界50个国家和地区。

## 应用范围及前景

适用于水资源管理和水利工程管理领域，特别适用于综合利用水库工程的供水、发电、多目标调度方案编制。

依托该项技术，编制的《丹江口水利枢纽调度规程（试行）》、《湖北省堵河潘口水电站调度规程（试行）》、2014—2018年度南水北调中线一期工程年度水量调度计划等调度规程及方案分别获得水利部及长江防总批复。对指导国家重点工程运行控制发挥了重要作用，显著提升了我国大型跨流域调水水库规划、设计、科研及运行管理水平，对推动行业科技进步具有重要作用。

该项技术在南水北调中线、丹江口、潘口、亭子口等国家重点工程的运行管理中得到成功应用，产生了巨大的社会、经济和生态效益。

典型应用案例：

案例1：丹江口水利枢纽。该技术在湖北省汉江丹江口水库得到实施应用，丹江口水库是南水北调中线的供水水源工程，其供水对象包含汉江中下游、湖北唐西引丹灌区和南水北调中线一期工程三个部分，丹江口水库通过采用该技术有效协调了跨区域、多对象、多用户的复杂用水需求，有力保障了汉江中下游、鄂北地区和北京、天津、河北、河南四省市的用水需求。在确保枢纽和下游防洪对象防洪安全的前提下，丹江口水库在连续来水偏枯的不利形势下，2014—2015年、2015—2016年和2016—2017年，结合项目成果实施实现向北方供水效益合计约2.25亿元，丹江口水电站2015—2017年通过节水增发电量增加效益1149万元。

案例2：潘口水利枢纽。2015—2017年潘口水利枢纽实现节水增发电量分别为0.119亿kW·h、0.124亿kW·h、0.118亿kW·h，本项目2015—2017年的发电效益合计137万元。

技术名称：大型跨流域调水水库多目标调度技术
持有单位：长江勘测规划设计研究有限责任公司
联 系 人：张睿
地　　址：湖北省武汉市江岸区解放大道1863号
电　　话：18502778366

# 157　基于目标导向的水库群综合调度决策系统

## 持有单位

长江勘测规划设计研究有限责任公司
流域枢纽运行管理中心

## 技术简介

**1. 技术来源**

自主研发。计算机软件著作权，软件名称：基于防洪目标导向的长江流域洪水调度辅助决策系统（简称：防洪决策系统）V1.0。原始取得，登记号：2017SR298143。

**2. 技术原理**

基于目标导向的水库群综合调度决策系统是在充分调研、收集现有水库调度数据信息和专业模型的基础上，考虑防汛抗旱、水量调度、发电运行、水环境等方面的业务需求，研发的适用于水库群综合调度管理的成套技术和产品。该调度决策系统包括水库群综合调度引擎、调度决策软件和专业数据服务，可为调度决策提供及时、多角度、全方位的信息支撑，提高调度决策管理的科学性、有效性和时效性。

**3. 技术特点**

（1）在建模和求解中考虑水库工况，从实际调度中提取经验、规程、需求等要素，根据所处的不同时间、不同区域进行求解过程的约束处理，有效增强系统成果在实际工作中的适用性。

（2）将水库调度知识图谱作为核心，可以实现对不同水库、不同流域、不同控制对象以及现有规程规范的快速搭建，简化了繁琐的模型开发，并可通过知识图谱的“知识量”精确控制涉及的调度内容，避免无效支出，降低投资成本。

（3）以专业数据服务作为底层支撑，调度决策软件作为界面交互手段，可有效提升用户体验水平，并可通过网络服务的方式简化后期维护和升级，并实现对其他系统的兼容性。

（4）采用调度知识图谱和智能解析技术，可以对研究成果和调度人员经验进行逻辑化、数字化、知识化，以此通过对新成果和新经验的机器学习，即可实现调度核心模型的迭代升级，使知识和实践保持一致。

## 技术指标

水库群联合调度决策：

（1）能将调度研究成果和调度人员经验逻辑化、数字化，并能通过机器学习充分吸收、转化、继承，实现运行经验与实践的统一。

（2）通过引入调度主题的观念，从专业的角度将决策目标和重点信息进行动态展示，并支持交互式分析对比，在调度决策中形成完整有序的价值信息链。

（3）通过搭建灵活可靠的网络化数据服务接口，避免系统建设相互独立、重复建设的问题，实现对已有系统、采集设备、电子资料等数据源的继承、应用和扩展。

## 技术持有单位介绍

长江勘测规划设计研究有限责任公司是长江勘测规划设计研究院下属核心科技型企业，拥有中国工程院院士3人，全国勘察设计大师7人，省部级及以上人才140余人，各类科研技术人才逾千人。公司主营业务包括工程勘察、规划、设计、科研、咨询、建设监理及管理和总承包业务等，是国家核准的高新技术企业。完成了以长江流域综合规划为代表的数百项河流湖泊综合规划

和专业规划，承担了以三峡水利枢纽、南水北调中线、滇中引水工程为代表的一批具有国际影响力的大型工程勘察设计，项目遍布国内外50个国家和地区。

流域枢纽运行管理中心是中国长江三峡集团有限公司的特设机构，与三峡枢纽建设运行管理局合署办公，实行“一个机构、两块牌子”，统筹负责集团在长江流域的枢纽运行管理工作。近年来，围绕流域枢纽综合效益发挥，组织开展了三峡水库科学调度关键技术第二阶段研究，承担了“十二五”国家科技支撑课题及“十三五”重点研发专项等研究工作，科研成果应用于调度实践，有效提升了梯级枢纽综合效益。

## 应用范围及前景

适用于我国单个或梯级水库的综合调度方案的决策和制定，包括调度成果和经验的数字化、调度成果的主题式交互、多源数据兼容集成。

目前，基于目标导向的水库群综合调度决策系统已经在金沙江、长江中游、汉江堵河、珠江红水河等流域推广应用。

典型应用案例：

案例1：三峡水库。三峡水库为大（1）型水库，其运行调度涉及多目标、多约束、多对象，是典型的综合调度案例。为了提高三峡水库的防洪应对能力，将本决策系统用于上游水库群配合三峡对不同典型洪水防洪作用的研究，得到了翔实可靠的计算成果；另外，为了进一步发挥三峡的综合效益，应用本决策系统对三峡水库洪水资源利用方式进行了研究分析，提出了运行控制方式。该决策系统对三峡调度运行提供了较好支撑作用。

案例2：溪洛渡、向家坝水库。溪洛渡、向家坝梯级均为大（1）型水库，其综合效益的发挥涉及众多因素。为了提升溪洛渡、向家坝梯级的综合效益，将本决策系统用于红水资源化利用方式的研究，重点计算分析了汛期水位动态控制和汛末防洪库容逐步释放的运行方式。该决策系统对溪洛渡、向家坝的汛期运行提供了良好支撑。

案例3：基于目标导向的水库群综合调度决策系统在堵河流域的潘口、黄龙滩、霍河，以及红水河的龙滩、岩滩的调度中也得到成功应用。

技术名称：基于目标导向的水库群综合调度决策系统
持有单位：长江勘测规划设计研究有限责任公司、流域枢纽运行管理中心
联 系 人：王学敏
地　　址：湖北省武汉市江岸区解放大道1860号
电　　话：027-82820929、13407195674

# 158 SSXX-JDC-105翻斗称重式雨雪量计

## 持有单位

郑州山水信息科技有限公司

## 技术简介

**1. 技术来源**

自主研发。实用新型名称：新型翻斗称重式雨雪量测量装置（ZL201820411774.7）。

**2. 技术原理**

当出现降雨时，降雨通过接雨器进入雨量筒，并通过雨量筒排水管进入翻斗装置，通过翻斗装置翻斗信号，得到时段雨量和日雨量。当出现雨雪混合降水时，雨水进入翻斗装置，降雪积存在雨量筒内，称重传感器记录积存雪量，翻斗装置记录雨水量或融雪量，两者之和为总降水量。当出现降雪时，通过称重器获得雨量筒内的存积雪量，翻斗装置记录融雪量。当雨量筒内有积雪而没有降水发生时，翻斗装置记录融雪量。基本构成包括保护筒、接雨器、称重传感器、加热器、雨量传感器、RTU等。

**3. 技术特点**

（1）翻斗和称重协同监测。该方法充分利用了固体、液体降水的物理特性，由翻斗测计降雨量或融雪量，由称重传感器测计固体降水量，科学地解决了加热融雪雨量计的融雪滞后问题，避免了时段降水量或者日降水量的监测误差。

（2）雨量筒中不积水。在出现降雨时，雨量筒中是不积水的，降水通过翻斗装置计量并排掉，避免了称重式雨雪量计日间水分蒸发误差。

（3）不对雨量筒加热。该方法为了保证翻斗装置不结冰，在寒冷季节能够正常运行，仅在翻斗装置室设置加热系统，温度控制可以设置为0℃或者1℃，加热温度低，还可以在雨量筒和翻斗装置之间设置隔热板，加热对雨量筒没有影响。从而避免了加热融雪雨量计的干烧、加热引起的蒸发误差、雪花漂移等诸多问题。

（4）能够对降雨量监测数据进行实时修正。在出现降雨时，雨量筒的筒壁能够附着一些水分，会带来降雨监测的误差，该方法在监测降雨时，可以通过称重器传感器获取的资料对翻斗计量进行实时修正，提高雨量监测精度。

（5）可以监测自然融雪量。目前，在自然融雪量监测方面尚无很成熟的设备，该方法通过称重传感器和翻斗装置协同监测，能够获取自然融雪量和雪面蒸发量，对研究融雪径流有很大帮助。

## 技术指标

承雨口径：（200±0.06）mm；刃口锐角：40°～45°；量程：无穷大，连续测量；雨强范围：0.01～30mm/min；测量准确度：≤±2%；分辨率：0.2mm，0.5mm；温度精度：±0.5℃；工作温度；－40～＋60℃；存贮温度：－40～＋70℃；相对湿度：0～100%；加热套件：DC24V，30W；尺寸：高692mm，外径368mm。

## 技术持有单位介绍

郑州山水信息科技有限公司成立于2009年，主要从事水利信息化建设，先后承担了国家防汛抗旱指挥系统一期工程（洛阳、南阳水情分中心）项目、国家山洪灾害防治非工程措施项目、河南省中小河流治理遥测站建设项目、河南省山洪灾害防治试点县项目等。

## 应用范围及前景

适用于水文水利、气象、防汛、农业、环保

等领域，通过 GPRS/GSM 等无线方式直接发送信息。

SSXX－JDC－105 翻斗称重式雨雪量计已应用于河南驻马店水文站、濮阳水文站、济源水文站，能够较好地完成雨雪量自动监测。

技术名称：SSXX－JDC－105 翻斗称重式雨雪量计
持有单位：郑州山水信息科技有限公司
联 系 人：朱斌
地　　址：河南省郑州市管城区紫荆山路 56 号 18 层 1813 号
电　　话：0371－60232230、18037382300

# 159　MGG/KL 型电磁流量计

## 持有单位

开封开流仪表有限公司

## 技术简介

### 1. 技术来源

自主研发。实用新型名称：电池供电潜水型电磁流量计（ZL201520548308.X）。

### 2. 技术原理

电磁流量计是应用电磁感应原理，根据导电流体通过外加磁场时感生的电动势来测量导电流体流量的一种仪器。MGG/KL 型电磁流量计是采用国际先进技术研发的一种高智能、高可靠性的流量计，不仅可用于一般的过程检测，还适用于矿浆、纸浆及糊状液体的测量。

### 3. 技术特点

（1）测量精度不受流体密度、黏度、温度、压力和电导率变化的影响。测量管无阻碍、无活动部件、无压损，直管段要求较低。

（2）电磁流量传感器可带接地电极，实现仪表良好接地。电磁流量传感器采用先进加工工艺，使仪表具有良好的抗负压能力。

（3）全数字量处理，抗干扰能力强，测量可靠，精确度高。高清晰度背光 LCD 显示，全汉字菜单操作，使用方便。

（4）转换器输出功能强大，具有 4～20mA、脉冲输出，还具有 RS485 或 RS232、HART 等数字通信以及 GPRS 无线数据远传。

## 技术指标

（1）公称通径：DN6～3000mm；公称压力：0.6、1.0、1.6、4.0MPa。

（2）测量范围（流量）：0～1m/s 至 0～10m/s；精度：±0.2%±0.5%（示值误差）。

（3）介质温度：分体型 －10～＋80℃（PTFE 和 F46 衬里 －40～＋180℃），一体型 －10～＋80℃。

（4）环境温度：－25～＋60℃。

（5）环境湿度：5～100%RH（相对湿度）。

（6）介质电导率：大于 20μS/cm。

（7）安装：一体型、分体型。

（8）外壳防护等级：传感器 IP65、IP68 可选。

## 技术持有单位介绍

开封开流仪表有限公司是有着 40 多年历史的流量仪表生产基地，是专业从事流量仪表研究开发和生产的高新技术企业。曾参与并起草了潜水电磁流量计国家标准并荣获国家优秀产品称号。

## 应用范围及前景

适用于各大自来水公司，以及水利水资源、石油、化工、医药、电力、食品、冶金等领域。目前已推广应用 80000 余台套，结构简单、无压力损失、运行可靠。

技术名称：MGG/KL 型电磁流量计
持有单位：开封开流仪表有限公司
联 系 人：靳永锋
地　　址：河南省开封市东郊工业园区皮屯桥南
电　　话：0371－22919056、18937821131

# 160　高效节水节能海水淡化成套装备

## 持有单位

南京非并网新能源科技有限公司

## 技术简介

**1. 技术来源**

自主研发。该装置首次采用高效节能液压柱塞泵与能量回收一体化的海水淡化装置理论进行研究、设计与制造，具有完全的自主知识产权。

**2. 技术原理**

新型高效节水节能海水淡化重大技术装备的核心技术——高效节能液压柱塞泵与能量回收一体化的海水淡化装置，其包括相互平行设置的液压柱塞缸和海水缸，海水缸柱塞分隔成原海水加压腔和浓海水能量回收腔；液压柱塞缸的柱塞杆作用力、海水柱塞缸的柱塞杆作用力及高压浓海水的作用力形成合力，共同作用在同一个海水缸柱塞上推动加压原海水。浓海水能量回收腔接通RO膜前的高压浓海水用于辅助海水缸柱塞协同加压，实现能量回收功能。系统双缸交替加压工作，完成不间断连续产出高压水，供后道工序RO膜分离生产优质淡化水。

**3. 技术特点**

其装备采用数字液压柱塞泵能量回收一套装置，替代了传统高压泵、能量回收器、增压泵3个装置。不需要增压泵，高压浓海水压力几乎无转换损失直接协同加压到原海水中，有效能量转化效率可达98%以上，整套装备吨淡水耗电量为2.3kW·h/$m^3$（8℃条件下），远低于世界水平3.5kW·h/$m^3$，节能率超过30%。该装备可采用多能源协同控制技术，不仅可以使用网电进行生产，还可以使用风电、光伏等多种能源协同稳定运行，具有较好的节能和环保效果。

## 技术指标

（1）吨淡水耗电量：在原海水电导率 $K=47342\mu S/cm$，海水温度 $T=8℃$ 条件下，测得整套装备吨淡水耗电量2.3kW·h/$m^3$，高压柱塞泵及能量回收装置吨水耗电量1.7kW·h/$m^3$；在标称原海水温度 $T=25℃$ 条件下，整套装备吨淡水耗电量2.02kW·h/$m^3$、高压柱塞泵及能量回收装置吨水耗电量1.47kW·h/$m^3$。

（2）高压柱塞泵出口压力波动量为4%，压力波动速率为0.06MPa/s。

（3）能量回收效率达98%。

（4）一级反渗透产水水质：产出的淡水含盐量为81mg/L，脱盐率为99.5%。

## 技术持有单位介绍

南京非并网新能源科技有限公司，2016年10月成立，公司是一家与国家重点基础研究发展973计（2007CB210300）项目、南京大学省重点实验室紧密合作基础上成立的高新技术研究研发企业。公司重点研发非并网风能海水淡化成套装备及其核心零部件（数字高压能量回收装备、智能耦合控制装备、新型风机、远程控制及巡回故障诊断检测系统、海水淡化综合利用技术）的工艺、技术和检测平台等。

## 应用范围及前景

适用于城市、工业、农业等海水淡化工厂或供水保障工程，以及中国西部苦咸水改造工程。

该新型高效节能海水淡化技术装备于2017年至今已成功推广4例示范工程应用：江苏南通建成单台套200t/d“风力海水淡化一体机”，青岛白泥地公园建成单台150t/d 220kW“风力海水淡化一体机”，青岛白泥地公园建成新型网电日产200t海水淡化集装箱式一体装备，珠海外伶仃岛风能海水淡化工程供货日产1000t淡水的核心部件新型海水加压装置。以上产品通过第三方质量检验，各项指标合格。

技术名称：高效节水节能海水淡化成套装备
持有单位：南京非并网新能源科技有限公司
联 系 人：于敬利
地　　址：江苏省南京市鼓楼区中海凤凰花园商业项目2318室
电　　话：025－58837973、18921412799

# 161　新一代人工智能降雨（气象）监测系统

## 持有单位

江苏微之润智能技术有限公司

## 技术简介

### 1. 技术来源

自主研发。2件发明专利：一种近地表PM2.5浓度估算方法及估算系统；基于卫星红外遥感的大气二氧化碳浓度快速计算方法。3件软件著作权：微之润微波&气象数据分发软件；微之润微波&气象数据分析软件；微之润高时空分辨气象数据中心软件。

### 2. 技术原理

系统基于多项自主研发的关键技术：无线基站可集成的降水微波雷达监测及物联网信息传输技术；基于无线采集微波雷达信息的高精度降水监测技术；基于无线微波雷达信息的降水模拟GIS集成技术。核心技术是地基无线微波雷达及其基于人工智能的反演技术。该产品研发了具有高时空分辨率及降水监测精度的软硬件平台，提出的一系列算法模型为解决降水监测的实时性、时空连续性以及智能分析等难题提供了有效的解决策略。

### 3. 技术特点

(1) 率先研发了基于微波链路的高时空分辨率降雨监测技术。微波测雨产品主要由微波设备、智能反演模型和降雨数据分析与服务平台组成。

(2) 基于开源开发平台的模型库和算法库，保证了产品的可移植性，为适应各级用户需求、扩大用户群提供了保障。系统还可用于空气湿度、雾霾、温度的实时探测，后期可开展相关研究。

(3) 实现感知终端向高可靠、模块化、微型化、低功耗、少维护、易校准标准发展，提供预报预警公共服务，将降水监测预报信息与气象、交通、农业、旅游、环境等领域需求相结合。

## 技术指标

(1) 该系统包含微波信号采集系统、信号数据回传系统、智能雨量云计算平台3个子系统，分别负责数据的采集、传输、分析和存储。

(2) 依托云计算平台，提供海量的计算资源。前端采集回传的微波数据经平台进行数据预处理、信号反演、精度校正、雨量格网化、时空特征计算等过程分析包括雨滴形状、雨滴谱分布、雨区微物理结构、降雨类型、降雨强度等指标，并提供其他来源降雨数据修正的接口。基于四源融合分析法，监测网格密度$\leqslant 0.5km^2$，降雨监测精度$\leqslant 0.5mm$，降雨监测分辨$\leqslant 0.1mm$，定制扩展气象监测服务。

## 技术持有单位介绍

江苏微之润智能技术有限公司位于国家级江阴市高新技术园区内。公司专注于新一代人工智能降雨（气象）监测系统、高性能水工情一体化采控终端以及水利、气象、交通、环保等行业智慧应用产品的研发与推广应用。

## 应用范围及前景

适用于山洪地质灾害预警、中小河流洪水预警、大江大河洪水预报、水资源调度决策等。

典型案例：在江阴市率先将高分辨率降雨智能感知与计算分析系统进行研究并作为试点应用纳入该项目建设。选取月城镇作为项目的试点区域，系统经过一年试运行，运行情况正常性。

■M&R新一代人工智能降雨（气象）监测系统

技术名称：新一代人工智能降雨（气象）监测系统
持有单位：江苏微之润智能技术有限公司
联 系 人：吴浩楠
地　　址：江苏省江阴市澄江中路159号D座4楼
电　　话：0510－80660222、17715688179

# 162 高性能水工情一体化采控终端

## 持有单位

江苏微之润智能技术有限公司

## 技术简介

**1. 技术来源**

自主研发。3件软件著作权：微之润农业用水管控系统软件；微之润水工情采集控制服务软件；微之润水工情采集控制终端软件。

**2. 技术原理**

该采控器设备基于单片机开发的嵌入式控制主板，以ARM系列微处理器为内核，与数据采集传输模块化组合，可实现模拟量、数字量和开关量传感器数据接入，通过嵌入式编程，在控制器中保存控制模型并通过驱动控制板实现设备驱动，完成现地自动化系统功能；并与标准通信模块间进行协议转换，可以有线、4G/5G、GPRS等通信方式与云平台连接，实现远程操作和空中写入等功能，完成云＋端的物联网管控模式。

**3. 技术特点**

（1）高性能水工情一体化智能采控终端是一款性价比更高、适配性更强、操作更友好的闸泵站智能化产品，适用于灌溉/排涝/雨污水等闸泵站的水位、闸位、电流、电压及用水量等多源数据采集与设备控制，同时提供定制化产品服务。

（2）闸泵站可设置摄像机，通过视频观察，远程操控设备；通过各类适合网络与数据云平台接驳，以实现集中监控和远程管理功能；数据云平台实现数据的存储、分类、提取、归档、分析及导出；支持客户机和手机APP查看及闸泵站控制，分级管理，微信报警等平台功能。

## 技术指标

（1）运行时长统计：支持4路设备，无须增加其他设备，可模块化增加。

（2）拟量传感器：支持6路，0～20mA/4～20mA，精度±0.02mA，抗干扰，可模块化增加。

（3）RS485数字信号：支持6路数字量，抗干扰，最大支持32路。

（4）4G/5G通信：网口1.5kV电磁隔离保护，卡口15kV ESD保护，天线接口防雷保护。

（5）数据及视频：支持2路视频和所有数据，视频与数据合并于4G/5G通道上/下行传输。

（6）支持云平台：MODBUS等标准通信协议，支持客户端、手机APP（安卓）及微信报警。

## 技术持有单位介绍

江苏微之润智能技术有限公司位于国家级江阴市高新技术园区内。公司专注于新一代人工智能降雨（气象）监测系统、高性能水工情一体化采控终端以及水利、气象、交通、环保等行业智慧应用产品的研发与推广应用。

## 应用范围及前景

适用于水利、农业等行业的闸泵站、灌溉泵站水工情采集与控制。

该产品其性价比高，为农业节水灌溉、农田水资源利用、水环境调度、水旱灾害防御等提供重要支撑服务，已在江阴市农业用水管理集中采控示范等项目中应用，已推广应用100余台/套，社会经济生态效益明显。

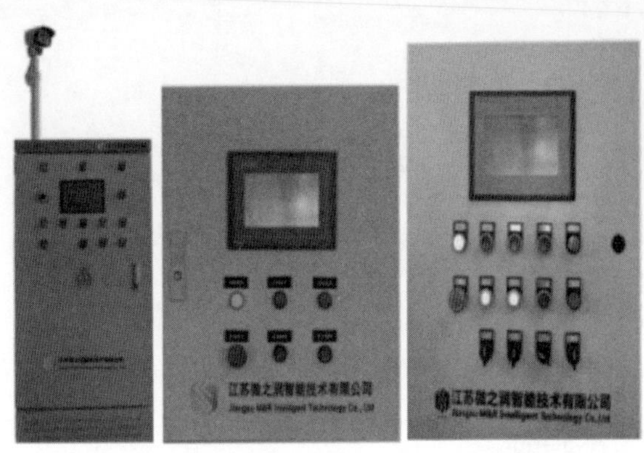


■高性能水工情一体化采控终端

技术名称：高性能水工情一体化采控终端
持有单位：江苏微之润智能技术有限公司
联 系 人：吴浩楠
地　　址：江苏省江阴市澄江苏微之润智能技术有限公司江中路159号D座4楼
电　　话：0510-80660222、17715688179

# 163　多要素无人船综合测量系统

## 持有单位

中国三峡建设管理有限公司

中国水利水电科学研究院

## 技术简介

### 1. 技术来源

自主研发。为更好地解决和提升河流河道和水库多要素指标数据实时采集监测和科学运行管理维护过程中的效率和精度问题，通过联合相关科技企业研发数据采集系统，自主开发综合测量系统。

### 2. 技术原理

多要素无人船测量系统硬件以上海华测集团的华微 5 号无人测量船作为主载体，通过搭载北斗全星座 GNSS - RTK 定位测量系统、声呐地形扫描系统、单波束测深系统、多普勒流速仪 ACDP 以及光学后向散射浊度仪 OBS 等多种高精度测量传感设备。利用导航、通信和自动控制等软件和相关设备进行集成开发，实现水深、流速、流量、含沙量、颗粒级配、床面地形与图像等水文泥沙地形参数的测量。多要素无人船测量系统软件主要由 Mission Planner、VCOMM、Hydro Sounder、Hydro Survey、泛际测流大师、Deep View 组成。

### 3. 技术特点

(1) 将多种设备集成到一个载体上，一次性实现水动力、水环境、泥沙、地形等河流多要素同步测量。无人船船体轻巧，方便移动，既可用于野外观测，也可用于实验室内测量，极大地提高了科研和工程技术人员获取监测数据便利性。

(2) 该系统可以填补载人船无法到达或者不易到达的危险水域，同时实现高精度、智能化的高效工作模式，对在研究资料缺乏的区域，特别是测量条件恶劣的浅滩及山区河流具有非常重要的意义。

(3) 实现对水库水下地形的快速测量和大坝水下形态的实时监测，并能及时对库区存在淤积明显部位及坝体水下形态存在明显异常部位等问题提示预警；实现对河道或渠道重点引水河段流速、流量、含沙量的实时监测，并能及时对出现引水流量偏小及含沙量偏大等不利引水安全等情形提示预警。

(4) 采集数据后台多维度精准分析，对照工程实测数据判别测量数据是否符合要求，判断误差过大行为并提示预警；根据不同应用场景需要，可以及时生成不同测量工况参数数据表格和相应的基础图形提供给监测单位和业主单位参考决策。

## 技术指标

(1) 精度指标：测深精度为±1cm＋0.1%，流速精度为±0.25%＋2mm/s，侧扫声呐图像分辨率为 1cm，扫描深度最大为 100m，浊度测量范围 0～4000NTU。

(2) 频率指标：流量、水深、含沙量、流速等原始数据采集频率为统一为 5 次/s，满足自动测控和分析的要求。

(3) 实时性指标：实时监控数据取数 5 次/s，满足试验监控的需要；流量、水深、含沙量、流速监控原始数据为实时传输，无滞后；水深或流速过程线分析数据为每 5min 生成。

## 技术持有单位介绍

中国三峡建设管理有限公司是中国长江三峡集团公司全资子公司，是一家为全球客户提供大中型水电工程、抽水蓄能电站、水利工程和公共

基础设施等项目全产业链服务的工程投资、建设、管理和咨询公司。

中国水利水电科学研究院隶属中华人民共和国水利部，是从事水利水电科学研究的公益性研究机构。历经几十年的发展，已建设成为人才优势明显、学科门类齐全的国家级综合性水利水电科学研究和技术开发中心。

## 应用范围及前景

适用于水库库区、河道、河口等野外水沙多要素测量，以及地貌测绘、航道测量、水下地质勘探等领域。已在怀柔水库、京密引水渠、小清河济南城区段生态清淤工程、朝阳区北小河河道断面测量等工程建设和运行管理中成功应用。

典型应用案例：

案例1：怀柔水库位于北京市怀柔区，总库容1亿 $m^3$，是北京市重要的水源地和调蓄地，也是南水北调的节点工程。通过实施多要素无人船综合测量技术，实现了对怀柔水库水下地形的快速测量和大坝水下形态的实时监测，能够及时发现库区淤积明显的部位及坝体水下形态明显异常部位等问题，有效地保障了水库的库容维持和坝体安全。

案例2：京密引水渠是将密云水库的水引进首都的重点工程，引水干渠长达110km，经过5个县区，在玉渊潭上游与永定河引水会合。通过实施多要素无人船综合测量技术，实现了对京密引水渠重点引水口渠段流速、流量的实时监测，可及时掌握引水渠内流速分布、引水流量等基本情况，能够实现工程管理单位的监管和预警，有效地保障了工程的引水安全和引水效率。

案例3：小清河济南城区段生态清淤工程属于河道治理工程，全长30.472km，设计工程清淤量约197.98万 $m^3$。通过多要素无人船综合测量系统搭载便携式单频测探仪和双频测哨声呐，实现了对河道水下地形断面的快速准确测量和重点底部区域的实时侧扫成像，能对工程河段范围内的水下地形和泥沙淤积分布情况进行较好地系统测量和监控预警。

案例4：北小河位于北京市东北郊，起自朝阳区安定门外小关，向东流经朝阳区北部，在三岔河村西入坝河，河道全长16.6km。通过多要素无人船综合测量系统搭载便携式单频测探仪，实现了对河道水下地形断面的快速准确测量，能对工程河段范围内的水下地形进行较好地系统测量和监控，并能及时发现河道断面地形异常问题，有效地保障了工程实施的精准度和质量水平。

■多要素无人船综合测量系统

技术名称：多要素无人船综合测量系统
持有单位：中国三峡建设管理有限公司、中国水利水电科学研究院
联 系 人：董先勇
地　　址：北京市海淀区玉渊潭南路1号
电　　话：028－85933656、18602829117

# 164 小水电智能化无人控制系统

## 持有单位

福建省力得自动化设备有限公司

福建省水利水电勘测设计研究院

## 技术简介

### 1. 技术来源

自主研发。发明名称：水轮发电机组双向双重容灾控制系统及其方法（ZL201710771494.7）。软件著作权，软件名称：水轮发电机组智能控制系统。登记号：2017SR421231。

### 2. 技术原理

系统采用全新 All in One、全时保护架构、双冗余设计，根据电站的实际运行环境智能识别，灵活选择运行模式调节参数，发电全流程无须人工干预，对设备出现的故障做到智能排障、执行机构自动复归，重新恢复发电的全流程闭环控制，解决了原有发电操作繁琐、并网投切不精准等问题，延长站内设备使用寿命。

### 3. 技术特点

（1）系统采集的各机组电气量、非电气量、开关量等多种数据，通过互联网的方式，将数据实时上传至云端服务器，电站业主可随时随地了解电站实时运行情况，令电站的运营管理更为便捷。

（2）智能高效运行模式下学习、识别每台机组特定的水位与效能的转换关系，优化调整，提升整体发电效益（10%～20%）。

（3）独创双向双重容灾技术，励磁、主控模块互为保护，提升系统可靠性；利用互联网技术实现远程智能诊断、控制、自检、巡检及趋势预警等复杂任务，降低电站运维成本。

## 技术指标

（1）工作电源：220V AC/DC，双路供电系统，多重防雷保护，100～400V 极宽范围电压设计。

（2）开关量输入/输出：允许长期通过 5A 电流（DC220V，$\tau=5$ms）。支持 128 位的开关量输入及 128 位的输出接口。

（3）模拟量输入：4～20mA 电流输入，准确度±0.2%。

（4）温度量输入：3 线制，支持 PT100、CU100、G53、CU50 等热电阻，准确度±0.5%。

（5）励磁参数：调压精度<0.5%；频率变化<1%（即 0.5Hz），发电机电压变化不大于±0.25%。

（6）同期输入：电压测量范围 5～240V，准确度±1%；频率测量精度≤0.02Hz。准确度±0.04%。

## 技术持有单位介绍

福建省力得自动化设备有限公司创建于 1993 年，注册资本 1.2 亿元，是一家集传感器、智能仪表和工业自动化设备研发、生产、销售、服务为一体的高新技术企业。基于小型水电站无人控制技术研发生产的智能电站 1 号系列产品，年销售台数达到 600 套。

福建省水利水电勘测设计研究院创建于 1958 年，是福建省规模最大综合性勘测设计咨询科研单位，福建省建筑业龙头企业、福建省高新技术企业。

## 应用范围及前景

适用于中小型水电站自动化控制及水电站大坝、厂区监控。

该系统自2016年投入市场，已拓展至全国福建、江西、浙江、湖南、广东、四川、贵州、云南等多个省份，至今已销售1700余套。经过部分电站三年多的运行结果表明，设备能够精准把控调速、励磁、准同期三大环节，实现快速无冲击并网，设备运行可靠，多次及时提醒安全风险及故障。

技术名称：小水电智能化无人控制系统
持有单位：福建省力得自动化设备有限公司、福建省水利水电勘测设计研究院
联 系 人：吴书诚
地　　址：福建省福州市闽侯县经济技术开发区南岭支路1号
电　　话：0591-87820834、15259934527

# 165 小水电智能运维集控云平台

## 持有单位

福建省力得自动化设备有限公司

福建省水利水电勘测设计研究院

## 技术简介

**1. 技术来源**

自主研发。软件著作权，软件名称：水电站智能控制系统 APP 软件。登记号：2018SR423261。

**2. 技术原理**

集控系统基于分布式架构设计原则，构建了集中采集、分发和存储服务的应用系统，提供 PC 端与手机 APP 的跨平台应用，同时为第三方软件提供特定的数据接口。利用电站智能化现场终端采集各类传感器、表计等实时数据与机组运行信息，通过移动网络或有线网络传输至以太网交换机，再由以太网交换机上送至服务器及客户端，实时呈现电站的现场运行情况，实现远程集控。

**3. 技术特点**

（1）该平台能对集群区域内的电站提供远程运维管理，对监管区域内的电站运行数据汇总分析，实现了多站同屏监控，故障智能诊断，远程参数调优，运行策略模式自适应等，还可利用大数据预测技术提供预防性维修，提升运营管理水平。

（2）集控系统配备的周边硬件投入不高，支持多种网络通信方式；可对流域的水雨情进行预测，协助电站提前腾库发电，增加流域的发电效益；汛期设备远程开停机，提供防汛决策、确保安全度汛。

## 技术指标

（1）数据实时，通信高效：数据到端时延≤200ms，多源数据容合时延≤50ms，数据巡检周期≤5s。支持多端分项聚合召测及分发。在网络带宽保证情况下，响应时间≤1s，复杂的大数据量运算，响应时间≤5s。

（2）存储可靠：支持自动故障迁移及恢复，MTBF≥9000h，MTTR≤48h。

（3）每秒可同时处理超万条实时数据，输入吞吐量超 10MB/s。

（4）采用非结构化数据并行处理技术。

（5）系统安全：支持两套密码策略，采用 3DES、RSA 加密敏感关键信息，无明文传送用户相关信息。

## 技术持有单位介绍

福建省力得自动化设备有限公司是一家集传感器、智能仪表和工业自动化设备研发、生产、销售、服务为一体的高新技术企业。

福建省水利水电勘测设计研究院是福建省规模最大的综合性勘测设计咨询科研单位，福建省建筑业龙头企业、高新技术企业。

## 应用范围及前景

适用于面广、量大、点多的区域级集群水电站发电运行监督管理。综合形成的“小水电智能运维集控云平台”拥有软件著作权，已在全国福建、江西、浙江、湖南、广东等省以县市为单位建立了多个远程集控运维中心，为 1000 余座小水电提供远程集控运维服务，有效提升了电站管理水平。

技术名称：小水电智能运维集控云平台

持有单位：福建省力得自动化设备有限公司、福建省水利水电勘测设计研究院

联 系 人：吴书诚

地　　址：福建省福州市闽侯县经济技术开发区南岭支路 1 号

电　　话：0591－87820834、15259934527

# 166 天地一体化水利大数据管理平台

## 持有单位

汕头市潮和科技有限公司

## 技术简介

**1. 技术来源**

自主研发。计算机软件著作权，软件名称：潮和数字地球软件 V1.0。原始取得，登记号：2018SR362004。

**2. 技术原理**

该平台以真实的地形地貌为基础，对涉及的水库、灌区、大坝、重要水工建筑、景区等工程设施进行无人机摄影及三维可视化数据采集，通过接入各时间段上游各测站监测数据（如流量、水位、水压、水质等信息），突出展现地区的时空分布及运营状况，以无人机摄影采集的倾斜影像建造地区的三维可视化系统，通过物联网、遥感数据、正射/倾斜影像数据和矢量数据的一体化融合技术，实现海量异构时空数据的高效组织、管理及检索调用，并在此基础上实现多类型数据的快速可视化展示和综合性空间分析，既保证了各类海量信息资源的直观化、形象化的管理，又保证各类综合空间分析能力服务，为地区水利工作的科学管理提供服务。

**3. 技术特点**

以物联网、遥感数据、正射/倾斜影像数据和矢量数据的一体化融合技术，实现海量异构时空数据的高效组织、管理及检索调用，支撑图片、文字、视频、遥感及正射/倾斜影像数据、矢量、高程、三维等各类异构数据，并在此基础上实现多类型数据的快速可视化展示和综合性空间分析，既保证了各类海量信息资源的直观化、形象化的管理，又保证各类综合空间分析能力服务。

## 技术指标

（1）以物联网、遥感数据、正射/倾斜影像数据和矢量数据的一体化融合技术。

（2）实现多类型数据的快速可视化展示和综合性空间分析，支撑图片、文字、视频、遥感及正射/倾斜影像数据、矢量、高程、三维等各类异构数据。

（3）地点搜索、自然环境仿真、实时视频平台、监控中心平台、三维模型、倾斜模型和其他基础功能。

（4）系统响应时间不超过5s，频率不低于30帧/s。系统经过中国赛宝实验室检测，所有测试项均通过。

## 技术持有单位介绍

汕头市潮和科技有限公司是汕头市高新区的自主创新示范企业。公司主要为政府企事业单位提供智慧管理解决方案，涉及软硬件产品开发和技术服务，业务范围涵盖信息化规划咨询、应用系统设计开发及系统集成。

## 应用范围及前景

适用于地表水、地下水、饮用水、污染源排口等各类水质监测场合、野外水质测试。该系统在新疆、广东、山西等省份均有监测站在运营使用。该系统在汕头市潮阳区水务局河道水库水文监测站点及信息化建设项目也已投入使用，系统稳定，实现实时查看监控信息，提高了管理效率。

技术名称：天地一体化水利大数据管理平台
持有单位：汕头市潮和科技有限公司
联 系 人：陈佳纯
地　　址：广东省汕头高新区科技中路13号1001房10B07三单元
电　　话：13670373403

# 167 东深水库综合监控信息管理系统

## 持有单位

深圳市东深电子股份有限公司

## 技术简介

**1. 技术来源**

自主研发。软件著作权，软件名称：东深水库综合监控信息管理系统软件 V1.0。原始取得，登记号 2015SR150094。

**2. 技术原理**

水库综合监控信息管理系统是通过分析水库管理业务流程，采用 JAVA＋JS＋SQL Server 数据库平台＋微服务、B/S 架构、模块化设计以及先进的大数据、人工智能等技术，将水雨情采集、大坝安全监测、闸门自动控制、数字视频监控、水质在线监测、洪水预报预警、供水计量监控等业务逻辑进行封装，通过 Web、移动 APP 等方式呈现给用户，实现水库全业务管理。

**3. 技术特点**

(1) 开发多源数据融合的水库智慧化管理平台，以“一张图”进行水库多源信息集成，“一平台”高效整合工程运行、防洪调度、供水安全、自动预警、移动办公等各项业务，实现一体化和智慧化管理。

(2) 采用大数据影像 AI 智能分析技术，实现水库水监测、水面物体识别、周界防范、入侵识别等智能应用，为水库安全运行提供保障。

(3) 集成供水调度、洪水预报、大坝安全分析等模型，以云服务的模式为水资源调配、防洪调度和大坝安全运行提供决策支持。

## 技术指标

(1) 数据库数据准确率为 100%。

(2) GIS 操作平均响应时间≤1.2s。

(3) 数据更新时间≤1s。

(4) 画面更新响应时间≤3s。

(5) 用户一般操作的响应时间应≤5s。

(6) 大数据查询操作界面响应时间≤40s。

(7) 模型计算响应时间≤180s。

## 技术持有单位介绍

深圳市东深电子股份有限公司成立于 1998 年，公司重点从事水利传感、采集及传输设备的研发生产，水利信息化智能平台的研发，为水行业用户提供“一站式”的基础数据的采集、传输、专业应用软件的开发及运行维护的产品与服务。

## 应用范围及前景

适用于水库的业务化、数字化管理，实现水库数字化监控、日常办公业务处理、洪水预报调度、安全评价分析、公众服务等功能。该产品已广泛应用于各地水库管理单位和水行政管理部门。应用案例有深圳市铁石智慧水库建设项目、深圳市三洲田水库安全加固工程综合自动化监控信息系统、六盘水市双桥水库供水工程综合自动信息化设备采购及安装工程项目、白盆珠水库水情测报系统等项目，累计销售 35 台/套。系统建设实现了综合监控、洪水预报调度、安全评价分析、业务标准化管理等功能，为水库管理单位和省市县三级行政管理部门的水库管理提供了极大的技术支撑。

技术名称：东深水库综合监控信息管理系统
持有单位：深圳市东深电子股份有限公司
联 系 人：林占东
地　　址：广东省深圳市高新区科技中二路软件园 5 栋 6 楼
电　　话：0755－26611488、13828758581

# 168 物联网水利大数据平台

## 持有单位

中科星图（深圳）数字技术产业研发中心有限公司

## 技术简介

**1. 技术来源**

自主研发。计算机软件著作权，软件名称：数字地球软件V1.0。原始取得，登记号：2019SR0893764。

**2. 技术原理**

物联网水利大数据平台（GeoSens大数据可视化管理平台）的工作原理是通过采用海量三维模型的分层分级管理以及二维、三维一体化动态加载技术，实现三维模型的分层分级加载，保证三维模型数据能够快速、流畅地展示和应用。该平台将空间网格中的物联设备接入网络空间，形成海量的物联网大数据，以物联网大数据和空间信息资源服务平台为基础，借助区块链技术的特点，创新融合物联网、区块链技术，结合遥感数据加载、无人机数据采集，为行业数据的处理、组织、分发提供即时有效的服务，构建端到端的“物联网+服务”一体化应用平台。

**3. 技术特点**

（1）数据处理以空间信息为核心，贯彻高程数据、各比例尺的矢量数据、导航位置数据等，可无缝集成各类信息，确保大数据信息分析服务精准。

（2）二维、三维仿真推演由二维系统、三维系统和信息化管理系统组成，分层分级保证快速流畅加载展示。

（3）以高速网络、高分辨率、空间设施、数据存贮和科学计算为技术基础。

（4）实时视频平台支持手动导入监控设备的视频数据连接，实现实时查看监控信息。

## 技术指标

（1）并发数：1000；响应时间：2s内完成查询，5s内完成复杂统计。

（2）功能支持：地点搜索、自然环境仿真、实时视频平台、监控中心平台、三维模型、倾斜模型等。

（3）场景支持：光照、云层、雨雪和海洋效果仿真。

（4）监控方式：手动导入监控设备视频数据链接。

## 技术持有单位介绍

中科星图（深圳）数字技术产业研发中心有限公司成立于2015年，公司定位于数字城市建设的科研型企业，致力于研究物联网、云计算、大数据可视化等前瞻性技术及各类智能应用芯片和方案设计。已申请发明专利25项，实用新型专利127项，外观专利9项，软件著作权45项。已开发RTU、超声水位计、平面雷达水位计、一体化闸门等多款产品，开发了GeoSens大数据可视化管理平台、农村饮用水安全管理系统、无人机应用系统等。

## 应用范围及前景

适用于水利行业数据及信息化管理。物联网水利大数据平台已推广销售12台/套。

典型案例：以深圳市中安利业科技技术有限公司的基于GeoSens的智慧水利云项目为例，该项目研究以基于GeoSens为承载平台，配合无人机倾斜摄影技术，获取河流水系变化的各种模型

数据，定期导入 GeoSens 承载平台，运用在 GeoSens 上高仿真展现河流生态流域真实现状的手段，结合实时视频技术，从土地利用变化着手，借用生态学公关理论和方法，引入现代水利信息化技术研究，针对河流生态系统时空变化的原因对人类福利的可能影响进行评估，进一步促进流域生态环境的建设工作。

技术名称：物联网水利大数据平台
持有单位：中科星图（深圳）数字技术产业研发中心有限公司
联 系 人：陆赛华
地　　址：广东省深圳市福田区香蜜湖街道竹林社区紫竹七道17号求是大厦西座1503－1506
电　　话：0755－83044377、13934608171

# 169 ADCP远程监控循环系统

## 持有单位

黄河水利委员会宁蒙水文水资源局

## 技术简介

**1. 技术来源**

自主研发。2018年初，ADCP远程监控循环系统的研发正式在宁蒙水文局立项，项目组在进行技术讨论、钢架承载力的计算、具体的实施方案制定、相关设备的选型，再到第一套控制系统的正式问世，前后经历了10个月的时间。同年11月，该套系统被首先安装到了青铜峡水文站。

**2. 技术原理**

该系统主要是利用测站现有的钢架搭建循环缆道，用以拖拽走航式ADCP开展流量测验，从而改变吊箱搭载走航式ADCP巡航的模式，使测验人员告别水上和高空作业，同时采用手机APP远程监控技术实现循环缆道的远程遥控，大大提高使用的安全性和便捷性。系统通过利用RS485通信技术，实现触摸屏直接控制变频器，达到循环系统的调速控制；同时通过APP技术实现利用手机或平板电脑，通过路由器搭建的无线局域网与触摸屏远程交互，提高整套系统的可视性和操作性，达到远程遥控循环系统的调速控制。

**3. 技术特点**

（1）性价比高、成本低，维护方便。利用电力通信技术实现的超远距离遥控可以直接利用已有的配电网络作为传输线路，所以不用进行额外布线，降低了成本。

（2）可靠性高，抗干扰能力强。RS485有线通信具有可靠性高、抗干扰性强、开发难度和前期投入低的特点。

（3）可操作性强，使用方便，可拓展性强。利用触摸屏所编制的组态画面进行系统操作，使整个系统更加人性化，操作简便。

## 技术指标

（1）安装环境：温度－10～＋50℃，相对湿度10%～90%，不结露，无可燃性气体或油雾，无腐蚀性气体。

（2）供电电源：380V±10%，50Hz；驱动电机：4kW三相交流电机；调频范围：0～50Hz；调速范围：0～1.5m/s；减速制动时间：<1s。

（3）路由器天线：4根外置双频全向天线。

## 技术持有单位介绍

黄河水利委员会宁蒙水文水资源局2002年4月成立于草原钢城包头市，为水利部黄河水利委员会所属派出机构。

## 应用范围及前景

适用于走航式ADCP测验，及其他用途的远程遥控循环缆道。该技术已经在宁蒙测区下河沿、青铜峡、石嘴山、巴彦高勒、三湖河口、包头6处水文测站投入应用，优化了走航式ADCP的测验，降低了测验时的劳动强度，提高了测验的安全性。

技术名称：ADCP远程监控循环系统
持有单位：黄河水利委员会宁蒙水文水资源局
联 系 人：谢学东
地　　址：内蒙古自治区包头市友谊大街66号
电　　话：0472－5997982、13848219508

# 170 流域极端来水超长期预报技术

## 持有单位

松花江水力发电有限公司丰满大坝重建工程建设局

松花江水力发电有限公司吉林丰满发电厂

中国水利水电科学研究院

## 技术简介

**1. 技术来源**

自主研发。发明名称：一种超长期水库来水预报的方法（ZL201510063701.4）。

**2. 技术原理**

长期水文变化趋势主要受大尺度水文气象要素的影响，如天文背景、大气环流、海洋因素等。流域极端来水超长期预报技术从流域径流形成的物理机制出发，将影响流域径流形成的因素分为流域尺度因子、全球尺度因子、天文尺度因子，采用数理统计方法，挖掘三大尺度的单因子与流域来水规律，对流域来水进行定性预报；综合流域、全球、天文三大尺度预报因子，采用智能学习方法，融合多尺度因子信息，对流域来水进行定量预报；基于贝叶斯网络和人机交互信息融合方法，将单因子预报结果和多因子预报结果融合，定性预报结果和定量预报结果融合，综合辨识形成流域极端来水预报结论。

**3. 技术特点**

（1）流域极端来水超长期预报技术是一成套技术体系，包括基于流域尺度的极端来水预报技术、基于全球尺度的极端来水预报技术、基于天文尺度的极端来水预报技术、基于智能学习的极端来水预报技术、基于信息融合的综合辨识技术。

（2）融合流域尺度、全球尺度、天文尺度多尺度信息。

（3）集成数理统计、智能学习多种预测方法。

（4）单因子预报结果和多因子预报结果相融合、定性预报结果和定量预报结果相融合，综合辨识形成预报结论。

（5）技术简单易懂，一线预报作业人员易掌握。

## 技术指标

（1）融合多尺度预报信息、集成多种预报技术、综合多维预报结果，系统辨识形成预报结论。

（2）能够预报特丰、特枯等极端来水；预见期长，超过1年以上；定性预报合格率达到75%以上。

## 技术持有单位介绍

2011年1月东北电网有限公司丰满大坝重建工程建设局申请注销，同年同月重新注册为松花江水力发电有限公司丰满大坝重建工程建设局。2012年10月11日国家发展改革委下发了《关于吉林丰满水电站全面治理（重建）工程项目核准的批复》工程正式开工建设。丰满水电站全面治理（重建）工程是在原大坝下游120m处新建大坝。自松花江水力发电有限公司丰满大坝重建工程建设局成立以来，先后获得省部级科技特等奖1项、一等奖2项、二等奖1项、三等奖2项，获得发明专利授权4项、实用新型专利授权57项，发表论文近百篇，编撰专著4本，参与编写电力行业标准3个、企业标准2个。

丰满发电厂是我国第一座大型水电厂，始建于1937年，丰满发电厂堪称“中国水电的摇篮”，先后为中国培养、输送了2000多名专业人

才和技术骨干，其中包括大量水库调度专业人才。丰满水库是一个以发电为主，兼顾防洪、灌溉、供水、航运、养鱼等综合利用的大型水库。基于系列研究，发表论文24篇，获得授权发明专利1项，公示进入实质性审查阶段发明专利5项，获得地市级科技进步一等奖3项、二等奖1项、三等奖2项，获得地市级专利一等奖1项。

中国水利水电科学研究院是水利部直属的国家级社会公益性科研机构，研究领域已覆盖水文水资源、水环境与生态、防洪抗旱与减灾、泥沙与水土保持、农村水利、水力学、岩土工程、水工结构与材料、工程抗震、水力机械与机电、自动化、工程监测与检测、新能源、遥感技术及应用、水利史与水文化、牧区水利等18个学科、93个专业方向。

## 应用范围及前景

适用于水文预报、水库调度、水资源管理和开发利用等。

自2007年研究丰满水库流域来水与天文因素（如太阳活动、日地月运行轨迹）的规律和特征开始，逐渐补充完善研究所需资料，将预测信息逐步扩展到大气环流、重大历史灾变、民间谚语等，将预测技术扩展由多种预报因子相互融合、多种预测方法相互补充、多种预测结果相互校核，形成流域极端来水超长期预报技术体系。经过多年的研究、探索和实践，该技术应用于东北地区、长江流域、汉江流域、丰满水库、新安江水库，取得较好的预报精度。

典型应用案例：

案例1：东北地区极端来水预测：运用该技术预测东北地区2013年、2017年有成灾洪水。实际情况是2013年丰满流域发生了70年一遇特大洪水；2017年第二松花江流域的温德河连续发生2次超100年一遇特大洪水，漂河、金沙河发生超50年一遇特大洪水。预报结论准确。

案例2：长江流域极端来水预测：运用该技术预测长江流域2010年、2018年、2019年可能发生大洪水。实际情况是2010年长江上游嘉陵江支流渠江发生超历史纪录的特大洪水；2018年长江洪水（雅鲁藏布江中上游遭遇罕见洪水、发生150年来最高水位、发生1次堰塞湖事件；金沙江发生2次堰塞湖事件；岷江大渡河、沱江、涪江、嘉陵江上游发生大洪水或特大洪水；赣江中游支流蜀水发生超历史洪水；昌江干流、乐安河中上游、抚河支流宝塘水、相水、延桥水、信江白塔河、赣江支流乌江、孤江等发生超警洪水）、2019年长江中下游大洪水（湘江200年一遇特大洪水，洞庭湖区水灾；赣江10年一遇中等洪水，4次编号洪水，4条支流发生超历史洪水，鄱阳湖全面超警；岷江支流大渡河支流青衣江10年一遇中等洪水，2条支流达100年一遇，岷江支流渔子溪龙潭水电站因线路损毁致闸门不能提起泄洪致翻坝过流；大通站洪峰68400$m^3/s$，与2018年论文发布预报72000$m^3/s$，相差3600$m^3/s$，误差5%），预报结论准确。

案例3：汉江流域极端来水预测：运用该技术预测汉江流域2016年为枯水年。实际情况是汉江4—10月平均流量578$m^3/s$，比多年均值减少47.8%，典型的枯水年。预报结论正确。

案例4：丰满水库极端来水预测：运用该技术预测丰满水库流域2015年为枯水年。实际情况是丰满水库年总入库水量为76.7亿$m^3$，来水频率为89%，为多年均值127.2亿$m^3$的60.3%，属特枯水年。预报结论正确。

案例5：新安江水库极端来水预测：运用该技术预测新安江水库2014年来水特丰。实际情况是2014年来水多20%，2015年来水多50%；丰水预报定性正确、特丰预报年份偏差1年，可公度法预报存在±1误差问题；预报结论基本准确。

技术名称：流域极端来水超长期预报技术

持有单位：松花江水力发电有限公司丰满大坝重建工程建设局、松花江水力发电有限公司吉林丰满发电厂、中国水利水电科学研究院
联 系 人：孟继慧
地　　址：吉林省吉林市丰满街东环路2号
电　　话：0432-64603962、13843214211

# 171 AISL 1501型智慧水尺

## 持有单位

南京管科智能科技有限公司

## 技术简介

### 1. 技术来源

自主研发。智慧水尺目前拥有授权实用新型专利3项：一种柔性电子水尺及采用该水尺测流速的方法，一种防止搬运时压坏导线的井盖，一种智能井盖。

### 2. 技术原理

智慧水尺是利用金属电极在水中导电性原理，结合低功耗物联网技术，并采用GA－BP神经网络技术构建了水位预警预报模型，实现水位状态实时连续监测、预警预报的传感器设备。智慧水尺是由下列4个主要部件组成：主控盒、环线尺、探头和转接头。探测电极（不锈钢导电环）按分辨率所对应的间距安装在环线尺上，与采集CPU、低功耗降压电源一同被封灌在外壳中。测量时，采集CPU开始按规律接通不同区域电极的测量电源，依次读取测量CPU输入接口的状态，在数毫秒左右分批扫描所有的探测电极，通过内置算法模型计算出水尺所测量出的数据，计算出水尺测量出到水面的距离，再转换成对应的上发数据，实现水位预警预报。

### 3. 技术特点

（1）测量精度高，稳定性好。采用固定间距的不锈钢电极结构设计，误差固定，没有零点漂移和温度漂移，不受水质、波浪、杂草的影响，无机械运动部件，无锈蚀卡死等现象。

（2）超低功耗，实现连续化监测。采用超低功耗技术设计，利用NB－IoT技术连接网络上传数据，不仅降低了更换电池、维护的相关成本，而且可以实现连续监测。

（3）可拓展性好，系统建设成本低。采用HTTP POST方法向网站服务器上传实时监测数据，便于用户接入现有系统，有效降低系统建设成本低。

（4）安全环保，实现精准化管理。智慧水尺产品可实时监测水位状态并进行预警预报，安全环保，可以辅助市政、环保等部门实现精准化管理。

## 技术指标

（1）智慧水尺最高测量精度可达1cm。

（2）智慧水尺静态功耗＜2mA，数据上报功耗＜0.625mAh。

（3）智慧水尺防水性能达到IP68级。

（4）智慧水尺量程范围10～200cm，可根据需求进行组合。

（5）智慧水尺在线上报总次数5000次以上（按照每天每小时上报1次，高性能电池使用寿命可达5年）。

## 技术持有单位介绍

南京管科智能科技有限公司于2017年成立，以管道检测机器人、智慧物联（智能井盖传感器、智慧水球、智慧水尺等）、智慧排水管理云平台等技术为核心竞争力，围绕水生态领域，通过新技术开展地下排水管网检测、城市内外河道监测等，同时构建智慧排水成套技术平台，面向水务、水利、水运等领域，提供专业的技术服务。公司拥有专利28项，软件著作权2项。

## 应用范围及前景

适用于城市排水管道、城市积水区、水库、

湖泊、河流等水位信息实时连续监测、预警预报。

智慧水尺目前已经在江苏省水文水资源勘测局泰州分局和江苏省淮安市航道管理处得到推广应用，已推广应用24台。应用结果表明：该产品的监测结果与实际水位测量结果一致。

技术名称：AISL 1501型智慧水尺
持有单位：南京管科智能科技有限公司
联 系 人：娄保东
地　　址：江苏省南京市江宁区南佑路7号
电　　话：025-58099144、13813860793

# 172　南水多信道数据采集软件

## 持有单位

水利部南京水利水文自动化研究所

江苏南水科技有限公司

## 技术简介

**1. 技术来源**

自主研发。

**2. 技术原理**

软件主要采用多线程与异步调用的思想编写，在多通道的采集、报文的接收、报文解析、数据存储中都采用这两种方式。

**3. 技术特点**

(1) 系统使用C/S架构，使用.NET平台C#语言编写。交互性强、具有安全的存取模式、网络通信量低、响应速度快、利于处理大量数据。

(2) 南水多信道数据采集软件按照采集层、数据层、应用层三个层次递进设计，既能支持多信道与RTU进行数据交互，也能做到及时接收、解析、存储不同报文格式的数据。能够支持水文规约、水资源规约、定制规约等多种数据格式。能够支持1000个以上测站全年运行，流畅稳定。

(3) 具体功能主要体现在测站信息管理、传感器参数管理、历史数据查看、远程数据下载、水位流量曲线导入和系统管理等方面。

## 技术指标

(1) 稳定畅通站点数量：1000以上。

(2) 资源使用率：内存600MB。

(3) 稳定运行：7×24h。

(4) 平均无故障时间：300d。

(5) 安全性：密钥识别登录，安全性较好。

(6) 是否能够恢复：带有看门狗功能，能定时检查与自启动。

## 技术持有单位介绍

水利部南京水利水文自动化研究所主要从事水文仪器、岩土工程仪器及成套设备技术和防灾减灾与水利信息化系统集成技术研究。

江苏南水科技有限公司专业从事水情自动测报、防汛预警预报、水资源监控与调度、水环境监测与水生态保护、水利工程及山地灾害监测、节水与灌区信息化、水土保持监测等高新技术的研究与应用。

## 应用范围及前景

适用于流量监测、防汛预警、水文水资源、水文监测。该软件已在安徽省芜湖水文水资源局南水多信道数据采集系统、云南省水文水资源局德宏分局院士工作站2018年项目（B包德宏水情预测预报系统升级改造工程建设）、黔南自治州水文水资源局水情自动测系统等项目中应用，为多地的防汛指挥决策和水文监测提供了基础信息支持，大大提高了水文工作人员的工作效率和技术水平。

技术名称：南水多信道数据采集软件
持有单位：水利部南京水利水文自动化研究所、江苏南水科技有限公司
联 系 人：阮聪
地　　址：江苏省南京市雨花台区铁心桥大街95号
电　　话：025-52898354、15851808471

# 173 FFH100型自动蒸发器

## 持有单位

江苏南水水务科技有限公司

## 技术简介

**1. 技术来源**

自主研发。

**2. 技术原理**

FFH100型自动蒸发器是一种具有较高可靠性和测量分辨率的水面蒸发量传感装置，主要由E601B蒸发桶、水位测井、专用雨量计、智能测控器组成。测控器用于定时采集蒸发桶的液位和0.1mm雨量计的降雨量信号，并依据这两个测值，按照SL 630—2013《水面蒸发观测规范》的规定计算出时段蒸发量。

**3. 技术特点**

该仪器工作过程为全自动控制方式，主要体现在：测控器能在蒸发桶液位蒸发到设定的最低工作液位时自动控制补水阀给蒸发桶补水；在雨期，如降雨使蒸发桶的液位达到仪器预设的溢流液位时（该预设液位是低于自然溢流孔的液位的），测控器能主动打开溢流阀进行溢流，当溢流至蒸发测量基准液位时再自动关闭溢流阀。

## 技术指标

总分辨率：0.1mm（液位传感器分辨率0.024mm，雨量测量分辨率0.1mm）；蒸发量测量范围：0～60mm；液位测量方式：浮子式；雨量测量方式：虹吸翻斗式；电源：12V（－5%～＋25%），100Ah蓄电池，40W太阳能板；采集和存储间隔/单元：4h；功耗：自报式，静态功耗＜6mA；输出：GPRS信号输出；储水容积：≤52768mL（相当于160mm蒸发量）；环境条件：－10～＋70℃，储存温度：－10～＋60℃，相对湿度95%（40℃）；数据传输格式：SL 651—2014《水文监测数据通信规约》；显示方式为彩色液晶屏。

## 技术持有单位介绍

江苏南水水务科技有限公司隶属于水利部南京水利水文自动化研究所，是研究所科技成果转移转化基地及重要的科技产业公司。

## 应用范围及前景

适用于非冰期的蒸发量测量，各种环境下水面蒸发量的测量，以及无人值守的蒸发站。

FFH100型自动蒸发器投放市场以来，已应用工程21例，使用效果良好。

案例1：FFH100型自动蒸发器安装在西藏自治区拉萨水文局和白帝水文站进行了示范应用。在投入使用2017年8月进行安装调试，一直运行稳定。在进行自动蒸发量与人工数据进行异桶持续性比测时，自动蒸发量与人工数据误差小，相关性好，仪器在蒸发量监测方面上发挥了重要作用。

案例2：FFH100型自动蒸发器示范应用，安装在广西岑溪市。于2017年底开始进行自动蒸发量与人工数据进行持续性比测，2018年1月、2月、3月、4月、5月、6月月累计误差分别为1.71%、－1.15%、－0.9%、0.7%、1.1%、－2.0%，符合规范要求（月累计误差≤±3%）。

技术名称：FFH100型自动蒸发器
持有单位：江苏南水水务科技有限公司
联 系 人：姚刚
地　　址：江苏省南京市雨花台区龙西路11号
电　　话：025-52898380、13951832778

# 174 WCT100型图像水尺水位识别系统

## 持有单位

江苏南水水务科技有限公司

## 技术简介

**1. 技术来源**

自主研发。基于水尺图像的水位识别方法（申请发明专利，审中-实质审查）。

**2. 技术原理**

WCT100型图像水尺水位识别系统使用普通型红外摄像机，定时拍摄水尺并将图片发送到后端服务器，由专用软件解析图片识别出水尺刻度，写入水雨情数据库。“水雨情数据库”是实时数据库，它接收从RTU获取的数据（包括遥测的水位数据），“AI水位识别数据库”存储用摄像头实时抓取的图片通过“AI视觉模块”识别的水位值；在“AI水尺管理综合平台”软件上体现为表格以及实时曲线形式，“AI视觉模块”和“AI水尺管理综合平台”采用前后台集成为一体的系统部署在服务器或其他硬件PC上。

**3. 技术特点**

WCT100型图像水尺水位识别系统能够实现多路水尺水位的集中识别，可兼容已有视频资源，降低了成本、简化了硬件结构，能够适应各种条件下的水位自动采集、校核、预警，推动了水位监测技术的发展。

## 技术指标

（1）水文站管理模块包含增加删除、修改、显示、查询功能。

（2）水尺设备管理模块包含增加删除、修改、显示、查询功能。

（3）水位数据管理模块含显示、增加、数据修改、数据删除、查询时间统计功能。

（4）水尺安装实物图，水文现场图片、视频显示功能。

（5）基于Echart图表方式数据显示水文数据显示功能。

（6）检测误差±2cm，分辨率1mm。

（7）同时支持5路，最大接入20路。

## 技术持有单位介绍

江苏南水水务科技有限公司隶属于水利部南京水利水文自动化研究所，是研究所科技成果转移转化基地及重要的科技产业公司。

## 应用范围及前景

适用于有网络通信覆盖的江河湖泊水位监测站点，实现水位数据自动读取。

目前10套CT100型图像水尺水位识别系统已在贵州省黔西南州成功应用。

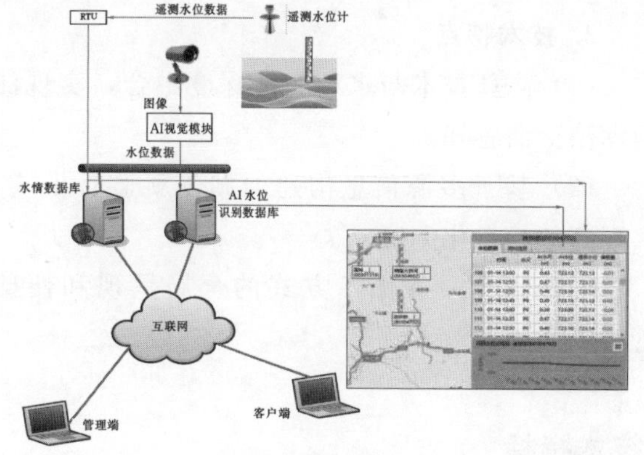


■技术原理示意图

技术名称：WCT100型图像水尺水位识别系统
持有单位：江苏南水水务科技有限公司
联 系 人：张亚
地　　址：江苏省南京市雨花台区龙西路11号
电　　话：025-52898385、15105192016

# 175　智慧河湖管理信息系统 V2.0

## 持有单位

山东锋士信息技术有限公司

## 技术简介

**1. 技术来源**

自主研发，取得 5 项计算机软件著作权。

**2. 技术原理**

该系统依托云计算、物联网、大数据、移动应用、水利模型等先进技术，实现了河湖信息报送、全要素集成、巡河管理、智能考核、移动会商、河湖健康评价、综合可视化等功能，并利用卫星遥感、无人机、人工智能等高新技术与水利业务深度融合，实现河湖透彻感知和业务流程创新，为河湖管理工作向智能化、智慧化转变提供技术支撑。

**3. 技术特点**

（1）高新技术与水利业务深度融合，实现江河湖泊全面感知。

（2）基于多源信息构建河湖创新监管模式，实现高效信息化调度。

（3）以“一张图”方式的全局呈现和便捷管理。

## 技术指标

（1）PC 端采用 B/S 架构，支持多平台，可部署在 Windows/Linux 等操作系统，Web 端兼容各类主流浏览器。

（2）手机端支持 iOS、安卓，同时兼容各类操作系统各个版本，自适应屏幕、分辨率大小。容错处理能力强，电量、流量耗费低。

（3）数据库数据处理准确率 100%，每秒 1000 笔数据上传数据库处理无延时，可根据数据量大小调整配置。

（4）响应时间：查询、提交等业务处理，系统平均响应时间小于 3s。

（5）系统容量：历史数据保存 10 年以上。

## 技术持有单位介绍

山东锋士信息技术有限公司致力于农业、水利行业自动化、信息化和智慧化建设，拥有发明专利 3 项，实用新型专利 7 项，软件著作权 60 项。

## 应用范围及前景

适用于各省级、市级、县级、乡级及村级的河长制管理工作中，可为河湖管理工作向智能化、智慧化转变提供有力支撑。

典型案例：山东省河长制湖长制管理信息系统于 2018 年 2 月正式上线运行，经过 3 个月的运行调试，系统正式向全省开放服务，并同时按照“统一开发，两级部署”的部署要求，启动地市系统的部署工作。系统已完成包括济南、青岛、淄博等 14 个地市的部署工作。通过省级及各地市河长制项目的实施，已为全省 10 多万名河长提供在线履职服务，完成全省 9000 余条乡镇级以上河流、6436 个湖库及相关建筑和监测点的数字化工作，与生态环境等 15 个部门对接，获得共享数据 148 项，利用卫星遥感对全省开展 6 次河湖问题排查，在全省乃至全国取得了良好的市场反应。

技术名称：智慧河湖管理信息系统 V2.0
持有单位：山东锋士信息技术有限公司
联 系 人：谢丽娟
地　　址：山东省济南市经十东路 33399 号水发大厦副楼 6 层
电　　话：0531-86018968-8825、15215315819

# 176 多用户物联网智能超声水表及管理云平台

## 持有单位

山东力创科技股份有限公司

## 技术简介

**1. 技术来源**

自主研发。项目从核心芯片、到水表整机、到系统平台、大数据服务，拥有完全自主知识产权，已经申报发明专利2项，实用新型专利5项（授权3项），获得授权外观设计专利2项，软件著作权3项，获得制造计量器具许可证书。

**2. 技术原理**

在自主研发的超声波流量测量芯片基础上，创新性的采用分体式结构设计，采用动态压力平衡技术和超声相差测流技术，研发了一款低成本、冬天不怕冰冻、夏天不怕水泡、计量精准、预付水费的新型物联网水表产品及信息化云平台。

**3. 技术特点**

产品具有一表多户、低成本、高精度（滴水计量）、防冻（－25℃）、防水浸（水下10m）、预付费阀控（刷卡/远程）、无线通信（4G/NB－IoT）、远程支付、APP控制、云平台管理等特点，可以解决严酷的应用环境、抄表困难、收费困难、面广量大、资金投入大和运维困难的痛点和信息化难点。

## 技术指标

（1）精准计量，低始动流量，满足2级计量精度。

（2）预付费阀控（刷卡/远程）。

（3）无线通信（4G/NB－IoT）、远程网络支付；漏损分析（子母表漏损检测），滴水计量降漏损。

（4）GPS定位、手机APP控制、云平台管理。

（5）低功耗（电池寿命长达8年）。

（6）防水浸（水下10m），抗冻（－25℃）。

（7）太阳能与内置电池供电，安装使用方便。

## 技术持有单位介绍

山东力创科技股份有限公司是一家专注于能源计量与智慧管理等相关产品研发、生产与销售的国家重点高新技术企业。是目前中国系列超声水表、超声流计、超声热表、智能电表及智慧系统的主要研发生产基地。

## 应用范围及前景

适用于农村饮用水安全计量、收费和运维管理，以及城市自来水计量和远程运维管理。

产品已广泛应用于农村及城市供水计量和管理领域，已销售超声水表20万套。

典型应用案例：

案例1：莱芜区2019—2020年农村饮水安全两年攻坚行动-超声波水表及信息采集控制中心建设项目。

案例2：惠民县农村饮水安全信息化管理系统建设项目，应用规模6000余台套。

技术名称：多用户物联网智能超声水表及管理云平台
持有单位：山东力创科技股份有限公司
联 系 人：宋蓉
地　　址：山东省济南市莱芜高新区凤凰路009号
电　　话：0531－76257821、15163408030

# 177 河湖水域岸线遥感监测系统

## 持有单位

济南大学

中国水利水电科学研究院

北京北科博研科技有限公司

## 技术简介

### 1. 技术来源

自主研发，河道河岸遥感监测系统来源于山东省河湖遥感监测系统。计算机软著权，软件名称：生产建设项目水土保持监管系统（软著登字第3669340号）。

### 2. 技术原理

该系统基于3S技术对沿河信息进行全方位的监测，通过将空间遥感数据和业务数据进行综合分析，提取图斑扰动情况，准确判读疑似违建的准确位置。同时采用了卷积神经网络模型算法，通过机器学习，智能识别图斑扰动，识别精度高达到70%，可以快速高效发现乱堆、乱采、乱建、乱排等违法活动，并对相关活动进行跟踪监督管理。

### 3. 技术特点

（1）河湖基本信息管理：该模块主要以地图的形式展示，包括以河流、湖泊、水库、小流域。

（2）参考信息管理：主要以地图的形式展示，需参考的基础业务数据，包括合法点数据、违法点数据。

（3）信息分析：多期影像的基础上，参考河湖、水库、小流域、合法点、问题点等基础信息，进行四乱图斑的勾绘以及相关属性数据的挂接，并且按规则自动生成图斑编号，自动挂接所属水体及河长信息。

（4）智能解译：将河湖岸线范围内的遥感影像图斑进行自动解译，将大棚、建筑物、弃渣场等大型生产建设项目进行识别，清查疑似违法。

（5）现场复核：针对审核通过的图斑生成核查表，为外业复核做准备工作。通过APP软件，自动导入相关核查任务，结合无人机巡查，形成重点区域的航片，生成遥感核查标志辅助复核工作。

（6）统计分析：从问题类型、行政区划等多个纬度展示图斑统计信息。实现图斑按市导出、按县、按河流导出。按问题类型筛选，按面积统计。

（7）系统管理：主要实现用户、角色和系统资源三者解耦，从而使系统可面向多级用户。

## 技术指标

（1）软件产品的功能实用性、易用性、安全稳定性、本地标准化、代码无毒化经过信息产业信息安全测评中心的专业测评。

（2）主要技术指标数据为：响应时间$<3s$；并发用户数500；安全性较好；交互友好。

## 技术持有单位介绍

济南大学是山东省人民政府和教育部共建的综合性大学。济南大学水利与环境学院在遥感监测等技术与应用方面取得了多项重要科研成果。

中国水利水电科学研究院隶属中华人民共和国水利部，是从事水利水电科学研究的国家级社会公益性科研机构，承担了国内几乎所有重大水利水电工程关键技术问题的研究任务。

北京北科博研科技有限公司成立于2005年，是一家以信息化为核心业务的高新技术企业。

## 应用范围及前景

适用于河湖岸线监管等管理业务。

河湖水域岸线遥感监测系统已应用于威海市河湖问题排查工作，以及山东星云环境科技有限公司承担的河湖问题遥感监测项目，提高了问题排查效率，减轻了基层巡河工作量。

技术名称：河湖水域岸线遥感监测系统
持有单位：济南大学、中国水利水电科学研究院、
北京北科博研科技有限公司
联 系 人：桑国庆
地　　址：山东省济南市南辛庄西路336号
电　　话：0531-82762833、18605319102

# 178 流域降水预报服务平台

## 持有单位

中国水利水电科学研究院

## 技术简介

**1. 技术来源**

国家计划，自主研发。发明名称：一种全球预报系统数据下载方法（ZL201610947693.4）。

**2. 技术原理**

平台采用了先进的数值预报模型、大数据分析、超级计算等技术，可自动生成全国范围内任意流域的降水预报信息，并充分发挥云服务的优势，大大降低流域精细化降水预报获取门槛。流域降水预报服务平台主要功能包括中短期降水预报和中长期降水预报。中短期降水预报主要提供未来1～7d的流域面雨量和站点雨量预报信息，累计时段包括1h、3h、6h、12h和24h。中长期降水预报主要提供未来6个月的流域面雨量预报信息，累计时段包括日、旬、月。平台部署于高性能计算集群环境，基于云架构对外提供服务，服务方式包括B/S用户界面、Json微服务接口和数据库表等。

**3. 技术特点**

（1）模型技术。①中短期降水预报模型。在中尺度数值天气预报模式本地化改造的基础上，研发了基于天气形势索引的动态参数化方案，每天分4个时次定时下载GFS（Global Forecast System）全球预报系统驱动场，变分同化本地气象观测资料，驱动中尺度数值天气预报模式，实现未来7d，水平分辨率3km的网格降水预报。基于网格预报数据，利用自动化程序统计得到面雨量和点雨量预报信息。②中长期降水预报模型。利用长序列降水观测数据，引入专家预报数据库，基于全球气候预报系统CFS（Climate Forecast System）输出的粗网格数据驱动区域气候模式，建立不同预见期的释用模型。系统每天发布4次未来6个月的降水预报，采用统计连续5天预报序列的方法，给出90％置信度区间内中长期降水预报信息。③集合预报模型。中短期预报方面，针对同一预报时次，通过参数化方案扰动的方式，获取多个预报结果，使用大数据统计分析挑选最优预报，据此形成集合预报范围和最优预报推荐；中长期预报方面，采用区域气候模式产生的大量预报样本实现集合预报。

（2）精细化中短期数值降水预报。基于最先进的中尺度数值天气预报模式（WRF），发布全国时间分辨率1h，空间分辨率3km，预见期7d的网格化降水预报产品，可满足各类型水利工程中短期降水预报需求。通过参数化方案扰动，构建具有21个样本的集合预报方案，较传统单样本确定性预报的精度更高，提供的预报信息更丰富。

（3）中长期数值降水预报。对于月、旬累计降水预报，提供预见期为6个月的预报服务，对于日降水预报，提供预见期为30d的预报服务。该平台可将中长期格网降水预报产品自动插值到流域面上，并以集合预报的形式对用户提供最长预见期为6个月的预报服务，每个预报时段上均提供可能最大降水量、可能最小降水量、平均降水量三种信息，预报服务提供频次为每天4次，较传统会商式中长期预报更加节省人力和财力。

（4）横向可扩展计算平台。采用横向可扩展的网格计算体系作为本平台的基础架构，较传统计算模式成本更低，弹性更强。在计算负担增加，当前硬件资源难以满足的情况下，可通过临时增加节点的方式来解决问题。

（5）通用数据库框架设计。按照自上到下的方式，对基本预报需求进行了梳理，并且据此设

计开发了通用数据库架构，在数据层面实现了模型、业务、服务的分离，便于系统各个层次的升级改造，降低了系统维护成本。

（6）海量数据资源接入。基于大数据技术，通过实时接入网络发布的水雨情数据、整合离线资料等方式，实现海量基础信息的不断累积，构建一套可动态管理、自动校验、深度挖掘的数据存储体系，为提升降水预报模型精度提供支撑。

## 技术指标

（1）中短期降水预报。可提供流域面上或者具体位置处的降水量预报信息（含集合预报），预见期为1～7d，累计时段包括1h、3h、6h、12h和24h，提前1d的有无雨预报精度在95%以上，中雨及以上预报合格率（误差±20%以内）在75%以上。

（2）中长期降水预报。可提供流域面上降水量预报信息（含集合预报），预见期达到6个月，累计时段包括日、旬、月。

（3）平台性能。可实现云端访问，可支持多用户并发操作等。详细评测信息请见《流域降水预报服务平台测试报告》。

## 技术持有单位介绍

中国水利水电科学研究院是水利部直属的国家级社会公益性科研机构，研究领域已覆盖水文水资源、水环境与生态、防洪抗旱与减灾、泥沙与水土保持、农村水利、水力学、岩土工程、水工结构与材料、工程抗震、水力机械与机电、自动化、工程监测与检测、新能源、遥感技术及应用、水利史与水文化、牧区水利等18个学科、93个专业方向。该院水资源研究所主要从事水文水资源领域的理论、应用基础与应用研究，包括水循环基础理论、模拟技术与水资源评价、规划、配置、节约、调度、管理、保护及宏观战略研究，以及重大水利工程咨询、国际涉水事务合作；是流域水循环模拟与调控国家重点实验室、水利部水资源与水生态工程技术研究中心的技术支撑单位，拥有延庆试验基地水资源与水土保持工程技术综合试验大厅等科研试验条件平台；具有水文、水资源调查评价甲级资质和建设项目水资源论证甲级资质。先后主持完成了国家重大科技专项以及国家自然科学基金项目等100余项。获国家科技进步奖6项；全球人居环境绿色技术奖1项；省部级科技进步奖29项。

## 应用范围及前景

适用于各级水利管理部门、规划设计单位及水利工程运营单位。

典型应用案例：

案例1：南水北调中线一期工程。平台从2016年开始为丹江口水库以上汉江流域提供未来3个月的降水预报服务，其预报结果是中国水利水电科学研究院参加水利部相关司局（原水资源司等）南水北调中线一期工程预报调度会商会的重要资料。

案例2：黄河流域。自2016年，平台为全黄河流域提供降水与温度预报服务。自2019年，平台重点加强河龙无控区间精细化降水预报服务，并签订合同《黄河河龙无控区间中尺度暴雨数值预报模型开发》。

案例3：白水江流域。自2017年，平台为白水江梯级电站提供降水预报服务，并签订合同《WRF环境部署及气象数据预测项目》。

案例4：江西抚河流域。自2019年，平台为江西抚河流域提供面雨量预报服务，并签订合同《智慧抚河信息化工程（一期）防汛抗旱决策支持系统开发服务——数值面雨量预报服务》。

案例5：海南南渡江流域。自2019年，平台为海南岛南渡江流域提供降水预报服务，并签订合同《海南省南渡江流域数值降水预报模型研究》。

技术名称：流域降水预报服务平台
持有单位：中国水利水电科学研究院
联 系 人：杨明祥
地　　址：北京市海淀区复兴路甲1号
电　　话：010-68781950、18046555306

# 179 基于耦合平衡的城市雨水立体缓释调控技术

## 持有单位

中国水利水电科学研究院

## 技术简介

**1. 技术来源**

自主研发。基于该技术完成的《厦门市海绵城市专项规划》及相关科研项目成果已获得2019年度福建省科技进步二等奖；基于该技术完成的《厦门市海绵城市系列规划》已获得福建省2019年度优秀城市规划设计一等奖；基于该技术完成的《萍乡市西门内涝区海绵城市建设PPP项目》在第二批海绵城市国家评估考核中获得第一名；相关技术成果支撑《厦门市海绵城市建设工程评价标准（试行）DB3502/Z5023-2017》的编制。

**2. 技术原理**

城市化使得不透水面急剧增加，径流系数随之增大，城市土地资源紧张，要处理激增的地表径流量，往往需要较高的投入。基于海绵城市系统耦合平衡理论和城市雨水立体缓释调控新理念，提出了“分区管控－耦合平衡－立体缓释”的技术方案，采用城市立体空间缓释和调控雨水径流，技术要点主要包括城市地表径流控制指标的平面分解技术、基于水文模拟的城市雨水系统耦合平衡诊断技术和考虑海绵设施的城市管控单元雨水立体缓释调控技术。

**3. 技术特点**

（1）该技术综合考虑目标城市区域降雨、下垫面和社会经济发展特点，基于历史长系列降雨核算年径流总量控制率，合理划分管控单元，将年径流总量控制率目标平面分解至各单元；针对各单元的具体特点和条件，进行城市水文模拟，根据水量耦合平衡具体分配需要设置的海绵设施和调蓄设施容积。

（2）基于容积核算结果，在各管控单元上，根据实际情况布设“屋顶-立面-地表-地下”立体式雨水缓释调控设施，包括绿色屋顶、墙面绿化、雨水花园、地下调蓄池等多种具体海绵设施和灰色设施。

（3）该技术提出的“分区管控-耦合平衡-立体缓释”技术方案和具体技术方法，能够有效地实现城市雨水径流立体控制，实现雨水“自然积存、自然渗透”，减少城市内涝积水灾害，维护城市生态环境，节约城市用水，整体提高城市品质。

## 技术指标

基于耦合平衡的城市雨水立体缓释调控技术，应用于海绵城市建设等工程，整体使典型海绵试点区年径流总量控制率达标，通过综合规划和优化设计，可有效提升雨水利用量，减少内涝积水量。

## 技术持有单位介绍

中国水利水电科学研究院隶属中华人民共和国水利部，是从事水利水电科学研究的国家级社会公益性科研机构，承担了国内几乎所有重大水利水电工程关键技术问题的研究任务。

## 应用范围及前景

适用于城市雨水资源利用工程规划设计、海绵城市规划设计、城市防洪排涝系统工程规划设计和城市节水管理。

相关技术已在水利部规划计划司、住建部城市建设司、中国城市规划设计研究院、武汉市水务局、中建水务环保有限公司、中国铁建大桥工

程局集团有限公司、宁夏首创海绵城市建设发展有限公司等部门、城市和企业得到应用，主要在海绵城市总体规划、海绵城市工程规划设计、流域综合整治、城市雨水利用等方面进行了推广应用，取得了较好的社会效益、经济效益和生态效益。

技术名称：基于耦合平衡的城市雨水立体缓释调控技术
持有单位：中国水利水电科学研究院
联 系 人：梅超
地　　址：北京市海淀区复兴路甲1号
电　　话：010－68781920、18701396397

# 180 实际灌溉面积遥感监测技术

## 持有单位

中国水利水电科学研究院
中国灌溉排水发展中心
渭南市东雷二期抽黄工程管理中心
山东易图信息技术有限公司
北京易测天地科技有限公司

## 技术简介

**1. 技术来源**

国家计划，自主研发。软件著作权，软件名称：灌区基础信息遥感监测系统(2017SR342238)；一种基于高分辨率卫星数据监测灌区灌溉面积方法（2019年6月申请发明专利-审中)；一种基于地表温度的春灌期灌溉面积动态监测遥感方法（2019年8月申请发明专利-审中)。

**2. 技术原理**

实际灌溉面积遥感监测技术，集成应用卫星遥感技术、无人机低空遥感技术、像元尺度光谱匹配技术、深度学习技术等当下空间信息与数据处理主流新技术，解决了大范围、较高时空分辨率作物种植结构、实际灌溉面积、灌溉次数等空间数据监测获取问题，总体精度达到90%以上，适用于特别是我国北方灌区较大范围种植结构与实际灌溉面积信息动态监测，为灌溉动态与效果评估、旱情监测评估、农情等监管工作提供技术支持。

**3. 技术特点**

实际灌溉面积遥感监测技术，主要技术路线包括：

(1) 数据收集与处理：收集灌区范围（矢量边界)、灌溉子系统分布、渠系分布（干、支)、土地利用（耕地范围)、气象数据（降水、气温)、灌溉制度、作物类型及物候特征、田块矢量等本底基础数据；下载MODIS、Sentinel-2、GF-1、Landsant等卫星遥感数据并处理。

(2) 模型方法构建：构建基于深度学习的土地利用遥感分类技术方法、基于光谱匹配的实际灌溉面积遥感监测模型方法、基于热惯量的灌溉面积动态监测技术方法等。

(3) 校核验证：开展基于无人机低空遥感技术的技术方法合理性与数据准确性野外验证实验；与国内外同类或参考数据比较验证灌溉面积遥感监测结果精度。

(4) 产品制图：生产实际灌溉面积、日尺度灌溉面积、灌溉次数等数据产品。

## 技术指标

利用卷积神经网络深度学习方法，开展农业区土地利用监测分类，效果优于最大似然法，其总体分类精度达93%以上；基于像元尺度光谱匹配的实际灌溉面积遥感监测方法总体精度达到90%，能够更清晰地识别提取地物边界，适宜我国农业耕地国情；构建的基于地表温度的灌溉面积动态监测方法科学可行，可得到灌溉次数空间数据，总体精度达到90%以上。

## 技术持有单位介绍

中国水利水电科学研究院隶属中华人民共和国水利部，是从事水利水电科学研究的国家级社会公益性科研机构，承担了国内几乎所有重大水利水电工程关键技术问题的研究任务。

中国灌溉排水发展中心（水利部农村饮水安全中心)，隶属中华人民共和国水利部，是从事农村水利技术服务的公益性事业单位。中心成立

于1985年7月，由中国喷灌技术开发公司几经变化，于2000年6月更名为现名，2006年12月增挂水利部农村饮水安全中心牌子。

渭南市东雷二期抽黄工程管理中心，成立于1989年4月，为市水务局下属正县级差额拨款准公益性事业单位。主要负责东雷二期抽黄工程建设、管理、维护工作，基建尾留工程和灌区配套工程的建设管理工作，负责所辖区农业浇灌、抗旱工作和渭南城区和工业园区供水项目的组织实施工作。

山东易图信息技术有限公司，是一家专业从事地理信息技术开发、遥感技术开发、三维技术开发的软件开发企业。公司现有著作权和专利12个，是山东省双软认定企业、高新技术企业。

北京易测天地科技有限公司，是一家致力于无人机、GPS等测绘设备销售、解决方案服务、计算机视觉和航空摄影测量软件开发的高科技技术企业。公司研发的无人机航拍智能快速处理软件、三维信息处理软件和面向对象遥感影像解译软件，具有下垫面适用范围广、航片拼接处理速度快和智能应急处理等技术优势，在测绘、地质、生态、农业和水利等行业得到较好的推广应用。

## 应用范围及前景

适用于我国北方灌区的较大范围、较高时空分辨率的种植结构、实际灌溉面积、灌溉次数等遥感监测。

该技术已在我国北方陕西省东雷灌区（纯渠灌）和河北省石津灌区（渠灌与井灌混合）开展推广应用工作，效果良好。

典型应用案例：

案例1：东雷抽黄灌区是国家大型灌区，是以黄河水为水源建设的高扬程大型电力提灌工程，地处渭北旱塬，东临黄河，西至富平县城，南邻“交口抽渭灌区”和“洛惠渠灌区”，北靠北山，灌区的中心地带是蒲城县，海拔385～600m的黄土波状台原区，地势呈东南低，西北高，设计灌溉面积147万亩，当地主要种植模式是轮作，依照着“冬小麦，夏玉米”的周期种植，每年都会根据不同季节以及干旱情况进行灌溉，主要灌排方式为淹灌。灌区管理局提供了详细的年度各干渠和分系统的抽水量、灌溉面积（根据灌溉定额核算）等统计数据。技术实施结果表明2018年的小麦与玉米实际灌溉面积遥感监测结果总体精度为88.27%（Kappa＝0.8308），同时参考国际水管理研究所灌溉数据产品，总体空间分布精度为87.29%；地表温度数据情况较好年份的冬春灌累计灌溉面积（亩次）遥感监测结果精度可达94%以上，最高精度可达98%，灌溉次数监测结果与实际相符。

案例2：通过全球环境基金水资源与水环境综合管理推广（主流化）项目，该技术在河北省石津灌区进行了示范应用。石津灌区位于河北省中南部平原，主要灌溉区域为滹沱河下游以南，滏阳河以西地区，耕地面积435万亩，设计灌溉面积244万亩，其中纯渠灌面积103.35万亩，研究区内主要农作物为冬小麦、夏玉米及苹果、梨、桃等果树，当地主要种植模式是轮作，依照着“冬小麦，夏玉米”的周期种植。技术实施结果表明，2017年利用光谱匹配方法得到的实际灌溉面积总体精度达到90%；利用地表温度阈值方法得到的研究区灌溉次数以3次为主，另有少量2次、4次，根据经纬度定位宁晋大陆村遥感监测到的灌溉次数为3次，与抽查结果一致。

技术名称：实际灌溉面积遥感监测技术
持有单位：中国水利水电科学研究院、中国灌溉排水发展中心、渭南市东雷二期抽黄工程管理中心、山东易图信息技术有限公司、北京易测天地科技有限公司
联 系 人：宋文龙
地　　址：北京市海淀区复兴路甲1号
电　　话：010－68781847、13488725261

# 181 利用回声测深进行大水深测量校正技术

## 持有单位

长江水利委员会水文局长江上游水文水资源勘测局

## 技术简介

### 1. 技术来源

自主研发。发明名称：利用回声测深进行大水深测量的校正方法（ZL201510047775.9）。

### 2. 技术原理

利用回声测深进行大水深测量的校正方法是通过对水体中的因温度跃层产生的声速进行校正和对全球导航卫星系统的接收机与回声测深仪采集数据之间的延时进行校正来校正回声测深的水深测量值。该技术适用性强，能较好地解决大水深（超过60m）、水体产生温跃层引起的声速变化的各项水深测量工作。

### 3. 技术特点

（1）该技术通过利用设置水深测量检测校正标进行声速校正，利用悬空横置管状声波增强型反射器作为回声反射装置，选材抗压抗腐蚀，反射信号稳定可靠，悬高、镂空设计确保数据准确性以及延长校正标的使用寿命。

（2）成本低廉，操作简便。利用回声测深仪进行大水深测量的校正技术前期进行校正标布设需要一定的成本投入，也可充分利用河道地形地物已有标志物作为校正标降低成本。校正方法数据直观，直接利用回声测深仪及配套软件完成，易于技术人员操作。

（3）无须维护保养。本技术产品材料多选用不锈钢和其他防腐蚀材料，经久耐用外，一次性安装，可长久使用，无须维护保养。

## 技术指标

符合 SL 257—2017《水道观测规范》、SL 197—2013《水利水电工程测量规范》、GB/T 17941—2008《数字测绘成果质量要求》及 SL 247—2012《水文资料整编规范》等规范要求。

（1）悬空横置管状声波增强型反射器：截面长＝10cm，宽＝5cm 的矩形无缝钢材；或直径＝10cm 的圆形无缝钢管，壁厚＞5mm，需进行水密封性试验。悬空反射器净高＞1m。

（2）钢支架：壁厚＞5mm，直径＝10cm，两端不用密封。

（3）开挖埋深度：大于 30cm。

（4）标面：镂空面积＝1/3 总面积，标面四个角点高差＜2cm。

（5）校正标石：不锈钢结构，矩形 3m×3m、4m×6m、6m×5m、6m×9m；水泥标石、天然石台、水泥地、沥青路面等现有结构，规格优于2m×2m×0.2m。

## 技术持有单位介绍

长江水利委员会水文局长江上游水文水资源勘测局（简称长江委水文上游局）是水利部长江水利委员会水文局下属的科研事业单位，是为长江流域综合治理、防汛抗旱、水资源开发和管理、水利水电工程建设及其他国民经济建设收集提供水文、河道勘测、水质监测资料和成果的专业机构。近年来，长江委水文上游局参与国家重点研发计划专题 3 项、长江三峡集团专题科研专项 1 项；荣获国家科学技术进步奖二等奖 1 项、云南省科学技术进步奖三等奖 1 项、湖北省测绘

科技进步二等奖1项、长江委科技进步一等奖2项、三等奖10余项。

## 应用范围及前景

适用于内陆大水深水域尤其受水利工程影响，水体产生温跃层引起的声速变化，以及建库后形成的大水深（超过60m）的水深测量工作及科学研究工作。

典型应用案例：

案例1：利用回声测深进行大水深测量校正技术研发成功后，在溪洛渡水电站通过大量连续性的比测实验，证实本技术性能稳定，获取水深数据质量可靠，满足相关规范要求。从2013年起陆续在长江委水文上游局、昆明勘测设计研究院、成都勘测设计有限公司、四川省地质工程勘察院集团有限公司、水文三峡局、水文荆江局、水文汉江局、水文西诸局等单位使用，并取得了良好的经济效益。具体使用情况为水文上游局20余项目次；水文三峡局10余项目次；水文荆江局6项目次；水文汉江局7项目次；水文西诸局6项目次；成都勘测设计有限公司5项目次；昆明勘测设计研究院3项目次；四川省地质工程勘察院2项目次。

案例2：利用回声测深进行大水深测量校正技术目前已广泛用于长江三峡库区干支流、金沙江下游干支流、西南诸河已建成的水库水电站等河道断面、地形测量工作，已在长江三峡工程库区水文泥沙监测、金沙江下游梯级水电站水文泥沙监测、长寿港修建性详细规划、银盘电站泥沙淤积可行性研究、江口水电站坝前淤积高程测量等30余项生产科研项目投入，主要用于河道演变分析、水库冲淤计算，库容曲线复核等，其成果已被长江三峡集团公司、国电成勘院、国电昆勘院、长江科学院、武汉大学及长江委水文局等科研部门使用，证实利用回声测深进行大水深测量校正技术成本低廉、易于操作，技术通用性强，具有较强的推广使用价值。

■水深测量检测校正标布设完工图

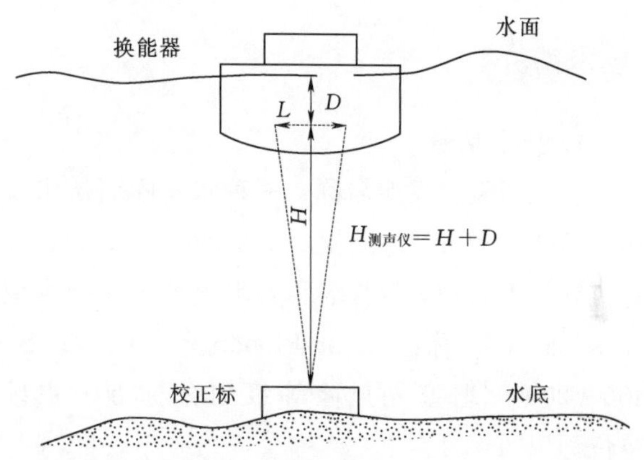


■利用回声测深进行大水深测量校正技术原理图

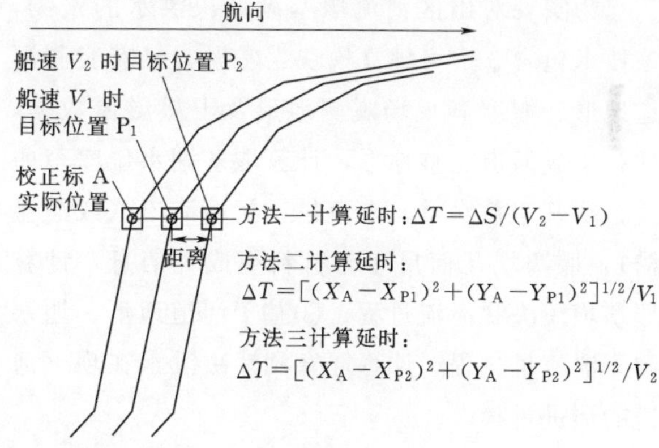


■利用回声测深进行大水深测量校正实施示意图

技术名称：利用回声测深进行大水深测量校正技术
持有单位：长江水利委员会水文局长江上游水文水资源勘测局
联 系 人：孙振勇
地　　址：重庆市江北区海尔路410号
电　　话：023-89052817、15923390456

# 182 融合多源地形数据的堰塞湖溃决及洪水预测技术

## 持有单位

长江水利委员会长江科学院

长江勘测规划设计研究有限责任公司

## 技术简介

**1. 技术来源**

自主研发。发明名称：一种水库断面法水位库容曲线的修正方法（ZL201610804941.X）；计算机软件著作权，软件名称：河道型水库调洪演算系统（简称：AdjustFloodSys）V1.0；SL 450—2009《堰塞湖风险等级划分标准》主编单位。

**2. 技术原理**

为实现对山区河流堰塞湖溃决洪水的预测，该技术包含3个可独立模块：①融合已有实测河道地形、堰塞湖现场观测地形及卫星影像数据，插补生成河道完整地形，计算堰塞湖水位库容曲线；②基于蓄水量、来流量、初始溃口（或泄流槽）、堰塞坝几何尺寸与材料组成等信息，计算堰塞坝溃决和泄流过程；③基于河道地形、堰塞湖下泄流量过程，计算堰塞湖溃决洪水在坝下河道的演进过程。

**3. 技术特点**

（1）对资料的需求灵活。对于缺乏河道地形的偏远山区河流，可以结合少量现有资料及现场观测资料，通过对卫星数字高程模型数据进行插补。

（2）对溃坝模式、河道地形、洪水过程的适应性强。

（3）使用便捷。该技术包括三个具有独立功能的部分，可以分别独立运行。

## 技术指标

（1）基于对地卫星地形数据获取与处理。地形水平分辨率≤30m；地形垂直分辨率≤1m，精度5m。

（2）堰塞坝溃决与下泄流量过程模拟。适用坝型：土石坝；适用坝体溃决模式：溯源陡坎冲刷/坡面冲刷；模拟结果：堰塞湖水量平衡、溃决水流变化、坝体溃决演化、溃口发展。

（3）河道水流数值模拟。模型维度：一维；适用流态：稳态/非稳态、缓流/临界流/急流；模拟结果：各断面各时刻水流流量、水位等流场特征；模拟耗时：以金沙江白格堰塞湖溃决洪水为例，300个断面，计算一次耗时约30s。

## 技术持有单位介绍

长江水利委员会长江科学院始建于1951年，是国家非营利科研机构，隶属水利部长江水利委员会。长科院为国家水利事业，长江流域治理、开发与保护提供科技支撑，以水利水电科学研究为主，提供技术服务，开展科技产品研发。

长江勘测规划设计研究有限责任公司是长江勘测规划设计研究院下属核心科技型企业，公司主营业务包括工程勘察、规划、设计、科研、咨询、建设监理及管理和总承包业务等，是国家核准的高新技术企业。

## 应用范围及前景

适用于山区河流堰塞湖溃决模拟预测、洪水风险评估及险情处置；获取其他区域的地形、计算人工土坝或堤坝溃决，以及计算普通河道水流或洪水。

该技术已先后应用于2008年唐家山堰塞湖、2014年红石岩堰塞湖、2018年金沙江和雅鲁藏

布江4次堰塞湖的应急处置，为这6次堰塞湖险情抢险方案和应急预案的制定提供了重要的科技支撑，并取得了零人员伤亡的良好效果。技术成果已经成功运用于唐家山、金沙江白格、雅鲁藏布江米林等堰塞湖的应急决策的风险预测与评估工作中。

技术名称：融合多源地形数据的堰塞湖溃决及洪水预测技术
持有单位：长江水利委员会长江科学院、长江勘测规划设计研究有限责任公司
联 系 人：周建银
地　　址：湖北省武汉市黄浦大街289号
电　　话：027-82926063、13476198607

# 183 河道演变分析及模型数据处理软件

## 持有单位

长江水利委员会长江科学院

## 技术简介

### 1. 技术来源

省部计划，自主研发。软件著作权4项：水文统计及河道特性分析软件（2019SR0088621），基于CAD二次开发的DHI-MIKE建模数据处理软件（2019SR0318972），河道演变分析软件（2019SR1181542），河工模型试验数据处理软件（2019SR1422891）。

### 2. 技术原理

围绕河道演变分析、河流数值模拟与物理模型试验过程中的数学模型构建与计算分析、物理模型制作及数据采集处理、水沙及地形数据分析等方面的自动化、智能化、标准化及高效性的关键技术难题与关键科学问题，深入研究了河流模拟演变分析中建模、计算、处理及分析等方面的内容，形成了河道模拟及演变分析集成技术平台。

### 3. 技术特点

（1）实现主流大型通用数值模拟软件的水沙、地形和边界的数据准备、模型搭建、参数快捷调整和相关模型文件的高效修改，以及成果数据的提取及显示等方面的功能，大大提高了河流模拟的效率。

（2）基于河道及航道管理和科学研究中常用的软件CAD，形成一套高效的数据处理方法，实现了河道断面特征统计、冲淤计算，以及航道图与地形图互转等多方面的功能。

（3）针对物理模型试验前后大量数据的处理，实现了与多类水沙测量仪器测量成果的无缝对接，提高了模型试验工作效率。

（4）实现了水文部门各类水沙数据及断面格式批量高效的互转、处理和分析及水文分析计算等，大大方便了相关科学研究与工程设计等。

（5）制定了一套河道演变分析和数据处理的标准化和定量化规则，实现了成果的标准化和统一化。

## 技术指标

河道演变分析及模型数据处理软件技术可以实现河道数值模拟、模型试验及河演分析等方面的数据综合处理综合。使用本技术后可以将数据处理时间由之前需要20（人×天）才能完成的数据分析缩减至1（人×天）以内，使数据分析的效率提高了20倍以上。

## 技术持有单位介绍

长江水利委员会长江科学院始建于1951年，是国家非营利科研机构，隶属水利部长江水利委员会。长科院为国家水利事业，长江流域治理、开发与保护提供科技支撑，以水利水电科学研究为主，提供技术服务，开展科技产品研发。

## 应用范围及前景

适用于河流模拟数值模拟及物理模型试验、河道与航道演变分析、河势监测、防汛决策等相关科学研究、咨询设计及工程管理等。

该技术成果已成功应用于水文局、设计院及航道部门的“荆江河势演变的实时监测及分析”“长江中游荆江河段航道整治二期工程（昌门溪至城陵矶段）熊家洲至城陵矶河段综合治理方案研究”“防洪-通航协同下强冲刷河段航道整治技术及示范”“2018年度三峡水库进出库水沙特性、

水库淤积及坝下游河道冲刷分析”“新水沙条件下荆南四河及洞庭湖区冲淤演变趋势研究”等近20个涉河的科学研究及工程咨询设计项目，其社会、经济及生态环境效益显著。

技术名称：河道演变分析及模型数据处理软件
持有单位：长江水利委员会长江科学院
联 系 人：刘心愿
地　　址：湖北省武汉市江岸区黄浦大街23号
电　　话：027-84738846、13995500720

# 184　水工隧洞弹性波超前地质预报系统（TEP）

## 持有单位

长江水利委员会长江科学院

## 技术简介

### 1. 技术来源

省部计划，自主研发。发明名称：隧洞围岩波速和松动圈厚度测试装置及方法（ZL201910177002.0）；计算机软著权：长科TEP隧道地震数据处理系统（登记号2019SRO424270）。

### 2. 技术原理

TEP（Tunnel elastic wave prediction），属于多波多分量高分辨率反射弹性波超前探测技术。该技术采用多点激发、单点接收的观测方式，在隧洞一侧边墙布置多个激发点，采用小药量爆破产生弹性波，利用被安置在隧洞左右边墙的高灵敏度三分量加速度检波器接收并记录弹性波信号，通过进行数据分析处理，确定反射面的位置、与隧洞轴线的夹角及与隧洞掘进面的距离，解释和推断不良地质体的性质。

### 3. 技术特点

（1）TEP隧道弹性波超前地质预报系统包含TEP主机、三分量接收传感器、孔中推拉杆、同步触发转换装置等硬件及隧道弹性地震波探测数据处理软件系统。

（2）预报范围100～200m，预报距离远，有助于长距离地质危险带的预报。

（3）采用无线蓝牙数据传输模式，数据采集现场即可远距离实时查看数据采集质量。

（4）研制的新型一体式传感器孔中推送装置，增强了传感器与围岩岩体的耦合程度。

（5）TEP系统数据处理软件，实现采集弹性波数据的高效高精度处理成图解译，同时可根据具体工程特点，改进处理算法，以提高预报精度。

## 技术指标

（1）主机尺寸：记录单元箱42cm×36cm×18cm，附件箱58cm×49cm×22.0cm，接收单元箱97cm×45.5cm×16cm；电源：外接电源230V/110V交流，内置可充电电池，6V直流，12.0Ah；主机：单片机，DSP数据处理器，Windows XP操作系统，触摸式显示器。

（2）压电式三分量传感器：灵敏度1000mV/g±5%，频率范围0.5～5000Hz，响应频率10kHz。

（3）记录单元：接收器端口4个，采样间隔62.5μs、125μs，记录带宽10000Hz、5000Hz，模数转换24位，动态范围120dB。

（4）数据处理软件系统：观测系统参数设置、频谱分析、带通滤波、初至拾取、初至校正、炮能量均衡、Q值估计、反射波提取、波场分离、速度分析、深度偏移成像。

## 技术持有单位介绍

长江水利委员会长江科学院始建于1951年，为国家水利事业，长江流域治理、开发与保护提供科技支撑，以水利水电科学研究为主，提供技术服务。

## 应用范围及前景

适用于水利水电地下工程隧洞施工期超前地质预报，可查明不良地质体的分布位置、提供隧洞围岩动力学参数。

典型应用案例：

案例1：TEP设备应用于浙江平阳南湖分洪

工程。隧洞线路全长6.7km，预报了隧洞工作面前方断层破碎带，软弱夹层等不良地质体，为施工提供指导。

案例2：TEP弹性波超前地质预报系统应用于新建梅州至潮汕铁路隧道工程。开展了部分超前地质预报工作，划分出多处断层破碎带、软弱夹层等不良地质体，为隧道施工提供安全保障。

技术名称：水工隧洞弹性波超前地质预报系统（TEP）
持有单位：长江水利委员会长江科学院
联 系 人：周黎明
地　　址：湖北省武汉市江岸区黄浦大街23号
电　　话：027－82829887、13657277785

# 185 基于物联网的库岸边坡智能监测技术

## 持有单位

长江勘测规划设计研究有限责任公司

中国三峡建设管理有限公司乌东德工程建设部

基康仪器股份有限公司

武汉宏数信息技术有限责任公司

长江信达软件技术（武汉）有限责任公司

## 技术简介

**1. 技术来源**

自主研发。

**2. 技术原理**

库岸边坡范围广、分布散、交通不便、施工困难、测点众多、数据庞大，库岸边坡监测存在采集、传输、利用等关键技术难题。基于物联网的库岸边坡智能监测技术包括物联网智能监测成套装备、高效远程视频辅助诊断技术、海量监测信息融合与综合诊断等，其技术涵盖了库岸边坡监测数据有效采集、高效传输、综合利用等高坝大库全方位的智能监测预警，形成了基于物联网的库岸边坡智能监测成套技术，能针对性地解决我国库岸边坡监测的采集、传输、利用三大技术难题，为实现我国防灾减灾战略提供保障。

**3. 技术特点**

（1）针对库岸边坡监测“采集”难，研发了分布式、万仪（仪器）智联物联网智能监测成套装备，有效解决地形复杂、交通困难等条件下的“大范围、多测点、散分布”库岸边坡安全监测难题。

（2）针对库岸边坡监控“传输”难，研发了高清窄带视频加速加密传输技术、现地微波高流量传送技术、单兵终端，实现了高清视频“低流量、低成本”库岸边坡实时安全监控。

（3）针对库岸边坡监测数据“利用”难，研发了基于物联网的海量监测数据融合技术、物联网的智能监测平台，支撑大坝智慧管理。

## 技术指标

（1）物联网智能监测成套装备支持单点单支单卡/单组多支单卡无线上传，支持海量测点接入和远距离传输（1网关支持测点数6万个，可传输视线距离15km）。

（2）高效远程视频辅助诊断技术传输一路1080P高清监控视频仅需100KB/s左右带宽，跨国传输可以有效降低中间节点（以伊斯兰堡到武汉为例，应用加速传输技术前，网络节点经过27跳，加速后网络节点减少为只有6跳）。

（3）海量监测信息融合与综合诊断技术支持多工程海量监测信息融合诊断预警。

## 技术持有单位介绍

长江勘测规划设计研究有限责任公司是长江勘测规划设计研究院下属核心科技型企业，拥有中国工程院院士3人，全国勘察设计大师7人，省部级及以上人才140余人，各类科研技术人才逾千人。公司主营业务包括工程勘察、规划、设计、科研、咨询、建设监理及管理和总承包业务等，是国家核准的高新技术企业。

中国三峡建设管理有限公司一家为全球客户提供大中型水电工程、抽水蓄能电站、水利工程和公共基础设施等项目全产业链服务的工程投资、建设、管理和咨询公司。

基康仪器股份有限公司是一家专门从事设计、开发、生产精密传感器、数据采集器等产品，并基于精密传感器的行业应用向客户提供软

件与物联网服务的专业化高新技术企业。

## 应用范围及前景

适用于各类水利水电工程监测监控预警，也适用于建筑物结构、矿山、市政工程、交通工程等安全监测监控预警。

技术成果已在金沙江乌东德水电站、巴基斯卡洛特水电站、葛洲坝集团、奋斗水库、吉利河水库、孙家屯水库、铁山水库、彭阳县等工程和企业应用。

典型应用案例：

案例1：乌东德水电站装机容量10200MW，最大坝高270m，金沙江乌东德水电站装机容量10200MW，最大坝高270m，多年平均发电量389.1亿kW·h，水库总库容74.08亿$m^3$。乌东德水电站两岸高位自然边坡岸坡陡峭、危岩体众多、分布范围广，高位自然边坡监测难度大、成本高，施工期实现高位自然边坡自动化系统、现地微波视频监控系统等，为优化设计、保障施工安全提供了可靠保证，经济效益、社会效益显著。

案例2：巴基斯坦卡洛特水电站装机容量720MW，水库库容1.52亿$m^3$，其边坡传统安全监测自动化系统施工难度大、成本高，无法满足施工期监测自动化的需要，在施工期建立了智能监测系统，大大降低施工期观测成本和资料整编成本，创造了显著的经济效益和社会效益。

案例3：中国葛洲坝集团有限公司是中国能建旗下骨干企业，集团承接的大型工程、PPP项目等大多工期长、技术难度高、地域分布广。应用高清窄带视频压缩传输技术的视频辅助管理平台上线，集团共有约70个国内外重点项目近400路监控视频接入视频辅助管理平台，基于高清窄带视频压缩传输技术的视频辅助管理系统建立和应用，促进了集团总部、子公司与项目部高效视频信息传递，提高了集团整体运作和对外响应能力，提升了集团经济效益和竞争力。

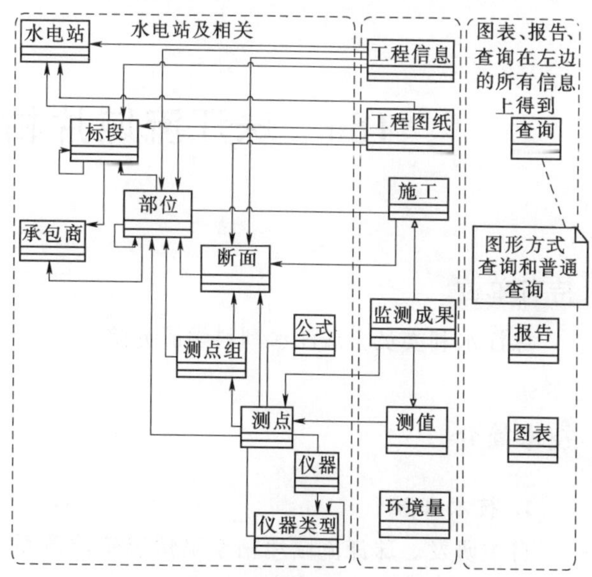


■多元监测数据汇集业务模型

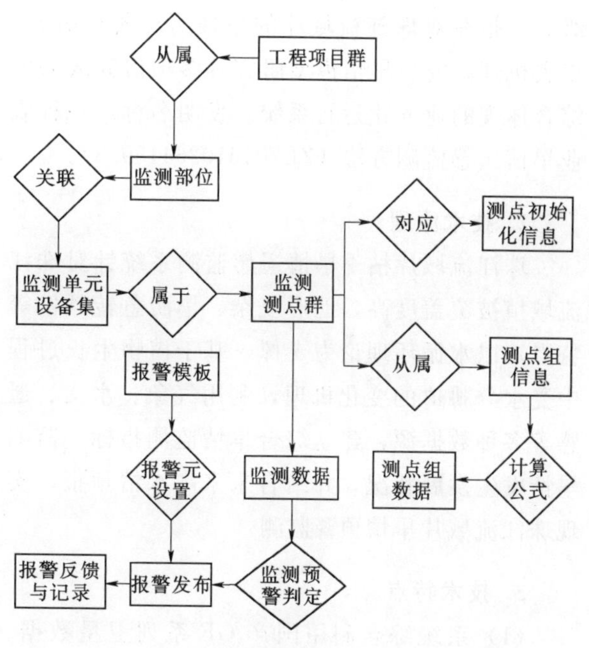


■数据预警流程

技术名称：基于物联网的库岸边坡智能监测技术
持有单位：长江勘测规划设计研究有限责任公司、中国三峡建设管理有限公司乌东德工程建设部、基康仪器股份有限公司、武汉宏数信息技术有限责任公司、长江信达软件技术（武汉）有限责任公司

联 系 人：彭绍才
地　　址：湖北省武汉市江岸区解放大道1863号
电　　话：027－82829258、18502778699

# 186　珠江流域片枯季旱情遥感监测系统

## 持有单位

珠江水利委员会珠江水利科学研究院

## 技术简介

**1. 技术来源**

自主研发。珠江流域片枯季旱情遥感监测系统是珠江水利科学研究院研发的基于遥感的喀斯特地区旱情业务化监测技术辅助软件V1.0的升级版，是在对珠江流域片的旱情历史规律分析、旱灾机理研究、旱情模型研究等多项研究成果的综合体现的业务化运行系统。发明名称：一种农业旱情遥感监测方法（ZL201610264159.3）。

**2. 技术原理**

珠江流域片枯季旱情遥感监测系统针对珠江流域植被覆盖度高，地形复杂、旱涝急转频发等特点，以水循环理论为支撑，基于植物生长过程中受水分胁迫的变化机理，利用气象、水文、遥感等多种数据源，建立综合旱情监测指标，监测旱情发生发展状况，并结合未来雨水情预报，实现珠江流域片旱情预警监测。

**3. 技术特点**

(1) 系统综合利用国产GF系列卫星数据、无人机数据、水雨情数据、气象数据，借助于珠江流域旱情遥感监测模型，可实现大范围、高频次的旱情预警监测。

(2) 实现系统封装与交互式集成模式，可针对研究区及季节特征，设置模型参数，通用性强，易于推广。

(3) 综合气象、水雨情、遥感等各类信息，可客观准确地反映受旱范围、受旱面积、受旱等级。

(4) 系统独立运行，不依赖第三方平台，完全自主知识产权。

## 技术指标

(1) 实现遥感大数据自动化批处理，可同时处理超过1000景遥感卫星影像，处理范围超60万$km^2$，并且处理时间不超过1h，能够迅速响应旱情应急监测需要。

(2) 支持开展旱情监测的遥感卫星影像批处理；支持植被指数的计算，包括了设置卫星类型、需处理数据选择、结果保存；支持影像的旬合成，包括了逐日旱情的计算以及以旬为周期的旱情分析；支持旱情指标的自动化计算，包括了温度植被指数、降水距平、标准化降水指数、地表温度等；通过系统的快速处理，支持各省、市、县防汛抗旱指挥部门开展抗旱日常的预警监测工作。

## 技术持有单位介绍

珠江水利委员会珠江水利科学研究院始建于1979年，是经国务院批准随水利部珠江水利委员会一起成立的中央级科研机构。珠科院主要从事河口治理、水力学与河流动力学、水环境保护与水生态修复、水文与水资源、水利信息化与自动化、水土保持、遥感与地理信息、防灾减灾、水利规划设计与咨询、岩土工程、工程质量检测等基础研究、应用基础研究，为珠江委行使水行政职能提供技术支撑，为流域经济社会发展提供有效管用的科技供给。

## 应用范围及前景

适用于各级管理部门开展旱情预警监测工作。

珠江流域片枯季旱情遥感监测系统针对水旱

灾害防御工作的业务需求，该系统主要在各省级防汛抗旱指挥部门使用。已应用于珠江流域片枯季旱情遥感监测系统项目、广东省旱情遥感监测系统项目、海南省旱情遥感监测系统项目等。

技术名称：珠江流域片枯季旱情遥感监测系统
持有单位：珠江水利委员会珠江水利科学研究院
联 系 人：王行汉
地　　址：广东省广州市天河区天寿路80号
电　　话：020－87117497、15013110979

# 187　咸潮上溯物理模型试验技术

## 持有单位

珠江水利委员会珠江水利科学研究院

## 技术简介

**1. 技术来源**

自主研发。发明名称：一种河口咸潮盐淡水密度分层流的分层示踪方法（ZL201410254540.2）、发明名称：一种咸潮试验水槽（ZL201520263631.2）。软件著作权：珠科院一维咸潮模拟软件 V1.0、西江干流水库群防洪调度系统 1.0。“珠江河口复杂动力过程及复合模拟技术研究”获得 2013 年度大禹水利科学技术一等奖。

**2. 技术原理**

针对咸潮运动机理十分复杂，既有盐水楔异重流的存在，也有潮汐紊动扩散的存在，同时也受上游径流、河口区的风力场、沿岸流、近海区的盐度分布等共同影响，由珠江水利科学研究院自主研发的咸潮上溯物理模型试验技术集成了盐淡水循环系统、潮汐控制系统、风浪模拟系统，通过控制模型径流、潮汐、风、浪、盐等边界条件，利用自动盐度传感器和声学多普勒流速流向仪监测横、纵断面的分层盐度和流速，结合咸界示踪粒子技术，分析盐淡水混合状态和捕捉咸界位置，达到准确模拟咸潮上溯过程，掌握咸潮运动的变化规律。

**3. 技术特点**

（1）建立了盐淡水循环系统，通过多功能回水池，收集模型试验中产生的废水，根据模型初始场盐度大小，自动添加盐或淡水，达到模型所需盐度，持续为模型提供试验所需盐水。

（2）利用风浪模拟系统和盐潮风浪流同步测控系统，可以准确控制边界条件，模拟盐度初始场，测量模型参数，具有较好的同步性、实时性、可靠性等特征。

（3）利用拼装式加糙条杆来对模型进行加糙，可轻便快捷地增加或减小模型局部的糙度，提高模型试验效率。

（4）通过配制不同密度和不同颜色的示踪溶剂，在试验过程中投入水体，产生连续的示踪粒子，可以直观地显示密度分层和各层的流动特征。

## 技术指标

（1）口门盐度的控制运用盐淡水循环系统，使生潮供水的盐度稳定在 30psu，误差＜0.5psu。

（2）运用示踪粒子，可以直观地观测咸潮的分层特征和咸界的位置，咸界为盐度 0.5psu 所在的位置，测量误差＜5％。

（3）通过原型和模型的比尺换算，将模型水位、流速、盐度、咸界换算成原型，两者误差＜8％。

（4）以珠江压咸补淡关键技术与实践为例，以模型试验成果为参考，选择压咸时机和压咸流量，平岗泵站的取淡时间较天然状态提高了 20％以上。

## 技术持有单位介绍

珠江水利委员会珠江水利科学研究院始建于 1979 年，是经国务院批准随水利部珠江水利委员会一起成立的中央级科研机构。珠科院为珠江委行使水行政职能提供技术支撑，为流域经济社会发展提供有效管用的科技供给。

## 应用范围及前景

适用于具有取水工程、闸泵工程的感潮河网

区，可模拟咸潮运动，为水安全保障和水生态调度提供技术支持。

该在广东省水利水电科学研究院、华南理工大学、武汉大学进行了推广和试用，在使用过程中能够提高咸潮模拟精度，实现了资源的循环利用，有效提高了试验效率。

技术名称：咸潮上溯物理模型试验技术
持有单位：珠江水利委员会珠江水利科学研究院
联 系 人：陈高峰
地　　址：广东省广州市天河区天寿路80号
电　　话：020-87117188、15920179188

# 188 水利工程动态监管系统V1.0

## 持有单位

广东华南水电高新技术开发有限公司

珠江水利委员会珠江水利科学研究院

## 技术简介

### 1. 技术来源

自主研发。4项专利：声波水位计装置（ZL201120308807.3，中国专利优秀奖），声波雨量计装置专利（ZL201120103933.5，中国专利优秀奖），多通道水库动态监控装置（ZL200720179102.X，中国专利优秀奖），户外设备隔绝式防雷装置（ZL201520584619.1）；1项软件著作权：水库（水电站）动态监管系统V1.1（登记号2019SR1246110）。

### 2. 技术原理

水利工程动态监管系统是一套由多通道动态监测装置、多线程接收系统以及后台水利工程信息管理和预警系统构成的低成本水利工程动态监管整体解决方案。该系统应用物联网、人工智能、大数据、云计算以及移动互联网等高新技术，通过部署新一代传感器设备实现对水利工程现场的水位、降雨量、实时现场图像/视频、水质、闸门状态乃至大坝安全等信息的采集传输，并由水利工程动态监管及预警系统对数据进行管理、查询、显示、智能识别分析和预警。并结合人工智能技术，实现大坝入侵、水体入侵、泄洪、水位、裂缝、黑臭水体、水藻、漂浮物等事件全方位实时分析，识别出图像视频中的关键信息并及时预警，发挥水库智能监控的优势，保障水库的安全运行。

### 3. 技术特点

(1) 集成4项专利产品，并获得优秀专利奖。

(2) 先进、实用、成本低。

(3) 多项高新技术的一体化集成。

(4) 安装简单、性能稳定、实用性强。

## 技术指标

(1) 智能主控机：定时自动采集，采集间隔时间可任意设定；多种通信方式，自动选择可用网络；工作电压12VDC；工作温度−20～+75℃。

(2) 声波水位计：分辨率0.1cm、1.0cm；测量范围0～80m；测量误差±1cm（≤10m），±1～±2cm（10～20m），±2～±3cm（≥20m）。

(3) 声波雨量计：承雨器口径$\phi$200+0.6mm，刃口40°～45°；分辨率0.1mm；测量精度±1%；雨强范围0.01～15mm/min。

## 技术持有单位介绍

广东华南水电高新技术开发有限公司提供水利信息化服务、解决方案及相关软硬件产品。专业领域涵盖水库移民、水资源、防汛抗旱、农村水利、水土保持、水政执法、水利政务、水利工程建设管理、水利规划计划管理、咨询设计等。

珠江水利委员会珠江水利科学研究院主要从事河口治理、水力学与河流动力学、水环境保护与水生态修复、水文与水资源、水利信息化与自动化、水土保持、遥感与地理信息、防灾减灾、水利规划设计与咨询、岩土工程、工程质量检测等基础研究、应用基础研究，为珠江委行使水行政职能提供技术支撑，为流域经济社会发展提供有效管用的科技供给。

## 应用范围及前景

适用于中小型水库、河道、水闸、堤防、灌区等水利工程的水雨情、水质、流量、图像（视频）识别等监测。该系统已经在广东、广西、四川、重庆、贵州、云南、湖南、湖北、河南、福建、安徽、山东、江西、辽宁、陕西、青海、西藏等省（自治区、直辖市）得到了广泛的应用，在全国17个省区以及越南、泰国共安装了18575套小型水利工程动态监管系统，目前主要应用于小型水库、河道、水电站、水闸、泵站等水雨情监测，近几年在大坝安全、气象、水质、流量、智能图像（视频）识别等方面的监测也已逐步展开。实践证明小型水利工程动态监管系统性能稳定可靠，维护简单方便、软件界面直观形象，可向各级管理部门及时提供水利工程水位、雨量、现场图片等水、雨、工情综合信息，为防汛抗旱、水资源管理及水利工程管理等提供有效技术支持。

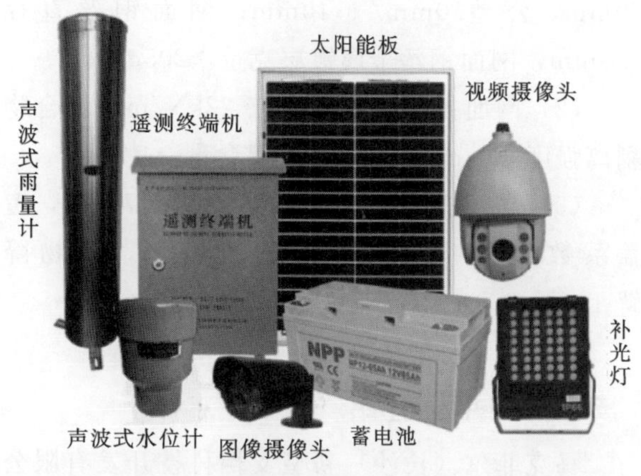


■设备实物图

■水库水雨情遥测站

■海湾潮位站

■基于智能终端的工情识别

技术名称：水利工程动态监管系统V1.0

持有单位：广东华南水电高新技术开发有限公司、珠江水利委员会珠江水利科学研究院

联 系 人：曾玲娥

地　　址：广东省广州市天河区天寿路105号天寿大厦9～10楼

电　　话：020－87117245、13430345152

# 189 三维快速植生垫防护系统

## 持有单位

马克菲尔（长沙）新型支档科技开发有限公司

## 技术简介

**1. 技术来源**

自主研发。

**2. 技术原理**

基于抗冲刷机理与绿化机理。植生垫是以细的聚合物丝为原料制成的三维土工网垫结构，加筋植生垫是以细的聚合物丝为原料，按一定方式缠绕在六边形双绞合钢丝网上形成的复合三维土工网垫。由植生垫或加筋植生垫组成的该三维快速植生垫防护系统，能削弱雨水对坡体土体的冲刷强度，满足抗冲刷的基本功能要求，且有利于植被的快速覆盖，提高了工程的生态效果。

**3. 技术特点**

（1）抗冲刷稳定性。三维快速植生垫防护系统本身特有的三维网垫结构能够在一定程度上削弱雨水对坡体土体的冲刷强度，保护表层土体，且一旦在植被长出来后，植物会与网面形成一个具有遮蔽功能的罩面，同时植物强大的根系会与坡面土体良好的结合，形成类似加筋结构的形式，在植被的防护和三维土工垫和根系固土的综合作用下，能够进一步提高其冲刷防护性能。

（2）耐久性。三维快速植生垫防护系统其主要成分网垫材料均具有很高的化学和生物抗腐蚀能力。其中三维结构的加筋麦克垫是一种惰性材料，抵抗紫外线和抗老化能力强，可以长期暴露于空气中；而双绞合六边形金属网则是采用低碳钢丝编织而成，经过镀高尔凡或覆耐磨有机涂层处理的钢丝，具有更强的耐腐蚀性。

（3）施工便捷性。三维快速植生垫防护系统的整体工法操作简便，其工序少，机械人工用量低，受环境气候影响小，施工效率高，能够有效缩短施工工期。

（4）生态环保性。三维快速植生垫防护系统所采用的均为无污染材料，并且系统的施工过程对坡面土体影响程度很轻，系统完工后能够很快建立起边坡植被覆盖系统，恢复周边生态。

## 技术指标

（1）三维快速植生垫：网孔型号 M8，$M=$80mm，公差 0mm/＋10mm；网面钢丝直径 2.0mm，网面钢丝金属镀层克重≥205g/m$^2$。

（2）网面拉伸强度不小于 22kN/m，聚合物剥离强度 3N/cm。金属镀层铝含量≥4.2%。

（3）高性能生态基材保水能力≥1700%，覆盖系数≤0.01，植被培养≥800%，生物降解 100%。

## 技术持有单位介绍

马克菲尔（长沙）新型支档科技开发有限公司成立于 2006 年 3 月，是意大利百年企业马克菲尔集团在华投资的第一家外商独资企业。公司拥有双绞合六边形金属网系列、土工合成材料、钢纤维等完善的产品体系，产品通过严格的 BV 认证。

## 应用范围及前景

适用于土质边坡和岩质边坡复绿，可用于水利工程、航道工程、公路和铁路的边坡防护、垃圾填埋场等领域。

典型应用案例：

淮安涟水机场水系连通工程。该工程机场改

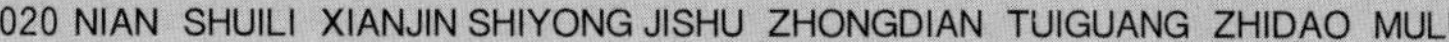

扩建后跑道将穿过阶段区内的河道，打乱原有水系布局，考虑到为远期工程预留空间，将水系工程调整一次到位，既保证机场扩建工程洪排涝安全，又不影响该区域的灌溉与排涝。该项目设计方案采用马克菲尔三维快速植生垫结构，应用规模12000m$^2$，既满足防洪要求，又满足工程的快速绿化需求，该项目完工后综合生态效果明显。

技术名称：三维快速植生垫防护系统
持有单位：马克菲尔（长沙）新型支档科技开发有限公司
联 系 人：张勇强
地　　址：湖南省长沙市宁乡经济开发区谐园北路205号
电　　话：0731-87744577、13467698646

# 190 智慧水务综合服务平台

## 持有单位

新疆河润水业有限责任公司

## 技术简介

**1. 技术来源**

自主研发。2项实用新型专利：一种用于输水管道的多发门结构，一种用于二次供水设备节能检测装置；软件名称“智慧水务综合应用APPV1.0”等，14项计算机软件著作权。

**2. 技术原理**

智慧水务综合服务平台在水处理厂、泵站、管网、户表等涉水设备或节点安装数据采集设备，将自控系统生产运行数据、管网压力/流量/水质重要检测数据、表务计量数据、营业营收数据等通过网络实时传输到统一平台，进行集中存储和应用。通过对各类关键数据的实时监视和智能分析，再提供分类、分级预警，且利用短信、光、警报声等通知相关负责人，同时给予相应的处理结果辅助决策建议，以更加精细和动态的方式管理水务运营系统的整个生产、管理和服务流程，使之更加数字化、智能化、规范化，从而达到“智慧”的状态。

**3. 技术特点**

(1) 以计算机软硬件、电子网络通信、传感器技术为基础，建设基于物联网架构的系统结构，依托云计算模式的综合性数据管理和应用服务平台，达到提高企业效益、优化管理结构、完善服务模式等目的，实现专业、集约、高效、公开的水务信息化管理。

(2) 通过采用多维地理信息技术、物联网技术、人工智能技术搭建“智慧水务综合服务平台”，展示综合信息“一张图”，实现供水数据统一平台与共享交换体系，提升整体管理决策指挥的科学水平，提高供水管理的精细化程度，节省大量人力、财力、物力。

## 技术指标

建设内容为符合国家行业政策法规及自治区区域特色供水行业要求的数据标准、统一管理的智慧水务综合管理平台、以GIS地理信息系统为基础的管网检测系统、移动GIS系统、管网巡检系统、设备维护保养系统；以运营管理为基础的泵站监管平台和客服热线系统、综合应用APP等；升级更换现有视频监控系统、建设机房系统等。

## 技术持有单位介绍

新疆河润水业有限责任公司主要经营范围是：水务行业投资及资产管理，水资源开发，供水水处理材料的供应，水务技术开发、技术咨询等。

## 应用范围及前景

适用于供水设备、水处理设备的智能识别、监控和管理，设备在线能耗诊断、水量水质远程动态检测等。

智慧水务综合服务平台，是以业务工作为驱动，技术为引导的多种业务与技术交叉，业务与业务，系统与系统交叉的平台系统，已成功应用于兖矿新疆煤化工有限公司、新疆沙海绿色能源服务有限公司、新疆阜丰生物科技有限公司等用水大户单位的水务综合服务建设项目。

技术名称：智慧水务综合服务平台
持有单位：新疆河润水业有限责任公司
联 系 人：谢婧怡
地　　址：新疆乌鲁木齐市甘泉堡经济技术开发区暴马丁香东街1117号
电　　话：0991-5311022、15899118393

# 191 基于跨平台的智慧水务水电综合管理信息系统

## 持有单位

钛能科技股份有限公司

## 技术简介

### 1. 技术来源

自主研发。软件著作权3项：钛能科技水厂及饮水安全监控管理信息系统软件V3.0（登记号：2020SR0392434）、钛能科技智慧水务物联网报警平台软件（登记号：2017SR474133V1.0）、钛能科技水利信息化系统平台软件V1.0（登记号：2018SR101451）。

### 2. 技术原理

围绕水务企业战略发展目标，整合云计算、大数据和GIS地理信息、物联网技术，实现水厂水压、水量、水质、能耗及二次供水设备的实时感知和城域化汇集管理，通过供水数据建模分析、管网空间分析、水力学模型，以更加精细和动态的方式管理水务系统的整个生产、管理和服务流程，并做出决策建议，以更加“智慧”的方式辅助水务企业进行管理和运维，从而保证可靠供水，降低产销差，提升运营管控能力。

### 3. 技术特点

（1）统一的GIS＋SCADA矢量图标准结构；统一的实时数据库、历史数据库、空间数据库；统一的各类业务数据/模型引用、展示方式；支持矢量化电子地图或WEBGIS作为底图；满足水司当前和未来需求的GIS功能集合；具备DMA、管网拓扑和模型计算的基础支撑；本地服务器方式/云端方式，C/S＋B/S＋移动端。

（2）水厂监测：展示整个水厂生产运行、统计分析等；综合管网展示：提示整个供水管网、管线、阀门、分区、管网监测点信息等；流量控制：展示整个供水管网流量监测点位，可对任意一个流量监测点位进行分析；水质监测：展示所有水质监测点位，可对任意一个水质监测点进行分析；DMA分区：展示DMA分区相关仪表位置、分区产销差主要参数；巡检养护：展示管网巡检人员、工程车辆、隐患的位置；热线保修：展示客户热线分布、报修位置、投诉热点图；应急/加压泵房：可对任意一个应急泵房进行分析；二次供水：可对任意一个二次供水监测点位进行分析；压力监测：展示整个供水管网压力监测点位，可对任意一个压力监测点位进行分析。

## 技术指标

接入站点数：≥100000；测量采集时间：≤30s；数据传输方式：北斗/GPRS/4G/NB－IoT/有线；MTBF：≥50000h；主备机切换时间：＜1s；正常情况下平均CPU负荷率：＜10％；发生告警时平均CPU负荷率：＜25％；正常情况下平均网络负荷率：＜15％；系统告警状态下网络负荷率：＜25％。

## 技术持有单位介绍

钛能科技股份有限公司成立于2004年，服务水利、农业、能源、环保行业的国家级高新技术企业。承担资源高效利用使命，融合物联网、云平台、自动化、信息化、电力电子、网络通信和商业智能等技术，实现“水”和“电”领域的控制自动化、管理信息化与决策智慧化。

## 应用范围及前景

适用于各级水务管理部门实现对水源地取水、水厂制水、供配水、客户用水、排水、污水处理等水务全价值链的一体化管理。

基于跨平台的智慧水务综合信息管理平台已在多个项目现场使用，安徽歙县自来水司综合信息管理平台、扬中市水务局综合信息管理平台 、江浦自来水司信息管理等项目应用。

技术名称：基于跨平台的智慧水务水电综合管理信息系统
持有单位：钛能科技股份有限公司
联 系 人：印小军
地　　址：江苏省南京市浦口区江浦街道凤凰路7号
电　　话：025-58180880、13505155674

# 192 全国取水许可电子证照信息整编和数据交换平台

## 持有单位

北京亿沃特信息技术有限公司

## 技术简介

**1. 技术来源**

自主研发。计算机软件著作权：取水许可电子证照信息整编系统（登记号：2020SR0310244），新旧取水许可台账数据对接系统（登记号：2020SR0304843）。

**2. 技术原理**

全国取水许可电子证照信息整编和数据交换平台整体是以《中华人民共和国水法》《取水许可和水资源费征收管理条例》《取水许可管理办法》《国家政务服务平台取水许可证电子证照标准》等相关的政策法规及标准为基础依据，结合新型信息化、大数据、电子证照等技术，集成对接各地电子政务平台和水利部电子证照制证平台接口，对取水许可证照面和登记信息进行结构化、标准化的管理，构建形成覆盖取水许可电子证照新发、变更、延续、吊销、注销全过程的综合平台，使各级水行政主管部门能实现取水许可证的电子化、动态化、全量化管理。

**3. 技术特点**

平台面向全国中央、流域、省级、地市、区县5级水行政管理部门和行政审批部门近3000个独立用户，提供取水许可信息登记、纸质取水许可制证打印、多维统计分析、取水许可登记信息“纸质→电子”数据转换、电子证照新增数据辅助填报、电子证照台账管理、统一社会信用代码校验等功能，可对接水利部电子证照制证平台完成取水许可电子证照生成。

## 技术指标

（1）系统功能包括取水许可登记、取水许可证管理和数据交换、统计分析、系统公告、系统用户权限管理等5个业务版块；页面平均响应时间小于3s；系统支持500个用户数并发。

（2）系统基于微服务架构设计，可以使系统结合用户业务应用需要，选择加载业务组件，从而最大程度降低服务器资源损耗，进而提升系统交互响应速度。

（3）系统可部署在Linux、Windows平台下，运行在JDK8环境下，支持跨平台部署，具有良好的兼容性。

## 技术持有单位介绍

北京亿沃特信息技术有限公司专注于水利信息化建设，长期聚焦水资源和节水管理领域顶层制度设计，以创新技术支撑全国热点业务，拥有数十项软件著作权。

## 应用范围及前景

适用于各级水行政和行政审批部门纸质取水许可信息管理、电子证照信息整编和各类业务系统数据交换。平台已在水利部水资源管理中心部署应用多年，中央本级节点部署在水利部本级的水利电子政务外网DMZ区，支持互联网用户访问，直接支撑各级水行政管理部门和行政审批部门，截至2020年4月，共涉及独立行政分区2734个，共有独立单位3275个，流域和省级信息交换节点12个。

技术名称：全国取水许可电子证照信息整编和数据交换平台
持有单位：北京亿沃特信息技术有限公司
联 系 人：吴小姣
地　　址：北京市海淀区车公庄西路乙19号12层1222-1房
电　　话：010-68549095、18010420993

# 193 基于“云大物移智”技术的智慧水利基础设施系统

## 持有单位

北京众谊越泰科技有限公司

## 技术简介

### 1. 技术来源

自主研发。取得“智慧机柜的应急通风系统以及应急通风方法”“智慧机柜”“智能监控机柜系统”等项发明专利或实用新型专利。

### 2. 技术原理

该系统基于云计算、大数据、物联网、5G、人工智能和可视化等技术，采用智慧监控管理终端＋机柜柜体＋配电＋制冷等构建数据中心/传统机房基础设施，在现场末端控制各类传感器采集机柜内部环境和设备状态数据，并于本地进行初步边缘计算后将部分状态变化情况进行现场实时响应处理，同时将状态和处理情况通过5G或其他通信通道传到后台监控管理云端服务器，由后台进行数据可靠存储、2D/3D展示、统计分析，并进行统一管理。

### 3. 技术特点

(1) 采用基于“云大物移智”技术的智慧水利基础设施系统建设机房，免去机房装修成本，节省时间，节省费用。

(2) 该系统作为信息化基础设施，可以对传统机房中的监控盲区如机柜内部等进行细粒度和近距离监控，获得更为实时、精准的监控数据。

(3) 支持运维管理模块和自动化功能设计，有效地降低了运维工作的复杂度，使得机房/数据中心的无人值守真正实现落地，极高地提升了运维效率。

## 技术指标

(1) 监控主机具有良好的EMC性能，符合静电放点抗扰度要求。

(2) 智能监控机柜系统：工作温度范围－30～＋70℃；静负载不小于1500kg；符合GB/T 2423.10标准中DL4级抗振动冲击性能；在配重500kg的工况下，符合8度、9度结构抗地震性能要求。

(3) 机柜外壳符合IP55防护等级要求，经过盐雾试验，无腐蚀现象，防护等级未下降。

(4) CEMS运行管理系统符合ISCCC-TR-004-2017《环境监控产品安全技术要求》。

## 技术持有单位介绍

北京众谊越泰科技有限公司是专业的数据中心建设和管理服务提供商，专注于数据中心智慧化服务，致力于通过IT技术创新，依托智慧机房系统、IT设备智慧管理系统等产品，向用户提供智能、便捷、安全、可靠的数据中心基础设施解决方案。

## 应用范围及前景

适用于各类水利水文站、水情会商室等小型节点机房或者以机柜代替机房。

基于“云大物移智”技术的智慧水利基础设施系统产品成熟，目前应用于各类数据中心/边缘机房超过700个，覆盖用户数超过300家。

典型应用案例：

山东锋士信息技术有限公司承担了某县水利防汛系统建设、交通运输部水运科学研究院海事监控管理系统建设、国网新源检修公司机房改造设备购置、福建厦门抽水蓄能有限公司筹建处视频会议系统建设和内外网综合布线等项工程。安特泰智慧机房建设模式，在减少建设投资、提高投运速度、降低运维难度、保障安全生产方面取得了较好的效果。

■智慧机柜

技术名称：基于“云大物移智”技术的智慧水利基础设施系统

持有单位：北京众谊越泰科技有限公司

联 系 人：赵峰

地　　址：北京市朝阳区小营路25号房地置业大厦809

电　　话：010－59489696、18601240232

# 194 基于复合指纹识别的流域泥沙来源判别技术

## 持有单位

中国三峡建设管理有限公司

中国水利水电科学研究院

## 技术简介

**1. 技术来源**

国家计划，自主研发。该技术可面向不同研究对象，选取传统土钻采集沉积泥沙样，或选取自动采样仪/河床采集器等采集悬移质/推移质作为泥沙分析对象。泥沙来源一般为2～5cm可侵蚀的表层土壤。指纹识别因子分析在无前期经验的条件下一般选择全元素分析，对泥沙来源个数要求更低，计算方法简化，计算速度更快。发明名称：一种确定流域尺度次降雨泥沙来源的方法(ZL201510197961.0)。

**2. 技术原理**

以不同空间尺度区域为研究对象，根据土壤侵蚀影响因素和泥沙输移规律划分泥沙来源区；结合评价需要，采集水库沉积（流域多年沉积）或次暴雨（径流）过程的泥沙样品；采用指纹识别因子的判别技术，提取研究区有效的指纹识别因子；基于多元判别分析方法（DFA），利用指纹识别因子将泥沙来源分类，通过分类图中泥沙来源与泥沙之间距离确定泥沙来源区并计算得到不同来源区相对贡献率。

**3. 技术特点**

（1）构建了基于泥沙来源物理化学性质的指纹识别因子提取技术，降低了泥沙来源个数对结果预测精度影响。

（2）提出基于多元判别分析方法的运算模型，大幅提高计算时效。

（3）优化了不同类型泥沙来源区对泥沙贡献相关关系表达方式，避免计算结果出现虚假数值。

（4）实现了对连续尺度流域泥沙来源的有效追踪，突破了传统方法只能测算单一时空尺度流域泥沙来源的瓶颈。

## 技术指标

（1）提出了不同时间和空间尺度流域泥沙来源划分方法，实现了连续尺度（$1\sim10^5\text{km}^2$）流域泥沙来源的有效追踪。

（2）优化了不同时空尺度流域采样方式，提出了针对不同泥沙类型（沉积泥沙、悬移质、推移质等）的采样技术，泥沙样品采集时效提高30%以上。

（3）构建了复合指纹识别因子选取方法，提出了基于多元判别分析方法计算泥沙来源相对贡献率技术，较传统泥沙来源辨识方法判定准确度提高40%以上。

## 技术持有单位介绍

中国三峡建设管理有限公司是中国长江三峡集团公司全资子公司，是一家为全球客户提供大中型水电工程、抽水蓄能电站、水利工程和公共基础设施等项目全产业链服务的工程投资、建设、管理和咨询公司。中国三峡建设前身为中国长江三峡工程开发总公司，在三峡、溪洛渡、向家坝、乌东德、白鹤滩、马来西亚沐若、巴基斯坦卡洛特电站等全球大型水电工程建设管理过程中，积累了丰富的项目投资、建设、管理经验。公司广泛参与抽水蓄能电站、风电、光伏电站、公共基础设施等工程项目开发建设，业务范围涉及水利、电力、新能源、交通、市政、设备制造和安装、输变电工程等，工程咨询和监理业务遍

布国内外。

中国水利水电科学研究院隶属中华人民共和国水利部，是从事水利水电科学研究的公益性研究机构。历经几十年的发展，已建设成为人才优势明显、学科门类齐全的国家级综合性水利水电科学研究和技术开发中心。截至 2019 年底，全院在职职工 1347 人，其中包括院士 5 人、硕士以上学历 919 人（博士 523 人）、副高级以上职称 867 人（教授级高工 386 人），是科技部“创新人才培养示范基地”。现有 13 个非营利研究所、4 个科技企业、1 个综合事业和 1 个后勤企业，拥有 4 个国家级研究中心、9 个部级研究中心，1 个国家重点实验室、2 个部级重点实验室。多年来，该院主持承担了一大批国家级重大科技攻关项目和省部级重点科研项目，承担了国内几乎所有重大水利水电工程关键技术问题的研究任务，还在国内外开展了一系列的工程技术咨询、评估和技术服务等科研工作。截至 2019 年底，全院共获得省部级以上科技进步奖励 840 项，其中国家级奖励 104 项；主编或参编国家和行业标准 430 项。

## 应用范围及前景

适用于不同时空尺度流域、湖库、淤地坝淤积泥沙来源定量辨识，流域土壤侵蚀预报以及区域水土流失精准治理等。

基于复合指纹识别的流域泥沙来源判别技术成果为快速判定流域、湖库、淤地坝等淤积泥沙来源提供了技术解决方案，目前已得到应用。

典型应用案例：

案例 1：在西藏自治区满拉水库［大（2）型水库］优化论证方案中应用，具体阐明了库区不同支流输沙对水库泥沙淤积的影响及其贡献率。

案例 2：在黑龙江省鹤北流域、老莱河流域侵蚀泥沙来源辨识以及鹤北水库沉积泥沙来源辨识中应用，具体分析了流域次融雪侵蚀泥沙来源贡献率，对比了中、小尺度流域泥沙来源的差异以及流域多年沉积泥沙的主要来源，分析了鹤北水库不同时段沉积泥沙来源及贡献。

案例 3：在黄土高原藉河流域淤地坝坝系规划建设中得到应用。具体在流域河道泥沙来源定量分析、淤地坝坝址选取中提供了决策支撑，使得淤地坝建造、选址更具针对性和合理性，为流域水土流失精准治理提供了重要技术支撑。

案例 4：在云南干热河谷区小流域泥沙来源解析中应用，定量判别了次降雨过程中不同土地利用以及水土保持措施对流域出口泥沙的贡献率。考虑到该技术模型结果对判别方程的系数敏感性相对较高，下一步将对现有模型加以修正，以降低模型不确定性。

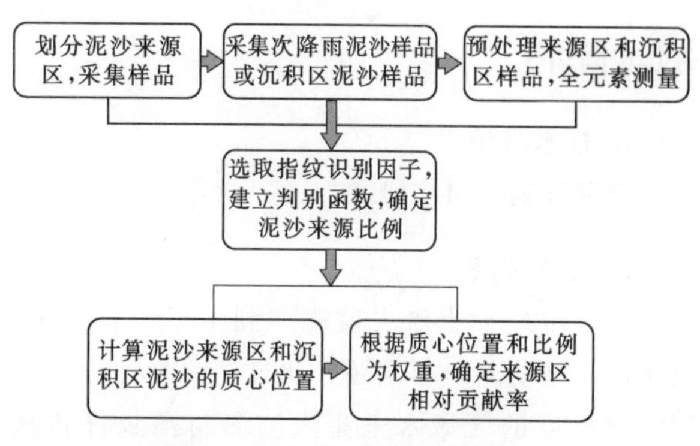


■流域泥沙来源判别技术路线图

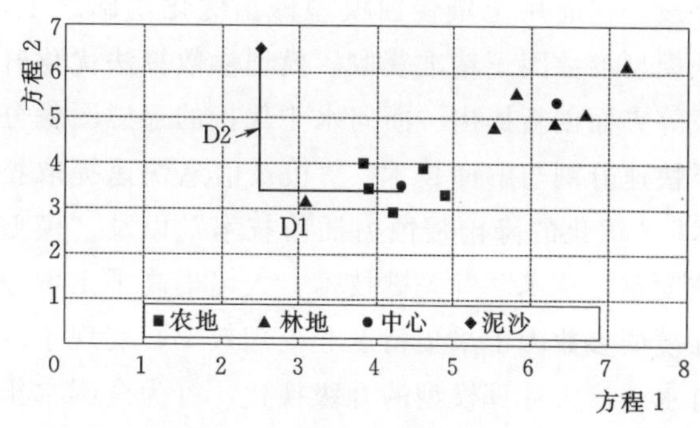


■判别分析法质心距离示意图

技术名称：基于复合指纹识别的流域泥沙来源判别技术

持有单位：中国三峡建设管理有限公司、中国水利水电科学研究院

联 系 人：张晓明

地　　址：北京市海淀区玉渊潭南路 1 号

电　　话：010－68786258、18001212205

# 195 区域水土流失监测与消长评价技术

## 持有单位

中国三峡建设管理有限公司

中国水利水电科学研究院

## 技术简介

**1. 技术来源**

省部计划，自主研发。

**2. 技术原理**

针对传统水土流失监测“到不了、看不全、效率低、精度差”等问题，研发了一种适用于不同时空尺度的区域水土流失监测与消长评价技术。该技术以无人机遥感和卫星遥感为数据获取手段，在通用土壤侵蚀模型修正优化基础之上，从模型参数因子精准获取、模型参数算法优化升级等方面创新提出“面向水土保持的遥感图像分层快速分割与解译技术”“植被信息快速提取技术”“优化的降雨侵蚀力插值技术”以及“模型坡度重建技术”等关键技术，大幅提高了土壤侵蚀模型参数因子采集精度和处理效率，实现了现有水土流失计算模型的升级换代，可为全国水土流失动态监测工作高效开展提供技术支撑。

**3. 技术特点**

（1）构建了基于光谱、纹理、形状等特征挖掘的水保措施解译标志库，提出了面向水土保持的遥感图像分层快速分割与解译技术，实现了图斑半自动、全自动解译，准确率超过90%。

（2）提出了基于无人机影像可见光波段的植被信息快速提取技术，辅以解译标志库二次识别，实现了不同林分类型的快速核查和准确认定，一次判定准确率超过80%。

（3）优化了考虑山地高程影响的降雨侵蚀力插值方法，新建了反映径流流路的分布式坡长因子与考虑不同分辨率DEM影响下坡度衰减机制的坡度重构算法，确定了扰动贡献的土壤可蚀性增大系数和轮作制度因子取值，该成果显著提升水土流失消长评价模型精度30%以上。

## 技术指标

（1）提出的面向水土保持的遥感图像分层分割与解译技术，实现了不同措施图斑的半自动、全自动解译。与传统目视解译方法相比，准确率超过90%，运算时效提高40%以上。

（2）提出的基于无人机遥感影像可见光波段的植被信息快速提取技术，可实现不同林分类型的快速核查和准确认定，一次判定准确率超过80%。

（3）提出的降雨侵蚀力插值优化方法以及坡度重构算法，使得区域水土流失模型计算精度较传统USLE模型提高30%以上。

## 技术持有单位介绍

中国三峡建设管理有限公司是中国长江三峡集团公司全资子公司，是一家为全球客户提供大中型水电工程、抽水蓄能电站、水利工程和公共基础设施等项目全产业链服务的工程投资、建设、管理和咨询公司。

中国水利水电科学研究院隶属中华人民共和国水利部，是从事水利水电科学研究的公益性研究机构。历经几十年的发展，已建设成为人才优势明显、学科门类齐全的国家级综合性水利水电科学研究和技术开发中心。多年来，该院主持承担了一大批国家级重大科技攻关项目和省部级重点科研项目，承担了国内几乎所有重大水利水电工程关键技术问题的研究任务，还在国内外开展了一系列的工程技术咨询、评估和技术服务等科研工作。截至2019年底，全院共获得省部级以

上科技进步奖励840项，其中国家级奖励104项；主编或参编国家和行业标准430项。

## 应用范围及前景

适用于区域水土流失动态监测与消长分析、水土流失防治成效定量评估，开发建设项目扰动范围实时监测等。

2018年以来，区域水土流失监测与消长评价技术已成功应用于北京、内蒙古、福建、山东、四川、陕西、甘肃和宁夏等8个省（自治区）水土流失动态监测工作。应用范围覆盖了北方土石山区、西北黄土高原区、南方红壤区、西南紫色土区等多个全国水土保持区划一级分区，侵蚀类型包括风力侵蚀、水力侵蚀、冻融侵蚀等。相关监测成果已被有关省份和流域机构采纳，成为区域水土流失消长评价，以及水土流失监管与治理决策的重要支撑依据。

典型应用案例：

案例1：宁夏回族自治区省级重点防治区水土流失动态监测项目（2019年度）第三标段，应用规模：宁夏回族自治区中卫市（行政面积1.7万$km^2$）。水土流失监测与评价结果能客观反映中卫市土地利用、土壤侵蚀、水土保持措施等实际情况，相关成果质量符合《区域水土流失动态监测技术规定（试行）》。该技术在数据获取时效、计算结果精度等方面具有先进性。

案例2：甘肃省2019年省级水土流失重点防治区水土流失动态监测（第五包），应用规模：甘肃省定西市岷县、甘南藏族自治州合作市、临潭县、卓尼县。水土流失监测与评价结果能客观反映甘肃省定西市岷县、甘南藏族自治州合作市、临潭县、卓尼县土地利用、土壤侵蚀、水土保持措施等实际情况。

案例3：福建省水土流失动态监测项目。应用规模：福建省68个县（市、区），土地面积8万多$km^2$。该技术提出的区域水土流失监测与消长评价技术在福建省68个县（市、区）水土流失动态监测中得到应用。技术方法在CLSE模型因子获取与精准计算等方面具有先进性，水土流失监测结果精度与质量符合《区域水土流失动态监测技术规定（试行）》。技术成果的应用为福建省全面完成年度水土流失动态监测项目提供了重要的技术支撑。

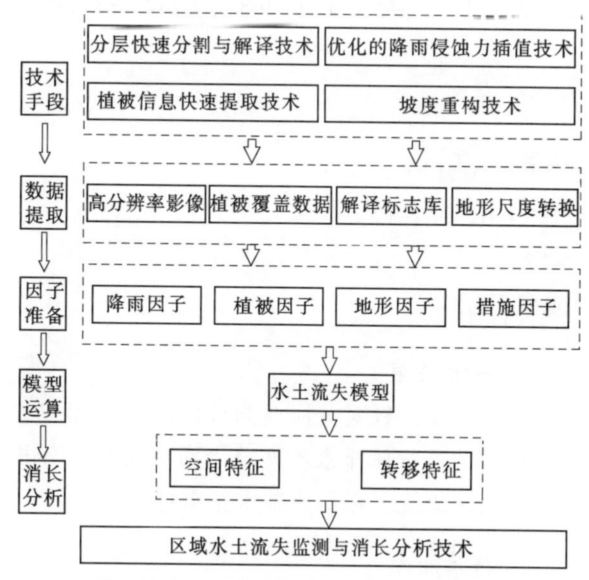

■区域水土流失监测与消长评价技术原理

技术名称：区域水土流失监测与消长评价技术

持有单位：中国三峡建设管理有限公司、中国水利水电科学研究院

联 系 人：雷红富

地　　址：北京市海淀区玉渊潭南路1号

电　　话：028-85933792、18681372969

# 196　黄河下游放淤固堤工程加快淤背体排水速率技术

## 持有单位

山东菏泽黄河工程局

## 技术简介

**1. 技术来源**

自主研发。针对黄河堤防放淤固堤工程建设过程存在的淤背体排水不畅或者滞后情况，分析提出了放淤固堤工程加快排水速率对策方法。

**2. 技术原理**

通过在淤背体中铺设水平PVC渗管和在靠近横向围堤附近铺设竖向PVC渗管，竖向PVC渗管底部与水平渗管相连，利用渗管内外的水头差，淤背体中水分自动渗入到水平和竖向渗管中，渗管中水分自流到总管排，由总管排出围堤外。通过水平和竖向PVC渗管双重同步自流排渗，降低淤背体中浸润线，加快淤区固结，特别是在横向围堤附近铺设了水平和竖向渗管，可以有效降低围堤和堤防附近淤区地下水位，避免了围堤和堤防的坍塌。

**3. 技术特点**

充分考虑到黄河堤防淤背体土质组成复杂、淤区土体渗透系数属于弱透水～中等透水地层特点，利用横向水平渗管的自流排渗，特别是在围堤附近布置的纵横向水平渗管和竖向PVC渗管的双重同步自流排渗功能，可快速有效地降低淤区浸润线。

## 技术指标

(1) 在与试验区相似的施工工况条件下，建议横向布置的水平PVC渗管尽量延长至大堤坡脚，横向布置的水平PVC渗管间距取10～15m为宜，分期淤土厚度不宜大于2.5m。

(2) 纵向水平布置的PVC渗管及竖向PVC渗管布置不变，即横向平行于大堤管道安设两排，间距8m；垂直排渗管和水平排渗管相连，通过总管外排。渗管和总排水管均采用直径160mm PVC管，渗管采用梅花形开孔，渗管外包一层无纺土工布，其单位面积质量为250g/m$^2$；开孔直径10mm，沿管轴线方向孔间距50mm；穿过围堤用直径160mm PVC总管排水。

## 技术持有单位介绍

山东菏泽黄河工程局历年来，完成了大规模的黄河防洪和兴利工程，先后承建改建加固各类河道整治、堤防加固、河道疏浚、桥梁、涵闸、水库除险加固、扬排灌站、市政工程等200余座(处)，保证了防洪安全。

## 应用范围及前景

适用于黄河下游加快淤区排水和黄河滩区村台加速固结沉降，加快工程进度，节省投资，具有较强的经济效益和社会效益。

典型应用案例：

案例1：2009年山东菏泽黄河工程局中标的山东郓城堤防加固工程，合同金额2055万元，主要施工项目为放淤固堤，在此项目上推广使用了快速排水速率施工方法，取得了良好的经济效益。同时缩小了堤坝基及施工围堰湿陷影响范围，降低了大堤开裂概率，具有显著效益。

案例2：2017年山东菏泽黄河工程局中标的东明黄河滩区居民脱贫迁建村台工程（一期、二期）和鄄城黄河滩区居民脱贫迁建村台工程，三项工程合同金额约4.25亿元，淤沙工程量达到2670万m$^3$，主要施工项目为淤沙固结填筑，由于工期紧，施工期间淤沙船只多达40余只，淤

沙在较短的时间内达到设计高度，淤背内含有大量积水，为尽快在淤区顶部进行建房，让滩区人民早日圆安居梦，此项目使用了快速排水速率施工方法，整个施工过程中达到快速降水，比自然沉降加快了4个多月时间，取得了良好的社会效益。

技术名称：黄河下游放淤固堤工程加快淤背体排水速率技术
持有单位：山东菏泽黄河工程局
联 系 人：苏立志
地　　址：山东省菏泽市长江路887号
电　　话：0530－5592175、13869706288

# 197 风沙观测技术与系统化观测设备

## 持有单位

水利部牧区水利科学研究所

## 技术简介

**1. 技术来源**

省部计划，自主研发。风沙观测技术与系统化观测设备是在黄河乌兰布和沙漠段入黄风沙观测场（全国水土保持监测网络风蚀监测点）、水利部牧区水利科学研究所草地水土保持生态观测研究站（全国水土保持监测网络风蚀监测点、水利部水土保持科技示范园区）进行连续8年野外定位观测及风洞试验模拟的基础上研究集成，由风沙观测技术和对应的观测设备组成。取得5项国家发明专利，发明名称分别为：沙物质蠕移收集器、一种测定冰面风沙流及输沙通量的可旋转集沙仪、一种干旱半干旱区降尘采样装置、一种土壤风蚀测量装置、土壤风蚀测量方法干旱半干旱区降尘采样装置。

**2. 技术原理**

依据风沙物理学、风沙地貌与治沙工程学、空气动力学的基本原理，集成对蠕移、跃移、悬移沙物质进行长序列、全过程、多要素的观测技术与系统化观测设备。

**3. 技术特点**

（1）风沙观测技术明确了风沙观测中的一般规定、布设原则、监测设备、监测内容、指标体系、计算方法等。

（2）沙物质蠕移收集器表面模拟仿真了沙物质地表，并安装跃移质拦截装置，提高了收集精度和准确性。

（3）土壤风蚀测量装置及土壤风蚀测量方法解决了风蚀测量受微地形变化造成的测量误差，且实现了风蚀测量由点到微面域扩展。

（4）测定冰面风沙流及输沙通量的可旋转集沙仪提供了基座护罩隔离装置和全新结构集沙筒，提高了集沙仪的收集效率。

（5）干旱半干旱区降尘采样新型装置，提高了降尘收集的纯度与效率。

## 技术指标

（1）干旱半干旱区降尘采样装置的降尘筒内径20cm高40cm；降尘容量5000g；双层滤网间距8cm，降尘收集效率≥93%、收集纯度≥97%。

（2）沙物质蠕移收集器的进沙孔径为5mm；筒体直径200mm，高250mm；盛沙盒容量1000g；跃移质拦截网位于进沙孔正上方20mm处。

（3）土壤风蚀测量装置的水平测量范围为100cm×100cm方形区域内任意一点；垂直测量范围为±50cm测量厚度。

（4）测定冰面风沙流及输沙通量的可旋转集沙仪收集范围为0～100cm；每间隔5cm并排设置2个圆形进沙口；积沙容量300g。

## 技术持有单位介绍

水利部牧区水利科学研究所，是一所专门从事牧区水资源开发利用、节水灌溉与排水、水土保持与生态治理、地下水勘察与开发利用及清洁能源与供水等方面的研究和规划设计工作，长期科研实践中积累了丰富的经验，造就了一支实力雄厚的科技队伍，已成为我国牧区水利科学技术研究、示范、推广中心。经过近40年的发展，先后承担国家、省部级以及地方的各类科研、生产项目1200余项，获得国家科技进步二等奖1

项，省部级科技奖47项，授权专利60多项，出版专著20部，发布标准19部，发表论文1000多篇。拥有内蒙古自治区工程实验室、国家流域水循环重点实验室等野外试验站等。

水土保持研究团队拥有水利部草地水土保持生态监测试验基地（水利部水土保持科技示范园区、全国水土保持监测网络建设工程网络站点、水利部首批野外科学观测研究站），黄河乌兰布和沙漠段入黄风沙观测站、砒砂岩区水土流失监测站（全国水土保持监测网络建设工程网络站点），共同构成了野外观测研究平台。具有风蚀观测系统、水蚀观测系统、生态监测系统等仪器120余套，可及时、准确、系统地进行草地土壤侵蚀过程动态监测与模拟研究，初步形成实施高层次、多学科综合性大型研究计划及培养相关学科交叉融合人才的共享平台。具备牵头承担国家与省部级大型科研项目的申报、组织实施等方面的科研实力与条件平台。重点在草原区水土流失过程与生态修复、黄河上游多沙粗沙区土壤侵蚀过程与系统治理、开发建设项目水土流失过程监测及节水型生态修复技术、草地生态水文与富自然生态小流域建设方面开展了较为系统的研究。

## 应用范围及前景

适用于水土流失动态与生产建设项目的风蚀监测，气象站沙尘监测，观测研究及行业部门监管使用。目前已推广风沙系统化观测设备141/台套。

典型应用案例：

案例1：中国林业科学研究院沙漠林业实验中心在开展干旱区荒漠化治理效益与生态安全格局构建技术研究中应用蠕移收集器27个、降尘采样装置27个。

案例2：内蒙古农业大学沙漠治理学院在开展重点区域荒漠化过程与生态修复研究示范项目中应用多功能通量塔1个，50层旋转积沙仪3个。

案例3：磴口县水务局内蒙古磴口县二十里柳子风蚀观测场（监测点编号DA1520157110）监测三盛公至乌海水库段全长89.1km风沙入黄断面，共建立11处不同类型的观测场，应用蠕移收集器11个，降尘采样装置52个，旋转集沙仪11个，多功能风沙通量塔2座。

案例4：内蒙古自治区阿拉善盟林业治沙研究所在内蒙古阿拉善盟额济纳旗沙化封禁保护区监测，内蒙古阿拉善盟阿拉善左旗沙化封禁保护区监测中应用土壤风蚀测量装置1套、降尘采样装置6个。

以上4个不同类型的单位经过长时间的观测使用，认为研发的风沙观测技术与系统化观测设备，监测技术的布设原则、仪器布置、监测内容、指标体系明确、可操作性强，方便了观测人员的操作使用。同时观测设备组成系统，可进行标准化监测，收集效率与测量精度高，便于安装、使用方便、可实施性强，提高了工作效率，为各应用单位的风沙观测提供了经验借鉴和新产品与技术。

技术名称：风沙观测技术与系统化观测设备

持有单位：水利部牧区水利科学研究所

联 系 人：郭建英
地　　址：内蒙古自治区呼和浩特市赛罕区大学东街128号
电　　话：0471-4610326、15849389759

# 198 宁夏水土保持动态监测管理系统

## 持有单位

宁夏回族自治区水土保持监测总站

北京北科博研科技有限公司

## 技术简介

### 1. 技术来源

省部计划，自主研发。3项计算机软件著作权，软件名称：宁夏水土保持动态监测管理系统重点工程管理系统软件、宁夏水土保持动态监测管理系统综合展示管理系统软件、宁夏水土保持动态监测管理系统监测站点管理系统软件。

### 2. 技术原理

“宁夏水土保持动态监测管理系统”采用软件即服务（SaaS：Software as a Service）、微服务的思想和架构进行设计，遵循J2EE分层架构体系，采用B/S结构进行设计开发。支持组件化开发，支持主流数据库系统，支持负载均衡和群集技术，具备优化功能和备份功能。该系统基于微服务架构、大数据技术、GIS技术，对水土流失现象、影响水土流失的因素进行全方位监控，运用水土流失计算模型计算区域侵蚀情况。

### 3. 技术特点

（1）水土流失预测预报模型。内部构建水土流失预测预报计算模型通过水蚀7因子以及风蚀4因子定量计算宁夏不同尺度土壤侵蚀情况，评价水土流失年度消长。

（2）多元融合。在统一的空间基础上对多源、多尺度、多时相的空间数据进行一体化管理。

（3）统计分析。根据各级用户需求，系统提供各种形式的统计图表、报表及支持表单自定义等功能。

## 技术指标

（1）该软件产品经过信息产业信息安全测评中心进行专业测评，在测评报告中，对于软件的功能实用性、易用性、安全稳定性、本地标准化、代码无毒化做了肯定。

（2）该水土保持动态监测管理系统，支持监测站数据实时汇聚、自我校验、整编入库、展示监管，支持成果自动整编；支持动态监测模型在线调参试算及成果反演，支持土地利用、侵蚀消长等近32张成果表的导出、上报。

（3）系统功能强大，操作简便，安全性高监控性强，智能，权限管理机制完善，能够解决水土保持动态监测业务数据信息化、区域水土流失自动计算等问题。

## 技术持有单位介绍

宁夏回族自治区水土保持监测总站成立于1995年，为公益一类事业单位，主要负责全区水土流失治理、水土流失动态监测、水土保持预防监督等工作。近年来，编制了《宁夏水土保持规划（2016—2030）》等多项规划，开展了多项科研工作，并获多项大奖。

北京北科博研科技有限公司成立于2005年，是一家以国家政府信息化为核心业务的高新技术企业。拥有68项自主知识产权、多个水利重点推广技术和省部级奖项。

## 应用范围及前景

适用于水土流失预测预报模型自动计算。

典型应用案例：

宁夏水土保持动态监测管理系统，在宁夏回

族自治区水土保持监测总站已应用近两时间，应用效果良好。彭阳县水土保持工作站及固原市水土保持工作站也对本软件进行了扩展应用，目前正处于试运行阶段。

技术名称：宁夏水土保持动态监测管理系统
持有单位：宁夏回族自治区水土保持监测总站、北京北科博研科技有限公司
联 系 人：任正龑
地　　址：宁夏回族自治区银川市金凤区枕水巷159号
电　　话：0951－5552336、15349690034

# 199 协同超净化水土共治技术

## 持有单位

上海金铎禹辰水环境工程有限公司

## 技术简介

**1. 技术来源**

自主研发。

**2. 技术原理**

该技术也称为金刚石薄膜纳米协同超净化水土蓝藻共治一体化技术。其装置的核心是金刚石薄膜纳米材料电极系统，具有负电子亲和势，以大地为正极、装置核心模块的电极为负极，实现水中低电压弱电场下集群发射大量电子，形成大量的以碳为主骨架的离散结构，与水中有机络合物发生微观电感应、光催化效应释放出高能电子。同时在光照下，发生高效光子吸收和相互作用，及光催化氧化反应，快速提高活性溶解氧浓度，逐渐离散、分解、氧化还原污染物，其中一部分成为微生物饵料，促进有益生物生长，一部分降解为 $H_2O$、$CO_2$ 等。

**3. 技术特点**

（1）具有立体作用，多组装置协同配合可治理大面积水体；对温度无要求，零度以下也能工作。

（2）可同时治理水体、底泥、蓝藻、重金属污染，可省去清除污染底泥费用。

（3）对于水生动植物无害，在恢复环境自净能力的同时有利于激活水体和底泥中的土著微生物恢复生长、生物链重建，恢复良性生态系统。

（4）能治理流动水体，无须添加药剂或菌种；装置的安装、维护简便。

（5）若遇连续阴雨、台风等天气和外部污染物持续排入，治理水体水质有一定波动。

## 技术指标

协同超净化一体化装置是以纳米金刚石材料为核心的装置，每组装置功率300W，每组装置半径200～500m范围的水体，均可以得到治理，综合处理效果：COD去除率70%～90%；氨氮去除率70%～90%；总磷去除率50%～80%。

## 技术持有单位介绍

上海金铎禹辰水环境工程有限公司专注于湖泊、水库、湿地、河道、近海养殖、国考断面、土壤面源污染等大流域水土治理，是一家集研发、工程设计、装置制造、技术服务于一体的水环境综合服务商。

## 应用范围及前景

适用于黑臭河道连片治理、大型水体生态修复、流域水源地保护（水库）、自然保护区/湿地公园水土净化提升、工业废水净化治理、污水厂出水提标改造、重度金属污染土壤修复等领域。该技术从2010年开始研发，目前处于比较成熟阶段，中试或者实际案例100余项。技术的应用领域主要适用于大流域水体，对于水质的原始污染浓度没有特别的要求，均可以在原有的基础上提升到一定程度。

典型应用案例：

嘉善塘-枫泾塘水质提升项目，河道长度15km，一次性投资1500万元，采用协同超净化水土共治技术后，在4个月时间内，国考断面在线监测均达到地表Ⅲ类水，达到治理目标。

技术名称：协同超净化水土共治技术
持有单位：上海金铎禹辰水环境工程有限公司
联 系 人：黄玉峰
地　　址：上海市青浦区诸光路1588弄L1A607室
电　　话：021-39880293、13564810887

# 200 流域水土保持监管服务平台

## 持有单位

太湖流域管理局太湖流域水土保持监测中心站

北京北科博研科技有限公司

## 技术简介

**1. 技术来源**

自主研发。计算机软件著作权，软件名称：生产建设项目水土保持监管系统。

**2. 技术原理**

基于3S技术、无人机航摄、大数据、云计算、遥感智能应用等新技术，采用SOA可扩展系统路线和J2EE B/S多层分布式应用体系架构，建成生产建设项目水土保持监管服务平台，实现了项目防治责任范围、措施布局等方案设计空间化管理，扰动信息提取和合规性判定，可进行多要素“一张图”综合展示与分析，形成了全要素水土保持遥感监管平台。面向管理者和监管服务对象，实现了不同需求的水土保持信息管理和在线服务，满足生产建设项目水土保持监管要求。该技术平台支持整改意见回复、监测季报、项目自查等相关信息线上报送与审核，实现了生产建设项目水土保持“互联网＋监管”全流程全覆盖。

**3. 技术特点**

(1) 充分利用云计算和“互联网＋”技术，实现了互联网与水土保持监管相融合，丰富了监管手段，解决监管效能问题。

(2) 基于3S技术实现了“一张图”可视化管理项目遥感影像、设计资料、扰动图斑、解译标志、现场调查以及取土（石）场、弃土（渣）场等空间信息，解决非GIS专业人员系统应用问题。

(3) 按照水土保持监管要求，个性化定制业务需求，自动化、多维度统计分析展示监管数据，解决监管全流程全覆盖问题。

(4) 基于互联网，实现项目资料、监管信息、监测季报及整改情况等资料在线管理、查询与报送，使监管单位和建设单位之间信息交换便捷。

## 技术指标

该软件平台经过信息产业信息安全测评中心的专业测评，在测评报告中，对于软件的功能实用性、易用性、安全稳定性、本地标准化、代码无毒化作了肯定性结论。主要技术指标数据为：响应时间：＜4s；并发用户数：1000；安全性较好；交互友好。

## 技术持有单位介绍

太湖流域水土保持监测中心站是太湖流域管理局直属事业单位，全国七大流域水土保持监测中心站之一。主要负责组织、指导流域水土保持监测工作等，为流域片水土保持监管、水土流失动态监测、水土保持监测网络和信息系统建设提供技术支撑。

北京北科博研科技有限公司成立于2005年，是一家以国家政府信息化为核心业务的高新技术企业。拥有68项自主知识产权、多个水利重点推广技术和省部级奖项。

## 应用范围及前景

适用于各级水土保持行政管理、技术支撑、科研及生产建设单位的水土保持监管、监测和分析研究应用。

平台自2018年12月建成后，逐步推广应用，并根据用户需求逐步优化完善系统流程和功能。目前已在2019年太湖流域部管生产建设项目水土保持自查和信息化监管，2020年部管生产建设项目疫情防控期间“云抽查”等工作中得到深度应用，直接服务50多个部管生产建设项目和近40家生产建设单位。

技术名称：流域水土保持监管服务平台
持有单位：太湖流域管理局太湖流域水土保持监测中心站、北京北科博研科技有限公司
联 系 人：杜婧
地　　址：上海市虹口区纪念路486号
电　　话：021-25101396、18221978436

# 201　二维水冰沙耦合数值模拟系统（RICES2D）

## 持有单位

中国水利水电科学研究院

## 技术简介

**1. 技术来源**

自主研发。

**2. 技术原理**

基于冰水双层流动过程，以水流和河冰的连续性方程和运动方程为基础，建立了耦合非恒定水流运动、河冰动力和热力变化、泥沙输运、岸滩侵蚀和河床演变的二维水冰沙耦合数值模拟系统（RICES2D）。该系统是河冰领域唯一考虑水冰沙耦合作用的全二维平面数学模型，突破了目前一维河冰模型忽略泥沙影响、适用范围有限的技术瓶颈，可精细模拟冰凌生消、河床和岸滩变化、冰塞冰坝形成释放和冰凌洪水全过程，更真实反映自然河流冬春季冰情物理规律。该系统可应用于水冰沙输移及河道演变研究及冬季凌汛灾害分析，尤其适用于多沙河流如黄河等的冰情模拟，为河流的冰害防治提供技术支撑。

**3. 技术特点**

（1）采用非结构的有限元法计算水沙运动，能较好地适应自然河流的复杂边界问题，应用范围广。

（2）二维河冰模块采用无网格的光滑粒子法计算河冰运动、堆积、下潜及加厚过程，能准确模拟河冰的产生、输移和热力生长消融过程，揭示冰塞和冰坝的发展和释放规律，为凌汛灾害预警提供有力的科学依据。

（3）考虑了河冰和水流共同作用下的岸滩侵蚀过程和河岸变陡失稳及崩岸土体堤脚再分布过程，通过河冰对岸滩的刮擦作用力和水流拖曳力与泥沙临界起动拖曳力的对比确定输沙率，能适应自然河流条件。

（4）岸滩崩塌模块采用双泥沙休止角法判断不同泥沙颗粒级配和岸滩土体含水量条件下的稳定坡面，能更真实反映自然河流的岸滩演变过程。

（5）模型通过给定耦合时间下的水流特征、泥沙信息、河冰过程及岸滩位置的信息传递与反馈，揭示各要素变化条件下的水冰沙运动规律，综合考虑复杂条件下的动力特征和地形约束，提高河冰数值模拟能力。

## 技术指标

（1）在给定初始冰厚、冰的面密度和冰速条件下，采用非结构网格的有限元法计算水流运动、水温变化、泥沙输运和河床变形等水动力过程。

（2）在模拟的水温和水动力条件下，利用无网格的光滑粒子法模拟河冰的热力学和动力学过程。

（3）在给定的耦合时间（如每 10min）下，将水动力学模型模拟的水位、流速、流量、水温、河道地形传递给河冰模型，然后将河冰模型模拟的冰厚、面密度、冰速反馈到水动力模型，对水流、泥沙运动和河岸变形进行校正。

（4）准确模拟出不同自然河流条件下的水冰沙要素全过程变化，模拟的冰塞冰坝洪水位和流量精度为5%，计算的冰厚、输冰量、冰的面密度、冰浓度、输沙量、岸滩侵蚀速率及河冰引起的地形变化精度为10%，满足《水文情报预报规范》要求。

## 技术持有单位介绍

中国水利水电科学研究院隶属中华人民共和国水利部，是从事水利水电科学研究的公益性研

究机构。历经几十年的发展，已建设成为人才优势明显、学科门类齐全的国家级综合性水利水电科学研究和技术开发中心。截至2019年底，全院在职职工1347人，其中包括院士5人、硕士以上学历919人（博士523人）、副高级以上职称867人（教授级高工386人），是科技部“创新人才培养示范基地”。现有13个非营利研究所、4个科技企业、1个综合事业和1个后勤企业，拥有4个国家级研究中心、9个部级研究中心，1个国家重点实验室、2个部级重点实验室。多年来，该院主持承担了一大批国家级重大科技攻关项目和省部级重点科研项目，承担了国内几乎所有重大水利水电工程关键技术问题的研究任务，还在国内外开展了一系列的工程技术咨询、评估和技术服务等科研工作。截至2019年底，全院共获得省部级以上科技进步奖励840项，其中国家级奖励104项；主编或参编国家和行业标准430项。

## 应用范围及前景

适用于北方河流、湖泊、调水工程和城市河流的冬季河冰模拟预报、河道演变及高纬度寒区河流的冰害防治。

典型应用案例：

案例1：应用单位山西省水利水电勘测设计研究院有限公司。应用于山西省万家寨引黄入晋工程连接段清徐原水直供工程西干渠冬季输水模拟研究，分析了河冰对渠道的输水能力、运行调度和工程安全等方面的不利影响，防止流冰堵塞多级闸门和倒虹吸结构，为西干渠的安全输水调度和渠道冰塞冰坝防治提供了有效的数值模拟技术，能保证北方河流冬季输水安全，取得了显著的经济效益。

案例2：应用单位加拿大BC Hydro。应用于加拿大皮斯里弗河冰模拟，针对2014—2016年连续两个冬季封河期的锚冰过程开展数值分析，揭示了锚冰生长和释放所引起的洪水波传播过程，该洪水波能引起下游冰盖的水力加厚和冰塞冰坝形成，进而影响皮斯城附近堤岸的防洪安全。研究首次发现锚冰生长和释放引起的洪水波过程，该洪水波能引起水位和流量高达30%的振荡，该洪水波主要是由于锚冰引起的河床高程变化、流量变化及河道整体糙率变化引起。本数值模拟系统能较好地模拟锚冰洪水波的产生、发展、传播及耗散过程，设计了加拿大皮斯里弗河有关水电站的泄水方案，为冬季凌汛防治和冰塞冰坝的预防提供了有效的科学依据。

案例3：应用单位美国纽约州电力管理局。应用于美国尼亚拉加河发电站取水口的防冰凌问题研究，针对不同年份的河道地形条件、气温变化和典型水文过程，设计了不同流量下的取水方案，分析不同工况下河冰输移特征及河冰堵塞取水口的临界条件，为冬季流凌条件下的取水和防冰塞提供了有力的科学依据，大幅提高了发电站冬季流凌下的取水流量，增加了水电站的发电量。研究表明当取水流量在1975年取水标准的基础上增加10%，在2月中旬大量上游来冰达到取水口前减少50%的取水量，能有效减少引水口的河冰堆积，进而壁面冰塞或河冰堵塞取水口，保障水电站冰期的安全运营，提高可用于发电的水量，在兼顾防凌要求的前提下保障水电站的经济效益，取得显著经济社会效益。

技术名称：二维水冰沙耦合数值模拟系统（RICE2D）
持有单位：中国水利水电科学研究院
联 系 人：郭新蕾
地　　址：北京市海淀区复兴路甲1号
电　　话：010-68781725、13466521422

# 202 生产建设项目土壤流失量测算技术

## 持有单位

中国水利水电科学研究院

## 技术简介

**1. 技术来源**

自主研发。

**2. 技术原理**

土壤侵蚀原理是对生产建设项目土壤流失进行分类的理论依据。土壤侵蚀是指地球表面的土壤及其母质受水力、风力、冻融、重力等外力的作用下，在各种自然因素和人为因素的影响下，发生的各种破坏、分离（分散）、搬运和沉积的过程。该技术从生产建设项目土壤流失量测算概化分类体系入手，系统构建了水力和风力两种侵蚀营力下，囊括一般扰动地表、工程开挖面、工程堆积体 3 种类型，涵盖植被破坏、地表翻扰、上方无来水和上方有来水等不同扰动形式和来水条件下的土壤流失量测算体系。可以实现对生产建设项目单次降雨和大风事件、日、月、年、多年平均等多个时间尺度和点、线、面等空间尺度的土壤流失量的准确测算。该技术系统创建了降雨侵蚀力、土壤可蚀性和单位面积风蚀率等全国水蚀和风蚀环境背景数据库，方便了在基层无实测资料条件下的推广应用。

**3. 技术特点**

（1）该技术采样简单，测量规范，查表方便，可操作性强。

（2）技术中涉及的扰动单元、典型扰动单元、计算单元划分和确定原则明确，要求具体。

（3）土壤流失量测算模型计算结果可靠。

## 技术指标

（1）基于该技术最终形成了水利行业标准 SL 773—2018《生产建设项目土壤流失量测算导则》，其中涉及的技术指标参数共 122 个。

（2）该技术可对任意时段内、任意范围内、任意扰动形式和任意下垫面形态的生产建设项目开展风力和水力两种侵蚀外营力作用下的土壤流失量测算。

## 技术持有单位介绍

中国水利水电科学研究院隶属中华人民共和国水利部，是从事水利水电科学研究的公益性研究机构。历经几十年的发展，已建设成为人才优势明显、学科门类齐全的国家级综合性水利水电科学研究和技术开发中心。截至 2019 年底，全院在职职工 1347 人，其中包括院士 5 人、硕士以上学历 919 人（博士 523 人）、副高级以上职称 867 人（教授级高工 386 人），是科技部“创新人才培养示范基地”。现有 13 个非营利研究所、4 个科技企业、1 个综合事业和 1 个后勤企业，拥有 4 个国家级研究中心、9 个部级研究中心，1 个国家重点实验室、2 个部级重点实验室。多年来，该院主持承担了一大批国家级重大科技攻关项目和省部级重点科研项目，承担了国内几乎所有重大水利水电工程关键技术问题的研究任务，还在国内外开展了一系列的工程技术咨询、评估和技术服务等科研工作。截至 2019 年底，全院共获得省部级以上科技进步奖励 840 项，其中国家级奖励 104 项；主编或参编国家和行业标准 430 项。

## 应用范围及前景

适用于水力和风力作用下生产建设项目土壤流失量的事前预测、事中监测和事后计算。

该技术已在包括“国家高速公路网荣成—乌

海公路山西境灵丘—山阴段工程”“南水北调中线一期工程总干渠穿漳河交叉建筑物工程与漳河北至古运河南段石家庄段”“湖北省十堰至房县高速公路”“中科合资广东炼化一体化项目”“武汉新港阳逻港区三作业区一期工程起步阶段工程”“武汉城市圈环线高速公路咸宁西段”“兰新铁路玉门段铁路工程”“武汉城市圈环线高速公路咸宁西段”“甘肃敦煌党河沿岸工程”“青海格尔木光伏电厂风蚀防治工程”“甘肃白银工业废渣工程”等12个典型生产建设项目中应用，并被水利部水土保持监测中心推广应用到全国大型生产建设项目水土保持方案技术评审中。该技术实现了对生产建设项目土壤流失量的准确测算，基于测算结果采取的水土保持措施大大减轻了工程建设的土壤流失危害，对保障工程安全及环境优化具有非常重要的作用。

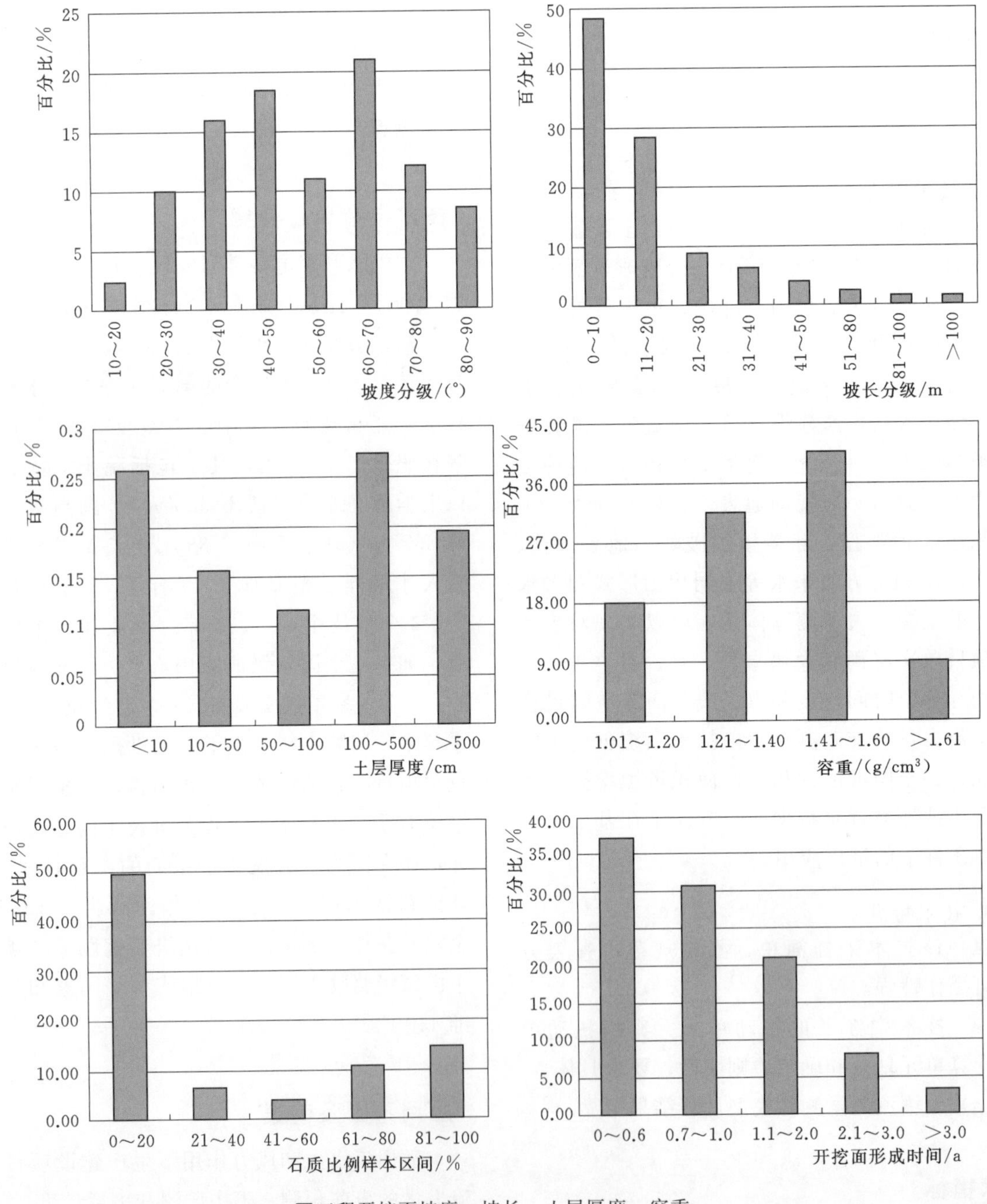

■工程开挖面坡度、坡长、土层厚度、容重、石质比例、开挖时间分布柱状图

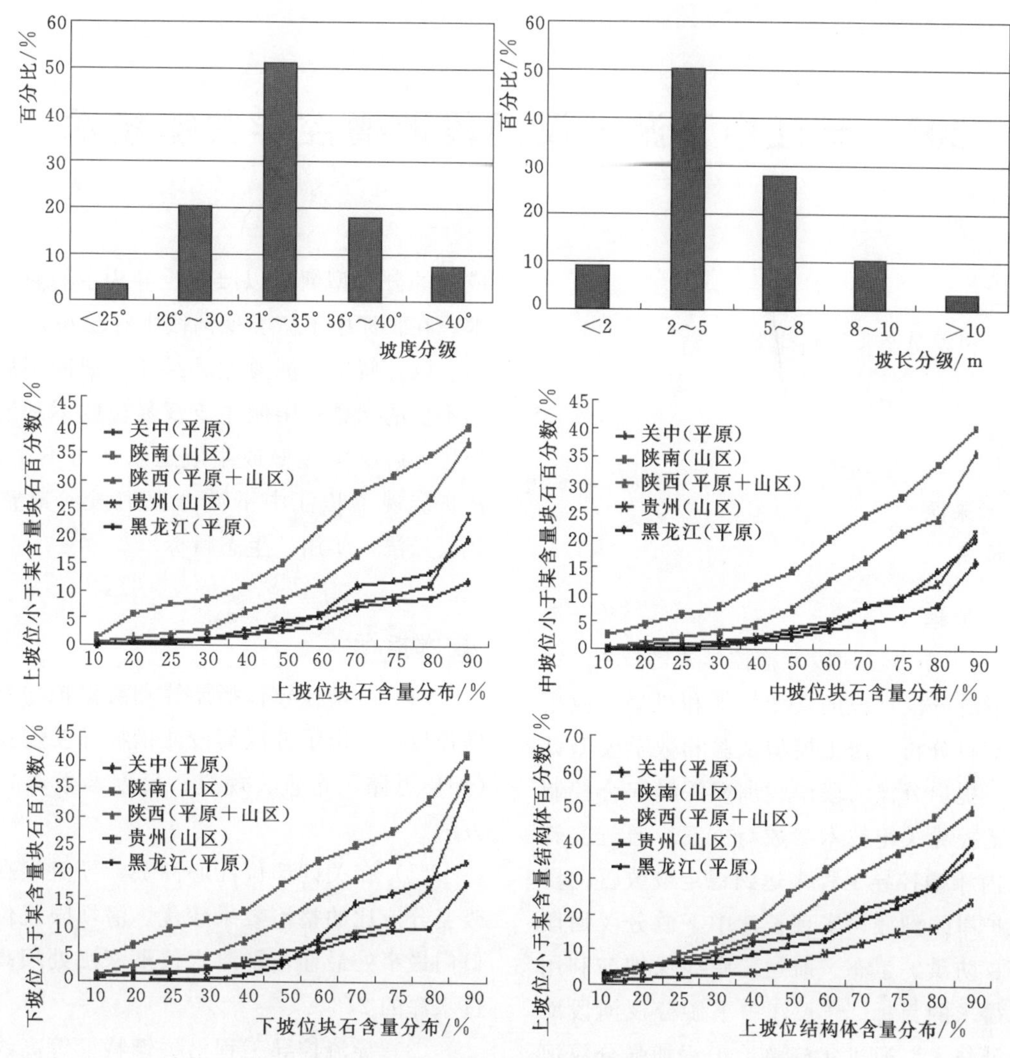


■工程堆积体坡度、坡长、不同坡位的物质组成等特征值的分异规律

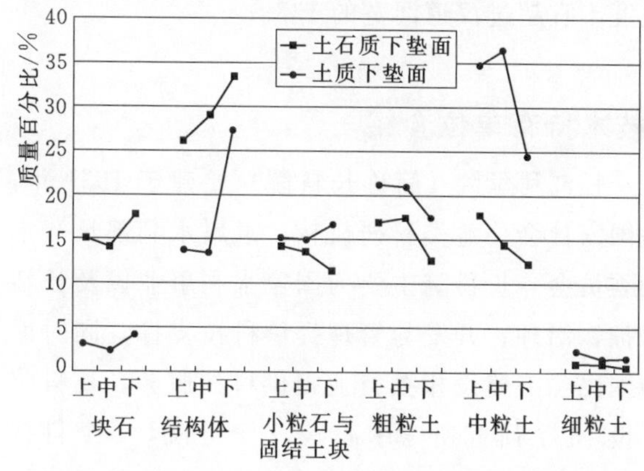


■堆积体不同坡面位置下垫面组成物质变化曲线图

技术名称：生产建设项目土壤流失量测算技术

持有单位：中国水利水电科学研究院
联 系 人：杜鹏飞
地　　址：北京市海淀区车公庄西路20号
电　　话：010-68786579、18911068656

# 203　长江中下游分汊河段滩槽控导关键技术

## 持有单位

长江水利委员会长江科学院

## 技术简介

**1. 技术来源**

自主研发。

**2. 技术原理**

“长江中下游分汊河段滩槽控导关键技术”针对长江中下游分汊河段的演变特征和机理，应用河道原型资料分析、河工模型试验和数学模型计算等手段，提出分汊河段岸线洲滩深槽综合控制思路、滩槽控导关键技术参数与方案，通过实施分汊河段内滩槽控导工程来达到稳定或改善河段河势、保护岸线洲滩，实现长江中下游分汊河段稳定河势、防洪、生态、航运、岸线保护与利用等多目标需求的目标。“长江中下游分汊河段滩槽控导关键技术”通过实施整治工程加强分汊河段内重点部位的滩槽控导来达到稳定或改善河段河势的目的。滩槽控导包括岸线洲滩保护与修复与河槽控导两方面，其中，洲头整治工程为滩槽控导的重中之重。该技术从分汊河段河势控制的关键目标参数（如分流比、近岸流速等）出发，提出分汊河段滩槽控导关键技术参数的确定方法，指导工程实践。

**3. 技术特点**

（1）该技术以滩槽控导作为长江中下游分汊河段治理的主要目标和重要手段，通过控制和调整分汊型河道河势控制的关键参数，采取护岸工程、堵汊工程、江心洲整治工程等型式，加强滩槽重点部位的整治，从而达到稳定和改善长江中下游分汊河段河势的目的。该技术抓住长江中下游分汊河段河势的主要矛盾，靶向性强，提出了成套的分汊型河道以滩槽控导为主的整治关键技术，在长江中下游类似河段中有较好的普适性。

（2）解决了洲滩尤其是江心洲冲刷后退等形态不稳的问题；限制主支汊易位的不利河势变化趋势；解决了主槽或主航道水动力不足的问题。初步实现了长江中下游分汊河段河道整治的有效、经济、实用、生态目标。

## 技术指标

（1）滩槽控导包括岸线洲滩保护与修复与河槽控导，给出了分汊河段滩槽控导关键技术参数（控导思路、布置、规模、尺度参数等）及确定方法。

（2）在关键部位江心洲头，导流坝在调整和改变分流比的整治效果较优。潜坝限流位于汊道口门最窄处最佳，平滩水位下深泓处坝高不宜超过水深的2/3。

（3）导流控导工程沿关键特征等高线或流束线布置，岸边坝体沿河宽的投影长度不宜超过河宽的1/2，洲滩与调整河势的坝体沿河宽的投影长度不宜超过汊道河宽的1/3。

## 技术持有单位介绍

长江科学院（简称长科院）始建于1951年，是国家社会公益类科研机构，隶属水利部长江水利委员会。长科院主要为国家水利事业以及长江保护、治理、开发与管理提供科技支撑，同时面向国民经济建设相关行业提供科技服务。长科院下设16个研究所（中心），1个分院，1个科技企业，3个综合保障单位，设有博士后科研工作站和研究生部。目前，长科院在职职工800余人，其中专业技术人员700余人，教授级高工及高级职称人员480余人，博士230余人，硕士

290余人。建院近70年来，长科院承担了三峡、南水北调以及长江堤防等200多项大中型水利水电工程建设中的科研工作，以及长江流域干支流的河道治理、综合及专项规划、水资源综合利用、生态环境保护等领域的科研工作。主持完成了大量的国家科技攻关、国家自然科学基金以及数十项国家科技计划和省部级重大科研项目。同时，还为国民经济建设相关行业提供了大量的技术服务。提交科研成果10000余项；荣获国家和省部级科技成果奖励440余项，其中国家级奖励32项；获得国家发明和实用新型专利370余项；主编或参编国家及行业技术标准、规程规范40余部；出版专著80余部。

## 应用范围及前景

适用于长江中下游分汊河段河势控制、岸线洲滩深槽综合控导、河道多目标综合治理等。推广应用工程实例12个。

典型应用案例：

案例1：荆江河段河道整治工程。荆江河段整治工程长江干流总长95090m：其中，新建护坡工程长26580m，水上整修护坡工程长度42965m；水下新护25360m，水下加固69020m。其中沙市河段、监利河段、石首河段为分汊河型。工程的实施控制了岸线的崩退，为汊道总体河势的稳定提供了基础。

案例2：嘉鱼河段河道整治工程。工程内容包括新护岸线4.3km，加固岸线21.2km。工程的实施，控制了河道岸线的崩退，有利于河势的稳定；维持了右支左主的汊道格局。

案例3：戴家洲水道航道整治工程。工程内容包括池湖港边滩护滩带工程（长度分别为701m、708m）、直水道右岸乐家湾3道丁坝及3道护滩带，其中丁坝长分别为459m（含勾头长150m）、605m（含勾头长150m）、514m，以及直水道进口及出口水深较浅区域疏浚。工程的实施增强了右汊直水道进口河道边界对水流的控制力、稳定了直水道的主航道地位。

案例4：安庆河段河道整治工程。范围上起吉阳矶，下至钱江嘴，全长约57km，主要包括崩岸治理工程、同马大堤巨网段堤防除险加固工程两部分。长江干流新建护岸工程共3段，长约8km，加固护岸工程共6段，长约16.5km。

案例5：长江马鞍山河段二期整治工程。护岸工程总长30.6km（列入护岸工程部分28.8km，列入河势控制工程部分1.8km），其中，新护工程长10.9km，加固工程长19.7km；河势控制工程包括新建小黄洲左汊口门护底工程（顺水流方向长900m）一座，护底左、右岸侧连接段加固工程各900m。

案例6：长江镇扬河段三期整治工程。镇扬三期整治工程的治理范围为上起三江口，下迄新民洲河口（和畅洲头），全长约49.8km。镇扬三期整治工程规模为：护岸总长39.37km，其中新建护岸工程18.35km，加固护岸工程21.02km；世业洲左汊进口段左侧护滩工程27.779万$m^2$，世业洲左汊口门处护底21.646万$m^2$，世业洲头左缘深槽护底13.896万$m^2$；世业洲左汊下段新建潜坝工程一座，坝顶高程为－10m，坝长为959m。工程量为：水下护脚抛石（含潜坝和护底）446.39万$m^3$，水上护坡（坎）抛石19.00万$m^3$，抛尼龙网石兜1.34万$m^3$，预制混凝土块软体排45.98万$m^2$。

长江中下游分汊河段滩槽控导关键技术目前分别成功应用于上述长江中下游荆江河段、嘉鱼河段、戴家洲河段、马鞍山河段、镇扬河段河道整治工程等，有效抑制了支汊或非通航汊道的发展速度，稳定和改善了河段的河势，实施效果较好，取得了显著的经济效益、社会效益和生态效益。同时，发表长江中下游分汊河段滩槽控导技术相关论文30余篇，获得专利4项、省部级科技奖励2项。

技术名称：长江中下游分汊河段滩槽控导关键技术
持有单位：长江水利委员会长江科学院
联 系 人：渠庚
地　　址：湖北省武汉市江岸区黄浦大街23号
电　　话：027－82927240、13871205830

# 204 水库一维全沙运动数值模拟技术

## 持有单位

长江水利委员会长江科学院

## 技术简介

**1. 技术来源**

自主研发。核心成果已获得发明专利(ZL201710341033.6)："一种水库超饱和输沙状态下恢复饱和系数计算方法"；软件著作权(2017SR406389)："水库一维全沙运动数学模型软件"。

**2. 技术原理**

该技术针对水利水电枢纽工程泥沙设计实践需求，通过耦合一维水沙动力学模型与经验模型，研发改进推移质输沙量经验曲线、超饱和输沙状态下恢复饱和系数计算、平衡坡降法等关键技术，实现恒定流与非恒定流、均匀沙与非均匀沙、悬移质与推移质、平均出库与过机泥沙等多功能的高效精细模拟和资料贫乏地区水库泥沙淤积估算。通过该技术的研发，集成开发了水库泥沙规划设计所需通用工具、改进了模拟精度、提高了一维非恒定流计算效率、提出了资料贫乏地区估算方法。

**3. 技术特点**

(1) 功能齐全。该技术针对水利水电枢纽工程泥沙设计实践需求研发，水动力计算模块可分别选取恒定流或非恒定格式计算库区水流运动，推算不同频率洪水和坝前水位组合条件下库区回水；泥沙计算模块可分别开展均匀沙或非均匀沙、悬移质或推移质运动模拟，预测计算不同水沙条件、不同调度方式下库区泥沙运动与库容变化；泥沙计算模块还提供了耦合含沙量垂线分布公式计算过机含沙量的选项；对于缺乏地形和长系列水沙资料的工程，提供平衡坡降法作为泥沙淤积计算的解决方案。

(2) 精度较高。对泥沙运动模拟的关键公式或参数进行了改进，采用实测资料提出了长江科学院推移质输沙经验曲线法，建立了水库超饱和输沙状态下恢复饱和系数计算公式，可有效提高泥沙计算模拟精度。

(3) 运算速度快。为提高非恒定流泥沙数学模型计算效率，在 Preissmann 四点时空加权差分格式的基础上，对离散后的圣维南方程组进行线性化近似求解；采用相邻时层之间用差分法、同一时层上求分析解的方法求解泥沙方程，可在提高含沙量计算稳定性的基础上有效减少计算量，提高运算速度。

(4) 通用性强。该技术研发至今已在国内外不同类型河流上的 10 余座各型水利水电枢纽工程泥沙设计中得到成功应用。除长江流域干支流上的旭龙、乌东德、溪洛渡、向家坝、小南海、亭子口、孤山等枢纽外，还在喜马拉雅山南麓多沙河流上的巴基斯坦卡洛特、尼泊尔西赛提和上阿润，以及如非洲刚果河这种水量充沛的少沙河流上均得到成功应用，具有较强的通用性。

## 技术指标

"水库一维全沙运动数值模拟技术"针对水利水电枢纽工程泥沙设计实践需求，通过耦合水沙动力学模型与经验模型，研发关键参数确定方法，实现恒定流与非恒定流、均匀沙与非均匀沙、悬移质与推移质、平均出库与过机泥沙等多功能的高效精细模拟。该技术针对水利水电枢纽工程泥沙设计实践需求研发，功能全、精度高、速度快、通用性强，为水利水电枢纽设计提供了功能齐全、通用性强的泥沙设计工具。

## 技术持有单位介绍

长江科学院（简称长科院）始建于1951年，是国家社会公益类科研机构，隶属水利部长江水利委员会。长科院主要为国家水利事业以及长江保护、治理、开发与管理提供科技支撑，同时面向国民经济建设相关行业提供科技服务。长科院下设16个研究所（中心），1个分院，1个科技企业，3个综合保障单位，设有博士后科研工作站和研究生部。目前，长科院在职职工800余人，其中专业技术人员700余人，教授级高工及高级职称人员480余人，博士230余人，硕士290余人。建院近70年来，长科院承担了三峡、南水北调以及长江堤防等200多项大中型水利水电工程建设中的科研工作，以及长江流域干支流的河道治理、综合及专项规划、水资源综合利用、生态环境保护等领域的科研工作。主持完成了大量的国家科技攻关、国家自然科学基金以及数十项国家科技计划和省部级重大科研项目。同时，还为国民经济建设相关行业提供了大量的技术服务。提交科研成果10000余项；荣获国家和省部级科技成果奖励440余项，其中国家级奖励32项；获得国家发明和实用新型专利370余项；主编或参编国家及行业技术标准、规程规范40余部；出版专著80余部。

## 应用范围及前景

适用于水利水电枢纽工程泥沙设计，包括水面线推算、泥沙淤积预测、拦沙效率计算、过机泥沙估算等。

该技术分别在金沙江奔子栏、旭龙、乌东德、溪洛渡、向家坝、滇中引水，长江小南海、嘉陵江亭子口、汉江孤山，澜沧江下游梯级，西藏玉曲河扎拉、昂曲宗通卡、易贡藏布易贡湖，巴基斯坦卡洛特，尼泊尔西塞提和上阿润，刚果（金）英加3，缅甸孟东等18个水利水电枢纽工程泥沙设计、论证、可研项目中得到成功应用，为运行方式、枢纽布置、排沙减淤措施等论证提供了重要的技术支撑，应用单位包括业务主管部门、科技企业和勘察设计机构，取得了显著的社会效益、经济效益和生态效益，应用前景广阔。

技术名称：水库一维全沙运动数值模拟技术
持有单位：长江水利委员会长江科学院
联 系 人：赵瑾琼
地　　址：湖北省武汉市江岸区黄浦大街23号
电　　话：027-82829145、13971149572

# 205 大数据背景下水土保持智能化信息技术

## 持有单位

长江水利委员会长江科学院

## 技术简介

### 1. 技术来源

自主研发。

### 2. 技术原理

针对大数据背景下水土保持智能化信息技术的短板，利用微型无人机、高光谱成像仪、三维激光扫描仪等高新技术获取水土保持多元化数据，实现海量数据自动识别、判读、审核、录入。基于深度学习的面向对象地物提取方法和高分辨率遥感扰动地表智能识别技术完成有效信息提取，自动完成各项成果的系统检索与发布。集成一套多元化水土保持高精度遥测技术体系解决数据获取周期长、精度低、成本高的问题，创新开发的可系统处理海量数据的软件平台解决了海量数据绘制底图和数据录入工作量大且易出错的难题。提供定制服务的信息成果应用与发布平台满足不同需求的定制化服务。

### 3. 技术特点

该项技术系统性地研发了针对水土保持大数据的智能化数据采集、处理、分析、应用技术，其4个组成模块具有智能化、高精度、稠密时相、系统性、高效性的综合特点。

（1）多元化高精度遥测技术，实现快速、精确获取大量的地形、地表植被、地面物质组成、土壤流失量等数据，提高效率及数据精度。

（2）海量数据系统处理平台，实现多元化数据的自动分类、判别，基于软件自动化完成数据处理、审核、录入。

（3）信息智能提取技术，对海量数据进行深度挖掘，拨冗去繁，大幅减少人工工作量，提高了工作效率。

（4）存储、检索与发布、应用，实现成果的高度综合，快速完成成果的储存、检索与发布，为各级行政主管部门、水土保持第三方咨询服务单位、生产建设单位按需提供定制化服务。

## 技术指标

（1）多元化高精度遥测技术快速精确获取生产建设项目土壤流失量及周边环境资料。

（2）海量数据系统处理平台实现多元化数据的系统管理和处理。

（3）基于深度学习的面向对象地物提取方法，构建的高分辨率遥感影像扰动地表智能识别技术和水土流失动态变化准实时监测技术，实现信息智能提取，大幅度提高数据处理工作效率。

（4）适于云计算的可扩展高分辨率遥感影像存储组织结构、基于主题模型的土壤侵蚀遥感影像检索技术和成果发布系统可提供定制化服务。

（5）大光通量全息衍射光栅同轴反射光学设计，在满足低于0.5kg的质量要求同时，拥有3.5nm的超高光谱分辨率和200个以上的波段；开发的HDPU光谱获取软件可以让仪器以更快的帧率获取影像，以满足高速飞行运动拍摄的需要；从16～100$\mu$m的多种宽度狭缝可选，可满足不同天候的应用需要。该技术，提高空间分辨率和光谱分辨率，最佳光谱分辨率达1～2nm，最大光圈F/N1.4～2.2。

## 技术持有单位介绍

长江科学院（简称长科院）始建于1951年，

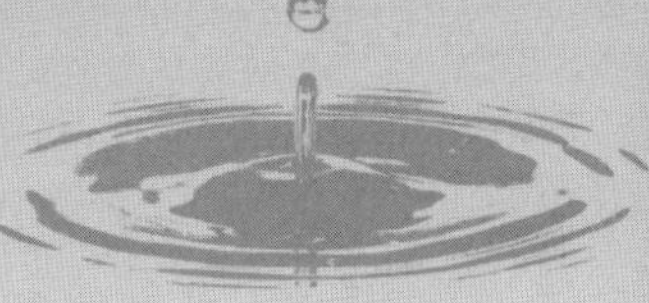

是国家社会公益类科研机构，隶属水利部长江水利委员会。长科院主要为国家水利事业以及长江保护、治理、开发与管理提供科技支撑，同时面向国民经济建设相关行业提供科技服务。建院近70年来，长科院承担了三峡、南水北调以及长江堤防等200多项大中型水利水电工程建设中的科研工作，以及长江流域干支流的河道治理、综合及专项规划、水资源综合利用、生态环境保护等领域的科研工作。

## 应用范围及前景

适用于水土保持"天地一体化"和"图斑精细化"监管、区域及大型工程水土流失动态监测、水利工程信息化监督管理。该项技术已在6项工程中获得成功应用。

典型应用案例：

案例1：鄂北地区水资源配置工程，应用时间为2016年5月—2018年12月。该技术提高监测工作效率45%以上，减少了劳动力2人/年，减少工程投资15万元/年。

案例2：商丘—合肥—杭州铁路工程，应用时间为2015年10月—2018年12月。该技术提高水土保持监测成果发布效率50%以上。

案例3：2016年武汉市水土保持遥感普查，应用时间为2016年12月—2017年3月。获得武汉市水土流失类型、面积、强度及空间分布状况，该技术提高普查工作效率50%以上，水土保持调查精度提高30%。

案例4：西气东输二线与川气东送管道互联工程，应用时间为2014年5月—2015年6月。该技术的投入使用，减少了工程弃渣占地，土石方资源利用率达到了92%以上。

案例5：贵州省道真至新寨高速公路道真至瓮安段工程，应用时间为2017年1月—2018年12月。利用大数据背景下水土保持智能化信息技术成功获取该项目共计123个弃渣场的DEM/DOM和土地利用现状图，实现了提高土石方利用率20%，减少土石方占地6.5hm$^2$，实现弃渣场稳定安全系数提高15%，节约投资约15万元/年。

案例6：湖北省宜昌市夷陵区范围内生产建设项目监督调查项目，应用时间为2017年6月—2018年7月。该技术的应用提高了水土保持监督管理工作效率45%。

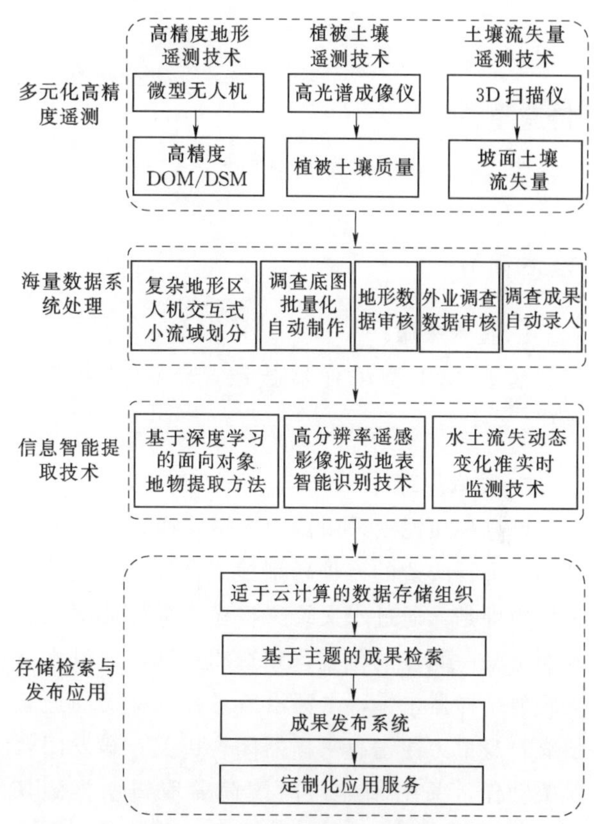


■水土保持智能化信息技术体系

技术名称：大数据背景下水土保持智能化信息技术
持有单位：长江水利委员会长江科学院
联 系 人：许文盛
地　　址：湖北省武汉市江岸区黄浦大街23号
电　　话：027-82829919、18007138601

# 206　基于XCJ型采样器技改的悬移质泥沙采样器

## 持有单位

珠江水文水资源勘测中心

## 技术简介

**1. 技术来源**

基于XCJ型采样器技改，获得实用新型专利。

**2. 技术原理**

该悬移质泥沙采用器为击锤式横式采样器的基础上进行改造的一种新型横式采样器，其技术工作原理是：通过水文绞车将横式采样器下沉到水面下某一测点的位置，到达测点后，通过水面上释放采样器击锤，击锤沿着悬挂采样器的绳索依靠自身重力往击打采样器闭合机关，触发闭合机关动作，关闭采样器两端筒盖取得水样。其中，采样器的闭合机关是技术改造的重点。本次改造涉及需要改进的零部件有：升降锤、顶柱、卡条、撑爪、杠杆，需要增加的零部件有：拉销、拉环、环扣。

**3. 技术特点**

（1）该击式悬移质泥沙采样器为横式悬移质采样器的基础上进行升级改造而来。改造过程本着改进要少、效果最好、成本要小的原则，针对该采样器设计的缺陷进行技术改造。

（2）其主要为击锤打击后触动关闭机关的改造，大大提高了机关的灵敏度，很好地解决了由于机关结构上的问题导致的空采现象。

（3）经过改造后的横式采样器具有结构简单、操作方便、稳定可靠、适应性广等技术优点，同时解决了实际工作中原有的空采问题，极大提高了采样的可靠性及时效性，减轻了野外一线工作人员的劳动强度。

## 技术指标

（1）具体改造主要改动了采样器在采样过程中的机关机器设计，将原来对撑爪的挤压设计改为拉动设计。经计算，促使机关动作的力增加了3倍以上，而且摩擦力同时减少，从而极大地提高采样器性能。

（2）经过改进后的悬移质泥沙采用器，主要性能指标由检测部门认可。其采样成功率从原来的79.2%提高到99.5%以上。

## 技术持有单位介绍

珠江水文水资源勘测中心是水利部珠江水利委员会水文局属下单位，成立于2010年，其前身为1958年成立的广东省水利电力局珠江三角洲整治规划办公室测流队，为国家事业单位。珠江水文水资源勘测中心下设办公室、计财科、水资源科、水文分析计算科、测验测绘科、仪器设备科、化验科等部门，3个水文水资源巡测基地。勘测中心现有职工95人，其中技术人员76人。专业技术力量雄厚，能满足水文水资源监测、水文站网管理、测验、水情预报、水文分析与计算、防洪评价、水文水资源论证等多项工作的要求。主要业绩：珠江三角洲及河口同步水文测验（大湾区）及成果（2019年）、出入珠江三角洲主要控制断面洪、枯水期同步水文测验（2005—2019年）、珠江三角洲重点河汊段水下地形测量（2008—2018年）、大藤峡水利枢纽工程大江截流水文监测（2019年）、东莞电厂替代电源项目防洪评价及水资源论证、台山核电一期取水验收、南沙至中山高速公路工程对横门东等水文站监测影响分析评价等。“西江流域水文气象耦合洪水预报技术研究”成果获珠江委科学技术二等奖、“湛江蓄滞洪区水文预报与洪水演进耦合模型研

究”成果获珠江委科学技术三等奖。

## 应用范围及前景

适用于河流悬移质泥沙采样及海洋悬移质泥沙采样。目前已推广应用工程18例，已推广应用（销售）40台悬移质泥沙采样器。

典型应用案例：

案例1：改进型横式悬移质泥沙采样器，自2019年12月在广东省水文局佛山水文分局的三水（二）、马口水文站近二次在珠江三角洲及河口同步水文测验（湾区大同步）和出入珠江三角洲主要控制断面水文测验中得到了较好应用。从应用效果来看，与改进前相比，其较好地解决了原来采样器的空采的问题，提高采样的时效性，减轻了一线测验人员的劳动强度和不必要的体力耗损，为各种野外水文测验环境下的工作带来了较好效益。

案例2：改进型的横式悬移质泥沙采样器在珠江三角洲及河口同步水文测验（湾区大同步）当中得到了广泛应用。与改进前相比，经过多次技术改进后的产品，设计更为合理、实用、可靠，较好地解决了原来采样器的空采的问题，提高采样的时效性、安全性，同时减轻了一线测验人员的劳动强度。

案例3：应用单位水利部珠江水利委员会水文，应用工程名称出入珠江三角洲主要控制断面洪水期同步水文测验，108万元规模工程。

案例4：珠江三角洲主要河汊口水沙分配比2017年枯水期同步水文测验当中采样了改进型的横式悬移质泥沙采样器，为野外水文测验环境下的工作带来了效益。

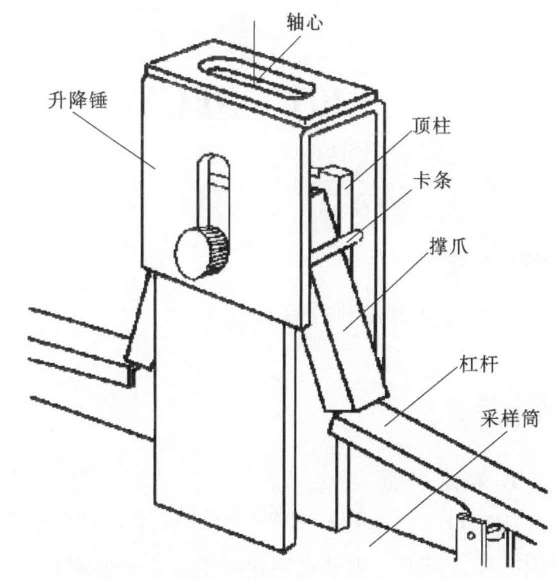

■改造前的XCJ型悬移质泥沙采样器

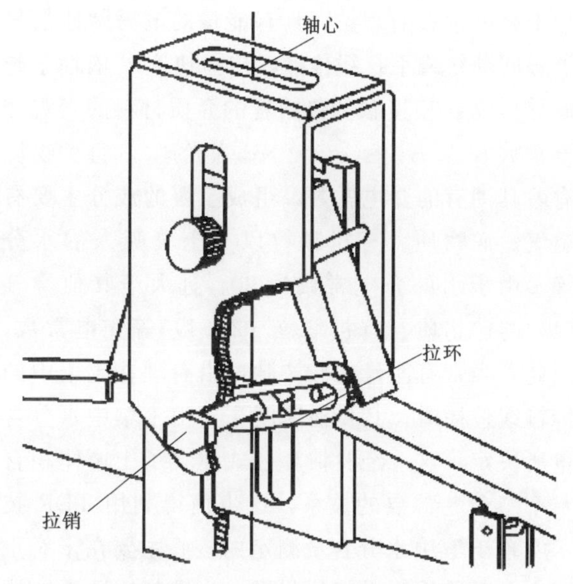

■改造后XCJ型悬移质泥沙采样器

| | |
|---|---|
| 技术名称： | 基于XCJ型采样器技改的悬移质泥沙采样器 |
| 持有单位： | 珠江水文水资源勘测中心 |
| 联 系 人： | 华运鸣 |
| 地　　址： | 广东省广州市荔湾区芳村大道东155号 |
| 电　　话： | 020-66839856、13535461612 |

# 207 SFCW－TDR 土壤水分监测技术

## 持有单位

天津特利普尔科技有限公司

## 技术简介

### 1. 技术来源

该项自主研发的 SFCW－TDR 技术，具有独立知识产权，目前已形成系列化的土壤水分监测设备。

### 2. 技术原理

TDR 原理应用于土壤水分的监测是基于电磁学中介电常数的理论，具有能量的电磁脉冲信号沿着同轴线或平行线传播，传播速度 $v$ 依赖于与波导传输线相接触和包围着的介质材料的表观介电常数 $K_a$：$K_a=(c/v)^2$（$c$ 为光速）。每种物质有着其固有的介电常数，组成土壤的成分主要有空气、矿物质、有机颗粒以及土壤吸入的水分等。由于水的介电常数为 80，远大于其他空气（1）与矿物质、有机颗粒（2～4）等介电常数，因此，当带有能量的微波脉冲沿着埋在土壤中的传输线传播时，其传播速度主要由土壤中水分含量所决定。这一经验估算公式建立了土壤体积含水率与介电常数的关系，这也使得利用 TDR 技术实现土壤中水分含量测定的核心主要在于对土壤中电磁波传输时间的测量。步进频率连续波体制时域反射（SFCW－TDR）技术，沿用 TDR 原理，在国际上首次采用步进频率连续波，通过数字化的时域频域转换技术，实现对电磁波传输时间的精确测量。

### 3. 技术特点

（1）通用性强，对于大多数不同类型土壤，可使用仪器提供的预埋公式进行测量，无须进行提前率定。

（2）精度高，SFCW－TDR 土壤水分监测仪器的分辨率高达 12ps（$10^{-12}$s），且采用的窄带带通模式有效地抑制接收信号中的噪音，进而提高了接收机的灵敏度。

（3）适用性广，提高了对盐碱地、过度施用化肥以及岩土工程中的化学加固土等高电导率土壤的适用范围。

（4）数字化信息丰富，能为高端有需求客户提供在不同频率下所测土壤的大量时域、频域信息特征。

## 技术指标

（1）测量量程：0～60％体积含水率；0～40％质量含水率。

（2）测量精度：田间可耕作土壤误差低于±2％。

（3）测量原理：时域反射法（TDR）。

（4）操作温度：－10～＋55℃。

（5）测量方式：频域频率步进体系。

（6）存储温度：－45～＋85℃。

## 技术持有单位介绍

天津特利普尔科技有限公司，是中国一家新兴高科技企业，主要经营范围包括科学研究和技术服务业，批发、零售业和制造业，水文仪器制造，信息传输、软件和信息技术服务业。公司集研发、市场、售后一体化的服务理念，主要研发产品是基于 SFCW－TDR 技术的土壤水分监测仪器，目前已推出手持式、人工便携式与固定埋设式土壤水分监测仪器。国内首次采用 SFCW－TDR 原理的土壤水分监测仪器，对于电磁波在被测介质中传输时间的精准测量技术上，不同于 TDR 仪器传统所采用的时域无载频脉冲体制，在同类仪器中首次采用了更先进的频域频率步进体

制和向量接收技术。对于多数被测土壤，不需进行提前率定，具有操作方便、精度高、稳定性好等优点，该技术产品已推广应用于全国各地。

## 应用范围及前景

适用于田间及实验室土壤水分的各项检测，实验室标准土样制备的仪器检测方法，墒情监测点检测及率定的工具，在旱情（墒情）监测、水土保持监测、岩土工程以及科研等领域得到广泛应用。已推广应用工程实例4个，推广应用（销售）38套，该技术产品已推广应用于山东省、陕西省、甘肃省、辽宁省、河南省、吉林省、天津市等全国各地，基于SFCW－TDR土壤水分监测技术的土壤墒情监测设备在土壤墒情监测领域有着重点推广的价值。

典型应用案例：

案例1：2018年11月，吉林省墒情监测中心应用SOILTOP－200土壤水分测定仪14台，在未经率定的前提下，准确测量土壤体积含水率，设备自安装至今，运行良好，满足测量要求。

案例2：2017年11月，辽宁省朝阳水文局采购SOILTOP－200土壤水分测定仪9套，用于当地5处墒情站的监测，测量同时进行人工法比测，绝对误差均在±2%以内，完全满足当地实际的测量需求。在2018年、2019年，辽宁省朝阳水文局采购7套“在线式”SOILTOP－300土壤墒情智能监测仪，实现了朝阳市水文站实际冻土的监测情况。

案例3：2019年7月，辽宁省锦州水文局采购SOILTOP－300土壤墒情智能监测仪用于当地墒情站的墒情监测，每个墒情点设置不同深度10cm、20cm、40cm监测点，实现了水文站墒情监测数据的精准测量。

案例4：2018年8月，黄河水土保持西峰治理监督局购SOILTOP－200土壤水分测定仪2台。埋设固定监测点33个，选用移动便携式监测设备，每隔10d对监测点5个不同土层进行常规测量，监测结果在未经率定的前提下，均满足各墒情监测站点的精度要求，实现了当地“固定监测点-移动式测量”的监测方案。

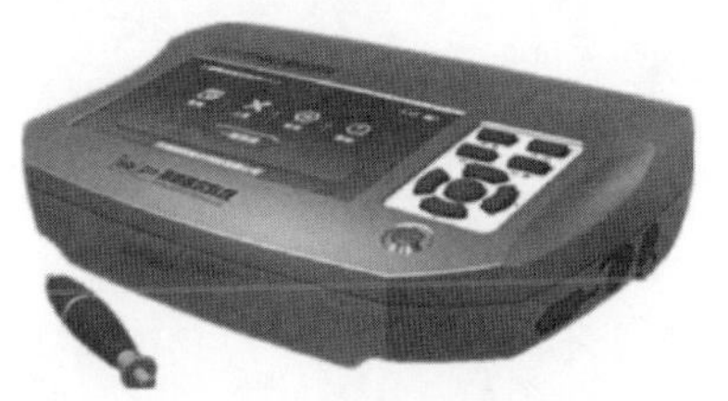

■SOILTOP－300手持式土壤水分测定仪

■SOILTOP－200土壤水分测定仪

■应用领域

技术名称：SFCW－TDR土壤水分监测技术
持有单位：天津特利普尔科技有限公司
联 系 人：卢玉
地　　址：天津市华苑产业区海泰绿色产业基地K2座1门402室
电　　话：022－83707888、15122610176

# 208 SDD-1科瑞菲尔灭除芦苇技术

## 持有单位

北京百雅冠友科技有限公司

## 技术简介

**1. 技术来源**

自主研发。

**2. 技术原理**

该技术是以食品级原料为基础，能杀死水体中芦苇、蒲草等水生杂草等一种新型非灭生型的生物灭杀剂。在灭杀株体的同时灭杀根系，治理彻底（也可根据要求适当保留）。该技术针对性强，在治理的同时，对其他植物以及水生植物、鱼类、溞类等无影响，对环境和水质无影响，治理当年即可种植作物。

**3. 技术特点**

（1）治理效果强，接近百分之百；无毒无残留，对环境友好。

（2）治理速度快，通常在3～5d内，能达到治理效果。

（3）使用便捷，操作简单，无须特别设备，持效性强，一次治理可以维持一年。

## 技术指标

（1）灭杀率：接近100%，在灭杀株体的同时，灭杀根部，一次治理彻底根除。

（2）灭杀速度：3～5d。

（3）治理前后对水质和鱼虾无影响：水质指标变化符合GB 3838—2002《地表水环境质量标准》溶解氧≤0.002mg/L、化学需氧量≤0.04mg/L、氨氮≤0.002mg/L、总磷≤0.004mg/L。

（4）治理当年即可耕种。

## 技术持有单位介绍

北京百雅冠友科技有限公司成立于2007年，是以综合治理城市水环境污染及专业灭除水生杂草以及各种藻类、快速提升改善水质为主的民营科技企业，在综合治理对城市水环境造成严重污染的各类杂草及浮萍、蓝藻、水葫芦、芦苇等水生植物方面以及快速改善水质并减灭N、P超标等方面，有着专业的技术团队。公司自主研制了多种绿色环保、无毒无害、无残留的速效治理自然污染的新型生物技术，已成功应用于浮萍、蓝藻、芦苇、水葫芦、菹草等水生植物治理领域，改善了水环境，提升了水质。

## 应用范围及前景

适用于水体中的芦苇、蒲草等水体杂草，以及陆地杂草等。

芦苇为多年生的根茎，非常容易形成单一物种，由于生物量很大，茎叶等部分容易造成很多危害，芦苇的蒸腾作用很大，造成水分大量流失，芦苇的根茎部分对土壤的破坏力很强，芦苇包括蒲草等，已经成为环境污染的一个重要因素。

科瑞菲尔灭除芦苇技术自2017年投入市场以来得到了很大的认可，在灭除芦苇、蒲草等方面有着神奇的效果。已经成功应用于内蒙古乌兰察布市霸王河公园芦苇治理、内蒙古乌拉特后旗河道治理、巴彦淖尔排干河道的芦苇治理等项目，治理效果显著。

技术名称：SDD-1科瑞菲尔灭除芦苇技术
持有单位：北京百雅冠友科技有限公司
联 系 人：苏亮星
地　　址：北京市通州区百合湾小区25号楼1308室
电　　话：13501106101

# 209 SDD-2科瑞菲尔高效降氮技术

## 持有单位

北京百雅冠友科技有限公司

## 技术简介

**1. 技术来源**

自主研发。

**2. 技术原理**

科瑞菲尔高效降氮技术通过特定的生物合成技术生成高效降氮颗粒，能将自然水体中不同形式的氮转化为$N_2$或者$N_2O$，从而降低水体中氮的含量，该技术能在较短时间内，将被污染的自然水体的氮含量降低到85%以上。科瑞菲尔高效降氮技术具有成本较低、使用方便、高效、持久性强。

**3. 技术特点**

科瑞菲尔高效降氮技术具有成本低、使用方便、高效、持久性强、对环境包容性强，对水体中有益生物（如鱼、溞）无毒安全等特点。

## 技术指标

降氮率不少于85%，具体由所治理区域的含氮量以及治理目标确定，最低标准为不少于Ⅳ类水的要求。降氮治理时间为7～40d，由所治理区域的含氮量以及治理目标具体确定。在总氮降低的同时，总P会同步有所下降，下降幅度要由具体的降氮率来确定。对于pH值、溶解氧等水质指标变化符合GB 3838—2002《地表水环境质量标准》。

## 技术持有单位介绍

北京百雅冠友科技有限公司是以综合治理城市水环境污染及专业灭除水生杂草以及各种藻类、快速提升改善水质为主的民营科技企业，在综合治理对城市水环境造成严重污染的各类杂草及浮萍、蓝藻、水葫芦、芦苇等水生植物方面以及快速改善水质并减灭N、P超标等方面，有着专业的技术团队。

## 应用范围及前景

适用于生活、居民、景观、河道、湖泊等非饮用水体，无论是静水还是流动水域均可（水流速度不宜超过5km/h）。

总氮总磷是水质提升中的一项重要指标，总氮指标的合格更是难上加难，往往是总氮指标越低，水质提升越难，水体降氮在很大程度上是决定水质是否优良的一个重要标准。

2018年科瑞菲尔高效降氮技术在河北省安新县五号坑躺进行实际对比试验。河北室外坑塘的对照试验：室外坑塘约1.5m深，面积为200$m^2$，中间人工筑一条埂，分割成两个100$m^2$的坑塘，一个用来处理，一个用来作为不处理的对照。坑塘：处理前平均总氮浓度16.5mg/L，处理2周后6.3mg/L，处理6周后2.1mg/L。一个用来作为不处理的对照坑塘：6周后平均总氮浓度仍为15.8mg/L。实验结果表明：SDD-2科瑞菲尔降氮效果明显。安新县五号坑塘的试验成功验证了科瑞菲尔高效降氮效果，现已经全面进入市场推广。

技术名称：SDD-2科瑞菲尔高效降氮技术
持有单位：北京百雅冠友科技有限公司
联 系 人：苏亮星
地　　址：北京市通州区百合湾小区25号楼1308室
电　　话：13501106101

# 210 一种基于气相分子吸收光谱法的全自动 $COD_{Mn}$ 分析技术

## 持有单位

水利部珠江水利委员会水文局

珠江流域水环境监测中心

辽宁省河库管理服务中心（辽宁省水文局）

上海北裕分析仪器股份有限公司

## 技术简介

### 1. 技术来源

高锰酸盐指数（$COD_{Mn}$）是反映水体中有机和无机可氧化物质污染的水功能区达标考核指标，其现有的检测方法操作过程繁琐，影响因素多，人工操作误差较大，难以满足水功能区考核对工作效率和准确度的要求。由此自主研发技术，取得专利。

### 2. 技术原理

该技术通过自动化进样装置向样品中加入已知量的酸性或碱性高锰酸钾溶液于98℃条件下加热30min，高锰酸钾将样品中的某些有机物和无机还原性物质氧化，反应后自动加入已知量亚硝酸盐还原剩余的高锰酸钾，使剩余的亚硝酸盐在盐酸乙醇混合溶液的作用下转化成 $NO_2$ 气体，用载气导入气相分子吸收光谱仪中，以载气做参比，在213.9nm波长处测得亚硝酸盐氮的浓度，通过亚硝酸盐氮浓度计算得到样品中高锰酸盐指数的含量。

### 3. 技术特点

（1）水质高锰酸盐指数气相分子吸收光谱法是以亚硝酸盐替代国标方法中的草酸钠作为还原剂，通过气相分子吸收光谱仪测定亚硝酸盐从而间接测定高锰酸盐指数，通过还原剂的替换和气相分子吸收光谱法的应用，使传统检测方法发生根本性转变，是一种新兴的高锰酸盐指数测定方法。

（2）该方法具有测定快速、自动化程度高、抗干扰能力强、所用试剂具有安全环保的特点，其测定范围、精密度、准确度等技术指标均优于传统检测方法。

## 技术指标

该技术的检出限为0.10mg/L，测定范围为0.40～5.00mg/L（以 $O_2$ 计），测试速度为平均3min一个样品。采用酸性法分别对自行采集的地表水、地下水和饮用水实际样品进行6次平行测定，实验室内相对标准偏差分别为0.4%～3.0%、0.4%～3.7%、0.5%～5.0%；采用碱性法分别对自行采集的地表水、地下水实际样品进行6次平行测定，实验室内相对标准偏差分别为0.6%～1.3%、1.6%～2.4%。

## 技术持有单位介绍

珠江水利委员会水文局是珠江水利委员会所属的副局级事业单位，主要从事水资源水生态监测评价、水资源管理与利用、水文测验、地形测量、水文资料整编、水文水情预测预报、防洪评价、水资源论证、水资源综合规划、水功能区划、环境评估与咨询、环境监理、水污染治理等业务。专业涵盖水文、水情、水资源、水生态、环保等多个领域。获得了水利部大禹科技奖一等奖四项、二等奖5项、三等奖1项，公安部科技奖一等奖1项，广东省科技奖二等奖2项，广西区科技奖二等奖1项，获得发明专利2项，实用新型专利10项。

珠江流域水环境监测中心是由水利部人劳司

批准，隶属珠江流域水资源保护局，是具有独立法人资格的公益性事业单位。归口管理珠江流域（片）水环境监测工作，负责流域水环境监测的质量控制和业务指导；负责珠江河口和流域省（国）界、重要水功能区、重要入河排污口及跨境供水水源地等水质和生态监测。组织编制和实施流域水质监测规划；组织开展流域水质和生态评价；开展水环境监测新技术、新方法的研究与推广；参与重大水污染事件调查、监测，承担社会委托的环境监测、生物监测和水文水资源调查评价。

辽宁省河库管理服务中心（辽宁省水文局）为省水利厅所属正厅级事业单位。河库中心设7个内设机构、21个分支机构。水环境监测中心是其分支机构。河库中心的工作职责为全省河长制湖长制、江河湖泊、水库、水文、水资源、水利信息等有关政策法规、规划计划、实施方案、技术标准研究起草评估提供技术支持和服务保障。水环境监测中心开展全省水资源调查评价、分析预测等工作；承担全省地表水和地下水水质、水生态及用水体系监测、分析、评价和预测的具体技术性、事务性工作。

上海北裕分析仪器股份有限公司是国家高新技术企业，主要从事大型精密分析仪器的研发、制造和销售等，主营产品为自动化检测仪器、机器人分析仪和小型专用设备三大系列，包括高端气相分子吸收光谱仪、全自动高锰酸盐指数分析仪、全自动$COD_{Cr}$指数分析仪、全自动土壤氮分析仪、机器人多参数分析仪等。

## 应用范围及前景

适用于地表水、地下水和生活饮用水中高锰酸盐指数的测定，应用于水功能区水质、湖库富营养化的监测、评价与达标考核。

典型应用案例：

该技术已在辽宁省抚顺水文局、杭州市余杭区环境监测站、辽宁省水环境监测中心锦州分中心、江苏省水环境监测中心南通分中心、阜宁县环境监测站等部门应用。主要应用于水功能区水质监测考核、湖库富营养化监测与评价等工作，检测精度与准确度优于国标方法，大大提高工作效率、解放了劳动力，实现了无人值守全自动监测，为助推水文监测现代化，维护河流健康，建设幸福河湖，提供了较为先进实用的现代化监测技术。

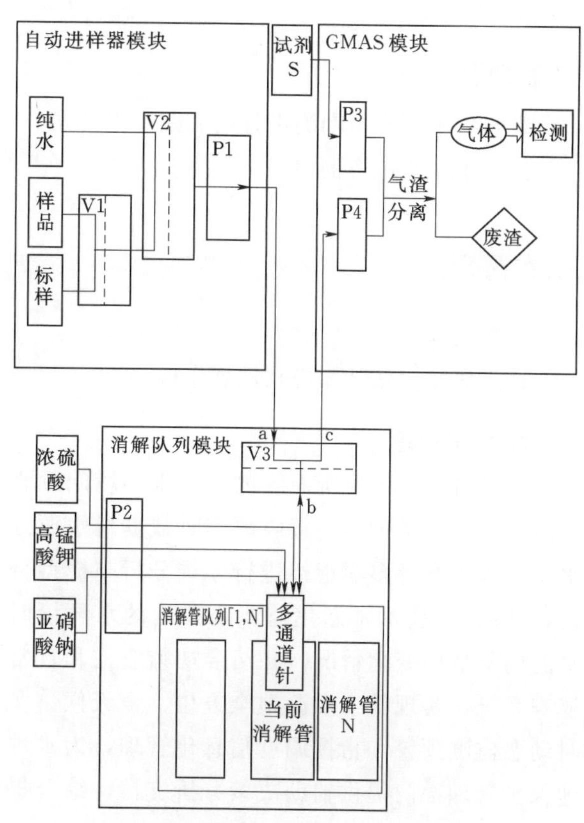

■高锰酸盐指数分析仪结构示意图

技术名称：一种基于气相分子吸收光谱法的全自动$COD_{Mn}$分析技术

持有单位：水利部珠江水利委员会水文局、珠江流域水环境监测中心、辽宁省河库管理服务中心（辽宁省水文局）、上海北裕分析仪器股份有限公司

联 系 人：刘胜玉

地　　址：广东省广州市天河区天寿路80号珠江水利大厦

电　　话：020-87117447、18922753389

# 211 黔中水源保护区常态化监管平台

## 持有单位

贵州省水利水电勘测设计研究院有限公司

江河水利水电咨询中心

## 技术简介

**1. 技术来源**

自主研发，获计算机软件著作权。

**2. 技术原理**

该平台以水源地所面临的主要水环境问题为导向，基于各类传感器接收的实时数据对水源地水质、水生态等多项指标进行多维分析与模型分析，利用3S技术常态化监测水源地的水环境时空的内部结构变化情况，并结合视频监控和日常巡查系统，实现整个水源地全方位、全天候、实时动态监测预警和指挥调度信息化管理，为水源地保护管理部门提供辅助决策分析支持，综合提升水源地的监管能力。

**3. 技术特点**

(1) 基于物联网技术搭建了项目的监测监控体系。黔中水源保护区常态化监管平台基于物联网的监测监控体系主要包括水质监测、水雨情测报、视频监控、水土保持监测、蒸发量监测、下放生态流量监测、日常巡查监管、泵站监控系统、闸门监控系统等涵盖了温度、湿度、水质、气象、水雨情、流量、蒸发量、水库运行状况、视频图像等监测因子。通过建设（或集成）这些监测监控体系，形成工程数据中心，为水源地安全监测评价分析提供了基础支撑和现场指挥调度的数据基础。

(2) 构建了基于多因子的水源地安全监测评价指标体系。包括：水源地重要区域及敏感带区划监测模型。基于景观指数的水源地生态安全评价模型。

(3) 建立了基于"一张图"的水源保护区应急指挥调度系统，有针对性地解决发现的问题，结合周边的自然和人文信息帮助进行决策支持（快速查找周边救援人员、救援车辆、救援物资等的情况），通过建立三维地理信息平台在指挥中心即可达到科学有效地指挥应急的目的。

## 技术指标

CSTC中国软件测评中心测试报告：

(1) 黔中水源保护区常态化监管平台用户文档完整详细，信息描述正确，与软件功能一致，易理解，可操作。

(2) 软件提供了安装卸载功能，还提供了基础信息、业务管理、预警分析、监管APP等功能，所有功能在测试期间内可稳定运行。

(3) 软件各种信息易理解、易浏览、便于用户操作。

(4) 软件支持GB 18030—2005编码标准，符合中文使用习惯。

## 技术持有单位介绍

贵州省水利水电勘测设计研究院始建于1958年，隶属于贵州省水利厅，系持有国家相关部委颁发的多项甲级资质的综合性咨询、勘察设计单位。主要资质包括综合类勘察、工程测绘、水利水电工程咨询及设计、科研试验、地质灾害评估、水资源论证、水文水资源调查评价、水土保持方案编制、生态建设及环境工程咨询、市政公用工程咨询、岩土工程咨询等甲级资质；环境影响评价、建筑工程设计等乙级资质；以及总承包甲级资质和贵州省第一批工程项目管理企业；1996年经国家外经部批准开展国际技术经济合作

业务，具有对外承包经营资格。1997年以来，我院依托自身优势，积极开拓以设计为龙头的总承包业务，业务形成了“一业为主、多头延伸”的经营格局。

江河水利水电咨询中心是水利部水利水电规划设计总院直属独资的全民所有制企业，具有水利工程甲级设计、监理、咨询甲级证书。长期以来承担了多项全国性水利规划编制和大型项目技术咨询、监理、移民监督评估等工作，在水利水电行业具有较强的综合技术优势和声望。

此外，在近几年中，江河水利水电咨询中心和贵州省水利水电勘测设计院有限公司充分发挥各自优势，先后在大藤峡水利枢纽工程、夹岩水利枢纽工程、黄家湾水利枢纽工程、马岭水利枢纽工程等全国数十个大中小型水利工程中研发应用了征地移民信息系统云平台，取得了丰富的成果，得到各省移民局及各项目业主领导等的认可，并获得全国优秀水利水电工程勘测设计计算机软件金质奖和软件著作权等多项自主知识产权。

## 应用范围及前景

适用于各型水源地保护及枢纽工程。

典型应用案例：

该平台已经应用于贵州省黔中水利枢纽一期工程集中式饮用水水源保护区实地标定及监管建设一期设计工作中，平台应用涉及保护区239.23km² 范围饮用水水源地保护区的管理，平台包含自动监测预警及视频监控系统、饮用水水源地保护区污染关键区识别及遥感监测预警系统，影像获取、影像解译软件采购、水源保护区常态化监管服务工作。2015年1月15日贵州省十二届人大13次会议通过了《贵州省黔中水利枢纽工程管理条例》，并自2015年3月1日起施行。平台及公衡用以解决黔中地区10多个县（市）的农业、工业、生活、城市等用水，覆盖面积达4711km²，电站总装机容量140.2MW，年调水量7.41亿m³，方案由省人民政府批准，建设资金由省政府划拨。工程建设设计在实地标定的基础上利用计算机技术和3S技术实现“水源保护区GIS可视化及遥感监测预警”系统建设，最终实现黔中水利枢纽一期工程集中式饮用水水源保护区的常态化监管目标。

技术名称：黔中水源保护区常态化监管平台
持有单位：贵州省水利水电勘测设计研究院有限公司、江河水利水电咨询中心
联 系 人：王茂洋
地　　址：贵州省贵阳市宝山南路27号
电　　话：0851-85584502、15285063937

# 212 湖北省退化湖泊生态修复技术集成与示范

## 持有单位

湖北省水利水电科学研究院

## 技术简介

### 1. 技术来源

基于湖北省水利厅水利重点科研课题（项目）研究与应用。

### 2. 技术原理

湖泊富营养化是困扰全世界的水环境难题。针对湖北省城中湖目前所存在的主要生态环境问题，以重建、调控湖泊生态系统结构为核心，优化集成基础条件建设、高等水生植被构建、食物网构建、沉积物-水层交换控制、“清水态”生态系统结构优化与稳定等技术措施，实现湖泊水质根本提升，引导湖泊清水态生态系统稳定形成。通过先锋植物群落快速恢复技术和沉水植物群落演替技术两项关键技术升级，并不断调整水层-底栖平衡、刮食功能群-沉水植被平衡、底栖鱼类-沉水植被平衡、滤食功能群-浮游植物平衡，提高湖泊各生态组件多样性，最终建立健康、稳定的“清水态”湖泊生态系统。

### 3. 技术特点

（1）技术成熟可靠，无环境和安全风险，已成功应用于多个城中水体水质提升与水生态修复工程。

（2）该技术不断在城中湖治理领域得到实践和发展，形成了“以沉水植物群落的恢复为核心，引导湖泊由藻型浊水态向草型清水态转换，利用先锋沉水植物群落快速繁殖技术和沉水植物群落演替技术，显著提升湖泊水质状况，提高湖泊生态系统的稳定性和生物多样性，最终重建健康而稳定的湖泊生态系统”的成熟流程。

（3）通过对湖北省典型退化湖泊现状调查与评价，分析了全省湖泊生态退化的特点，找到湖泊退化和沉水植物受损的原因；通过原位围隔实验，探究了沉水植物先锋种的生长规律以及沉水植物群落不同种类组合在不同季节对水质的净化效果，研究与集成了沉水植物快速繁殖和群落快速恢复技术，建立了内沙湖退化水生态系统恢复示范区。

## 技术指标

该技术实施后，目标水体达到或高于GB 3838—2002《地表水环境质量标准》规定的湖库Ⅲ类水质标准，主要营养指标浓度控制范围如下：

（1）溶解氧≥5mg/L。

（2）高锰酸盐指数≤6mg/L。

（3）化学需氧量≤20mg/L。

（4）五日生化需氧量≤4mg/L。

（5）氨氮≤1.0mg/L。

（6）总磷≤0.05mg/L。

（7）总氮≤1.0mg/L。

（8）水体透明度≥100cm。

## 技术持有单位介绍

湖北省水利水电科学研究院成立于1978年，隶属于湖北省水利厅，是湖北省唯一的省级综合性水利水电科研单位。历经40余年的建设与发展，水科院已基本形成服务种类齐全、技术力量雄厚、人才优势明显的综合性水利水电技术服务中心，已成为全省水利工作技术支撑主要单位之一。湖北省水科院一直致力于水利科研、规划和技术推广工作。主要从事水文水资源规划、灌排试验、节水研究、农业面源污染调控、水资源论

证、防洪影响评价、水利经济、水利管理；湖泊与河流的保护和治理规划、设计和科研，湖泊水生态系统修复；土壤侵蚀动态监测、水土保持效益评价及生态修复、水土流失防治等方面的研究和技术推广应用工作。还承担水库水电站工程、水库除险加固工程、灌溉排涝工程、堤防工程的勘察设计和施工；岩土、混凝土工程、金属结构、机电设备、施工质量、安全鉴定等方面的检测、研究与开发等工作，业务范围几乎涵盖了湖北水利水电行业的所有领域。其专业涉及水土保持、土壤学、林学、农田水利、信息技术、水文学及水资源、水环境、河流泥沙、水工结构、地质学、水生生态学等30余个学科，具有灌溉排涝设计、岩土工程勘察、工程招投标、施工监理等甲级资质，以及5类专业甲级检测资质、二级施工总承包资质。先后承担了国家自然科学基金、科技部国家重点研发计划、水利部公益性行业科研专项、水利部技术示范项目、湖北省技术创新专项重大项目等各类科技研发与技术推广项目共计136项，承担大型设计、监理项目600余项，荣获省部级科技成果奖24项，各类专利18项，软件著作权73项。

## 应用范围及前景

适用于水位可控的中小型城中富营养化河流、湖泊、渠道的水质改善、水生态系统重建与水下景观营造。

典型应用案例：

案例1：鲩子湖综合治理工程。鲩子湖位于武汉市江岸区台北路和高雄路之间，北靠建设大道，南邻解放大道，水面面积150亩，岸线长度约2.1km。建设内容以重建、调整和优化鲩子湖生态系统结构为中心，实施生态系统修复与水质改善工程，并结合城市景观湖泊的功能，开展湖泊水生态修复，包括水位调控、鱼类调控、水体透明度改善、湖泊底质改善、沉积物-水层交换控制、沉水植物群落恢复、底栖动物群落恢复、健康食物网构建、清水态生态系统优化与稳定等。项目采用“交钥匙工程”的交付方式，主体工程建设期6个月，实现水质达标；生态调控期2年，使生态系统稳定。达标验收后有1年质保期。治理前鲩子湖全年水质为Ⅴ类，主要超标指标为总磷，湖泊生态系统严重退化，水体自净能力极差。项目实施后，于2015年底基本实现水质达到地表水Ⅳ类，2016年实现鲩子湖“清水态”生态系统，湖泊景观和水质得到显著提升，水质稳定控制在地表水Ⅳ类。运行至今，鲩子湖湖滨植被繁茂，鸟鸣花香，水体清澈，鱼翔浅底，水下“森林”密布，呈现出良好景观效果，人体感官舒适，形成“岸绿”“水清”“景美”的水陆交融、人水和谐的城市良好湖泊生态系统。

案例2：武汉东湖听涛景区内湖水质提升与生态修复工程。武汉东湖听涛内湖水质提升与生态修复工程项目是“规划建设东湖城市生态绿心，打造世界级城中湖典范”的生态工程，是增进人民群众幸福感和获得感的惠民工程，也是第七届世界军人运动会城市环境综合整治“五边五化”的任务要求。建设内容主要为雨水排口生态改造，溢流排口抬升与水位自动控制；小湖干湖清淤与底质改善；恢复24.46hm$^2$健康湖泊水体生态系统。项目采用“交钥匙工程”的交付方式，工程建设期6个月，其中主体建设期2个月，实现水质达标；生态调控期4个月，使生态系统稳定。达标验收后有1年质保期。

景区内的8个小型湖泊，治理前水体富营养化严重，水质恶劣，局部出现水华；项目实施后，各个湖泊水体清澈见底，“水下森林”密布，水质长期稳定在地表水Ⅲ类，形成了良好的湖泊生态系统与水景观。

技术名称：湖北省退化湖泊生态修复技术集成与示范

持有单位：湖北省水利水电科学研究院
联 系 人：周驰
地　　址：湖北省武汉市洪山区珞狮南路286号
电　　话：027-65390760、13871155156

# 213 南水北调中线干渠浮油拦截收集系统

## 持有单位

黄河水利委员会黄河机械厂

## 技术简介

### 1. 技术来源

自主研发。南水北调中线工程总干渠沿线有渠道交叉公路桥1000多座，机电设备1000余台（套），突发的交通事故以及客观存在的设备故障都可能发生油液泄露，泄露的油液一旦进入南水北调干渠将直接污染水质。浮油拦截导流清除装置是针对南水北调中线干渠有潜在发生的浮油泄漏风险而研制的。该设备能高效、快速的拦截和减少因突发事故引起的渠道水体浮油污染问题，既能满足南水北调输水中油污拦截处理的需要，又便于安装、拆卸，为水体质量安全和沿线城镇居民生产生活用水安全提供保障。

### 2. 技术原理

对渗漏或泄漏进入水中的油污进行拦截，是依据以下原理进行的：油污密度低于水的密度，因此油污会漂浮在水的上表面，并且跟随水向下游流动。根据油污及水的特性，可采用先拦截后处理的方法。与河道成某一角度，根据力的分解原理，油污会自动向河道一侧汇集，如果有障碍物，则汇聚在障碍物处，如果没有障碍物，则随着河水流动方向导流而下。通过水流和拦截板的共同作用使油污汇聚在拦截板的一侧，水在重力作用下落到油水分离器底部，根据密度差油滴漂浮到油水分离器顶部，被分离出来的水流入下部经阀门排出，从而达到拦截除油的目的。

### 3. 技术特点

（1）浮船下方的浮体做成中间过水的形式，且浮体的内侧面与水流方向平行，大大地减小了浮船的阻水力。

（2）导油槽利用丝杠固定件与浮箱用螺栓固定于浮体侧面。可以通过丝杠上端的手轮方便的调节导油槽的入水深度。

（3）软连接设计的外形和导油槽端面形状一致，保证与导油槽之间完全契合，可跟随浮船自行折弯，并且保证油污不泄露和导流顺畅。

（4）通过悬臂吊调节吸油装置的吃水深度，将水表面薄层的浮油抽吸到油污收集装置后进行过滤处理。

（5）油水分离装置通过巧妙地设置滤网和隔板，使乳化的油水混合物得到有效的分离；调节开口油管的位置，提高了油水分离的效率。

## 技术指标

（1）经水利部水工金属结构质量检验测试中心检测，各技术指标均达到合格标准。

（2）浮油拦截收集系统平台采用浮船式结构，采用焊接结构，主框架由槽钢及角钢焊接而成。根据渠道宽度不同，由若干节浮船连接组成。

（3）单个浮箱尺寸长3m，宽1.5m，高0.55m。浮体上表面使用花纹钢板，提高防滑性。单节浮箱排水体积约为1.45m$^3$，单节浮船重量约为670kg，单节浮箱最大承重为650kg。C型导油槽长度2.5m，采用304不锈钢材质一体成型，单节导油槽重19kg。

（4）拦截油污断面适应性强，浮油收集装置与专用的油污抽吸装置，实现浮油快速汇集与抽吸，抽油效率高；油水分离装置可对抽取的浮油进行有效的油水分离，清水回渠，提高水资源的利用。

（5）为了保障维护人员的操作、维护方便以及人身安全，浮箱两侧设置钢制栏杆，由无缝钢

管和扁钢焊接制成。为了运输、安装、调整、维护的方便，每节浮箱可拆卸，根据河流渠道水位的变化进行临时拼装，使浮箱式拦截除油平台的总长度与河流渠道水面宽度的变化相适应。

(6) 为满足工作使用及安全需要，除油拦截平台还应配备抽油平台、抽油装置、油水分离器、电气控制柜及附属设备、钢制下河步梯、自适应登船搭接平桥、灯杆及防水灯具、救生圈及防滑垫等附属设备。

## 技术持有单位介绍

黄河水利委员会黄河机械厂成立于1976年，是以水工金属结构及配套设备制造、安装、维修、养护为主营业务的全民制所有企业。现有在职职工828人，其中工程技术人员160人，具有高级工程师35人，高级技师37人。对于大型、超大型工件的铸、锻、车、镗、铣、钻、冷热机械加工和卷制、折弯、校平、整形、自动割焊、无损探伤、压力冷作加工具有丰富的加工制作经验。该厂被水利部评为全国水利建设市场主体(机械制造单位)信用AAA评价，拥有以下各类资质：水工金属结构生产许可证(超大型平面滑动闸门、大Ⅰ型弧形闸门、大Ⅰ型人字形闸门、超大型拦污栅、大型压力钢管、大型耙斗式清污机等)；大(1)型移动式和固定卷扬式启闭机使用许可证；水工金属结构防腐蚀专业施工能力证书；质量、环境和职业健康安全管理体系认证；3A信用认证；水工金属结构制作与安装工程专业承包叁级资质等。南水北调中线干渠浮油拦截收集系统列入《雄安新区水资源保障能力技术支撑推荐短名单》，认定为成熟实用技术。

## 应用范围及前景

适用于有固定流向的河流、渠道、小湖泊等地点。

典型应用案例：

案例1：通过对北京分局惠南庄管理处北拒马暗渠渠首拦污导流清除设施长达近两年的科研试验和技术改进工作，使得设备功能和质量各个方面都取得了较好应用效果。

案例2：2017年国务院南水北调办与河北省政府组织的“水污染事件应急演练”，黄河水利委员会黄河机械厂会同南水北调中线河北分局组织实施“浮油拦截收集清除系统”在应急演练中得到了行业领导及专家的好评，受到国务院南水北调办公室等机构的高度评价。紧接着又在南水北调天津分局西黑山管理处布设了一套浮油拦截导流装置，当地水文情况比较复杂，但是多次试验均取得较好的成效，得到天津分局的一致好评。

案例3：在黄河水利委员会黄河机械厂技术人员和安装人员的高度配合下，组织了设备问题自检并针对操作、安装维护、等不便之处做了大量改进，并对设备进行技术改进，使设备不仅具有安装维护方便、整体布设美观协调、水位自适应能力和结构优化更上一层楼，更会通过对其不断地改进、优化，使设备具有拦截油污、漂浮物功能的同时，还兼具多重功能。随着技术更新改进又先后在南水北调各分局共安装6套浮油拦截导流设施，在南水北调中线工程的运行管理中产生了显著的经济、社会效益。

■干渠油污拦截导流清除装置

技术名称：南水北调中线干渠浮油拦截收集系统
持有单位：黄河水利委员会黄河机械厂
联 系 人：张智勇
地　　址：河南省郑州市中原区淮河路29号
电　　话：0371-69558151、13137117995

# 214 固结植生生态护坡技术

## 持有单位

黄河水利委员会黄河水利科学研究院

## 技术简介

### 1. 技术来源

固结植生生态护坡技术是依托“863”计划专题“微孔复合植被恢复材料”“十二五”科技支撑计划“黄河中游砒砂岩区抗蚀促生集成与示范”、院所长基金“风蚀水蚀冻蚀交错区边坡抗蚀促生防护技术开发”等项目。发明名称：植被恢复复合材料及其制备方法（ZL201310394480.X）、高摩尔比脲甲醛类缓释肥料及其制备方法（ZL201310147647.2）。

### 2. 技术原理

该技术具有包裹固结、控渗促生、植生护坡等特性，实现了保水、固结、增肥、促生多功能一体化的技术目标，通过微观侵蚀机理揭示与应用技术创新相结合，野外多参数观测、室内试验与工程应用相结合，突破了工程建设开挖坡面植被快速恢复的核心技术，解决了以往技术中抗冻与控渗、固结与植生的矛盾。

### 3. 技术特点

（1）所用高性能复合材料具有易溶性、黏聚性、降解周期和使用性能可控性、环保性等显著特征。

（2）复合结构体固结抗层冲刷性能好，抗冻控渗，透气透水，利于植被生长。

（3）该技术施工便捷，人工或机械皆可，施工过程包括材料准备、配比设计、喷播施工、养护补种四阶段。

## 技术指标

（1）材料具有环保性：通过色度、浑浊度、臭和味、醛类、重金属等23种污染检测，该材料对水质无污染，对土壤无污染。

（2）力学性能：该技术实施后，在坡面形成复合结构体固结层，其抗压强度为5.0MPa以上，劈裂强度为0.50MPa以上。

（3）抗冲刷性：复合结构体固结层耐冲刷径流为0.9～1.12m/min。

## 技术持有单位介绍

黄河水利科学研究院是水利部黄河水利委员会所属以河流泥沙研究为中心的多学科、综合性科学研究机构，为全国水利系统非营利性重点科研单位，主要从事水利行业相关基础理论和应用基础研究及技术研发与应用推广。

## 应用范围及前景

适用于干旱半干旱地区建设开挖工程边坡植被恢复或重建，以及水土保持、生态治理、边坡防护等领域。固结植生生态护坡技术先后被应用于淤地坝背水面、砒砂岩区坡面、公路边坡、淤地坝新开挖边坡、堆渣边坡、黄藏寺水利枢纽工程、库尔乌泽克水电站、亭口水库等工程，河南、新疆、青海、内蒙古、陕西等地区的推广应用面积达20多万 $m^2$，生态效益和经济效益显著，为我国西北区域生态安全屏障的建立和国家生态文明建设的强力推进提供了有力的技术支撑。

技术名称：固结植生生态护坡技术
持有单位：黄河水利委员会黄河水利科学研究院
联 系 人：刘慧
地　　址：河南省郑州市顺河路45号
电　　话：0371－66026841、15038069915

# 215 水污染应急调度关键技术

## 持有单位

黄河水资源保护科学研究院

## 技术简介

### 1. 技术来源

该技术属环境与生态技术领域，旨在保护黄河流域水环境为目的，有效解决水污染应急管理关键问题，为突发水污染事件的应急决策提供技术支撑。

### 2. 技术原理

通过原型黄河观测、室内模拟实验，得出不同流速、水温、含沙量条件下污染物衰减特性；基于数值模拟，分析了小浪底水库多种流量对下游不同河段水污染事件的调控能力及实施效果，评估水库对河流突发污染事件的调控能力、应急调度实施效果，开展水库应急调度时机、方式、水量和持续时间等应急调度方案研究；基于污染物浓度“实时校正模拟”技术，研发了基于GIS条件下黄河下游突发性水污染事件应急调度模拟系统，利用空间数据管理功能和模型分析能力，将水动力学、水质模型和地理信息有机集成，强化水质一水量的联动效应，实现数据和图形的交互表现，构建水污染事件应急调度模拟系统。

### 3. 技术特点

(1) 技术采用实地调查法，开展了黄河下游突发性水污染事件危险污染源调查及典型污染物识别。

(2) 开展不同水沙条件下典型污染物迁移转化规律研究，研发水环境模拟装置，设计不同水文条件，开展典型污染物室内溶解、衰减等实验，分析并得出主要污染物衰减经验公式，确定典型水文条件下的衰减系数。

(3) 以黄河干流小浪底至入海口河段为对象，建立下游一维水质数学模型，对常规条件下主要参数进行率定，开展实时校正方法研究，对小浪底水库作用范围、作用程度等开展分析。

(4) 采取CS与BS相结合的构架，集成地理信息系统等信息化技术，研发完成黄河下游突发性水污染事件水质预警预报系统，实现了突发性水污染事件应急调度数值模拟。研发的突发性水污染事件应急调度模拟系统，已与“黄河水资源保护应用系统”进行衔接，为“黄河水量调度管理系统”水质预报子系统建立提供了研发理念、技术思路，对其他流域开展类似研究具有重要借鉴意义。

## 技术指标

(1) 研发水库水环境模拟装置，采取CS与BS相结合的构架，集成地理信息系统等信息化技术，研发突发性水污染事件水质预警预报系统1套。

(2) 该技术采用实地调查法、室内模拟实验、数值模拟，统计分析等多种方法，针对突发性水污染事件，30min内可启动水污染事件水质预警分析系统，利用该技术对突发性水污染事件在第一时间进行了模拟计算，可快速、精准地预测污染物到达下游断面的时间及地点及浓度值，构建的多空间层次、多传质耦合的突发性水污染事件应急调度模拟系统，提升了水污染预测水平。

## 技术持有单位介绍

黄河水资源保护科学研究院成立于1978年，是由原水电部最早批准成立的流域性水资源保护专业科研机构。目前下设规划设计研究室、生态

环境研究室、水环境研究室、新技术研究室、水资源论证研究室、工程环评研究室、工业环评研究室等8个科室。作为水利部黄河水利委员会的骨干水资源保护领域科研及技术咨询单位，围绕流域水资源、水生态、水环境保护等，开展了大量的规划、科研、环境影响评价、水资源论证、入河排污口论证等技术咨询工作。近年来随着国家生态文明建设工作推进、黄河流域生态保护和高质量发展重大国家战略的实施，先后承担了多项水生态文明建设试点方案及试点验收、生态流量试点工作方案、一河一策编制、生态红线划定等工作。良好的工作质量和严谨认真的工作态度，在水行政主管部门、环境保护行政主管部门以及相关业务单位中建立起了良好的信誉，赢得了较好的社会声誉。近年来，先后参加了《黄河流域综合规划》《黄河流域水资源综合规划》《黄河河口综合治理规划》《黄河流域水资源保护规划》《黄河流域生态保护和高质量发展水利专项规划》等国家重大规划，承担了湟水、红碱淖、无定河、伊洛河、窟野河、洮河、沁河、北洛河等重要支流综合规划及规划环评，黄河禹门口至潼关河段、黄河潼关至三门峡大坝河段、黄河下游“十三五”治理防洪工程环评等水利部重大项目。同时，高度重视流域水资源保护、水生态保护的基础科学研究，开展了水资源、水生态、水环境、生态需水、水量调度效果评估、水质预警预报等多领域科学研究工作，为黄河治理开发与管理事业提供了良好的科学依据和技术支撑。

## 应用范围及前景

适用于河流突发性水污染事件的预警预报工作，为水资源保护工作提供技术支撑和决策支持。

典型应用案例：

案例1：该技术成果应用于“黄河下游水质预警预报系统”研发。“黄河下游水污染应急调度关键技术”围绕水资源保护和水污染防治工作的需求，研发了“黄河下游水质预警预报系统”，该系统以C/S和B/S相结合的构架方式，建立降雨径流、污染负荷评估、河网水动力学、污染物传输扩散与水质反应相耦合集成的综合水质模型，应用数据库技术、网络技术和GIS技术，研发水质管理系统，为突发性水污染事件应急决策提供了技术支持。通过水污染应急调度关键技术，研发的黄河水质模型及“黄河下游水质预警预报系统”实现了黄河小浪底以下河段突发性水污染事件水质预警、预报和模拟，为突发性水污染事件处置、水量调度方案的编制提供了技术支持，为“黄河水量调度管理系统”的建设提供了重要技术基础，取得了较为显著的经济、社会与生态效益，对其他流域开展类似研究具有重要借鉴意义。

案例2：该技术成果应用于黄河小浪底水库下游河段突发性水污染事件的预警预报与应急处置过程。2013年“2·17”沁河水质异常事件、2014年“黄河下游长垣县甲醇泄露”等水污染事件发生后，30min内启动了水污染事件水质预警分析系统，利用黄河下游水质数学模型对上述事件在第一时间进行了模拟计算，预测了污染团到达下游重要断面的时间及浓度值，并及时向水资源保护局应急办提交预警分析结果，为成功处置以上突发性水污染事件提供了技术支持，为政府部门准确快速处理污染事件赢得了时间，有效保障了黄河供水水质安全，取得了较为显著的经济、社会与生态效益。

技术名称：水污染应急调度关键技术
持有单位：黄河水资源保护科学研究院
联 系 人：余真真
地　　址：河南省郑州市城北路东12号
电　　话：0371-6602541、18339836045

# 216 城市生态水系规划技术

## 持有单位

黄河勘测规划设计研究院有限公司

## 技术简介

**1. 技术来源**

技术持有单位根据十多年来的实践经验，对城市生态水系规划中的关键技术问题进行了深入系统的研究，做出了有益的探索，并编写出版了技术专著《城市生态水系规划理论与实践》，对城市水系规划编制工作规范化和科学化提供技术支撑。

**2. 技术原理**

对城市生态水系规划中的关键技术问题进行了深入系统的研究，首次建立了完整的规划技术理论体系，明确了城市生态水系的定义，界定了城市生态水系规划的阶段划分、工作内容、深度要求，提出了规划编制费用的计算方法；首次系统将最新的政策方针要求融入城市生态水系规划中；首次提出了从水面形态、水系网络、文化景观三个角度归纳总结、提炼升华水系格局的模式；建立了完备的专业规划理论系统，特别突出了与各专业相应的基础工程建设规划，增强了规划的可操作性；系统分析了我国不同区域城市生态水系的特点，针对性提出了规划的不同思路、布局和侧重点，实现各具特色的规划效果，为城市的可持续发展及基础设施建设提供了重要依据。

**3. 技术特点**

(1) 技术内容涵盖江河湖库水系连通、水环境与水系生态保护与修复、水景观打造、水文化的提升与塑造、水经济的开发等，改变了以往多单纯从水利或景观的角度建设城市河湖的模式，使城市生态水系规划与建设纳入城市总体规划，从而更有针对性、全面性和可操作性。

(2) 科学的理论对实践具有积极的指导作用，编写出版了技术专著《城市生态水系规划理论与实践》，共分为上下两篇，对城市水系规划编制工作规范化和科学化提供技术支撑。

上篇论述城市生态水系规划的理论、方法、技术体系，包括17章内容：城市生态水系规划研究进展，城市生态水系规划技术体系，城市水系现状评价，规划的边界条件，水系网络总体布局，水系综合利用规划，水系防洪排涝规划，水系供水水源规划，水环境保护规划，水生态保护规划，滨水景观建设规划，水文化建规划，水经济建设规划，基础工程建设规划，支撑保障体系规划，投资估算及分期建设规划，规划的经济、环境及效果评价。

下篇介绍我国不同地区城市生态水系规划的实践案例，包括7章内容：东部地区城市生态水系规划、西部地区城市生态水系规划、南部地区城市生态水系规划、北部地区城市生态水系规划、中部地区城市生态水系规划、平原地区城市生态水系规划、山丘地区城市生态水系规划。

(3) 由于我国幅员辽阔，城市众多，不同城市的地域区位、自然资源等特征千差万别，在充分分析水系规划工作中的共性问题的基础上，结合我国东、西、南、北、中5类典型地区，以及平原和山丘地区的特征，列举的案例各有侧重，各有特点，为生态水系规划的实施提供了针对性的实践总结，可以有效地指导相关生态水系规划工作的开展。

## 技术指标

该技术理论全面，实践案例类型丰富，可作为开展城市生态水系规划工作的技术指南和参考手册，是当前水生态文明城市建设和海绵城市建设急需的技术，对于城市建设具有很好的指导作用。

## 技术持有单位介绍

黄河勘测规划设计研究院有限公司是2003年9月由事业单位改制而来的国有大型科技型企业，隶属于水利部黄河水利委员会，其前身为始建于1956年的水利部黄河水利委员会勘测规划设计研究院。公司以水利水电工程勘察设计为主业，为工程建设全行业提供全过程技术服务，是集流域和区域规划，工程勘察、设计、科研、咨询、监理、项目管理、工程总承包及投资运营业务为一体的综合性勘察设计企业。公司持有工程设计综合甲级、工程勘察综合甲级、工程咨询综合资信甲级、工程测绘甲级、工程监理甲级、工程总承包甲级、建设项目环境影响评价甲级、水利水电工程施工总承包壹级、对外承包工程资格等20余项国家高等级资质，业务覆盖水利、水电、工民建、公路、桥梁、生态水利、火电、输变电、市政、新能源、轨道交通、信息等多个行业和领域，公司是国家高新技术企业，综合实力长期位居全国勘察设计单位百强之列。共获得国家、省部等各级成果奖励330项。其中，国家科技进步奖一等奖3项、二等奖2项，全国优秀工程勘察设计奖4项，全国优秀工程咨询成果奖9项，大禹水利科学技术奖25项，河南省科技进步奖19项，全国优秀工程勘察设计行业奖6项，全国优秀水利水电勘测设计奖11项。拥有国家专利332件（其中发明专利97件），计算机软件著作权登记80件。主编和参编国家、行业标准60余项。

## 应用范围及前景

适用于城市水系、水文水资源、水环境、水生态、给排水、水景观、水文化、水经济等领域的研究、规划、设计、管理。

已将研究成果应用于郑州市、开封市、登封市、巩义市、禹州市、义马市、桐柏县、三门峡市、乌海市、吴忠市、兰州市、深圳市等城市的生态水系规划实践中，具有显著的社会、经济和生态效益。2019年2月，城市生态水系规划技术入选《雄安新区水资源保障能力技术支撑推荐短名单》，作为A类（前沿领先）技术推广。《城市生态水系规划理论与实践》荣获2019年度黄河勘测规划设计研究院有限公司科技进步一等奖和河南省水利创新成果一等奖。

技术名称：城市生态水系规划技术
持有单位：黄河勘测规划设计研究院有限公司
联 系 人：闫大鹏
地　　址：河南省郑州市金水路109号
电　　话：0371-66022491、13673973633

# 217 生态景观（仿木）护岸桩

## 持有单位

江苏麦廊新材料科技有限公司

## 技术简介

### 1. 技术来源

自主研发。

### 2. 技术原理

生态景观（仿木）护岸桩采用高分子复合材料制作，薄壁结构，力学性能优异，化学性能稳定，耐久性好，轻质高强，便于运输、施工。相邻桩之间采用锁扣连接形成一个整体，防止土的渗漏（不需后置土工布），并且通过桩身设置滤水孔，达到透水功能。桩身通体仿木纹装饰，达到景观装饰效果。桩顶的空腔内可以后置花盆，与坡体相互衔接，自然、生态。

### 3. 技术特点

（1）产品力学性能优良，耐久性优异，不褪色、不老化，老化年限大于40年。

（2）产品采用ASA共挤一体成型，不但大幅提高生产效率，且质量稳定、可靠。

（3）产品还可以自由转弯、弧形施工、满足不同岸线护岸要求，特别是在流沙区域，采用锁扣有较好的止水挡土效果。

（4）质轻高强，运输方便，施工简单，成形效果好，性价比高，施工速度快，对场地要求极低。

（5）产品充分满足景观护岸要求、通过搭接榫卯的设置，既能要求连接一体的作用，又能达到止水挡土的效果，可以根据需要在桩顶设置花盆，起到装饰作用。

## 技术指标

（1）拉伸强度：32.8MPa。

（2）抗压强度：36.2MPa。

（3）弯曲强度：53.8MPa。

（4）剪切强度：28.7MPa。

（5）弯曲模量：2847MPa。

（6）使用年限：>40a。

（7）每米重量：8kg。

## 技术持有单位介绍

江苏麦廊新材料科技有限公司创立于2016年10月，是一家专业从事水利新材料及生态、景观、多功能组合护岸产品研发、生产、销售的科技型民营企业。目前研发项目为预应力混凝土生态景观组合护岸RSP系列，预应力混凝土生态景观组合护岸ZSP系列，生态景观（仿木）护岸桩、装配式波浪桩围堰系统、HUW连续钢围堰系统等产品，可以满足不同河道护岸、航道护岸的设计要求。产品广泛应用于航道护岸、中小河道护岸、生态景观河道护岸、市政护坡、管廊支护、码头围堰等工程。

## 应用范围及前景

适用于中、小型河道护岸工程、城市景观工程、小型航道护岸工程，生态整治工程，堤防塌方抢险工程。

公司自主研发的生态景观仿木桩先后应用于金谊河等劣Ⅴ类河道综合整治工程、瞿家港等劣Ⅴ类河道综合整治工程、常熟市琴湖小镇住宅片区水系调整工程一标、常熟市琴湖小镇住宅片区水系调整工程二标等工程，相比较与传统护岸，生态景观仿木桩质量更可靠、施工更快捷、成型更美观。

典型应用案例：

金谊河等劣Ⅴ类河道综合整治工程。项目概况：工程岸线1.2km，桩顶标高护岸顶标高

3.20m，水底标高 2.40m，悬臂（挡土）高度 1.2m，桩长 3m。在金谊河等劣Ⅴ类河道综合整治工程中使用的生态景观仿木桩，相较传统的木桩、混凝土仿木桩有着质轻、高强，施工便捷等显著优势，配合桩顶花盆，具有一定的景观装饰效果，材料的力学性能满足设计要求。

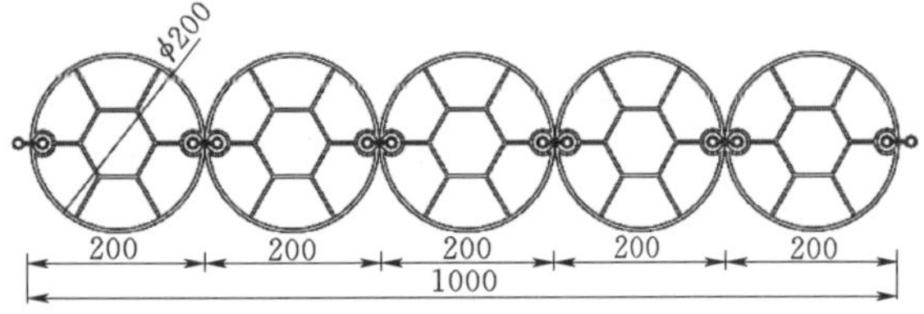

■Ⅰ-1 型：ϕ200 后置锁扣圆形仿木桩

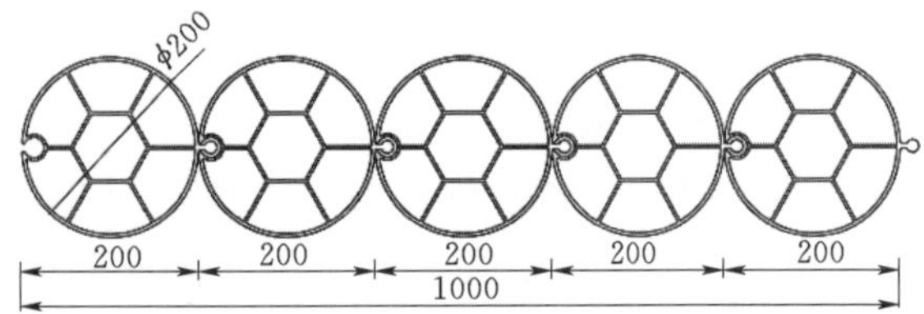

■Ⅰ-2 型：ϕ200 自带锁扣圆形仿木桩

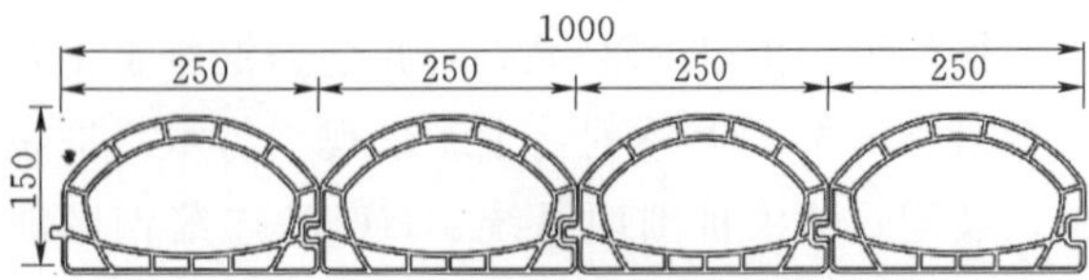

■Ⅱ-1 型：150×250 插槽式异形仿木桩

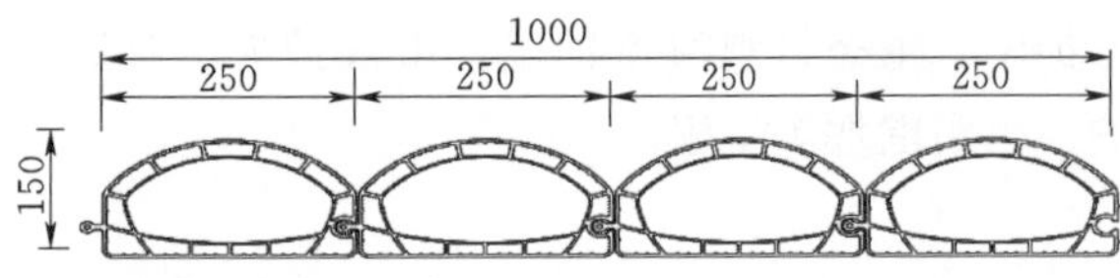

■Ⅱ-2 型：150×250 自带锁扣式异形仿木桩

■生态景观（仿木桩）效果图

■生态景观（仿木桩）景观效果

■成型效果

■金谊河河道综合整治工程中的生态仿木桩

技术名称：生态景观（仿木）护岸桩
持有单位：江苏麦廊新材料科技有限公司
联 系 人：孙亮
地　　址：江苏省苏州市吴江区德尔广场 B 幢 14 楼
电　　话：0512-63105518、13404246517

# 218 丘陵山区生态清洁小流域治理成套技术

## 持有单位

江苏省连云港市赣榆区夹谷山水土保持试验站

## 技术简介

**1. 技术来源**

自主研发。

**2. 技术原理**

根据清洁小流域的具体要求，以“三道防线”为主线，根据流域地貌特点、土地利用特点、植被覆盖率以及水环境状况，并将新农村建设纳入小流域综合治理中，对治理措施进行科学规划合理布局。

**3. 技术特点**

(1) 在流域上游实施封育保护，以自然修复为主，部分林草破坏严重的植被状况较差的地段实施严格的封禁措施，并适当辅以人工补植树木。

(2) 在流域中下游结合农村生活污染和水土流失治理，加强山地景观保护，农村污水采取分片处理方式治理；农村垃圾处理采取村收集、镇运输、县（区）处理的方式实施无害化处理；对破损的梯田、谷坊、塘坝进行修复整理，形成集观赏与经济效益于一身的梯田景观；对村庄实行美化、清理整理废弃地，采取植树、种草、排水、硬化路面等措施，构筑农村庭院景观；对流域存在的废弃矿山进行生态修复，通过护坡、挡土墙及林草措施，做好矿山开创面的修复整理、弃渣控制、边坡稳定等措施；加强小流域内中小型生产建设项目的监督管理工作，落实水土保持方案的编制工作。

(3) 流域的下游，按采取近自然治理方式，实施河道治理及河道治理工作，保留河道的自然性，采用的工程措施和林草措施不仅要考虑水土保持功能，而且要把生态与景观相结合，适当安排园林景观树种，满足村民休闲观赏的需求。

## 技术指标

该小流域每年保土1.35万t；流域水土流失总治理度达98.7%，林草植被覆盖率达92.5%，根据小流域中径流场实测资料分析，该流域的年平均土壤侵蚀强度为195.5t，由总控制断面测定，该小流域土壤侵蚀模数为196.1t/($km^2$·a)；梯田完好率91.0%，土壤含水率9.74个百分点，最大提高13.4个百分点；化肥使用量为237.06kg/$hm^2$；流域内水文条件好，沟道基本就弯顺势，排水畅通，水质达Ⅲ类；沿村沟道排洪能力达10年一遇；污水汇集排到村前排水沟经自然净化，排入村东池塘；垃圾集中堆放，统一处理；无养殖污水随意排放。

## 技术持有单位介绍

江苏省连云港市赣榆区夹谷山水土保持试验站于1956年9月成立。曾是国务院水土保持委员会办公室下属的全国4个水土保持试验站之一，江苏省水利厅直属的水土保持科研机构。2000年1月，江苏省连云港市赣榆区夹谷山水土保持试验站成建制移交赣榆县水利局。建站64年以来，坚持开展水土保持试验研究、水土流失监测、水土保持综合治理规划、生产建设项目水土保持方案编制、生产建设项目水土保持监测等工作。先后完成了省水利科技项目“梯田效益实验研究”“梯田埂不同植物防护措施效益研究”“龙泉河小流域综合治理效益研

究”“赣榆县横山生态修复及植物群落演替规律的研究”“应用遥感技术动态监测徐连地区水土流失状况研究”“土壤流失方程在苏北片麻岩地区适用性研究”“生态修复信息数据库与计算机查询系统的建立”“丘陵山区生态清洁小流域治理模式的研究与应用”“连云港市赣榆区红领巾小流域生态治理技术研究”“清洁小流域内采矿宕口边坡治理技术研究”“赣榆丘陵山区植被退化机制生态修复技术研究”等数十个项目的试验研究。共获江苏省政府科技进步三等奖1个，江苏省水利厅科技进步二等奖2个，省水利科厅技进步三等奖3个。

## 应用范围及前景

该技术已在江苏连云港丘陵山区推广应用，也可推广应用到周边山东地区，具有广阔的应用前景和实用价值。

项目治理模式研究成果已推广到赣榆区红领巾小流域、青口河小流域、旦头河小流域、石桥芦山小流域、泊船山小流域、徐山小流域等6个小流域的综合治理中，应用效果良好。

典型应用案例：

赣榆县黑林青口河小流域水土保持综合治理项目。黑林青口河小流域位于赣榆县西部地区黑林镇境内，地理位置介于东经118°51′02″～118°53′58″，北纬34°57′43″～35°02′08″，总土地面积10.35$km^2$，水土流失面积10.2$km^2$。主要建设内容为新修水平梯田31.5$hm^2$，营造水保林20.5$hm^2$，栽植经济林91.5$hm^2$，封育治理25.5$hm^2$，梯田埂坡面防护栽植金银花11500株；修建生产道路2.23km，道路绿化4.84km，塘坝护坡4座，拦沙坝4座，配套田间跌水80座，过路涵30座。

黑林青口河小流域项目总投资500.69万元，其中：工程措施300.94万元，林草措施133.12万元，封育治理措施3.55万元，工程于2013年12月15日开工，2014年8月10日完工。

连云港市水利规划设计院有限公司对该小流域综合治理工程按清洁小流域治理标准进行了详细的设计；工程施工中，对生态清洁小流域治理模式研究成果进行了应用，并对研究理论成果进行验证，生态清洁小流域治理模式研究成果在该小流域综合治理中应用效果良好。证明了生态清洁小流域治理模式成果的施工程序在小流域综合治理中得到广泛应用，施工效率高，综合治理整体效果好，通过一系列的工程措施、植被措施的实施，使小流域土壤提高了抗冲刷能力，具有较好的防治水土流失的效果，具有较大的生态效益、经济效益和社会效益。

技术名称：丘陵山区生态清洁小流域治理成套技术
持有单位：江苏省连云港市赣榆区夹谷山水土保持试验站
联 系 人：徐坚
地　　址：江苏省连云港市赣榆区青口镇城北加油站西500m
电　　话：0518-86219015、15189036666

# 219　平原城市河网动力调控水环境提升技术

## 持有单位

南京水利科学研究院

## 技术简介

**1. 技术来源**

国家计划，省部计划，自主研发。发明名称：一种用于预测河道水体透明度的原位清水置换方法（ZL201710304996.9）；发明名称：一种平原河网地区河道水量建模调控方法（ZL201710131699.9）。

**2. 技术原理**

城市河网水环境提升理论以“控源截污、河道整治、水系连通、动力调控、强化净化、生态修复、长效管理”相关措施及相互关联的时序支撑关系为研究对象。重点围绕流域、区域、城市水系空间格局，兼顾防洪排涝，统筹规划，因地制宜，成片治理，一城一策。合理利用优质水资源与相关水利工程，以水文-水动力-水质精细化数学模型为驱动，通过水利工程合理布控与调度优化，提高水环境承载能力。利用物联感知的水文-水动力参数、水质指标、视频等监控网络，基于大数据、云平台、远程工控技术，形成城市河网防洪排涝与水环境治理联控联调的模型云服务平台，构建城区河网活水畅流和水环境提升的良性循环系统，实现人与自然和谐共生。

**3. 技术特点**

（1）首创城市河网水环境提升理论与成套技术体系。确定了动力调控阈值，揭示了水动力与水质响应关系，形成了以水系连通、水动力调控为核心的治理理论与技术体系。

（2）污染源解析与动态调控技术，揭示了城市产流产污时空变化规律，量化入河负荷来源与分布，便于动态调控。

（3）河道分级建模，双向嵌套，适应流域-区域-城镇不同空间尺度，扩展透明度指标模拟功能。

（4）利用物联网与云平台技术，构建了基于数学模型-决策系统-信息化工程数据智能互馈技术的联控联调平台。

## 技术指标

（1）多尺度城市河网水文-水动力-水质耦合嵌套模型。模型精度：太湖区模型达到4级构模精度，城市活水模型达到6级；计算误差：河网水位（$H$）、流速（$V$）、流量（$Q$）模拟精度平均相对误差小于5%，水位绝对误差小于2cm；水质参数透明度平均相对误差在10%以内。

（2）联控联调系统对城市河网水动力、水质指标预见期可达3d；预报甲等水平；水位调控精度达到厘米级。

（3）平原河网区人工造成水位差超过20cm；河网水体流动性提高10%以上，流速大于0.1m/s的河道占比高于50%，不考虑断头浜条件下，实现100%全城活水；城区水质指标提高一个等级以上。

## 技术持有单位介绍

南京水利科学研究院建于1935年，原名中央水工试验所，是我国最早成立的综合性水利科学研究机构；2001年被确定为国家级社会公益类非营利性科研机构。主要从事基础理论、应用基础研究和高新技术开发，承担水利、交通、能源等领域中具有前瞻性、基础性和关键性的科学研究任务，兼作水利部大坝安全管理中心、水利部水闸安全管理中心、水利部应对气候变化研究中心、水利部基本建设工程质量检测中心、水利部水文仪器及岩土工程仪器质量监督检验测试中心。

近年来，南京水利科学研究院契合国家城市水环境治理需求，成立了城市水力学研究团队，融合水力学及河流动力学、计算机信息工程、水利水电工程、水文水资源和测绘工程等多个专业学科人才，围绕城市水力学基础理论、水动力水环境模拟、河网水生态环境、河网智能联合调度等研究方向，开发了平原河网水动力多尺度分级智能模型、集成了城市河网畅流活水水质提升成套技术，并研发了城市河网联控联调系统平台。近几年，团队承担完成国家级与部省级项目50余项，发表学术论文100余篇，获国家科技进步二等奖2项、省部级科技进步一等奖3项，院科技进步特等奖1项，授权国家发明专利20余项，培养博士和硕士研究生30余名。团队研究成果成功应用于苏州、杭州、常熟等城市水环境治理中，多项成果达到国家先进和国内领先水平，为城市防洪排涝、水资源供给、水生态环境等方面提供技术支撑和服务，也为城市水环境质量改善目标发挥了积极的示范和引领作用。

## 应用范围及前景

适用于平原城市河网动力调控水环境提升工程。该技术成功应用于上海、江苏等省市水环境治理实践，对于珠三角、京津冀等平原地区水环境改善也有参考价值。

该成果被上海、江苏等省市的行业主管部门应用。成功解决了杭州G20核心区、中国国际进口博览会区域等城市水环境治理难题，城市河网水质由劣Ⅴ类提升到Ⅲ～Ⅳ类，部分区域水体透明度提升至1m以上，并在全国多个城市成功推广应用，取得显著的社会经济和生态环境效益，有力支撑了水生态文明建设及政府决策。获2019年度国家科学技术进步二等奖“长三角地区城市河网水环境提升技术与应用”，2018年度大禹水利科学技术特等奖“城市河网水环境提升理论技术创新与应用”。

典型应用案例：

案例1：苏州市水利局项目。2013年至今，整体技术体系应用于苏州古城区（面积14km$^2$）河道水质提升行动计划。90%以上河道由劣Ⅴ类提升到Ⅲ～Ⅳ类，由滞流变为自流流速达0.1m/s以上。透明度预测模型技术应用于苏州市主城区（面积100km$^2$），提出并论证清水工程规模及效果，被苏州清水工程-生态净水工程采纳。

案例2：浙江省水利厅五水共治办公室项目。2015—2016年，成果技术应用于杭州G20峰会区域水质保障（面积22.3km$^2$），全部河道由劣Ⅴ类提升到Ⅲ～Ⅳ类，透明度1m以上。

案例3：常熟市水利局项目。2015年至今，应用于常熟市城区畅流活水工程（面积60km$^2$）。统筹兼顾防洪排涝与水环境提升。全城除个别断头浜，其余140多条河道均能活水，消除黑臭，防洪能力提高到100年一遇，排涝20年一遇。

案例4：上海市水务局项目。2015年至今，应用于上海市中心城区水功能区水质提升（面积360km$^2$）。提出了增流提质方案，水环境容量增加50%，流动性增加30%。

案例5：常州市水利局项目。2017年至今，应用于常州市主城区畅流活水工程（面积179.2km$^2$）。新建四座控导工程，形成三级梯级水位，提升河网流动性，改善城区水环境。

案例6：上海市青浦区水务局。应用于2018年首届进博会区域水质提升工程（面积12km$^2$）。原创装配式活动溢流堰，形成三级水位，促进水体持续流动，提升河网水质，进博会区域全部河道，由原来Ⅴ～劣Ⅴ类提升至Ⅲ～Ⅳ类，透明度提升至1m以上，核心区1.5m以上。

技术名称：平原城市河网动力调控水环境提升技术
持有单位：南京水利科学研究院
联 系 人：范子武
地　　址：江苏省南京市广州路223号
电　　话：025-85828233、13951800961

# 220 流域重大工程生态影响监测与评估技术

## 持有单位

南京水利科学研究院

## 技术简介

### 1. 技术来源

国家计划。软件著作权。软件名称：重大工程水生态影响监测站网规划软件（简称：EcoStation）；原始取得，登记号：2015SR106701。软件名称：重大工程水生态影响监测综合分析软件（简称：Eco-Analysis）；原始取得，登记号：2015SR105997。

### 2. 技术原理

该项技术针对流域引水与清淤等重大工程生态影响的监测与评估，基于水文与环境监测规范，综合运用地理信息学、多元统计分析、环境生态学等多学科交叉方法，建立了具有自主知识产权的流域重大工程生态影响监测与评估技术，确定了流域重大工程生态影响跟踪监测点位布设优化、监测指标筛选方案、评估原则、模式、程序及方法。该技术针对流域引水与清淤等重大工程河湖水生态影响的监测与评估问题，主要解决敏感监测指标体系构建、跟踪监测点位布设优化以及水生态影响评估缺乏定量化与程序化等问题。

### 3. 技术特点

（1）监测与评估指标体系精练，节省监测成本。筛选构建了对引水和清淤等重大工程响应敏感的水生态监测指标体系。对于引水工程，包括4项敏感水环境指标（悬浮物浓度、营养盐含量、有机污染程度、硅酸盐浓度）与4项指示生物群落指标（浮游藻类密度、比例及多样性指数等）；对于清淤工程，包括3项敏感理化指标（全氮、有机质、速效磷）与5项指示生物群落指标（底栖生物多样性、密度、完整性指数等），构成了流域重大工程河湖水生态影响监测指标体系。相较于常规的河湖环境监测规范等，该技术监测指标易于监测，数量精简，对工程响应敏感，具有代表性，可节省监测成本。

（2）监测点位与频次可优化，节省监测成本。制定了流域重大工程水生态影响监测点位、时间及频次的设置原则与优化方法。综合运用河湖理化环境监测指标与指示生物群落矩阵，采用多维尺度分析（NMDS）与聚类分析（CLUSTER）等手段，优化流域重大工程影响下的河湖的监测点位布设方案与监测频次。由于工程运行特征因素，工程水生态影响的监测点位与频次往往不同于常规河湖生态监测，该技术可依据工程运行特征对监测点位与频次等进行动态优化，精简监测点位数量与频次，节省监测成本。

（3）评估指标与标准定量化，评估结果可比。确立了流域重大工程生态影响评估程序、指标、标准及方法。采用综合指标法与层次分析法，构建了基于理化环境指标和指示生物指标的综合评估指标体系，指标数量精简；分析提出了综合评估指标的定量评估标准，实现了对流域重大工程生态影响定量评价。评估指标与评估标准定量化，避免了定性指标带来的评估结果不准确的问题，便于与不同批次监测结果的比较，可以用作流域重大工程长期跟踪监测的评估方法。

## 技术指标

（1）监测指标体系精简且具有代表性，筛选3～4项敏感理化指标与4～5项指示生物群落指标，监测指标数量少，对工程响应敏感，具有代表性。

（2）监测点位与频次优化方法简易有效，提出了基于欧几里得距离系数和布雷柯蒂斯相似性系数的监测点位优化系数，统计分析方法原理简单、操作简便易行。

（3）评估程序规范化与评价标准定量化，确

定了规范化评估模式，评价指标的评价标准量化分为优、良、中、差、劣5类。

## 技术持有单位介绍

南京水利科学研究院建于1935年，是我国最早成立的综合性水利科学研究机构；2001年被确定为国家级社会公益类非营利性科研机构。主要从事基础理论、应用基础研究和高新技术开发，承担水利、交通、能源等领域中具有前瞻性、基础性和关键性的科学研究任务，兼作水利部大坝安全管理中心、水利部水闸安全管理中心、水利部应对气候变化研究中心、水利部基本建设工程质量检测中心等。建有水文水资源与水利工程科学国家重点实验室和国家级国际联合研究中心，以及水利、交通、能源行业9个部级重点实验室、技术研发中心、工程技术研究中心。全院现有科研人员1300余人，其中中国工程院院士、英国皇家工程院外籍院士1名，国家有突出贡献中青年专家、“国家特支计划”百千万工程领军人才等国家和部省级人才90余名，具有高级以上职称700多人，是国家创新人才培养示范基地，荣获“全国专业技术人才先进集体”称号。自1978年全国科技大会至2019年底，南京水科院获得国家和省部级科技进步奖752项，其中国家级奖励84项。出版专著490部，获国家发明和实用新型专利868项。近年来，南京水科院每年承担近2000项科研项目，通过开展三峡工程、长江黄金水道、南水北调、引江济淮、西江大藤峡等众多国家重大工程科技攻关，积极破解水利工程建设与安全管理中的关键技术难题，取得了一大批重大创新成果并在工程中得到成功应用，经济社会效益显著。其中，“长江三峡枢纽工程”获得国家科技进步特等奖。

## 应用范围及前景

适用于指导和规范流域引水和清淤等重大工程河湖水生态影响监测与评估工作。

太湖流域地处长江中下游，社会经济快速发展，工农业、生活以及生态用水需求日益增加，流域水系的水环境污染、水生态破坏问题也十分严重。“引江济太”工程通过调引长江丰沛的过境水资源，成为改善地区河网水动力与河湖水环境，满足地区供水需求的重大举措。因此，编制一套针对太湖流域重大工程生态影响监测与评估的技术方案对指导流域引水工程调度具有重要的科学意义与应用价值。南京水利科学研究院依托国家水体污染控制与治理重大专项子课题“太湖流域重大工程生态影响监控与评估”，编制了《太湖流域重大工程生态影响监测与评估技术方案》。该技术方案已在太湖流域管理局望虞河引水调度与湖泊生态响应评估工作中得到了应用，规范了望虞河引水调度水生态环境效应监测与评估的工作程序，提升了工作效率，对望虞河引江调度工作具有一定的指导作用，为太湖流域引水工程调度方案制定提供了技术参考。

典型应用案例：

案例1：太湖流域引江济太生态调度监测。应用规模：望虞河沿线与太湖水体。该项技术在望虞河引江济太生态调度工作中得到应用，为引江济太工程引水调度的水生态环境影响监测与评价提供了技术支撑，提高了监测与评估工作效率，节省了监测成本，是一项可服务引江济太工程长效管理的实用性技术。

案例2：无锡水源地水质安全监测。应用规模：太湖贡湖湾与梅梁湾水源地。该技术已应用于引水与清淤工程对太湖贡湖湾与梅梁湾水源地水生态影响的业务化巡测与评价工作，能有效评价流域重大工程运行对太湖水源地水生态要素的影响。该技术的评价参数易于监测，数据分析简单易行；评价区域便于调整，适用性较好；评价结果定量化，具有时间和空间的可比性。

技术名称：流域重大工程生态影响监测与评估技术
持有单位：南京水利科学研究院
联 系 人：戴江玉
地　　址：江苏省南京市广州路223号
电　　话：025-85828286、15051842630

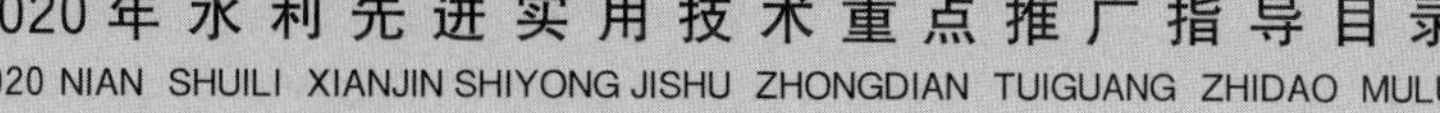

# 221 水资源量质效协同调控技术与软件平台

## 持有单位

南京水利科学研究院

## 技术简介

### 1. 技术来源

省部计划，自主研发。3项发明专利：可测算来水丰枯贡献的农田灌溉用水量驱动因子识别方法（ZL201710395471.0）；一种工业废水中污染物排放量驱动因子识别方法（ZL201710387636.X）；考虑节水减排作用的工业废水排放量驱动因子识别方法（ZL201710387637.4）。2018年10月，该技术荣获水利大禹水利科技进步奖一等奖。

### 2. 技术原理

集量质效协同互馈模拟、年度管理目标静动转换、红线约束下用水排污结构优化调整、面向红线落实的水利工程群多尺度嵌套调度于一体，形成了水资源量质效协同管控技术体系，研发了最严格水资源管理制度数字实验平台。该平台具备制度模拟、结构优化、工程调度、考核评价等多项功能，可支撑最严格水资源管理制度考核评价与调控落实。

### 3. 技术特点

（1）构建的"量质效协同互馈模拟、量质效指标静动转换、水资源供需双侧调控"协同管控技术体系，突破了最严格水资源管理指标落实调控与考核评价的技术瓶颈。

（2）研发了首个涵盖制度模拟、结构优化、工程调度、考核评价等功能的最严格水资源管理制度数字实验平台，为制度分析与落实提供了工具。

（3）该技术成果已在水资源丰沛的北江流域与水资源缺水的山东省得到了示范验证，为最严格水资源管理制度考核工作实施方案编制、年度考核指标的调整完善与水量调度提供了有力支撑。

## 技术指标

对不同政策目标、措施和社会经济发展情景下的红线落实情况进行模拟预警；制定不同来水频率下年度管控目标，并开展落实情况考核评价；制定线约束下产业结构适水调整方案，为红线落实和社会发展规划制定提供决策依据；通过流域降水径流中长期集合预报，有效延长了预见期；利用水利工程群多尺度嵌套调度，将红线控制目标转变为水利工程的调度策略。

## 技术持有单位介绍

南京水利科学研究院建于1935年，是我国最早成立的综合性水利科学研究机构；2001年被确定为国家级社会公益类非营利性科研机构。主要从事基础理论、应用基础研究和高新技术开发，承担水利、交通、能源等领域中具有前瞻性、基础性和关键性的科学研究任务，兼作水利部大坝安全管理中心、水利部水闸安全管理中心、水利部应对气候变化研究中心、水利部基本建设工程质量检测中心等。历经80多年的发展，南京水科院已发展成为拥有50多个具有鲜明特色和优势的专业研究方向、在国内外具有重要影响的水利科研机构。全院现有科研人员1300余人。自1978年全国科技大会至2019年底，南京水科院获得国家和省部级科技进步奖752项，其中国家级奖励84项。出版专著490部，获国家发明和实用新型专利868项。

## 应用范围及前景

适用于最严格水资源管理制度落实与考核、

流域水资源配置与调度、降雨径流中长期水文预报、水资源-社会经济-生态环境复合系统管理、节水优先的落实等方面。

作为主要技术支撑单位，参加了中国水资源评价、中国水资源利用、南水北调工程规划与调度运行、全国地下水开发利用规划、第一次全国水利普查河湖基本情况普查、全国水资源综合规划、七大流域综合规划修编、国家水资源监控能力建设、节水型社会建设及其他重大项目的技术工作，先后获得国家科技进步奖 20 余项，省部级科技进步奖 60 余项。

典型应用案例：

案例 1：北江流域推广应用情况。2010—2017 年期间，与广东省北江流域管理局合作，开展了推广应用与反馈研究，多项成果被采纳，为北江流域水资源统一调度与最严格水资源管理制度考核评价工作提供了技术支撑。①提出的不同年型下取用水量和允许排污量统一分配方案为《广东省北江流域水资源分配方案》《广东省北江流域水资源综合利用中长期规划》等重大规划编制提供了参考。②北江流域量质效协同模拟调控模型系统、制定的水库群长期调度运行方案和水资源实时调控策略，充分应用到流域水资源统一调度之中，年均水库发电量增加 3%～5%，有效缓解了珠江三角洲地区冬春季节咸潮上溯。③支撑了北江流域“三条红线”指标的动态调整与完善提供了决策依据，为该局开展所辖市县考核评价检查工作提供了重要依据。

案例 2：山东省推广应用情况。2013—2017 年期间，与山东省水利厅合作，在山东省全省开展了推广应用。取得的多项成果被采纳，在山东省水资源管理政策法规的制订、最严格水资源管理制度考核评价、水资源调度管理等方面发挥了重要的理论指导和技术支撑作用。①为《山东省水资源条例》《山东省实施最严格水资源管理制度考核办法》等多部政策法规和制度文件制订提供了有益借鉴。②指导了山东省最严格水资源管理制度考核指标的年度调整和完善，有效促进了最严格水资源管理制度在山东省的落实落地。③在应对青岛、烟台、潍坊、威海等胶东 4 市近几年连续干旱应对中发挥了重要作用，指导调研长江水、黄河水等客水量超过 10 亿 $m^3$，保障了区域供水和生态安全。④促进了山东省水资源优化配置，为倒逼用水方式转变、推动用水结构调整、优化产业升级提供了重要指导与借鉴。

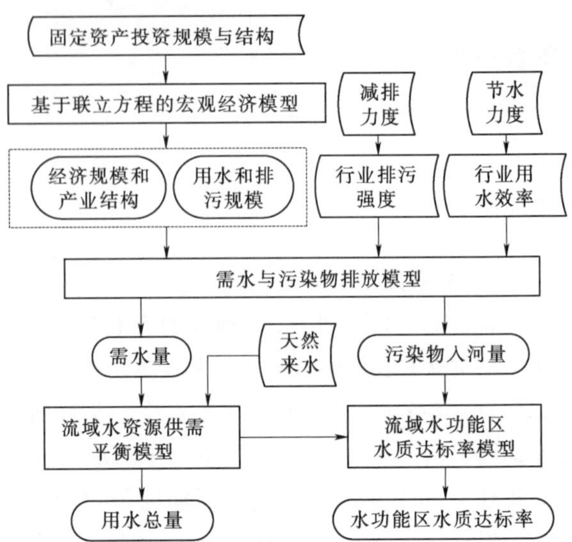


■量质效协同互馈模拟模型结构图

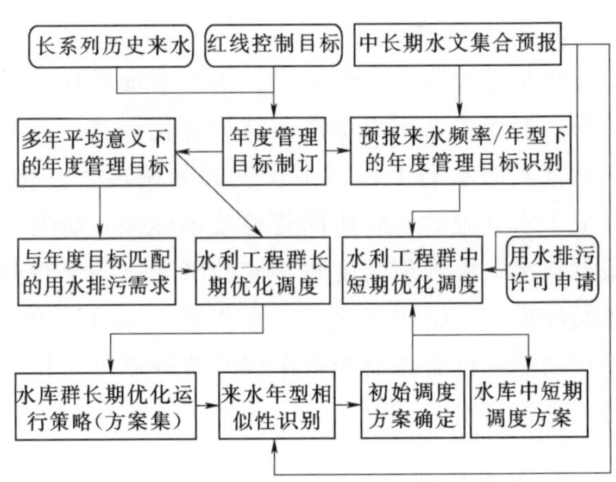


■水利工程多尺度调度信息传输与控制关系

技术名称：水资源量质效协同调控技术与软件平台
持有单位：南京水利科学研究院
联 系 人：詹小磊
地　　址：江苏省南京市广州路 223 号
电　　话：025－85828132、13951661723

# 222 SHEP水环境长效综合治理技术

## 持有单位

上海山恒生态科技股份有限公司

## 技术简介

**1. 技术来源**

自主研发。发明专利号：ZL201510958647.X，ZL201610711490.5。

**2. 技术原理**

该技术是利用生物改良技术、生物操纵技术、食物链重建修复技术等对受污染水体进行生态修复，实现被污染水体向清水型稳态的自然转变。其主要包含河湖诊断、底质改良、大型溞强化净水、微生物优化调控、水生动植物群落构建、曝气增氧集成、复合生态浮岛、人工湿地构建、水质调控等9项技术。

**3. 技术特点**

主要采用生物生态方法进行河湖污染治理。其特点是通过构建水域生态系统，辅助物理手段等为水生动植物提供适生生境条件，进而建立起水域生态系统动态平衡，以提高水环境自净能力，最后通过合理运维，使区域水环境生态系统能够有效满足纳污、自净、景美、健康、和谐的水环境，为城乡居民宜居生态环境建设提供基础。

## 技术指标

(1)"SHEP技术体系"可去除水体中60%～70%的COD，50%～80%的高锰酸盐指数，70%～90%的氨氮和40%～85%的总磷。同时还可将水体中溶解氧浓度提升至7mg/L以上。

(2)"SHEP技术体系"所研发、使用的微生物菌剂属于《病原微生物实验室生物安全管理条例》(2018年修订版)中的第四类微生物，在通常情况下不会引起人类或者动物疾病。

## 技术持有单位介绍

上海山恒生态科技股份有限公司成立于1997年，是一家致力于水域环境治理、水域生态修复以及相关产业规划设计研究的生态科技型企业。公司注册于上海浦东自贸区张江科技城内，是上海市高新技术企业、"专精特新"重点企业和中国水利协会水环境治理专委会发起企业，上海市水利协会、上海市环保行业协会副理事长单位。公司经过多年的研究和工程实践，逐步形成了"SHEP水环境长效综合治理技术体系"，该技术体系涵盖了14项发明专利，22个实用新型专利，11个外观专利，以及"山恒生态藻类净化效果模拟软件""山恒生态水质诊断软件V1.0"等6个计算机软件著作权证书。

## 应用范围及前景

适用于黑臭河道治理与生态修复、乡村生活环境综合治理、城市内河环境综合治理、流域水体污染治理、景观水体营造、污水处理厂尾水水质提升等。

自2015年从事水环境治理行业以来，项目范围遍布全国18个省(直辖市)，北至辽宁沈阳，南至广州汕头，西至青海西宁，东至上海浦东。先后完成了多项水环境综合治理及水体生态修复项目，其中包括西宁市南川河水生态文明建设项目(二期)、湖北潜江竹市河生态文明建设Ⅰ期；河南平顶山市湛河水环境综合治理工程、漯河市召陵区黑河综合治理(黑河主河道综合整治)；上海高东公园、高东生态园大型人工湖生态体系构建、武汉国际园博园人工生态水系修复；贵安新区云漫湖生态恢复；上海浦东新区水龙港、白洋滩、五号港等700多个河湖水体污染治理和水生态修复项目。该技术已在河、湖水体的污染治理、生态修复及生态景观营造等方面取得了显著成绩。

典型应用案例：

案例1：生态景观水体——济南章丘重汽莱蒙湖水生态修复项目。重汽莱蒙湖项目水域面积约为15700$m^2$，湖底及岸坡为水泥硬质湖泊，水体主要污染来源为初期雨水污染和园林绿化施肥等，长期为劣Ⅴ类水质。通过对湖泊采用覆土施工工艺；SHEP-02技术，进行底泥改良以满足水生植被的栽植生长条件；随后对湖泊进行水生环境重建，投放水体有益微生物，构建适生水生种群优势种，挺水浮叶植被，对水生动物进行合理配比；最后对该湖泊进行水生态系统修复。治理后，莱蒙湖水质、水环境明显改善，水体透明度已达1m以上，达到预期治理目标。

案例2：城市内河综合治理——西宁南川河水生态文明建设二期工程。治理前，项目水体的水质混浊，散发黑臭，透度及低，水体中$NH_3$-N、TP分别为5.2mg/L、4.51mg/L。通过对河床全面底质改良，改善水体底部原有的溶氧环境和pH环境，以满足水生植被的栽植生长条件。随后进行微生物-水生植物-水生动物系统构建，生态浮岛构建、布设微孔曝气增氧设备等措施，对水体进行生态系统修复。治理后，项目水体不黑不臭，水体透明度明显改善，水体透度达到1～1.2m，$NH_3$-N、TP降低到1.6mg/L、0.35mg/L，主要指标达到或优于Ⅴ类水标准，水体获得自净能力，达到了项目预期治理目标。

案例3：流域水环境治理——潜江市竹市河流域生态文明建设Ⅰ期工程。该项目位于湖北省潜江市，整个竹市河流域全长约为5.9km，是一个相对封闭性的水体。一期包含河道和湿地部分。河道段长约1km，平均宽度约20m，水域面积约为20000$m^2$。湿地面积为10780$m^2$。治理前，项目水体的水质混浊，散发黑臭，水体富营养化严重，透度极低。治理后的竹市河水清岸绿的滨水景观初步形成，水体透明度明显改善，水体获得自净化能力。

■案例1（重汽莱蒙湖项目治理前后对比）

■案例2（南川河水生态文明建设二期工程建设前后对比）

■案例3（竹市河流域生态文明建设Ⅰ期工程建设前后对比）

技术名称：SHEP水环境长效综合治理技术
持有单位：上海山恒生态科技股份有限公司
联 系 人：王哲
地　　址：上海市浦东新区新园路998号
电　　话：021-50207228、18310685015

# 223 CDBY－1科瑞菲尔灭藻技术

## 持有单位

成都百雅科技有限公司

## 技术简介

**1. 技术来源**

自主研发。发明专利：ZL201110230457.8。

**2. 技术原理**

该技术采用以大黄素杀藻化合物为主的一种新型灭藻剂，可以有效杀灭水体中绿藻、蓝藻、红褐藻、丝状藻等各种常见藻类。有效防止水华的发生，对改善水质起到重要的促进作用。

**3. 技术特点**

（1）该技术是基于食品级原料为基础的对环境友好的新型杀藻剂，可以在3～5d内有效杀灭水体中的蓝藻、绿藻、红褐藻、丝状藻等各种常见藻类，无残留、快速、无须打捞。

（2）对水体中的动物、溞类以及其他植物无影响，治理水域不影响景观、不影响养殖业。

（3）持久性强，治理一次可保持效果一年。

（4）融合性强，既可单独用于水体除藻，也可配套科瑞菲尔其他技术用于综合治理。

## 技术指标

（1）快速除藻：藻密度以不小于$10^8$～$10^{10}$下降。

（2）灭藻率接近10%。

（3）维持水体中的藻浓度≤10个/mL。

（4）除藻速度：3～5d。

（5）维持时间：1年。

（6）对所治理水域的水质以及鱼虾无影响。

## 技术持有单位介绍

成都百雅科技有限公司是响应中央“绿水青山就是金山银山”的号召下成立的，是北京百雅冠友科技有限公司在西南地区成立的新的科技研发中心。在10多年的时间里，百雅科技利用已拥有的专利技术，不断创新，研发高新科技来实现“绿水青山”的新型治理藻类及污臭水等。公司除拥有科瑞菲尔治藻技术外，还继承北京百雅冠友科技有限公司的两项发明专利，即芦苇治理的发明专利以及特效杀菌技术明专利。成都百雅科技有限公司在水生杂草治理、蓝绿藻治理、水体自净能力的快速恢复和改善、城市中水水质的快速达标、湿地芦苇治理，以及城市水环境的生态治理、水体高效杀菌等领域都有自己专有的技术。

## 应用范围及前景

适用于蓝藻治理及其他水生杂草的综合治理，适用除饮用水以外的所有水体，包括景观、湖泊、河道、水库等。

科瑞菲尔灭藻技术自2007年开始投入研发，2010年正式推向市场，已经有多个使用案例，其中包括：齐齐哈尔劳动湖30$hm^2$水域连续三年治理、宜兴太湖蓝藻治理试验、大庆市黎明湖蓝藻治理试验、大庆市龙凤湿地蓝藻治理试验、秦皇岛一号坝蓝藻及水棉治理试验、滇池蓝藻治理试验等多项工程应用。治理案例全程未使用任何防护设备或工具，证实该环保专利技术的环保、无毒、安全可靠。

技术名称：CDBY－1科瑞菲尔灭藻技术
持有单位：成都百雅科技有限公司
联 系 人：苏亮星
地　　址：四川省成都市金牛区五块石路12号1栋20楼2008
电　　话：028－68502026、13501106101

# 224 CDBY-2科瑞菲尔水体灭草技术

## 持有单位

成都百雅科技有限公司

## 技术简介

### 1. 技术来源

自主研发。

### 2. 技术原理

该技术是一种基于食品级原料为基础，以小檗碱化合物为主的新型水体灭草剂，可以有效杀灭水体中的菹草、水葫芦、鱼腥草、浮萍、水绵、水葫芦等，对各种藻类也有很好的杀灭效果，对净化水质起到重要作用。

### 3. 技术特点

（1）实施简单、见效快，通常3～5d内可将治理范围内对各种水生杂草全部消失，灭杀率接近百分之百；无须打捞，不造成二次污染。对水体中动物、溞类及其他植物无影响，对环境友好，可长期使用。

（2）高效便捷，使用灵活方便，可适用于除饮用水和食品以外的多种环境条件。

（3）融合性强，即可单独用于水生杂草的灭除，也可配套科瑞菲尔灭藻技术，进行水体综合治理。治理水域不影响景观，不影响养殖业，不影响原用途。

（4）百雅科技自有的水体脱水技术，即能在治理的同时，将所治理区域的水生杂草进行水体脱水，脱水率接近100%，无须打捞，不造成二次污染，为使用单位节约大量的人力物力。

## 技术指标

（1）水体快速灭草，灭杀率接近100%。灭杀速度在3～5d内，不影响水质。

（2）维持时间1年。主要应用于灭除水体水草过度生长造成的污染，使用方法便捷简易、灵活多变，即可运用在大型水体中，也可运用在窄小的河道中，以及湿地保护、5A级自然保护区等均可。

（3）操作简易、快速，无须特别设备，根据实地情况，可人工可机械。

## 技术持有单位介绍

成都百雅科技有限公司是北京百雅冠友科技有限公司在西南地区成立的新的科技研发中心。百雅科技利用已拥有的多项专利技术，不断创新，研发高新科技来实现“绿水青山”的新型治理藻类及污臭水等。

## 应用范围及前景

主要应用于灭除水体水草（如菹草、浮萍、水葫芦、水绵等）过度生长造成的污染，适用于除饮用水以外的所有水体，包括景观、湖泊、河道和水库等。科瑞菲尔水体灭草技术自2011年推向市场，已在大庆龙凤湿地浮萍治理（连续3年）、山东临沂浮萍治理、济南九如山5A级风景区菹草治理、长春儿童公园菹草治理、黑龙江铁力公园菹草治理（连续3年）、海南水葫芦治理等工程中成功应用。

技术名称：CDBY-2科瑞菲尔水体灭草技术
持有单位：成都百雅科技有限公司
联 系 人：苏亮星
地　　址：四川省成都市金牛区五块石路12号1栋20楼2008
电　　话：028-68502026、13501106101

# 225 CDBY-3科瑞菲尔灭菌技术

## 持有单位

成都百雅科技有限公司

## 技术简介

**1. 技术来源**

自主研发。

**2. 技术原理**

该技术基于生物灭藻技术的基础上，加以特有的纳米技术，合成的一种特效生物杀菌剂，可以在油漆、涂料、水体和木材中使用的一种水体杀菌杀藻制剂。

**3. 技术特点**

该技术对于着附或混生在油漆、木材、水体、涂料中的细菌具有特效杀灭作用，并无挥发、无污染、对人安全、对环境友好，持效性强。很好地解决潮湿环境中的涂料发霉问题，以及船体外壳长藻生菌问题。

## 技术指标

(1) 灭杀彻底，灭杀率接近100%。

(2) 快速长效，无毒对人体和环境友好。

(3) 使用便捷方便，适用广泛（除饮用水和食品外），持久性长。

## 技术持有单位介绍

成都百雅科技有限公司是响应中央"绿水青山就是金山银山"的号召下成立的，是北京百雅冠友科技有限公司在西南地区成立的新的科技研发中心。在十多年的时间里，百雅科技利用已拥有的专利技术，不断创新，研发高新科技来实现"绿水青山"的新型治理藻类及污臭水等。公司拥有科瑞菲尔治藻技术外，还继承北京百雅冠友科技有限公司的两项发明专利，即芦苇治理的发明专利以及特效杀菌技术明专利。成都百雅科技有限公司在水生杂草治理、蓝绿藻治理、水体自净能力的快速恢复和改善、城市中水水质的快速达标、湿地芦苇治理，以及城市水环境的生态治理、水体高效杀菌等领域都有自己专有的技术。

## 应用范围及前景

适用于油漆、涂料、水体、木材等杀菌杀藻，也可用于管道杀菌处理，防止管道堵塞。

在水体中过度生长的菌类和藻类除了污染水体以外，对于在水体内长期使用的物品也造成了严重的伤害，比如船只、舰艇等，经常由于长期浸泡在水体中，极容易长藻生菌，影响安全和使用寿命；不易经常清理的各种管道也是容易长藻生菌的地方；各种处于温暖湿润环境中的油漆物等。科瑞菲尔灭菌灭藻增效技术于2018年投入市场使用，科瑞菲尔灭菌灭藻增效技术的投入运用，能快速高效持久的解决以上问题，并且能做到无挥发、无污染，对人和环境友好。

2019年，科瑞菲尔灭菌灭藻增效技术用于安新县五号坑塘，效果显著。

技术名称：CDBY-3科瑞菲尔灭菌技术
持有单位：成都百雅科技有限公司
联 系 人：苏亮星
地　　址：四川省成都市金牛区五块石路12号1栋20楼2008
电　　话：028-68502026、13501106101

# 226 WRI河床式复合生物氧化技术

## 持有单位

天津万润华夏环境技术有限公司

## 技术简介

**1. 技术来源**

自主研发。

**2. 技术原理**

河床式复合生物氧化系统是由生态透水坝、富氧装置、生态浮岛、生物膜载体、微生物缓释箱、池底固体颗粒填料和河床护底等构建成。经过吸附、过滤、富氧、缓速后的水流进入由生物膜、微生物、植物及底栖动物等耦合而成的复合生态系统。随着水体中微生物群落的发展、水生生物栖息空间优化，水生生物逐步丰满和多样化，各种微生物和其他水生动植物之间相互作用并构建生物链，形成稳定、良性平衡的水生态系统，实现水体净化，水质稳定提升。可有效处理河、湖、景观水体中污染，尤其对流动、开放、难以集中处理的水体污染治理独具优势，并能够达到长期连续净化功效。以多级串联形式对水质污染浓度波动的河道污染治理效果更佳。

**3. 技术特点**

(1) 将生态透水坝、缓释微生物、功能填料、生物膜、固体颗粒接触氧化、生态浮岛及底栖动物等单独及耦合作用，形成良性平衡的水生态系统，对水质污染浓度波动及HRT改变均有一定的适应能力。

(2) 当携带富氧的水流流经生态透水坝时，坝体填料通过初步物理吸附、过滤、生物膜作用，降解污染物，为污水在池中处理创造有利的环境。

(3) 坝体能够降低水流流速，降低对下游河床冲刷，延长水体在池内滞留时间，发挥池内生物膜、高密度微生物、植物等复合作用，进一步降解污染物。

(4) 高密度微生物、生物膜与浮岛植物及根系、固体颗粒过滤功能和接触氧化作用等耦合组成联合系统，发挥其复合功能，优化了水生生物栖息空间，提高了耐受的冲击负荷能力。

(5) 可以根据河道水质和水量情况，采用串联和并联布置。

## 技术指标

该项技术用于河道治理效果的长期跟踪检测成果检测报告。从检测指标看，水体流量大，污染浓度高且波动大，运用该项技术治理效果显著。治理后$COD_{Cr}$、$NH_3-N$、TP平均值分别为33.8mg/L、0.8mg/L、0.24mg/L，平均降解率$COD_{Cr}>80\%$、$NH_3-N>90\%$、$TP>86\%$，各项指标大幅度降低，达到治理标准，且水质指标保持稳定。

## 技术持有单位介绍

天津万润华夏环境技术有限公司是国家和天津市高新技术企业，注册资本人民币5000万元。2015年参与创立“全国合同节水产业创新联盟”并成为理事单位，加入了“中国水生态技术联盟”。2015年“WRI三步法水质改善与水生态修复技术”入选水利部《水利先进实用技术重点推广指导名录》，2017年4月，由中国环境科学学会组织鉴定的《基于三步法的水质修复集成技术》为国内领先、国际先进，其技术应用成果受到业内专家的好评。公司致力于水环境水生态和土壤环境修复、农业生态保护、水土资源保护和再利用等技术的系统开发、设备研发制造、分散污水和特种废水等治理领域研发、生产和实施。拥有一种生态修复设备、一种治理流动水污染的生物岛、一种河道污水治理的生物弹等多项技术专利和软件著作权。

## 应用范围及前景

适用于：河流、湖泊、景观水体中的富营养化或黑臭水体的污染治理；水源地保护区水域范围内排放的污水前置处理；分散和集中排放污水、污水厂出水深度处理；静止水体、流动水体的污染治理和水质提升。

典型案例：湖北十堰市车站沟水质提升治理工程、水利部科技推广项目“水生态立体调控集成技术”在潘家口水库推广应用、天津市东丽区东河水质提升工程、山东东营市新广蒲河水质提升工程、天津大港环科蓝天污水处理厂提标改造扩建及再生利用项目、雄安新区府河南侧排碱沟综合治理工程。

典型应用案例：

案例1：湖北省十堰市茅箭区车站沟水质改善与生态治理项目。该河道长1700m，原水质劣Ⅴ类，在现场调查和了解河道水文、污染情况下，结合河道现况，在沿河的适当位置，布设8套简化的河床式复合生物氧化池系统，生态坝采用拱形坝，从沿水流向序号1～10号坝，矿物颗粒填料，透水率40%，填料富集微生物，池内布置生物膜带和人工水草，池内富氧曝气，增加水体的含氧量。项目实施后，河道黑臭消失，经第三方水质检测达到地表水Ⅴ类，部分指标达到Ⅳ类水标准。

案例2：山东东营市新广蒲河治理范围西起西四路至东青桥，全长10.8km，河流宽度21～50m，全部为明渠。新广蒲河占线长、汇水面积大，沿河分布有村庄、街道、胜利发电厂沉淀池、污水处理厂、河道南侧有齐发化工厂，实际勘察发现该化工厂有废水排入河道；010乡道与文敏路交口有一座屠宰场，河道中段有五干排水流汇入。该河段有多个排污口，其余部分均为农田沟渠，河道下游南北两侧均有较密集的居民社区，河道两岸护坡均为自然土质岸线，杂草较多。治理范围内管线尚未进行雨污分流，生活污水随合流管进入新广蒲河，水质为地表水劣Ⅴ类。在现场踏勘、调研基础上，经过方案比选，确定在沿河布设7套标准河床式复合生物氧化池系统，池内布置有曝气、生态浮岛、生物膜载体、缓释微生物箱、池底铺设碎石颗粒，经过4个月的治理，水质达到地表水Ⅴ类。

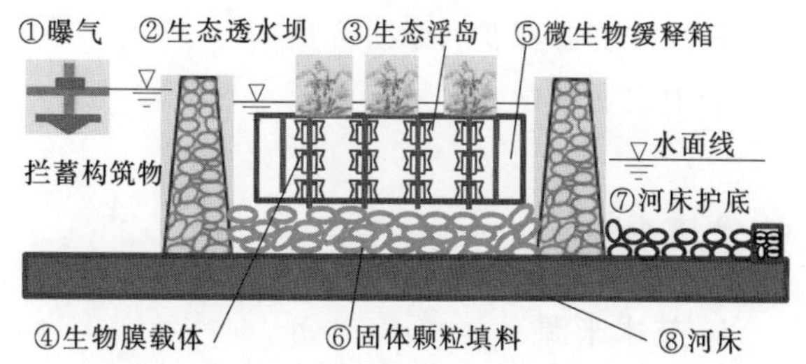

■河床式复合生物氧化技术系统示意图

技术名称：WRI河床式复合生物氧化技术
持有单位：天津万润华夏环境技术有限公司
联 系 人：刘广胜
地　　址：天津市滨海新区黄海路98号津滨杰座1B5-603
电　　话：022-65297717、18721894925

# 227　大型水库库滨带生态修复技术

## 持有单位

长江水资源保护科学研究所

华中农业大学

## 技术简介

**1. 技术来源**

国家计划。取得发明专利：ZL201510679209.X、ZL201410448869.2、ZL201010102730.4。

**2. 技术原理**

该技术针对大型水库库岸线长、地形地貌差异大、水位波动幅度大的基本特征，按照“左右分区、上下分带”的基本原理，提出库滨带生态修复技术方案。“左右分区”即在横向尺度，根据地质条件、利用现状等因素对库滨带进行分区。“上下分带”即在垂向尺度上，根据水库的水位调度规则，确定不同高程的淹水时间，对需要开展植被恢复的库滨带进行功能分带。植被恢复所选物种以乡土物种为主，植被群落的配置综合考虑库滨带不同分区的地形地貌差异和库滨带不同高程淹水时间差异。该技术解决了丹江口水库库滨带生态屏障构建过程中建设分区、功能分带、群落搭配、物种选择等具体问题，相关技术思路和流程能够为南方大型水库的库滨带生态修复提供指导。

**3. 技术特点**

该技术主要为植物措施，植被恢复所选物种一般为乡土物种。淹水时间较长的区域以草本植物群落为主，淹水时间适中的区域以“灌木＋草本植物”混交群落为主，淹水时间较短的区域以“建乔＋灌木＋草本植物”混交群落为主。

通过“左右分区”，将大型水库库滨带划分为保护保留区、植被恢复区、有序利用区。保护保留区针对石质型库滨带，以隔离防护和管理措施为主；植被恢复区针对土质型库滨带，人工构建适合于库滨水文条件的植物群落，加速植被系统的稳定化过程；有序利用区针对农业耕种型库滨带，在植被恢复的同时兼顾土地资源的可持续利用，协调水质保护与库周群众生存发展的矛盾。

通过“上下分带”，将需要开展植被恢复的库滨带划分为拦滤净化带、固岸缓冲带、保土持水带和适度利用带。拦滤净化带淹水时间较长，主要选择生长速度快，养分吸收能力强的草本植物。固岸缓冲带淹水时间其次，植物群落以灌草群落为主，灌木发达根系能够抵抗风浪，起到固岸缓冲作用。保土持水带淹水时间较短，优选植物群落为乔灌草群落。适度利用带主要针对有序利用区，淹水时间最短或者不淹水，植物群落为经济物种与灌草植物的混合群落。该技术在进行植被群落构建时，一方面考虑植被系统的稳定性，另一方面兼顾植物对氮磷污染物的拦截效果，能够较好实现库周面源污染的拦滤和净化，减少水库水体的富营养化风险。

## 技术指标

在丹江口水库构建了适用于不同水淹时间及立地条件的植物群落配置模式11种，筛选了适合水库库滨带生态环境特征的重要种质资源，建立了库滨带种质资源库和种植资源圃，保存活体材料53种1000余株，植物标本500余份，筛选出适合库滨带环境条件的植物种类21种。

## 技术持有单位介绍

长江水资源保护科学研究所成立于1978年5月，是水利部、长江水利委员会从事流域水资

源、水环境、水生态保护的专业研究机构。建所40多年来，针对长江流域水资源开发与保护，特别是三峡工程、南水北调中线工程等重大项目的水资源、水环境、水生态等问题，高效优质地完成了一系列科研任务，积累了丰富的基础资料和技术成果。长江水保所具有流域水资源保护技术研究和开发的雄厚实力，所属的流域水环境实验室仪器设备齐全，配备先进的水质和水生生物监测分析系统，水文水动力模拟试验系统，具备良好的实验室工作条件。同时建设有多处野外试验站，配备有水环境、水生态试验观测的基础仪器设备，具备完善的野外观测和试验能力。近年来，在大型水库的水质安全保障技术方面取得多项突破，尤其是围绕南水北调中线工程水源地丹江口水库，在库滨带生态修复、水土流失防控、面源污染治理等方面取得多项成果。相关技术成果获得湖北省科技进步二等奖1次（南水北调中线水源地农业面源污染生态阻控技术及应用，2018年），大禹水利科学技术二等奖2次（南水北调中线水源地面源污染追踪模拟技术研究，2015年；南水北调中线水源地水土流失和面源污染生态阻控技术研究，2013年）。

华中农业大学是教育部直属全国重点大学，教育部“优势学科创新平台”项目建设的大学，2005年进入国家“211工程”建设行列，2017年列入国家“双一流”建设行列。学校科技实力雄厚，有国家重点实验室2个，国家地方联合工程实验室1个，专业实验室4个，国家级研发中心7个，国际科技合作基地7个，部省级重点（工程）实验室27个。学校有中国科学院院士1人，中国工程院院士3人，美国科学院外籍院士1人，第三世界科学院院士2人，万人计划专家35人，长江学者奖励计划35人，国家杰出青年科学基金获得者25人，国家优秀青年基金获得者18人，973计划首席科学家6人，现代农业产业技术体系首席科学家1人。学校取得一批享誉国内外的标志性成果。其中，植物与动物科学，农业科学，生物学与生物化学、环境/生态学等学科进入世界前1%行列。

## 应用范围及前景

适用于我国南方地区的大型水库。南方大型水库一般位于丘陵山区，水位的人为调控通常导致库滨带植被退化、水源涵养功能低下、水土流失程度高等一系列问题，库滨带生态屏障的恢复具有十分迫切的需求。

典型应用案例：

案例1：该技术成果在丹江口水库的库滨带生态修复工作中有广泛的应用，如丹江口大坝左岸库滨带生态修复工程、凉水河镇白龙泉村消落区生态建设工程、香花镇缓坡库岸带生态建设工程等、陶岔渠首与坝前的生态修复工程，累计修复库滨带面积超过5000亩。上述工程充分应用该技术成果，按照“左右分区、上下分带”的原则进行植被恢复设计。在淹水时间较长的下区带，种植以香根草、狗牙根、芦苇等耐淹物种为主的草本植物群落，强化拦污净化效果；在淹水时间适中的中区带，种植以竹柳、桑树等为主的乔灌草植物群落，强化水土保持效果。在淹水时间较少的上区带，适当种植经济大苗木，在不影响水质保护的前提下，促进库周移民安稳致富。通过不同高程的群落搭配组合，形成消落区植被功能带系统，实现库岸植被的生态屏障功能。

案例2：技术成果被国务院南水北调工程建设委员会办公室、长江流域水资源保护局、十堰市南水北调中线工程领导小组办公室等多家单位采纳，为《丹江口库区及上游水污染防治和水土保持规划》的编制、《长江经济带水资源保护带和生态隔离带建设规划》的编制、丹江口水库湿地保护方案的制定等提供了技术思路，有力支撑了流域水资源管理和保护。

技术名称：大型水库库滨带生态修复技术
持有单位：长江水资源保护科学研究所
华中农业大学
联 系 人：王超
地　　址：湖北省武汉市汉阳区琴台大道515号
电　　话：027-84881995、18602749621

# 228 净魔方河湖水环境原位修复技术

## 持有单位

长江勘测规划设计研究有限责任公司

韩国河川环境综合技术研究所

## 技术简介

**1. 技术来源**

净魔方河湖水环境原位修复技术是从韩国引进的专利技术。

**2. 技术原理**

该技术核心是净魔方环境修复材料，是以40多种纯天然矿物质为原料，应用特殊离子交换工艺制成的多孔状矿物质综合体，主要成分为$SiO_2$、$Al_2O_3$、$K_2O$、$Na_2O$、CaO、MgO、$Fe_2O_3$、$TiO_2$以及微量Sr、Rb、Ba、Li等。净魔方水环境修复材料组织结构特殊，孔隙发达，吸附能力极强，正负离子交换容量达到210～280meq/100g。经专利离子交换技术处理后，修复剂永久带电，表面电荷为（＋）电离子，强化了修复材料对水体中各类污染物的吸附能力，具有优异的微生物促生作用。

**3. 技术特点**

（1）该技术主要通过对上覆水体强化净化、外源分散减排、河道底泥消减固化、水生态系统自我恢复等途径对水体进行处理和修复。

（2）具有标本兼治，效果好且快；原位治理，无二次污染；处理成本低，安全性能好；施工简便，外界影响轻，可用于河流、湖泊、水库、饮用水源地等流速较低水体的污染治理、"水华"治理及水质净化。

（3）目标灵活，适用范围广，粉末状的净魔方修复材料多用于流速较缓水体的治理，颗粒型材料可用于外源污染治理，型材状材料可用于流动性水体的治理，铺设于河流底部或两岸，兼具水体景观和水质净化功能。

## 技术指标

净魔方环境修复材料，可有效去除水体中COD、BOD、TN、TP、$NH_3-N$、石油类、藻类以及部分重金属，提高水体透明度，去除恶臭味、分解河床底泥，改善水体水质。其中：COD去除率98%以上、BOD去除率98%以上、$NH_3-N$去除率98%以上、TN去除率95%以上、TP去除率99%以上、SS去除率98%以上、石油类去除率98%以上、叶绿素a去除率97%以上、重金属浓度可下降96%以上，年消减底泥10～25cm。该技术获得了日本NETIS认证（QS-070011-A）。

## 技术持有单位介绍

长江勘测规划设计研究有限责任公司是长江勘测规划设计研究院（简称：长江设计院）下属核心科技型企业，拥有中国工程院院士3人，全国勘察设计大师7人，省部级及以上人才140余人，各类科研技术人才逾千人。公司主营业务包括工程勘察、规划、设计、科研、咨询、建设监理及管理和总承包业务等，是国家核准的高新技术企业。完成了以长江流域综合规划为代表的数百项河流湖泊综合规划和专业规划，承担了以三峡水利枢纽、南水北调中线、滇中引水工程为代表的一批具有国际影响力的大型工程勘察设计，项目遍布国内和世界50个国家和地区。

韩国河川环境综合技术研究所成立于2004年，总部设在韩国首尔市，在日本冲绳、东京和中国深圳设有代表处。公司主营业务涉及地表水环境净化和再生技术研发和应用、工业废水和生活污水治理新技术研发和应用、环保型建筑材料

新技术研发和应用、城市生活垃圾无公害化以及资源化处理新技术研发和应用等领域。

## 应用范围及前景

适用于城镇黑臭水体、富营养化湖泊、饮用水源地水库和景观水体水质改善和生态修复，养殖废水和生活污水治理。净魔方水环境原位修复技术自诞生以来，已先后在韩国、日本、中国（完成了20余个水体修复和处理项目）实施百余项工程。

典型应用案例：

新疆阿拉尔湿地生态修复及景观提升项目（EPC模式）。阿拉尔氧化塘于2008年建成，接受阿拉尔经济技术开发区生产、生活废水已有11年，逐步形成稳定水面为5～7km$^2$，现存水量为1000万～1400万m$^2$，经多年蒸发浓缩、氧化塘水质污染严重，内源污染问题突出。治理前氧化塘废水色度、COD、BOD、TN、TP等污染物含量均严重超标。阿拉尔氧化塘治理难度极大，针对阿拉尔氧化塘污染现状，设计单位制定了以净魔方水环境原位修复材料为核心，水生植物种植、高效微生物等措施为辅的水质净化方案。项目于2019年3月5日开工建设，9月30日完工，施工总历时逾200天。工程实施后，水体黑臭现象消失，透明度由不足30cm提升至80cm以上，色度由48～96倍降低至4～16倍，COD由143～376mg/L下降至24～87mg/L，水生植物生长速度加快，塘内可观察到大量沉水植物生长，生态系统单一性被改变，水体自净能力增强。

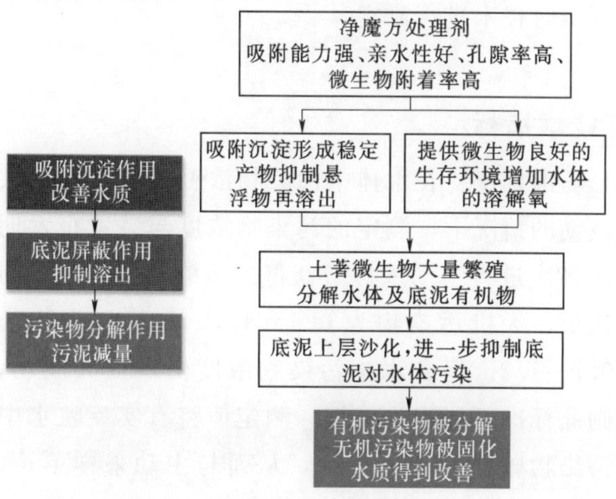


■净魔方河湖水环境原位修复技术原理

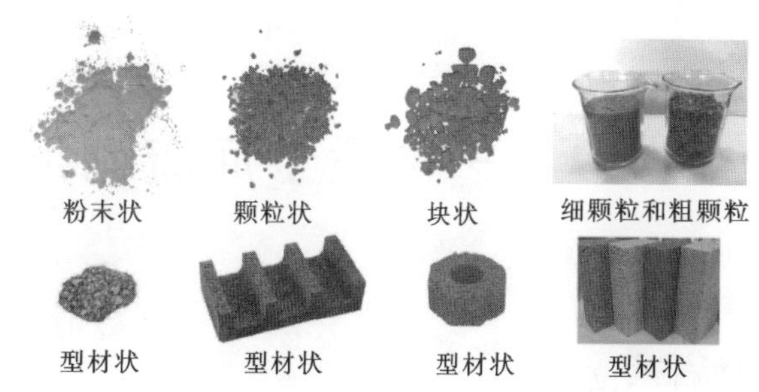


■不同形态的净魔方水环境修复材料

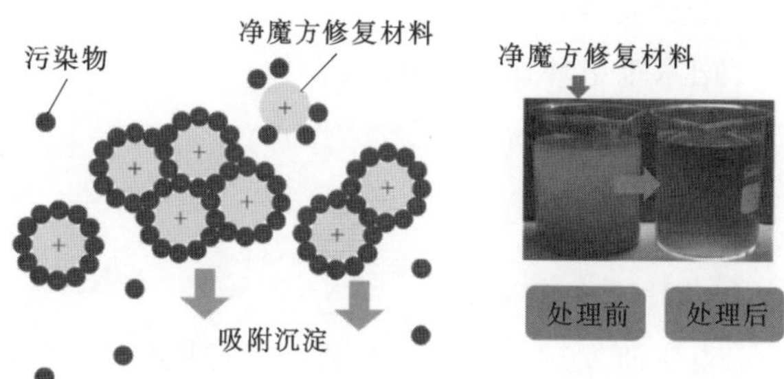


■净魔方水环境修复材料（粉末状）净化原理示意图

■净魔方污水净化设施示意图

技术名称：净魔方河湖水环境原位修复技术
持有单位：长江勘测规划设计研究有限责任公司、韩国河川环境综合技术研究所
联 系 人：万艳雷
地　　址：湖北省武汉市江岸区解放大道1863号
电　　话：027－82820891、17786361399

# 229　一种适于河流湖泊的原位样品采集和传感技术

## 持有单位

珠江水利委员会珠江水利科学研究院

南京大学

南京维申环保科技有限公司

## 技术简介

### 1. 技术来源

自主研发。3项发明专利：一种同步固定多种含氧阴离子的吸附膜及其制备方法（ZL201310689076.5）；深浅层过渡水域沉积物及浮游生物联合采集的装置与方法（ZL201510386167.0）；一种pH平板光极荧光传感膜、制备方法及应用（ZL201810628872.0）。

### 2. 技术原理

该技术由河湖水域沉积物及浮游生物联合采集装置、梯度扩散薄膜（DGT）和平面光极组合集成。利用有一定重力作用的沉积物采集装置和浮游生物网组合安装在一起，对水域、沉积物及浮游生物等监测样品进行同时同步的联合采集。DGT扩散膜可以控制采样速率，减小水流产生的扩散层厚度的影响，无需校准。平面光极技术基于荧光分析原理，在激发光源照射下，光极的光敏物质与目标物相互作用，可使荧光信号强度和寿命发生变化，使用照相、摄像等实时记录其二维特征光谱，进而测量目标物信息。该技术应用范围广泛，具有设备简单、操作简便、灵敏度高、响应时间快、重现性好等特点。

### 3. 技术特点

（1）河湖水域沉积物及浮游生物联合采集装置，包括沉积物采集装置和浮游生物网；沉积物采集装置包括钢管、支架、实心钢柱；钢管和实心钢柱通过支架连接在一起；钢管顶部是一个斜切面，侧面有弹簧锁扣连接到调节钢片上，从而进行沉积物的采取。浮游生物网包括网体、网圈、调节阀和拉绳。沉积物采集装置与浮游生物网通过连接环连接，构成联合采集装置，同时同步完成两类样品的采集。

（2）根据所监测的目标物质选择相应的DGT装置，例如，Chelex-DGT应用于金属阳离子和稀土元素；FeO-DGT应用于P和氧化阴离子；HLB-DGT可用于农药；XAD-DGT可用于抗生素和PPCPs等。布置在水体中使用盘状DGT，布置时将DGT窗口向外，保证其与待测水体充分接触。可使用辅助布置装置承载和固定DGT装置。布置在沉积物中使用DGT探针，直接将探针插入沉积物中即可。布置DGT装置的同时需放置温度记录仪，连续记录布置过程中温度变化。回收DGT时应使用超纯水将窗口和装置冲洗干净，保存于纯水中带回实验室。在实验室进行洗脱和测定。

（3）根据需求选择相应的平面光极，现有平面光极可以原位测定pH值、溶解氧、氨氮等各种参数。布置在水体和沉积物中时，需要使平面光极充分与待测介质接触，然后使用照相、摄像等实时技术进行测定。

## 技术指标

准确度：在水体中污染物浓度没有出现很大波动的情况下，测定的污染物浓度与装置布置期间多次进行主动采样所获得的污染物平均浓度的比值，无机污染物为0.9～1.1，有机污染物为0.7～1.2。但若水中污染物浓度出现巨大波动，则此标准不能作为依据，测定值将真实反映水中污染物曾经发生的变化，从而与主动采样不符。检出限：在1μg/L以下。

## 技术持有单位介绍

珠江水利委员会珠江水利科学研究院始建于1979年，是经国务院批准随水利部珠江水利委员会一起成立的中央级科研机构。珠科院主要从事河口治理、水力学与河流动力学、水环境保护与水生态修复、水文与水资源、水利信息化与自动化、水土保持、遥感与地理信息、防灾减灾、水利规划设计与咨询、岩土工程、工程质量检测等基础研究、应用基础研究，为珠江委行使水行政职能提供技术支撑，为流域经济社会发展提供有效管用的科技供给。

南京大学是中华人民共和国教育部直属的综合性全国重点大学。南京大学环境学院拥有环境科学国家重点学科、环境工程国家重点学科培育点和环境科学与工程江苏省一级重点学科。建立了包括“污染控制与资源化研究国家重点实验室”“国家有机毒物污染控制与资源化工程技术研究中心”“环境科学与工程国家级实验教学示范中心”在内的20多个科研教学平台。

南京维申环保科技有限公司是由英国兰开斯特大学的张昊教授、Bill Davison教授等于2014年在南京创办的创新研究型公司，为客户提供先进的环境监测技术，以及相关领域的技术研发、生产及咨询服务。

## 应用范围及前景

适用于监测河流湖泊水体及沉积物中的污染物水平以及各种环境参数，包括：①应用于各种河流、湖泊、污水厂排污口的污染物原位监测和环境参数测定；②应用于河流、湖泊沉积物中污染物的原位监测和环境参数测定。

据统计，近3年以来，该技术应用于水环境水生态类的项目达几十项，合同额近千万元。主要的应用项目包括珠江水源地管理与保护项目之水源地DGT通量监测研究、长江下游流域尺度磷代阻燃剂的DGT通量监测、不同季节中城市河流中PPCPs分布规律的DGT监测、污水厂进出水中全氟烷基化合物的DGT监测等，为河流湖泊水体中各种无机和有机污染物的原位测定提供技术参考。

典型应用案例：

案例1：珠江水源地管理与保护项目之水源地DGT通量监测研究。以《珠江水源地管理与保护项目之水源地DGT通量监测研究》为例：使用DGT测定水中无机污染物以及有机污染物，包括镉、铅、铜、镍、锌、砷、钼、硒、锑、钒、磷等无机物，抗生素、杀虫剂、日用化学品等16种有机污染物。准确度：测定的污染物浓度与DGT布置期间多次进行主动采样所获得的污染物平均浓度的比值，无机污染物为0.9～1.1，有机污染物为0.7～1.2，均符合DGT定义的准确度指标。检出限：均在1μg/L以下。

案例2：长江下游磷代阻燃剂的浓度与分布研究。以《长江下游磷代阻燃剂的＋浓度与分布研究》为例：从南京开始，直至出海口的长江下游水体中7种磷代阻燃剂的浓度测定。准确度：测定的磷代阻燃剂浓度与多次主动采样所获得的磷代阻燃剂平均浓度的比值均为0.7～1.2，均符合DGT定义的准确度指标。检出限：均在1μg/L以下。

案例3：城市河流中PPCPs的浓度分布和季节变化研究。

以《城市河流中PPCPs的浓度分布和季节变化研究》为例：测定南京、扬州两个城市不同的城市河流中14种安眠药、4种抗生素和5种农药的浓度和季节变化。准确度：测定的目标污染物浓度与多次主动采样所获得的目标污染物平均浓度的比值均为0.7～1.2，均符合DGT定义的准确度指标。检出限：均在1μg/L以下。

技术名称：一种适于河流湖泊的原位样品采集和传感技术
持有单位：珠江水利委员会珠江水利科学研究院、南京大学、南京维申环保科技有限公司
联 系 人：陈高峰
地　　址：广东省广州市天河区天寿路80号
电　　话：020-87117188、15920179188

# 230　多功能全自动地下水采样设备

## 持有单位

北京市水科学技术研究院

## 技术简介

**1. 技术来源**

省部计划。自主研发，实用新型2项（ZL201020574275.3、ZL201620834516.0），外观设计1项（ZL201730071804.5）。

**2. 技术原理**

该设备采用模块化设计，集支架系统、操控系统、电力传导系统、机械传动系统、输水系统和绕线（管）等系统于一体，实现地下水水位和水样同时采集。首先通过自控台启动水位检测器，然后启用电动机，通过电动机驱动绕线单元，控制水泵下降，当水泵入水时，触发水位检测器发出警报，继续下降，到达特定位置后，关闭电动机。通过自控台开启水泵提水，地下水经过提水管从绕线轴的进水口进入轴内，并从该轴的出水口流出，利用相应容器即可采集水样。

**3. 技术特点**

（1）该设备体积小、重量轻、易操作，实现了全自动、自定深、大样量、全地形的地下水样品采集和地下水位同步监测。

（2）该设备的样品采集效率是传统方法的2～3倍，野外地下水样品采集工作仅需两人即可，每天样品采集数量在12～16个。

（3）设备使用可以大幅降低了取样成本，减少了人工劳动强度，消减人员费等运行费用，适宜于大规模、集中式和周期性地下水采样监测。

## 技术指标

外形尺寸（长×宽×高）：750mm×620mm×800mm；重量：35kg；电缆：4根×1.5$mm^2$×80000mm；电机：$P$为250W，$U$为AC 220V；水管：$\phi$14mm×65000mm，直径2mm；总功率：1.16kW；发电机：1.5kW。

## 技术持有单位介绍

北京市水科学技术研究院主要业务领域涵盖了农业节水、水资源、水环境、生态、防灾减灾、工程质量与环境监测、水务发展战略研究、智慧水务建设等多个研究方向。

## 应用范围及前景

适用于水利、自然资源、生态环境等政府部门地下水取样监测，以及地下水保护研究。

该多功能全自动地下水采样设备已批量生产，分别应用于北京市地质工程勘察院、北京市环境保护科学研究院、中国地质大学（北京）、北京水文地质工程地质大队、水利部信息中心等相关项目。

技术名称：多功能全自动地下水采样设备
持有单位：北京市水科学技术研究院
联 系 人：李炳华
地　　址：北京市海淀区车公庄西路21号
电　　话：010-68731789、13717856370

# 231 重度污染湖泊综合治理技术

## 持有单位

武汉中科水生环境工程股份有限公司

广州市水电建设工程有限公司

广州水电设计咨询有限公司

## 技术简介

**1. 技术来源**

自主研发。取得两项发明专利：黑臭型平原河网整体生态修复系统（ZL201510051784.5）；一种用于污水处理的人工湿地填料的制备方法（ZL201710954281.8）。

**2. 技术原理**

该技术体系属于污染水体原位治理与水生态系统修复领域。适用于重度污染湖泊的生态修复，由控源截污、水体原位净化及旁路人工湿地等生态修复的各项技术集成而来。该技术体系以污染控制与生态修复并重，以水体自净能力提升为核心，水质改善为主，兼顾景观提升，集中解决了生态湿地填料问题、底泥污染问题，以及各技术优化组合等问题。通过该技术体系对多种技术间的协调配合进行了以实践为主的检验，对同类问题的生态修复积累了宝贵经验，取得了良好效果，对相应人工湿地填料进行了研制，解决了该技术体系的重要技术突破，使总氮、总磷的去除率更高。技术路线：通过控源截污并设置初期雨水调蓄池，以控制和消减入湖外源污染。在此基础上实施以原位净化为主的湖泊生态修复工程，同时合理利用湖泊周边地块修建旁路人工湿地对湖水进行循环净化。

**3. 技术特点**

（1）系统有效地集成了控源截污、水体原位净化（生态修复）及旁路人工湿地技术，利用各自优势进行污染湖泊综合治理。

（2）水体原位净化采用清水型健康水体生态系统构建技术，通过适度的人工干预，对高等水生植物、鱼类、大型底栖动物等关键物种进行调控，构建以沉水植物为核心的“草型清水”湖泊，提升水体自净能力，恢复生物多样性。

（3）旁路人工湿地采用多专利技术集成的人工湿地技术，对湖水实施循环净化。

## 技术指标

（1）该技术体系实施后的湖泊水体水质得到明显改善，一般水质可由劣Ⅴ类，提升到Ⅳ水质；水体透明度由0.2m以下提升到1.0m及以上。

（2）在生态系统改善上，随着水体沉水植物的恢复，及有益鱼类和底栖动物的放养，滨湖生物多样性得以完善和丰富，生态系统得以恢复，水体自净能力提升，富营养化程度得到有效控制，形成较为完善的清水型健康水体生态系统。

## 技术持有单位介绍

武汉中科水生环境工程股份有限公司系湖北长江产业投资集团全资子公司湖北省生态保护和绿色发展投资有限公司旗下控股公司，是国家高新技术企业。中科水生于2002年由中国科学院水生生物研究所发起成立，注册资本1.3亿元。2014年7月完成股份制改造，2016年2月2日成功登陆全国中小企业股份转让系统——新三板，并进入首批新三板创新层。2019年7月，公司成为湖北省长江投资集团的国有控股国有挂牌公司。公司现有员工220人，其中博士2人、硕士40余人，高级工程师10人，工程师60人。依托中科院水生生物研究所雄厚的科研实力作为核心

技术支撑和强大的技术保障，在国内完成了多项水体污染综合整治（生态修复）与污水处理（人工湿地）科研成果的转化，建立了污染源控制、清水型健康水体生态系统构建和水体原位净化等3个成熟的技术体系，形成了多领域技术集成和科技成果快速转化能力。

广州市水电建设工程有限公司成立于1975年，现为国家高新技术企业，具有水利水电工程施工总承包壹级、市政公用工程施工总承包壹级、房屋建筑工程施工总承包贰级、环保工程专业承包贰级、电力工程施工总承包叁级、送变电工程专业承包叁级、河湖整治工程专业承包叁级等资质。公司注册资本10300.45万元，是一家人才结构合理、专业技术精湛、施工经验丰富、机械设备配套齐全的建筑企业。

广州水电设计咨询有限公司成立于2019年，属于广州市水电建设工程有限公司的全资子公司，是一家人才结构合理、专业技术精湛、咨询服务优质的专业技术型企业。公司主要经营范围包括：水利工程设计服务；市政工程设计服务；工程技术咨询服务；工程造价咨询服务；工程结算服务；编制工程概算、预算服务；工程项目管理服务；环保技术推广服务；环保技术开发服务；环保技术咨询、交流服务；环保技术转让服务等。

## 应用范围及前景

适用于重度污染的湖泊、河流及景观水体的净化与处理等综合治理。该技术拓宽了生态修复的治理范围，很大程度上解决了重污染湖泊的治理难点。

自2015年以来，该技术体系应用于重度污染水体水环境水生态类的项目数量达10余项，合同额达20000万余元。主要包括武汉北太子湖水环境综合整治工程、武汉市桂子湖、牛海海水环境综合整治工程、湖北阳新县网湖水质降磷及水生恢复工程、湖北浠水策湖湿地生态保护与恢复工程、湖南常德津市市三湖公园水生态治理工程、湖南岳阳市南湖新区南湖主体及周边水域水环境综合治理及技术服务、湖南常德市滨湖公园水体水质改善等工程。

典型应用案例：

案例1：武汉北太子湖水环境综合整治工程。自2018年3月，武汉中科水生环境工程有限公司运用控源截污、水体原位净化（生态修复）及旁路人工湿地等技术集成对北太子湖进行治理，治理面积526000m²。自运行以来，湖泊生态系统逐步稳定，生物多样性明显提高，水质明显提升，达到地表水Ⅳ类标准的目标，且稳中有升，水面和水下景观层次丰富多样，整体治理效果显著。

案例2：湖南津市市三湖公园水生态治理工程。自2017年3月，武汉中科水生环境工程有限公司运用水体原位净化（生态修复）、微生物菌群净化系统等技术集成对三湖公园水体进行治理，治理面积120000m²。自2017年11月运行以来，三湖公园水体水质整体优于地表水Ⅳ类标准，部分达到了地表水Ⅲ类标准。湖泊生态系统逐步稳定，生物多样性明显提高，水面和水下景观层次丰富多样，整体治理效果显著，获得了周边居民和政府的肯定，成为居民休闲娱乐场所，大大改善了周边居民环境。

■北太子湖现场采样

技术名称：重度污染湖泊综合治理技术
持有单位：武汉中科水生环境工程股份有限公司、广州市水电建设工程有限公司、广州水电设计咨询有限公司
联 系 人：段昌兵
地　　址：湖北省武汉市武昌区新民主路786号华银大厦25楼
电　　话：027-87304028、13528738586

# 232 ISER河道底泥原位生态修复及资源化建设生态护岸成套技术

## 持有单位

堡森（上海）环境工程有限公司

## 技术简介

### 1. 技术来源

自主研发。“ISER（In - situ river ecological remediation）河道底泥原位生态修复及资源化建设生态护岸成套技术”，主要针对当前我国城乡中小型河道普遍存在的底泥资源化利用困难、处理成本高、岸坡坍塌水土流失严重、河床淤积、底泥重金属污染等生态环境问题，经过反复研究探索和实践论证的一项生态、安全、实用、无二次污染且综合成本低的生态护岸工程技术。

### 2. 技术原理

基于固化稳定化技术的理论研究，本着固体废物减量化、无害化和资源化的可持续发展理念，首先利用外加剂固化稳定底泥中污染物不迁移入环境中，使固化后底泥材料具有一定的力学性能；后续通过调整外加剂的配方、配比使固化后底泥环保材料满足不同的应用需求。将河道底部需要疏浚的底泥吸入搅拌机并添加淤泥调理修复材料，搅拌调制成具有流动性的淤泥浆液，通过泵送浇筑入模成型或者应用水下不分散处理剂直接水下浇筑施工，形成河道、湖泊的生态护岸结构体。处理后的淤泥具有一定的强度、孔隙率、水稳定性、重金属吸附性和抗流水冲刷性，使其满足护岸结构体的相关要求，同时多孔护坡兼具植生性，满足河道景观优化和生态环境恢复的功能。实现了疏浚泥原位资源化应用和生态修复相结合的治理新方案。

### 3. 技术特点

（1）原位疏浚底泥28d抗压强度根据护坡护岸结构体的结构稳定性、抗侵蚀性、植生性等设计性能要求，可满足0.5～3MPa范围内的强度要求；28d抗剪强度至少提升40%，具有极强的抗侵蚀能力，在多个项目的实际运用中，河岸整体抗水流侵蚀能力显著增强。

（2）容重比种植土减少10%～20%，实际工程证明，能有效地减轻驳岸的结构载荷。

（3）比表面积增大，适于植物的生长，氨氮去除效果明显，能有效地减轻面源污染。

（4）原位资源化利用河道疏浚底泥，缓解疏浚淤泥的处置矛盾，选用疏浚底泥，按不同的配比对其进行固化，极大保障了河岸区域的生态恢复效果。

## 技术指标

主要有：无侧限抗压强度、干密度、孔隙率、抗滑移性（黏聚力 $c$、摩擦角 $\varphi$）、允许最大不冲流速、重金属浸出毒性等。

如抗剪切性能：内摩擦角（°）和黏聚力(kPa)，堡森（上海）环境工程有限公司主要是将疏浚泥原位资源化用于制作生态护岸结构体工艺达到的内摩擦角为33.3°，黏聚力161.2kPa。

如无侧向抗压强度（MPa）：堡森（上海）环境工程有限公司主要是将疏浚泥原位资源化用于制作生态护岸结构体工艺达到的无侧向抗压强度0.5～3.0MPa。

## 技术持有单位介绍

堡森（上海）环境工程有限公司是一家以淤泥资源化利用、软土基加固、土壤修复治理、市

政管道非开发修复以及海绵城市建设方案咨询、设计、管理维护为一体的专业化高新技术企业。项目《河坡护岸原位生态修复固化剂》获得2018年上海市第十批高新技术成果转化A级认定，主编上海市地方标准《原位利用疏浚泥建设生态护岸技术规程》，申请或授予发明专利4项：一种用于生态修复的环保型水下不分散淤泥固化剂；一种基于疏浚泥原位固化的生态护岸及其制备方法；一种利用疏浚泥原位固化制备海绵土生态护坡的方法；一种固化剂及其制备方法（ZL201511012472.X）。

## 应用范围及前景

适用于城乡中小型河道生态修复及疏浚底泥原位资源化建设生态护坡、护岸，提升河坡护岸结构整体稳定性和抗侵蚀能力。

已在上海市崇明区、宝山区、奉贤区、青浦区和浙江省、江苏省等地完成疏浚底泥和渣土原位资源化应用，累计完成河道治理200多km，对120多万$m^3$淤泥和渣土实现资源化应用。累计3年完成产值7200多万元。

典型应用案例：

案例1：崇明区三星镇横河护岸和生态河道修复工程。此次工程对该河道2500m河段利用淤泥原位固化技术作生态护岸、护坡。利用ISER河道底泥原位生态修复并资源化应用于生态护岸建设技术对崇明区三星镇横河河道治理证明，固化后的淤泥河坡不仅成本工程成本低，经济效益高，而且河岸满足了抗冲刷及整体稳定性的要求，孔隙率高，可渗透性强，有利于河坡和外界进行物质和能量的交换，给动植物生长提供有利的环境，满足生态护坡的理念。

案例2：崇明区向化镇村级明沟生态修复工程。向化镇水系发达，纵横各村内。建设村村域内部有六滧河、南横引河两条主干河道，组成建设村的水网系统。镇内有多条南北向河沟，河塘散布各村域内，大多河沟较为杂乱无序。采用自主发明的一种基于疏浚底泥原位固化制备生态护岸进行河道生态修复。该生态护岸长度约5km，结构包括底部基础、生态隔梗、种植护坡区域，各个部分沿着河流到河岸的水平方向依次布置。修复后两年，生态效益显著。

案例3：宝山区罗店镇河道水环境综合整治。2018年在宝山区罗店镇河道水环境综合整治时，使用河道底泥原位生态修复及资源化建设生态护岸成套技术治理河道5.8km。该技术以河道疏浚底泥为原料，加入固化稳定处理剂形成固化海绵土，对河道的边坡、护岸及基质进行修复，同时修复河道的生态环境。取代了传统的水泥混凝土板桩的刚性硬质结构。河道疏浚底泥固化处理和生态修复后28d，河水中的溶解氧含量、透明度、氨氮含量等都有不同的改善。

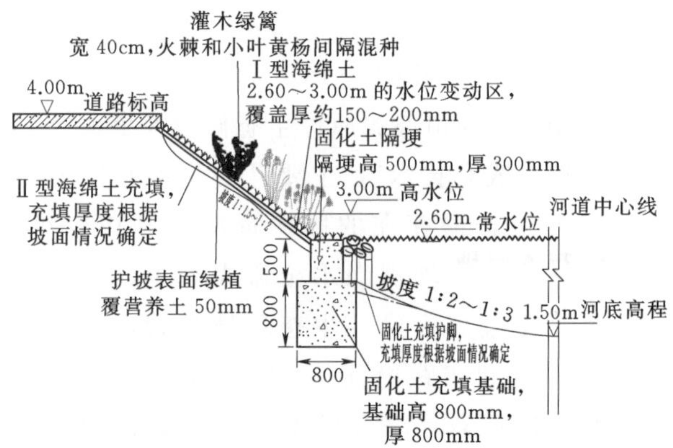


■上海崇明区纯阳村横河ISER型生态护坡标准断面

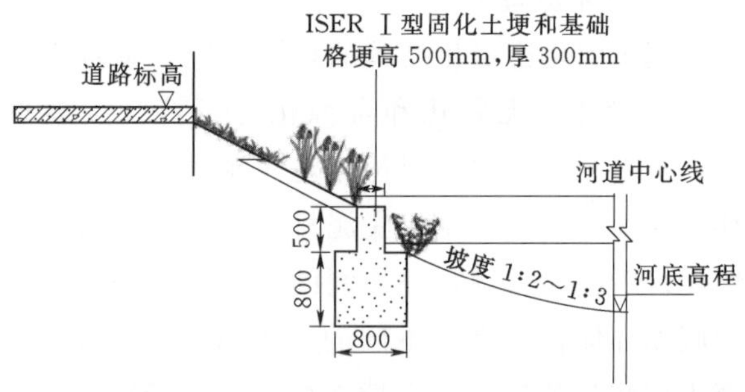


■上海崇明区建设村南横河ISER型生态护岸施工断面图

技术名称：ISER河道底泥原位生态修复及资源化建设生态护岸成套技术
持有单位：堡森（上海）环境工程有限公司
联 系 人：田旭
地　　址：上海市宝山区逸仙路3000号
电　　话：021-66760296、17316586356

# 233 基于BIM技术的机关节水监控平台

## 持有单位

北京奥特美克科技股份有限公司

## 技术简介

### 1. 技术来源

自主研发。原始取得，计算机软件著作权，登记证，登记号2019SR1191365，软件名称：公共机构节水监控平台软件（简称：节水监控软件）V2.0。

### 2. 技术原理

奥特美克公共机构节水监控平台利用最新物联网技术成果实现了公共机关单位内用水的分级、分区、分用途的计量和统计分析功能，为用户节水计划的制定提供数据支撑。此外平台对用水情况进行实时监控，通过夜间流量监控和用水阈值比较等手段，及时对因设备损坏和人为而导致水资源浪费现象进行报警，为事故及时处置提供信息推送。

### 3. 技术特点

从总体架构上，可自下而上分为5个层次。

(1) 感知层：实时采集和监控的智能无线计量终端，监控指标包括用水量、水压、水质等。

(2) 网络层：该层采用运营商NB移动网络，可支持灵活、安全、小功耗的数据通信。

(3) 数据层：承担基础数据与计量数据的采集、存储、分析和管理工作，便于数据同步和信息共享。

(4) 业务服务层：该层可同时支持仪表的远程计量、监控、诊断、维护和管理。

(5) 展示层：包括运维监控PC版、运维监控小程序，它们通过服务器来访问数据。

## 技术指标

(1) 采用电池NB供电远传水表，每小时整点上报读数，一天报24次，水表续航72个月。

(2) 使用NB-IoT通信模式，只消耗大约180kHz的带宽，可直接部署于GSM网络、UMTS网络或LTE网络，以降低部署成本、实现平滑升级。

(3) 具有PC监控端、手机APP端多种操作方式，适用于多场景应用。

(4) 水表阀门提供多种控制方式，例如本地、远程操控，高效地进行远程控制。

## 技术持有单位介绍

北京奥特美克科技股份有限公司专业从事水利、水务、环保信息化系统的规划设计、咨询评估、软硬件产品开发与服务。公司是国家高新技术企业、北京市专利试点企业、北京市标准化试点企业、中关村科技园区海淀园企业博士后工作站。

## 应用范围及前景

适用于公共机构用水的计量、监控。

典型应用案例：

于2019年7月实施广东省水利厅机关节水项目，于2019年10月进入试运行；于2019年9月实施吉林省水利厅机关节水项目，于2020年3月完成验收。

技术名称：基于BIM技术的机关节水监控平台
持有单位：北京奥特美克科技股份有限公司
联 系 人：郝强
地　　址：北京市海淀区西北旺东路中关村软件园二期互联网创新中心6层601
电　　话：010-82894255、15810547492

# 234 适用于蒸发冷系统的ECT水处理装置

## 持有单位

北京洁禹通环保科技有限公司

## 技术简介

**1. 技术来源**

自主研发。实用新型名称：一种适用于蒸发冷系统的ECT水处理装置（ZL201920762824.0），一种地铁空调循环冷却水的回用系统（ZL201520789293.6）。

**2. 技术原理**

适用于蒸发冷的ECT水处理装置由精密过滤单元、在线水质监控单元、电析垢单元、设备箱体、智能加药单元、水质排污单元、旁流管路等组成。采用电化学综合处理工艺，同时具备水质在线监测智能控制、智能排污、精密过滤等功能。满足蒸发冷系统对水质要求，同时实现免维护，减少后期维护成本。

**3. 技术特点**

该种实用新型通过电析垢处理后和循环水通过全自动智能加药单元，全自动添加级蚀阻垢和杀菌来藻剂，以进一步保持水质稳定，经电析垢和加药处理后的循环水进入精密过滤器对循环水进行过滤处理，确保进入水箱的水经过过滤网过滤，以防止喷淋系统堵塞。

## 技术指标

（1）介质温度：0～90℃。

（2）工作环境温度：－25～＋55℃。

（3）相对湿度：≤95％。

（4）控制腐蚀率：＜0.075mm/a（碳钢），＜0.005mm/a（不锈钢、铜）。

（5）防垢除垢效率：＞98％。

（6）杀菌灭藻率：＞99％。

（7）压力损失：0.005～0.02MPa（初阻力）。

（8）工作压：1.0MPa、1.6MPa、2.5MPa。

## 技术持有单位介绍

北京洁禹通环保科技有限公司成立于2008年，是一家集水处理及空气净化设备，研发、制造、安装、调试、运营管理和售后服务于一体的高新技术企业。公司拥有现代化的标准环保厂房，软硬件设施配套齐全，公司通过了ISO 9001质量管理体系认证、ISO 14001环境管理体系认证，拥有完备的水处理及空气净化设备产品系列，以满足客户的不同需求。公司一直秉承积极开拓的精神，持续创新的科技进步理念，拥有专利60多项，其中发明专利28项，技术产品形成了独特的市场竞争优势，产品畅销全国并出口海外。

## 应用范围及前景

适用于蒸发冷系统的循环水系统，可应用于热电、化工、采暖等工业领域，也适用于地铁、市政大楼等场景。

该产品遍布北京地铁、上海地铁、广州地铁、天津地铁、重庆地铁、武汉地铁、郑州地铁、杭州地铁、巴基斯坦拉合尔地铁等30余个城市的数80多条地铁线路，好丽友工厂、一汽大众汽车工厂、丽都饭店、雁栖湖国际中心、世纪互联数据中心（北京、上海、深圳、江苏）、万达广场（银川、东莞、营口、广州）、中国移动数据中心、世纪互联数据中心、华为数据中心、九江银行等项目，创造了大量的优良业绩。

典型应用案例：

2019年4月，该装置顺利应用在杭州地铁1

号线给排水系统。适用于蒸发冷系统的 ECT 水处理装置在杭州地铁线 8 个站投入应用，循环冷却水水质保持良好，pH 值为 6.8～9.5 碳钢腐蚀率<0.075mm/a，铜腐蚀率<0.005mm/a，经业主、设计院等多方考察与检测，认为该装置可实现高效水处理的同时减少排污，实现节水，同时减少人工维护成本。

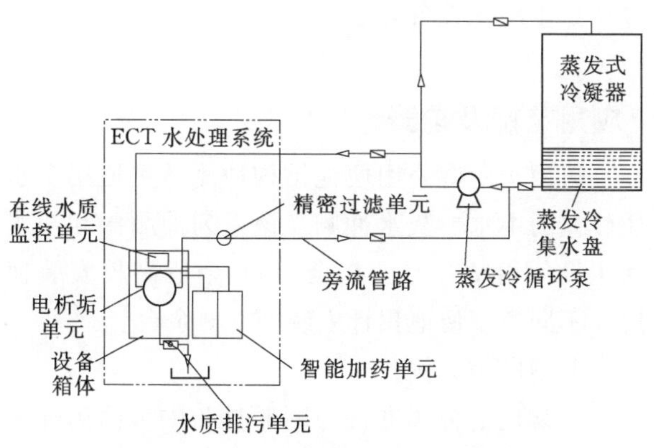


■蒸发冷 ECT 旁流型水处理系统原理图

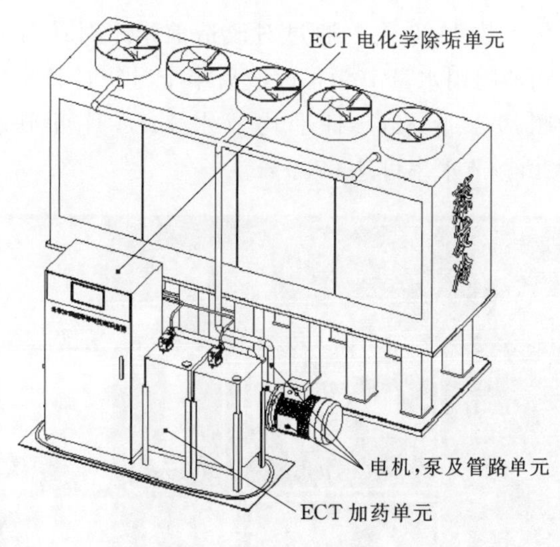


■装置各单元示意图

■蒸发冷 ECT 水处理装置

技术名称：适用于蒸发冷系统的 ECT 水处理装置
持有单位：北京洁禹通环保科技有限公司
联 系 人：赵丽霞
地　　址：北京市海淀区青东商务区 C 座 4 层
电　　话：010-68647289、18001313233

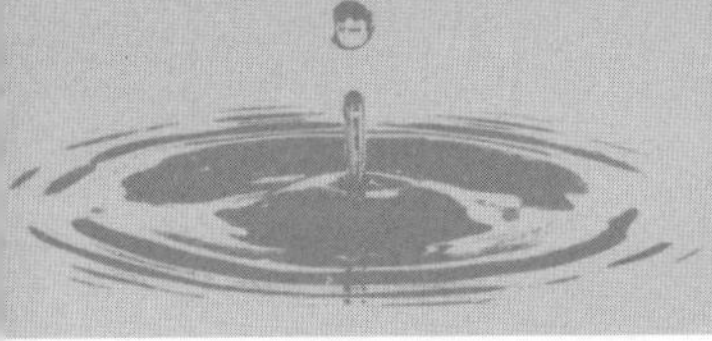



# 235　公共机构系列冲厕节水器具

## 持有单位

河南上善科技有限公司

## 技术简介

**1. 技术来源**

自主研发。

**2. 技术原理**

该技术根据不同便池结构用厕特点、不同器具冲厕用水规律，采用不同的红外检测技术，通过设定的不同程序控制电机驱动放水球阀开启、关闭的时间，实施不同冲厕水量的自动调节，实现冲厕器具精细化、智能化节水调控、自动控制运行及在无电或检测、控制出现问题时手动应急冲厕。

**3. 技术特点**

（1）自动冲厕阀全部采用微型电机驱动球阀机构，不仅实现了自动开启、关闭，操控便捷。

（2）工作可靠稳定、使用寿命长，运维成本低。

（3）克服了现用自动电磁冲厕阀无法适用于中水、灰水冲厕和通用延时阀长期使用中水、灰水冲厕易损坏的问题。

## 技术指标

经国家节水器具产品质量监督检测中心检测，符合CJ/T 194—2014《非接触式给水器具》标准要求。通过新华节水认证。

## 技术持有单位介绍

河南上善科技有限公司主要从事公共机构大、中、小学校节能减排、环境保护相关产品的研发、生产、销售、服务。公司相继研发了公用卫生间等系列全自动手电一体冲厕器具和灰水全自动收集、处理、回用冲厕系统；绿色校园节水、节电、节暖综合智能管控服务平台及便携式焊切烟尘净化设备等。

## 应用范围及前景

适用于所有公用便池结构冲厕，更适用于水质较差的中水、灰水冲厕。该系列冲厕阀和灰水回用设备相结合，已在全国80余所高校安装使用，不同类型便池累计安装20000余台。

典型应用案例：

在某校宿舍楼进行冲厕器具和中水回用冲厕改造时，将该楼12个卫生间、84个单蹲便池采用的脚踏式延时阀更换为单蹲自动冲厕阀。该楼居住人数1130人，通过对改造前半个月统计日平均冲厕用水量109t，改造后半个月统计日平均冲厕用水量35t，日平均节水74t，月可节水2220t，节水率可达67.9%。

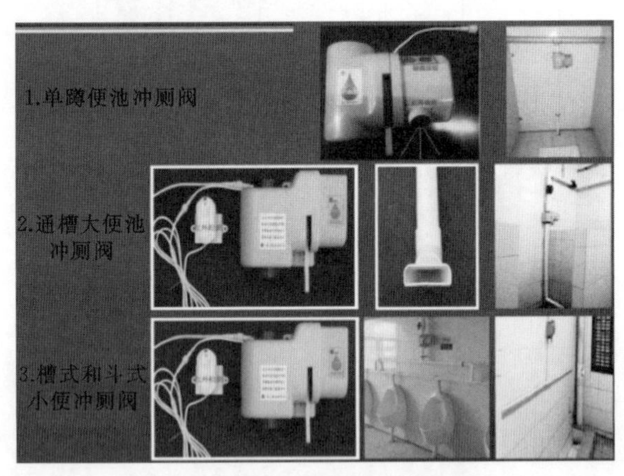


■系列冲厕节水器具

| | |
|---|---|
| 技术名称： | 公共机构系列冲厕节水器具 |
| 持有单位： | 河南上善科技有限公司 |
| 联 系 人： | 杨权 |
| 地　　址： | 河南省郑州市高新区渠瑞二路西端 |
| 电　　话： | 0371-56666735、13603868995 |

# 236　移动支付（扫码技术）在机井控制与水价改革方面的应用

## 持有单位

河南沃德智能化工程有限公司

## 技术简介

**1. 技术来源**

自主研发。2018 年移动支付在机井控制与水价改革方面的应用研发项目经河南省科学技术厅组织专家鉴定。

**2. 技术原理**

该技术采用物联网技术实时监测功能，让水源的利用更加切实可控，对地下水位，用水量、水质的状况等一目了然，通过平台向终端设备发送指令，控制水泵的开关，对农户的用水进行科学配置，并可实现阶梯水价，还可依据土壤墒情和作物用水实施精准灌溉，提高灌溉利用率，养成节水好习惯，是“互联网＋机井”的具体应用。

**3. 技术特点**

（1）基于 NFC 技术，研发了机井扫码灌溉平台，可在移动端实时控制。

（2）水价采用指数函数，使水价的计算更加精准、科学。

（3）采用 IT 相关技术，开发和优化了机电井用水管理软件，提高了电量、水量计量精度，对于落实国家最严格水资源管理制度具有重要意义。

## 技术指标

（1）可以根据农户的土地面积、作物种类、土壤性质合理计算一年的需水量，并分配用水量指标，当超过指标时，实行阶梯水价，用水要付高价，或者不能用水。

（2）手机上能实时显示用户本年度还剩余多少可用水量，时刻提醒人们节约用水。

（3）开发了机井计量与扫码缴费平台，将微信、支付宝嵌入到系统中，可以网上实时缴费。

## 技术持有单位介绍

河南沃德智能化工程有限公司，是一家专业从事大数据、物联网、信息化、自动化的高新技术企业。公司主要产品有各种型号的电子产品、农村饮水安全工程自动化管理系统设备、全自动化灌溉系统、视频监控设备、远程监控设备、节能设备，环保工程以及安防工程等。

## 应用范围及前景

适用于水资源管理、节水灌溉、水价改革等领域。该成果针对机井灌溉问题，研发了机井扫码灌溉平台，对于推进机井用水量管理、水权交易和扫码灌溉自动化，具有重大现实意义。

典型应用案例：

河南省鄢陵县 2018 年农田水利项目高效节水灌溉工程 IX 标段。由河南沃德智能化工程有限公司安装的一种移动支付机井控制终端机具有扫码付费、用水总量控制、远程监控等功能，在鄢陵县 2018 年农田水利项目高效节水灌溉工程项目中得到成功应用，受到用户广泛好评。

技术名称：移动支付（扫码技术）在机井控制与水价改革方面的应用
持有单位：河南沃德智能化工程有限公司
联 系 人：谭兴华
地　　址：河南省郑州市金水区鑫苑路 10 号院
手　　机：15038287566

# 237 水利工程施工营地移动式一体化污水处理设备

## 持有单位

山东黄河河务局工程建设中心

## 技术简介

### 1. 技术来源

自主研发。实用新型专利：一种适合黄河施工营地的移动式一体化污水处理设备（ZL2017 20896828.9）。

### 2. 技术原理

水利施工营地移动式一体化污水处理设备，包括格栅池、调节池、缺氧池、好氧池、二沉池、消毒池和污泥池，格栅池、调节池、缺氧池、好氧池和二沉池通过管道依次连通，二沉池的上部与消毒池连通，二沉池的底部与污泥池连通，缺氧池内设置第一填料，好氧池内设置第二填料，好氧池底端中部设置曝气管，曝气管与潜水曝气机连接，好氧池为圆形，调节池内设置污水提升泵，污水提升泵能够将调节池内的污水提升至缺氧池内，好氧池与缺氧池之间设置管道，好氧池内的污水能够进入缺氧池。该污水处理设备总体采用A/O生物处理工艺对污水进行处理，有效地减少污水排放。

### 3. 技术特点

移动式一体化污水处理设备具有体积小、处理效率高、出水水质好、全自动运转、移动方便且便于安装、相较于固定污水处理设备投资低、性价比高等特点，应用于黄河等工程的野外施工营地的污水处理是非常适合。

## 技术指标

（1）设计水量：根据野外施工污水站的设计要求，污水处理站的设计规模按日处理量为$20m^3$。

（2）原污水水质（化粪池出水）：pH＝6.0～9.0，$COD_{Cr}=300\sim550mg/L$，$BOD_5=100\sim200mg/L$，SS＝300mg/L。

（3）出水水质：出水达到GB 8978—1996《污水综合排放标准》中的一级标准。

## 技术持有单位介绍

山东黄河河务局工程建设中心主要承担山东黄河流域工程建设项目法人职责履行。主要科研项目：水利工程施工营地的移动式一体化污水处理设备；黄河下游险工坝坡加固新材料研究；黄河下游近期防洪工程移民生产生活水平分析与评价等。

## 应用范围及前景

适用于水利工程施工营地生活、生产污水处理，也能应用于其他分散式点源废水治理市场，如：饭店、宾馆、度假村、旅游景点、新农村及社区、高速路服务站、医院、学校等地点。

已将该移动式一体化污水处理设备列入了推广项目，在黄河流域进行了推广应用，应用工程名称：金堤河干流河道工程（山东段）；东平湖蓄滞洪区防洪工程；黄河下游防洪工程（山东段）；金堤河干流河道工程（山东段）等，已销售32（台/套）。具有很好的经济效益、社会效益和生态效益。

技术名称：水利工程施工营地移动式一体化污水处理设备
持有单位：山东黄河河务局工程建设中心
联 系 人：贾士强
地　　址：山东省济南市黑北路157号
电　　话：0531－86987355、13964137587

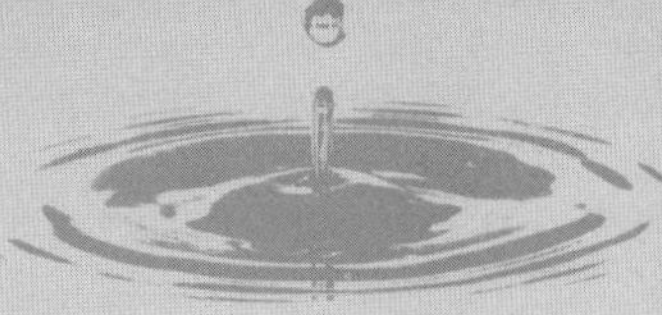

# 238 旋转错流式膜分离设备

## 持有单位

苏州膜海水务科技有限公司

## 技术简介

**1. 技术来源**

自主研发。发明名称：旋转式膜分离装置及其应用（ZL200910224681.9）；发明名称：一种旋转错流式真空膜蒸馏装置（ZL201410736076.0）。旋转错流式膜分离设备2016年被江苏省科技厅认定为高新技术产品。

**2. 技术原理**

旋转错流式膜分离设备，采用独特的结构设计，通过转盘式膜组件在水中的程控旋转而实现错流过滤，膜转盘在切向运行过程中产生的剪切力、离心力和滤液湍流，高效冲刷和清洁膜表面，设备无需预置滤芯、滤柱等需要频繁更换的装置，设备出水满足GB 5749—2006《生活饮用水卫生标准》。

**3. 技术特点**

（1）变“静态”膜设备为“动态”运行的集成化膜设备，与传统的膜表面曝气冲刷和滤液循环错流方式相比，平均膜通量提高了25%，操作能耗降低40%，彻底避免滤层堵塞，抗污染性能优越。

（2）无须前置复杂的预处理和保安过滤装置，允许高悬浮物、高浊度原水直接进入超滤设备，出水浊度小于0.1NTU，吨水产水成本降低30%以上。

## 技术指标

（1）直接适用于未受化学污染的江河湖塘水、浅井水、集雨水等天然水源水。

（2）无须滤罐、滤芯、滤柱等预处理装置即可对水源水进行净化处理。

（3）核心膜组件使用寿命不低于8年。

（4）出水水质稳定，浊度<0.1NTU，大肠杆菌为0，优于国家饮用水卫生标准。

（5）设备日供水量20～200t不等，可根据设计水量组合，日供水量可达20000～30000t。

## 技术持有单位介绍

苏州膜海水务科技有限公司为从事水处理技术研发及成套设备制造的国家高新技术企业。

## 应用范围及前景

适用于农村饮水安全工程、野外饮用水净化和乡镇自来水厂建设及改造工程。旋转错流式膜分离设备迄今已在广西、重庆、甘肃、贵州、湖南、浙江等山区农村饮水安全工程中获得成功应用，完成村镇饮水净化项目55项，销售旋转错流式超滤净水设备106台，取得良好的社会效益。

典型应用案例：

山东寿光和青州两市的农村饮水安全工程项目，产水规模分别达到20000m³/d和14000m³/d，为目前国内规模最大的超滤-反渗透双膜法工艺自来水厂，超滤部分采用旋转错流式膜分离设备作为反渗透的预处理，成功为30多万农民解决了饮用水硝酸盐超标问题，社会效益显著。

技术名称：旋转错流式膜分离设备
持有单位：苏州膜海水务科技有限公司
联 系 人：王昆
地　　址：江苏省苏州市高新区锦峰路158号15幢102室
电　　话：0512-69371229、18201756202

# 239 RD系列污水处理及水质提升技术

## 持有单位

南京瑞迪建设科技有限公司

南京水利科学研究院

## 技术简介

**1. 技术来源**

自主研发。实用新型名称：基于接触氧化组合复合介质过滤系统的污水处理设备(ZL201721525059.8)。

**2. 技术原理**

该技术根据污水处理、水体水质提升工况需求，运用多种新型污水处理系统、新型污水处理载体、材料，通过合理的工艺整合集成形成。新型污水处理系统包含用于固液分离的高效气浮分离系统、高密度沉淀池系统；用于污染物降解的多段式生化系统、动态膜系统。新型污水处理载体、材料、药剂包含利于硝化菌聚集促进硝化作用的PVA载体；对生化反应起催化作用的铁基质生物填料；利用脱氮硫杆菌生长，提高TN去除率的SODP载体；快速、无毒害、无二次污染的RD-Q系列絮凝剂、$NH_3$-N、TP去除剂等。

**3. 技术特点**

(1) 该技术主要解决水质提升和点源污染的问题。形成的一体化水处理设备占地面积小、能耗低、维护简单方便，在需要情况下可采用地埋方式，出水水质优良，通过设备处理出水主要指标可达到地表水环境标准Ⅳ类要求。

(2) 各类新系统、新载体、新材料既可单独或组合应用于河道水质提升、污水处理厂提标改造等场景，也可以形成一体化水处理设备，用于城乡生活和工业污水处理。

## 技术指标

出水主要指标（COD、氨氮、总磷）可达到GB 3838—2002《地表水环境质量标准》Ⅳ类标准。

## 技术持有单位介绍

南京瑞迪建设科技有限公司是经水利部批准成立，由南京水利科学研究院出资成立的国有独资集团公司，公司业务已有30多年发展历史，是国家级高新技术企业、全国水利优秀企业。公司主要从事水利、水电、交通、能源、铁路、市政、建筑、海洋、石油、化工、环境等行业相关技术领域的研发；从事工程勘测设计、施工、监理、咨询评估、监测检测、项目总承包、投资与项目管理；从事工程新材料、监测仪器与信息化系统的研发、生产和销售；从事承包国外工程项目、对外派遣实施境外工程的劳务人员；自营和代理各类商品及技术的进出口业务。

南京水利科学研究院建于1935年，原名中央水工试验所，是我国最早成立的综合性水利科学研究机构；2001年被确定为国家级社会公益类非营利性科研机构。主要从事基础理论、应用基础研究和高新技术开发，承担水利、交通、能源等领域中具有前瞻性、基础性和关键性的科学研究任务，兼作水利部大坝安全管理中心、水利部水闸安全管理中心、水利部应对气候变化研究中心、水利部基本建设工程质量检测中心、水利部水文仪器及岩土工程仪器质量监督检验测试中心。

## 应用范围及前景

适用于河道水质提升、污水处理厂提标改造，生活污水及工业污水处理等。

该污水处理技术由于其相较于传统工艺的优越性及广泛适应性，自 2016 年开始推广应用以来，在全国各地已推广多个工程实例，呈现蓬勃发展之势。目前本技术已在深圳、杭州、嵊州等地多项工程中推广应用，包含污水处理厂提标改造，黑臭河道治理、污水排放口应急处理等多个领域。

典型应用案例：

案例 1：G20 杭州峰会核心区水质提升项目。2016 年 9 月 G20 峰会在中国杭州举办，作为峰会会场的钱江世纪城濒临钱塘江，河网部分水质较差、影响河道水景观功能的发挥，不能满足峰会期间水景观需求。为改善区域水环境质量，对核心区河道水质进行综合治理，综合治理方案中采取一体化水处理设备解决生活污水应急处理的问题，在杭州国际博览中心、佳丰北苑、利二花苑等区域建设 10 套一体化污水处理设备，设备规格 100～500 $m^3/d$，总投资 855 万元，污水经过处理后出水主要指标（COD、氨氮、总磷）达到 GB 3838—2002《地表水环境质量标准》Ⅳ类标准。

案例 2：深圳市坪山区三洋湖黑臭河涌治理项目。为解决三洋湖河涌黑臭的问题，深圳市市政工程总公司承接雨污管网 EPC 项目针对此河道进行全面治理，重点建设应急处理设施，由南京瑞迪建设科技有限公司承接此污水处理设施建设。项目合同金额为 245 万元，总设计处理规模为 $Q_w=1000m^3/d$。总占地面积约 $200m^2$，污水经过处理后出水主要指标（COD、氨氮、总磷）达到 GB 3838—2002《地表水环境质量标准》Ⅳ类标准。

案例 3：嵊州万年亭泵站污水处理运营服务项目。针对嵊新污水处理厂接纳污水量逐年升高，超出了污水厂的设计规模，对下游居民的健康和水环境安全带来威胁的问题，2017 年 6 月 8 日绍兴市人民政府召开了“关于解决嵊新污水处理厂超负荷运行等有关问题的协调会”，明确建设应急处理设施，2017 年 8 月底前完成。项目总设计规模为 $Q_w=20000m^3/d$，污水经过处理后出水主要指标（COD、氨氮、总磷）达到 GB 3838—2002《地表水环境质量标准》Ⅳ类标准。

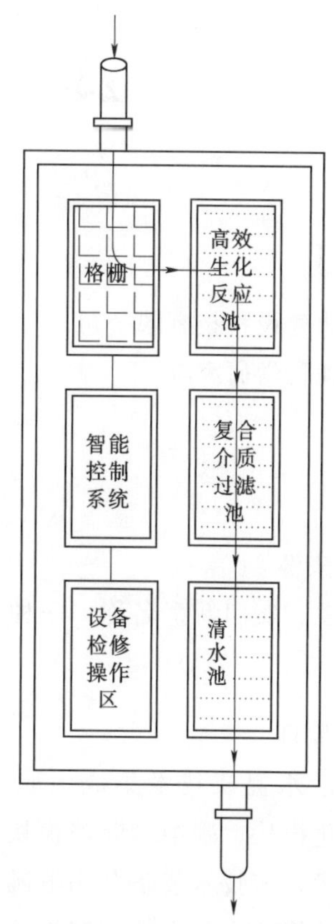


■污水处理设备示意图

技术名称：RD 系列污水处理及水质提升技术
持有单位：南京瑞迪建设科技有限公司、南京水利科学研究院
联 系 人：吴月龙
地　　址：江苏省南京市鼓楼区广州路 223 号
电　　话：025-85828789、13952037626

# 240 复合式活水提质技术

## 持有单位

南京瑞迪建设科技有限公司

南京水利科学研究院

## 技术简介

**1. 技术来源**

自主研发。实用新型名称：一种原位生态活水净水设备（ZL201721805212.2）。

**2. 技术原理**

复合式活水提质技术集成了原位水循环模块、高级氧化模块、碳纳米除藻模块、能量波模块等多项技术。该技术装备利用电磁效应及光催化效应，能够快速提升水体溶解氧并激活土著微生物高效降解水体中污染物，同时降解底泥中污染物，增加水环境容量，迅速实现水质提升，并长期为水生态系统恢复创造条件和提供保障。

**3. 技术特点**

（1）该技术能够快速增氧，效率是常规增氧设备的10倍以上，对COD、氨氮、总氮、总磷的去除率可达60%～90%，并且能够大范围清除单细胞藻类、防止水华暴发。

（2）能够催化激活土著微生物、提高微生物活性，同时高效去除水体和底泥中污染物，不需清理底泥而实现泥、水共治。该技术可以达到快速提升水质，并形成水体自我净化能力，为水生态系统的恢复提供保障，达到长效治理的目的。

## 技术指标

该技术对水体溶解氧提高40%以上，对COD、氨氮、总氮、总磷等主要指标的去除率可达60%～90%。

## 技术持有单位介绍

南京瑞迪建设科技有限公司是经水利部批准成立，由南京水利科学研究院出资成立的国有独资集团公司，公司业务已有30多年发展历史，是国家级高新技术企业、全国水利优秀企业。公司主要从事水利、水电、交通、能源、铁路、市政、建筑、海洋、石油、化工、环境等行业相关技术领域的研发；从事工程勘测设计、施工、监理、咨询评估、监测检测、项目总承包、投资与项目管理；从事工程新材料、监测仪器与信息化系统的研发、生产和销售；从事承包国外工程项目、对外派遣实施境外工程的劳务人员；自营和代理各类商品及技术的进出口业务。

南京水利科学研究院建于1935年，原名中央水工试验所，是我国最早成立的综合性水利科学研究机构；2001年被确定为国家级社会公益类非营利性科研机构。主要从事基础理论、应用基础研究和高新技术开发，承担水利、交通、能源等领域中具有前瞻性、基础性和关键性的科学研究任务，兼作水利部大坝安全管理中心、水利部水闸安全管理中心、水利部应对气候变化研究中心、水利部基本建设工程质量检测中心、水利部水文仪器及岩土工程仪器质量监督检验测试中心。

## 应用范围及前景

适用于水库、湖泊、河道、水塘等水体的蓝藻去除、水质提升和自净能力构建。自2018年开始推广应用以来，该技术已在广东深圳、浙江金华、四川资阳、河北雄安等地多项工程中推广应用，包含水库、河道等工况，涉及水质提升、蓝藻治理等领域。

典型应用案例：

案例 1：金兰水库复合式原位活水水质提升项目。金兰水库位于金华市婺城区境内，总库容 9124 万 $m^3$，正常库容 6800 万 $m^3$，水质保护目标为Ⅱ类。金兰水库库湾—李兰湾水域面积约 30000$m^2$，长约 350m，宽 50～200m。在强降雨季节，由于支流石宫溪沿途的生活垃圾、枯枝败叶进入，加上库湾水体流动性差，易形成适合藻类生长的自然环境，从而影响水库水质。2019 年，金兰水库管理中心采用复合式活水提质装备进行水库治理，在李兰湾水域投放安装 600 型复合式原位活水水质提升设备 1 台，抑制藻类生长作用范围 2 万～3 万 $m^2$，水质提升范围 2 万～3 万 $m^2$，运营维护期为 5 年，用于提升该区域水质，提高水库饮用水质量。

案例 2：复合式原位活水水质提升装置在深圳市河道的适用性研究。茅洲河、观澜河、大沙河、龙岗河及布吉河几大流域属于深圳地区是其中较为典型的河道，其雨源型河道特征是水位暴涨暴跌、水量时间、空间分布极度不均，且污染源错综复杂，如此变化剧烈的工况，使得常规的曝气增氧设备较难以适应，且作用范围、效果不佳。为解决上述问题，深圳市河道管理中心拟应用复合式活水提质技术进行治理。考虑河道治理不只有共性，不同地区的河道也存在其特殊性，因此对该设备进行适应性测试。2018 年，深圳市河道管理中心委托南京瑞迪建设科技有限公司完成《复合式原位活水水质提升装置在深圳市河道的适用性研究》咨询工作。适应性研究结果表明，复合式活水提质设备能显著增加水体中的溶解氧，为本土微生物的生长创造有利环境，增强水体的自净能力，长期稳定的降解氨氮、总磷等营养物质。

技术名称：复合式活水提质技术
持有单位：南京瑞迪建设科技有限公司、南京水利科学研究院
联 系 人：吴月龙
地　　址：江苏省南京市鼓楼区广州路 223 号
电　　话：025－85828789、13952037626

# 241 海水淡化无土水培种植高效节水技术

## 持有单位

青岛风生海水淡化研究院有限公司

## 技术简介

**1. 技术来源**

自主研发。

**2. 技术原理**

海水淡化无土水培种植主要由3大系统组成：非并网海水淡化系统、水培系统和温室系统。该技术主要是通过海水淡化与水培蔬菜技术的结合将大量用水的生产方式变为“零”用水的生产方式，解决了水资源短缺等问题，在技术上还将海水淡化高耗能产业通过与风、光、潮汐等新能源的结合使成本大大降低，在根本上解决了水资源的问题。

**3. 技术特点**

海水淡化无土水培种植方舱首次提出利用海水淡化供给无土栽培，对海水淡化的适用性技术研究及现代化无土栽培应用区域的拓展具有重要指导意义和应用研究价值。该技术比常规水培系统节水100%，运营成本降低约30%。

## 技术指标

经过山东省产品质量检验研究院检测，海水淡化出水指标合格，并且已经达到或超过水培蔬菜水处理技术的水平与要求。

## 技术持有单位介绍

青岛风生海水淡化研究院有限公司是在青岛国际院士港平台上孵化成立的集研发、制造、销售、安装、售后服务为一体的国际化推广平台。

## 应用范围及前景

适用于各种大量需要水或者对水质要求较高的工程。

典型应用案例：

案例1：2010年给江苏风盛新能源科技有限公司应用1台100T/D的海水淡化设备，出水稳定，水质合格，并运行8年之久。

案例2：2014年5月19日，世界首个兆瓦级非并网风电淡化海水示范项目在大丰成功调试出水，配备1Wt/h海水淡化设备，该设备为1代产品，设备运行至今良好，通过江苏省产品质量检验研究院检测，出水指标合格，并且已经达到或超过水培蔬菜水处理技术的水平和要求。

案例3：2019年1月—2020年4月，在青岛李沧区白泥地推广应用1台套200T/D新型海水淡化设备，设备运行情况良好。通过山东省产品质量检验研究院检测，出水指标合格，并且已经达到或超过水培蔬菜水处理技术的水平和要求。

案例4：2019年4月至今，在珠海外伶仃岛上建设的1台套1000T/D新型海水淡化设备，合同已经签订，正在施工。

以上新型海水淡化装备配合欧洲水培蔬菜技术，淡化水出水稳定，指标合格，已经达到或超过已有的水培蔬菜水处理技术的水平和要求，在成本方面也要比传统的水培蔬菜技术降低30%。

技术名称：海水淡化无土水培种植高效节水技术
持有单位：青岛风生海水淡化研究院有限公司
联 系 人：李常亮
地　　址：山东省青岛市李沧区金水路
电　　话：0532-68698512、15588977658

# 242 集成式一体化生活污水处理设备

## 持有单位

青岛鑫源环保集团有限公司

## 技术简介

### 1. 技术来源

自主研发。实用新型名称：一种一体化生活污水生化处理装置（专利号 ZL201821210697.5），T/SDAS-44—2018《集成式一体化净水装置》团体标准主编单位。

### 2. 技术原理

集成式一体化生活污水处理设备，包括：内层罐体设置在外层罐体内，内层罐体外侧壁和外层罐体内侧壁之间形成用于接收生活污水的第一腔室，内层罐体为第二腔室，第一腔室和二腔室底部连通；污泥泵与第二腔室连通且将沉积在内层罐体底部的污泥输送至第一腔室内；曝气装置分别与第一腔室和第二腔室连通，并通过调节曝气量使第一腔室和第二腔室分别形成厌氧环境和氧环境；通过该实用新型，污泥泵将第二腔室沉淀的部分污泥抽送至第一腔室，为第一腔室内的污水处理提供所需微生物，回流污泥、原水与回流的混合液在第一腔室内在水流的作用下得到充分的搅拌，无须增加电力驱动搅拌器便实现了第一腔室内污泥和水的有效混合。

### 3. 技术特点

（1）该技术通过改变布水方式以及箱体形状，解决了在缺少搅拌设备的情况下，厌氧池/缺氧池内污泥沉降的问题，并且箱体基本不存在水流的死角问题，箱体得到了最大化的有效利用，使设备能够达到预期的设计效果。

（2）该产品的应用可以解决小型污水设备的厌氧搅拌问题，防止污泥沉积，还可以形成好氧、兼氧交替的环境，有利于消化、反硝化阶段的融合，减少设备面积和碳源的不均衡消耗，对同步除碳脱氮有良好的效果。

## 技术指标

出水水质可以达到《城镇污水处理厂污染物排放标准》规定的一级 A 要求，工艺单元齐全，操作简单，运行费用低，占地面积小，施工周期短，适用于 500t/d 规模以下的污水项目。

## 技术持有单位介绍

青岛鑫源环保集团有限公司成立于 2009 年，是集水技术引进、研发、设计、水处理设备制造、水环境治理、市政水厂投资运营、施工总承包为一体的综合性高新技术企业，拥有国家专利 25 项，软件著作权 19 项。

## 应用范围及前景

适用于乡镇生活污水处理。

典型应用案例：

案例 1：贵州关岭自治县大禹水利建设投资开发有限责任公司关岭县城镇排水工程 4 个乡镇 12 个片区，每天处理量 30～600$m^3$，主设备采用该集成式一体化污水设备，全地埋式，设备间地上式，出水一级 A 排放标准，保障镇区居民生活的需求。自 2019 年 1 月至今，产品运行良好。

案例 2：宁夏吴忠市利通区农村生活污水处理项目，每天处理量 300～500$m^3$，主设备为该集成式一体化污水设备，全地埋式，设备间合并地下式，出水一级 A 排放标准。自调试出水后设备出水优良，部分回收用于灌溉。

案例 3：贵州关岭自治县大禹水利建设投资

开发有限责任公司2018年易地扶贫搬迁工程3个片区，每天处理量500m³，主设备为该集成式一体化污水设备，出水一级A排放标准，水质较好，运行稳定。

技术名称：集成式一体化生活污水处理设备
持有单位：青岛鑫源环保集团有限公司
联 系 人：吴莹
地　　址：山东省青岛市高新区正源路35号
电　　话：0532-87700037、15753216098

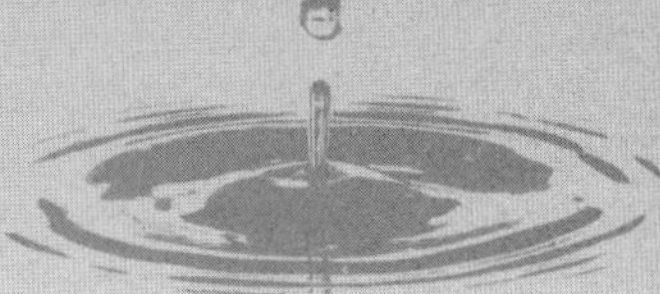

# 243 流量分区智能供水系统

## 持有单位

山东科源供排水设备工程有限公司
中国水利水电科学研究院
北京中水润德科技有限公司

## 技术简介

### 1. 技术来源

自主研发。发明名称：城乡供水一体化管网压力优化调度智能控制系统及使用方法（ZL201510222759.9）；实用新型名称：流量分区智能供水系统（ZL201621434700.2），一种新型分区智能供水系统及供水装置（ZL201721235668.X）；软件名称：科源数控流量分区变频变量变压控制系统软件（软件著作权登记号2018SR301631）。

### 2. 技术原理

流量分区智能供水系统由流量分区供水无缝搭接控制系统、流量分区计量系统、用户用水状态监测反馈系统和远程传输监测报警系统组成。利用全时段、全流量、全变频控制技术，通过各机组全变频调速方式，克服传统节能技术存在的缺陷，确保各种方式下的全部水泵机组均运行在各自高效区内，可实现城乡供水中小泵站泵组在节能高效区运行，水泵机组效率提升20%以上，达到高效节能的目的。

### 3. 技术特点

（1）流量分区智能供水系统根据供水服务区实际用水力变化规律进行流量分段，合理配置和运行水泵机组，以流量控制为主、以压力控制为辅，通过变频控制在满足用户流量、压力要求的前提下实现节能降耗。

（2）解决并杜绝了水泵机组低频率、低流量、高耗能运行状况，解决了市政管网超压、爆管问题，解决了水泵机组运行长时间偏离高效区问题。

## 技术指标

（1）千吨水耗电≤150kW·h，设备综合单位能耗应≤380kW·h/($km^3$·MPa)。

（2）流量分区、无缝搭接、自动切换功能。

（3）适时流量分区变频变压供水运行方式、适时流量分区变频恒压供水运行方式和变频恒压供水运行方式手动或自动切换。

（4）具有对流量、水质、电量、频率、电压、压力、功率等各种运行参数的远程实时在线监测、采集、传输功能，采集频率为1min/次。

（5）具有超压、欠压、过流、缺相、短路、过热等故障的自动保护功能。

## 技术持有单位介绍

山东科源供排水设备工程有限公司是由山东省德州市供水总公司所辖公司改制后成立的股份制中小企业、山东省高新技术企业、山东省技术先进型企业、央视信用中国栏目合作伙伴。公司成立20多年来，专心致力于供水行业的水厂建设工艺升级改造管理及城市二供系统的“城镇二次供水节能与安全保障集成技术创新与产业化应用”的研发、生产、营销、施工、运维。公司拥有涉水发明专利10余项，实用新型专利20余项，软件著作权10余项。

中国水利水电科学研究院隶属中华人民共和国水利部，是从事水利水电科学研究的国家级社会公益性科研机构。目前，中国水利水电科学研究院已建设成为人才优势明显、学科门类齐全的国家级综合性水利水电科学研究和技术开发中心，是科技部“创新人才培养示范基地”。

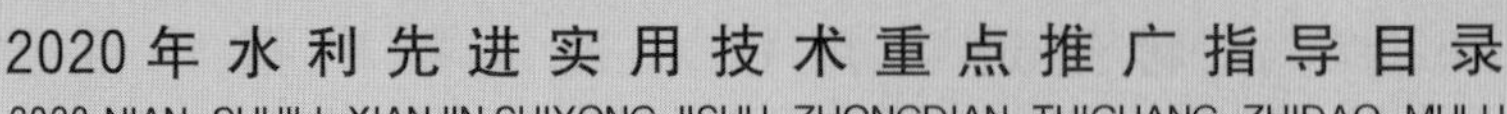


北京中水润德科技有限公司成立于2014年，是一家集研发、生产、销售、技术服务为一体的智慧农业、智慧水务专业化高新技术企业。公司主要业务范围：农业物联网信息化系统、高效水肥一体化灌溉控制系统、农业精准配肥施肥系统、水资源量控设备、水环境监测设备、智能型分布式微生物污水处理系统等的研发生产、销售和技术服务。

## 应用范围及前景

适用于城乡居民生活供水，大型宾馆、酒店、医院等商业供水，工业供水，旧供水系统的改造等。

技术成果已在山东省、河北省、江苏省、安徽省等地得到推广应用，销售产品300余套，合同金额超3000万元。技术成果应用后，节能降耗效果显著，根据用户数据统计分析得到：在1～7层住宅小区，最高耗能230kW·h/km³，比变频恒压供水技术节能30%以上，得到了用户的高度认可。

典型应用案例：

德州市陵城区城乡供水一体化工程。德州市陵城区城乡一体化供水工程，实现村村户户通自来水，供水管网铺设长达数百公里，中心制水厂点多面广距离远，最偏远的乡镇距离城区80余km。随着陵城区经济发展和城镇化建设进程的推进，城市高层建筑不断增多，居民小区不断扩建和改造，导致原有的自来水管网时常出现局部压力不足或不稳的情况，采用传统的二次供水设备无法满足用户需求，尤其是在夏季和节假日期间。因普遍存在24h内管网压力无法满足平衡，流量变化大等问题，2016年至今，采用山东科源供排水设备工程有限公司的城乡供水一体化管网压力优化调度智能控制技术和流量分区智能供水系统。采用新技术后，目前全区达到服务压力平稳，边远地区供水压力平稳，调峰效果显著，供水连续性得到进一步提高，3年累计投资近2000万，成为全省供水样板工程，2018年陵城区被山东省水利厅评为“山东省农村饮水安全示范县”。

■水厂

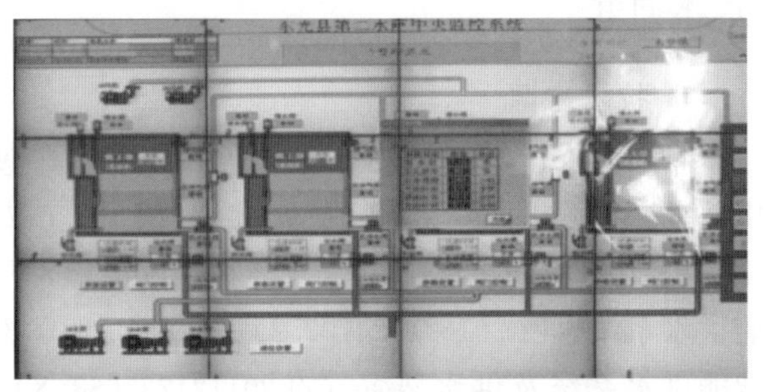
■水厂中央控制系统

■新型智能叠压供水设备

技术名称：流量分区智能供水系统
持有单位：山东科源供排水设备工程有限公司、中国水利水电科学研究院、北京中水润德科技有限公司
联 系 人：张会明
地　　址：山东省德州市双一路22号
电　　话：0534-5011968、13953426889

# 244 自来水排空式防冻出水装置

## 持有单位

陕西渭水源实业有限公司

## 技术简介

**1. 技术来源**

自主研发。

**2. 技术原理**

自来水排空式防冻出水装置是利用排空式防冻原理，结合冻土层以下保温防冻，采用快速连接结构和锥型密封结构，实现自来水关闭后将冻土层以上出水杆存水排入地面防冻层以下的存水腔体中，确保再次打开自来水后顺利通水的使用要求。该装置结构设计巧妙，不需引入电源，纯手动操作，使用安全可靠无污染，成本优势明显，真正能够解决冷冻季节农村取水和冲厕用水。

**3. 技术特点**

具有绿色环保、脚踏出水、移开关闭、可视可控、节约用水、杜绝漏溢、安装更换方便、运维成本低等特点。

## 技术指标

（1）接触自来水管件及结构件采用PVCU材料。

（2）密封材料选用国标环保硅胶材料。

（3）快速出水和锥型密封开关寿命5万次以上。

（4）使用温度范围在－29～50℃。

（5）管网压力适用0.3～1.6MPa。

## 技术持有单位介绍

陕西渭水源实业有限公司致力于服务国家饮水安全的各项政府投资业务和追求饮水健康的个体化大众需求服务。近年为兴平市、永寿县等多地提供村镇净化消毒技术方案，配合清华大学饮水安全中心完成紫外线消毒设备在单村供水中的实验推广，参与中科院环境科学研究所“电渗析”技术在小型单村供水和每户改水示范项目，并在陕西省生态一体化户厕设备改造及村镇污水处理等项目中取得较好经济和社会效益。

## 应用范围及前景

适用于我国长江以北冬季0℃以下所有地区公共场所及厕所防冻用水。

典型应用案例：

该装置经过在陕西省咸阳北部地区、延安市、榆林市和宁夏回族自治区中卫市、固原市、灵武市等示范应用，取得了良好的效果，得到了广大群众和使用单位的好评。

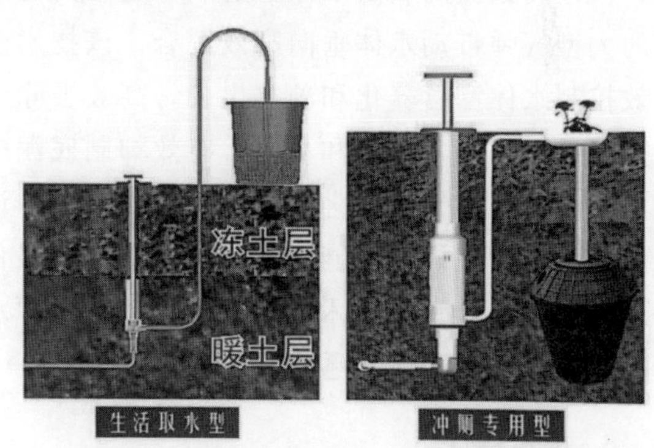


■生活取水型或冲厕专用型防冻出水装置

技术名称：自来水排空式防冻出水装置
持有单位：陕西渭水源实业有限公司
联 系 人：廉浩
地　　址：陕西省咸阳市秦都区秦皇路5号
电　　话：029-33352503、13389105118

# 245 水源水库扬水曝气水质污染控制技术

## 持有单位

西安建筑科技大学

西安唯源环保科技有限公司

## 技术简介

### 1. 技术来源

国家计划。结合主持的国家“863”项目、国家自然科学基金重点项目、国家重大科技专项等十余项科研课题的研究，形成了从理论研究、技术研发、装备研制到工程应用的系统性创新研究成果。

### 2. 技术原理

扬水曝气技术具备深层水体垂向高效混合与底层厌氧水体持续充氧的双重功能。该技术通过将压缩气体连续送入水体底部形成高效循环充氧，快速高效提高底层水体溶解氧；通过高速上升的大型气弹带动水体垂向高效混合。该技术能有效控制水体富营养化和藻类生长，高效去除水中挥发性有机物 VOCs 和臭味，有效抑制底泥中氨氮、总磷、铁锰、硫化物等污染物的释放，诱导水体恢复自我修复功能。新一代扬水曝气强化好氧反硝化生物脱氮技术可从根本上解决水源水库原位脱氮的国际性难题。

### 3. 技术特点

（1）同时具备底层高效循环充氧控制内源污染、上下层混合破坏光合作用条件抑制藻类繁殖、全层去除挥发性有机物和臭味物质等多重直接的水质改善功能。

（2）能有效改善水库的微生物种群结构，提高功能微生物活性和水体自净效能，削减水库中的污染负荷和避免污染物的生成，大幅降低或消除水厂处理过程中的二次污染风险，同时使水处理成本大幅下降。

（3）原位削减总氮和溶解性有机物。扬水曝气与好氧反硝化生物脱氮集成技术，有望解决水源水库原位脱氮和去除有机物的国际性难题。

（4）突发性水源水质污染的应急控制。扬水曝气技术与物理吸附、化学沉淀等技术有机集成，可实现对突发性水源水质污染的原位控制。

（5）系统运行方式灵活，可根据季节变化和水质情况及时调整。

## 技术指标

（1）扬水曝气技术主要由核心设备“多功能扬水曝气器”、空气压缩系统、供气管路等组成，扬水曝气器整体直立安装固定于水下，设备构成自上而下主要包括浮标、接触式生物反应器、导流筒、主体设备、锚固链、锚固墩和输气管路。主体设备包括：布气曝气器、曝气室、气室、回流室、水密仓等。

（2）单台设备作用半径：控制藻类繁殖为40～160m，抑制底泥内源污染为150～400m。

（3）主要污染物削减：藻类 85%～99%，pH 值为 7.0～8.5，VOCs 及嗅味 90%～98%，DO>6.0mg/L，铁锰 70%～99%，氨氮 80%～91%，总磷 70%～90%，硫化物>98%，总氮/硝氮 20%～70%，DOM>20%，水质达到地表水Ⅲ类水以上。

## 技术持有单位介绍

西安建筑科技大学现为“国家建设高水平大学项目”和“中西部高校基础能力建设工程”实施高校，陕西省重点建设的高水平大学，教育部、陕西省和住房和城乡建设部共建高校。

西安唯源环保科技有限公司是一家专注于水

源水质污染控制、水环境修复、饮用水净化、工业水处理等技术开发与转化的高新技术企业。

## 应用范围及前景

适用于水源水库和湖泊水质原位改善与污染控制，适用于藻类大量繁殖和/或底泥中污染物厌氧释放导致水质污染的湖泊水库（水深>8m）。

该技术以解决水源水库内源污染严重和藻类高发等突出水质问题为目标，已成功应用于我国天津水源（2003 年）、山西汾河水库（2005 年）、西安黑河金盆水库（2009 年、2013 年）、山东周村水库（2015 年）、延安红庄水库（2017 年）、西安李家河水库（2018 年）和西安石砭峪水库（2019 年）等水源水库水质污染控制与改善工程，实现了水库水质污染的源头控制，环境、社会与经济效益显著。

典型应用案例：

案例 1：2005 年 3 月汾河水库氨氮、Fe、Mn、色度严重超标。山西引黄工程总公司面向全国招标，最终确定在汾河水库坝前安装了 11 台多功能扬水曝气设备。系统运行期间，挽回经济损失 2060 万元/a。

案例 2：针对延安红庄水库藻类、氨氮、总磷、嗅味及有机物等严重污染问题，2017 年 4 月在水库实施了扬水曝气水质改善工程，安装了 5 台新型扬水曝气设备。

■山西汾河水库扬水曝气水质改善工程（设备 11 台）

■延安红庄水库扬水曝气水质改善工程（设备 5 台）

技术名称：水源水库扬水曝气水质污染控制技术
持有单位：西安建筑科技大学、西安唯源环保科技有限公司
联 系 人：黄廷林
地　　址：陕西省西安市雁塔路 13 号
电　　话：029-82201118、13991975631

# 246 “一杯水”高效节水系列技术

## 持有单位

义源（上海）节能环保科技有限公司

中国水利水电科学研究院

## 技术简介

### 1. 技术来源

自主研发。发明名称：节水坐便器（ZL201210149096.9），软体多功能节水浴缸（ZL201310352541.6）。

### 2. 技术原理

该技术以创新的专利结构，在保证冲洗效果、人体舒适感的同时，减水用水量和污水排放量，提高水的使用效率，节约相应的能源和政府对生产水和治理污水的费用。“一杯水”高效节水系列技术解决了器具高耗水及污水高排放问题，减少使用场所对市政供水的需求量和降低生活污水排放对市政污水处理设施的压力。

### 3. 技术特点

（1）坐便器解决了传统坐便器堵塞、倒流、返臭、耗水、使用时需要转身或弯腰以及交叉感染等问题。

（2）淋浴花洒、龙头解决了传统产品耗水、耗能和水流飞溅的问题。

（3）小便器解决了传统小便器耗水、异味倒回的问题。

（4）蹲便器解决了传统蹲便器耗水的问题。

（5）浴缸或洗衣机解决了传统浴缸洗衣机耗水问题。

## 技术指标

（1）坐便器：依据GB 25502—2010《坐便器用水效率限定值和用水效率等级》测定，坐便器用水量1.4L/次，污水稀释率>100，判定水效等级为1级。

（2）淋浴花洒：依据GB 28378—2012的测定，流量动压0.10MPa下0.06L/s，流量动压0.30MPa下0.10L/s，判定水效等级为1级。

（3）龙头：依据GB 25501—2010《水嘴用水效率限定值及用水效率等级》测定，（0.10±0.01）MPa压力下0.031L/s，判定水效等级为1级。

（4）蹲便器：依据GB 30717—2014《蹲便器用水效率限定值及用水效率等级》和GB 26750—2011的测定，水用量3.9L，判定水效等级为1级。

## 技术持有单位介绍

义源（上海）节能环保科技有限公司致力于高效节水技术的研发、生产、销售和服务，技术涵盖坐便器、花洒、龙头、小便器、浴缸、洗衣机和景观节水和农村厕所技术等。

中国水利水电科学研究院是水利部直属的国家级综合性科研机构，研究领域已覆盖18个学科、93个专业方向。

## 应用范围及前景

适用于各类规模的新建、改建项目，包括新建小区、老旧社区、办公楼宇、学校、医院、宾馆、农村等人居环境。该技术具备很强的技术优越性，一杯水坐便器节水率最高可达83%。产品已被广泛运用在多个省份地区的学校，医院，宾馆等公共机构和广大农村地区，部分地区已使用超过10年，应用良好。

技术名称：“一杯水”高效节水系列技术

持有单位：义源（上海）节能环保科技有限公司、中国水利水电科学研究院

联 系 人：陈春虹

地　　址：上海市虹口区中山北一路121号B1幢4509室

电　　话：021-65873173、18616606173

# 247 阿尔益复合硅酸铝水处理技术

## 持有单位

四川瑞泽科技有限责任公司

## 技术简介

### 1. 技术来源

自主研发。“复合硅酸铝水处理剂”（该产品在科技成果鉴定时的名称为“镧系纳米治污活性剂”，2011年4月由四川省疾控中心按照卫生部相关规定正式定名为“阿尔益复合硅酸铝水处理剂”）。

### 2. 技术原理

以镧铈化合物为主体，以具有较高吸附功能、催化功能的硅酸铝作载体，通过特定的复合工艺过程，使高纯度镧、铈化合物与硅酸铝复合制成一种新型水污染治理、水生态环境修复的多功能材料。由于本品特有的催化性、磁性、特殊的配位性质，以及该复合物较大的比表面积及阳离子交换容量，该产品具有很强的吸附功能、脱色功能、抗菌功能、催化功能等。

### 3. 技术特点

（1）天然物质，高纯提取，特殊制备。主要原料为镧、铈化合物、二氧化硅、三氧化铝、聚丙烯酰胺。

（2）功能材料，标本兼治，具有吸附、絮凝、沉淀、降解、离子交换、固化、微生物修复等综合功效。

（3）测水配方，针对性强；安全性好、稳定性强、成本低、节能减排效益明显。

## 技术指标

（1）稀土总量（以氧化物 RexOy 计）：≥20%；电镜平均粒径：≤100μm；活性度：≥30；游离酸（以 $H_2SO_4$ 计）：≤0.5%；水分（游离水）的质量分数：≤8%。

（2）有害元素：砷及其化合物（以 As 计）：≤0.005%；镉及其化合物（以 Cd 计）：≤0.001%；铅及其化合物（以 Pb 计）：≤0.015%；铬及其化合物（以 Cr 计）：≤0.05%；汞及其化合物（以 Hg 计）：≤0.0005%。

## 技术持有单位介绍

四川瑞泽科技有限责任公司专业从事以天然元素为主导的新材料研究开发，围绕农林牧渔业高产、优质及生态环保领域污染治理及修复急需新技术、新材料而定位公司战略，是集科研、生产及技术服务于一体的科技型企业。

## 应用范围及前景

适用于受到化学物、有机物、重金属及工业、生活废弃物污染的水体的治理、蓝藻污染治理及水环境的修复。

该技术分别在北京、河北、天津、安徽、浙江、四川、湖北、广东和广西等地的水库、河湖、养殖灌溉水体、饮用水源地、景观水体等进行了大量的试验示范和推广应用，2013—2019年期间，推广应用工程实例110个，社会效益和经济效益十分显著。

■阿尔益复合硅酸铝水处理剂作用原理图

技术名称：阿尔益复合硅酸铝水处理技术
持有单位：四川瑞泽科技有限责任公司
联 系 人：谭吉
地　　址：四川省成都市天府新区视高经济开发区
电　　话：028－87715008、13438968095

# 248 基于遥感ET的农业节水规划与耗水管理系统

## 持有单位

新疆水利水电科学研究院

中国水利水电科学研究院

## 技术简介

**1. 技术来源**

“基于遥感ET的农业节水规划与耗水管理系统”为世界银行贷款新疆坎儿井保护及节水灌溉工程水资源综合管理子项目“吐鲁番地区以ET为基础的农业节水灌溉补充规划与分析系统”和“吐鲁番市基于农业目标ET的农业耗水优化实施方案与耗水预警”的研究成果。

**2. 技术原理**

该系统采用基于Web网络环境的三层B/S结构，以应用服务层为核心，数据服务层为支撑，地理信息系统为电子地图展示平台，包括耗水分析、耗水控制、节水方案设计、节水方案评价、节水方案优选和方案实施与监测六大功能模块。该项目引入了ET（蒸散耗水）管理的理念，以实际耗水的减少作为可转移使用的“真实”节水量。遥感监测ET技术的应用，为评价区域耗水量的变化提供了有效手段。为此，在ET定额管理的基础上复核和修订吐鲁番地区原有的节水灌溉规划，减少农业用水和耗水总量，实现资源性节水，转移为地区经济发展和生态环境改善可利用的水资源量，使其能够满足区域经济发展和水资源可持续利用的目标。

**3. 技术特点**

（1）提出基于农业目标ET的农业节水规划技术方法，制定满足不同阶段的农业目标ET的区域农业节水规划。

（2）计算不同阶段年各行政单元农业目标ET，实现各行政单元耗水红线与取用水红线之间的转换。

（3）提出基于村级单元的农业耗水优化实施方案和种植结构调整方案。

（4）提出年内和年度农业耗水监测与控制方法。

（5）开发了“吐鲁番地区基于ET定额的农业节水补充规划分析系统”。

## 技术指标

（1）规划指标。遥感ET精度：5～30m。规划时间步长：年度。耗水控制单元：从田块级、村级、乡镇级、区县级、市级到省级。

（2）数据信息库，包括基础信息库、文档资料库、遥感信息数据库、空间信息数据库。

（3）农业ET优化，确定各空间单元的年度农业ET值。

（4）农业耗水控制，确定各空间单元的年度农业耗水红线。

（5）节水规划方案优选，设定参数，节水规划方案查询和优选。

（6）农业耗水监测和控制，基于耗水实时监测，实现年内和年度各空间单元超耗水红线预警及改进措施。

## 技术持有单位介绍

新疆水利水电科学研究院（以下简称新疆水科院）是新疆维吾尔自治区专事水利水电科学研究的公益性科研机构，行政隶属新疆水利厅，业务归口新疆科技厅管理。多年来，新疆水科院主要从事高效节水灌溉技术及灌溉制度研究、土壤改良与水盐动态观测研究、水资源水环境研究、河工水工模型试验、材料与结构试验、岩土工程

试验研究等；同时还承担着节水新产品、新技术、新方法的研究、推广应用与示范，农田水利规划与勘测设计、水土保持方案与设计、水利水电工程质量检测、大坝安全监测等任务。

中国水利水电科学研究院是从事水利水电科学研究的国家级社会公益性科研机构。历经几十年的发展，已建设成为人才优势明显、学科门类齐全的国家级综合性水利水电科学研究和技术开发中心。

## 应用范围及前景

适用于干旱半干旱区省级、地市级、区县级的农业节水规划、农田水利规划。

成果主要在新疆、山西、内蒙古、青海等地辐射推广，其中，新疆已覆盖吐鲁番全市的1区2县以及巩留县和精河县，应用效果明显。项目的应用，不仅减少了洪水期地表水的无效蒸发蒸腾，降低项目区的ET值，减缓地下水超采，而且增强了项目区灌溉农业节水能力，提高了项目区农民的收入水平，获得了当地农民对基于ET水资源管理的赞同。

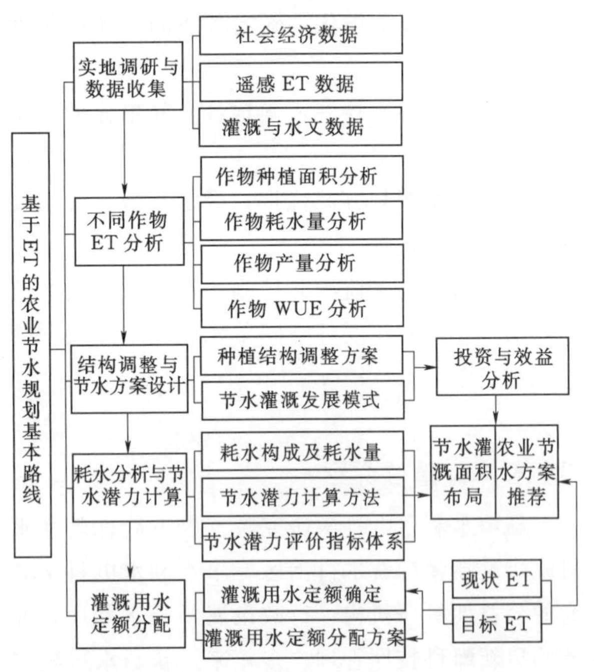


■基于目标ET的农业节水规划技术路线

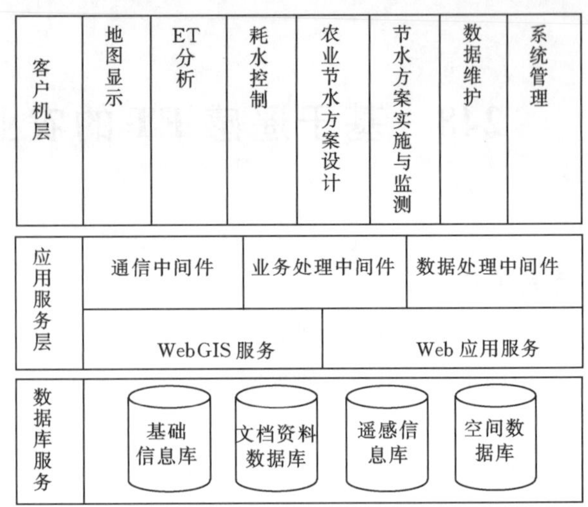


■系统结构框架体系

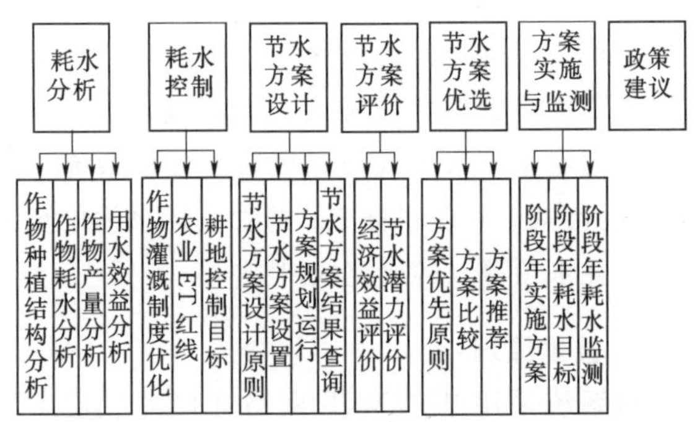


■系统结构框架图

■基于遥感ET的吐鲁番水资源综合管理（KM）系统

技术名称：基于遥感ET的农业节水规划与耗水管理系统
持有单位：新疆水利水电科学研究院、中国水利水电科学研究院
联 系 人：白云岗
地　　址：新疆乌鲁木齐市天山区红雁池北路73号
电　　话：0991-8523145、13899867569

# 249 基于电化学氧化的污染水体氨氮去除技术与装置

## 持有单位

长江水利委员会长江科学院

## 技术简介

**1. 技术来源**

国家计划。该技术是在实施国家重点研发计划项目（2017YFC050530302）“三峡库区耕地面源污染农业防控过程与技术研究”时创新研发的，已在武汉建立典型示范基地。

**2. 技术原理**

该技术提供一种深度处理污染水体的电化学高级氧化装置，装置结构简单，操作方便，运行稳定，可以根据污染水体的水质状况，通过改变装置的电压、水体停留时间，高效经济的处理污染水体中的氨氮。该技术的核心装置是电源与包含电极片阵列的氧化池。该技术电源为脉冲电源，其占空比、电流和电压可调，频率范围广，可大幅提高水处理效率；同时其电极片阵列采用平板式复极式电极可有效消除偏流、沟流现象，提升处理效果；阳极电极采用钛片基底氧化物具有高电位及催化活性，具有更强氧化能力，可直接氧化或直接矿化水中的污染物，主要以电子为试剂，不用多加其他药剂。可高效环保的去除各种污染水体中氨氮等有机污染物。

**3. 技术特点**

（1）采用脉冲式电源，处理效率搞，能耗低，频率范围广，可根据污染水体水质特点调节电压和水体的停留时间可以有效地控制有机物污染物降解的速率，处理不同浓度背景的污染水体。

（2）阳极材料机械强度高，在电解过程中不易被腐蚀，不易与反应物和生成物发生反应，电极表面或涂层不易发生龟裂；抗腐蚀能力强，不易被氧化，不易在电极表面形成沉积物。

（3）电极材料容易加工，易于拆换，可根据实际需要设计阳极大小。

（4）采用平板式复极式电极，插卡式电解槽，具有较好的流体力学性能，设备易于制备和维护，成本低廉，使用寿命长。

## 技术指标

（1）设备核心设备为电源与电极片阵列。

（2）该技术电源为在直流电源的基础上引进了脉冲功能的脉冲电源，具有如下特点：水处理效率明显高于直流电解；中、低频率（50～100Hz）；占空比（0.2～0.4）、电流（0～2A）和电压（5～20V）可调；功率适用。

（3）电极阵列采用可供工业化应用的复极式“电催化氧化掺杂钛基金属电极”，尺寸0.5×1.0m（非标准尺寸，可按需制备）。

（4）对于低浓度氨氮去除率达到90%以上。

## 技术持有单位介绍

长江科学院（简称长科院）始建于1951年，是国家社会公益类科研机构，隶属水利部长江水利委员会。长科院主要为国家水利事业以及长江保护、治理、开发与管理提供科技支撑，同时面向国民经济建设相关行业提供科技服务。长科院下设16个研究所（中心），1个分院，1个科技企业，3个综合保障单位，设有博士后科研工作站和研究生部。目前，长科院在职职工800余人，其中专业技术人员700余人，教授级高工及高级职称人员480余人，博士230余人，硕士290余人。建院近70年来，长科院承担了三峡、南水北调以及长江堤防等200多项大中型水利水电工程建设中的科研工作，以及长江流域干支流的河道治理、综合及专项规划、水资源综合利用、生态环境保护等领域的科研工作。主持完成了大量的国家科技攻关、国家自然科学基金以及数十项国家科技计划和省部级重大科研项目。同时，还为国民经济建设相关行业提供了大量的技术服务。提交科研成果10000余项；荣获国家和省部级科技成果奖励440余项，其中国家级奖励32项；获得国家发明和实用新型专利370余项；主编或参编国家及行业技术标准、规程规范40余部；出版专著80余部。

## 应用范围及前景

适用于农村生活污水、面源污染、工业废水、市政废水等污染水体治理。

该技术已在武汉、昆明等地的3个项目（工程）中推广应用，并销售了3台根据需求尺寸定制的“电化学一体化氨氮去除装置”。该技术既可以应用于科学研究又可以服务于生产实践，操作简单，无需加药装置，深受业主好评，有望做进一步推广。

典型应用案例：

案例1：滇池水处理技术研究项目。该项目为自然科学基金项目，属于开展理论探索的基础科学研究类项目，应用本技术对滇池水在实验室进行深度处理，实现了对滇池水小体积化处理，氨氮含量大幅降低，为进一步有效治理滇池水源提供了直接有效的技术支撑。

案例2：矿井水绿色节能及资源化综合利用项目。该项目为杭州馨佳源环保科技有限公司合作项目，为更好地实行对某矿厂的矿井水处理而引进的中试项目。本技术通过电化学高级氧化去除技术，有效去除了矿井水中的污染物，对小体积难处理污水处理效果较好，成为海天环境矿井水绿色节能技术及资源综合利用工艺路线的一部分。

案例3：北太子湖水生态治理项目。该项目为武汉绿丰环保有限公司合作项目，项目执行期利用本装置和技术对北太子湖公园水体进行净化，有效地降低水体中有机污染物含量，提升水体水质。

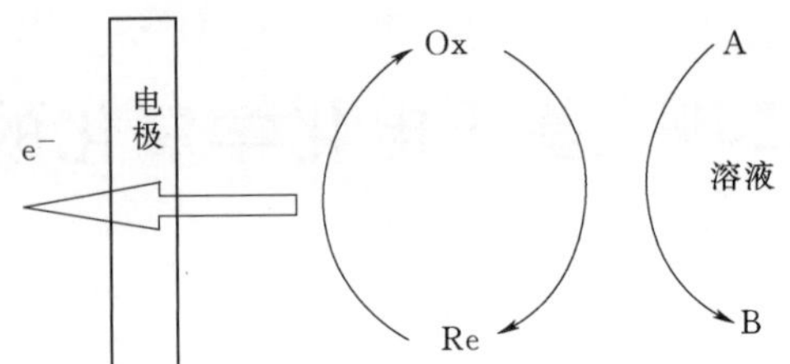

■钛片基底的氧化物阳极的工作原理图

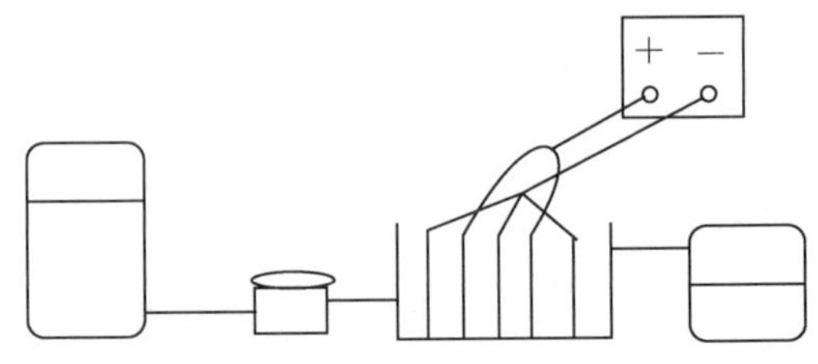

■电化学氧化的污染水体氨氮去除装置

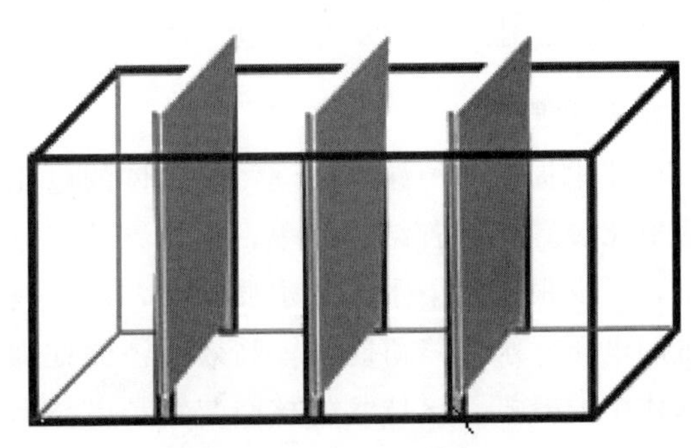
■高级氧化池内部结构图

技术名称：基于电化学氧化的污染水体氨氮去除技术与装置
持有单位：长江水利委员会长江科学院
联 系 人：李昊
地　　址：湖北省武汉市江岸区黄浦大街23号
电　　话：027-82920797、18064111112

# 250 建筑楼房节水技术

## 持有单位

苍南涟漪节水工程有限公司

## 技术简介

**1. 技术来源**

自主研发。已有一项发明专利和一项实用新型专利，另一项国际专利已被受理通过，社会效益、经济效益巨大。

**2. 技术原理**

该系统应用连通器U形管原理，在新建或改建的楼房中安装两根垂直方向的中水管和雨水管。从底层到顶层，底部密封并联通，用于收集中水或雨水。当有足够的雨水或中水时，充满两根水管并形成压力。这些水经过初步处理后，代替自来水用于抽水马桶冲洗，或者用于冲洗楼道、楼梯，雨水还可用于浇花、景观用水等，大大增加了水资源的利用率。

**3. 技术特点**

(1) 该节水系统利用水的自重，无须水泵，当雨水或中水不够时，自动补充自来水。

(2) 节水效果好、节电、减排、环保。

(3) 设计新颖、成本低、维修方便。

## 技术指标

该中水节水系统投资省，共投资6100元。一年至一年半即可收回成本。中水代替自来水用于冲洗抽水马桶和楼道、楼梯，人均每天节水77kg。

## 技术持有单位介绍

苍南涟漪节水工程有限公司于2019年8月成立，法人代表陈思哲从事节水工作25年，已经获得1项国家发明专利（ZL2016101723007）、一项实用新型专利（ZL201920174984.3）。该节水系统2018年在苍南县桥墩高级中学男生宿舍楼安装使用，节水效果良好，投资省，受到业内专家和用户好评，2019年参加浙江·台湾合作周两岸青年创业大赛荣获二等奖。

## 应用范围及前景

适用于学校、机关、营房、监狱、宾馆、医院、居民楼、体育馆、公用厕所等，尤其是有中水资源的多层、高层建筑。

典型应用案例：

桥墩高级中学位于浙江省苍南县桥墩镇，全校共有学生700人。男生宿舍楼四层，一楼为办公室，二至四楼为学生宿舍，每层9个宿舍，每个宿舍住8位学生，每层1个公用洗手间，其中3个淋浴间，槽式冲水厕所。改装前，使用定时冲水水箱，每90s冲水一次，浪费水资源。改用中水节水技术后，以中水或雨水代替自来水，用于冲洗厕所，每月平均节水500t。

技术名称：建筑楼房节水技术
持有单位：苍南涟漪节水工程有限公司
联 系 人：陈思哲
地　　址：浙江省温州市苍南县科技孵化园区B幢201
电　　话：15888280188

# 251 节水型物联网净水机

## 持有单位

宁波龙巍环境科技有限公司

## 技术简介

**1. 技术来源**

自主研发。成功研发出苦咸水专用净水机、微废水净水机、氢氧分离、吸氢一体机，自主研发具有智能节水盒子的无废水排放的净水机，解决了节水桶水满自溢和无水自补的难题，真正实现了微废水排放、不混水、不堵膜，节水型物联网净水机拥有授权发明专利6项。

**2. 技术原理**

该节水型物联网净水机采用自主知识产权的“无排放净水机”等项专利核心技术，集成反渗透水处理技术与智能机电控制技术，使净水机水效等级达到GB 34914—2017《反渗透净水机水效限定值及水效等级》1级标准。运用了PPF滤芯＋UDF滤芯＋CTO滤芯＋RO膜滤芯＋后置活性炭5级过滤装置制净水所产生的多余浓缩水，通过四通三路电磁阀、浓回水压力罐等关键部件，进行科学设计连接，将四通三路电磁阀，串接于生活用水管路中，通路将回水压力罐中处理后及自冲洗回水通过回水供管连通生活用水管路，重新投入生活用水行列，做到了真正意义上的节水与回水利用。研发配置的“物联网净水管理平台系统V1.0”软件，依据各地区供水水质状况，为用户进行净水机远程自动冲洗，提醒更换滤芯等功能。

**3. 技术特点**

（1）合理的设计布局。三路四通电磁阀与回水压力罐结合的设计方案，无排放制水，使运行中的纯水器没有排放的回水（余水），将制取纯水后的回水重新投入生活用水的管路，以及用于运行中的纯水器实施定时自动清洗，节能、环保、低碳性能明显，合理地利用了宝贵的水资源。

（2）节水显著，优于国家标准中净水机节水评价值。国家规定净水机节水评价值为水效等级2级（产水率55%），本净水机净水产水率达65%以上，达到GB 34914—2017《反渗透净水机水效限定值及水效等级》1级标准，比一般净水机节水50%。

（3）配置的“物联网净水管理平台系统V1.0”软件满足了功能性和智能化的需求。通过收集终端设备参数信息，分析处理后制定出每个地区个性化的净水机配置，动态检测客户的水质及滤芯寿命，厂家能够提前安排净水机保养与维修，客户也可以通过手机直接查询净水机的状态，通过手机遥控家里的净水机。

（4）性价比高。同规格性能的净水机，龙巍节水型物联网净水机具有优势。

## 技术指标

（1）卫生安全性检测：用纯水于（25±5）℃浸泡（24±1）h，浸泡水中14项指标均符合《生活饮用水质处理器卫生安全与功能评价规范——反渗透处理装置》的要求。

（2）净水产水率达到净水机水效等级1级，符合GB 34914—2017《反渗透净水机水效限定值及水效等级》。

（3）净水机采用的“物联网净水管理平台系统V1.0”软件通过了中国软件测评中心测试，易理解、可操作。

## 技术持有单位介绍

国家高新技术企业宁波龙巍环境科技有限公

司创建于2006年，是一家面向全球的绿色环保饮用水设备专业制造企业。十几年来，龙巍始终致力于研发和制造净水设备，不断调整战略，高速发展，现拥有杭州湾新厂建筑面积59000m$^2$的国内一流净水生产基地，投资总额1.8亿元，现有员工500余人，拥有专利128项（其中26项发明专利）。主要生产节水型物联网反渗透净水机、秒沸反渗透一体净水机、普热反渗透一体净水机、卡接式反渗透净水机、壁挂反渗透净水机、厨下反渗透净水机、壁挂管线机、立式管线直饮机，工程商务机等各类家用和商用环保饮用水设备，富氢水吸氢一体机、富氢水杯及富氢水直饮机（过滤功能），以及除铁设备、除锰设备、除氟设备、除砷设备等系列产品，目前已在全国已拥有经销商500多个，专卖店1000多家，零售终端10000多个，销售网络遍布全国，产品远销东南亚、非洲、中东、欧洲、南北美洲等80多个国家和地区。

## 应用范围及前景

适用于家庭、商店、社区、机关单位以及广大农村牧区饮用水需求领域，以及居民居住分散、水质较差地区的饮水安全水质提升工程项目等。

该技术设备已在鄂尔多斯的杭锦旗饮水型氟超标地区病防工作项目、包头市达茂旗农村牧区饮水安全水质提升工程等6个项目中推广应用3690台套，整体运行良好，保障了居民基本饮水安全。

典型应用案例：

案例1：杭锦旗饮水型氟超标地区病防治工作项目。该项目是杭锦旗水利局为改善当地居民饮水质量，采购除氟家用水机，当地居民居住区域较分散，水质较差，通过安装自吸式反渗透净水设备706台套，已可以基本保障居民基本饮水安全。

案例2：达茂旗农村牧区饮水安全巩固提升工程（九标段）。该项目是达茂旗中小型公益性水利工程建设管理处为改善当地居民饮水质量，采购家用水处理设备，当地居民居住区域较分散，水质较差，通过安装自吸式反渗透净水设备1120台套，保障居民基本饮水安全。

案例3：阿巴嘎旗饮水型氟超标地方病防治工作工程（十五标段）。该项目是阿巴嘎旗水利局为改善当地居民饮水质量，采购除氟家用水机，当地居民居住区域较分散，水质较差，通过安装自吸式反渗透净水设备1017台套，保障居民基本饮水安全。

■净水机生产线

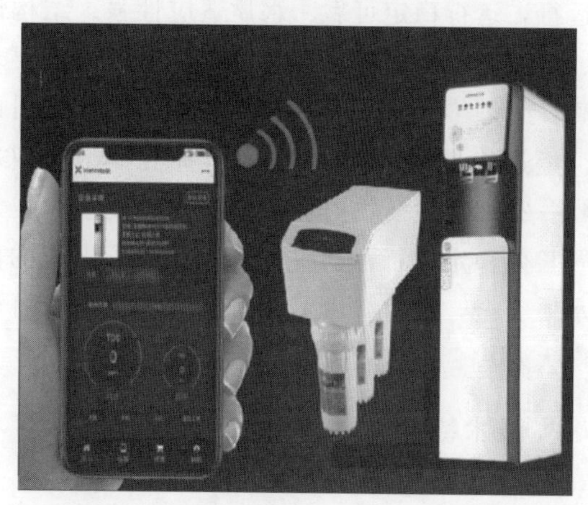

■物联网净水机

技术名称：节水型物联网净水机
持有单位：宁波龙巍环境科技有限公司
联 系 人：何水兵
地　　址：浙江省宁波杭州湾新区金溪支路23号
电　　话：0574-23882101、13065652899

# 252 JS牌BW型一体化净水设备

## 持有单位

绍兴金生水处理设备有限公司

## 技术简介

**1. 技术来源**

自主研发。

**2. 技术原理**

该一体化净水设备可去除原水中的颗粒杂质、悬浮物、藻类和微生物，经过净水设备处理后的出水水质清澈透明、无异味。该一体化净水设备从原水进水、加药、混合、反应絮凝、沉淀、过滤、反冲洗、排泥、消毒、出水等均为自动运行，运行稳定可靠、水质适应性强、结构简单、节省药剂、维护管理简单，对操作人员要求不高，无须专人值守，只须人定期补充药剂即可。经过净化处理后的出水水质指标达到GB 5749—2006《生活饮用水卫生标准》要求。技术装置长效稳定运行，其应用有效保障了当地的储水水质安全，显著减少了投资和运行成本，可解决广大农村、山区农民的生活饮用水安全问题。

**3. 技术特点**

（1）该净水设备为组合装置，装置从进水、反应、絮凝沉淀、集水、配水、过滤、反洗、排泥等均可自动运行，设备按标准化进行设计，可省去水厂建设中大量的土建工程量，设备占地面积少，建造周期短，上马快，便于水厂的分期扩建与发展。

（2）净水设备进水口前配有低阻管道混合器，其具有快速高效、低能耗、水头损失小的管道螺旋混合，对于多种介质的混合时间短，扩散效率达95%以上，而且结构简单，占地面积小，采用不锈钢304制作而成，耐酸碱腐蚀材质制造，使用寿命长。

（3）净水设备布水反应装置采用底部进水管进水的方式，采用大平面反射流布水系统，布水均匀，反应高度1.5m，使污泥与进水能充分混合均匀，进水支管设置每套净水器内置多套管径为DN50的穿孔进水支管，均匀分布排列，底部分配区高度不小于1.2m。

（4）净水设备总进水区管上设置气水分离器，用于净水系统进水的气水分离，气水分离装置采用自动排气的方式，能及时排出净水器进水管内夹带的空气。

（5）斜管沉淀系统采用斜管导流回流系统，经过加药、混合、絮凝反应的原水，通过于斜管表面的大面积接触后，达到水泥分离的效果，水中悬浮物和胶体形成絮体沉于斜管中，与水流一起向斜管下方流动，使多余的污泥在高浓度斜管加速沉降集泥系统的作用下，快速沉淀，蜂窝式斜管60°倾角安装，斜管长度1000mm，斜管材质为乙丙共聚（无毒材料），由模压加工而成，热压粘接，具有强度大、无毒、不易老化等特点。

## 技术指标

（1）由浙江省疾病预防控制中心对本公司JS牌BW型一体化净水设备进行检验，其主要性指标、出水水质指标均符合GB 5749—2006中有关规定的要求。

（2）反应絮凝时间：20～25min；沉淀区液面负荷：5.0～6.0$m^3/(m^2 \cdot h)$；沉淀区上升流速：＜1.5mm/s；滤速：7m/h；反冲洗强度：15$L/(s \cdot m^2)$；反冲洗时间：5～7min；滤后出水浊度：≤0.5NTU。

## 技术持有单位介绍

绍兴金生水处理设备有限公司，成立于2006年12月，是一家专业生产一体化净水设备、给排水设备为主导产品的科技型企业，公司拥有11

项实用新型专利。JS牌BW型一体化净水设备，于2016年8月获得《浙江省涉及饮用水卫生安全产品卫生许可批件》，批准文号浙卫水字〔2016〕第0252号。

## 应用范围及前景

适用于县（市）区城以下镇（乡）村的单联村农村供水工程和城镇集中供水工程，原水为水库水、山泉水、溪流水等水质净化。

JS牌BW型一体化净水设备，在浙江省、广东省、湖南省、贵州省、青海省等地的农村饮用工程通过500多个用户推广应用，至今投入使用526套设备，设备运行稳定可靠，制水成本低，设备各项技术性能指标达到设计要求，经过该一体化净水设备处理后的出厂水水质指标，达到GB 5749—2006的规定要求。

■设备实物图（1）

■设备实物图（2）

■设备实物图（3）

技术名称：JS牌BW型一体化净水设备
持有单位：绍兴金生水处理设备有限公司
联 系 人：殷国海
地　　址：浙江省绍兴市上虞区东关工业区
电　　话：0575-82560000、13806760515

# 253 FLGJ型不锈钢一体化净水器

## 持有单位

福州福龙膜科技开发有限公司

## 技术简介

**1. 技术来源**

自主研发。

**2. 技术原理**

（1）絮凝剂投加：是根据原水浊度的变化，投药设备控制投加絮凝剂的数量，使混凝反应得到最优化，保证出水浊度。

（2）混合反应：絮凝剂经文丘里等加药装置投入水中，水与絮凝剂一起切向进入反应器，在反应器中形成旋转混合流，使絮凝剂极快速充分与水混合，使水中胶质体、固体小颗粒、悬浮物等形成粗大矾花。由于体积、速度等相关原因，矾花既在旋流区中央快速形成沉淀。细小矾花经整流后，达到八面空心玲珑球区，空心球悬浮于水中当小矾花碰到球的一叶时，玲珑球旋转小矾花下压，几个细小矾花碰在一起又形成粗大矾花，往整流区沉降，直至旋流中心区沉淀到泥浆区，排出反应器。

（3）过滤：沉淀后出水经滤池过滤，滤除水中残留的极小矾花和极小颗粒物，使出水浊度≤1NTU。

（4）反冲洗：当过滤阻力大于虹吸管水头时，产生虹吸现象，这时过滤池上端自带水箱对滤池滤料进行反冲洗，把滤料层的污物冲洗至虹吸管排掉。

（5）消毒：滤后出水经加药消毒后流入清水池，保证出水水质符合国家生活饮用水GB 5749—2006《生活饮用水卫生标准》。

**3. 技术特点**

（1）净水器可有效滤除水中的铁锈、砂石、胶体以及吸附水中余氯、嗅味、异色，可有效去除水中的细菌、病菌，使用简便，运行稳定，处理效果好，适应范围极广。

（2）该机只要有水压，无须电源就能安稳运行，特别适合远离电源的山乡净水使用。

（3）占地面积小、安装施工便捷、造价成本低、安全可靠、节省人力物力、使用寿命长、出水水质清澈。

## 技术指标

原水浊度：≤1500NTU，短期内可达3000NTU；出水浊度：≤1NTU（特殊情况下≤3NTU）；反应时间：19.89min；整流区流速：2.58mm/s；过滤速度：8～10m/h；冲洗强度：15L/($m^2$·s)；冲洗时间：4～5min；设备进水水头：≥8m。

## 技术持有单位介绍

福州福龙膜科技开发有限公司是从事水处理技术研发、工艺设计、设备制造、施工建设的专业公司。公司一直致力于水环境综合整治工程（包含城镇生活污水处理、湖泊河道黑臭水体整治、养殖废水处理）、海水淡化工程及其他水质深度净化处理（反渗透、超滤、纳滤、不锈钢高效净水器）。公司具有环保工程专业承包资质，取得了国产涉及饮用水卫生安全产品卫生许可批件等相关认证证书，拥有涉及污水处理、海水淡化、净水处理等20余项专利。

## 应用范围及前景

适用于农村、乡镇、农场、远离城市的中小企业、矿山、部队营区、高速公路休息区等生活饮用水的净化处理。

已推广应用工程实例数 261 例，销售一体化净水设备 331 台/套。

综合应用案例：

闽清金沙镇垅面村供水改造工程一体化净水设备产水 15t/h 1 套；某部队高效净水设备 140t/h 7 套；中铁十二局集团有限公司 643 工程项目部高效净水设备 $4m^3/h$ 1 套；福建雷亚环保设备有限公司高效净水设备 $4m^3/h$ 1 套；福州盈科水处理工程有限公司农村安全饮用水净水器设备 $75m^3/h$ 1 套；长乐金汇水处理环境工程有限公司不锈钢净水设备 80t/h 1 套；长乐区首占镇赤屿村农村安全饮用水净水器农村安全饮用水 $73m^3/d$ 1 套；南平市浦城县濠村乡不锈钢净水器采购项目农村生活饮用水 3t/h 1 套；漳州佛檀镇水厂农村生活饮用水净水器设备 80t/h 1 套；永春县不锈钢净水器设备农村生活饮用水净水器设备 80t/h 3 套；宁德棠口乡水厂农村生活饮用水净水器设备 30t/h 1 套；霞浦盐田镇水厂农村生活饮用水净水器设备 75t/h 1 套；福鼎市白琳镇、桐山镇、点头镇农村一体化净水器 3 套；福安市溪柄镇、穆云乡农村一体化净水器 2 套；寿宁县斜滩镇、清源乡、大安乡、芹洋乡农村一体化净水器 4 套；闽清县坂东镇农村一体化净水器 1 套；永泰县嵩口镇、红星乡、彤云乡、赤锡乡 4 套；漳平市官田乡、双洋镇 2 套；长汀县馆前镇 1 套；平潭县南海乡 2 套；邵武市三都村、金坑村 2 套；建瓯市东方镇、川石镇、顺阳镇 11 套；光泽市华侨农场、寨里乡、止麻乡 3 套；南平市保洁厂、樟湖板林场 2 套、浦城县 18 套；漳州平和县 22 套、诏安县秀篆镇 18 套、官坡镇 16 套；龙岩市龙海 2 套；三明市清溪县 2 套；闽侯洋里乡 4 套；漳浦县 121 套；福鼎市农村饮用水 63 套；武夷山市 13 套等。

以上设备自投入使用至今，各设备运行稳定，出水水质清澈，均符合出水水质 GB 5749—2006 标准。

■农村一体化净水设备

■CMP 认证用水净水设备

■除氟净水设备

技术名称：FLGJ 型不锈钢一体化净水器

持有单位：福州福龙膜科技开发有限公司

联 系 人：郑小丹

地　　址：福建省福州市闽侯县南屿镇后山工业集中区

电　　话：0591-22800678、13110525875

# 254 HC型智联模块式消毒设备

## 持有单位

浙江华晨环保有限公司

## 技术简介

**1. 技术来源**

自主研发。拥有净水、消毒、污水处理相关专利60余项。

**2. 技术原理**

HC型智联模块式消毒设备是采用次氯酸钠为主要溶药消毒设备。次氯酸钠是一种广泛应用的非常有效的自来水消毒药剂，次氯酸钠消毒杀菌最主要的作用方式是通过它的水解作用形成次氯酸，次氯酸再进一步分解形成新生态氧，新生态氧的极强氧化性使菌体和病毒的蛋白质变性，从而使病原微生物致死。次氯酸钠消毒液既可以通过电解盐液现场制取，也可以通过采购成品药剂储存投加。消毒设备主要工艺单元为：配液模块、机电模块、投加模块。模块现场安装简单、便捷，仅需要对每个单元接入电源、连接工艺管道，无须线路和控制系统连接，三个模块通过无线通信装置进行通信及控制。

**3. 技术特点**

（1）HC型智联模块式消毒设备制作快、安装便捷，生产量大，适用于农村饮水安全项目，农饮项目点分散、数量大、维护能力弱等场合，用户还可通过手机微信APP随时掌握消毒装置运行动态。

（2）研发的HC型智联模块式消毒设备，利用智能控制系统以及无线通信技术，同时采用模块化设计、生产、组装，方便现场安装实施。

（3）HC型智联模块式消毒设备利用智能装备、云技术，减少管理、操作简单。

## 技术指标

（1）投加量1～1000L/h稀次氯酸钠溶液。

（2）贮药罐容积30～5000L。

（3）药液输出压力0.3～0.8MPa。

（4）经消毒后的水符合GB 5749—2006《生活饮用水卫生标准》的相关要求。

## 技术持有单位介绍

国家高新技术企业浙江华晨环保有限公司自创立以来，对新型一体化净水设备、反渗透水处理设备、超滤水处理设备、消毒设备、污水处理设备领域持续进行研发投入，先后成功研制开发了30余种特别适合城镇、农村、学校、偏远山区、牧区的净水设备、消毒设备、直饮水设备及生活污水处理设备。

## 应用范围及前景

适用于农村饮水安全项目，非常适合日供水5000t以内的农村饮水安全项目选用。目前HC型智联模块式消毒设备已经在浙江、云南、陕西、贵州、湖南、广东等地农村饮水安全项目使用，如海口市城乡一体化供水工程、陕西太白县2018年农村饮水安全巩固提升工程、云南马关县农村饮水安全巩固提升工程2018—2019年度建设工程项目、青海省海东市平安区2019年农村饮水安全巩固提升工程等，很好地解决了农村饮水安全项目的消毒问题。

技术名称：HC型智联模块式消毒设备
持有单位：浙江华晨环保有限公司
联 系 人：叶开良
地　　址：浙江省绍兴市上虞区东关街道傅张村
电　　话：0575-82058899、13705859196

# 255 物联网机井灌溉一体化系统

## 持有单位

北京新水源景科技股份有限公司

## 技术简介

### 1. 技术来源

自主研发。

### 2. 技术原理

物联网机井灌溉一体化系统由计量设备、控制设备、传输设备、操控设备及后台服务等五部分组成，主要应用于机井农业灌溉感应式交流电机抽水泵的控制。系统采用无线通信方式与控制器交互数据，通过互联网软件平台或手机 APP 方式进行远程控制。

### 3. 技术特点

（1）控制终端通过 IC 预先水量、电量充值，控制机井泵的启动和停止，控制终端内置 GPRS 通信模块，实现用户用水记录、用电记录数据信息以及机井泵运行状态预警信息的上传，同时可接收控制中心的指令，实现现场设备的远程控制。

（2）采用物联网技术，通过对信息收集，将信息反馈至平台上，方便决策和后续提供帮助。通过数据的反馈，有效解决了灌溉节水问题。

## 技术指标

电量准确度等级：1.0 级；水量准确度等级：2.5 级；基本误差、起动、潜动符合 GB/T 17215—2002《1 级和 2 级静止式交流有功控制器》的要求；标准参比电压：$U_n=380V$；极限工作电压：$(0.7\sim1.3)U_n$；功耗：电流线路小于 1VA，电压线路小于 1.5W/6VA；环境工作条件：温度 −20～+55℃，湿度 0～100%（不凝露）、0～85%（年平均）；通信接口：红外、485；控制方式：软启动器；水量计量精度：0.1t；标准 RS23、RS48、红外接口；4～20mA/1～5V 标准模拟量输入；2 路继电器输出；无线通信模块：SIM300CZ；防护等级：IP20。

## 技术持有单位介绍

北京新水源景科技股份有限公司成立于 2007 年，主营业务为以智慧节水、智慧水务、智慧农业、智慧环保提供解决方案并定制开发核心软件和产品，为用户提供灌溉节水管理、水资源管理、水权交易管理、水肥一体化管理、农业种植管理及污水处理管理等一揽子解决方案和运维服务。公司关键技术研究或项目获得了国家发明专利、科学技术进步奖等，受到国家、部委、省市领导及专家学者高度认可。中央电视台，北京、河南、山西等地电视台，《人民日报》，《中国水利报》等众多媒体对公司承建的项目进行了报道、专访。

## 应用范围及前景

适用于农业节水灌溉、农业水价改革、水资源监测管理，实现机井远程控制、水量监测、电量监测的自动化、精细化管理，提高灌溉水利用率。已推广应用工程实例数 12 个，2013—2014 年河北省水资源监控能力建设、张家口市水务局坝下地区专用地下水监测井监测设备安装工程等。

技术名称：物联网机井灌溉一体化系统
持有单位：北京新水源景科技股份有限公司
联 系 人：郭保臣
地　　址：北京市丰台区海鹰路 1 号院 6 号楼五层
电　　话：010-88111408、18310195171

# 256 东深农村饮水安全信息管理系统

## 持有单位

深圳市东深电子股份有限公司

## 技术简介

**1. 技术来源**

自主研发。软件著作权，软件名称：东深农村饮水安全信息管理系统（简称：农村饮水安全信息管理系统）V1.0。原始取得，登记号：2019SRO994873。东深农村饮水安全信息管理系统是针对农村供水工程数量多、规模小、科学管理水平低下等问题，开发的一款人饮系统软件，通过信息化监管手段提高农村供水的“四率一水平”（集中供水率、供水普及率、供水保障率、水质达标率、农饮工程管理水平），对城乡供水一体化管理提供信息化支撑。

**2. 技术原理**

东深农村饮水安全信息管理系统是采用物联网IOT平台，在PC端、移动端实现了水源地、水厂、泵站、输水管网、蓄水池、联户表井工程的实时在线监测、控制。该系统利用JAVA＋VUE＋MySQL数据库＋微服务等技术，对农饮一张图、运营管理、物资管理、运维管理、管网管理、水质管理等业务进行封装，通过Web技术呈现给用户，协助用户在PC端、移动端实现工程的在线监控、计量、收缴、派单、物资的联调联动，畅通公众用水反馈渠道，提升用户服务质量。

**3. 技术特点**

（1）基于微服务架构设计思想，对系统进行模块化拆分开发。

（2）采用前、后端分离技术进行开发，提高开发效率。

（3）系统采用面向服务的组件式的软件工程开发技术，有利于系统升级、功能的扩展与延伸。

（4）系统采用物联网之MQTT协议即消息队列遥测传输协议，其最大优点在于，可以以极少的代码和有限的带宽，为连接远程设备提供实时可靠的消息服务。

## 技术指标

（1）数据更新时间 ≤5s。

（2）画面更新响应时间 ≤3s。

（3）用户一般操作的响应时间 ≤5s。

（4）模型计算响应时间 ≤180s。

## 技术持有单位介绍

深圳市东深电子股份有限公司成立于1998年，公司重点从事水利传感、采集及传输设备的研发生产，水利信息化智能平台的研发，为水行业用户提供“一站式”的基础数据的采集、传输、专业应用软件的开发及运行维护的产品与服务。产品广泛应用于物联水利、防灾减灾管理、水资源管理、水利工程建设与管理、水文水质监测与管理、水利水务工程智能化监控与管理等领域。

## 应用范围及前景

适用于人饮工程政府管理单位（水务局、水利局）、运营管理单位（水务集团、水务公司、自来水公司）对城镇智慧供水工程、农村智慧供水工程、智慧调度工程、智慧厂站等工程的管理。

典型应用案例：

云南泸西县第一批农村饮水安全巩固提升工

程项目。该工程以基础数据采集为系统数据基础，以信息交换、协作平台为业务支撑，实现了包括农村供水实时信息的接收处理、自动控制、水质在线监测、远程实时视频监控、农村供水信息综合分析和决策支持、信息发布等功能，2018 年系统上线以来运行稳定，达到了系统设计要求。

技术名称：东深农村饮水安全信息管理系统
持有单位：深圳市东深电子股份有限公司
联 系 人：林占东
地　　址：广东省深圳市高新区科技中二路软件园 5 栋 6 楼
电　　话：0755-26611488、13828758581

# 257 灌区自动化管理系统 V1.0

## 持有单位

深圳市协润科技有限公司

## 技术简介

**1. 技术来源**

自主研发。软件著作权，软件名称：灌区管理软件 V1.0。原始取得，登记号：2018SR966313。

**2. 技术原理**

该系统结合了地理空间信息系统，综合运用了多媒体、计算机、数字存储等多项信息技术，并通过多个采集端获取海量的灌区信息数据，进行时空转换动态变化的推演，从图形和数据凝练出客观规律，从而为用户进行灌区管理、做出决策提供有力的依据。同时根据客观规律，参照边界条件，通过虚拟仿真，重建自然或社会的历史过程，延伸和预测未来的发展趋势，建议几种可能的解决方案，为用户下一步决策提供重要的参考信息。

**3. 技术特点**

(1) 监控功能：手机端互联监控、网页浏览器、视频监控。

(2) 工具及分析功能：三维模型、KML 模型和倾斜模型加载及测量、雨水情等值分析、SWMM 算法模型分析等。

(3) 图层及站点功能：三维水系、水工建筑、农业供水工程和农业气象站等信息数据查询及监测。

(4) CS 结构。

## 技术指标

系统用户文档集、病毒检查、功能性、可靠性、维护性、可移植性、本地化等，经过中国赛宝实验测试，各个检测项目均通过测试。

## 技术持有单位介绍

深圳市协润科技有限公司是深圳市前海开发区的自主创新示范企业，拥有专利 28 件，软件著作权 13 件。公司主要为用户提供智慧管理解决方案，涉及软硬件产品的开发和技术服务，业务范围涵盖信息化规划咨询、应用系统设计开发及系统集成。在水利行业，公司开发了农村饮水安全管理、灌区管理、节水管理、水利工程管理、内涝分析等多个系统。

## 应用范围及前景

适用于灌区信息化管理。系统已在广东、山西、新疆等地应用，其中包括在山西汾河流域生态评估系统中使用，在台兰河灌区工程管理、禹门口灌区工程管理也有投入运行，运行时间均已超过 1 年。

典型应用案例：

温宿县台兰河灌区管理一张图系统和灌区管理可视化展示系统。系统结合了地理空间信息系统，综合运用了物联网、计算机、数字存储等多项信息技术，将采集端获取海量的灌区信息数据，进行时空转换动态变化的推演，从图形和数据凝练出客观规律，从而为用户进行灌区管理、做出决策提供有力的依据，系统运行稳定，界面友好。

技术名称：灌区自动化管理系统 V1.0
持有单位：深圳市协润科技有限公司
联 系 人：赵妙苗
地　　址：广东省深圳市前海深港合作区前湾一路 1 号 A 栋 201 室
电　　话：13417044377

# 258 农村饮用水安全智慧化监管云平台 V1.0

## 持有单位

中科星图（深圳）数字技术产业研发中心有限公司

## 技术简介

**1. 技术来源**

自主研发。

**2. 技术原理**

结合计算机技术，设计基于 GIS 的农村饮用水安全管理信息系统的逻辑结构、功能模块和数据库，研究并确立使用 JavaScript 开发农村饮用水安全管理系统 Web 前台页面，运用 Java 为后台开发语言，实现业务系统功能模块，以 postgreSQL 作为数据库平台，将空间数据加入关系数据库管理系统，选择 Geoserver 作为地图服务发布平台，实现应用系统的具体业务模块和功能调用，提高系统的运行效率。

**3. 技术特点**

（1）对农村安全饮水规划中的工程、在建的工程和建成的工程的分布情况、水质净化情况、监控情况、投资情况和工程指标等进行统计并通过图表呈现，强化工程运行管理能力。

（2）对相关地区人口状况进行统计，建立人员档案，统计供水情况指标，实现对相关人口的信息管理。

（3）统计供水率、自来水普及率、水质达标率、规模化工程供水保证率达标程度等指标，保障供水和饮水安全。

（4）针对贫困村供水状况、贫困人口饮水状况进行统计管理。

## 技术指标

（1）并发数：1000。

（2）响应时间：2s 内完成查询，5s 内完成复杂统计。

## 技术持有单位介绍

中科星图（深圳）数字技术产业研发中心有限公司成立于 2015 年，公司定位于数字城市建设的科研型企业，致力于研究物联网、云计算、大数据可视化等前瞻性技术及各类智能应用芯片和方案设计。已申请发明专利 25 项，实用新型专利 127 项，外观专利 9 项，软件著作权 45 项。在硬件方面已开发 RTU、超声水位计、平面雷达水位计、一体化闸门等多款产品，在系统方面，开发了 GeoSens 大数据可视化管理平台、农村饮用水安全管理系统等多个系统、无人机应用系统等。

## 应用范围及前景

适用于农村饮水安全综合管理。可以强化工程运行管理、促进设施高效配置和使用，提升农村饮水安全监督。已推广应用工程实例数 5 个，符合用户使用的各项标准，且系统应用性强，操作方便，运行良好。

技术名称：农村饮用水安全智慧化监管云平台 V1.0
持有单位：中科星图（深圳）数字技术产业研发中心有限公司
联 系 人：陆赛华
地　　址：广东省深圳市福田区香蜜湖街道竹林社区紫竹七道 17 号求是大厦西座 1503-1506
电　　话：13934608171

# 259　一种重力式全自动净水装置

## 持有单位

广州市波华水处理设备有限公司

## 技术简介

**1. 技术来源**

自主研发。

**2. 技术原理**

该技术摒弃传统斜管反应区的结构形式，将下层斜管区设计成六角蜂窝状结构，能有效提高单个斜管管道的面积，使得在沉淀过程中，加大颗粒和颗粒之间的相互碰撞，使沉降速度不断加快，上层斜管区中斜管的管壁设计成连续阶梯状的结构，不仅延长沉淀路径以提高沉淀效果，还能进一步提高杂质与管壁的碰撞，从而进一步提成沉淀效果。净水工艺流程主要为混凝、沉淀、过滤、消毒。

**3. 技术特点**

(1) 研发的重力式全自动净水装置，摒弃了传统斜管反应区的结构形式，将下层斜管区设计成六角蜂窝状结构，能有效地提高单个斜管管道的面积，使得在沉淀过程中，加大颗粒与颗粒之间的互相碰撞，使得沉降速度不断加快，从而使得杂质沿着管壁下滑，直至沉淀，从而提升沉淀效果。

(2) 设备的反冲是全自动进行的，根据虹吸原理，反冲洗管道由倒U形虹吸管、强制反冲洗阀、虹吸井、引导反冲洗管、平压管、通气阀构成。

(3) 净水器有多个过滤室，每个过滤室都有一套独立的反冲洗系统，当一个滤室进行反冲洗时，其他滤室不受其影响，照常滤水帮助反洗。也可根据进水浊度不同，在原有虹吸基础上增加启动人为设置开启关闭时间，进行强制反冲洗。

## 技术指标

(1) 该装置焊接工艺符合JB/T 2932—1999《水处理设备技术条件》中有关规定。

(2) 钢材表面外观符合SYJ 4007—1986《涂装前钢材表面处理规范》中除锈等级St3级要求。St3级：用动力工具（如动力旋转钢丝刷等）彻底地除掉钢表面上所有松动或翘起的氧化皮、疏松的锈、疏松的旧涂层和其他污物。

(3) 出水水质符合GB 5749—2006《生活饮用水卫生标准》。

## 技术持有单位介绍

广州市波华水处理设备有限公司以中科院化学研究所的雄厚技术为依托，是集科研、技术开发、工程设计、设备生产和安装为一体的高新技术企业，拥有授权专利14项。多年来致力于水厂消毒、水厂净化及水厂中控系统的开发与应用的研究。

## 应用范围及前景

适用于水浊度小于3000mg/L的江、河、湖、水库等为水源的农村、城镇水厂。该产品于2016年获得高新技术产品及新型实用专利证书。产品多次在全国各地的农村饮水安全项目、村村通自来水工程项目中参与公开招投标并中标。前后承担多个全县工程，推广应用工程实例数225个，已销售754台/套，应用良好。

技术名称：一种重力式全自动净水装置
持有单位：广州市波华水处理设备有限公司
联 系 人：魏超
地　　址：广东省广州市天河区华观路万科云城米酷A2栋919
电　　话：020-87220061、13602805269

# 260 农田多源信息采集技术

## 持有单位

水利部农田灌溉研究所

中国农业科学院农田灌溉研究所

## 技术简介

**1. 技术来源**

国家计划。取得计算机软件著作权，软件名称：农田数据监控管理软件 V1.0。原始取得，登记号：2020SRO116659。实用新型专利：一种物联网数据采集器（ZL201820878028.9）。

**2. 技术原理**

农田多源信息采集技术由信息采集器（硬件）和信息数据处理系统（软件）组成。信息采集器采用低功耗电路配合针对农田信息监测环境优化了电源管理模块，安装后可免维护 2 年以上，使用 5 路 4～20mA 通用模拟接口和 1 路 485 数字接口，可配合现有绝大多数通用传感器使用。数据可以直接用手机 APP 进行实时查看，也可以使用 PC 机软件进行数据下载和数据后处理。软件中带有灌溉预报和决策模块，灌溉预报软件对农田多源信息进行融合，与当前常用的灌溉预报系统相比，具有土壤剖面温度、气象信息和土壤墒情的相互校核功能，对区域的计划湿润层含水量预测精度更高，灌溉预报结果精度更高

**3. 技术特点**

（1）信息采集器连接压力传感器，使用压力表检验标准，仪器的规格为 1～60MPa、0.1～6MPa 和 0.04～0.6MPa，性能稳定，符合 0.25 级。

（2）数据可以直接用手机 APP 进行实时查看，也可以使用 PC 机软件进行数据下载和数据后处理。软件中带有灌溉预报和决策模块，灌溉预报软件对农田多源信息进行融合，与当前常用的灌溉预报系统相比，具有土壤剖面温度、气象信息和土壤墒情的相互校核功能，对区域的计划湿润层含水量预测精度更高，灌溉预报结果精度更高。

## 技术指标

（1）信息采集器电源：采用低功耗电路配合两节 18650 电池＋太阳能供电，并针对农田信息监测环境优化了电源管理模块，可以减少更换电池的次数，电池使用时间可达 2 年以上。

（2）传感器接口：使用 5 路 4～20mA 通用模拟接口和 1 路 485 数字接口。

（3）采集参数：土壤水分、盐分、温度，空气湿度，日照强度，风速，地下水位、水质等。

（4）采集精度：连接压力传感器（4～20mA），精度 0.25 级。

## 技术持有单位介绍

水利部农田灌溉研究所，中国农业科学院农田灌溉研究所，成立于 1959 年，是我国灌溉排水领域的唯一的国家级科研机构。灌溉所以应用基础研究和应用技术研发为主，重点围绕作物高效用水理论、灌溉排水新技术与装备、农业农村水生态保护、绿色农田生态系统等学科方向，组织和实施全国性的重大科研项目，着力解决我国农田水利与灌溉工程建设中的重大科技问题，培养农田水利与灌溉工程科技人才，推广科研成果与先进的灌溉排水技术，是国家科技创新体系的重要力量。

## 应用范围及前景

适用于灌溉信息化领域的农田数据监测及灌

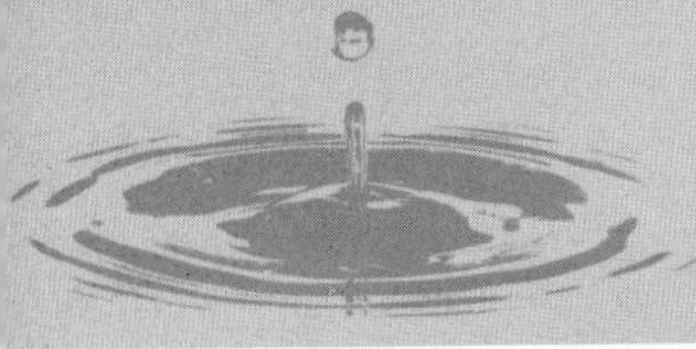



区地下水监测预警、农田实验数据采集等。

典型应用案例：

案例1：2018年1月起，在中国农业科学院新乡试验基地进行了农田信息采集系统的实验、应用，规模2000亩，建立农田信息采集及灌溉预报系统1套，安装采集器59台，其中气象多参数（空气温湿度、光照强度、风速）采集站1台，大气压力采集站1台，地下水位采集站12台，大田作物土壤温湿度采集站38台，温室土壤温湿度7台。网络数据库1个，数据查看、后处理软件1套。经过2年的应用，研制的农田多参数采集系统可在新乡室外环境正常运行，系统软件功能较全操作友好，采集的土壤水分数据和气象数据及时、准确。

案例2：2016年4月起，在黑龙江省佳木斯市桦川县宝山农场进行了农田信息采集技术的示范应用，面积10万亩。建立地下水动态监测预警系统1套，安装地下水位动态监测站22台，数据库和数据查看、处理软件使用已有的系统。经过近4年的改进和示范应用，研制的农国多参数采集系统可在冬季－35℃的野外环境正常运行，系统软件功能较全操作友好，采集的数据及时、准确。

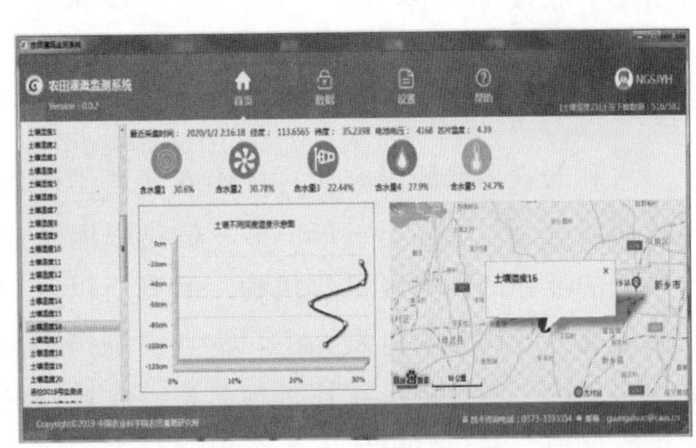


■农田灌溉监测系统

■现场设备安装

■应用案例（1）

■应用案例（2）

技术名称：农田多源信息采集技术
持有单位：水利部农田灌溉研究所、中国农业科学院农田灌溉研究所
联 系 人：贾艳辉
地　　址：河南省新乡市宏力大道（东）380号
电　　话：0373－3393105、15893803522

# 261 高纯二氧化氯加药消毒技术

## 持有单位

黑龙江省水利科学研究院

北京资顺晨化科技有限公司

## 技术简介

**1. 技术来源**

自主研发。实用新型专利(ZL201820286072.0)。

**2. 技术原理**

高纯二氧化氯加药消毒器主要由加药器壳体、消毒剂溶解系统、消毒剂储存系统、投加系统、电控系统、消毒药剂等组成。设备配有全自动溶解装置，将高纯二氧化氯消毒剂添加于水中后自动搅拌溶解配制成一定浓度的消毒药液，通过电磁计量泵投加到所需消毒的饮用水中，保证消毒后的微生物指标满足GB 5749—2006《生活饮用水卫生标准》要求。

**3. 技术特点**

(1) 安全。设备为完全密封设计，不会出现漏水、漏药状况；消毒剂溶解、反应快速；药液的投加采用进口计量泵精准计量、定比投加，从而保证了消毒的安全性。

(2) 高效。采用高纯二氧化氯消毒剂消毒，杀菌效果快、药剂投加量低，不影响处理后水的口感，设备可在1min之内将水中的大肠杆菌、细菌杀灭完毕。

(3) 高自控性。可实现远程控制，计量泵的投加量可通过PLC接收余氯分析仪、电磁流量计信号自动进行调节，从而确保消毒效果、节约药剂成本。

## 技术指标

高纯二氧化氯用于生活饮用水消毒时，二氧化氯的投加浓度为0.2～0.4mg/L（地下水），消毒成本为0.005～0.01元/t。

## 技术持有单位介绍

黑龙江省水利科学研究院主要承担寒区水利工程、农业水利、水土保持、水资源与水环境等专业领域的基础理论及应用技术研究；承担国家级、省（部）级水利重大科研项目课题研究工作；为水行政主管部门组织指导水利建设、编制行业有关技术标准、规程等工作提供技术服务。

北京资顺晨化科技有限公司从事水处理、消毒设备年制造，主要产品有紫外线消毒器、二氧化氯发生器、二氧化氯消毒器、次氯酸钠发生器、臭氧发生器、高纯二氧化氯加药器、次氯酸钠加药设备、絮凝剂加药设备、除铁除锰除氟设备、反渗透设备、二氧化氯消毒粉剂、检测仪器等。

## 应用范围及前景

适用于农村集中供水工程的生活饮用水消毒。在克山县和肇源县农村饮水工程中、浙江省新昌县、江西省高平市、北京市怀柔区、北京市通州区等地区使用了500台高纯型二氧化氯加药消毒器，均用于生活饮用水的消毒，经消毒后水中消毒剂余量指标和细菌学指标均合格，合格率100%。

技术名称：高纯二氧化氯加药消毒技术
持有单位：黑龙江省水利科学研究院、北京资顺晨化科技有限公司
联 系 人：王宇
地　　址：黑龙江省哈尔滨市南岗区延兴路78号
电　　话：0451-86689251、13804583986

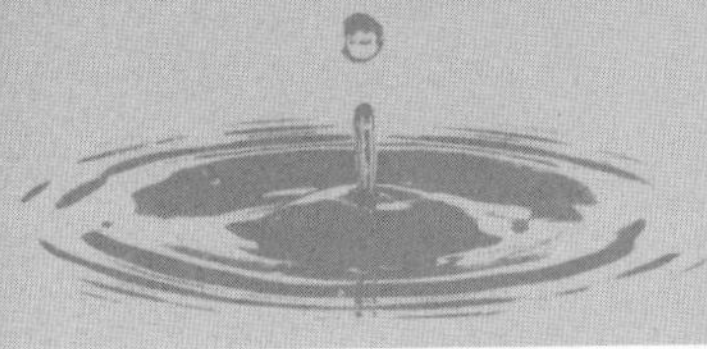



# 262　粳稻灌区田间节水灌溉技术集成模式

## 持有单位

黑龙江省水利科学研究院

## 技术简介

### 1. 技术来源

国家计划。“大型灌区节水技术集成与示范”课题为黑龙江省水利科学研究院承担的“十二五”国家科技支撑计划项目，该院为课题主持单位。课题在东北、华北、南方河网三个片区开展了试验研究。粳稻灌区田间节水灌溉技术集成模式技术成果仅为东北片区的技术成果。

### 2. 技术原理

针对灌区渠道工程老化、冻胀破坏严重，格田碎片化，田间用水浪费等问题，将渠道节水、沟道生态化、标准化田间工程、田间节水、灌区用水管理等技术有机结合，构建水田高效节水灌溉技术集成模式，实现输水渠道装配化、排水沟道生态化、田间工程标准化、灌区管理信息化。渠道采用装配化技术，性能指标 C50、F300，使用寿命达 30 年以上；沟道采用生态透水砖等材料，提升沟道水生植物和动物的宜生性环境；提出 0.5～1$hm^2$ 大格田技术，满足“适度规模化、全程机械化、高度集约化”现代灌区发展的新需求；田间采用控制灌溉及水肥一体化节水技术，亩均减少用水量 100$m^3$ 以上；建立灌区用水管理系统，实现用水总量控制、定额管理，提高灌区运行与管理能力。

### 3. 技术特点

该技术是将渠系工程与田间节水技术相结合，形成标准化高效节水技术集成，为现代灌区发展提供技术支撑。

（1）输水渠道装配技术。采用工厂预制生产的定型装配式输水渠道、满足寒冷地区的输配水工程防渗、防冻胀要求，提高土地利用率，解决渗漏严重及渠系水利用率低等问题。

（2）排水沟道生态技术。综合考虑材料学、生态学、景观学及冻胀性的要求，提出生态型材料与优化断面结构相结合，满足寒冷地区沟道排水要求，改善沟道水生植物和动物的宜生性环境。

（3）田间标准化工程技术。针对灌区田块碎片化、土地平整精度差、灌水和机械化作业效率低的现状，提出农机作业效率高、节约土地用、灌水均匀度高的田间标准化工程。

（4）田间节水灌溉技术。将水分与肥料有机结合，提高农田灌溉水利用率和增加产量。提出控制灌溉条件下水肥高产栽培技术，确定分段施肥比例为基肥：蘖肥：穗肥：花肥＝4.5：2：1.5：2。根据综合抗旱力指数和相对产量提出各积温带生产上主栽审定的水稻品种，粮食增产 5%以上，水分生产效率提高 15%以上。

（5）灌区用水管理技术。针对用水户和管理者开放不同的平台，满足实际需求。

## 技术指标

（1）平均亩节水达到 100$m^3$，作物水分利用效率提高到 1.84$kg/m^3$。

（2）灌溉水利用率提高到 0.51 以上。

（3）土地利用率提高 1%以上。

（4）改善灌区管理人员管理手段，提高管理效率。

## 技术持有单位介绍

黑龙江省水利科学研究院成立于 1958 年，主要承担寒区水利工程、农业水利、水土保持、

水资源与水环境、结构材料、岩土工程、水力学与生态工程、水利工程质量安全、信息化与智慧水利、水利规划与设计、水土保持监测、防灾减灾等专业领域的基础理论及应用技术研究；承担国家级、省部级水利重大科研项目课题研究工作；为水行政主管部门组织指导水利建设、编制行业有关技术标准、规程等工作提供技术服务。

## 应用范围及前景

适用于水田灌区的新建、改建与扩建、灌区节水改造项目及高标准农田建设等。

典型应用案例：

黑龙江省庆安县和平灌区，示范面积1.05万亩。2018年6月起，“粳稻灌区田间节水灌溉技术”在和平灌区进行了应用，采用该技术后，亩节水100$m^2$、增产5%以上，水分生产效率提高15%以上；研发的输配水渠系工程预制混凝土矩形渠及相关的产品，提高了末级渠道的输配水效率，减少占地面积；标准化格田后土地利用率提高3%以上。该技术实现了灌溉渠道、排水沟道、渠系建筑物以及耕作道路等高标准综合配套，为灌区发展提供了技术支撑。

■庆安灌溉试验站示范区

■矩形渠道施工现场

■富南灌区自动控制闸门

■排水沟疏通前后对照图

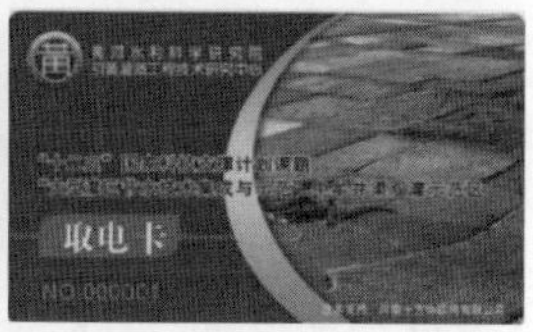


■机电井智能灌溉控制

■具有自动进排气、自动关闭、灌溉计量等特点的给水栓

■一体化灌溉泵站

技术名称：粳稻灌区田间节水灌溉技术集成模式
持有单位：黑龙江省水利科学研究院
联 系 人：黄彦
地　　址：黑龙江省哈尔滨市南岗区延兴路78号
电　　话：0451-86689253、13836004072

# 263 自动清洗型紫外线消毒技术

## 持有单位

黑龙江省水利科学研究院

北京资顺晨化科技有限公司

## 技术简介

**1. 技术来源**

自主研发。

**2. 技术原理**

自动清洗型紫外线消毒器主要有紫外灯管、紫外套管、不锈钢腔体、镇流器、自动清洗装置、电控箱等组成。紫外灯管的寿命可达到12000h，能根据紫外强度的变化实现自动清洗功能。自动清洗装置通过紫外强度监测仪自动监测紫外强度，当紫外强度降低时，自动清洗装置的电机启动通过刮片将紫外套管上的水垢去除，从而恢复至原来的紫外强度，保证消毒后的微生物指标满足GB 5749—2006要求。

**3. 技术特点**

(1) 高自控性。设备配有PLC、触摸屏、紫外强度检测仪、温度传感器等仪表和控制元器件，能实现自动清洗紫外套管的功能。

(2) 无须任何原料。设备仅需耗电、无须其他任何化学原料。

(3) 安全环保。采用物理法消毒，杀菌效果好，不会产生消毒副产物、不影响水的口感。

## 技术指标

紫外灯管的寿命可以达到12000h，能根据紫外强度的变化实现自动清洗功能。

## 技术持有单位介绍

黑龙江省水利科学研究院主要承担寒区水利工程、农业水利、水土保持、水资源与水环境等专业领域的基础理论及应用技术研究；承担国家级、省（部）级水利重大科研项目课题研究工作；为水行政主管部门组织指导水利建设、编制行业有关技术标准、规程等工作提供技术服务。

北京资顺晨化科技有限公司从事水处理、消毒设备年制造，主要产品有紫外线消毒器、二氧化氯发生器、二氧化氯消毒器等。

## 应用范围及前景

适用于农村无清水池、供水管网较短的集中供水工程生活饮用水消毒。在黑龙江省安达市、密山市，北京市顺义区龙湾屯镇，北京市延庆区，河北省张家口市沽源县、尚义县，河北省邢台市，浙江省丽水市松阳县等地区的农村饮水工程中使用了约550台自动清洗型紫外线消毒器，均用于生活饮用水的消毒，经消毒后水中细菌学指标合格，合格率达到100%。

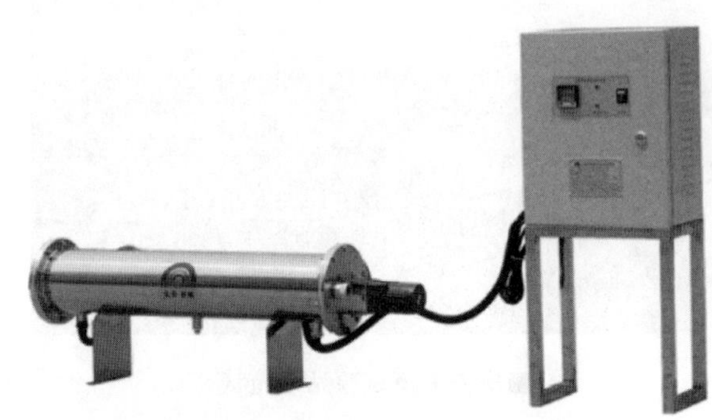

■低压高强灯系列（含清洗装置）

技术名称：自动清洗型紫外线消毒技术
持有单位：黑龙江省水利科学研究院、北京资顺晨化科技有限公司
联 系 人：王宇
地　　址：黑龙江省哈尔滨市南岗区延兴路78号
电　　话：0451-86689251、13804583986

# 264　超声波时差法量水槽

## 持有单位

武汉先达监测技术股份有限公司

## 技术简介

**1. 技术来源**

自主研发。

**2. 技术原理**

该技术产品是采用适应能力强，测流精准的时差法原理技术与304不锈钢材料采用工业标准制作形成的量水产品。量水以灌区渠道量水规范的流速面积法为计量规则，同时，严格按照水文明渠测流规范设计应用，以实时水流平均速度为测量主要目标，实时水位的计量值形成的过水面积参与流量计算，水无流速流量即为0。量水槽采用500K超声波应用频率，具有泥沙穿透力强的功能，测量工作距离可满足调节应用，计量精准，测量流速误差可达2%，综合流量误差可控制在5%以内。

**3. 技术特点**

(1) 量水槽吸取了巴歇尔槽的部分收窄和倾斜坡优点，增快流速有效避免测量槽作为计量段产生泥沙淤积的可能性。

(2) 量水槽产品一般要求选择在渠道顺直段安装应用，安装简单，平整放置周边稍加衬砌即可应用。

(3) 产品信号功率强，泥沙、气泡水体穿透力强，性能稳定，测量精准。

## 技术指标

量水槽要求选择在渠道顺直段安装应用，尽量避开水流湍急、紊流容易产生过多气泡等妨害声学特性因素的地方。

(1) 渠道应用宽度：0.5～1.5m（可定制拓展应用达2.0～3.0m）。

(2) 流速测量范围：0.01～10.0m/s。

(3) 泥沙含量范围：0～20kg/m$^3$。

(4) 应用声学频率：500kHz。

(5) 流速测量置信度：98%。

(6) 水位测量精度误差：±5mm。

(7) 系统流量置信度：95%。

(8) 串口通信：RS485。

(9) 工作电压：DC24V、DC12V

## 技术持有单位介绍

武汉先达监测技术股份有限公司是武汉东湖高新技术开发区的高新技术企业。公司致力于水利、水文、水资源的远程无线遥测、遥控、遥视等基础产品的系统性研发，尤其是针对国内宽河道流速流量一直无法实现实时在线计量的技术瓶颈，在长江水利委员会支持下研发的超声波时差法河渠测流仪，可满足10～500m河宽的应用。

## 应用范围及前景

适用于灌区支斗渠测流。在新疆巴音局灌溉渠测量项目中，传统堰槽无法有效应用，采用了现代超声波时差法箱涵产品和电磁阀产品现场安装应用，取得精准测量。

技术名称：超声波时差法量水槽
持有单位：武汉先达监测技术股份有限公司
联 系 人：李静
地　　址：湖北省武汉市洪山区马湖新村西门湖北有机生物大院
电　　话：027-87526669、18062035916

# 265 基于现场制取次氯酸钠的智能水处理消毒设备

## 持有单位

湖南京昌生物科技有限公司

## 技术简介

**1. 技术来源**

自主研发。实用新型名称：一种全自动次氯酸钠发生器（ZL201820819122.7）。

**2. 技术原理**

该设备是以非加碘食盐和自来水为原料，通过电极发生电化学反应生成次氯酸钠消毒剂溶液，消毒剂投加系统自动将设备产生的次氯酸钠消毒剂溶液投加到待消毒水体中，达到消毒处理的目的。

**3. 技术特点**

（1）BIVT技术是一系列新技术集合，应用这项核心技术生产出的高效复合消毒剂，其消毒效果是传统次氯酸钠消毒剂（84消毒液等普通消毒液）不可比拟的。

（2）专注的模糊控制自动补偿技术，不受自然环境影响，保证消毒液的浓度恒定，配合计量泵实现精准投加。

（3）盐量预警系统，当溶液含盐量超出设定值时，自动报警并关机。

（4）数字化物联网监测平台，随时查看所有设备运行情况、可遥控开机和投加、可远程检修。

（5）设备功效强、寿命长、技术指标稳定。

（6）可配套太阳能供电系统，解决农村水池设备运行无电的情况。

## 技术指标

出水水质符合GB 5749—2006《生活饮用水卫生标准》和《生活饮用水消毒剂和消毒设备卫生安全评价规范（试行）》（2005）规定的要求。

## 技术持有单位介绍

湖南京昌生物科技有限公司成立于2014年，集研发、生产、销售、售后服务于一体，是一家专注于饮用水消毒、医疗污水消毒、生活污水消毒、水体环境治理、公共场所环境消毒和家庭高端消毒用品的研发、生产及应用的新锐高新技术企业，拥有授权专利20项以上。公司生产产品主要全自动智能次氯酸钠发生器，系列产品基本覆盖城镇自来水、农村饮水、公共场所消毒、生活污水等各种领域。

## 应用范围及前景

适用于饮用水处理、污水处理、水体环境治理、家居环境、食堂消毒等。

该产品目前全面覆盖于湖南本地，并向湖北、广西、浙江、广东等地区布局实施，已推广应用工程实例32个，累计销售1826（台/套）。

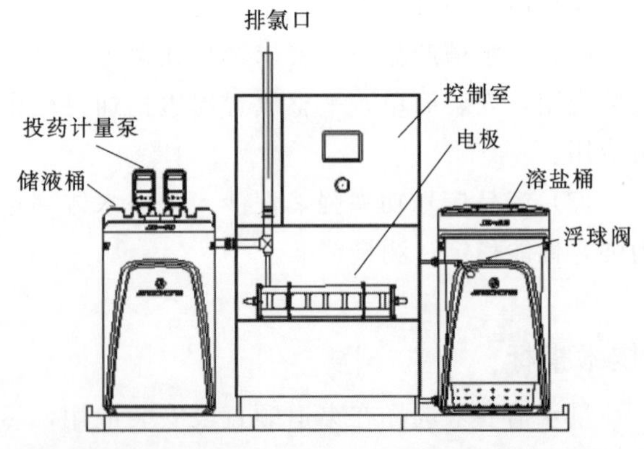


■JC－200、JC－300、JC－500数字型设备结构图

■某型全自动次氯酸钠发生器

技术名称：基于现场制取次氯酸钠的智能水处理消毒设备
持有单位：湖南京昌生物科技有限公司
联 系 人：苏秋霞
地　　址：湖南省长沙市雨花区环保中路188号14、15栋506室
电　　话：0731-88826548、18817103197

# 266　基于3S的灌区灌溉需水预测与配水决策技术

## 持有单位

黄河水利委员会黄河水利科学研究院

## 技术简介

**1. 技术来源**

自主研发。计算机软件著作权，软件名称：灌区灌溉用水需求预测及数据管理软件。原始取得，登记号：2019SR0737925。

**2. 技术原理**

3S技术是遥感技术（RS）、地理信息系统（GIS）和全球定位系统（GPS）的统称，是空间技术、传感器技术、卫星定位与导航技术和计算机技术、通信技术相结合，多学科高度集成的对信息进行采集、处理、管理、分析、表达、传播和应用的现代信息技术。基于3S的灌区灌溉需水预测与配水决策技术依据以上技术，并利用卫星遥感影像和ENVI、Google earth等软件平台，结合物联网技术，采用多种类传感器实时监测土壤和作物变化情况，通过无线方式将采集到的数据传输到中央数据库，配合本地的生态大数据系统开展灌区用水需求与调度的综合分析与智能决策。

**3. 技术特点**

（1）采用黄科院引黄灌溉中心自主研发的种植结构分类算法，实现了灌区内种植作物的精细化分类，识别精度85%以上，并可进一步预估粮食产量。

（2）研发的土壤墒情解译算法、土壤墒情实时预测模型，耦合田间土壤墒情实测数据实现对灌区尺度农田土壤墒情的实时监测，精度在80%以上，并对未来半个月的土壤墒情信息变化情况进行预测。

（3）研发的基于干旱指数差异的实际灌溉面积监测模型及校对确定阈值的算法，实现不同时间段内实际灌溉面积的自动化快速监测，精度在80%以上。

（4）研发的灌区农业灌溉需水模型，融合灌区作物、土壤、灌溉工程、气象等信息进行空间尺度的转换计算，实现目标区域基于人工智能的灌溉需水参数设定，计算获得不同尺度控制范围内灌溉需水量和引水需求，并向用户控制端发送需水预报。

（5）系统对灌区边界、干支渠、主要引水口等主要工程进行综合管理，并具备不同时间段管理信息的一键报表式输出服务。

## 技术指标

（1）对灌区内种植作物的精细化分类识别精度85%以上。

（2）灌区尺度农田土壤墒情的实时监测，精度在80%以上，并对未来半个月的土壤墒情信息变化情况进行预测。

（3）计算获得不同尺度控制范围内灌溉需水量和引水需求，时间步长为1d，精度80%以上。

## 技术持有单位介绍

黄河水利科学研究院成立于1950年，主要从事水利行业相关基础理论和应用基础研究及技术研发与应用推广。研究领域包括水力学与河流泥沙动力学、水土保持、工程力学、水资源与水生态、农业灌溉与节水技术、防洪减灾与水利工程管理、水利信息化与测控技术等，涵盖专业达60多个。黄科院先后承担和完成了近5000项研究与开发任务，有148项科研成果获国家、省部级科技奖。

## 应用范围及前景

适用于灌区需水预测、水量调度等相关工作。基于3S的灌区灌溉需水预测与配水决策技术在人民胜利渠灌区、小开河灌区得到了应用，为实现灌区农业用水精细化管理、提高水资源利用效率提供了重要支撑。

技术名称：基于3S的灌区灌溉需水预测与配水决策技术
持有单位：黄河水利委员会黄河水利科学研究院
联 系 人：梁冰洁
地　　址：河南省郑州市顺河路45号
电　　话：0371-66029413、19939367693

# 267 基于智能手机的水稻水分亏缺诊断技术

## 持有单位

河海大学

昆山市城市水系调度与信息管理处

## 技术简介

### 1. 技术来源

省部计划。

### 2. 技术原理

水稻水分亏缺导致叶片蒸腾降低，叶片温度随之升高。在水稻各生长阶段，基于水稻叶片温度获得作物水分亏缺指数 CWSI，探究叶片光合指标（气孔导度、光合速率和蒸腾速率等）与 CWSI 的定量关系，确定叶片光合能力下降时的叶片 CWSI 阈值，形成基于冠层温度的水稻水分亏缺诊断方法。采用基于安卓手机平台的 Flir ONE 红外热像仪，开发了配套的智能手机平台的诊断 APP，并通过该 APP 实时读取红外热像仪获取的冠层温度，由 APP 实时计算拍摄目标冠层的 CWSI，并根据事先设定的 CWSI 阈值显示水分亏缺程度。

### 3. 技术特点

该技术充分利用智能手机强大的数据处理能力、信息展示能力与良好的人机交互体验，将繁琐的水分亏缺指数计算过程内置到 APP 后台算法，实现作物水分亏缺诊断的实时、实地诊断以及量化诊断结果的图形化展示。

## 技术指标

（1）明确节水灌溉水稻各生育期缺水 CWSI 阈值，形成基于冠层温度的水稻水分亏缺诊断方法。

（2）利用 Flir ONE 与安卓手机，配套开发成本低、易于操作的便携式实时实地诊断工具。

（3）技术参数：冠层温度测量分辨率：0～1℃；冠层温度测量精度：±2℃；红外摄像头像素：160×120；水稻水分亏缺诊断结果：高、中、低、无，APP 内可设置对应的阈值；可拍摄冠层面积：不大于 50m$^2$；数据保存形式：图片＋带有地理位置信息的文本保存；外接 Flir ONE 红外摄像头重量小于 100g，累计续航时间 30min；对安卓手机要求：安卓 4.3 及以上版本，且手机具备 OTG 功能。

## 技术持有单位介绍

河海大学水文水资源与水利工程科学国家重点实验室作为开展课题研究的载体，拥有支撑本项目顺利开展的先进技术设备。高效用水团队课题组在稻田节水灌溉理论与技术方面连续进行了 30 余年的大量研究工作，基于水稻节水灌溉技术方面的研究成果 2016 年获国家科技进步一等奖。

昆山市城市水系调度与信息管理处所管理的昆山排灌试验基地位于昆山市国家农业综合示范区内，是原昆山市水利技术推广站于 2004 年起投资建设的农田水利灌排试验研究基地。

## 应用范围及前景

适用于节水灌溉管理的稻田，在确定其他作物的 CWSI 阈值后，也可通过 APP 内修改阈值的方式，应用于其他作物上。

典型应用案例：

昆山锦溪长云灌区项目。在示范区应用该技术产品 1 套，按照各生育期推荐的 CWSI 阈值进行灌溉管理，选择田间无水层的晴天正午进行水

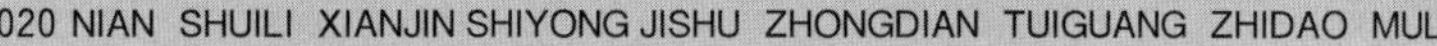

分亏缺诊断，诊断效率高，200亩的示范区约有30块田，一个农民在1h能完成一次诊断。相对于常规灌溉稻田，示范区产量指标增加为120kg/hm²，节约用水约36.4%，水分利用效率增加8.4%。


技术名称：基于智能手机的水稻水分亏缺诊断技术
持有单位：河海大学、昆山市城市水系调度与信息管理处
联 系 人：徐俊增
地　　址：江苏省南京市西康路1号
电　　话：13584012436

# 268 基于物联网的灌区智慧管理云平台

## 持有单位

南京水利科学研究院

## 技术简介

**1. 技术来源**

省部计划。

**2. 技术原理**

采用工程调研、理论分析、数值模拟和工程实践等手段，开展了基于物联网的灌区智慧管理云平台关键技术研究，剖析了智慧管理内涵和需求，构建了灌区智慧管理平台架构，提出了多源信息特征识别及决策融合方法，构建了基于云服务的 Web 智慧管理模型，研发了灌区智慧管理平台，实现了灌渠水量、水质实时在线监测，远程智能供水，灌渠墒情、水雨情实时感知及预警，有效地解决了灌区各个子系统与信息化系统、灾害防御等系统之间信息孤岛难题，提高灌区水资源利用率和综合效益，提升了管理科学化。

**3. 技术特点**

(1) 基于分层设计理念构建了具有灵活扩展性的灌区物联网架构，研究了准确高效的信息感知方法和信息互联技术。

(2) 提出了基于遗传算法的高维信息特征识别新方法，较好地识别了高维度信息；提出了基于等距映射的证据推理方法，实现了多维信息的决策融合；建立了智能图像信息识别策略，构建了智能图像信息识别系统的体系结构。

(3) 提出了 VM 划分解质量稍优的启发式算法，降低了求解的复杂程度；构建了基于 QoS 的和网络感知的组合图模型，使云计算更加有效实用；提出了 H-WSRC 和 A-WSRC 两种构建弱安全再生码的方法，保证云信息的安全与完整。

(4) 基于物联网和云计算技术构建了灌区智慧管理云平台，有效解决了各信息化系统间信息孤岛难题。

## 技术指标

(1) 基于分层设计理念构建灌区物联网架构。

(2) 基于遗传算法的高维信息特征识别和基于等距映射的证据推理方法，构建了智能图像信息识别系统的体系结构。

(3) 基于安全哈希函数和 AONT 变化提出了 H-WSRC 和 A-WSRC 两种构建弱安全再生码的方法，保证灌区系统云信息的安全与完整。

## 技术持有单位介绍

南京水利科学研究院主要从事基础理论、应用基础研究和高新技术开发，承担水利、交通、能源等领域中具有前瞻性、基础性和关键性的科学研究任务，兼作水利部大坝安全管理中心、水利部水闸安全管理中心、水利部应对气候变化研究中心、水利部基本建设工程质量检测中心、水利部水文仪器及岩土工程仪器质量监督检验测试中心。

## 应用范围及前景

适用于灌渠智慧管理平台及灌区综合信息化管理及水费计收、灌区水位及水量遥测等系统建设。项目研究成果目前已应用于河南省人民胜利渠智慧管理平台、河北省石津灌区综合信息化管理及水费计收系统、焦作市广利灌区水位及水量遥测系统建设中，取得了明显社会、环境和经济效益。

技术名称：基于物联网的灌区智慧管理云平台
持有单位：南京水利科学研究院
联 系 人：马福恒
地　　址：江苏省南京市广州路 223 号
电　　话：025-85828186、13809037363

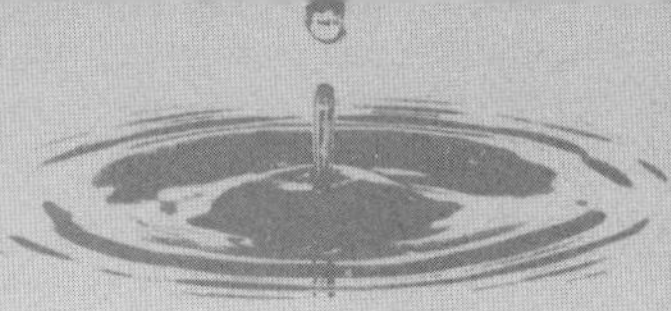

# 269 户型饲草料地光伏提水滴灌技术

## 持有单位

水利部牧区水利科学研究所

## 技术简介

### 1. 技术来源

自主研发。该技术主要用于解决户型饲草料和粮食作物灌溉，以及农牧区安全饮水和草原生态保护等问题。

### 2. 技术原理

该技术以户型饲草料地（1～2hm$^2$）为单元，采用光电板接收、转换太阳能为电能，直接驱动水泵提水，经过输配水管道进入田间滴灌管，实施滴灌。同时通过动态监测作物生长、土壤水分及田间小气候，结合作物生物生态学特性，制定合理的灌溉制度，适时、适量实施灌溉，实现饲草料作物生产节水、高效、增产。主要工艺流程为光伏提水系统设计安装（光伏阵列→逆变控制器→水泵及管道→首部计量及安全装置）→田间输配水管道系统设计建设→节水高效灌溉制度。

### 3. 技术特点

（1）在我国西部牧区发展太阳能提水滴灌技术，可充分利用分布广泛的绿色能源，有效解决能源短缺的问题，促进草业生产节水、高效。

（2）采用该技术相比原有管道输水地面灌溉，灌溉保证率提高到75%以上，灌溉水利用率达到0.86，综合产量提高15倍，产值提高443%。

## 技术指标

光伏阵列功率为1.2kW；离心交流潜水泵，流量8t/h，扬程50m；逆变器功率2～3kW；首部设施肥罐、过滤器、闸阀等。选直径16mm、滴头间距30cm的滴灌管，水平地面单管布置长度50m，顺坡可延长10%，逆坡则缩短20%；滴灌管间距按作物行宽布置。作物一般为苜蓿和青贮玉米，控制面积1～2hm$^2$，系统流量7.5m$^3$/h左右，无须传统能源，1人操作运行。

## 技术持有单位介绍

水利部牧区水利科学研究所主要研究方向为水资源与水环境、草地节水灌溉、清洁能源与供水技术、草地水土保持与生态治理、地下水勘查与开发利用、牧区抗旱减灾、牧区水利宏观发展战略以及高新技术的应用研究。

## 应用范围及前景

适用于内蒙古阴山北麓、中西部干旱牧区、半农半牧区的粮食作物灌溉、农牧区安全饮水以及草原生态建设等。

典型应用案例：

内蒙古达茂旗希拉穆仁镇哈拉乌素嘎查水利部牧科所试验基地牧草种植试验区和白彦淖尔嘎查刘敖腾家庭饲草料地，面积均为1hm$^2$，作物为紫花苜蓿和青贮玉米。2011年4月设计安装，5月完成调试，至今仍运行正常。案例中系统灌溉保证率75%，灌溉水利用率0.85，节约用水100m$^3$/亩以上。

技术名称：户型饲草料地光伏提水滴灌技术
持有单位：水利部牧区水利科学研究所
联 系 人：刘虎
地　　址：内蒙古自治区呼和浩特市赛罕区大学东街128号
电　　话：0471－5306671、15947315380

# 270 农村饮水安全信息化系统 V5.0

## 持有单位

山东锋士信息技术有限公司

## 技术简介

**1. 技术来源**

自主研发。软件著作权登记号：2015SR207320，2009SR059866。

**2. 技术原理**

农村饮水安全信息化系统采用整建制建设模式并依托物联网、三维场景、云服务以及人工智能等先进技术进行建设。该系统通过物联网采集技术，采集在线监测设备实时感知供水系统的运行状态，通过环境参数和设备参数自动检测，将相关数据通过网络上传至监控中心，并接受和执行监控中心传回来的指令，实现水厂数据的统一化管理和无人值守。

**3. 技术特点**

(1) 系统构建了以“规模化工程体系、公司化运营体系、便民化服务体系、规范化监管体系”为内容的“四个体系”和以信息化管理手段为支撑的“4+1”建管模式。

(2) 基于 SkyLine 三维技术，实现空间信息的直观可视化表达，并可进行多维度空间分析。

(3) 依托政务云平台，建设省级、市级、县级、工程四级一体化的业务应用系统，改善以往分散建设、重复投资、运行不稳定情况。

(4) 利用智能视频分析技术，实现人脸、车牌等目标的自动识别，通过信息化平台对疑似违法行为进行报警，确保水源取水口安全。

## 技术指标

(1) 产品标识：软件有明确的产品名称、版本名称及文档唯一性的标识。

(2) 文档齐全：提供的文档中有中文需求规格说明书和系统操作手册。

(3) 质量特性分析：功能性占比 59%，易用性占比 19%，可靠性占比 22%。

## 技术持有单位介绍

山东锋士信息技术有限公司是水发集团控股的国家级高新技术企业。公司致力于农业、水利行业自动化、信息化和智慧化建设，拥有发明专利 3 项，实用新型专利 7 项，软件著作权 60 项。

## 应用范围及前景

适用于各省级、市级、县级的农村饮水安全管理工作。省级统一部署基础功能，市级可结合实际进行定制，县级以下纳入市级系统统一管理。

农村饮水安全系统已经在山东省 40 余个区县投入使用，部署了包括山东省农村饮水安全管理系统，潍坊市整建制农村饮水安全管理系统，德州市农村饮水安全管理系统在内的省市级管理系统和多个县区级系统。

技术名称：农村饮水安全信息化系统 V5.0
持有单位：山东锋士信息技术有限公司
联 系 人：谢丽娟
地　　址：山东省济南市经十东路 33399 号水发大厦副楼 6 层
电　　话：0531-86018968、15215315819

# 271　灌区用水信息测报平台

## 持有单位

中国水利水电科学研究院

## 技术简介

**1. 技术来源**

自主研发。发明名称：一种农田灌区面积遥感提取的方法及系统（ZL201810149904.9）；发明名称：基于光谱参量的冬小麦冠层含水率监测模型建立方法（ZL201910416336.9）；实用新型名称：基于物联网的农作物生长监测装置（ZL201920682186.1）；实用新型名称：一种基于农作物需水量的计量灌溉装置（ZL201820375915.4）。

**2. 技术原理**

灌区用水信息测报平台集成卫星遥感解译技术、数据融合同化技术、大数据技术，基于逐日气象监测数据、天气预报数据以及高分辨率卫星遥感影像产品，提出了基于多源信息融合同化的高效及一体化处理技术方法，形成了基于AI学习和专家系统的全国遥感实时监测及预报系统，实现区域灌溉面积、种植结构、作物需耗水反演、作物长势模拟等水情信息的实时监测及预报，并进行旱情预警及智能灌溉决策预报。

**3. 技术特点**

该技术突破解决了区域遥感解译仅停留在研究阶段，不能真正做到实时化、自动化、标准化数据采集、解译、发布的瓶颈。

## 技术指标

（1）空间分辨率：16～1000m。

（2）时间分辨率：全国通用产品8d，灌区及灌域1h/d。

（3）计算效率：全国范围≤3h，灌区及灌域范围≤1h。

（4）测报预见期：15～40d。

（5）测报精度：作物种植结构≥90%，作物需耗水、土壤墒情≥85%。

（6）发布周期：标准化产品每日更新，精细化产品每小时更新。

（7）使用环境：无须本地安装，支持各种主流浏览器访问。

## 技术持有单位介绍

中国水利水电科学研究院隶属中华人民共和国水利部，是从事水利水电科学研究的国家级社会公益性科研机构。历经几十年的发展，中国水利水电科学研究院已建设成为人才优势明显、学科门类齐全的国家级综合性水利水电科学研究和技术开发中心。截至2019年年底，全院在职职工1347人，其中包括院士5人、硕士以上学历919人（博士523人）、副高级以上职称867人（教授级高工386人），是科技部“创新人才培养示范基地”。

## 应用范围及前景

适用于政府机关、大中型灌区管理部门、高校及科研机构以及普通用水户，提供区域水情信息实时监测预报诊断。

在灌区管理部分方面，该平台已在内蒙古河套灌区、陕西泾惠渠灌区、黑龙江庆安灌区、吉林省玉米主产区、北京大兴区、山东位山灌区、江苏淮安灌区、四川省都江堰灌区、湖北漳河灌区、新疆阿克苏地区等10个地区/灌区开展应用，范围包括东北平原雨养农业区、华北平原半干旱半湿润地区、西北干旱绿洲区、南方湿润区。

在高校和科研机构方面，该平台已在河海大学、天津农学院、新疆水科院以及灌溉试验总站开展应用，为这些机构提供自动更新的标准化数据库，并进行图表生成及分析工作，支撑这些单位和机构开展数据管理与分析以及更深入的科研工作，取得显著效益。

在联合国粮农组织（FAO）在2019年主办的“基于耗水的用水管理（Consumption-based Water Management）”国际研讨会中，该平台作为将遥感技术在水资源核算和水资源配置框架中应用的范本进行推介和展示，并将以此为蓝本向亚太国家或地区进行推广。

典型应用案例：

所有灌区应用中以内蒙古河套灌区的应用最为典型。该平台已应用于在内蒙古河套灌区管理中，通过地面监测网络远程传输、卫星遥感数据自动下载解译、气象数据自动下载插值，构建河套灌区天地一体化数据库。集成分布式灌区用水全过程模拟模型，实时反演并发布灌区作物需水、耗水、土壤墒情空间分布，并进行缺水诊断。构建天气预报驱动的灌区作物需耗水预报模型，结合分区优化调控技术，实现灌区用水预报决策。开发的平台被纳入《内蒙古河套灌区现代化灌区规划》（2021—2035），并已应用于河套灌区灌溉调度管理系统中，平台推送的数据为河套灌区科学高效用水提供支撑，并作为“河套灌区水循环立体监测与用水生态高效调控”成果的一部分，获得了2018—2019年度“大禹杯”农业节水科技奖一等奖。

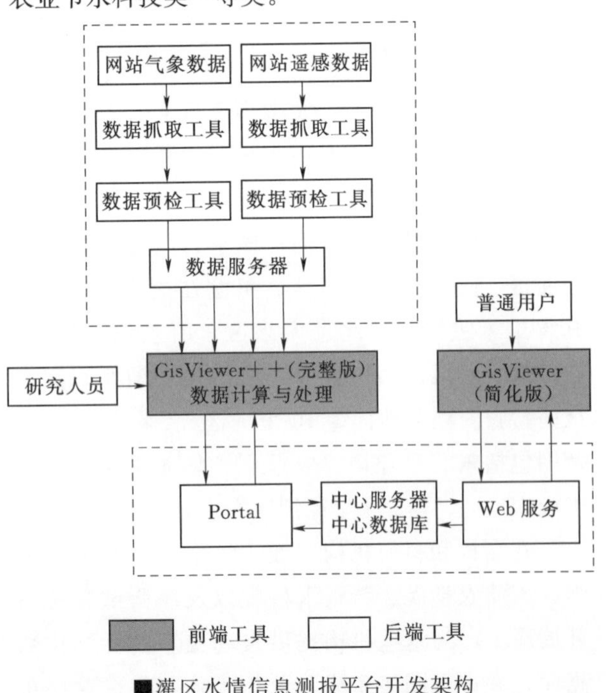


■灌区水情信息测报平台开发架构

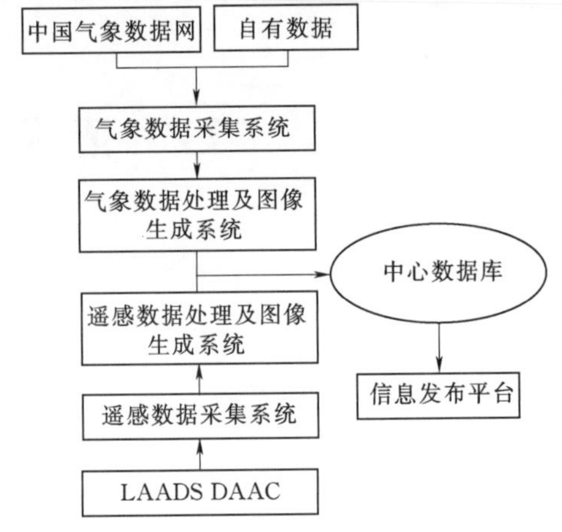


■灌区水情信息测报平台系统构成

■2019年杨凌农高会平台展示

技术名称：灌区用水信息测报平台
持有单位：中国水利水电科学研究院
联 系 人：魏征
地　　址：北京市海淀区复兴路甲1号
电　　话：010-68785226、18710047605

# 272 水田量-控-灌一体化智能决策系统（PFIS）V1.0

## 持有单位

中国水利水电科学研究院

## 技术简介

**1. 技术来源**

自主研发。发明名称：测定土壤脱湿及吸湿过程的水分特征由线的装置及方法（专利号 ZL 20171 1322257.9）。计算机软件著作权，软件名称：水田灌溉智能监控管理软件（简称：PFI）V1.0。原始取得，登记号：2019SR1191281。美国发明专利，Patent No.：US10，579，756 B2。

**2. 技术原理**

水田灌溉智能监控系统集成物联网技术、大数据技术，基于逐日田间墒情和田面水位监测数据、气象数据以及水稻灌溉制度、农艺措施，构建了水田灌溉水运动模拟模型，形成了包含灌溉信息自动监测装置、智能灌溉决策系统和灌溉自动控制系统为一体的水田灌溉智能监控系统。

**3. 技术特点**

（1）该系统开发了基于田面水层和土壤含水量双信息的水田灌溉智能监控系统，与目前常见的基于田面水层的智能控制系统相比，能更好地促进东北稻田控制灌溉技术的实施。

（2）研发基于全生育期灌溉性能最优的智能灌溉决策系统，考虑了泡田灌溉与生育期补充灌溉时灌溉水流运动特点，克服了传统的基于水量平衡确定灌水量的缺陷，同时提出降雨补偿机制和农艺联动机制对预灌溉方案进行修正，达到精准灌溉的目的。

（3）监测、决策数据实时上传至云平台，可为灌区管理者提供灌溉管理工具。

## 技术指标

（1）测量精度：水位传感器测量误差±0.5cm，土壤墒情传感器测量误差≤5%；测量范围：水位传感器测量范围0～50cm。

（2）功耗：水位传感器（静态功耗小于2mA，最大功耗小于30mA），土壤墒情传感器（最大功耗小于30mA），无线传输模块（最大功耗小于100mA）。

（3）工作环境：－40～＋70℃；设备防水性：IPX3；管理记录数：1000万；数据增长频率：3.4万条/月。

（4）计算效率：单次灌溉量模拟≤10min，灌溉控制优化决策≤15min。

（5）典型田块模拟精度：地表水流推进时间绝对误差3.6min，田面水位变化过程相对误差≤4%。

## 技术持有单位介绍

中国水利水电科学研究院隶属中华人民共和国水利部，是从事水利水电科学研究的国家级社会公益性科研机构。历经几十年的发展，中国水利水电科学研究院已建设成为人才优势明显、学科门类齐全的国家级综合性水利水电科学研究和技术开发中心。截至2019年年底，全院在职职工1347人，其中包括院士5人、硕士以上学历919人（博士523人）、副高级以上职称867人（教授级高工386人），是科技部“创新人才培养示范基地”。

## 应用范围及前景

适用于灌区管理部门、高校、科研机构以及农业合作社、种粮大户、普通农户等。

水田灌溉智能监控系统已分别在黑龙江省庆

安县、四川省金堂县进行推广应用。黑龙江省和四川省分别是我国东北、西南地区水稻主产区，具有代表性。

典型应用案例：

案例1：庆安县推广应用10套、应用面积5000亩，2019年4月投入运行，从水稻泡田期开始至黄熟期收割，累计运行160d。与同期未安装系统的田块对比，累计节水14.15万t，节电1.7万kW·h。累计增产90t，以平均9t/hm$^2$的产量计算，可增产约3%。安装产品后，累计节省人工1000人次。综合节水、节电、高产和省工效益，累计增收42.92万元。节水增产效果显著。

案例2：金堂县推广应用2套、应用面积1000亩，2019年4月投入运行，从水稻泡田期开始至黄熟期收割，累计运行125d。与同期未安装系统的田块对比，累计节水5万t，节电1.125万kW·h。累计增产18.01t，累计节省人工200人次，综合节水、节电、高产和省工效益，累计增收9.19万元。节水增产效果显著。

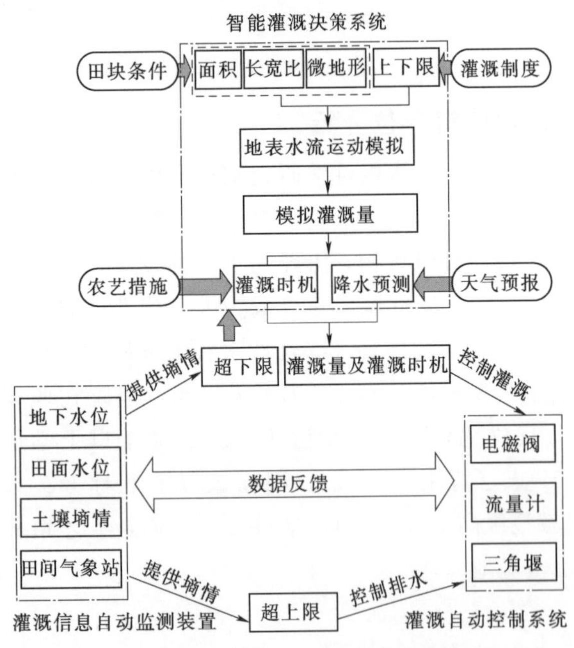


■水田灌溉智能监控系统开发架构

二维地表浅水方程组

$$\frac{\partial h}{\partial t}+\frac{\partial q_x}{\partial x}+\frac{q_y}{\partial y}=-i_c$$

$$\frac{\partial q_x}{\partial t}+\frac{\partial}{\partial y}(q_x\cdot\dot{v})+\frac{\partial}{\partial x}(q_x\cdot\overline{u})=-g\cdot h\frac{\partial\zeta}{\partial x}-g\frac{n^2\cdot\overline{u}\sqrt{\dot{v}^2+\overline{u}^2}}{h^{4/3}}+\frac{1}{2}i$$

$$\frac{\partial q_y}{\partial t}+\frac{\partial}{\partial x}(q_y\cdot\overline{u})+\frac{\partial}{\partial y}(q_y\cdot\dot{v})=-g\cdot h\frac{\partial\zeta}{\partial y}-g\frac{n^2\cdot\dot{v}\sqrt{\overline{u}^2+\dot{v}^2}}{h^{4/3}}+\frac{1}{2}i$$

包含犁底层入渗特性的土壤水动力学参数

$$i_c=\begin{cases}k_1\cdot\alpha_1\cdot t^{\alpha-1}, & t\leqslant t_0\\ k_2\cdot\alpha_2\cdot t^{\alpha-1}, & t>t_0\end{cases}$$

$$t_0=\frac{L(\theta_s-\theta_i)}{K_s}-\frac{bS^2}{K_s^2}\ln\left(1+\frac{K_s\cdot L(\theta_s-\theta_i)}{bS^2}\right)$$

$$L=\beta\cdot e^{\gamma\cdot x}$$

二维 Boussinesq 方程

$$\mu\frac{\partial H}{\partial t}=\frac{\partial}{\partial x}\left(hD\frac{\partial H}{\partial x}\right)+\frac{\partial}{\partial y}\left(hD\frac{\partial H}{\partial y}\right)$$

■水田灌溉水运动模拟模型

■灌溉信息自动监测装置

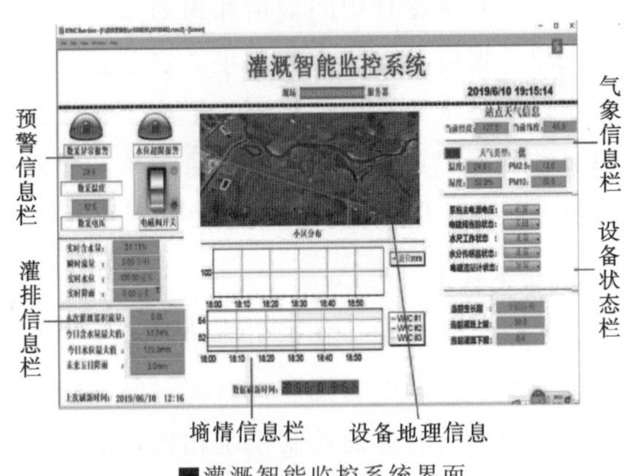


■灌溉智能监控系统界面

| 技术名称：水田量-控-灌一体化智能决策系统（PFIS）V1.0 |
|---|
| 持有单位：中国水利水电科学研究院 |
| 联 系 人：白美健 |
| 地　　址：北京市海淀区车公庄西路20号 |
| 电　　话：010-68786091、18618498726 |

# 273 物联网农业智能节水灌溉系统

## 持有单位

珠江水利委员会珠江水利科学研究院

广东华南水电高新技术开发有限公司

## 技术简介

**1. 技术来源**

自主研发。实用新型专利，授权号ZL201821484972.2；计算机软件著作权：软件名称：物联网痕量灌溉系统V1.0，登记号：2018SR903058；软件名称：物联网痕量灌溉系统V1.0，登记号：2018SR903058。

**2. 技术原理**

物联网农业智能节水灌溉系统利用物联网协同感知技术、Lora无线通信技术、数据挖掘技术、智能决策技术，实时监测农作物生态环境参数，建立生态环境参数与作物需水量关系模型，获得农作物生长最佳需水量和灌溉时间，实现对农作物的适时精量灌溉。

**3. 技术特点**

（1）感知层方面：全方位利用物联网协同感知技术，综合集成了土壤墒情、气象信息、管道流量、首部枢纽控制终端、电磁阀控制终端、视觉感知终端等传感器及控制终端，实现对农田灌溉用水量计量、土壤墒情监测、作物长势、阀门控制状态、作物生态环境等信息的协同感知。

（2）网络层方面：综合运用Lora技术、4G/5G技术等通信技术构建系统通信网络，组网方式灵活便捷，满足农田高效实时、安全可靠、低成本、低功耗、覆盖范围广的数据传输需求。

（3）应用层方面：系统将作物需水量预测模型与实时采集的数据相结合，获得农作物生长最佳需水量和灌溉时间，自主根据作物需求驱动设备完成智能化灌溉，实现农作物不同生长周期水量的合理配置，以使得农作物的产量达到最大产出效益。

## 技术指标

（1）电磁阀控制器工作功耗＜0.048W（系统上电模式）、＜0.038W（接收模式）、＜0.45W（发送模式）、＜0.08W（休眠模式）。

（2）管式墒情传感器实验室测量精度±3%，野外测量精度±5%，湿度分辨率0.1%，温度分辨率0.1℃。

（3）系统智能化灌溉与目标值之间误差小于5%，数据传输误差均未超过1%。

（4）系统响应时间＜0.1s，系统最大并发用户数为1000户。

## 技术持有单位介绍

珠江水利委员会珠江水利科学研究院始建于1979年，是经国务院批准随水利部珠江水利委员会一起成立的中央级科研机构。珠科院现有在职人员700余人，其中高级职称人员146人，博士50人、硕士220人。珠科院主要从事河口治理、水力学与河流动力学、水环境保护与水生态修复、水文与水资源、水利信息化与自动化、水土保持、遥感与地理信息、防灾减灾、水利规划设计与咨询、岩土工程、工程质量检测等基础研究、应用基础研究，为珠江委行使水行政职能提供技术支撑，以水利水电科研为主，提供技术服务，开展水利科技产品研发，为流域经济社会发展提供有效管用的科技供给。

广东华南水电高新技术开发有限公司成立于1993年，华南高新提供水利信息化服务、解决方案及相关软硬件产品。专业领域涵盖水库移民、

水资源、防汛抗旱、农村水利、水土保持、水政执法、水利政务、水利工程建设管理、水利规划计划管理、咨询设计等。同时拥有自主研发的软硬件产品10余个，包括水利工程动态监管系统、水库移民文化与信息服务站、水利数码通、灌区动态监控系统、河道采砂动态监管系统、水下地形智能勘测系统、村村通自来水管理系统、森林防火动态监管系统、视频会议服务平台、水利政务系统、水联汇等。

## 应用范围及前景

适用于农业节水管理及农业高效节水灌溉。

该系统使用单位为农田示范基地管理单位，厂区、园林、高校等单位的绿地运行管理部门。目前已经在广州市流溪河灌区管理中心、长沙沁园灌溉有限公司、广东水联网农业科技有限公司等单位投入运行。

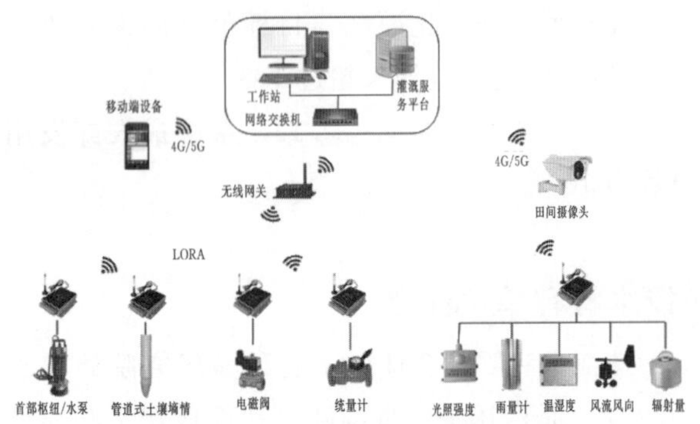


■物联网农业智能节水灌溉系统图

■流溪河灌区物联网农业痕量灌溉系统农田示范区

■长沙沁园灌溉有限公司厂区绿地节水灌溉实例

■广东水联网农业公司农田示范基地节水灌溉实例

技术名称：物联网农业智能节水灌溉系统
持有单位：珠江水利委员会珠江水利科学研究院、广东华南水电高新技术开发有限公司
联 系 人：陈高峰
地　　址：广东省广州市天河区天寿路80号
电　　话：020－87117188、15920179188

# 274 城镇污泥无害化处理与农林资源化利用技术

## 持有单位

珠江水利委员会珠江水利科学研究院

广州珠科院工程勘察设计有限公司

## 技术简介

### 1. 技术来源

省部计划。发明名称：一种基于污泥治理的生产经济林和生物炭肥的生态种植方法（ZL201410273490.2）；实用新型名称：一种集雨节水型缓释固废有机肥分的装置（ZL201420545595.4）。

### 2. 技术原理

针对城镇污泥亟须无害化处理与农林业资源化处置技术的现状，基于循环经济理念与节能减排政策，以关键技术攻关、绿色产品开发等为重点，着重突破污泥植物处理、生物转化及其资源化利用的一套关键技术，形成污泥资源化利用的环保产品。创建了重金属超富集植物套种耐性植物的污泥植物处理技术，明显提高污泥中重金属提取效率，促进有机污染物的降解，收获的耐性植物重金属含量可达到国家卫生标准；定量研究了污泥-土壤-植物-淋溶液的系统中重金属锌、镉、铅的环境行为，实现了污泥残渣可回收80%以上的重金属，淋溶液中重金属含量符合灌溉水的达标标准，从而设计出一种污泥施肥器组合耐性植物的淋溶液安全利用模式。

### 3. 技术特点

（1）创建了重金属超富集植物套种耐性植物的污泥植物处理技术，筛选的超富集植物包括遏蓝菜、东南景天等，耐性植物包括皇竹草、海芋、玉米等；该技术可明显提高污泥中重金属提取效率，促进多环芳烃和邻苯二甲酸酯的降解，收获的耐性植物重金属含量可达到国家卫生标准。

（2）定量研究了污泥-土壤-植物-淋溶液系统中重金属锌、镉、铅的环境行为，实现了污泥残渣可回收80%以上的重金属，淋溶液中重金属含量符合灌溉水标准；从而设计出一种污泥施肥器组合耐性植物的淋溶液安全利用模式。

## 技术指标

以该技术为基础，已经建立了规模化污泥循环高效利用的产业化基地，构建了污泥高效循环利用的技术-产品-管理模式的完整产业技术体系。

（1）城镇污泥无害化处理与农林业资源化利用技术，实现污泥资源利用率90%以上，产品质量指标符合国家标准。

（2）污泥无害化处理之后，污泥含水率低于60%，病原菌杀死率在95%以上。

（3）通过利用污泥淋溶液养分技术，将含较高浓度氮磷钾的淋溶液用于蔬菜灌溉水，可节约一半的化肥施用量；同时减少污泥重金属释放率≥80%。

## 技术持有单位介绍

珠江水利委员会珠江水利科学研究院始建于1979年，是经国务院批准随水利部珠江水利委员会一起成立的中央级科研机构。珠科院现有在职人员700余人，其中高级职称人员146人，博士50人、硕士220人。珠科院主要从事河口治理、水力学与河流动力学、水环境保护与水生态修复、水文与水资源、水利信息化与自动化、水土保持、遥感与地理信息、防灾减灾、水利规划设计与咨询、岩土工程、工程质量检测等基础研究、应用基础研究，为珠江委行使水行政职能提供技术支撑，以水利水电科研为主，提供技术服务，开展水利科技产品研发，为流域经济社会发展提供有效管用的科技供给。

广州珠科院工程勘察设计有限公司，是珠江水利委员会珠江水利科学研究院全资公司，经过十多年的发展，公司已建立了一支专业配套齐全、人员素质高、技术力量强的优秀技术团队，成为泛珠江流域范围内有科研特色、有影响的水利咨询、设计单位。

## 应用范围及前景

适用于固废处置、城镇环保、节水施肥、环境监测、水土保持、科学研究等多个领域。

典型应用案例：

案例1：经过多年课题攻关和技术集成与示范，形成了关键技术-生产工艺-绿色产品-运营服务于一体的“污泥循环利用”产业链，建立了污泥资源化利用技术产业化示范基地，分别建成日处理脱水污泥100t和900t的污泥堆肥生产线各一条，累计处理脱水污泥约150万t，生产有机肥45万t。

案例2：通过广东省土壤肥料总站及地市级园林科所进行产品推广应用，在广东地区建立多个污泥资源化利用技术产业化基地，成功将其应用于山坡林地上经济植物栽培和旱地示范种植蔬菜施用。

该技术成果自2000年开始在广东省污泥处置行业和肥料行业推广应用，累计推广应用工程实例35个。截至2018年，形成了以广东为核心区、在东莞市圣茵环境技术有限公司、中滔环保集团等多家单位建立了城市污泥资源化利用产业化基地，污泥资源化产品覆盖新疆、江苏、广西、海南、湖南、贵州等省（自治区）的推广应用网络。近3年累计处理城市污泥200万t，产品推广面积约150万亩，减少化肥用量约10万t，减少氮、磷等面源污染排放量约1.5万t，累计经济效益约8亿元。该技术成果取得了显著的经济效益和社会效益。

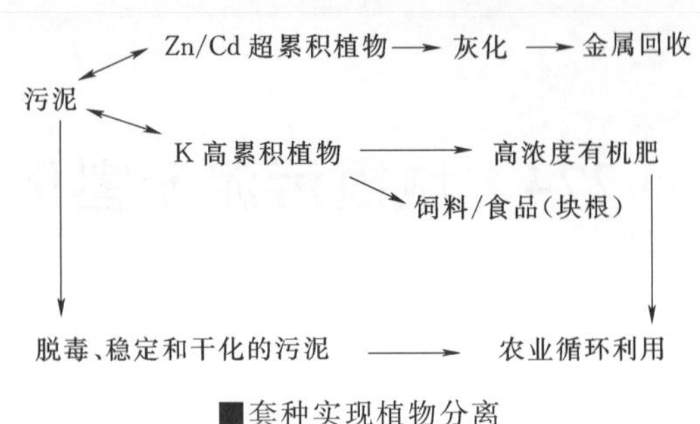


■套种实现植物分离

■植物套种现场试验

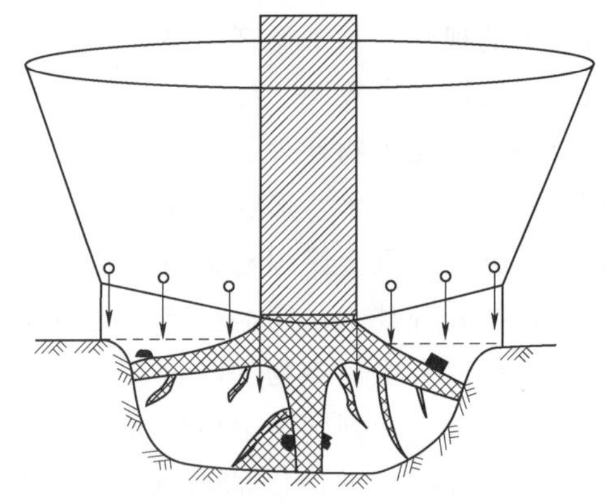

■污泥淋溶液利用示意图

技术名称：城镇污泥无害化处理与农林资源化利用技术
持有单位：珠江水利委员会珠江水利科学研究院、广州珠科院工程勘察设计有限公司
联 系 人：陈高峰
地　　址：广东省广州市天河区天寿路80号
电　　话：020-87117188、15920179188

# 275 农村生活排水土地处理技术（装配式污水处理湿地）

## 持有单位

北京市水科学技术研究院

## 技术简介

### 1. 技术来源

自主研发。发明专利（ZL201610154347.0），实用新型（ZL201920755239.8）。

### 2. 技术原理

装配式污水处理湿地技术是针对农村分散生活污水特点，以生态、简易为技术导向，基于长期技术积累，在水平流、垂直流、复合流等传统潜流湿地技术基础上研发形成。该技术成果在湿地工艺结构、运行方式、基质填料选择、冬季保温等方面形成新的突破，显著提高了人工湿地的好氧降解能力和除磷效果。可为农村生活污水处理提供更为经济适用的解决方案，并与乡村水生态景观建设融为一体，提升美丽乡村品质。

### 3. 技术特点

装配式污水处理湿地是北京市水科学技术研究院针对农村分散生活污水特点，以生态、简易为技术导向，基于长期技术积累，在水平流、垂直流、复合流等传统潜流湿地技术基础上研发形成。该技术成果在湿地工艺结构、运行方式、基质填料选择、冬季保温等方面形成新的突破，显著提高了人工湿地的好氧降解能力和除磷效果。可为农村生活污水处理提供更为经济适用的解决方案，并与乡村水生态景观建设融为一体，提升美丽乡村品质。

## 技术指标

运行水力负荷 $0.1m^3/(m^2 \cdot d)$ 条件下，湿地出水主要水质指标满足GB 18918—2002《城镇污水处理厂污染物排放标准》一级B标准要求。即：出水主要指标满足 $COD_{Cr} \leqslant 60mg/L$，$BOD_5 \leqslant 20mg/L$，氨氮≤8（15）mg/L，总氮≤20mg/L，总磷≤1.0mg/L。

实际运行中出水主要水质指标可达到或接近一级A标准要求。即：$COD_{Cr} \leqslant 50mg/L$，$BOD_5 \leqslant 10mg/L$，氨氮≤5（8）mg/L，总氮≤15mg/L，总磷≤0.5mg/L。

## 技术持有单位介绍

北京市水科学技术研究院原名北京市水利科学研究所，主要业务领域涵盖了农业节水、水资源、水环境、生态、防灾减灾、工程质量与环境监测、水务发展战略研究、智慧水务建设等多个研究方向。多年以来，北京市水科学技术研究院终以解决制约首都经济社会发展的涉水领域中的热点、难点问题为己任，依托重大科研项目，开展公益科研、公共服务和技术咨询。

## 应用范围及前景

适用于乡村、民俗旅游户生活污水处理，以及河湖受污染水体水质改善。

典型应用案例：

建成北京市房山区琉璃河镇西南召村、房山区琉璃河镇官庄村2处推广示范工程，每处工程设计处理规模为 $30m^3/d$，实际处理水量分别为 $30\sim57m^3/d$ 和 $14\sim30m^3/d$。两处示范工程对农村地区生活污水的净化均有较好的效果，达到或接近一级A标准。

技术名称：农村生活排水土地处理技术（装配式污水处理湿地）
持有单位：北京市水科学技术研究院
联 系 人：黄炳彬
地　　址：北京市车公庄西路21号
电　　话：010-68731916、13391766979

# 276 农村“智慧水厂”技术

## 持有单位

上海润源水务科技有限公司

## 技术简介

**1. 技术来源**

自主研发。实用新型：一种基于导流式中空纤维膜的可拆卸式膜过滤装置、一种饮用水净化水带有自动冲洗功能的膜过滤装置等专利；计算机软件著作权：润源管网运维软件V1.0、智慧型农村饮用水站监控云平台V1.1.2等。

**2. 技术原理**

水厂操作人员在水厂控制室远程监测厂内水池水位、进厂流量、出厂流量、出厂压力、水质等信息，远程监测加压泵组、配电设备及其他自动化设备的工作情况，远程控制加压泵的启停。净水过程中，浸没式超滤膜以膜两侧的压力差为驱动力。原水流经膜表面时，超滤膜表面密布的纳米孔只允许水及部分小分子物质通过，原水中尺寸大于膜孔径的物质则被截留，从而依靠单纯的绿色物理分离技术实现对原水的净化处理，获得高品质饮用水。

**3. 技术特点**

出水水质良好，微生物安全性高；出水水质稳定，抗冲击负荷强；虹吸运行，节能降耗；绿色工艺，不添加化学药剂；建设周期短，占地面积小；自动化运行，远程智能控制，运维成本低；适用范围广泛。

## 技术指标

色、浑浊度、臭和味、肉眼可见物、pH值、溶解性总固体、耗氧量（以$O_2$计）、砷、汞、铬（六价）、挥发酚类（以苯酚计）、镉、铝、铅、铁、锰、铜、锌、钡、锡、银、三氯甲烷、四氯化碳、苯乙烯、丙烯酯、氰化物、硝酸盐氮等指标均符合《生活饮用水输配水设备及防护材料卫生安全评价规范》（2001），水质达到国家饮用水标准。

## 技术持有单位介绍

上海润源水务科技有限公司是一家专注于高端水处理技术研发、设备生产及服务的科技型公司，是由我国水处理行业资深专业人士积极响应国家“双创”号召而于2016年创建的高新技术企业。润源水务总部坐落在上海虹桥商务区，同时在南通、郑州和沈阳成立三大生产基地，南通基地：膜研发中心及生产基地，郑州基地：智能装备研发及生产基地，沈阳基地：物联网及智慧水务研发中心。

## 应用范围及前景

适用于乡镇、村寨等居民集中地等用水场合。该技术已应用工程实例52个，累计销售320套。

典型应用案例：

云南维西县2019年农村饮水安全水质提升工程第七标段：白济讯乡一体化超滤膜成套设备采购及安装工程。一次性投资1118万元，2019年10月投入运行以来，设备运行稳定，出水水质达标，满足农村饮水水质提升的要求。

技术名称：农村“智慧水厂”技术
持有单位：上海润源水务科技有限公司
联 系 人：王美娇
地　　址：上海市闵行区申滨路25号B508、509室
电　　话：021-54283268、15378758605

# 277 奥特美克测水箱

## 持有单位

北京奥特美克科技股份有限公司

## 技术简介

**1. 技术来源**

自主研发。

**2. 技术原理**

奥特美克测水箱是一种采用多声道超声阵列进行流量测量的量测水设备，利用超声波在流动流体中顺逆流方向的传输速度差与流体速度的关系求解流速得到流体流量，采用多声道阵列可以对箱体内的流态分布进行准确测量。奥特美克测水箱是测控一体化闸门的组成部分，安装于闸前或闸后，用于测量过闸流量的箱式设备，可用于地表水或污水的测量，可用于满箱或非满箱的测流环境。

**3. 技术特点**

（1）提出了探头数量及分布间距最优化设计方法。

（2）提出了自适应的参数查表算法，根据不同安装场景，不同的流量大小，选择合适的参数。

（3）可根据国内不同水质，黄河灌区不同时期的水质对超声信号传播速率以及信号衰减的影响，确定超声飞行时间及时间差的处理算法，能有效克服不同水质带来的测量误差。

## 技术指标

流量精度：试验室环境在 $q_t \leqslant q \leqslant q_{\max}$ 流量范围内，误差±2.0%，在 $q_{\min} < q < q_t$ 流量范围内，误差±4.0%，重复性精度±0.4%。野外测量误差±5.0%。

## 技术持有单位介绍

北京奥特美克科技股份有限公司专业从事水利、水务、环保信息化系统的规划设计、咨询评估、软硬件产品开发与服务。公司是国家高新技术企业、北京市专利试点企业、北京市标准化试点企业、中关村科技园区海淀园企业博士后工作站。

## 应用范围及前景

适用于河道、渠道、大型供水工程地表水、污水的测量。已应用于博河大型灌区续建配套与节水改造（七期）工程第七标段、贺兰县现代化生态灌区建设工程（投建管服一体化）PPP项目、察布查尔县伊犁河灌区续建配套与节水改造工程等10个项目。

典型应用案例：

唐徕渠第二农场渠量测水设施建设及设计施工运维总承包项目。一次性投资2319万元，应用规模300台，该项目的闸门产品，安装效率高，使用方便，数据在线率高。

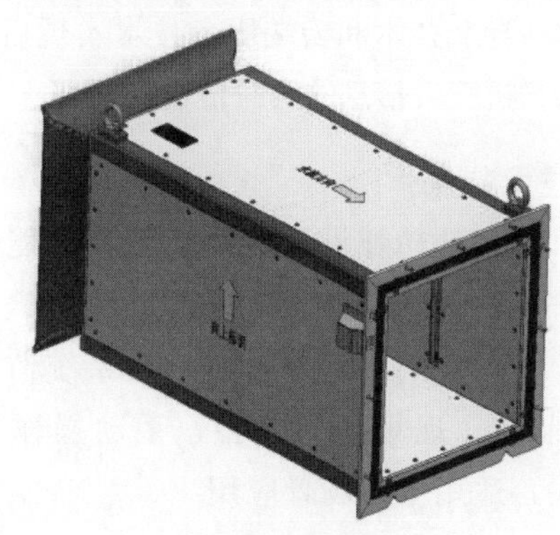

■测水箱

技术名称：奥特美克测水箱
持有单位：北京奥特美克科技股份有限公司
联 系 人：郝强
地　　址：北京市海淀区西北旺东路中关村软件园二期互联网创新中心6层601
电　　话：010-82894255、15810547492

# 278　一种应用于全渠系管控的低功耗高效率智慧闸门

## 持有单位

北京奥特美克科技股份有限公司

## 技术简介

**1. 技术来源**

自主研发，实用新型名称：闸门(ZL2018 22196333.2)、一种闸门及其配电箱（ZL2019 20300698.7）。

**2. 技术原理**

该闸门由直流电机、减速机、控制系统、闸框总成、供电系统等零部件构成，且可以根据客户需求进行升级和优化。客户在使用闸门时，可以通过手动、近地或远程（客户端或Web网页）的方式控制闸门的启闭。闸门工作时，电机接收来自控制系统的指令，带动减速机旋转，减速机将其旋转运动转换为闸板的直线往复运动，进而实现闸板的开启或关闭。闸门控制系统通过物联网技术、GPRS/北斗导航技术和云端服务技术实现后台控制中心、人、机三者信息的实时传输与交互。

**3. 技术特点**

（1）采用低功耗设计，并配备太阳能供电和蓄电池。

（2）自动化闸门具有远程后台系统监控、手机APP监控、现场触屏操控、手动操作等多种操作方式，适用于多场景应用。

（3）智慧闸门系统可对闸位、水位、流量、系统状态、温度进行多参数自动测量、采集、显示及远程传输。参数采集间隔根据现场使用要求可设置。

## 技术指标

启闭速度：5mm/s；密封性能：满足泄漏量≤1L/min要求，能达到≤200mL/min；闸板宽度：400～1600mm；封水高度：900～4200mm；多台联动：能够支持多台闸门联动；具备设备自检功能，故障报警、异常保护停车功能；材料及寿命：机械结构使用航空级铝型材，40年。

## 技术持有单位介绍

北京奥特美克科技股份有限公司成立于2000年，注册资金52951万元。公司地处中关村核心地带上地信息产业基地国际科技创业园，专业从事水利、水务、环保信息化系统的规划设计、咨询评估、软硬件产品开发与服务。公司是国家高新技术企业、北京市专利试点企业、北京市标准化试点企业、中关村科技园区海淀园企业博士后工作站。公司近年保持业绩快速增长，连续多年被评为中关村高成长TOP100强企业，2013年公司在新三板挂牌上市。

## 应用范围及前景

适用于河道、渠道、大型供水工程地表水、污水测量。闸门有多款规格型号，满足不同客户需求。已应用于博河大型灌区续建配套与节水改造（七期）工程第七标段、贺兰县现代化生态灌区建设工程（投建管服一体化）PPP项目、察布查尔县伊犁河灌区续建配套与节水改造工程等项目。

技术名称：一种应用于全渠系管控的低功耗高效率智慧闸门
持有单位：北京奥特美克科技股份有限公司
联 系 人：郝强
地　　址：北京市海淀区西北旺东路中关村软件园二期互联网创新中心6层601
电　　话：010-82894255、15810547492

# 279 XD输水管道阀门监控系统

## 持有单位

唐山现代工控技术有限公司

## 技术简介

**1. 技术来源**

自主研发。实用新型专利（ZL201921409352.7）。

**2. 技术原理**

研制的输水管道阀门监控系统采用了电子信息技术与无线通信技术。系统在输水管道上安装电动阀门及核心控制器，管道下游安装流量计监测管道流量。核心控制器接收下游管道流量计的流量，下游管道流量信号作为反馈值，核心控制器对阀门阀位实行PID调节，从而实现管道恒流量控制；核心控制器也能单独实现对阀门阀位的设定及控制；核心控制器集成GPRS/GSM通信模块，通过无线通信网络实现设备监测流量信息的定时和应答式上报；核心控制器配套手机APP，用户远程控制及实时查看系统数据。另外，不具备供电条件的阀门设计有太阳能供电系统，实现对阀门的电动控制。

**3. 技术特点**

（1）系统能够实时监测阀门的阀位、运行状态、流量等，具有恒流量、恒阀位两种控制功能。

（2）通过手机APP实现阀门的现地自动/手动控制，查看阀门现场运行工况信息；野外阀门配备太阳能供电系统，实现野外输水管道阀门的远程控制及现地自动控制。

## 技术指标

（1）阀位开度范围：0°～90°。

（2）阀位控制精度：±1°。

（3）流量测量精度：±0.5%。

（4）通讯方式：GPRS/RS485。

（5）工作温度：－25～＋55℃。

（6）工作环境湿度：≤95%（40℃时）。

（7）工作电压：AC220V/DC24V。

（8）防护等级：IP65。

（9）电磁干扰、防雷、绝缘性能、机械振动实验均符合国家标准。

## 技术持有单位介绍

唐山现代工控技术有限公司专业从事量测水设备、闸门自控设备的开发制造，以及灌区信息化系统及应用管理软件研发业务。

## 应用范围及前景

适用于输水管道阀门的阀位、流量的自动控制和远程监控。技术成果自2018年3月起至今已在河北、山西、陕西等地全国12个灌区（如：唐山市滦下灌区节水续建改造项目、石家庄市冶河灌区续建与节水改造工程）得到应用。截至目前已累计推广应用输水管道阀门监控系统105套，实现了灌区输水管道阀门阀位、流量监测及阀门控制，通过监控中心上位管理软件达到了对各监测点的实时监测，实现了用水户剩余水量为零时，关闭管道阀门，规范了用水管理，同时提高了用水户的节水意识，节水效益显著。

技术名称：XD输水管道阀门监控系统
持有单位：唐山现代工控技术有限公司
联 系 人：姬宪龙
地　　址：河北省唐山市高新区火炬路122号
电　　话：0315－3855165、13513392879

# 280 XD 闸门测控系统

## 持有单位

唐山现代工控技术有限公司

## 技术简介

**1. 技术来源**

自主研发。实用新型专利（ZL201621348427.1、ZL201720301051.7、ZL201720689561.6）。

**2. 技术原理**

研制的闸门测控系统基于微电子、压力传感、量测水、节电、射频及GPRS通信等技术。产品采用了闸位编码、闸位物联、压力式、超声波、雷达水位信号接入等技术，实现闸门水位、闸位测量；嵌入了先进的软件算法，集成灌区常用渠道类型流量计算公式，自动计算出瞬时流量和累计流量；集成了GPRS/GSM通信模块，通过无线通信网络实现设备监测水情信息的定时和应答式上报；采用了2.4G射频通信技术以及ARM7处理器研制的无线手操器，实现了无线参数设置、水位校正、数据短距离传输。

**3. 技术特点**

（1）闸门测控系统，自带2个水位计和一路格雷码闸位传感器，同时测量闸位、上下游水位，自动判断流态，计算瞬时流量和累计流量。

（2）通过GPRS远程通信网络，上位计算机可远程采集闸门水位流量的各种数据，实时掌握供水信息。

（3）闸门测控系统按设定时间对相关参数进行采集，并自动识别水的流态，利用嵌入式流量计算公式自动计算瞬时流量和累计流量，按设定时间将全部数据上传到监控中心。

（4）闸门无线手操器实时显示闸门闸位、上下游水位、瞬时流量、累计水量，并可对现场设备进行参数设置、水位和闸位传感器校准等。

## 技术指标

（1）适用闸门类型：螺杆闸；安装方式：启闭机安装；配套闸位传感器：格雷码。

（2）配套水位传感器：超声波、雷达；水位传感器方式：测桥或支架；闸位/水位量程：0～5m；闸位/水位精度：0.3%。

（3）上报时间：现地/远程设定；通信方式：远程GPRS，现地射频；参数设置方式：手操器、远程；工作温度：－25～＋70℃。

## 技术持有单位介绍

唐山现代工控技术有限公司专业从事量测水设备、闸门自控设备的开发制造，以及灌区信息化系统及应用管理软件研发业务。

## 应用范围及前景

适用于水库、河道、灌区渠道闸门水位、闸位测量、流量计算及闸门控制。技术成果已在河北、河南、山东、吉林、青海、甘肃、新疆、辽宁、内蒙古等地全国近58个灌区得到广泛应用，累计推广应用灌区闸门测控系统1200多套，经用户使用，一致认为该产品具有技术先进、运行稳定可靠、自动化程度高，安全性高、一体化易于安装维护等特点，实现了灌区闸门水位、闸位测量、流量精确计算及闸门控制。

技术名称：XD闸门测控系统
持有单位：唐山现代工控技术有限公司
联 系 人：姬宪龙
地　　址：河北省唐山市高新区火炬路122号
电　　话：0315-3855165、13513392879

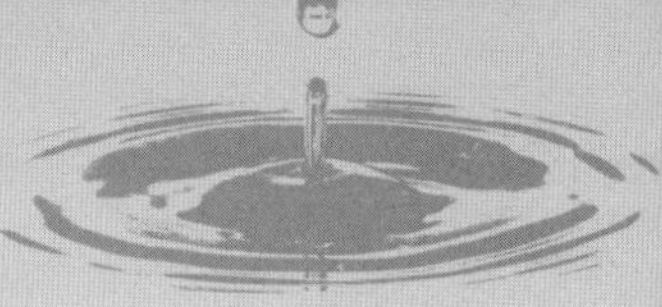

# 281 XD闸门测控仪

## 持有单位

唐山现代工控技术有限公司

## 技术简介

### 1. 技术来源

自主研发。发明名称：一种水利闸门的控制方法及装置（ZL201110087658.7）。

### 2. 技术原理

采用单片机、微电子、自动控制及蓝牙/GPRS通信技术研制了“闸门测控仪”。产品采用了闸位编码、闸位物联及433通信技术，实现了压力式、超声波及雷达水位计的接入，完成闸位、闸前闸后水位水的测量；嵌入了先进的软件算法，集成灌区常用过闸水流流态流量计算公式自动计算出瞬时流量和累计流量；集成了GPRS/GSM通讯模块，通过无线通信网络实现设备监测水情信息的定时和应答式上报；采用了蓝牙通信技术，通过手机APP平台软件实现了闸门参数查看、设置及校正；具有闸位、水位及流量等三种控制工作模式，实现闸门恒闸位、恒水位、恒流量的动态运行。

### 3. 技术特点

“闸门测控仪”能够实时监测闸门的闸前闸后水位、闸位，并能够通过水利学算法计算过闸流量、累积流量，并按照闸位、水位、流量等不同控制要求对闸门进行动态智能控制，管理人员通过安装有手机APP平台软件的手机或是平板电脑，对闸门运行参数及状态进行查看和监管。

## 技术指标

（1）供电：12V。

（2）闸位量程：2m。

（3）闸位测量精度：±5mm。

（4）调节精度：±5mm。

（5）过闸流量计算：自动。

（6）现地数据显示：智能手持设备。

（7）远程调节方式：闸位、水位、流量。

（8）计算结果：瞬时过闸流量，累计水量。

（9）远程通信网络：GPRS网络。

（10）通信类型：光纤、GPRS、蓝牙。

（11）手动模式：有。

（12）工作温度：−20～+50℃。

## 技术持有单位介绍

唐山现代工控技术有限公司专业从事量测水设备、闸门自控设备的开发制造，以及灌区信息化系统及应用管理软件研发业务。

## 应用范围及前景

适用于水库、河道、灌区闸门的流量计量及闸门现地远程自动控制。技术成果自2008年5月起至今已在河北、河南、山东、甘肃、新疆、辽宁、内蒙古等地全国近53个灌区及水库得到广泛应用。截至目前已累计推广应用闸门测控仪825台套，实现了灌区管理人员目视闸门通过射频方式控制闸门的运行、过闸流量的精确计算及对闸门的远程监控，提升了灌区宏观调控水资源的能力。

技术名称：XD闸门测控仪
持有单位：唐山现代工控技术有限公司
联 系 人：姬宪龙
地　　址：河北省唐山市高新区火炬路122号
电　　话：0315-3855165、13513392879

# 282 低水头液压闸门

## 持有单位

三门峡新华水工机械有限责任公司

## 技术简介

**1. 技术来源**

自主研发。实用新型专利(ZL201420650814.5)。

**2. 技术原理**

新型低水头液压活动坝是由若干组低水头闸门串联安装而成并由油缸升降开闭而形成的一种挡水拦河坝，该产品是针对目前在中小型河流上应用较多的橡胶坝的诸多不足而开发的一种新型专利产品，造型美观，闸门启闭安全可靠，液压系统开闭灵活，止水效果良好。

**3. 技术特点**

（1）低水头液压活动坝结构坚固可靠，使用寿命长。

（2）全生命周期成本低。

（3）低水头液压活动坝自动化程度高，调节水位方便灵活。

（4）坝型美观，用于城市景观时，可人为形成瀑布，也可增设坝体灯光，形成一道亮丽的风景线。

（5）拦河蓄水时，造价低、建设周期短，泄水彻底。

## 技术指标

已经承担的项目，每个项目需求的闸门性能指标都不相同。以卢氏汤河为例：拦河宽度：30m，分5节闸门，每节6m，拦水高度：2.5m。

## 技术持有单位介绍

三门峡新华水工机械有限责任公司（原水利部三门峡水工机械厂）成立于1957年，2004年改制成为国有独资公司。公司主要经营水工金属结构、大型火电钢结构、起重设备、建筑钢结构、铸件等产品的加工制造；水火风核电装备防腐施工；水电站设备检修运行维护等，取得了质量管理体系、环境体系和职业健康安全管理体系认证，现有各种设备1000余台套，年生产能力3万t，是大中型水、火电工程产品的专业化生产企业，是水利电力系统的重点骨干企业。

公司生产的产品广泛用于三峡大坝、葛洲坝、北仑电厂、杨柳青电厂等国内外百余个重点大中型水利、电力工程项目，水工钢闸门、火电钢结构产品先后荣获“国家质量银质奖”“中国钢结构金奖”“中国建筑工程鲁班奖”。

## 应用范围及前景

适用于城市景观、生态水系及美丽乡村的小型河流拦河蓄水，以及农水灌溉渠蓄水和低水头水库坝体。

已推广应用工程实例4个，累计销售50套低水头液压闸门。其中：河南卢氏汤河低水头闸门项目，5×6×2.5；江西景德镇市西城区水系综合治理项目，15×8×5.5；河南渑池仙门山项目，6×8×2；河南灵宝朱阳镇项目，10×6×3，14×6×3。说明：5×6×2.5中，5为套数，6为闸门宽度，2.5为拦水高度。

技术名称：低水头液压闸门
持有单位：三门峡新华水工机械有限责任公司
联 系 人：刘明军
地　　址：河南省三门峡市建设路1号
电　　话：0398-2926614、15516260588

# 283 新型闭式卷扬启闭机

## 持有单位

湖北咸宁三合机电股份有限公司

## 技术简介

### 1. 技术来源

国家计划。GB/T 10597—2011《卷扬式启闭机》由湖北咸宁三合机电股份有限公司负责起草；实用新型名弥：齿轮连环少齿差减速器(ZL200720084515.X)。

### 2. 技术原理

新型闭式卷扬启闭机运用多项专利技术对传统产品进行结构创新和技术升级而成。其传动原理是减速器直接驱动卷筒提升重物，取消了开式齿轮传动，实现了闭式传动。产品采用自主研发的齿轮连环少齿差减速器，由于该减速器低速重载关键性技术的突破，使得卷扬启闭机特别是超高扬程、超大吨位、慢速起升的卷扬启闭机实现了新型闭式驱动。

### 3. 技术特点

(1) 其工作制动采用制动限载联轴器，具有联轴、制动、限载作用；安全制动采用卷筒内外双制动装置，直接制动卷筒内外圆面。

(2) 产品通过减速器直接驱动卷筒，采用结构简单、安装方便、传递力矩大的渐开线花键副直接连接。

(3) 产品采用自主研发的齿轮连环少齿差减速器，其功率从高速部分输入、分流、减速到低速多齿同时啮合部分，功率合成输出，从而达到大速比、大扭矩的目的。

(4) 产品结构紧凑、体积小、重量轻、传动比大、承载能力大、抗过载能力强、传动效率高。

## 技术指标

(1) 传动效率达到90%～93%，节能10%～15%。

(2) 配套减速器荷重比值达到50～85。

(3) 整机采用三保险制动，提高了3个安全等级。

(4) 整机的体积比现在传统卷扬机（开式传动）的体积小1/3，重量减轻1/4～1/3，原材料节省20%～25%。

## 技术持有单位介绍

湖北咸宁三合机电股份有限公司创建于1965年，现发展成为以生产传动机械、水工机械、起重机械为主，集科研开发、设计制造、产品销售、安装与维修服务于一体的综合型机械制造高新技术企业。系列启闭机产品均获得了水利部颁发的产品使用许可证书，系列“三合一”减速机产品获得了国家质检中心首批颁发的产品质量认可证书。公司先后荣获：国家高新技术企业，国家知识产权优势企业，国家级重点新产品5项，国家专利65项（发明专利15项），机械工业联合会振兴装备制造业明星企业，省重大科技成果5项，省部级科技进步奖7项，省中小企业创新奖一项。

## 应用范围及前景

适用于水利枢纽、水电站、水库、电排提灌、起重运输、矿山、冶金、建筑、港口等众多领域。

研制开发的新型闭式卷扬启闭机已经在120余项国家重点工程项目上应用，广泛涉及水利水电、起重运输、冶金等众多行业，累计应用数量1300台/套。主要案例有：北京奥运公园羊坊闸

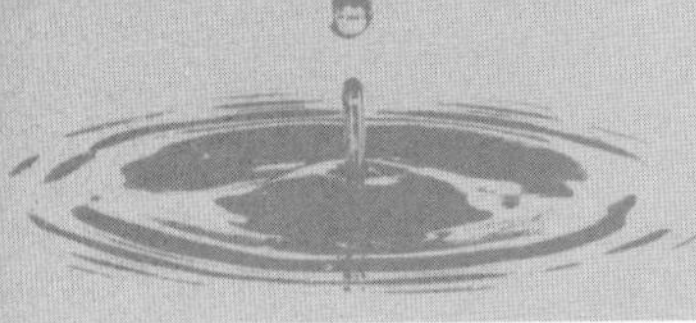



工程、南水北调北京密云水库工程、南水北调东线工程、南水北调中线穿黄工程、南水北调中线一期汉江部分闸改造工程、南水北调引江济汉工程、重庆开县三峡水位调节坝工程、湖北省南水北调工程建设管局、长江工程建设局陆水枢纽除险加固工程、汉川泵站更新改造工程、广东惠东西枝江水利枢纽工程、广东清远水利枢纽工程、通辽市苏家堡水利枢纽除险加固工程、河北省水利工程局机械厂、内蒙古东源水利市政工程、陕西安康灏瀚赵湾水电站、安徽潜山县九井岗水电站、国电恩施长源老渡口水电站、国电云南迪庆乡格里拉水电站、中国葛洲坝集团机械船舶有限公司等。

新型闭式卷扬启闭机没有开式齿轮传动机构，不需要外部润滑，消除了油污对现场环境及水质的污染，避免油污造成对环境及生态的危害，是一种新型节能、安全、环保的设备。

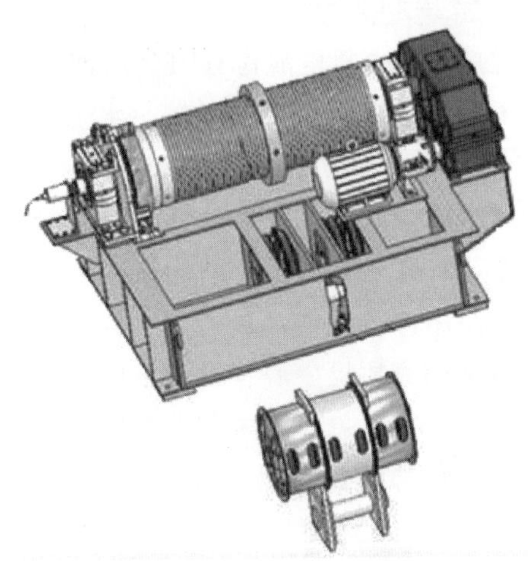

■新型闭式卷扬启闭机总体结构图

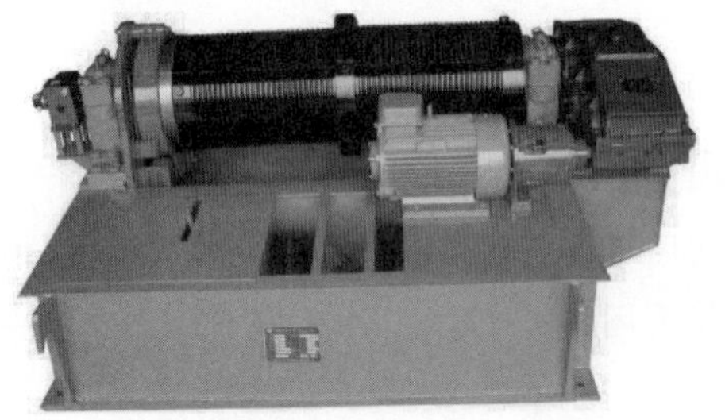

■新型闭式卷扬启闭机实物图

■无轴承座式花键副连接型式

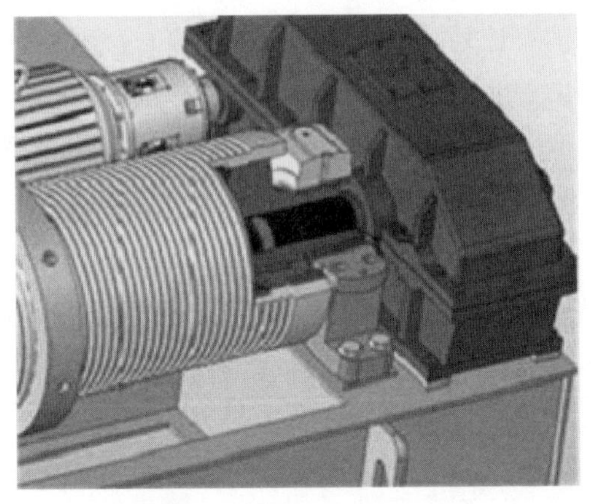

■轴承座式花键副连接型式

技术名称：新型闭式卷扬启闭机
持有单位：湖北咸宁三合机电股份有限公司
联 系 人：万立文
地　　址：湖北省咸宁市咸安区永安大道同心路138号
电　　话：0715-8340641、13477788948

# 284　高压电动机干式移磁无级调压软起动装置

## 持有单位

湖南科太电气有限公司

## 技术简介

### 1. 技术来源

自主研发。专利号：ZL201220723336.7、ZL201120526244.5、ZL201620528409.5；软件著作权：2014SR179616、2016SR249739、2017SR026930。

### 2. 技术原理

RYZQ系列高压干式调压软起动柜（电压范围2.3～12kV），是采用在高压电动机的起动回路中串联可调电感线圈，以达到电动机电压可调的软起动效果。其工作原理是：通过改变电感线圈磁场中磁介质的磁导率，而改变线圈的磁场程度，使电感线圈的电感（阻抗）值在预定的时间内由大到小，达到线圈电感（阻抗）值无级可调，使电动机端电压逐渐上升至全压，实现电动机的软起动。

### 3. 技术特点

（1）可以将高压开关柜、运行旁路柜、软起动柜三合一的一体化设计，体积小；免维护设计；调节范围广，起动电流从0.8倍（或0.4）起，平稳升至整定值止。

（2）无容易击穿的高低压可控硅元件，保持了工频电网的正弦波，无谐波污染，抗干扰性强。

（3）节能效果好，由于通过改变电感的感抗来调压，无有功功率消耗，耗能极小。

（4）安全性高，过载能力强，可以频繁起动，控制参数及曲数调整范围大。

## 技术指标

（1）产品的温升、工频耐压、额定限制短路电流、软起动性能等各项试验均符合GB 3804—1990及GB 3906—1991、DL/T 404—1997标准。

（2）使用环境温度：－30～＋50℃；电压调节范围：(0.15～0.96)$U_e$；电流调节范围：(0.3～5.5)$I_e$；谐波：无；最大转矩力：2.2倍；启动时间：5～120s；过载能力：1.5$I_e$；起动电流控制：精确（±5%）。

## 技术持有单位介绍

湖南科太电气有限公司是由湖南电器科学研究院主导组建的高科技企业，主营业务是为水利、电力、冶金、矿山、化工、轻工等用户提供高压电机起动控制的整体解决方案，以及自动化控制系统的产品与服务。

## 应用范围及前景

适用于水利、化工、轻工、冶金、矿业、供水、发电等各行各业别适合电网质量差的地方。该无级调压软起动装置已推广应用工程实例1560个，累计销售7500台/套。

■湖南利欧泵业10000kW/10kV水泵电机起动平台（亚洲最大水泵测试平台）

技术名称：高压电动机干式移磁无级调压软起动装置
持有单位：湖南科太电气有限公司
联 系 人：谢振环
地　　址：湖南省长沙市望城大道289号
电　　话：0731-88720989、13908452571

# 285 基于冗余无缝切换技术的变频装置

## 持有单位

长沙奥托自动化技术有限公司

## 技术简介

**1. 技术来源**

自主研发。6个主要发明专利：用于高压变频器的智能调节散热方法及系统、多个IGBT短路检测和保护方法及装置、低压变频器直流电压采样装置、一种变频器中IGBT驱动电路、一种低压变频器的预充电电路及预充电方法、一种高压变频器功率单元及其主板的检测监控系统。

**2. 技术原理**

该装置通过应用变频技术与微电子技术改变电机工作电源频率方式来控制交流电动机的电力控制设备。该系列产品通过改变供电频率，从而调节负载，起到降低功耗、减小损耗、延长设备使用寿命等作用。

**3. 技术特点**

(1) 移相变压器抑制谐波干扰技术。移相变压器的作用是降压、提供独立电源、电流多重化。降压可以使用低耐压功率管，降低 $dv/dt$。独立电源是输出电压重组的要求。电流多重化可以降低电网侧电流谐波，对电网污染少，输入电流波形接近正弦波。

(2) 多电平多重化PWM调制技术。每个单元逆变器输出电压为 $U$、0、$-U$ 三种状态电平，10kV系统每相8个单元叠加，每相中各串联功率单元的载波信号错开一定的电角度与参考波进行调制，使得输出波形接近正弦波，输出电流谐波小，满足了中高压电机对变频器的电压波形的要求，避免电机过热。

(3) 基于空间矢量的调制方法。空间电压矢量（SVPWM）法与载波调制方法有所不同，它是以电动机的角度为基准，目标在于让电机获得幅值恒定的圆形磁场，即正弦磁通。

(4) 高精度三相数字锁相环算法。此技术的应用可以取消干式电抗器，实现工频与变频之间双向“无缝”切换，一些特殊工况可以实现“软停车”功能。

## 技术指标

通过国家电控配电设备质量监督检验中心检验，各项指标均合格，性能优良。

有系列产品，以6kV中压变频器为例，其主要综合技术指标（输出功率）：输出线电压范围：0～6kV；输出电压谐波：额定输出时不大于7%；最大输出频率：120Hz；系统效率：大于97%；电流过载能力：110%～120%/60s，120%～150%/3s。

## 技术持有单位介绍

长沙奥托自动化技术有限公司是由原国防科技大学奥托技术开发中心发展而来，创建于1998年，通过20多年的持续发展，已发展成为一家集自动化控制技术、新能源汽车配件、新材料等的研发、生产与销售为一体化的高新技术企业，现有已经授权的专利36项（其中发明专利13项）。

## 应用范围及前景

适用于各类大型泵站（排水泵站、供水泵站、调水泵站）、水电站、引水工程、水利水电工程等所有用到电机的场所。

已有11套基于冗余无缝切换技术的变频装置在宽城满族自治县城峪耳崖供水工程、承德市水利水电建筑安装有限责任公司宽城水务三级泵站、云南安宁再生水厂项目等地方得到应用，设备运行稳定，在满足用户工艺需求的情况下，节能率达到25%～35%，产生了良好的经济效益。

技术名称：基于冗余无缝切换技术的变频装置
持有单位：长沙奥托自动化技术有限公司
联 系 人：蒋婷
地　　址：湖南省长沙市高新区麓谷麓枫路38号
电　　话：0731-8996798、13467703694

# 286 基于磁触发技术的中高压固态软起动装置

## 持有单位

长沙奥托自动化技术有限公司

## 技术简介

**1. 技术来源**

自主研发。2个主要发明专利：用于高压可控硅软启动的触发装置（ZL201310745849.7）、一种用于软启动器的电流转换装置（ZL201510529621.3）。

**2. 技术原理**

该技术将计算机把持技能、主动把持电能、电力电子技能及机电拖动与把持技能相结合，以中高压大电流功率闸管为主回路的功率元件，经过进程改变晶闸管的导通角来把持电动机电压的安稳起落和无触电通断，实现电动机的安稳起停。智能化的软起动装置采取自适应的把持技能，使电动机在任何工矿条件下均能安稳起停，以空响的起动电流来起动机电，有效地减少对电网的冲击，降低设备的振动、噪音及起动机械应力，延长电动机及相关设备的使用寿命。

**3. 技术特点**

（1）高频铁氧体磁转换技术。将输入电源进行降压及高频转换处理后，由高频铁氧体磁环得到感应电压，经过处理后输出给触发板，高频铁氧体磁环的磁转换效率高，原边感应电流线上的电流只需要小电流便可以感应得到足够的触发电源。

（2）基于profibus的软起动器通信协议转换装置及方法；高压固态软起动器用电机漏电检测方法；基于PROFIBUS－DP的PLC用CAN总线通信装置；无AD接口及内部基准电压的单片机电源低电压检测电路。

（3）提供多种起动模式及完善的保护功能。是自耦降压起动、水电阻起动、星三角起动及磁控降压起动等传统起动装备更新换代的首选产品。

## 技术指标

通过国家电控配电设备质量监督检验中心检验，各项指标均合格，性能优良。

以ATA QB－S系列中高压固态软起动装置为例：

电压范围：2～15kVAC；功率范围：110～50000kW；工作频率：50Hz/60Hz±1Hz；相序要求：允许在任何相序下工作；负载要求：三相鼠笼异步电动机、同步电动机、绕线电机；控制电源：用户提供220VAC/DC；冷却方式：自然冷却；安装地点：户内安装（无导电尘埃、无剧烈振动的场所）。

## 技术持有单位介绍

长沙奥托自动化技术有限公司是由原国防科技大学奥托技术开发中心发展而来，创建于1998年，通过20多年的持续发展，已发展成为一家集自动化控制技术、新能源汽车配件、新材料等的研发、生产与销售为一体化的高新技术企业，现有已经授权的专利36项（其中发明专利13项）。

## 应用范围及前景

适用于各类大型泵站（排水泵站、供水泵站、调水泵站）、水电站、引水工程、水利水电工程等所有用到电机的场所。

基于磁触发技术的中高压固态软起动装置目前已经在水利行业宽城满族自治县城区水源建设

工程、天津市水利水务局洪泥河万家码头泵站工程项目、甘肃临洮县东部农村引洮供水工程等43个项目得到了广泛应用，累计应用155套中高压软起动器，产品性能稳定，运行可靠。

技术名称：基于磁触发技术的中高压固态软起动装置
持有单位：长沙奥托自动化技术有限公司
联 系 人：蒋婷
地　　址：湖南省长沙市高新区麓谷麓枫路38号
电　　话：0731-8996798、13467703694

# 287 大流量便携式永磁变频潜水泵

## 持有单位

长沙迪沃机械科技有限公司

## 技术简介

### 1. 技术来源

自主研发。发明专利号：ZL201210128343.7；实用新型名称：大流量便携式永磁变频潜水泵（ZL201220187242.2）；计算机软件著作权：软件名称：移动排水抢险单元控制系统（简称：小型抢险单元）V1.0（登记号：2013SRO14615）。

### 2. 技术原理

研发的大流量便携式潜水泵每台不超过35kg，配套的DN200mm聚酯纤维水带每根（25m）重量不超过30kg，所有设备均依靠人力即可完成排水，不需要起吊设备。可提供方便地移动排水抢险，还可通过扩展设备，提供应急照明、应急供电等多种用途。

### 3. 技术特点

（1）电机、水泵一体，潜入水中运行，排水量大、扬程高、安全可靠；安装使用维护方便简单，占地面积小，不需建造泵房；结构简单，重量轻，体积小，机动灵活。

（2）能与该公司制造的移动排水抢险拖车集成：包括拖车、柴油发电机组、大流量便携式移动潜水泵、200mm聚酯纤维排水软管、应急照明灯等，提供移动排水抢险，全系列快速接口，在到达现场后，5min内完成水泵和管道布置，进行开机排水。

## 技术指标

（1）潜水泵：流量范围100～400m³/h，扬程范围8～40m；或流量范围100～150m³/h，扬程范围50～35m；介质温度4℃ < $T$ < 20℃；环境温度不超过40℃；最高工作压力0.3MPa。

（2）电机数据：功率范围15kW；电压范围380V±5%；频率范围（0～25Hz）±1%；环境温度不超过40℃。

## 技术持有单位介绍

长沙迪沃机械科技有限公司主要从事移动排水抢险装备（车载排水泵站）研发、生产。产品具有便携、布放快速、排水量大、操作智能化等特点，同时能提供应急电源、夜间照明、远程信息化管理等多功能用途，达到国际先进水平。迪沃排水抢险装备可广泛应用于城市内涝、管网排水、地铁隧道、水利防汛抗旱和消防取水等。迪沃拥有自主知识产权，已获得国家专利，产品控制软件获得国家软件产品认证。

## 应用范围及前景

适用于防汛抗旱应急抢险，如管网排水，下水井，道路，雨水篦子，基坑、地下通道，地下停车场，水库抢险，抗旱取水，农田灌溉，消防取水等。核心技术大流量便携式潜水泵，单泵质量约30kg，功率15kW、排水量100～400m³/h、扬程8～40m，仅靠人力即可布置排水抢险，多套组合可适用各种排水量需求。

技术名称：大流量便携式永磁变频潜水泵
持有单位：长沙迪沃机械科技有限公司
联 系 人：郑敏
地　　址：湖南省长沙市长沙县新安路39号
电　　话：0731-85056878、15574903327

# 288 迪沃应急移动排水抢险车

## 持有单位

长沙迪沃机械科技有限公司

## 技术简介

**1. 技术来源**

自主研发。实用新型名称：移动式供排水抢险车（ZL201220453979.4）；计算机软件著作权，原始取得，软件名称：移动排水抢险单元控制系统（简称：小型抢险单元）V1.0（登记号：2013SRO14615）。

**2. 技术原理**

该应急移动排水抢险车基本组成：车载系统、动力系统、排水系统、照明及辅助系统组成。将移动载体与整合发电机组和排水设备的防雨箱进行组合，成为专业使用的排水抢险移动泵站。能很好地满足户外作业和城市防汛、农业抗旱、市政工程和应急排水的需要。

**3. 技术特点**

(1) 适应于全天候的野外露天作业，具有整体性能稳定可靠、一体操作轻便实用、快速响应排水效率高、功能多样组合便利、用途广泛性价比高等特点。

(2) 抢险作业半径大（0～500距离或更远），排水单元数量按客户需求配置，可选配4～10套（每套排水单元水量100～400$m^3$/h，扬程8～40m），车载发电系统可对外供电。

## 技术指标

(1) 流量范围400～5000$m^3$/h，扬程范围8～40m；介质温度4℃<$T$<20℃；环境温度不超过40℃；最高工作压力0.3MPa。

(2) 电机数据：功率范围15kW；电压范围380V±5%；频率范围（0～25Hz）±1%；环境温度不超过40℃。

(3) 整车取得国家工信部工程抢险车车辆公告，免征车辆购置税，具有环保认证证书。

## 技术持有单位介绍

长沙迪沃机械科技有限公司主要从事移动排水抢险装备（车载排水泵站）研发、生产。产品具有便携、布放快速、排水量大、操作智能化等特点，同时能提供应急电源、夜间照明、远程信息化管理等多功能用途，达到国际先进水平。迪沃排水抢险装备可广泛应用于城市内涝、管网排水、地铁隧道、水利防汛抗旱和消防取水等。迪沃拥有自主知识产权，已获得国家专利，产品控制软件获得国家软件产品认证。

## 应用范围及前景

适用于城市排涝、农业抗旱、应急供排水、管网抢修，以及地下车库、河流水库、隧道抢险等。

迪沃应急移动排水抢险车已在众多项目中应用：山东省防汛抗旱物资储备中心2019年水旱灾害防御物资储备设备采购第六包、天津市排水管理处2018年防汛设备购置项目第一批、珠海市金湾区海洋农业和水务局大流量排水抢险车采购项目、永城市市政工程总公司应急排水抢险设备采购项目、海口市排水管道养护所排水抢险海口市排水管道养护（应急）电源泵车采购项目、昆明排水设施管理有限责任公司大流量排水抢险车采购项目、大连市排水处大流量排水抢险皮卡车采购项目、天津经济技术开发区公用事业局排水抢险泵车及移动泵采购项目、天津市排水管理处快速便携抢险设备采购项目、天津市水务局物资处2017年天津市市级防汛物资采购项目（第一包）等。

典型应用案例：

案例1：2015年8月18日，为处置天津港爆炸事故产生的被污染水体，天津泰达市政紧急采购迪沃排水设备一批前往事故现场。

案例2：中国国际广播电台附近下水管道堵塞，抢险人员在中国国际广播电台附近用迪沃1600型排水车进行管道疏通排水作业。设备总排水量2400m$^3$/h，连续排水6h。

案例3：2016年6月14柳州市区遭遇大暴雨袭击，强降雨造成市区出现严重内涝，多出地下车库，停车场、下穿道路被浸泡。设备总排水量4000m$^3$/h，连续排水8h。

案例4：2016年6月19—20日，湖南省龙山县遭遇100年一遇的强降雨，致使西水河水位猛涨，导致位于西水左岸的龙山县里耶古镇堤防漫溃。洪水倒灌镇区，大量房屋农田被淹。设备总排水量5600m$^3$/h，排水7d。

案例5：2015年6月18日下午，水库总库容51.5万m$^3$的耒阳马水乡立新［小（2）型］水库出现管涌塌方险情。湖南省防汛抗旱指挥部紧急调度，迪沃2400排水车紧急赶赴现场。

■案例1　天津泰达市政紧急采购迪沃排水设备运输途中

■案例2　抢险现场

■案例3　抢险现场

■案例4　抢险现场

■案例5　抢险现场

■2018年珠海强降雨期间迪沃排水车现场值守与强排

技术名称：迪沃应急移动排水抢险车
持有单位：长沙迪沃机械科技有限公司
联 系 人：郑敏
地　　址：湖南省长沙市长沙县新安路39号
电　　话：0731-85056878、15574903327

# 289 HHJG－1型渠道铺砂机的研制与应用

## 持有单位

黄河建工集团有限公司

## 技术简介

**1. 技术来源**

自主研发。实用新型，专利号：ZL201320366440.X、ZL201320366446.7、ZL201320410262.6。

**2. 技术原理**

在渠道边坡反滤层砂砾料铺设施工时，由于渠坡长、反滤层砂砾料铺筑量大且在斜坡上施工困难，采用人力进行施工进度缓慢，施工精度、质量无法保证，创新研制加工的HHJG－1型渠道铺砂机实现了渠道反滤层砂砾料铺筑的机械化施工，通过设备的上料输送系统、布料系统、摊平夯实系统形成了上料、卸料、摊铺、整平、振动压实连续作业，减少了施工工序，节约了施工成本，加快了施工进度，确保了施工质量。

**3. 技术特点**

(1) HHJG－1型渠道铺砂机由主机框架、横向移动系统、上料输送系统、布料系统、摊铺夯实系统等组成。

(2) 研制加工的布料小车，实现了砂砾料上料、输送、布料的机械化，相对人工作业提高了工作效率。

(3) 摊铺夯实小车的研制与应用，使上料、卸料、摊铺、整平、振动压实连续作业，减少了施工工序。

(4) 上下端部可调节式连杆装置，在坡比1：2～1：3.5渠道坡度均可使用，并可根据工程情况进行坡度调节，方便施工。

(5) 长渠坡反滤层砂砾料铺设的机械化施工，加快了施工进度，提高了施工质量，相比人工铺设极大地节约了施工成本。

## 技术指标

适应坡长：22.87～33.34m；适应坡比：1：2.5～1：3.5；行走速度：0～4m/min；转弯半径：≥80m；铺设厚度：5～30cm；铺设效率：500～800m²/台班。

## 技术持有单位介绍

黄河建工集团有限公司隶属于黄河水利委员会河南黄河河务局，是一家集水利水电、建筑、市政、公路等施工为一体，兼营防汛抢险、维修养护、试验检测、物业服务、管理咨询等业务的综合性现代化大型施工企业。

## 应用范围及前景

适用于长边坡渠道反滤层砂砾料、其他粒料类坡面结构层的铺设、振压。

HHJG－1型渠道铺砂机已在南水北调中线工程潮河段六标、南水北调中线一期工程潮河段七标、南水北调中线工程淅川段五标工程等工程中应用，与传统人工作业相比工期均提前了30余天，如期完成了渠道衬砌任务确保了南水北调中线工程通水，取得了良好的经济效益。

技术名称：HHJG－1型渠道铺砂机的研制与应用
持有单位：黄河建工集团有限公司
联 系 人：葛震
地　　址：河南省郑州市花园北路62号
电　　话：0371－69557316、13937130552

# 290 高标准免管护淤地坝理论技术

## 持有单位

黄河勘测规划设计研究院有限公司

## 技术简介

**1. 技术来源**

自主研发。

**2. 技术原理**

该技术针对传统淤地坝由于坝身不能过流的技术瓶颈导致的溃决风险高、管护压力大、拦沙不充分等问题，创新了淤地坝设计结构，构建了免管护淤地坝设计施工成套技术；发展了小流域PMF估算方法，提出淤地坝水文计算新方法，突破黄土高原地区小流域高含沙PMF估算难题；研发了新型黄土固化剂，用于固化黄土，具有较高的强度和良好的耐久性，解决传统固化材料不能适用于固化黄土的难题，可就地取材用作防冲刷保护层。成果可成功解决淤地坝坝身过流的技术难题，实现淤地坝防溃决、免管护、多拦沙、降造价等目标，最终将助力黄河流域生态保护和高质量发展。

**3. 技术特点**

(1) 设计施工成套技术包含多种方案，可根据建设需求和现场条件灵活选用。设计了3种坝型方案：坝顶和下游坡全部采用防冲刷保护层方案，防冲刷保护层与坝体同步碾压，采用路拌法施工；坝顶和下游坡局部设置防冲刷保护层方案，先填筑坝体，后采用小型振动碾斜坡碾压进行防冲刷保护层施工；坝顶和下游坡全部采用预制连锁块方案，工厂预制连锁块，现场人工结合小型设备铺设。

(2) 淤地坝水文计算新方法首次将可能最大洪水理论应用于淤地坝防冲刷设计，满足坝体防护要求。基于免管护淤地坝防溃决的思想，将可能最大洪水计算方法引入淤地坝水文计算中，从边界外包的角度推求出流域的近似上限洪水，并考虑上游洪水组成、坝群影响、不同运用期调蓄库容等因素，通过暴雨模式设计和产洪产沙规律分析等，推求可能最大洪水泥沙，可定量计算出影响坝身过流安全的暴雨洪水上限。

(3) 黄土固化新材料可以解决黄土固化难题。研制的新型黄土固化剂，具有较高的强度和良好的耐久性，解决了水泥等传统固化材料不能适用于固化黄土的世界性难题，为免管护淤地坝就地取材选用黄土作为新结构填筑材料提供了技术解决方案。将黄土、黄土固化剂和细砂按照一定比例掺和制成的淤地坝防冲刷保护层，总体强度和耐久性可以满足淤地坝下游坝面防护要求。

## 技术指标

通过使用该技术可在相同泥沙淤积年限条件下较传统淤地坝降低50%的工程成本，在相同坝高条件下以与传统淤地坝相当的工程成本实现增加近一倍拦沙量，并极大降低管护成本。研发的黄土固化新材料，与黄土和细砂按照一定比例掺和制成淤地坝防冲刷保护层，7d无侧限抗压强度达8.7MPa，5d吸水率仅4.01%，冻融30个循环后强度损失率为23.3%，8h水下钢球法浑水冲磨深度仅2.5cm，总体强度和耐久性可以满足淤地坝下游坝面防冲刷防护要求。

## 技术持有单位介绍

黄河勘测规划设计研究院有限公司是2003年9月由事业单位改制而来的国有大型科技型企业，隶属于水利部黄河水利委员会，其前身为始建于1956年的水利部黄河水利委员会勘测规划设计研究院。公司以水利水电工程勘察设计为主业，为工程建设全行业提供全过程技术服务，是集流域和区域规划，工程勘察、设计、科研、咨询、监理、项目管理、工程总承包及投资运营业务为一体的综合性勘察设计企业。公司持有工程设计综合甲级、工程勘察综合甲级、工程咨询综合资信甲级、工程测绘甲级、工程监理甲级、工程总承包甲级、建设项目环境影响评价甲级、水利水电工程施工总承包壹级、对外承包工程资格等20余项国家高等级资质，业务覆盖水利、水电、工民建、公路、桥梁、生态水利、火电、输变电、市政、新能源、轨道交通、信息等多个行业和领域，公司是国家高新技术企业，综合实力长期位居全国勘察设计单位百强之列。共获得国家、省部等各级成果奖励330项。其中，国家科技进步奖一等奖3项、二等奖2项，全国优秀工程勘察设计奖4项，全国优秀工程咨询成果奖9项，大禹水利科学技术奖25项，河南省科技进步奖19项，全国优秀工程勘察设计行业奖6项，全国优秀水利水电勘测设计奖11项。拥有国家专利332件（其中发明专利97件），计算机软件著作权登记80件。主编和参编国家、行业标准60余项。

## 应用范围及前景

适用于黄土高原地区各类淤地坝的改造和新建，但要注意合理选用防冲刷保护层材料，灵活设计坝型，针对性施工。

2018年12月—2019年3月，在黄河花园口堤防工程改造中利用固结剂制造防汛备防石。2019年10月—2020年1月，应用于江西信江八字嘴航电枢纽工程中，利用河道淤积的沙土制作护岸边坡。2020年在黄河堤防工程马渡险工改建工程中，利用黄河淤积泥沙做路基基层。与传统固化剂相比，主要有以下优势：①有效利用的河道内淤积的泥沙，降低工程对砂石骨料的依赖；②固化剂70%以上材料工业废弃物，可以有效减少环境污染；③就近取材降低工程造价。利用当地材料和固化剂制备备防石和护坡材料，单方材料固结较采用混凝土施工每方造价约节省10%～15%。综上，黄河堤防改造工程和江西信江八字嘴航电枢纽工程在整个使用寿命期内，使用固化剂材料可分别节约费用约20万元与45万元。

受土坝特性制约，传统淤地坝的坝身不可过流运用，需设置一定校核标准的滞洪库容用以保证坝体的防洪安全，而一旦遭遇超过相应校核标准洪水，导致坝身漫顶过流时，则就会发生溃坝事件，极大限制了淤地坝综合作用的发挥。高标准免管护淤地坝创建了新型淤地坝坝工结构，通过在土坝坝体上设置防冲刷保护层，从而实现坝身安全过流运用，可以抵抗可能最大洪水的冲刷而不致溃决，从防洪安全角度颠覆了传统淤地坝的设计运用理念，从管护角度解除了传统淤地带给地方各级部门的巨大压力，从库容配置角度解放了传统淤地坝用来滞蓄洪水的滞洪库容，从而可以达到防溃决、免管护、多拦沙、降造价的目标。

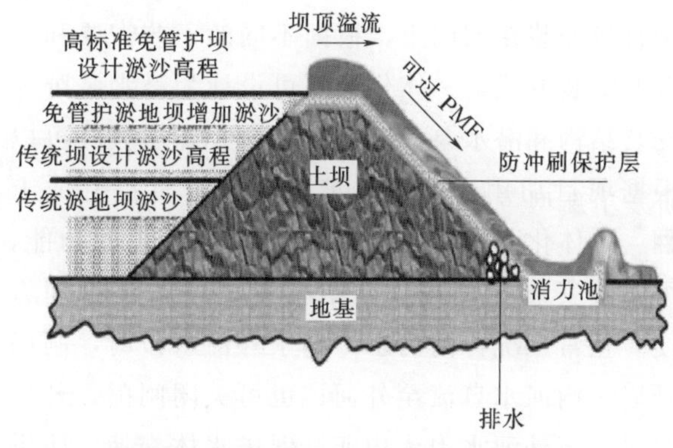

■高标准免管护淤地坝技术原理图

技术名称：高标准免管护淤地坝理论技术
持有单位：黄河勘测规划设计研究院有限公司
联 系 人：李超群
地　　址：河南省郑州市金水路109号
电　　话：0371-66020081、15890631166

# 291 飞力 TOPGATE 一体化泵闸

## 持有单位

赛莱默（中国）有限公司

## 技术简介

### 1. 技术来源

自主研发。实用新型名称：一种水平轴流泵和闸门的组合结构（ZL201720941762.0）等6个实用新型专利。

### 2. 技术原理

一体化泵闸是以闸门作为基础结构，将潜水泵直接安装在闸门上。根据不同的工艺需要和水泵的安装方式，一体化泵闸可设计为潜水泵卧式安装结构和潜水泵立式安装结构。开启方式可以根据项目功用、景观要求等选择垂直提升或上翻。一体化泵闸整合了传统分离式泵闸的功能，可直接安装在河道上，结构紧凑，运维管理方便。正常工况：内河水位高于外河水位时，闸门开启，内河水自流至外河；也可关闭闸门，开启水泵，将外河水引入内河，促进水体交换。防洪工况：外河水位高于内河水位时，泵闸关闭，启动水泵，将内河水强行排入外河。

### 3. 技术特点

（1）一体化泵闸经过独特的设计，在闸门上集成了水泵，实现了水闸和泵站的双重功能，能够有效减少工程占地，缩短工程周期，降低工程投资。

（2）一体化泵闸充分考虑用户的使用需求，阻力小、易开启，密封严、无泄漏。一体化泵闸配置专用的电缆拖链，在闸门启闭过程中实现了对系统的安全保护。

（3）一体化泵闸配套了智能监控系统，实现了远程控制，提高了运行管理的自动化信息化水平。

## 技术指标

（1）一体化泵闸单泵流量0.1～7m$^3$/s，扬程0～12.5m，功率6～500kW。可根据实际需要配置多台水泵，以满足不同项目的个性化需求。

（2）水泵直径：DN400～DN1400。

（3）河道宽度要求：≥2倍水泵直径。

（4）适用水质：雨水、污水、海水。

（5）介质温度：0～40℃。

（6）适用门型：直升门、上翻门、侧开门。

（7）水泵安装型式：卧式、立式。

## 技术持有单位介绍

赛莱默（XYL）是全球领先的水技术公司，致力于开发创新的技术解决方案，以应对全球水资源挑战。公司的产品和服务专注于市政、工业、民用和商用建筑等领域的水输送、水处理、水测试、水监测和水回用。此外，赛莱默还为水、电力和天然气等公用事业提供业界领先的产品组合，包括智能计量、管网技术和先进基础设施分析解决方案。公司在全球拥有16000多名员工，运用其在诸多应用领域的技术专长，专注于提供可持续的综合解决方案。赛莱默总部位于美国纽约州莱伊布鲁克，2019年营业收入达52.5亿美元，生产和办事机构360多处，业务遍布世界150多个国家，旗下多个产品品牌在150多个国家和地区均占据了市场领先地位。

## 应用范围及前景

适用于防洪排涝、农业灌溉、河道补水、景观河湖区补水、涵道截污、水闸升级增加泵送功能等。

一体化泵闸技术已成功应用于广州小龙涌支涌、南通西头总沟和十五总港等泵闸项目，运行效果良好。

典型应用案例：

案例1：广州小龙涌支涌一体化泵闸项目。项目背景：城市河道受潮汐影响，高潮位且下大雨时，易发生内涝。解决方案：采用一体化泵闸，将内河水强行排入外河，防止内河水位过高。设备参数：一闸一泵，两套，水泵流量2×0.42m³/s，扬程2.3m，功率2×24kW。目前设备整体运行良好。

案例2：南通西头总沟一体化泵闸项目。城市河道因缺乏水动力，导致黑臭。采用一体化泵闸，从外河向内河进行补水，增强河道水动力。设备参数：一闸两泵，一套，水泵流量2×1m³/s，扬程2m，功率2×40kW。运行平稳，噪音小，实现预期功能。

案例3：南通十五总港一体化泵闸项目。城市河道因缺乏水动力，导致黑臭。采用一体化泵闸，从外河向内河进行补水，增强河道水动力。设备参数：一闸一泵，一套，水泵流量1m³/s，扬程1.5m，功率40kW。目前设备整体运行良好。

■一体化泵闸

■应用工程泵闸一体化装置工程远景

■应用工程泵闸一体化装置工程近景

技术名称：飞力TOPGATE一体化泵闸
持有单位：赛莱默（中国）有限公司
联 系 人：李玮
地　　址：上海市长宁区遵义路100号虹桥南丰城A座30-31楼
电　　话：025-56301130、13951966848

# 292　一体化闸门智能控制系统

## 持有单位

钛能科技股份有限公司

## 技术简介

### 1. 技术来源

自主研发。发明名称：一种设备标识的加密方法及系统、自校验方法；实用新型名称：一种测流装置、一种明渠过闸流量在线监测装置、对称导流式涡轮流量计；计算机软件著作权：泵闸站自控装置嵌入式软件及运行软件、物联网防洪排涝水利设施安全智能监控管理系统软件、智慧水务物联网报警平台软件等。

### 2. 技术原理

一体化闸门智能控制系统利用物联网、自学习、智能识别、安防联动、模型计算、伺服驱动、云平台等现代信息技术手段，解决了灌区中支渠、斗渠的自动控制、信息采集、远程调水和量测水的问题。系统集闸门本体、控制机构、水位测量、流量计量、远程控制、视频监控、安防报警、远程云平台等功能于一身。

### 3. 技术特点

（1）手动操作、现地控制与远程控制一体化，安全可靠实现渠道口门控制水流通断功能。

（2）伺服电机驱动功率小、能耗低，应用太阳能供电技术解决灌区中因位置分散、偏远无法引接市电的问题。

（3）实时/定时采集闸门开度信息、水位等数据；具备量测水功能，精确计算过闸流量，实现明渠计量。

（4）定制二维码，便于灌区内众多闸门的统筹管理与维护。

## 技术指标

机械材质：高强度铝合金、304不锈钢材质；数据采集：水量值实时采集，间隔可调整；控制模式：摇把、现地按钮或远程控制；标准规格：单孔宽度500～3000mm；精度误差：实验室2.5%，野外5%；多种供电方式：光伏、市电、市电光伏互补、风光互补；蓄电池：胶体蓄电池；保护：过流、闸门卡滞、防雷；通信方式：北斗/3G/4G/NB-IoT/5G/有线；视频监控：图像抓照、实时视频浏览（选配）；管理平台：PC端、移动端。

## 技术持有单位介绍

钛能科技股份有限公司以水资源高效利用和水生态环境保护、能源智慧控制和工业能效管理为使命，致力于水利和农业、发电和供配电、环保和水生态行业的产品研发、设备制造、工程设计、技术咨询、运维服务和工程总承包，融合云平台和物联网（水联网/站联网）、自动化和信息化、大数据和人工智能等技术，实现“水”“能”“环”领域的控制自动化、管理信息化、运维平台化与决策智慧化。国家专利30余项、软件著作权20余项，江苏省高新技术产品20余项。

## 应用范围及前景

适用于不同规模的灌区信息化项目和农业水价改革项目，可实现渠道的现地/远程控制、信息采集、远程调水和量测水。

钛能科技自主研发的一体化闸门智能控制系统已在内蒙古自治区科尔沁右翼前旗农业水价综合改革试点旗县2017年度项目（共配置14套一体化闸门智控设备和1套系统平台）和浦

口区2017年度水价改革中央补助资金水量计量设施安装实施工程两个项目（共配置2套一体化闸门智能控制设备和1套系统平台）现场成功应用。

技术名称：一体化闸门智能控制系统
持有单位：钛能科技股份有限公司
联 系 人：印小军
地　　址：江苏省南京市浦口区经济开发区凤凰路7号
电　　话：025-58180880、13505155674

# 293　智能装配式井筒泵站

## 持有单位

平原恒信水务科技有限公司

中国水利水电科学研究院

北京中水润德科技有限公司

## 技术简介

**1. 技术来源**

自主研发。实用新型名称：井筒式泵站、井筒式潜水泵站、一种井筒泵站防堵拦污进水口、一种可拆分体式控制箱。软件著作权，软件名称：智能装配式井筒泵站管控系统V2.0（原始取得）。

**2. 技术原理**

一种智能化、集成化、装配式、适用于多种环境的新型灌排泵站，以农用机井抽取地下水的形式抽取河湖水，改变了传统泵站由进水池、水泵室、泵房等组成的泵站结构形式。主要包括进水口防淤积、水泵室自清洗、拦污笼自动清理污物、超低水位引水、低水位自动断电保护、远程控制水泵启停、远程监测泵站运行状况以及智能保护等功能。

**3. 技术特点**

（1）具有投资少、工期短、不占耕地、不怕淤积（进水口设防淤盖板，河道淤泥可自动顶开，正常提水）、启闭方便（一键启动，不抽真空，不灌引水）、管理维护方便等特点。

（2）完善配套了多功能进水口（拦污笼、清污机、防淤盖板），完善了自清洗水泵室结构（双管回流自清洗系统），完善了以井筒为核心的水泵安装、检查维护系统、完善了泵站智能控制系统。

## 技术指标

根据水泵类型分为井筒式轴流泵站、井筒式潜污泵站。

（1）井筒式轴流泵站系列：流量范围：2000（含）～7800（含）$m^3/h$；扬程范围：≤12m。

（2）井筒式潜污泵站系列：流量范围：200（含）～1500$m^3/h$；扬程范围：50（含）～100（含）m。

（3）工期短（小型泵站工期1～2d，中型泵站工期5～10d，传统泵站工期40～60d）。

## 技术持有单位介绍

平原恒信水务科技有限公司是一家致力于节水产品研发与生产销售的高新技术企业，公司拥有自主知识产权的发明专利3项，实用新型专利22项，产品主要应用于节水灌溉、小农水重点县、饮水安全、农业综合开发、土地整治、高标准农田等项目。

中国水利水电科学研究院隶属中华人民共和国水利部，是从事水利水电科学研究的国家级社会公益性科研机构。

北京中水润德科技有限公司成立于2014年，是一家集研发、生产、销售、技术服务为一体的智慧农业、智慧水务专业化高新技术企业。

## 应用范围及前景

适用于提水灌溉泵站、洼地排水泵站，以及从地表水源取水向工业企业、自来水厂等用水户供水的供水泵站。自2018年研制出智能装配式井筒泵站，通过示范推广等方式，目前已在山东省平原县、庆云县、武城县、浙江省平湖市等多地推广应用，已完成施工安装智能装配式井筒泵站44套。

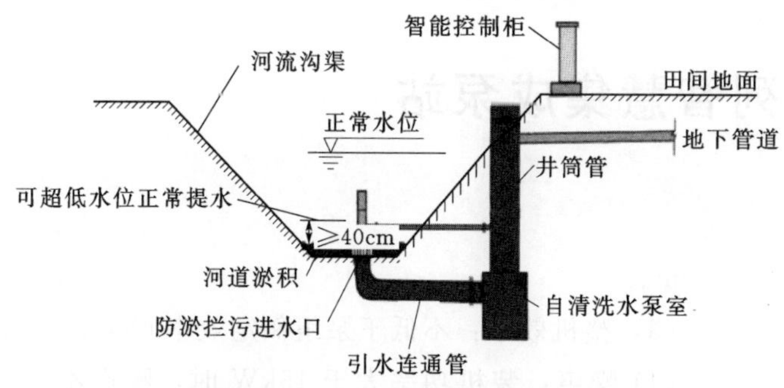


■智能装配式井筒泵站结构图

技术名称：智能装配式井筒泵站
持有单位：平原恒信水务科技有限公司、中国水利水电科学研究院、北京中水润德科技有限公司

联 系 人：宋庆波
地　　址：山东省德州市平原县龙门经济开发区
电　　话：0534－4518368、18705349139

# 294 XMZH系列智慧集成泵站

## 持有单位

上海熊猫机械（集团）有限公司

## 技术简介

**1. 技术来源**

自主研发。智慧集成泵站集成了水箱、智能多级泵、智慧调峰测控仪和各种监控设备，系统效率整体优化，结构紧凑，获得相关技术专利35项。

**2. 技术原理**

XMZH系列智慧集成泵站是上海熊猫机械集团设计开发的新型成套供水系统。设备将建筑、安装、调试、能耗和信息化完美融合，是集智能化、数字化、通信、高效、节能、环保、安全为一体的智慧集成泵站。新一代泵站实现模块化定制、精细化生产、标准化安装，真正实现无人值守、零距离一站式服务。

**3. 技术特点**

智慧集成泵站是安全又节省资源的供水设备，设备到现场后只需就位安装与进出水口和进线电源连接就可使用。泵站包含：用户感知、能源管理、智能识别、人机互动、水质保障、降噪减振、供电保障等功能模块，保障设备供水安全、节能。

## 技术指标

（1）供水能耗：流量大于100m$^3$/h时，供水能耗不超过370kW·h/(km$^3$·MPa)；流量为介于50～100m$^3$/h时，供水能耗不超过440kW·h/(km$^3$·MPa)；流量小于50m$^3$/h时，供水能耗不超过530kW·h/(km$^3$·MPa)。

（2）控制精度：压力±0.01MPa；液位±1cm。

（3）整机效率：不低于泵组额定效率65%。

（4）噪声：装机功率大于15kW时，噪声不超过65dB（A）；装机功率介于3～15kW时，噪声不超过60dB（A）；装机功率小于2.2kW时，噪声不超过50dB（A）。

（5）远程控制：具备对门禁、照明、消毒、风机、水泵远程控制功能，最大延迟不超过30s。

## 技术持有单位介绍

上海熊猫机械（集团）有限公司是集智慧水务平台、离心泵、智慧集成供水设备、板式热交换机组、成套供水设备、污水集成设备及控制系统研发、生产、销售为一体的上海市高新技术企业集团（以下简称熊猫集团）。熊猫集团在国内拥有六大生产基地，三家合营企业，38家分公司，356个维保网点，通过289个办事处向顾客提供优质服务。

## 应用范围及前景

适用于任何自来水压力不足地区的加压供水、新建住宅小区或办公楼生活用水、老旧小区二次供水、各种循环水系统等。

已推广应用工程实例300余个，销售400余（台/套）智慧集成泵站。

集成泵站满足了设备适应管道井的北方严寒地区的环境，黑龙江、长春、北京、天津等地设备均可正常使用，管道井的使用解决了外露阀件保温难的问题，且设备内具有保温及加热的自控恒温系统。

针对南方地区，如海南、广东、上海、浙江等地设计开发了侧进出集成泵站，整体系统适应性强，外观简洁大方，内部布局紧凑，产品新颖度高、功能性强，均已正常投入运行。小区花园中、室外空地加压泵站、景区景点加压区均等地均属于集成泵站使用工况范畴，推广应用前景广阔。

技术名称：XMZH系列智慧集成泵站
持有单位：上海熊猫机械（集团）有限公司
联 系 人：张玲
地　　址：上海市青浦区盈港东路6355号
电　　话：021-59863888、18149705800

# 295 RNHV系列高压变频器

## 持有单位

上海雷诺尔科技股份有限公司

## 技术简介

**1. 技术来源**

自主研发。发明专利，授权号ZL201110065663.8。

**2. 技术原理**

RNHV系列高压变频器属智能控制的高效节能装置，可有效降低能耗。高压变频器为级联式结构，高一高输出，通过多级单元串联的方式实现了完美的波形输出，无须升压即可直接拖动高压异步电机，无须加装任何滤波器。并具有同步投切、转矩补偿、转速跟踪再起动、过载保护、过压保护、浪涌电压保护、欠电压保护、过热保护、短路保护、电动机过载保护、缺相保护等功能。丰富的用户接口，模块化的设计，解决水力、电力、冶金、矿山、石化、市政等行业对大中型风机、泵类通用机械的节能及工艺调速的问题，达到电机高效节能和保护电机的作用。

**3. 技术特点**

（1）集成V/F控制模式，有PG矢量控制模式，无PG矢量控制模式。

（2）多功能自适应V/F特性确保最大启动转矩。

（3）DSP+磁场定向（FOC）控制技术保证最佳动态性能。

（4）CAN总线通信转矩分配控制适于多机重联。

（5）精确逆变器非线性补偿获得良好低速特性。

（6）中性点漂移技术，可在单元旁路运行时尽可能保证最大输出功率，减少降额。

（7）单元自动旁路技术。

（8）完善的故障自诊断、自修复能力。

（9）电网无间隙同步投切。

（10）掉电重启动功能，速度搜索及转速跟踪再启动。

## 技术指标

（1）输入电压范围：电压－15%～＋10%，频率±2%。

（2）输出额定电压：3相6kV、10kV、50/60Hz。

（3）调频范围：0～120Hz；设定分辨率：0.01Hz。

（4）过电流能力：额定输出电流的120%，1min；额定输出电流的180%，立即保护。

（5）控制方式：V/F，有PG矢量控制，无PG矢量控制。

（6）使用温度：－5～＋40℃；使用湿度：5%～95%RH(不结露)。

（7）振动：≤0.5g；保存温度：－40～＋70℃。

（8）防护等级：IP30。

## 技术持有单位介绍

上海雷诺尔科技股份有限公司是“工业控制解决方案”的系统集成商、“工业控制与应用电气”的专业制造商。产品覆盖高低压电机软起动器、高低压变频调速器、高低压无功补偿及谐波治理装置、EPS应急电源、智能化电气、新能源电气和高低压输变电成套设备等。公司为上海世博会配套项目、北京奥运会配套项目、上海国际航运中心洋山深水港工程、上海浦东机场、上海虹桥机场、三峡工程、甘肃卫星发射中心、南水

北调、西气东输、中国石油集团、中国石化集团、中策集团、双钱集团、玲珑国际轮胎有限公司等重点项目配套使用，优质的产品质量和良好的售后服务赢得了用户的一致好评。

## 应用范围及前景

适用于水利行业中高扬程提升泵、输水泵、离心泵、加压泵、取水泵、供水泵、循环泵、输送泵，排水泵，流程泵，疏水泵，增压泵，高压泵，清水泵，污水泵等。

已推广应用工程实例51个，销售231台/套高压变频器。

RNHV系列高压变频器已实际应用于甘肃省景电一期二期大型泵站更新改造工程、襄垣县恒祥焦化有限公司地面除尘风机节能改造、甘肃祁连山水泥项目、内蒙古自治区阿拉善盟弈井滩大型泵站、邯郸红日1580炉卷高压水除鳞系统高压变频装置项目、唐山瑞丰钢铁（集团）有限公司950mm热轧宽带轧钢工程生产线高压水除鳞系统项目、山西南耀集团昌晋苑工业园区煤气化替代焦炉煤气综合利用发电项目、安哥拉凯兰巴-凯亚西社会住房项目一起之标段2市政基础工程取水工程、南水北调东线枣庄市续建配工程（滕州供水单元）泵站工程机电设备、烟台西部热电超低排放脱硫除尘一体化改造工程、厄瓜多尔压缩机厂想套高压变频器项目、河北景县集中供热中心工程循环水预热回收利用项目——余热水泵项目、捷克CAG公司乌克兰泵站、中海油广西防城港天然气有限责任公司LNG储运库项目、青海江仓能源发展有限责任公司煤气鼓风机高压变频项目、芜湖市镜湖区广福电力排灌站更新改造工程、南水北调东线一期工程枣庄市续建配工程（滕州供水单元）、河南诚宸建设工程有限公司漯河澧河饮用水水源地取水口上下移综合项目等行业成功应用。

典型案例：以甘肃省景电二期大型泵站更新改造2018年度灌区段项目总干八至十三泵站、七墩台一泵站14套变频系统工程为例：景电改造升级运用14套变频系统，合同金额706万元，景电每年供水时间7个月左右，适配电机功率数：2000kW水泵6台，1250kW水泵6台，400kW水泵2台，14台水泵改造前每年电费3836万元左右。改造后每年电费2491万元，共节电1345万元，具有显著的经济效益。

■RNHV高压变频器

技术名称：RNHV系列高压变频器
持有单位：上海雷诺尔科技股份有限公司
联 系 人：董天平
地　　址：上海市嘉定区城北路3968弄188号1幢
电　　话：021-39538222、13512186959

# 296 RNMV系列高压固态软起动柜

## 持有单位

上海雷诺尔科技股份有限公司

## 技术简介

**1. 技术来源**

自主研发。发明专利，专利号：ZL201610099227.5。

**2. 技术原理**

RNMV系列的控制核心是微处理器CPU。通过CPU对主回路可控硅移相角触发的控制来实现的。通过逐渐增加电机端的电压和电流，平滑的增加电机转矩。在此过程中，RC阻容吸收单元不仅吸收尖峰电压，同时起到静态均压的作用。光纤隔离可控制硅与触发单元发出强的触发脉冲来保证可控硅组件的动态均压。转矩可以在线检测，输出到电机的转矩并反馈到软起动器。同时检测到来自相位、电流、温度的正常信号。当电机接近额定转速时，软起动器发出旁路合闸命令直到电机正常运行。

**3. 技术特点**

（1）完整的RNMV包括：控制变压器、控制模块、可控硅模块、电动机保护模块、通信模块。采用三室隔离设置，分别为功率组件室、主控继电室、主回路连接室（通用型）。

（2）起动方式可以降低电机的起动冲击电流，减少对电网和电机自身的冲击及对机械负载的冲击，延长设备的使用寿命。

## 技术指标

（1）负载种类：三相中高压鼠笼式异步电机、同步电机；交流电压3kV、3.3kV、6kV、6.6kV、10kV AC －15％～＋10％。

（2）绝缘电压：线电压3000V、6000V、10000V，绝缘电压18000V、25000V、42000V。

（3）过载容量：连续125％控制器标称值，过载500％/60s；环境条件：机柜温度0～50℃（32～122℃），海拔2000m及以下5％～95％相对湿度。

（4）频率：50Hz/60Hz±2Hz自动选择。

（5）主回路组成：12SCRS、18SCRS或30SCRS视型号而定。

（6）具备对电机的保护、对软起动的保护。

## 技术持有单位介绍

上海雷诺尔科技股份有限公司是“工业控制解决方案”的系统集成商、“工业控制与应用电气”的专业制造商。产品覆盖高低压电机软起动器、高低压变频调速器、高低压无功补偿及谐波治理装置、EPS应急电源、智能化电气、新能源电气和高低压输变电成套设备等。

## 应用范围及前景

适用于高扬程提升泵、输水泵、离心泵、加压泵、取水泵、供水泵、循环泵、输送泵，排水泵，流程泵，疏水泵，增压泵，高压泵，清水泵，污水泵等。已推广应用工程实例数184个，累计销售高压固态软起动器1329台/套。

典型应用案例：

RNMV系列中高压软起动器已实际应用于甘肃省景电二期大型泵站更新改造2018年度灌区段项目总干八至十三泵站32台软启动系统采购安装（第6标段），产品安全可靠。

技术名称：RNMV系列高压固态软起动柜
持有单位：上海雷诺尔科技股份有限公司
联 系 人：董天平
地　　址：上海市嘉定区城北路3968弄188号1幢
电　　话：021-39538222、13512186959

# 297 渠道量控一体化闸门

## 持有单位

中国水利水电科学研究院

## 技术简介

### 1. 技术来源

国家计划。“渠道量控一体化闸门”基于国家重点研发计划项目课题“灌溉多水源优化调度配置技术与方法”开发。发明创造名称：一种流量监测方法、装置、设备及可读存介质。专利号：ZL201910584822.1。

### 2. 技术原理

该设备利用具有自主知识产权的超声波矩阵测流算法，结合CFD数值模拟和参数动态调整，精确识别流场变化规律，实现高精度测流，测流精度小于5%。采用手机APP远程控制、现场监控台控制和手动控制，能够适应不同应用场景和应急状况下闸门启闭要求，通过机器间自主计算，实现全渠道量控一体化。

### 3. 技术特点

(1) 设备由启闭结构、箱体、主机、采集控制模块和供电系统组成，获取的渠道流量、水位信息通过4G无线传回灌区高效用水测控系统中央服务器，供管理者准确、迅速了解渠系水流动态，便于灌区管理。

(2) 融合最新研究成果的超声波矩阵测流模型，模型参数动态调整可达到更高测流精度，测流精度小于5%。

(3) 设备采用独特的驱动结构，精度更高，闸门起闭精度精确到小于1mm，且不受悬浮物影响；精确测定渠道水位；

(4) 太阳能供电或市政供电。

(5) 标准化的产品尺寸结构，可根据适宜流量范围进行型号选择。

## 技术指标

(1) 融合最新研究成果的超声波矩阵测流模型，适用水源高含沙水条件，测流精度小于5%。

(2) 基于中国移动OneNET云平台，系统运行更加稳定可靠。

(3) 基于CFD的过渡段优化配套技术，防止泥沙淤积。

(4) 采用螺杆传动设计，起闭控制精度小于1mm。

(5) 高性能超声波测流电路设计，最大可测定2m×2m断面。

## 技术持有单位介绍

中国水利水电科学研究院隶属中华人民共和国水利部，是从事水利水电科学研究的公益性研究机构。历经几十年的发展，已建设成为人才优势明显、学科门类齐全的国家级综合性水利水电科学研究和技术开发中心。截至2019年年底，全院在职职工1347人，其中包括院士5人、硕士以上学历919人（博士523人）、副高级以上职称867人（教授级高工386人），是科技部“创新人才培养示范基地”。现有13个非营利研究所、4个科技企业、1个综合事业和1个后勤企业，拥有4个国家级研究中心、9个部级研究中心，1个国家重点实验室、2个部级重点实验室。

## 应用范围及前景

适用于灌区水资源高效管理，主要应用于渠系流速精确化测量和输水流量精准化控制。

该产品已应用于庆安县和平灌区、运城市尊村灌区等灌区推广应用，解决了频繁起闭、连续供水、多闸门联动、高含沙率等突出问题。

典型应用案例：

案例1：庆安县和平灌区。该灌区为东北水田灌区，闸门起闭频繁，对系统的可靠性和控制精度要求较高，研发的渠道量控一体化闸门能够很好地适应水田灌区的灌溉用水管理要求，实现支渠、斗渠、农渠的精准用水控制与计量，改变了农民传统的“长流水”用水习惯，解决了上游水多、下游水少的难题。

案例2：运城市尊村灌区：该灌区属于引黄灌区，研发的渠道量控一体化闸门很好地解决了固体颗粒对计量精度影响，测流模拟在0.5%含沙率条件下精度好于5%，同时，通过基于CFD模拟的导流段设计很好地解决箱体泥沙淤积问题，使系统处于不淤运行工况，运行效果良好。

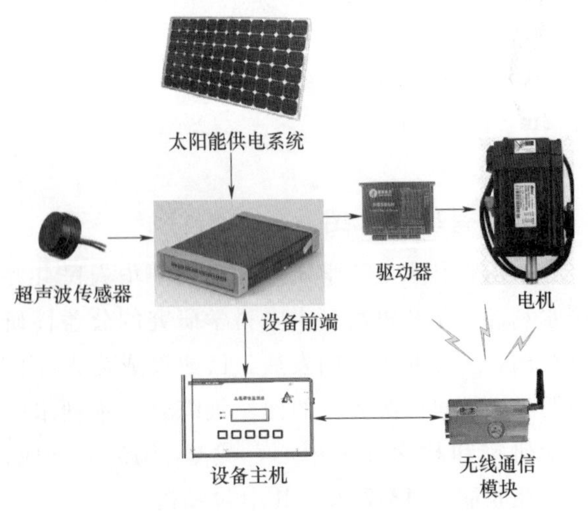


■渠道量控一体化闸门硬件结构图

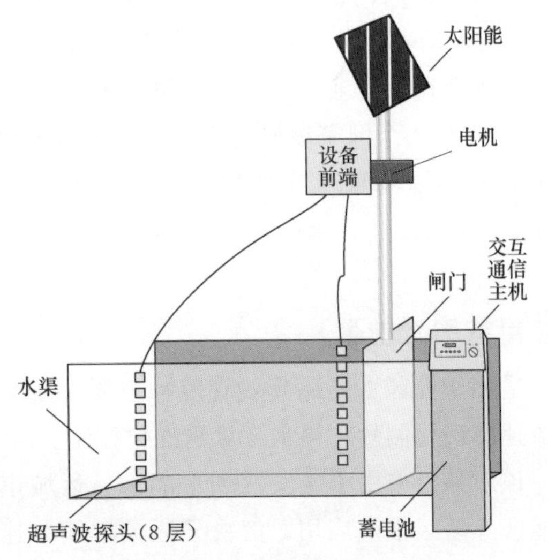


■渠道量控一体化闸门安装结构图

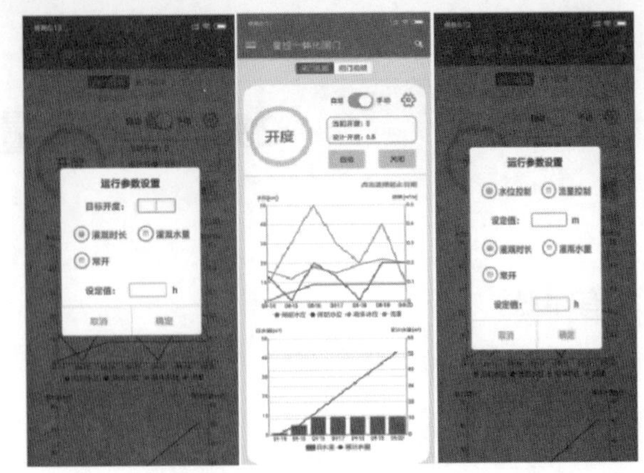


■移动APP界面

■量控一体化设备


技术名称：渠道量控一体化闸门
持有单位：中国水利水电科学研究院
联 系 人：胡雅琪
地 址：北京市海淀区车公庄西路20号
电 话：010-68786511、13121939530

# 298 应急移动照明车

## 持有单位

水利部机电研究所

天津水利电力机电研究所

## 技术简介

**1. 技术来源**

自主研发。实用新型名称：一种用于抢险救援的车载智能照明装置。专利号：ZL201821548078.7。

**2. 技术原理**

该装配式应急移动照明车的液压机械臂采用2节折叠臂和5节伸缩臂的组合方式，提升的最大高度可达18m。液压机械臂塔台可实现180°旋转，液压机械臂顶端支撑灯组的云台可实现左右180°旋转、俯仰90°的微调。液压机械臂采用车载操作和无线操作两种模式，满足现场不同工况的需求，利于实际操作。

**3. 技术特点**

装配移动照明技术应急移动照明车能有效地满足应急抢险和救援、工程施工和抢修、事故处理等过程中的照明需求，能应对复杂的气象条件，做到快速响应，并能提供移动、变换、持续、高强度的照明，为现场处置复杂多变的情况提供了有力的照明保障。

## 技术指标

(1) 车身配5t底盘，通过性强，机动性好，并配有自调节液压支撑柱，稳定抗风能力强。

(2) 移动照明车的照明灯组由9盏300W灯具及框架组成，每盏灯可单独进行开断控制，亮度可分五档调节；照明灯组采用有线和无线双回路控制。

(3) 灯具采用新型节能COB光源，能耗低、亮度高，灯头寿命达50000h；照明覆盖范围较大，距离150m平均照度达42Lux。

(4) 具有市电、发电机双电源切换功能和漏电保护功能，并配以10kW电力输出；双内燃机工作，可靠性好，不补充燃油情况下车载发电机可满负荷连续运转7h。

## 技术持有单位介绍

水利部机电研究所是根据国家科研机构管理体制改革的要求，与北京中水科工程总公司科禹泵制造厂进行实质性重组后，机电研究所成建制并入中国水利水电科学研究院，并在天津注册了“天津水利电力机电研究所”企业法人。北京分部设立在北京中国水利水电科学研究院内。

## 应用范围及前景

适用于应急抢险和救援、事故处理中发挥快速响应、保障关键部位的照明；用于现场的搜救光源和指引光源；在工程施工和抢修保障重要环节的不间断运行起到照明保障作用。

典型应用案例：

天津机电所主动联系天津市于桥水力发电有限责任公司对接他们夜间巡查、夜间抢修的需求。特别是2019年“利奇马”台风期间，天津市于桥水力发电有限责任公司利用应急移动照明车对管辖的水工建筑物、金结设备和渠道、变电设施进行夜间巡查，为巡查增添新的技术手段。

技术名称：应急移动照明车
持有单位：水利部机电研究所、天津水利电力机电研究所
联 系 人：林东旺
地　　址：天津市蓟州区兴华大街19号
电　　话：022-82852126、13602110388

# 299 XJY型卷扬启闭机应急装置

## 持有单位

浙江水利水电学院

浙江省水利水电勘测设计院

绍兴河悦机电设备有限公司

## 技术简介

**1. 技术来源**

自主研发。实用新型名称：一种闸门启闭控制操作装置（ZL201820440103.3）；一种闸门启闭控制操作装置（ZL201721289196.6）。

**2. 技术原理**

XJY型卷扬启闭机应急装置是针对目前普遍存在的应急控制、应急电源可靠性方面问题，保障启闭机动作可靠性而研发的新型应急装置。该装置采用动力型蓄电池组利用逆变、变压、变频技术研制成操作简便、独立的、移动式新型供电电源结构，满足启闭机的操作要求。

**3. 技术特点**

（1）装置独立于原有配电系统和动力单元，可在无电源、启闭机主工作电机故障及电控系统故障导致不能正常启闭操作时，作为应急操作装置带动启闭机进行闸门启闭，安全可靠、操作快捷；并具有替代柴油发电机作为备用电源的作用，可作为应急电源使用。

（2）改变现有的卷扬启闭机控制方式，实现无级调速，控制更灵活、简单、可靠。

（3）可替代原人力手摇操作等备用方式，闸门间可互相备用，极大地提高闸门启闭可靠性，减少安全隐患。

（4）装置可以结合现场实际情况，每台启闭机配置一个离合器、减速箱以及专用电机。

## 技术指标

应急状态下，卷扬式启闭机采用该应急操作装置启闭闸门，可实现启门速度0.1～0.4m/min随意调节，额定功率下全程启门时间小于30min。

## 技术持有单位介绍

浙江水利水电学院是一所特色鲜明的工科类应用型本科高校。学校其前身可追溯到1953年的杭州水力发电学校、1956年的杭州水利学校和1958年的浙江电力专科学校，2014年实现浙江省人民政府与水利部共建。学校现设11个二级学院，2个教学部和2个研究机构，开设本科专业26个。拥有浙江省一流学科建设项目6个。设有国家职业技能鉴定所，是水利行业定点培训机构；建有全国首家河（湖）长学院，是服务全国治水工作的重要基地。

浙江省水利水电勘测设计院创建于1956年，是一家集咨询、勘测、设计、科研、岩土工程施工、工程建设监理、工程总承包、项目代建、水库蓄水安全鉴定、施工图设计审查和投资等业务于一体的大型专业勘测设计单位。建院以来，先后完成了我省钱塘江、瓯江、椒江、甬江、曹娥江、飞云江、鳌江、苕溪及杭嘉湖、萧绍宁、温黄平原等省内各大水系、各大平原的流域（区域）规划、全省水资源综合开发与利用规划、重要城市防洪规划；完成了100多个大中型水利工程和中型水力发电工程及诸多城市防洪工程的咨询与勘测设计。

绍兴河悦机电设备有限公司成立于2017年，是一家专注于新能源技术在传统水利行业应用开发的创新型企业。公司针对卷扬启闭机存在的安全隐患，自主开发了卷扬启闭机应急装置，两项实用新型专利已经授权。

## 应用范围及前景

适用于水库、水电站水利枢纽、航运河道、引水工程、泵站、闸室等卷扬式启闭机，填补原来的设备缺陷，完善启闭机的设备结构。

典型应用案例：

案例1：2018年9月，完成浙江钦寸水库有限公司溢洪道启闭机应急装置用XJY型卷扬启闭机应急装置替换原液控型应急操作装置的改造，共5台，各项性能指标完全符合应急操作要求。

案例2：2019年10月，完成浙江省三门县佃石水库管理处溢洪道启闭机应急装置用XJY型卷扬启闭机应急装置替换原手摇式应急操作装置的改造，共3台，各项性能指标完全符合应急操作要求。

案例3：2019年9月，浙江省绍兴市汤浦水库有限公司上虞取水口闸门用XJY型卷扬启闭机应急装置完成多电源控制模式改造，共2台，各项性能指标完全符合应急操作要求。

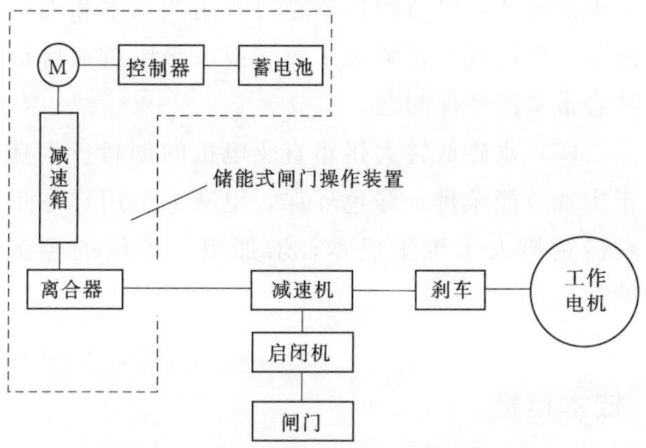


■启闭机应急装置设计布置示意图（1）

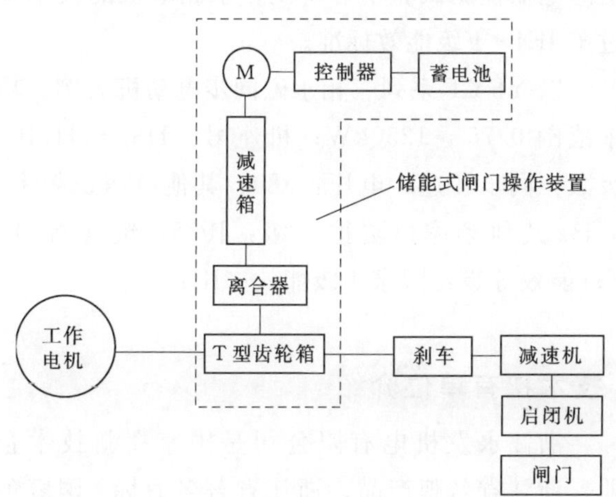


■启闭机应急装置设计布置示意图（2）

■浙江钦寸水库溢洪道启闭机应急装置

■浙江佃石水库溢洪道启闭机应急装置

■浙江汤浦水库上虞取水口闸门用启闭机应急装置

技术名称：XJY型卷扬启闭机应急装置
持有单位：浙江水利水电学院、浙江省水利水电勘测设计院、绍兴河悦机电设备有限公司
联 系 人：罗云霞
地　　址：浙江省杭州经济开发区2号大街508号
电　　话：0571-86929068、13957152885

# 300 永磁电机与智能控制一体化技术

## 持有单位

浙江永发机电有限公司

## 技术简介

**1. 技术来源**

自主研发。多项发明专利与实用新型专利。

**2. 技术原理**

三相永磁同步电动机采用电磁计算软件及有限元分析技术与磁路优化技术，对永磁同步电动机内部磁场稳态和瞬态过程进行全面分析优化，使运转过程的转矩波动和噪声降至低点。三相永磁电动机转子采用永磁励磁，转子无铜耗，使三相永磁同步电动机的效率和功率因数提高，体积小，重量轻，其效率指标高于国家标准 GB 30253—2013《永磁同步电动机能效限定值及能效等级》中规定的 1 级能效值，高于国际标准 IE4 能效值。该永磁电机与智能控制一体化技术，主要完成永磁电机在实际应用工业现场的数据采集、分析、控制、保护、数据传输等功能，依据智能终端或智能系统控制相结合，使得永磁电机现场实际运行状态、节能多少、输出效率等重要信息变得实时显示与可控。

**3. 技术特点**

（1）效率高：永磁电机与目前通用异步电机相比，永磁电机在转子上嵌入永磁材料后，在正常工作时转子与定子磁场同步运行，转子绕组无感生电流，不存在转子电阻和磁滞损耗，提高了电机效率。

（2）功率因数高：永磁同步电机转子中无感应电流励磁，定子绕组呈现阻性负载，电机的功率因数接近 1，减小了定子电流，提高了电机的效率。同时功率因数的提高，提高了电网品质因数，减小了输变电线路的损耗，输变电容量也可降低。

（3）特别是低速大扭矩的永磁直驱电机，电机以直驱模式代替电机减速机，简化传动链，提高机械装备的传动效率，研发的低转速大扭矩的永磁直驱电机，除了电机自身效率高，还可以直接替代了有些工况需通过庞大的齿轮箱减速的运行模式，这是在国内率先开创的一项新技术，也是对我国的机械与电机配套应用无需用庞大的齿轮箱变速的新突破。

（4）它可根据用户的需求，直接设计到工程需求的转速，可节约齿轮箱每年用油成本和人工成本。更可观的是解决了每年换下来废机油所给社会带来的环保问题。

（5）永磁低转大扭矩直驱电机的创新技术真正实现节能减排，绿色环保，也减少了用户每年对齿轮箱人工维护成本，增加用户单位的经济效益。

## 技术指标

该技术产品经浙江省机电产品质量检测所、上海电器检测试验中心检测，永磁电机的效率超过了 IE4－1 级能效标准。

以 YFYT 系列三相永磁同步电动机为例：功率范围 0.75～1250kW；机座号：H80～H710；级数：同步转速；电压：380、其他电压；频率：50Hz 其他频率；防护等级：IP55；绝缘等级：F；能效等级：国家 1 级能效（IE4）。

## 技术持有单位介绍

浙江永发机电有限公司是国家高新技术企业、浙江省名牌产品、浙江省著名商标、国家免检产品，是国家中小型电机 YX3、YE3 的标准

起草单位。

## 应用范围及前景

三相永磁同步电动机具有较高的效率、较高的功率因素、转速同步性好、体积小、转矩密度大等特点，广泛用于水泵、风机、输送机、破碎机、注塑机、纺织机、拽引机、电动汽车等负载。

永磁电机具有传统异步电机无法比拟的高效率特性，水务、水利、印染、水处理等行业电机应用广泛，节能省电、体积小、振动小、噪音低、安全可靠、耐用度高，稳定性强、永磁控制系统节能效果突出，已推广应用工程实例376个，累计销售13923台/套。

■永发永磁电机应用于智能二次供水系统

■石油钻机绞车永磁电机直驱系统

■高压永磁同步电动机

■永磁直驱电机

■智能永磁电机与控制系统

技术名称：永磁电机与智能控制一体化技术
持有单位：浙江永发机电有限公司
联 系 人：王正林
地　　址：浙江省海宁市盐官镇
电　　话：0573－87616756、13750778155

# 301 水上收割收集多功能一体机

## 持有单位

珠江水利委员会珠江水利科学研究院

广州珠科院工程勘察设计有限公司

## 技术简介

**1. 技术来源**

自主研发。实用新型名称：一种履带式水绵打捞船。专利号：ZL201820725620.5

**2. 技术原理**

水上收割收集多功能一体机具有水绵打捞、水草收割、水面漂浮物收集及控制系统等多个模块，集多种功能于一体，主要技术原理如下：①水绵打捞：附着于水草或水底界面上生长的水绵，可经一体机设备水下履带上的专用挂钩进行勾取，使其脱落并随传送履带送至水面，通过设备转筒水流冲刷脱落并收集到机体后悬挂的收集筐；②水草收割：需要修剪的沉水植物（水草），经一体机设备底部的可拆装剪刀剪断后，浮起来的过程被一体机设备水下传送履带勾取单位勾住，传送到水面后，通过设备转筒水流冲刷脱落并收集到机体后悬挂的收集筐；③水面漂浮物收集：其他未收集的水草、水绵及其他水面漂浮物，可由一体机设备在水面航行进行打捞收集；④太阳能发电系统：太阳能板安装设备顶部，发电功率 100W，配套电池容量 80Ah；⑤动力及物联网远程控制系统：设备依靠水面漂浮物收集叶轮，提供前进动力，在船体尾部左右两侧各设置一个三相无刷电机推进器作为设备转向动力。本设备的物联网远程控制模块主要由硬件和软件两部分组成。

**3. 技术特点**

（1）解决国内现有水生态修复过程中主要靠人工打捞水绵的技术难题，提高打捞效率、打捞彻底、不损伤水生植物。

（2）具有水绵打捞、水草修剪、水面漂浮物收集及控制系统等多个模块，集多种功能于一体。

（3）使用太阳能发电系统，节能环保。

（4）设备体积小（长 1.3m、宽 0.85m、高 0.4m），重量轻（35kg）、方便操作和维修，能进入各种在复杂水域工作。

（5）高精度定位导航与通信业务共载，控制模式多元化，具有手动远程控制与自动巡航控制模式。

## 技术指标

经广东省计量科学研究院开展设备性能测试，该设备主要性能指标：

（1）最大运行速度：0.24m/s。

（2）收集效率：67%。

（3）最大功率：15.8W。

## 技术持有单位介绍

珠江水利委员会珠江水利科学研究院始建于 1979 年，是经国务院批准随水利部珠江水利委员会一起成立的中央级科研机构。珠科院现有在职人员 700 余人，其中高级职称人员 146 人，博士 50 人、硕士 220 人。珠科院主要从事河口治理、水力学与河流动力学、水环境保护与水生态修复、水文与水资源、水利信息化与自动化、水土保持、遥感与地理信息、防灾减灾、水利规划设计与咨询、岩土工程、工程质量检测等基础研究、应用基础研究，为珠江委行使水行政职能提供技术支撑，以水利水电科研为主，提供技术服务，开展水利科技产品研发，为流域经济社会发展提供有效管用的科技供给。

广州珠科院工程勘察设计有限公司，是珠江水利委员会珠江水利科学研究院全资公司，经过10多年的发展，公司已建立了一支专业配套齐全、人员素质高、技术力量强的优秀技术团队，成为泛珠江流域范围内有科研特色、有影响的水利咨询、设计单位。

■设备实物图

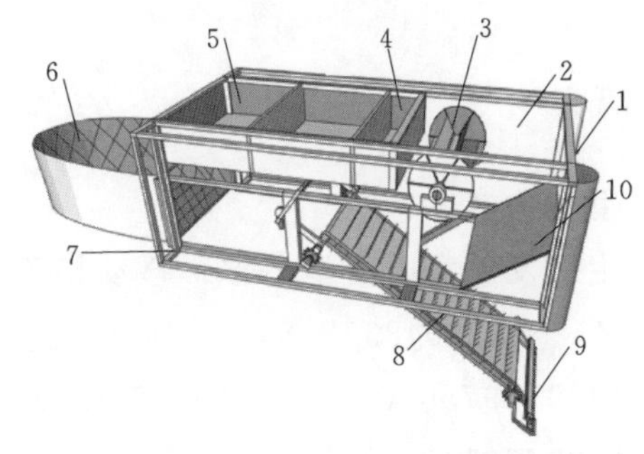


■设备结构示意图

1—进水口；2—太阳能板；3—收集叶轮；4—驱动电机；5—控制箱；6—收集框；7—转向推进器；8—水绵传送带；9—可拆装剪刀；10—进水口挡板

## 应用范围及前景

适用于景观水体、小型水域、城市河涌、湖库等水域，用于沉水植被、缠绕于植被上的水绵分离打捞，以及水草收割和水面漂浮物收集。行业专家评价认为，该一体机的使用，能够大大降低水绵打捞、水草修剪、水面漂浮物收集等作业和湖塘维护的人工使用，节省人力成本，操作简单，经济效益显著。

典型应用案例：

实例1：应用于暨南大学华文学院龙湖生态治理工程。研发团队以龙湖为基地开展了本设备研发的一系列试验。经过多次的设计、试运行和改良，最终于2018年11月完成定型样机（2个型号各1套），并投放龙湖运行至今。

实例2：应用于汕头市练江支流峡山大溪管护工程。练江是粤东地区第三大河流和重要的母亲河之一，其污染问题由来已久，污染程度十分严重，引起了社会各界的高度关注。峡山大溪是练江主要支流，峡山大溪整治是练江流域综合整治重点项目之一，整治工程主要包括截污清淤及景观提升。2019年1月，应汕头市河长制领导小组办公室的请求，研发团队将1套水上收割收集多功能一体机投放至练江支流峡山大溪使用。设备的投入和运行，将助力练江流域污染治理，具有十分重要的社会经济效益和推广价值。

■工程应用实景

技术名称：水上收割收集多功能一体机
持有单位：珠江水利委员会珠江水利科学研究院、广州珠科院工程勘察设计有限公司
联 系 人：陈高峰
地　　址：广东省广州市天河区天寿路80号
电　　话：020-87117188、15920179188

# 302 大流量两栖机动应急抢险泵车

## 持有单位

湖南耐普泵业股份有限公司

## 技术简介

### 1. 技术来源

自主研发。实用新型名称：移动排涝抢险泵车（ZL201822048358.8）；一种永磁潜水泵（ZL201820729750.6）；浮式履带移动泵站（ZL201820730113.0）。

### 2. 技术原理

该移动排涝抢险泵车是一款机动灵活、排水量大，能适应交通条件差、电网薄弱、风浪大等恶劣环境条件新型移动排涝抢险泵车。移动抢险排涝泵车主要由三部分组成：厢式电源车、水陆两栖履带车和永磁潜水电泵。厢式电源车，长×宽×高 11960mm×2550mm×3980mm，总重25t。配有200kW发电机组；水陆两栖履带车，长×宽×高4200mm×2000mm×1970mm，爬坡35°，行走速度1.7km/h，牵引能力达4.8t；永磁潜水电泵，设计流量3500～5500$m^3$/h，相应扬程范围5～12m，电机功率160kW，泵效率88%。

### 3. 技术特点

（1）实现在紧急情况下快速排涝，所有车载设备一体化集成在一个车厢内，运输方便。

（2）移动泵站可以水陆两栖自行走，不需起吊装置。

（3）排水量大、扬程范围宽、效率高。

（4）能适应恶劣条件下的防汛抢险作业，如在窄路面通行，能在没有供电系统的地方使用，排水时不冲刷堤坡，爬坡能力强等。

## 技术指标

（1）流量 $Q$=5000$m^3$/h(3500～5500$m^3$/h)。

（2）扬程 $H$=8m（12～5m）。

（3）转速 $n$=900r/min。

（4）电机功率 $P$=160kW。

（5）轴功率 $Pa$=123.8kW。

（6）电机电压380V。

## 技术持有单位介绍

湖南耐普泵业股份有限公司专注于工业泵组、移动抢险装备及控制系统的设计、研发和制造，是湖南省高新技术企业，中国泵业主要骨干企业之一；是“中国永磁电机供排水设备技术研发中心”“中国石化、LNG、海洋工程专用泵技术中心”“湖南省特种泵工程技术研究中心”“长沙市立式长轴/斜流泵工程技术研究中心”。主导产品有立式长轴/斜流泵、消防（应急）泵组、水平中开泵、无泄漏耐腐蚀泵、化工流程泵、低温泵、多相流泵、无密封液下排污泵、潜没式海水电泵、浮船泵站及泵控制系统等，目前已形成了23个系列、247个品种、1203个规格的产品。主要服务于石化、LNG、海洋平台、电力、钢铁、市政、水利等领域，为客户提供泵组产品及控制系统、节能改造及合同能源管理，提供泵站检修、维护及解决方案，泵站工程承包等业务。公司是两项行业标准《立式长轴泵》《立式斜流泵》的主要起草/编制单位。

## 应用范围及前景

适用于极端降雨情况下，河流、湖泊等水患严重地段的抢险、排涝。

典型应用案例：

案例1：2019年10月海宁市多处地段出现

山体滑坡现象，导致20多栋房屋被埋，河道被拦腰斩断，形成堰塞湖。海宁市政府采购中心紧急协调我单位的QX-5000型大流量移动排涝抢险车赶赴灾区。该设备排水量5000m³/h，而且操作便捷，持续排水60余万m³，有效缓解了救援现场压力。

案例2：2018年天津市由于受台风影响，造成大面积内涝，天津泰达市政公司从公司调用1台5000m³/h的大流量抢险泵车参与抢险，7月24日投入运行，平均每天排水作业长达20h以上，性能稳定，无故障。主泵排水量大，而且可以实现水陆两栖式遥控操作，非常方便，可以使用车载柴油机组发电，也可以使用外接市电，与传统泵相比，有不可替代的优势。

案例3：2019年2月牡丹江市由于城区管网破管，导致多处低洼路段大面积积水，积水深度一度超过两米，牡丹江市公路桥梁排水总公司委托我司借调QX-5000型大流量移动排涝抢险车前往牡丹江市多处进行紧急排涝，发挥了极大的作用。

案例4：2019年11月石家庄运达市政管网有限公司投入使用QX-5000型大流量移动排涝抢险车进行排涝抢险，该设备操作方便，机动性强，自带供设备和移动装置及辅助设施，适用性非常好。

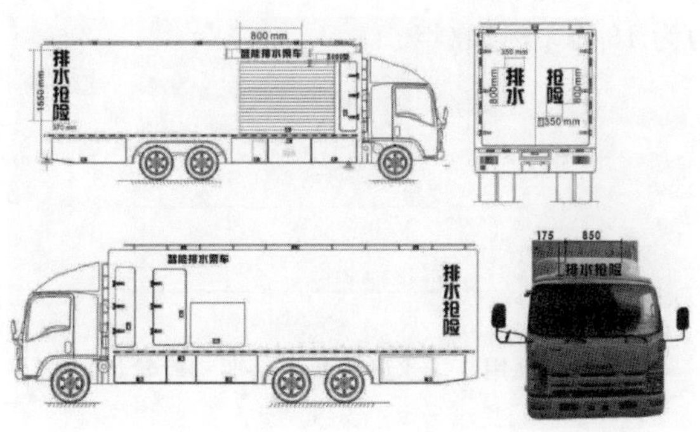


■整车外形结构

■水陆两栖履带车

■野外测试现场

技术名称：大流量两栖机动应急抢险泵车
持有单位：湖南耐普泵业股份有限公司
联 系 人：陈乔
地　　址：湖南省长沙市经济技术开发区盼盼路26号
电　　话：0731-82957178、15874266962

# 303 斜轴泵用高压永磁电动机

## 持有单位

日照东方电机有限公司

## 技术简介

**1. 技术来源**

自主研发。发明名称：永磁电动机转子及其使用方法，专利号 ZL201510472960.2。实用新型名称：一种低速大扭矩永磁电动机驱动总成，专利号 ZL201920512522.8。

**2. 技术原理**

永磁电动机与异步电动机结构和工作原理基本一样，即定子线圈通电后产生旋转磁场，转子跟随定子产生的旋转磁场旋转，实现机电能量转换。该技术中斜轴泵用高压永磁电机直接驱动叶轮运转，省去了传统应用中的减速机结构，同时低速永磁电机采用多极数设计，转子部位嵌有高性能永磁体，无须励磁绕组，具有系统效率高、功率因数高、结构简单、安全可靠、体积小、安装维护方便的优点，是低扬程、大流量水利泵类设施最佳的节能驱动设备。

**3. 技术特点**

（1）能效高、可靠性高、性价比高；体积小、重量轻、易安装、节省投入；低温升、低振动、低噪声、基本免维护；可变频调速，提升装置运行效率。

（2）可重载软起，重载缓停，可直接驱动负载。

（3）高压大功率。特别是 10kV 的高压电机，可直接使用电网电源，减小设备电源安装投资费用。

（4）斜轴泵用高压永磁电机为斜 30°安装，有利于减小水力损失。

## 技术指标

（1）效率：≥97.5%；功率因数：≥0.98；最大转矩倍数：2.0；噪声：≤78dB；振动：≤10μm；绕组温升：≤25K；防护等级：IP68。

（2）与同功率，同转速，同转矩异步电机驱动系统相比较：节能率≥25%；投资成本≤15%。

## 技术持有单位介绍

日照东方电机有限公司主营业务包括研发、生产和销售及维修高低压智能驱动永磁电机系统等。

## 应用范围及前景

适用于水利工程低扬程大流量水泵，大量使用 400r/min 以下的大中型低速泵，配套驱动系统功率为 500～2000kW。

典型案例：以 900kW 斜轴泵用高压大功率永磁电机为例，额定转矩 49971N·m、额定转速 172r/min、额定电压 10000V、额定电流 57A、电机效率 96%，与传统技术相比系统效率可提高 11 个百分点，综合节电率达 20%以上。年耗电量 221 万 kW·h，按年运行 1000h 计算，节能能力为 18 万 t 标煤/年。

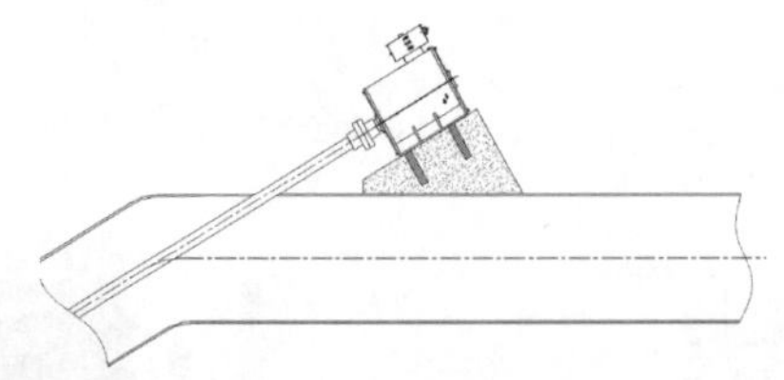

■斜轴泵用高压永磁电机直接驱动叶轮运转

技术名称：斜轴泵用高压永磁电动机
持有单位：日照东方电机有限公司
联 系 人：裴然
地　　址：山东省日照市东港区高新区电子信息产业园 B11 号
电　　话：0633－8088991、18806338161

# 304 竖井贯流泵用高压永磁电动机

## 持有单位

日照东方电机有限公司

## 技术简介

**1. 技术来源**

自主研发。发明名称：永磁电动机转子及其使用方法。专利号：ZL201510472960.2。

**2. 技术原理**

永磁电动机与异步电动机结构和工作原理基本一样，即定子线圈通电后产生旋转磁场，转子跟随定子产生的旋转磁场旋转，实现机电能量转换。该技术中竖井贯流泵用高压永磁电机直接驱动叶轮运转，省去了传统应用中的减速机结构，同时低速永磁电机采用多极数设计，转子部位嵌有高性能永磁体，无须励磁绕组，具有系统效率高、功率因数高、结构简单、安全可靠、体积小、安装维护方便的优点，是低扬程、大流量水利泵类设施最佳的节能驱动设备。

**3. 技术特点**

(1) 能效高、可靠性高、性价比高；体积小、重量轻、易安装、节省投入；低温升、低振动、低噪音、基本免维护；可变频调速，提升运行效率。

(2) 可重载软起，重载缓停，可直接驱动负载。

(3) 高压大功率。特别是10kV的高压电机，可直接使用电网电源，减小设备电源安装投资费用。

(4) 采用循环水冷却方式，散热均匀。

(5) 平卧式安装，符合竖井泵对电机安装要求。

## 技术指标

(1) 效率：≥98%；功率因数：≥0.99；最大转矩倍数：2.2；噪声：≤75dB；振动：≤15μm；绕组温升：≤20K；防护等级：IP68。

(2) 与同功率，同转速，同转矩异步电机驱动系统相比较：节能率≥27%；投资成本≤18%。

## 技术持有单位介绍

日照东方电机有限公司主营业务包括研发、生产和销售及维修高低压智能驱动永磁电机系统等。

## 应用范围及前景

适用于水利工程低扬程大流量水泵，大量使用400r/min以下的大中型低速泵，配套驱动系统功率为450～3000kW。

目前6个案例，最长运行了5年多，没有出现问题。以710kW竖井泵用高压大功率永磁电机为例，额定转矩45203N·m、额定转速150 r/min、额定电压10000V、额定电流45.4A、电机效率95%，与传统技术相比系统效率可提高10个百分点，综合节电率达20%以上。按年运行1000h计算，年耗电量175万kW·h，节能能力为14万t标煤/年。

技术名称：竖井贯流泵用高压永磁电动机
持有单位：日照东方电机有限公司
联 系 人：裴然
地　　址：山东省日照市东港区高新区电子信息产业园B11号
电　　话：0633-8088991、18806338161

# 305 液压驱动一体化测控智能闸门

## 持有单位

成都万江智控科技有限公司

成都万江港利科技股份有限公司

中国水利水电科学研究院

## 技术简介

**1. 技术来源**

自主研发。

**2. 技术原理**

液压驱动一体化测控智能闸门是一种采用液压作为闸门启闭系统，集可视化监控、信息化管理、精确化计量、精准化控制等多项功能于一体的自动化计量灌排管控设备。控制系统通过电机输出转矩，带动液压泵进行输油动作，油缸里的液压油通过管道，依次通过单向阀，三位四通电磁阀、单向阀，进入油缸内部，油缸活塞缸进行直线往复运动，带动闸板，实现闸门启闭动作。

**3. 技术特点**

（1）一体化闸门采取开放式的计量形式，可以接入市面上大多数明渠测流仪器。

（2）通过测量闸前、闸后水位和闸门开度，利用水工模型流场数值模拟技术，首次推出“计算机三维数值模拟测量法”动态改变流量系数，计算得到过闸门流量，其实验室计量的精度误差可以达到2%。

（3）利用超声波多阵列交叉测流技术，在测流箱体中对不同水位高度的水流进行流速采样，满足满管和非满管的流态测量。

（4）基于云平台的Web和APP系统，管理员可以随时随地对闸门进行远程控制和用水管理。

## 技术指标

承压力：大于50t；启闭力：大于30t；启闭速度：大于1.5m/min；计量精度：大于95%；远控延时：小于5s；控制精度：小于1mm；止水效果：小于1L/min。

## 技术持有单位介绍

成都万江智控科技有限公司以四川大学智能控制研究所为支撑，致力于水资源综合利用，专注于各类型一体化测控智能闸门研发、生产、销售、实施和运维，提供灌区全渠系控水量水综合解决方案。

## 应用范围及前景

适用于水资源监管、灌区用水管控、农业用水计量管理等。一体化测控智能闸门经过5年多的发展和应用，目前已经在国内四川、山东、湖南、内蒙古、新疆等20多个省（自治区）进行了项目的建设应用或试点应用，推广应用工程实例35个，共计安装有各类一体化闸门产品1980台/套。即使在新疆、内蒙古等偏远地区，或在东北和西北环境较恶劣的地区使用，设备工作正常，整体性能优良。

技术名称：液压驱动一体化测控智能闸门
持有单位：成都万江智控科技有限公司、成都万江港利科技股份有限公司、中国水利水电科学研究院
联 系 人：淡浚
地　　址：四川省成都市天府新区华阳街道华府大道一段1号启阳恒隆广场3栋27层14号、15号
电　　话：028-87820177、18908010980

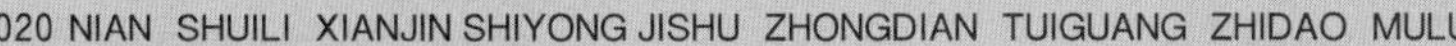

# 306 大型水利设备过流部件循环修复再制造及表面防磨减阻节能处理技术

## 持有单位

天津阿麦特工程技术有限公司

爱德艾瑞（北京）科技发展有限公司

## 技术简介

### 1. 技术来源

自主研发。相关专利 6 项：一种高频爆震熔射装置、一种耐磨水轮机叶轮、一种新型水轮机叶轮、一种渣浆泵泵腔结构、一种杂质泵叶轮、一种耐磨弯头。

### 2. 技术原理

该技术针对水轮机及离心泵的汽蚀磨损这一业内通病难题，结合军转民技术，首次在国内用高频爆震熔射技术将专有的非晶金属陶瓷粉末熔射在零件表面形成高韧性、抗冲击超硬涂层，在非晶陶瓷涂层上进一步选择性涂覆专有抗汽蚀、磨蚀的聚合物陶瓷涂层，形成双涂层防护。该技术开发了配套专用涂层施工工艺，可在用户现场实现灵活快速涂层施工，双涂层既可抵抗泥沙冲刷磨损，又能很好解决强汽蚀对水轮机和泵的过流部件破坏，使水轮机部件的金属磨耗失重量降低为原来的 1/40，成功解决了水利过流部件的汽蚀磨损问题。

### 3. 技术特点

（1）联合开发的高频爆震熔射非晶-陶瓷超硬涂层复合聚合物陶瓷抗磨蚀双保险涂层技术首次在国内真正解决了水轮机、离心泵等关键过流部件在强汽蚀工况下的磨蚀损坏难题，该防护涂层技术可以应对绝大部分水机、灌排泵恶劣工况下的强汽蚀磨损问题，应用该技术既可以修复报废的水机、灌排泵部件让部件起死回生穿盔戴甲，又能对新机部件表面进行表面熔射薄膜涂层预防护。

（2）水轮机或泵用了该防护技术，运行一个大修期过流面基体金属磨耗量降低为原来的 1/40，由于金属磨损程度大大减轻，叶片机械尺寸长期不发生变化，机组的动平衡稳定性均有非常明显地改善。又由于涂层的光滑远超金属，具有明显的减阻节能效应。

## 技术指标

（1）非晶陶瓷涂层硬度 HRC70～80，非晶陶瓷涂层厚度 0.3mm，非晶陶瓷涂层结合强度≥70MPa。

（2）聚合物陶瓷涂层厚度 2～3mm，聚合物涂层结合强度≥40MPa，聚合物最高工作温度 170℃。

## 技术持有单位介绍

天津阿麦特工程技术有限公司创立于 1991 年，是一家专注于解决流体磨损、气蚀、腐蚀等工业难题、提高工业关键零部件使用寿命和运行效率的节能科技企业。阿麦特金属致力于向用户提供耐磨产品和耐磨服务的全面解决方案，长期从事流体防磨技术和表面工程在能源电力行业的应用与推广，积极致力于军工高新技术的民用产业化，成功培育开发了水电站水轮机防磨技术、火电厂脱硫泵修复防磨技术、汽轮机叶片防磨技术、海洋潜油电泵防磨技术等一批主导和优势的表面节能民用品。

爱德艾瑞（北京）科技发展有限公司成立于 2019 年。爱德艾瑞围绕两大业务板块服务能源科学利用，即金属涂层板块和智慧能源运营板块。金属涂层板块是以独有的高熵非晶粉末材料和高频爆震熔射技术，针对火电、水电、水利、煤炭等行业核心部件磨损腐蚀问题，专项研发金属涂层解决产品，产品处于学术和生产应用的国际领先地位。智慧运营板块是以智能感知、智能控制、智能学习为核心思想，整合前沿传感技术、机器人技术、信息技术，针对风电、光伏、变电站、输电线路、水利设施等行业研发专属智慧运营产品，实现了复杂环境的自动运行管理，全过程服务于现代能源的生产、传输和消费。

## 应用范围及前景

适用于水电站、提灌抽水泵站、挖泥泵、污水泵过流部件的修复及抗磨蚀涂层防护场合。

水机部件修复及耐磨涂层防护技研发成功后，从2015年开始陆续在国内一些有代表性的水电及泵站进行推广，目前已服务50余套机组累计230余件过流部件，进行了汽蚀磨损涂层治理，该技术用模块化移动工作站在用户现场对水轮机的转轮、静导叶、活动导叶、尾水管等部位进行现场涂层施工，由于防护涂层抗气蚀性能强、施工便捷、施工周期快，其抗汽蚀抗磨损效果卓越。

代表性的水电及泵站：国网新源白山电厂6号机、7号机导叶强汽蚀修复及涂层防护，万家寨水电站2号、5号水轮机过流部件修复及涂层防护，引黄工程南一干线泵站6号泵过流部件修复及涂层防护，引黄工程总干二级泵站10号泵过流部件修复及防护，国网长甸发电厂1号机转轮涂层防护，兰州景泰泵站七套管排泵修复及涂层防护，新疆台兰河水电站水轮机过流部件涂层防护，丹东长丰水电站1号机组导叶修复与防护等。

■引黄工程南一干线泵站6号泵部件修复

■国网新源白山电站6号机导叶汽蚀部位修复

■万家寨水电站2号机组水轮机转轮抗磨防腐涂层修复

■绥中电厂2号机组转轮室及尾水管抗磨防腐涂层修复

技术名称：大型水利设备过流部件循环修复再制造及表面防磨减阻节能处理技术


持有单位：天津阿麦特工程技术有限公司、爱德艾瑞（北京）科技发展有限公司

联 系 人：魏伟

地　　址：天津市北辰区铁东北路

电　　话：022-26316478、13693259458